普通高等教育“十三五”规划教材

理论力学教程

主　编　何　青　李　斌
参　编　毛雪平　刘静静

中国标准出版社

北　京

图书在版编目(CIP)数据

理论力学教程/何青等主编.—北京:中国标准出版社,2018.8(2020.8 重印)
普通高等教育“十三五”规划教材
ISBN 978-7-5066-8988-5

Ⅰ.①理… Ⅱ.①何… Ⅲ.①理论力学-高等学校-教材 Ⅳ.①O31

中国版本图书馆 CIP 数据核字(2018)第 102770 号

内容提要

本书为普通高等教育“十三五”规划教材。本书的主要内容包括静力学、运动学、动力学和高等动力学基础四个部分。本书对原有的理论力学课程体系进行了整合优化,重点对动力学部分进行了创新改革,在保留经典内容的基础上,力求基本概念与论述简明扼要,易于读者理解与掌握。本书在每章后安排了内容小结、习题以及习题答案。

本书可作为高等学校工科各专业理论力学课程的教材,也可供高职高专院校师生和工程技术人员参考。

中国标准出版社出版发行
北京市朝阳区和平里西街甲 2 号(100029)
北京市西城区三里河北街 16 号(100045)

网址 www.spc.net.cn
总编室:(010)68533533 发行中心:(010)51780238
读者服务部:(010)68523946

中国标准出版社秦皇岛印刷厂印刷
各地新华书店经销

*

开本 787×1092 1/16 印张 22 字数 516 千字
2018 年 8 月第一版 2020 年 8 月第二次印刷

*

定价 55.00 元

前言

为了适应高等学校本科生教学改革的需要，编者在总结多年教学实践经验的基础上，根据教育部制定的《理论力学课程教学基本要求》，参考国内高校理论力学教材编写了本书。书中对理论力学的教学内容进行了创新改革，重点对动力学部分进行了大幅度的优化整合，在保留经典内容的基础上，力求基本概念与论述简明扼要，易于读者理解和掌握，为培养高素质复合型人才服务。

为了适应不同的专业和学时需要，本书增加了部分加深加宽的内容，供不同专业和学时的课程选用。加深加宽内容的讲授务必在确保基本内容教学的基础上进行。作为必要的衔接，对于已经在大学物理中讲授的内容，本书只作简要叙述，侧重于从理论力学课程的性质、任务和要求出发，应用这些内容的理论和方法去分析工程实际中的力学问题，达到巩固、提高和深化的目的。为便于学习，本书为每章安排了学习指导性的内容小结、习题以及少量的综合题，以培养学生综合运用理论力学知识的能力。

本书由华北电力大学刘宗德教授主审，在此表示衷心的感谢。

因水平所限，书中难免有不妥或错漏之处，殷请广大读者批评指正。

编　者

2018 年 2 月于北京

主要符号表

符号	含义
$\boldsymbol{a}$	加速度
$\boldsymbol{a}_{\mathrm{a}}$	绝对加速度
$\boldsymbol{a}_{\mathrm{e}}$	牵连加速度
$\boldsymbol{a}_{\mathrm{r}}$	相对加速度
$\boldsymbol{a}_{\mathrm{k}}$	科氏加速度
$\boldsymbol{a}_{\tau}$	切向加速度
$\boldsymbol{a}_{n}$	法向加速度
A	振幅
c	阻尼系数
c_{cr}	临界阻尼系数
C	质心
d	距离
e	偏心距,恢复因数
f	动摩擦因数
f_{s}	静摩擦因数
f_{d}	阻尼固有频率
f_{n}	固有频率
$\boldsymbol{F}$	力
$\boldsymbol{F}_{\mathrm{R}}$	合力
$\boldsymbol{F}_{\mathrm{R}}'$	主矢
$\boldsymbol{F}_{\mathrm{d}}$	动摩擦力
$\boldsymbol{F}_{\mathrm{s}}$	静摩擦力
$\boldsymbol{F}_{\mathrm{N}}$	约束反力
$\boldsymbol{F}_{\mathrm{g}}$	惯性力
$\boldsymbol{F}_{\mathrm{Q}}$	广义力
$\boldsymbol{g}$	重力加速度
G	万有引力常数,重力
h	高度
i	复数符号,$\mathrm{i}=\sqrt{-1}$
$\boldsymbol{i},\boldsymbol{j},\boldsymbol{k}$	x,y,z 轴的单位矢量
$\boldsymbol{I}$	冲量
$\boldsymbol{I}_1$	压缩冲量
$\boldsymbol{I}_2$	恢复冲量
J_z	对 z 轴的转动惯量
J_C	对质心的转动惯量
J_{xy}	对 x,y 轴的惯性积
k	弹簧刚度系数,曲率,自由度
l	长度
$\boldsymbol{L}$	动量矩,拉格朗日函数,动势
$\boldsymbol{L}_C$	对质心的动量矩
$\boldsymbol{L}_O$	对点 O 的动量矩
L_z	对 z 轴的动量矩
m	质量
M	质点,总质量,动点,滚阻力偶
M_z	对 z 轴的矩
$\boldsymbol{M}$	力偶矩矢,主矩
$\boldsymbol{M}_O(\boldsymbol{F})$	力 $\boldsymbol{F}$ 对点 O 的矩矢
$\boldsymbol{M}_{\mathrm{g}}$	惯性力系的主矩
n	衰减系数,转速
n_{cr}	临界转速
O	参考坐标系的原点
$\boldsymbol{p}$	动量
P	重力,功率,速度瞬心
q	载荷集度,广义坐标
r	半径,特征值
$\boldsymbol{r}$	矢径
$\boldsymbol{r}_O$	点 O 的矢径
$\boldsymbol{r}_C$	质心的矢径
R	半径
s	弧坐标

S	面积
t	时间
T	动能,周期
u,$\boldsymbol{v}$	速度
$\boldsymbol{v}_{\mathrm{a}}$	绝对速度
$\boldsymbol{v}_{\mathrm{r}}$	相对速度
$\boldsymbol{v}_{\mathrm{e}}$	牵连速度
$\boldsymbol{v}_{\mathrm{C}}$	质心速度
V	势能
W	力的功,重力
x,y,z	直角坐标
z	复数振动
α	角加速度
$\alpha,\beta,\gamma,\theta,\varphi$	角度
β	振幅比,放大系数
φ	初相位,相位差
φ_m	摩擦角
δ	滚阻系数,对数减缩率
$\delta\boldsymbol{r}$	虚位移
δW	元功,虚功
ζ	阻尼比
η	机械效率,频率比,减缩系数
ρ	密度,曲率半径
ω	角速度,圆频率,角频率
ω_{cr}	临界角速度
ω_{n}	固有圆频率
ω_{d}	阻尼固有圆频率

上角标

e	外
i	内
τ	切向
n	法向
b	副法向

下角标

a	绝对
r	相对
e	牵连
k	科氏
C	质心
g	惯性力
F	主动力
N	约束反力
Q	广义力
i,j	序号
τ	切向
n	法向
b	副法向
O	点O,坐标原点
x,y,z	直角坐标轴

目　录

绪论 //1

0.1　研究对象与内容 …… 1

0.2　研究方法与学习目的 …… 2

第一篇　静力学

第 1 章　静力学基础 //4

1.1　静力学基本概念 …… 4

1.2　静力学基本原理 …… 7

1.3　约束与约束反力 …… 11

1.4　受力分析与受力图 …… 16

1.5　力矩与力偶 …… 18

小结 …… 25

习题 …… 26

第 2 章　力系的简化 //29

2.1　力系的主矢和主矩 …… 29

2.2　力系的简化 …… 31

2.3　平行力系的中心和物体的重心 …… 38

小结 …… 42

习题 …… 43

第 3 章　力系的平衡 //47

3.1　力系的平衡条件与平衡方程 …… 47

3.2　物系的平衡 …… 52

3.3　平面桁架的平衡 …… 58

3.4　考虑摩擦时的平衡 …… 63

小结 …… 73

习题 …… 74

第二篇　运动学

第 4 章　运动学基础 //82

4.1　点的运动 …… 82

4.2　刚体的平动 …… 92

4.3　刚体的定轴转动 …… 93

小结 …… 98

习题 …… 100

第 5 章　点的合成运动 //104

5.1　点的合成运动的基本概念 …… 104

5.2　点的速度合成定理 …… 106

5.3　点的加速度合成定理 …… 110

小结 …… 116

习题 …… 117

第 6 章　刚体的平面运动 //121

6.1　刚体平面运动的简化和分解 …… 121

6.2　平面图形上各点的速度分析 …… 123

6.3　平面图形上各点的加速度分析 …… 132

小结 …… 137

习题 …… 138

第三篇　动力学

第 7 章　动力学基础 //142

7.1　动力学基本定律与运动微分方程 …… 142

7.2　质点系惯性的度量 …… 147

7.3　机械运动的度量 …… 151

7.4　力作用的度量 …… 158

小结 …… 165

习题 …… 167

第 8 章　动力学普遍定理 //177

8.1　动量定理 …… 177
8.2　动量矩定理 …… 183
8.3　动能定理 …… 190
8.4　动力学普遍定理综合应用 …… 199
小结 …… 205
习题 …… 206

第 9 章　碰撞 //216

9.1　碰撞现象的基本特征 …… 216
9.2　碰撞过程的基本定理 …… 218
9.3　碰撞过程的动能损失 …… 224
9.4　撞击中心 …… 227
小结 …… 230
习题 …… 231

第四篇　高等动力学基础

第 10 章　达朗伯原理 //235

10.1　惯性力 …… 235
10.2　达朗伯原理 …… 236
10.3　惯性力系的简化 …… 241
10.4　定轴转动刚体的轴承动反力 …… 246
小结 …… 249
习题 …… 250

第 11 章　虚位移原理 //257

11.1　虚位移和虚功 …… 257
11.2　虚位移原理 …… 261
11.3　保守系统的平衡条件与平衡稳定性 …… 272
小结 …… 276
习题 …… 277

第 12 章　分析力学基础 //284
12.1　动力学普遍方程 …… 284
12.2　拉格朗日方程 …… 286
12.3　保守系统拉格朗日方程的积分 …… 291
小结 …… 295
习题 …… 295

第 13 章　机械振动基础 //300
13.1　机械振动及其描述 …… 300
13.2　单自由度系统振动 …… 305
13.3　两自由度系统振动 …… 323
13.4　转子振动 …… 328
小结 …… 333
习题 …… 334

参考文献 …… 341

绪　论

0.1　研究对象与内容

理论力学是研究物体机械运动一般规律的科学。

机械运动是物体在空间的位置随时间的改变，是人们生活和生产实践中最常见、最普遍的一种运动。**平衡**是机械运动的一种特殊形式。

宇宙间一切物质都在不停地运动。在客观世界中，存在着各种各样的物质运动，例如发热、发光、产生电磁场等物理现象，化合、分解等化学变化，以及人的思维活动等。在物质的各种运动形式中，机械运动是最简单的一种。物质的各种运动形式在一定的条件下可以相互转化，而任何较为复杂的物质运动形式总是与机械运动存在着或多或少的联系。

物体的机械运动都服从某些规律。这些一般规律就是理论力学的研究对象。

理论力学属于**古典力学**的范畴。古典力学的基本定律是由伽利略和牛顿总结归纳的。在全部科学中，古典力学成功地把来自经验的物理理论，系统地表达成数学抽象的简明形式，是人类技术史上的伟大里程碑。实践表明，古典力学的定律有着极其广泛的适用性。这些定律是理论力学的科学依据。

理论力学研究的内容是速度远小于光速的宏观物体的机械运动。至于速度接近于光速的物体和基本粒子的运动，则必须用**相对论力学**和**量子力学**的观点才能完善地予以解释。宏观物体远小于光速的运动是日常生活和一般工程中最常见的，因此古典力学有着最广泛的应用。理论力学所研究的则是这种运动中最一般、最普遍的规律，是各门力学分支的基础。实践表明：工程技术和日常生活中大量的力学问题都可以应用古典力学的理论加以解决，古典力学是研究机械运动既准确又方便的学科。

理论力学中只研究物体平衡问题的部分，称为**静力学**；其余部分结合物理原因研究物体运动的变化，称为**动力学**。在动力学里有一部分把运动原因撇开而只从几何观点出发去描述物体运动的进行方式，这个部分被独立出来后形成了所谓的**运动学**。上述三个部分构成了理论力学的基本研究内容。

静力学：研究物体在力系作用下的平衡规律、力的一般性质、物体受力的分析方法、力系的简化方法等。

运动学：研究物体机械运动的几何性质，包括运动轨迹、速度、加速度等。不涉及引起物体运动的物理原因。

动力学：研究物体机械运动与所受力之间的关系。

0.2 研究方法与学习目的

理论力学的研究方法与其他许多学科一样，遵循从实际出发，经过抽象和综合，建立公理，应用数学演绎和逻辑推理而得出定理和结论，再将这些定理和结论应用于实践。首先，通过观察生活和生产实践中的各种现象，进行多次科学实验，经过分析、综合和归纳，总结出力学的最基本规律。然后，在对事物观察和实验的基础上，经过抽象化建立力学模型。在建立力学模型的基础上，从基本规律出发，用数学演绎和逻辑推理的方法，得出正确的具有物理意义和实用价值的定理和结论，在更高水平上指导实践，推动生产的发展。

理论力学主要有以下几种研究方法。

(1) 理论分析方法。客观事物总是复杂多样的，当获得大量的原始资料之后，必须根据所要研究问题的性质，抓住主要的、决定性的因素，撇开次要的、偶然的因素，才能深入研究现象的本质，了解事物的内在联系。这就是力学研究中普遍采用的抽象化方法。抽象化的力学现象也称为力学的理论模型。对简化模型进行理论分析计算，为工程设计和实际应用提供技术支持。

(2) 实验方法。实验室分析是一项针对所研究问题进行力学分析的基础性工作。通过具体实验，采集数据、整理分析数据，为工程实际提供必要的模型参数，并验证理论分析的可靠性。

(3) 计算机数值模拟。现代计算技术与计算机应用的飞速发展，为数字化模拟客观现实提供了可操作的平台。目前，有限元、离散元、界面元等数值计算方法在工程设计中所起的作用日益重要。例如，大型数值模拟计算分析软件可用来分析实际工程的位移量、应力分布、塑性区分布、黏弹性分析等，为工程决策提供支持。

理论力学中的定理和原理是在分析、综合、抽象、归纳大量原始资料的基础上，再经过严密的数学推演而得到的。但是，应当注意，数学推演是在以往实践证明其正确性的基础上进行的，由此导出的结论还必须回到实践中去验证其正确性。

理论力学是一门理论性较强的技术基础课，是一切力学课程的基础。其学习目的包括以下三点。

(1) 工程专业一般都要接触机械运动的问题。有些工程实际问题可以直接应用理论力学的基本理论去解决，有些比较复杂的工程实际问题，则需要用理论力学和其他专门知识来共同解决。所以，学习理论力学可以为解决工程实际问题打下坚实的理论基础。

(2) 理论力学是研究力学中最普遍、最基本的规律。很多工程专业的课程，例如材料力学、结构力学、弹性力学、振动力学、流体力学、断裂力学、机械设计等，都要以理论力学为基础，所以理论力学是一系列后续课程的重要基础。

随着现代科学技术的发展，力学的研究内容已经渗透到其他科学领域，例如，固体力学和流体力学理论用于研究人体内骨骼的强度，血液流动的规律，脉搏的传输规律，心、肺、肾及头颅的力学模型，植物营养输送问题等，形成了生物力学；流体力学理论用于研究等离子体在磁场中的运动，形成电磁流体力学；还有爆炸力学、物理力学等都是力学与其他学科结合而形成的边缘科学。为了探索新的科学领域，必须打下坚实的力学基础。

（3）理论力学的研究方法，与其他学科的研究方法有许多相同之处，因此充分理解力学的研究方法，不仅可以深入地掌握这门学科，而且有助于学习其他科学技术理论，有助于培养辩证唯物主义世界观，培养正确的分析问题和解决问题的能力，为今后解决生产实际问题、从事科学研究工作打下基础。

第一篇　静力学

静力学是研究物体在力系作用下平衡规律的科学。

静力学研究物体平衡时作用在其上的力系所应满足的条件。静力学的研究对象是刚体,因此又称之为**刚体静力学**。

本篇包括静力学基础、力系的简化和力系的平衡。静力学基础对静力学的基本概念、基本原理、约束及约束反力、受力分析以及力矩与力偶等基本的力学知识进行了归纳介绍。其中,取分离体进行受力分析是研究所有力学问题的最基本和最重要的基础知识。力系的等效和简化通过引入力系的主矢和主矩概念,为分析研究复杂力系问题建立了理论基础,在此基础上以最复杂的空间一般力系为研究对象,进行了简化分析。力系的平衡运用力系的简化结果,研究力系的平衡条件及其平衡方程,并运用平衡方程对物系、平面桁架以及考虑摩擦时的平衡问题进行分析研究。

第1章　静力学基础

静力学的基本概念、基本原理和物体的受力分析是静力学的研究基础。本章将介绍刚体、力、力矩、力偶和平衡等基本概念以及静力学基本原理,分析工程中常见的约束及其约束反力,对取分离体进行受力分析的方法进行研究。

1.1　静力学基本概念

1.1.1　质点与刚体

质点是指只有质量而没有大小和形状的理想物体。例如,研究地球绕太阳的公转,由于地球的直径较其公转运动的轨道直径要小得多,因此地球上各点相对于太阳的运动基本上可视为是相同的,也就是说,可以忽视地球的尺度和形状,把地球当做一个质点。但是在研究地球自转时,如果仍然把地球看做一个质点,显然就没有实际意义。由此可知,一个物体是否可抽象为一个质点,应根据问题的具体性质而定。

一群具有某种联系的质点构成**质点系**。**刚体**是一个不变形的质点系,即在力的作用下,质点间的距离始终保持不变的质点系。实际物体在受力时都会产生不同程度的变形,但如果变形很小，不影响所研究问题的性质，就可以忽略变形，将其视为刚体。因此，刚体是对实际物体的抽象和简化。

实际受力时，物体内部各点间的相对距离都要发生改变，其结果是使物体的形状和尺寸发生改变，这种改变称为**变形**。当物体变形很小时，变形对物体的运动和平衡的影响甚微，因而在研究力的作用效应时，可以忽略不计，这时的物体便可抽象为刚体。

刚体可以是一个抽象的物体，也可以是某个具体的物体，可以是单个的工程构件，也可以是工程结构整体。如图 1－1 所示的建筑工地上常见的塔式吊车，当设计其每一部件、零件时，都不能将之视为刚体，而必须视为变形体，这时的零件或部件就是变形体模型，如图 1－1(a)所示。但是，当需要确定保证塔式吊车在各种工作状态下都不发生倾覆所需的配重时，整个塔式吊车又可以视为刚体，如图 1－1(b)所示。

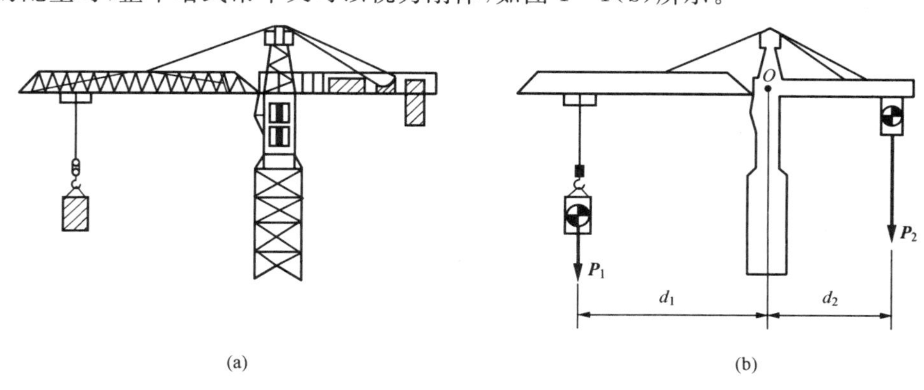

图 1－1

1.1.2　力和力系

力是物体间的相互机械作用，这种作用使物体的运动状态和形状发生改变。例如，人用手推车、蒸汽推动汽缸内的活塞，手与车或蒸汽与活塞之间有相互作用；锻锤压在工件上，其间也有相互作用。引起车、活塞机械运动状态改变和工件变形的这种作用就是力。

物体间力作用的形式很多，因而我们会遇到各种各样的力。大体上可以分为两类：一类是两个物体直接接触作用，如两物体间的压力和摩擦力；另一类是通过“场”对物体的作用，如引力场对物体的引力、电磁场的电磁力等。

力使物体的运动状态发生改变的效应称为**运动效应**，也称为**外效应**，例如物体在力的作用下运动速度或方向发生变化；力使物体的形状发生变化的效应称为**变形效应**，也称为**内效应**，例如物体在力的作用下发生伸长、缩短或弯曲等变形。在理论力学中，只讨论力的运动效应，力的变形效应将在材料力学中讨论。

力对物体作用的效应取决于**力的三要素**——力的**大小**、**方向**、**作用点**，所以**力是矢量**，称为**力矢**。力的方向包括力作用的方位和指向。

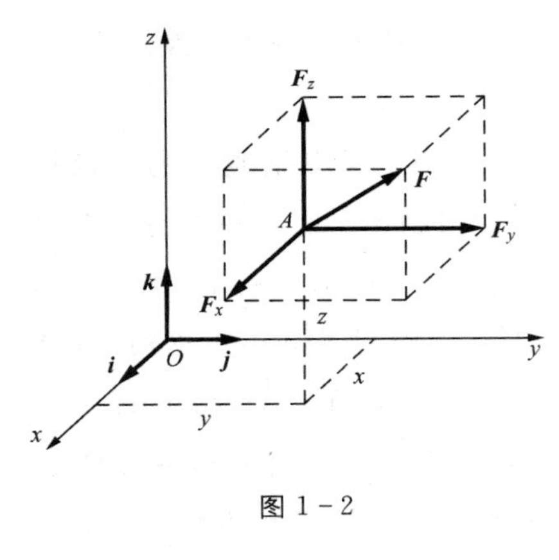

图 1-2

度量力的大小的国际单位制(SI)量纲为牛顿(N),即使1kg质量的物体产生$1m/s^2$加速度的力定义为1N。

力$\boldsymbol{F}$在直角坐标系中可表示为

$$\boldsymbol{F}=\boldsymbol{F}_x+\boldsymbol{F}_y+\boldsymbol{F}_z=F_x\boldsymbol{i}+F_y\boldsymbol{j}+F_z\boldsymbol{k} \quad (1-1)$$

式中:$\boldsymbol{F}_x$、$\boldsymbol{F}_y$、$\boldsymbol{F}_z$分别为力$\boldsymbol{F}$在x、y、z三个坐标轴方向上的分力矢量;$\boldsymbol{i}$、$\boldsymbol{j}$、$\boldsymbol{k}$分别为x、y、z轴对应的单位矢量;F_x、F_y、F_z分别为力$\boldsymbol{F}$在x、y、z轴上的投影,为代数量,如图1-2所示。

物体受力一般是通过物体间直接或间接接触进行的。在多数情况下接触处不是一个点,而是具有一定尺寸的面积或体积。此时无论是施力体还是受力体,其接触处所受的力都是作用在接触区域上的**分布力**。在大多数情形下,这种分布力都比较复杂。

为了便于计算和分析,需要对分布力进行适当简化。当力的作用面积小到可以不计其大小时,便抽象为一个点,这个点就是力的作用点,而这种作用于一点的力称为**集中力**。例如,静止的汽车通过轮胎作用在水平桥面上的力,当轮胎与桥面接触面积较小时,即可视为集中力,如图1-3(a)所示;而桥面施加在桥梁上的力则为分布力,如图1-3(b)所示。

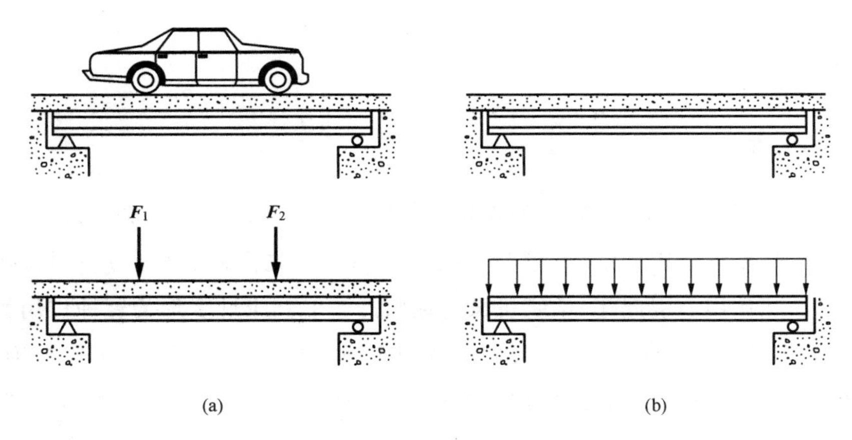

图 1-3

作用在物体上的力的集合称为**力系**。按照力系中各力作用线在空间的分布形式不同,力系可分为以下三类。

(1) **汇交力系**:各力作用线相交于一点。

(2) **平行力系**:各力作用线相互平行。

(3) **一般力系**:各力作用线既不相交于同一点,又不相互平行。

按照各力作用线是否位于同一平面内,上述三种力系又都可再分为**平面力系**和**空间力系**两类,如平面一般力系、空间一般力系等。

1.1.3　平衡

所谓**平衡**，指物体相对于惯性参考系处于**静止**或**匀速直线运动**的状态。

平衡是物体机械运动的特殊形式，是物体在特殊力系作用下产生的特殊外效应。物体的平衡是相对于确定的参考系而言的。例如，地球上平衡的物体是相对于与地球固连的参考系的，如果相对于与太阳固连的参考系则不平衡。

在工程实际中，一般取固连于地球的参考系作为近似的**惯性参考系**，其分析计算的结果已具有足够的精确度。因此，如果不特别说明，所讨论的平衡问题一般都以地球作为固定参考系。

一般情况下，刚体受到力系作用时，其运动状态将发生改变。如果作用在刚体上的力系满足一定条件，可使刚体保持平衡。作用于刚体上使刚体处于平衡状态的力系称为**平衡力系**，又称**零力系**。平衡力系应满足的条件称为力系的**平衡条件**。

静力学所研究的平衡问题，可以是单个刚体，也可以是由若干个刚体组成的系统，这种系统称为**刚体系统**。显然，刚体或刚体系统是否平衡，取决于作用在其上的力系。一个刚体系统平衡时，则组成该系统的每一个刚体或其中的任何局部也是平衡的。

1.2　静力学基本原理

静力学基本原理是牛顿运动定律对平衡问题的科学归纳。这些原理，有的就是牛顿运动定律本身的内容，有的则可由牛顿运动定律导出。作为经过反复观察和实践总结出来的客观规律正确地反映了作用于物体上的力的基本性质，可以认为是真理而不需要证明，因此，也称这些静力学基本原理为静力学公理。**公理**是人们在生活和生产实践中长期积累的经验总结，又经过实践反复检验，被确认是符合客观实际的最普通、最一般的规律，是不需要进行证明的。静力学基本原理是静力学全部理论的基础。

1.2.1　二力平衡原理

作用于同一刚体上的两个力，使刚体平衡的必要和充分条件是：这两个力的大小相等、方向相反，并作用在同一直线上，即

$$\boldsymbol{F}_1 = -\boldsymbol{F}_2 \qquad (1-2)$$

例如，在图 1－4 中，若各刚体均在力 $\boldsymbol{F}_1$ 及 $\boldsymbol{F}_2$ 的作用下保持平衡，则此二力必等值、反向，并沿着其作用点 A、B 的连线，作用在同一物体上。否则，该物体就不能平衡。

在工程中，常把忽略自重，仅在两点受力而平衡的构件称为**二力构件**，如图 1－4所示。

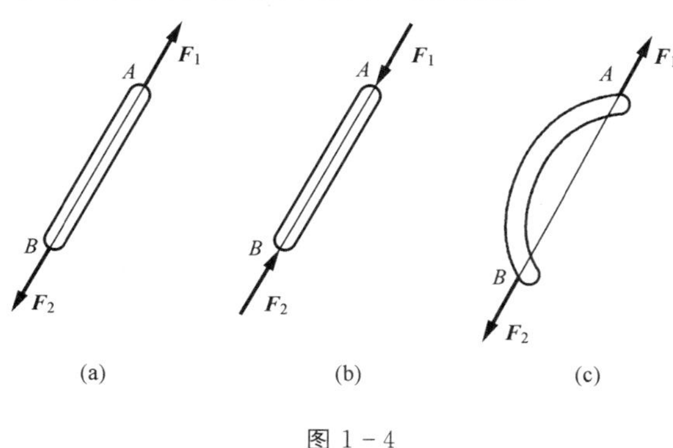

图 1－4

二力平衡原理是论证刚体平衡条件的基础。二力平衡原理对于刚体是必要和充分的，但对于变形体则是不充分的。

1.2.2　加减平衡力系原理

在作用于刚体的力系中，加上或减去一个平衡力系，不改变原力系对刚体的作用效应。

加减平衡力系原理是力系简化的重要依据之一。此原理表明平衡力系对刚体不产生运动效应，其适用条件只是刚体。对变形体，加上或减去一个平衡力系，将会改变变形体上各处的受力状态，因此会引起内效应和外效应的变化。根据此原理可有如下推论。

推论　力的可传性

作用于刚体上的力可沿其作用线移动到刚体上的任意点而不改变该力对刚体的作用效应。

证明　设 $\boldsymbol{F}$ 为作用于刚体上 A 点的已知力，如图 1－5(a)所示。在力的作用线上任一点 B 处加上一对沿作用线、大小均为 F 的平衡力 $\boldsymbol{F}_1$ 和 $\boldsymbol{F}_2$，且有 $\boldsymbol{F}_1=-\boldsymbol{F}_2$，如图 1－5(b)所示。根据加减平衡力系原理，新力系($\boldsymbol{F},\boldsymbol{F}_1,\boldsymbol{F}_2$)与原来的力 $\boldsymbol{F}$ 等效。而 $\boldsymbol{F}$ 和 $\boldsymbol{F}_1$ 可构成一平衡力系，减去后不改变力系的作用效应，如图 1－5(c)所示。于是，力 $\boldsymbol{F}_2$ 与原力 $\boldsymbol{F}$ 等效。力 $\boldsymbol{F}_2$ 与力 $\boldsymbol{F}$ 大小相等，作用线和指向相同，只是作用点由 A 变为 B。

此推论表明，对于刚体，**力的三要素**变为**力的大小、方向和作用线**。

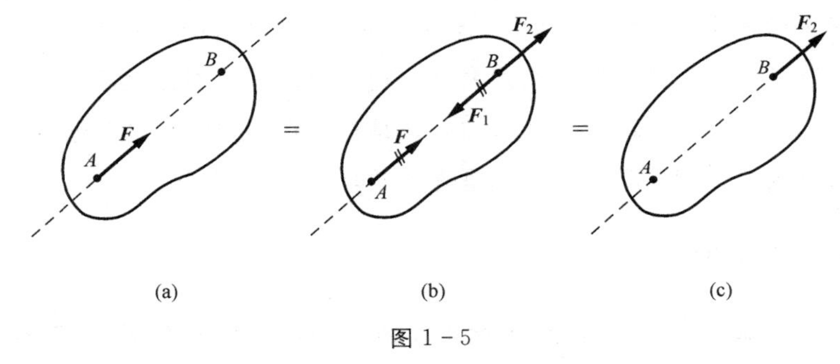

图 1－5

可沿作用线方向滑动的矢量称为**滑动矢量**。因此，作用于刚体上的力是滑动矢量。作用在变形体上的力既不能沿其作用线滑动，也不能绕其作用点转动。因此，作用在变形体上的力的作用线和作用点都是固定的，这时的力为**定位矢量**。

1.2.3　力平行四边形法则

作用在刚体上同一点的两个力，可以合成为一个合力，合力的作用点也在该点，合力的大小和方向，由这两个力矢为邻边构成的平行四边形的对角线矢量确定，如图 1－6(a)所示。或者说，**合力矢等于这两个力矢的几何和**，即

$$\boldsymbol{F}_R=\boldsymbol{F}_1+\boldsymbol{F}_2 \tag{1-3}$$

力平行四边形法则是复杂力系简化的基础，也是力的分解法则。另外，也可通过作力三角形方法，求两力的合力的大小及其方向，如图 1－6(b)所示，称为**力三角形法则**。在应用力三角形法则求合力时，与分力的先后次序无关。

上述方法可以推广到 n 个力组成的平面汇交力系的合成，如图 1－7(a)所示。设刚体上作用有 4 个汇交于 A 点的同平面的力 $\boldsymbol{F}_1$、$\boldsymbol{F}_2$、$\boldsymbol{F}_3$、$\boldsymbol{F}_4$，应用力三角形法则，各力依次合成，如图 1－7(b)所示。先将 $\boldsymbol{F}_1$ 和 $\boldsymbol{F}_2$ 合成，则 AC 表示 $\boldsymbol{F}_1$ 和 $\boldsymbol{F}_2$ 的合力矢；再作 CD 表示 $\boldsymbol{F}_3$，则 AD 表示 $\boldsymbol{F}_1$、$\boldsymbol{F}_2$ 和 $\boldsymbol{F}_3$ 的合力矢；最后作 DE 表示 $\boldsymbol{F}_4$，则 AE 即为 $\boldsymbol{F}_1$、$\boldsymbol{F}_2$、$\boldsymbol{F}_3$ 和 $\boldsymbol{F}_4$ 的合力矢 $\boldsymbol{F}_R$。多边形 $ABCDE$ 称为**力多边形**，AE 称为**力多边形的封闭边**。这种求合力矢 $\boldsymbol{F}_R$ 的方法称为**力多边形法则**。因此，可得出如下结论：**平面汇交力系合成的结果为一个合力，合力的作用线过力系的汇交点，其大小和方向可用力多边形的封闭边表示**，即

$$\boldsymbol{F}_R = \boldsymbol{F}_1 + \boldsymbol{F}_2 + \cdots + \boldsymbol{F}_n = \sum_{i=1}^{n} \boldsymbol{F}_i \tag{1-4}$$

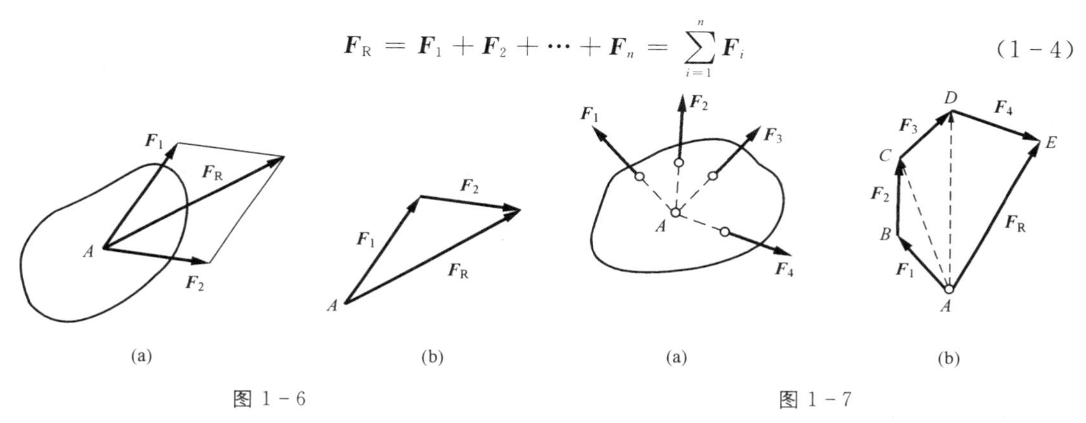

(a)　(b)　(a)　(b)

图 1－6　图 1－7

若力多边形的封闭边为零，即最后一个力的末端与第一个力的始端重合，则合力为零，这表示该平面汇交力系为平衡力系。因此，平面汇交力系平衡的必要与充分几何条件是：**力多边形首尾相连，自行封闭**。所以，平面汇交力系平衡条件的矢量表达式为

$$\boldsymbol{F}_R = \boldsymbol{F}_1 + \boldsymbol{F}_2 + \cdots + \boldsymbol{F}_n = \sum_{i=1}^{n} \boldsymbol{F}_i = 0$$

推论　三力平衡汇交定理

作用于刚体上的三个相互平衡的力，若其中两个力的作用线汇交于一点，则此三力必在同一平面内，且第三个力的作用线一定通过汇交点。

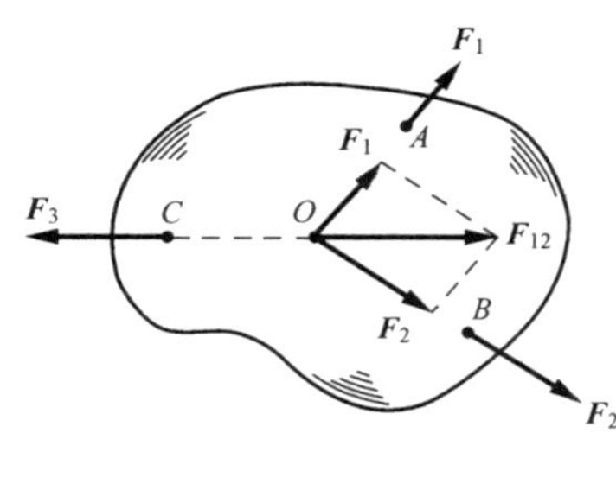

图 1－8

证明　设力 $\boldsymbol{F}_1$、$\boldsymbol{F}_2$、$\boldsymbol{F}_3$ 作用于刚体的 A、B、C 三点且平衡，如图 1－8 所示。根据力的可传性，可将力 $\boldsymbol{F}_1$ 和 $\boldsymbol{F}_2$ 移至汇交点 O。根据力平行四边形法则得到 $\boldsymbol{F}_1$、$\boldsymbol{F}_2$ 的合力 $\boldsymbol{F}_{12}$，则力 $\boldsymbol{F}_3$ 与 $\boldsymbol{F}_{12}$ 平衡。由二力平衡原理，$\boldsymbol{F}_3 = -\boldsymbol{F}_{12}$，即 $\boldsymbol{F}_3$ 的作用线必过 O 点且与 $\boldsymbol{F}_1$、$\boldsymbol{F}_2$ 共面。

三力平衡汇交定理是确定力的作用线的方法之一，即若刚体在三个力的作用下处于平衡，如果已知其中两个力

的作用线汇交于一点，则第三力的作用点与该汇交点的连线为第三个力的作用线，其指向由二力平衡原理来确定。应当指出，三力平衡汇交定理的条件是必要条件，不是充分条件。

1.2.4　作用和反作用定律

任何两个物体间的作用力和反作用力总是同时存在，两力的大小相等、方向相反，沿着同一直线，分别作用在两个相互作用的物体上。若用 $\boldsymbol{F}$ 表示作用力，用 $\boldsymbol{F}'$ 表示反作用力，则

$$\boldsymbol{F}=-\boldsymbol{F}' \tag{1-5}$$

作用和反作用定律概括了物体间相互作用的关系，表明作用力和反作用力总是成对出现的。由于作用力和反作用力分别作用于两个物体上，因此，不能视为平衡力系。

如图 1-9(a)所示，重为 $\boldsymbol{P}$ 的球放在支承面上，此球给支承面的作用力为 $\boldsymbol{F}_{\mathrm{N}}$，支承面同时给球一反作用力 $\boldsymbol{F}_{\mathrm{N}}'$，且有 $\boldsymbol{F}_{\mathrm{N}}=-\boldsymbol{F}_{\mathrm{N}}'$，如图 1-9(b)所示。球受到地球引力 $\boldsymbol{P}$ 作用，与其相应的反作用力 $\boldsymbol{P}'$ 则作用在地球上。

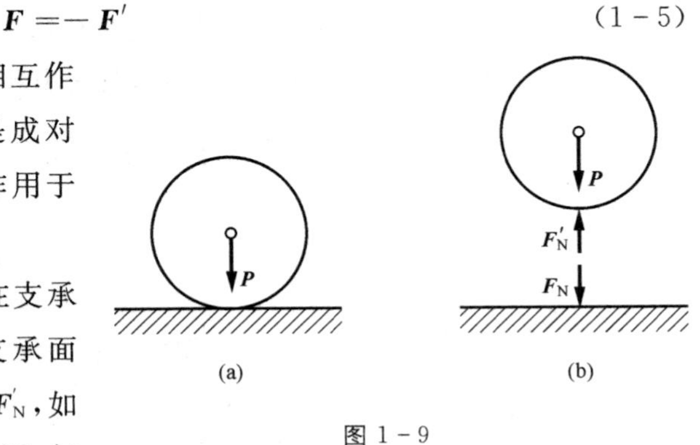

图 1-9

1.2.5　刚化原理

变形体在某一力系作用下处于平衡，如将此变形体刚化为刚体，其平衡状态保持不变。

刚化原理提供了把变形体看做刚体模型的条件。如图 1-10 所示，绳索在等值、反向、共线的两个拉力作用下处于平衡，如将绳索刚化成刚体，其平衡状态保持不变。反之就不一定成立。如刚体在两个等值反向的压力作用下平衡，若将它换成绳索就不能平衡了。

由此可见，刚体的平衡条件是变形体平衡的必要条件，而非充分条件。在刚体静力学的基础上，考虑变形体的特性，可进一步研究变形体的平衡问题。

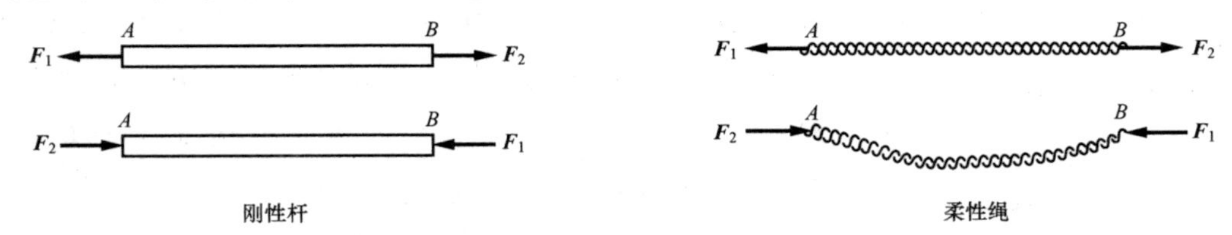

图 1-10

1.3　约束与约束反力

1.3.1　自由度

从运动的角度可将所研究的物体分为两类：一类是其运动不受其周围物体限制的，这样的物体称为**自由体**，例如飞行中的飞机、炮弹、卫星等；另一类是其运动受到其周围物体限制的，这样的物体称为**非自由体**，例如建筑结构中的水平梁受到支撑它的柱子的限制，火车只能在轨道上行驶等。

如果一个质点在某平面内运动，则需要 2 个独立坐标 x、y 来确定其位置，而在空间运动的质点就需要 3 个独立坐标 x,y,z 来确定其所在的空间位置。用来确定质点或质点系位置所需的独立坐标数称为**自由度**。因此，在平面内自由运动的质点的自由度为 2，而在空间内自由运动的质点的自由度就是 3。

如图 1－11(a)所示，对于平面上运动的自由刚体 AB，必须而且只需用 3 个坐标 x_A、y_A、α 就能完全确定其位置。故平面运动的自由刚体有 3 个自由度。如图 1－11(b)所示，对于空间运动的自由刚体，必须而且只需用 6 个独立的坐标 x_A、y_A、z_A、ψ、φ、θ 来完全确定其位置(其中 ψ、φ、θ 称为**欧拉角**，是确定定点运动刚体空间方位的三个独立坐标)。故空间运动的自由刚体有 6 个自由度。

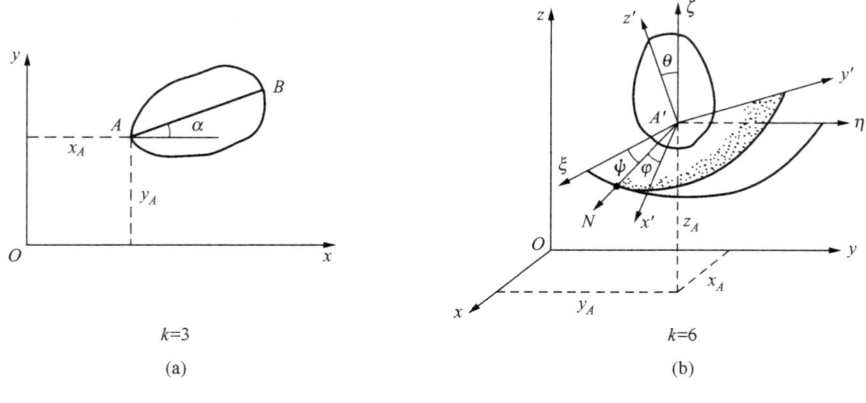

图 1－11

对于非自由体，由于运动受到限制，用来确定其位置所需要的独立坐标的数目也相应减少，减少的数目等于刚体所受到的约束数。如图 1－11(a)中，如果 A 被限定在平行于 x 轴方向运动，则 y_A 为常数，故用两个独立坐标 x_A、α 即可确定其位置，其自由度为 2。

1.3.2　约束

将限制非自由体某种运动的周围物体称为**约束**，例如，上述支撑水平梁的柱子是水平梁的约束，火车轨道是火车的约束。约束是通过直接接触实现的，当物体沿着约束所能阻止的运动方向有运动或运动趋势时，对它形成约束的物体必有能阻止其运动的力作用于它，这种力称为该物体的**约束反力**，简称**约束力**或**反力**，即约束力是约束对物体的作用。由约束的性质可知，约束力的方向与约束所能阻止的运动方向相反。

非自由体所受的力可分为两类：**主动力**和**约束力**。主动力有时又称为**载荷**，如物体的自重、风载等。对受约束的非自由体进行受力分析时，主要是分析约束力。工程中的实际约束多种多样，十分复杂，但在理论力学中，将物体所受约束的主要性质保留，而忽略次要因素，从而得到一些理想的约束模型。

1.3.3　工程中常见的约束

约束反力是通过约束和被约束物体相互接触而产生的，这种接触力的特征与接触面的物理性质和约束的结构形式有关。对于工程中常见的约束形式，按约束的物理性质可分为柔性约束和刚性约束两大类。

1.3.3.1　柔性约束

柔性约束通常指不能承受压缩和弯曲而只能承受拉伸的细长柔软体，如不可伸长的绳索、皮带、链条等，又称为**柔索**，如图 1-12 和图 1-13 所示。这种约束的特点是其所产生的约束力作用在接触点，方向始终沿着柔索并背离被约束物体，因此只能是拉力，而不能是压力。

图 1-13 中的带轮传动机构中，皮带虽然有紧边和松边之分，但两边的带所产生的约束力都是拉力，只不过紧边的拉力要大于松边的拉力。

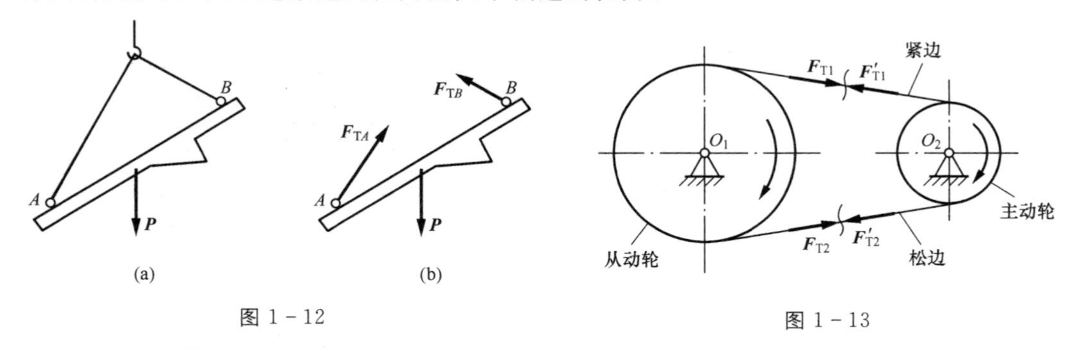

图 1-12　　图 1-13

1.3.3.2　刚性约束

刚性约束指约束体与被约束体之间的接触为刚性接触。常见的刚性约束有以下几种。

（1）**光滑接触面**。两个物体的接触面处光滑无摩擦时，约束物体只能限制被约束物体沿二者接触面公法线方向的运动，而不限制沿接触面切线方向的运动。因此，光滑接触面约束的约束力只能沿着接触面的公法线方向，并指向被约束物体。图 1-14(a)所示为光滑曲面对刚性球的约束，图 1-14(b)所示为齿轮传动机构中齿轮的约束，图 1-14(c)所示为尖角约束。

(2) **光滑圆柱铰链**。只限制两个物体之间的相对移动,而不限制其相对转动的连接,称为**铰链约束**。若忽略摩擦影响,则为**光滑铰链约束**。工程中常见的圆柱形销钉联接、桥梁支座、轴承和球形铰链等均属于这类约束。

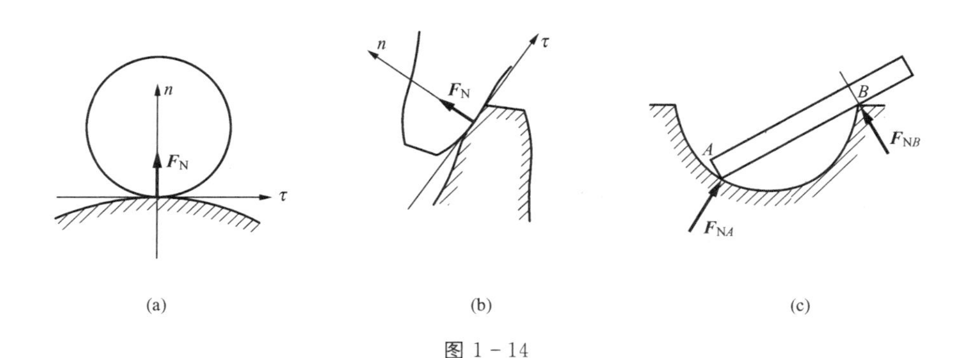

图 1-14

光滑圆柱铰链又称为**柱铰**,或者简称为**铰链**,如图 1-15 所示。在两物体上各钻出相同直径的圆孔并用相同直径的圆柱形销钉插入孔内,所形成的联接为圆柱形铰链约束。这时,两个相连的构件互为约束与被约束物体,这种约束只能限制被约束的两物体在垂直于销钉轴平面内的相对移动,而不能限制被约束物体绕销钉轴的转动。由于被约束物体的销钉孔表面和销钉表面均不考虑摩擦,故销钉与物体销钉孔间的约束实质为光滑接触面约束。

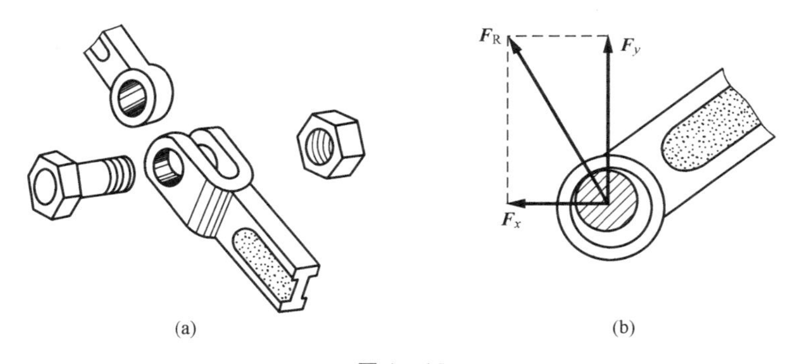

图 1-15

若约束物体为固定支座,则称这种约束为**固定铰支座**,其结构简图如图 1-16(a)所示。这时,约束与被约束物体通过销钉连成一体,其约束与铰链相似。若将销钉与被约束物体视为一整体,则其与约束物体(固定支座)之间为线(销钉圆柱体的母线)接触,在平面图形上则为一点。

由于铰链的接触线或接触点位置随载荷的方向而改变,因此在光滑接触的情况下,这种约束的约束力通过圆孔中心,如图 1-16(a)所示,但其大小和方向均不确定,通常用分量表示。在平面问题中约束力分量分别用 $\boldsymbol{F}_x$、$\boldsymbol{F}_y$ 表示,如图 1-16(b)和(c)所示。

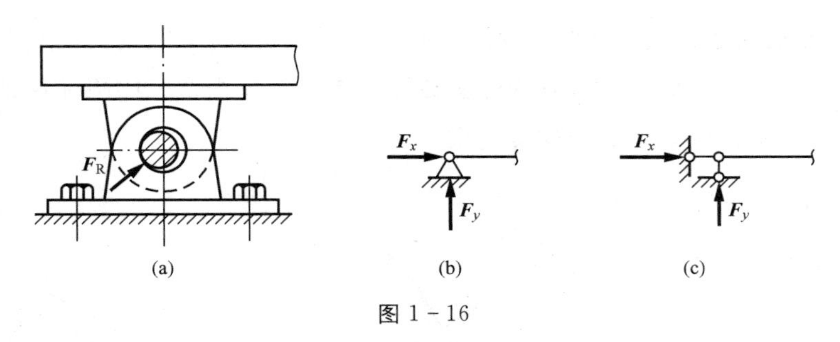

图 1－16

如图 1－17 所示，支撑传动轴的向心轴承也是一种固定铰支座约束，它允许转轴转动，但限制转轴在垂直于轴的中心线的任何方向上移动。因此，径向轴承的约束反力应在与轴线垂直的平面内，通过圆轴中心，但指向不定，其力学简图如图 1－17(d)所示。

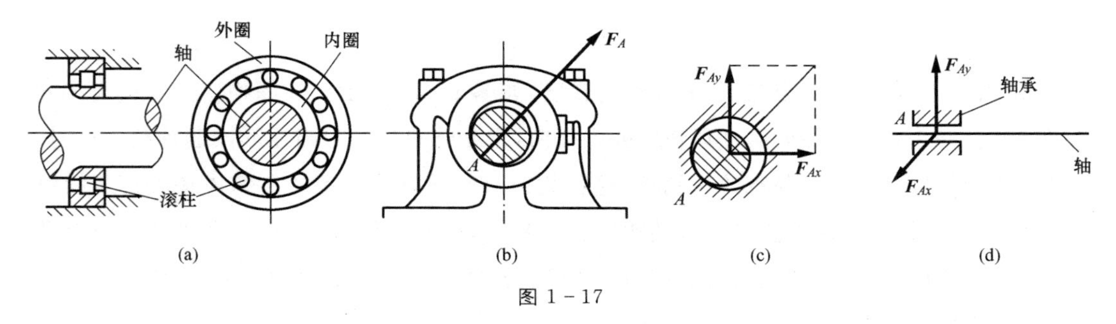

图 1－17

(3) **辊轴**。在固定平面圆柱铰链支座的下部安装若干刚性滚子即构成**辊轴约束**，或称**辊轴支座**，如图 1－18(a)所示。桥梁支座和房屋结构中常采用这种约束。采用这种支承结构，主要是考虑到由于温度的改变，桥梁长度会有一定量的伸长或缩短，为使桥梁伸缩自由，辊轴可以沿伸缩方向作微小滚动。由于沿滚动方向无约束作用，约束力只能沿支承平面的法线方向，构成一平行力系。其合力 $\boldsymbol{F}$ 的作用线必通过铰链的中心，且垂直于支承平面。辊轴的几种简化符号如图 1－18(b)所示。

(4) **链杆**。两端用光滑销钉与物体连接而中间不受力的直杆，称为**链杆约束**，如图 1－19(a)所示。链杆只能阻止物体与链杆连接的一点沿着链杆中心线方向的运动，并且链杆属于二力构件，因此，链杆的约束反力沿着链杆中心线，指向可以假定，如图 1－19(b)所示。

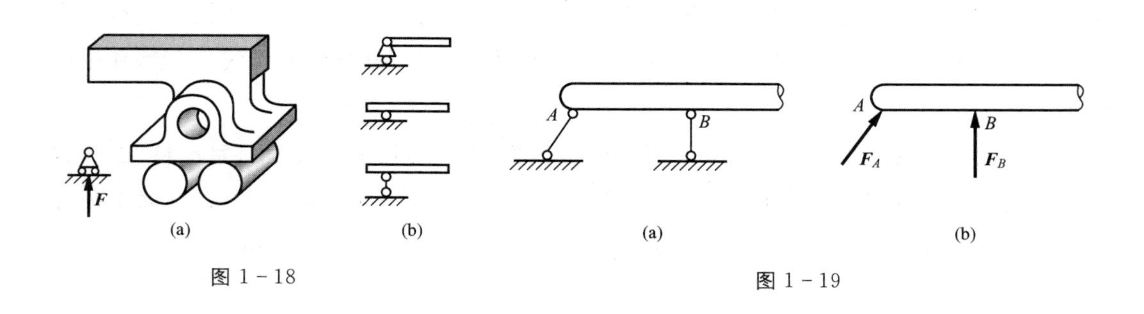

图 1－18　　图 1－19

（5）**球形铰链**。球形铰链简称**球铰**。与一般铰链相似，球铰也有固定球铰与活动球铰之分，其结构和力学简图如图1-20所示。被约束物体上的球头与约束物体上的球窝连接。这种约束的特点是被约束物体只能绕球心做空间转动，而不能有空间任意方向的移动。因此，球铰的约束力为通过球心的空间力，指向不定。为了计算方便，一般用三个分量 $\boldsymbol{F}_x$、$\boldsymbol{F}_y$、$\boldsymbol{F}_z$ 表示，如图1-20(b)所示。

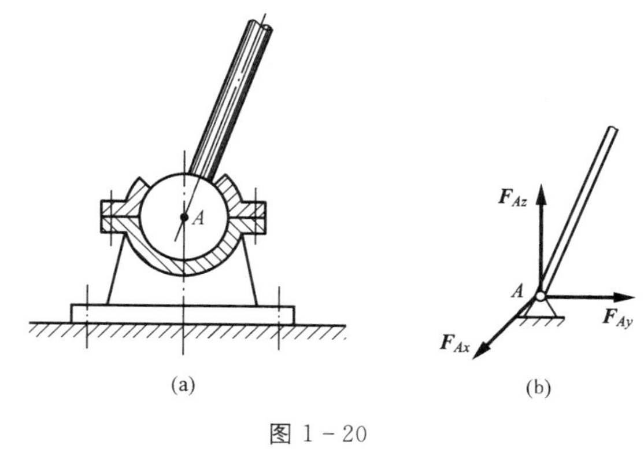

图1-20

（6）**止推轴承**。图1-21(a)中所示的止推轴承，除了与向心轴承一样具有作用线不定的径向约束力外，由于限制了轴的轴向运动，因而还有沿轴线方向的约束力，其力学简图如图1-21(c)所示。

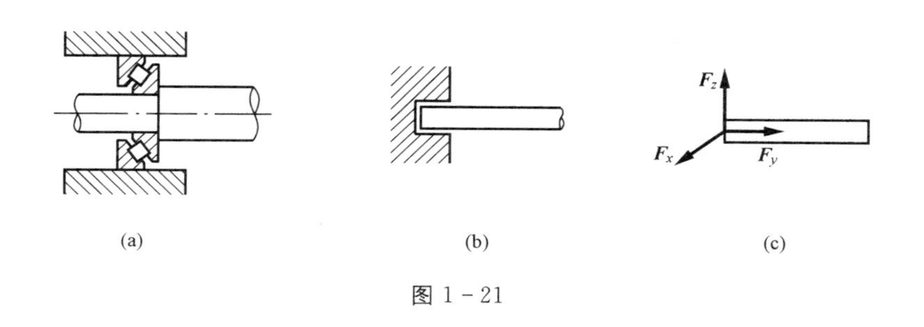

图1-21

（7）**固定端约束**。约束与被约束物体彼此固结为一体的约束，称为**固定端**。被约束物体的空间位置因被约束物体完全固定而没有任何相对活动余地。常见的地面对电线杆、墙对悬臂梁、刀架对车刀等都构成固定端约束，如图1-22(a)所示。这些约束具有共同的特点：被约束的物体在固定端处既不能移动，也不能转动。因此，有限制构件移动的约束反力和限制构件转动的约束反力偶。平面上的固定端约束反力用两个正交分力表示，反力偶用平面力偶表示，如图1-22(b)所示。空间固定端约束反力用三个正交分力表示，反力偶矩矢也用沿坐标轴的三个分量表示，如图1-22(c)所示。

以上介绍几种典型约束时，都作了一些理想化假定，例如柔索不可伸长、接触面绝对光滑等。满足这些理想化条件的约束称为**理想约束**，它是对实际约束的一种理想化抽象。当实际约束存在的非理想因素足够微小时，理想约束可以足够准确地反映实际约束。

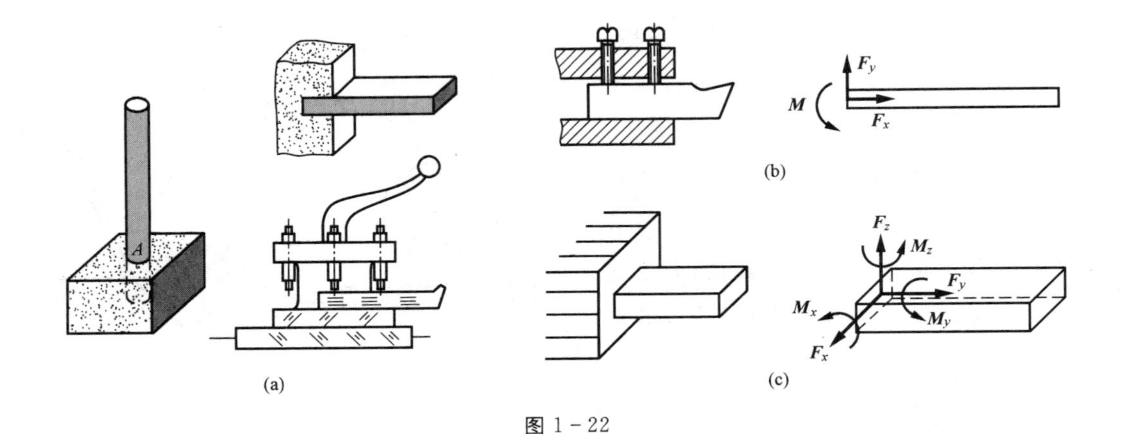

图 1－22

1.4　受力分析与受力图

在介绍了各种典型约束的约束力系简化结果以后，就可以着手进行受力分析。解决静力学问题，首先必须根据问题的性质、已知量和所要求的未知量，选择某一物体（或几个物体组成的系统）作为研究对象，并假想地将所研究的物体从与其接触或连接的物体中分离出来，即解除其所受的约束代之以相应的约束力。解除约束后的物体，称为**分离体**。分析作用在分离体上的全部主动力和约束力，画出分离体的受力简图——**受力图**，这一过程即为**受力分析**。

受力分析是求解静力学和动力学问题的基础，具体步骤如下所述。

(1) 选定合适的研究对象，确定分离体。

(2) 画出作用在分离体上的所有主动力（一般皆为已知力）。

(3) 在分离体的所有约束处，根据约束的性质画出约束力。

当选择若干个物体组成的系统作为研究对象时，作用于系统上的力可分为两类：系统外物体作用于系统内物体上的力为**外力**；系统内物体间的相互作用力为**内力**。

需要指出的是，内力和外力的区分不是绝对的，内力和外力只有相对于某一确定的研究对象才有意义。由于内力总是成对出现的，不会影响所选择的研究对象的平衡状态，因此，在受力图中不必画出。

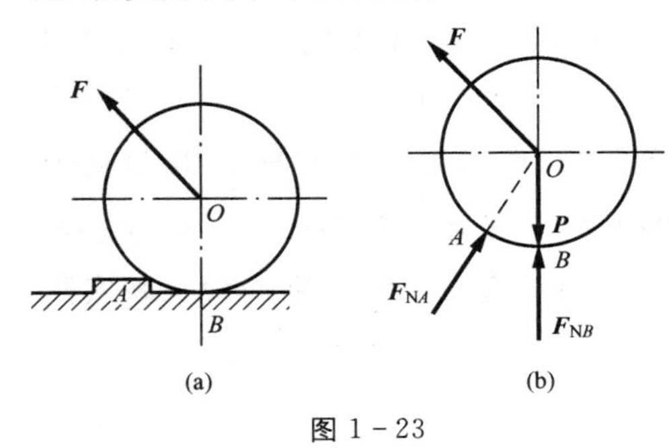

图 1－23

此外，当所选择的研究对象不只一个时，要正确应用作用与反作用定律，确定相互联系的研究对象在同一约束处的约束力，它们应大小相等、方向相反。

【例 1－1】　用力 $\boldsymbol{F}$ 拉动碾子以压平路面，重为 $\boldsymbol{P}$ 的碾子受到一石块的阻碍，如图 1－23(a)所示。不计摩擦，试画出碾子的受力图。

解　(1) 取碾子为研究对象(即取分离体),并单独画出其简图。

(2) 画出主动力。有地球的引力 $\boldsymbol{P}$ 和作用于碾子中心的拉力 $\boldsymbol{F}$。

(3) 画约束力。因碾子在 A 和 B 两处受到石块和地面的光滑约束,故在 A 处及 B 处受石块与地面的法向反力 $\boldsymbol{F}_{NA}$ 和 $\boldsymbol{F}_{NB}$ 的作用,它们都沿着碾子上接触点的公法线而指向圆心 O。

碾子的受力图如图 1-23(b)所示。

【例 1-2】　曲杆 AC 与 BC 用三个铰链连接成如图 1-24(a)所示的结构,工程上称为三铰拱。如果在 C 处作用主动力 $\boldsymbol{F}$,试画出系统的受力图(杆重不计)。

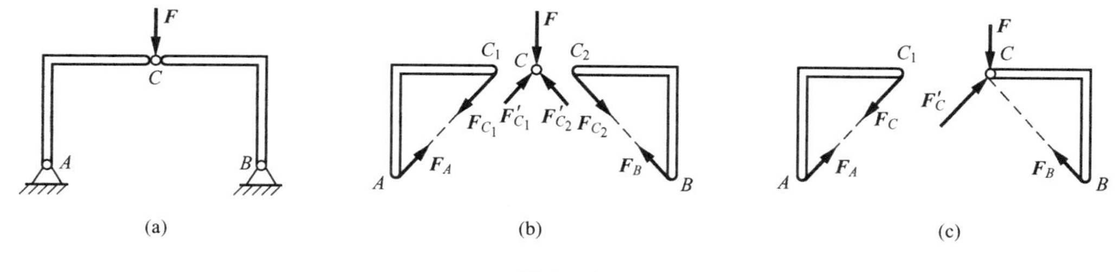

图 1-24

解　(1) 本题是一个刚体系统,有杆 AC_1 和 BC_2 及销钉 C 共三个构件,分别画出其受力图如图 1-24(b)所示。曲杆 AC_1 在 A、C_1 两点受力而平衡,根据二力平衡原理,两点受力的作用线应沿 AC_1 连线;同理,可确定曲杆 BC_2 上 B、C_2 两点作用力的作用线。销钉 C 受三力作用,除主动力 $\boldsymbol{F}$ 外,两杆对销钉的作用力可根据作用与反作用定律确定,即 $\boldsymbol{F}'_{C_1}=-\boldsymbol{F}_{C_1}$,$\boldsymbol{F}'_{C_2}=-\boldsymbol{F}_{C_2}$。

(2) 也可将销钉 C 与任意曲杆视为一体而将系统只拆成两部分。在图 1-24(c)中,将销钉与曲杆 BC_2 看成一体,其间的一对作用力 $\boldsymbol{F}_{C_2}$、$\boldsymbol{F}'_{C_2}$ 成为系统的内力,它们成对出现并构成平衡力系。根据加减平衡力系原理可以减去这个平衡力系,因而不必画出。这时系统的受力图具有简洁的形式,如图 1-24(c)所示。所以,只要不是专门研究销钉的受力,系统的受力图应采取图 1-24(c)的方案。

讨论

(1) 在刚体系统中,确定二力构件,对画受力图很有好处。例如,对图 1-24(a)所示的系统就能迅速画出受力图。

(2) 将刚体拆开画受力图时,各构件之间的作用力必须遵循作用与反作用定律。

(3) 画刚体系统的受力图时,只画外力,不画内力,即内力不应出现在受力图上。

【例 1-3】　图 1-25(a)所示结构受水平力 $\boldsymbol{F}$ 作用,构件自重不计。试画出板、杆连同滑块和滑轮以及整体的受力图。

解　(1) 先取板为研究对象,共受到三个力的作用:主动力 $\boldsymbol{F}$、约束力 $\boldsymbol{F}_A$ 和 $\boldsymbol{F}_C$。$\boldsymbol{F}_C$ 为板在 C 处受到杆上滑块的光滑接触面约束,作用线沿公法线方向,即沿垂直板上滑槽的方向;$\boldsymbol{F}_A$ 为板在 A 处受到的固定铰支座的约束力,根据三力平衡汇交定理,$\boldsymbol{F}_A$ 必通过 $\boldsymbol{F}$

与 $\boldsymbol{F}_C$ 的交点 G，如图 1－25(b)所示。

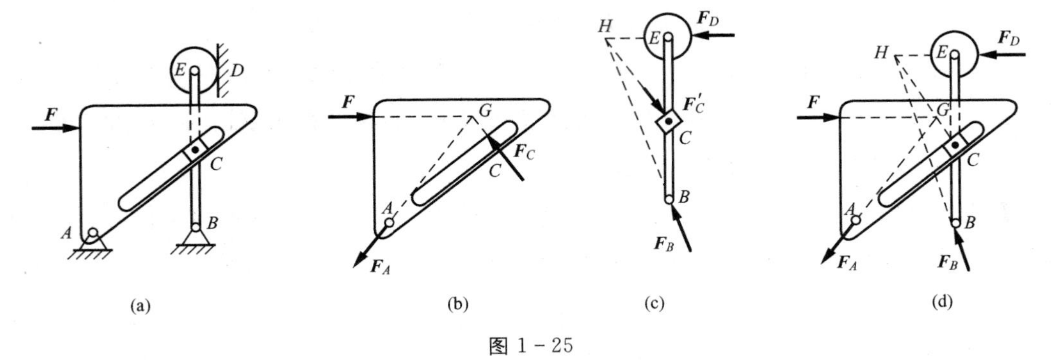

图 1－25

(2) 再取杆连同滑块和滑轮分析。虽然杆同滑块 C 和滑轮 E 均为铰接，但滑块 C 与滑轮 E 在 C 和 D 点均为光滑接触面约束，故其约束力的作用线均应沿公法线方向，分别以 $\boldsymbol{F}_C'$($\boldsymbol{F}_C'=-\boldsymbol{F}_C$)及 $\boldsymbol{F}_D$ 表示，B 点受固定铰支座约束，$\boldsymbol{F}_B$ 通过 $\boldsymbol{F}_C'$ 与 $\boldsymbol{F}_D$ 的交点 H，如图 1－25(c)所示。

(3) 最后分析整体受力情况。在整体受力图上只需画出全部外力，内力不必画出。整体受力图如图 1－25(d)所示。

对于有轮(滑轮)的系统，若没有特殊要求，不必将其单独取出分析，研究对象可以是几个物体的组合。

1.5　力矩与力偶

1.5.1　力对点之矩

力对点之矩是力的作用效应的量度之一，为一矢量，称为**矩矢**。如图 1－26 所示，空间作用力 $\boldsymbol{F}$ 对点 O 之矩定义为

$$\boldsymbol{M}_O(\boldsymbol{F})=\boldsymbol{r}\times\boldsymbol{F} \tag{1-6}$$

其中，$\boldsymbol{r}$ 为 O 点到力 $\boldsymbol{F}$ 的作用点 A 的矢量，称为**矢径**；O 点为**力矩中心**，简称**矩心**。

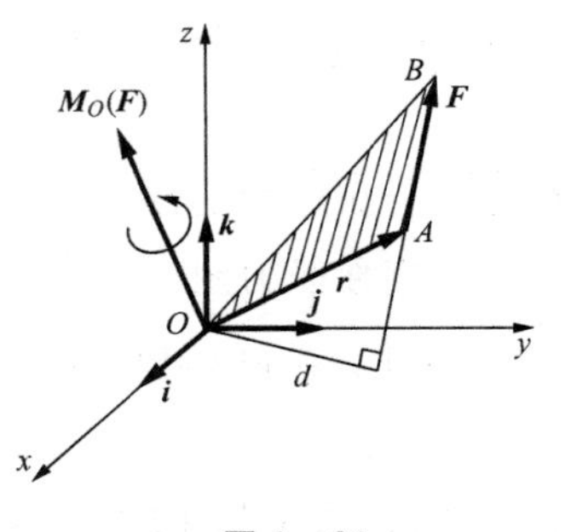

图 1－26

如图 1－26 所示，以矩心 O 为坐标原点，建立直角坐标系。设坐标轴 x、y、z 的单位方向矢量分别为 $\boldsymbol{i}$、$\boldsymbol{j}$、$\boldsymbol{k}$，则力 $\boldsymbol{F}=F_x\boldsymbol{i}+F_y\boldsymbol{j}+F_z\boldsymbol{k}$，矢径 $\boldsymbol{r}=x\boldsymbol{i}+y\boldsymbol{j}+z\boldsymbol{k}$。

式(1－6)可以用行列式形式表示为

$$\boldsymbol{M}_O(\boldsymbol{F})=\boldsymbol{r}\times\boldsymbol{F}=\begin{vmatrix}\boldsymbol{i} & \boldsymbol{j} & \boldsymbol{k}\\ x & y & z\\ F_x & F_y & F_z\end{vmatrix}=M_{Ox}\boldsymbol{i}+M_{Oy}\boldsymbol{j}+M_{Oz}\boldsymbol{k} \tag{1-7}$$

式中：M_{Ox}、M_{Oy}、M_{Oz} 分别为 $\boldsymbol{M}_O(\boldsymbol{F})$ 在 x、y、z 轴上的投影。

展开式(1-7)中的行列式,比较得到

$$M_{Ox}=yF_z-zF_y, M_{Oy}=zF_x-xF_z, M_{Oz}=xF_y-yF_x \tag{1-8}$$

矩矢定义式(1-6)包含了力 $\boldsymbol{F}$ 对 O 点之矩的全部要素:

(1) 大小:$|\boldsymbol{M}_O(\boldsymbol{F})|=Fd=2S_{\triangle OAB}$。其中,$S_{\triangle OAB}$ 为 $\triangle OAB$ 的面积。

(2) 方向:按右手法则,由 $\boldsymbol{r}\times\boldsymbol{F}$ 确定。

(3) 力矩中心为点 O。

由此可见,同一力 $\boldsymbol{F}$ 对于不同点的矩显然是不同的,即矩矢 $\boldsymbol{M}_O(\boldsymbol{F})$ 与矩心的位置有关,因此,矩矢是定位矢量。

另外,由于力是滑动矢量,当力 $\boldsymbol{F}$ 沿其作用线移动时,其大小、方向及由 O 点到力作用线的距离都不变,力 $\boldsymbol{F}$ 与矩心 O 构成的力矩平面的方位也不变,因而上述矩矢的三要素均不发生变化。

对于平面力系,设力系所在平面为 Oxy 平面,则各力作用点的坐标 $z=0$,各力在 z 轴上的投影 $F_z=0$,于是式(1-7)中仅剩下与 $\boldsymbol{k}$ 相关的一项,即

$$\boldsymbol{M}_O(\boldsymbol{F})=\begin{vmatrix} x & y \\ F_x & F_y \end{vmatrix}\boldsymbol{k}=M_{Oz}\boldsymbol{k}=(xF_y-yF_x)\boldsymbol{k} \tag{1-9}$$

1.5.2 力对轴之矩

力对轴之矩也是力的作用效应的一种量度。如图 1-27(a)所示可绕 z 轴转动的门,根据经验,只有作用于门上 A 点的力 $\boldsymbol{F}$ 在垂直于 z 轴的 P 平面上的分力 $\boldsymbol{F}_{xy}$ 才能使门转动,而与 z 轴平行的分力 $\boldsymbol{F}_z$ 对门无转动效应。

因此,力对轴之矩定义如下:力 $\boldsymbol{F}$ 对 z 轴的矩等于该力在垂直于 z 轴的平面上的投影对于 z 轴与此平面交点的矩,如图 1-27(b)所示,即

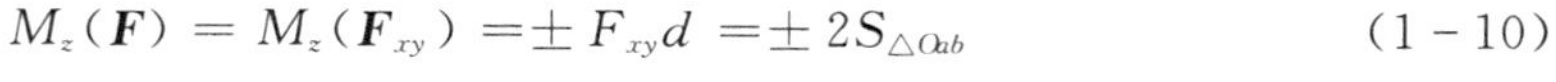

$$M_z(\boldsymbol{F})=M_z(\boldsymbol{F}_{xy})=\pm F_{xy}d=\pm 2S_{\triangle Oab} \tag{1-10}$$

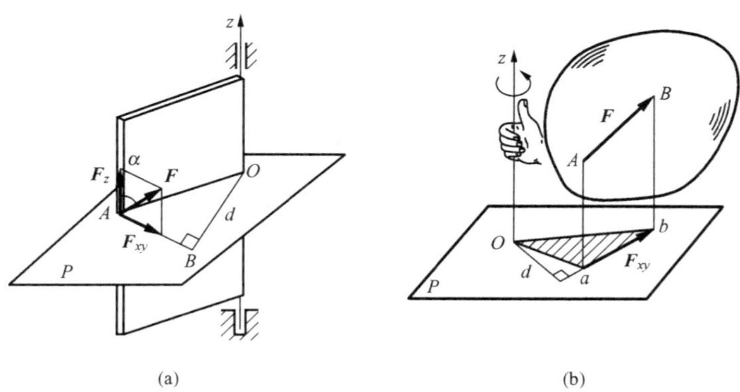

图 1-27

力对轴之矩为代数量,其正负号由右手法则确定,即以右手四指握起的方向表示力 $\boldsymbol{F}$ 使物体绕 z 轴转动的方向,若大拇指指向与 z 轴正向一致则为正,反之为负。

由定义知，在下面两种情况下，力对轴的矩等于零：力与矩轴平行；力与矩轴相交。这两种情况可概括为当力与矩轴共面时，力对该轴的矩为零。

如图 1－28 所示，力 $\boldsymbol{F}$ 对 z 轴的矩可表示为

$$M_z(\boldsymbol{F}) = M_z(\boldsymbol{F}_{xy}) = M_O(\boldsymbol{F}_{xy}) = xF_y - yF_x \tag{1-11}$$

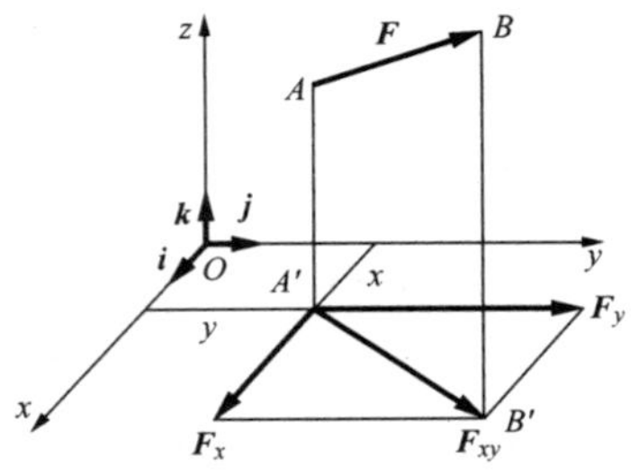

图 1－28

类似地，可得到力 $\boldsymbol{F}$ 对 x、y 轴的矩为

$$M_z(\boldsymbol{F}) = yF_z - zF_y, M_y(\boldsymbol{F}) = zF_x - xF_z \tag{1-12}$$

1.5.3 力矩关系定理

比较式(1－8)与式(1－11)和式(1－12)，有

$$\begin{cases} M_x(\boldsymbol{F}) = M_{Ox} = [\boldsymbol{M}_O(\boldsymbol{F})]_x \\ M_y(\boldsymbol{F}) = M_{Oy} = [\boldsymbol{M}_O(\boldsymbol{F})]_y \\ M_z(\boldsymbol{F}) = M_{Oz} = [\boldsymbol{M}_O(\boldsymbol{F})]_z \end{cases} \tag{1-13}$$

因此，力对点之矩在过该点的轴上的投影等于力对该轴之矩（代数量），此即**力矩关系定理**。

1.5.4 合力矩定理

如图 1－29 所示，设 A 点有力 $\boldsymbol{F}_1$ 和 $\boldsymbol{F}_2$ 作用，它们的合力为 $\boldsymbol{F}=\boldsymbol{F}_1+\boldsymbol{F}_2$，则

$$\boldsymbol{M}_O(\boldsymbol{F}) = \boldsymbol{r}\times\boldsymbol{F} = \boldsymbol{r}\times(\boldsymbol{F}_1+\boldsymbol{F}_2) = \boldsymbol{r}\times\boldsymbol{F}_1 + \boldsymbol{r}\times\boldsymbol{F}_2 = \boldsymbol{M}_O(\boldsymbol{F}_1) + \boldsymbol{M}_O(\boldsymbol{F}_2)$$

以此类推，有**合力矩定理：若力系存在合力，那么合力对某一点之矩，等于力系中所有力对同一点之矩的矢量和**，即

$$\boldsymbol{M}_O(\boldsymbol{F}) = \sum_{i=1}^{n}\boldsymbol{M}_O(\boldsymbol{F}_i) \tag{1-14}$$

其中，$\boldsymbol{F}=\sum_{i=1}^{n}\boldsymbol{F}_i$。

同样，对于力对轴之矩，合力矩定理则为**合力对某一轴之矩，等于力系中所有力对同一轴之矩的代数和**，即

$$\begin{cases} M_x(\boldsymbol{F}) = \sum_{i=1}^{n} M_x(\boldsymbol{F}_i) \\ M_y(\boldsymbol{F}) = \sum_{i=1}^{n} M_y(\boldsymbol{F}_i) \\ M_z(\boldsymbol{F}) = \sum_{i=1}^{n} M_z(\boldsymbol{F}_i) \end{cases} \tag{1-15}$$

应用合力矩定理以及微积分方法，可以确定工程中一些复杂载荷的合力。图1－30所

示为单位厚度水坝承受侧向静水压力的模型，侧向静水压力自水面起为 0 至坝基处取最大值，中间呈线性分布。

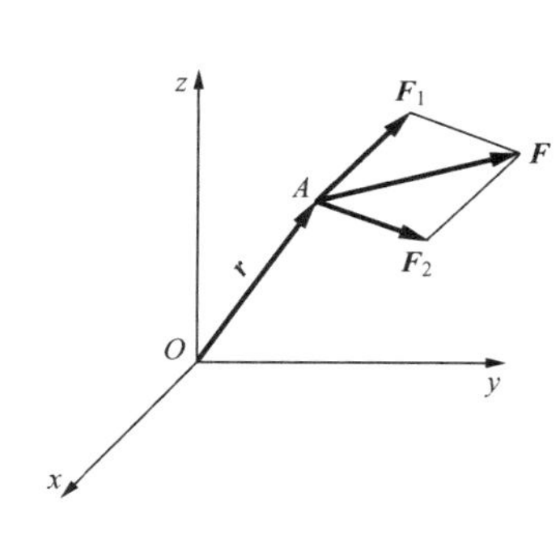

图 1－29

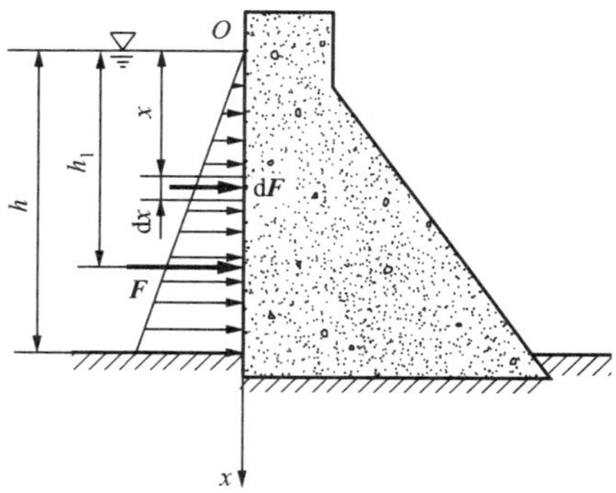

图 1－30

应用合力矩定理可以求得其合力 $\boldsymbol{F}$ 的作用点位置 h_1。计算如下：

$$F=\int_0^h \mathrm{d}F=\int_0^h \rho g x\,\mathrm{d}x=\frac{1}{2}\rho g h^2$$

$$Fh_1=\int_0^h x\mathrm{d}F=\int_0^h \rho g x^2\,\mathrm{d}x=\frac{1}{3}\rho g h^3$$

所以，$h_1=\dfrac{2}{3}h$。

式中，ρ 为水的密度，g 为重力加速度，h 为水深，h_1 为合力作用点至水面的距离。

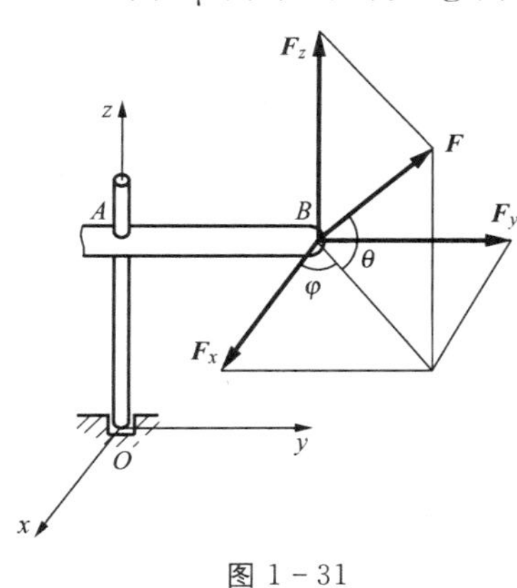

图 1－31

【例 1－4】　如图 1－31 所示，力 $\boldsymbol{F}$ 作用于杆 AB 的端点 B，大小为 50N，$OA=20\text{cm}$，$AB=18\text{cm}$，$\varphi=45°$，$\theta=60°$。试求力 $\boldsymbol{F}$ 对 O 点的矩及对各坐标轴的矩。

解　若直接从几何关系中求出 $\boldsymbol{F}$ 与 O 点的距离 d，显然比较麻烦。因此可以采用以下方法。

方法一　直接运用式(1－7)

$$F_x=F\cos\theta\cos\varphi=17.7\text{N}$$

$$F_y=F\cos\theta\sin\varphi=17.7\text{N}$$

$$F_z=F\sin\theta=43.3\text{N}$$

B 点坐标 $x=0$，$y=0.18\text{m}$，$z=0.2\text{m}$，则

$$\begin{aligned}\boldsymbol{M}_O(\boldsymbol{F})&=(yF_z-zF_y)\boldsymbol{i}+(zF_x-xF_z)\boldsymbol{j}+(xF_y-yF_x)\boldsymbol{k}\\&=4.254\boldsymbol{i}+3.54\boldsymbol{j}-3.18\boldsymbol{k}\text{N}\cdot\text{m}\\&=M_x(\boldsymbol{F})\boldsymbol{i}+M_y(\boldsymbol{F})\boldsymbol{j}+M_z(\boldsymbol{F})\boldsymbol{k}\end{aligned}$$

所以，力 $\boldsymbol{F}$ 对 O 点的矩大小为

$$M_O(\boldsymbol{F})=\sqrt{M_x^2(\boldsymbol{F})+M_y^2(\boldsymbol{F})+M_z^2(\boldsymbol{F})}=6.384\text{N}\cdot\text{m}$$

方法二　根据合力矩定理，考虑到力对轴之矩等于零的两种情况，先求出力 $\boldsymbol{F}$ 对过 O

点的各坐标轴的矩

$$M_x(\boldsymbol{F})=-F_y\cdot OA+F_z\cdot AB=4.254\text{N}\cdot\text{m}$$

$$M_y(\boldsymbol{F})=F_x\cdot OA=3.54\text{N}\cdot\text{m}$$

$$M_z(\boldsymbol{F})=-F_x\cdot AB=-3.18\text{N}\cdot\text{m}$$

再求力 $\boldsymbol{F}$ 对 O 点的矩

$$M_O(\boldsymbol{F})=\sqrt{M_x^2(\boldsymbol{F})+M_y^2(\boldsymbol{F})+M_z^2(\boldsymbol{F})}=6.384\text{N}\cdot\text{m}$$

$\boldsymbol{M}_O(\boldsymbol{F})$的方向可用方向余弦表示

$$\cos[\boldsymbol{M}_O(\boldsymbol{F}),\boldsymbol{i}]=\frac{M_x(\boldsymbol{F})}{M_O(\boldsymbol{F})}=0.666,\angle[\boldsymbol{M}_O(\boldsymbol{F}),\boldsymbol{i}]=48.21^\circ$$

$$\cos[\boldsymbol{M}_O(\boldsymbol{F}),\boldsymbol{j}]=\frac{M_y(\boldsymbol{F})}{M_O(\boldsymbol{F})}=0.555,\angle[\boldsymbol{M}_O(\boldsymbol{F}),\boldsymbol{j}]=56.32^\circ$$

$$\cos[\boldsymbol{M}_O(\boldsymbol{F}),\boldsymbol{k}]=\frac{M_z(\boldsymbol{F})}{M_O(\boldsymbol{F})}=-0.498,\angle[\boldsymbol{M}_O(\boldsymbol{F}),\boldsymbol{k}]=-60.12^\circ$$

1.5.5　力偶与力偶系

1.5.5.1　力偶的定义

大小相等、方向相反、作用线互相平行但不重合的两个力所组成的力系，称为力偶。力偶是一种最基本的力系，也是一种特殊的力系。

力偶中两个力所组成的平面称为**力偶作用面**，两个力作用线之间的垂直距离 d 为**力偶臂**，如图 1－32 所示。

工程中力偶的实例是很多的。驾驶汽车时，双手施加在方向盘上的两个力，若大小相等、方向相反、作用线互相平行，则二者组成一力偶。这一力偶通过传动机构，使前轮转向。图 1－33 所示为专用拧紧汽车车轮上螺母的工具，加在其上的两个力 $\boldsymbol{F}_1$ 和 $\boldsymbol{F}_2$，方向相反、作用线互相平行，如果大小相等，则二者组成一力偶。这一力偶通过工具施加在螺母上，使螺母拧紧。

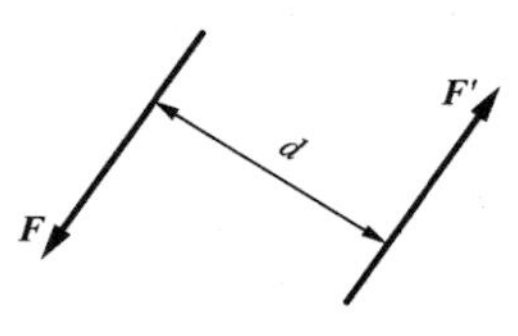

图 1－32

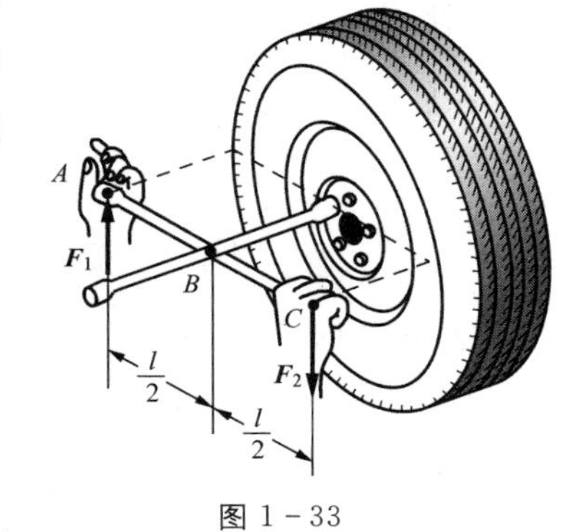

图 1－33

1.5.5.2　力偶的性质

性质 1　力偶没有合力。

由力偶的定义可知，组成力偶的两个力的矢量之和等于零。这表明不可能将组成力偶的两个力 $\boldsymbol{F}$ 和 $\boldsymbol{F}'$合成为一个合力。即力偶不能用一个力代替，因而也不能与一个力平衡。

这一性质表明，力和力偶是两个非零的最简单力系。

性质 2　力偶对空间任意一点之矩都等于其本身的力偶矩矢。

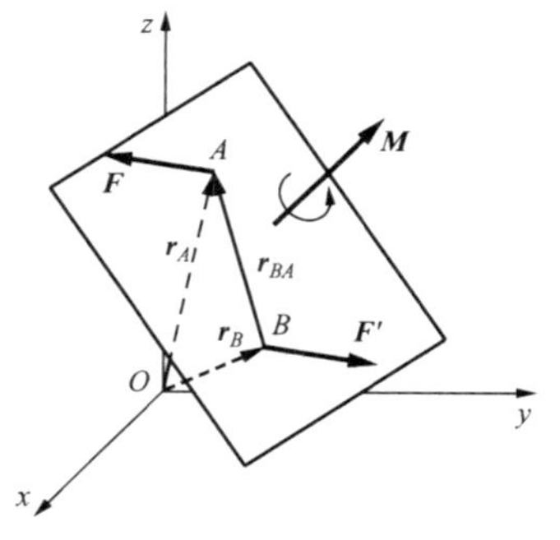

图 1 - 34

图 1 - 34 所示的力偶($\boldsymbol{F},\boldsymbol{F}'$)由 $\boldsymbol{F}$ 和 $\boldsymbol{F}'$ 组成，$\boldsymbol{F}'=-\boldsymbol{F}$，$O$ 点为空间的任意点。力偶($\boldsymbol{F},\boldsymbol{F}'$)对空间任意 O 点之矩为

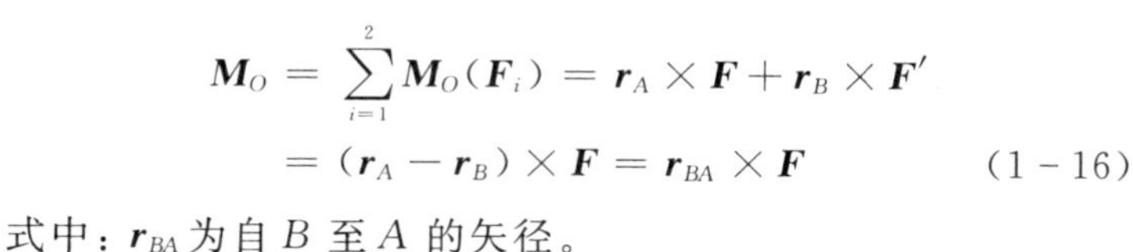

$$\begin{aligned}\boldsymbol{M}_O &= \sum_{i=1}^{2}\boldsymbol{M}_O(\boldsymbol{F}_i) = \boldsymbol{r}_A \times \boldsymbol{F} + \boldsymbol{r}_B \times \boldsymbol{F}' \\ &= (\boldsymbol{r}_A - \boldsymbol{r}_B) \times \boldsymbol{F} = \boldsymbol{r}_{BA} \times \boldsymbol{F} \qquad (1-16)\end{aligned}$$

式中：$\boldsymbol{r}_{BA}$ 为自 B 至 A 的矢径。

式(1 - 16)表明，力偶对点之矩与点的位置无关，所以力偶为**自由矢量**。于是，式(1 - 16)也可表示为

$$\boldsymbol{M} = \boldsymbol{r}_{BA} \times \boldsymbol{F} \qquad (1-17)$$

式中：$\boldsymbol{M}$ 为**力偶矩矢**。

可见，力偶对刚体的作用完全取决于力偶矩矢。力偶矩的单位与力矩单位相同。

力偶矩矢的三要素如下所述：

(1) 力偶矩矢 $\boldsymbol{M}$ 的大小等于力偶的力与力偶臂的乘积：$M=Fd$。

(2) 力偶矩矢 $\boldsymbol{M}$ 的方位垂直于力偶所在的平面。

(3) 力偶矩矢 $\boldsymbol{M}$ 的指向符合右手螺旋法则。

根据力偶的性质，力偶无合力，且对刚体的作用效应完全决定于其力偶矩矢，由此可以得到力偶性质的两个推论。

推论 1　只要力偶矩矢保持不变，力偶可在其作用平面内及彼此平行的平面内任意移动而不改变其对刚体的效应。

由此可见，只要不改变力偶矩矢 $\boldsymbol{M}$ 的大小和方向，不论将 $\boldsymbol{M}$ 画在刚体上的什么地方都一样，如图 1 - 35 所示。

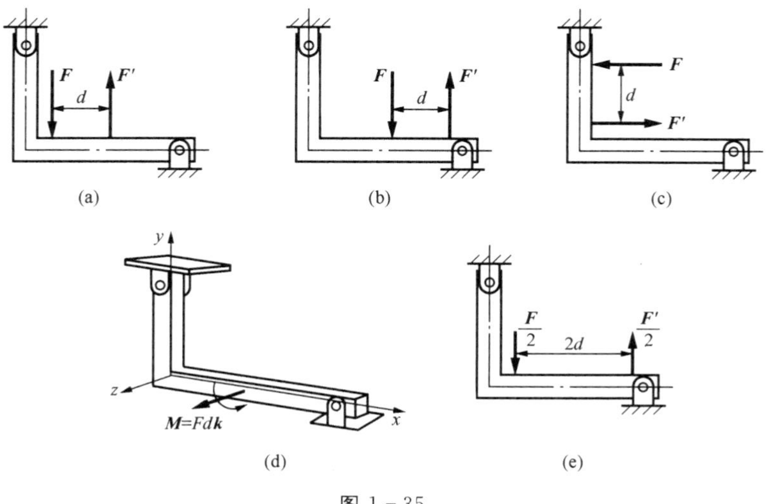

图 1 - 35

推论 2　只要力偶矩矢保持不变，可同时改变力偶矩矢的大小和力偶臂的长短，而不改变其对刚体的作用效应。

综上所述，表示力偶时，一般不必画出它的两个力 $\boldsymbol{F}$ 和 $\boldsymbol{F}'$。对于空间力偶，只要画出垂直于其作用面的 $\boldsymbol{M}$ 矢量，并按右手法则附加一旋转方向即可。

1.5.5.3　力偶系

由两个或两个以上的力偶所组成的力系，称为**力偶系**。

对刚体而言，力偶矩矢为自由矢量，因此对于力偶系中每个力偶矩矢，保持其大小和方向不变，可以平移至空间任一共同点。由此形成一共点矢量系，对该共点矢量系利用矢量的平行四边形法则，两两合成，最终得到一个矢量 $\boldsymbol{M}$，即为该力偶系的合力偶矩矢，用矢量式表示为

$$\boldsymbol{M} = \boldsymbol{M}_1 + \boldsymbol{M}_2 + \cdots + \boldsymbol{M}_n = \sum_{i=1}^{n} \boldsymbol{M}_i \tag{1-18}$$

合力偶矩矢在直角坐标轴上的投影为

$$M_x = \sum_{i=1}^{n} M_{ix}, M_y = \sum_{i=1}^{n} M_{iy}, M_z = \sum_{i=1}^{n} M_{iz} \tag{1-19}$$

合力偶矩矢的大小和方向余弦分别为

$$M = \sqrt{M_x^2 + M_y^2 + M_z^2} \tag{1-20}$$

$$\cos(\boldsymbol{M},\boldsymbol{i}) = \frac{M_x}{M}, \cos(\boldsymbol{M},\boldsymbol{j}) = \frac{M_y}{M}, \cos(\boldsymbol{M},\boldsymbol{k}) = \frac{M_z}{M} \tag{1-21}$$

对于平面力偶系 M_1、M_2、…、M_n，合成结果为该力偶系所在平面的一个力偶，大小为

$$M = \sum_{i=1}^{n} M_i \tag{1-22}$$

【例 1-5】　如图 1-36 所示，五面体上作用着三个力偶：$(\boldsymbol{F}_1, \boldsymbol{F}_1')$，$(\boldsymbol{F}_2, \boldsymbol{F}_2')$，$(\boldsymbol{F}_3, \boldsymbol{F}_3')$。已知 $F_1 = F_1' = 5\text{N}$，$F_2 = F_2' = 10\text{N}$，$F_3 = F_3' = 10\sqrt{2}\text{N}$，$a = 0.2\text{m}$。求三个力偶的合成结果。

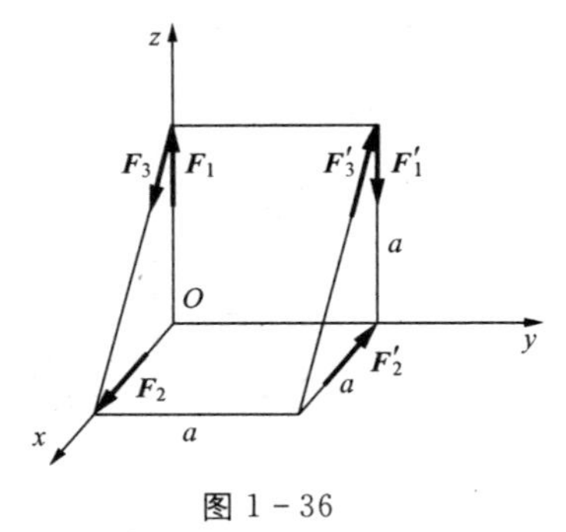

图 1-36

解　三个力偶的力偶矩矢分别为

$$\boldsymbol{M}_1 = -F_1 a\boldsymbol{i}$$

$$\boldsymbol{M}_2 = F_2 a\boldsymbol{k}$$

$$\boldsymbol{M}_3 = F_3 a\sin 45^\circ \boldsymbol{i} + F_3 a\cos 45^\circ \boldsymbol{k}$$

所以，合力偶矩矢为

$$\boldsymbol{M} = \boldsymbol{M}_1 + \boldsymbol{M}_2 + \boldsymbol{M}_3 = (-F_1 a + F_3 a\sin 45^\circ)\boldsymbol{i} + (F_2 a + F_3 a\cos 45^\circ)\boldsymbol{k}$$

合力偶矩矢在坐标轴上的投影为

$$M_x = -F_1 a + F_3 a\sin 45^\circ = 1\text{N}\cdot\text{m}, M_y = 0, M_z = F_2 a + F_3 a\cos 45^\circ = 4\text{N}\cdot\text{m}$$

合力偶矩矢的大小为

$$M=\sqrt{M_x^2+M_y^2+M_z^2}=\sqrt{17}\text{N}\cdot\text{m}$$

合力偶矩矢的方向余弦为

$$\cos\alpha=\frac{M_x}{M}=\frac{1}{\sqrt{17}},\cos\beta=\frac{M_y}{M}=0,\cos\gamma=\frac{M_z}{M}=\frac{4}{\sqrt{17}}$$

小　结

1. 基本概念

刚体:受力不变形的物体。

力:物体间的相互作用。力是矢量。对一般物体而言,力是定位矢量;对刚体而言,力是滑动矢量。空间作用力是一个三维矢量,其解析表达式为

$$\boldsymbol{F}=F_x\boldsymbol{i}+F_y\boldsymbol{j}+F_z\boldsymbol{k}$$

力系:作用在同一物体上的一群力的集合。

平衡:刚体相对于惯性系静止或做匀速直线运动。由若干物体组成的系统,如果整体是平衡的,则组成系统的每一个局部也必然是平衡的。

约束:约束的作用是对与其连接物体的运动施加一定的限制条件。

约束力:约束与被约束物体之间的相互作用力,约束力的方向与该约束所能阻碍的运动方向相反。

力对点之矩:力使刚体绕空间某一点转动效应的量度。

力对轴之矩:力使刚体绕某一轴转动效应的量度。

力偶:大小相等、方向相反、作用线相互平行但不重合的两个力所组成的力系。

2. 静力学基本原理及其适用性

二力平衡原理,只适用于刚体。

加减平衡力系原理,只适用于刚体。

力平行四边形法则。

作用与反作用定律。

刚化原理。

3. 受力分析和受力图

画受力图时,首先要明确研究对象(即取分离体)。物体受的力分为主动力和约束力。要注意分清内力和外力,在受力图上一般只画研究对象所受的外力;运用二力构件、三力平衡汇交定理等有助于进行受力分析。另外,还要注意作用力与反作用力之间的相互关系。

4. 力矩

(1) 力对点的矩是一个矢量

$$\boldsymbol{M}_O(\boldsymbol{F})=\boldsymbol{r}\times\boldsymbol{F}=\begin{vmatrix}\boldsymbol{i} & \boldsymbol{j} & \boldsymbol{k}\\ x & y & z\\ F_x & F_y & F_z\end{vmatrix}=(yF_z-zF_y)\boldsymbol{i}+(zF_x-xF_z)\boldsymbol{j}+(xF_y-yF_x)\boldsymbol{k}$$

(2) 力对轴的矩是一个代数量

$$M_x(\boldsymbol{F})=yF_z-zF_y,M_y(\boldsymbol{F})=zF_x-xF_z,M_z(\boldsymbol{F})=xF_y-yF_x$$

(3) 力矩关系定理

$$M_x(\boldsymbol{F})=[\boldsymbol{M}_O(\boldsymbol{F})]_x,M_y(\boldsymbol{F})=[\boldsymbol{M}_O(\boldsymbol{F})]_y,M_z(\boldsymbol{F})=[\boldsymbol{M}_O(\boldsymbol{F})]_z$$

(4) 合力矩定理

$$\boldsymbol{M}_O(\boldsymbol{F})=\sum_{i=1}^{n}\boldsymbol{M}_O(\boldsymbol{F}_i)$$

$$M_x(\boldsymbol{F})=\sum_{i=1}^{n}M_x(\boldsymbol{F}_i),M_y(\boldsymbol{F})=\sum_{i=1}^{n}M_y(\boldsymbol{F}_i),M_z(\boldsymbol{F})=\sum_{i=1}^{n}M_z(\boldsymbol{F}_i)$$

5. 力偶矩矢

力偶对刚体的作用效果决定于力偶矩的大小、力偶的作用面及力偶的转向，可用力偶矩矢 $\boldsymbol{M}$ 表示

$$\boldsymbol{M}=\boldsymbol{r}_{BA}\times\boldsymbol{F}$$

力偶矩矢与矩心无关，是自由矢量。

习　　题

1－1　梁 AB 的一端用铰链、另一端用柔索固定在墙上，如图 1－37 所示。在 D 处挂一重物，重为 P，梁的自重不计。试画出梁的受力图。

1－2　如图 1－38 所示，水平梁 AB 用斜杆 CD 支撑，A、C、D 三处均为光滑铰链连接。均质梁重 P_1，其上放置一重为 P_2 的电动机。如不计杆 CD 的自重，试分别画出杆 CD 和梁 AB(包括电动机)的受力图。

1－3　如图 1－39 所示，梯子的两部分 AB 和 AC 在点 A 铰接，又在 D、E 两点用水平绳连接。梯子放在光滑水平面上，在 AB 的中点 H 处作用一铅直载荷 $\boldsymbol{F}$。若不计自重，试分别画出绳子 DE 和梯子的 AB、AC 两部分以及整个系统的受力图。

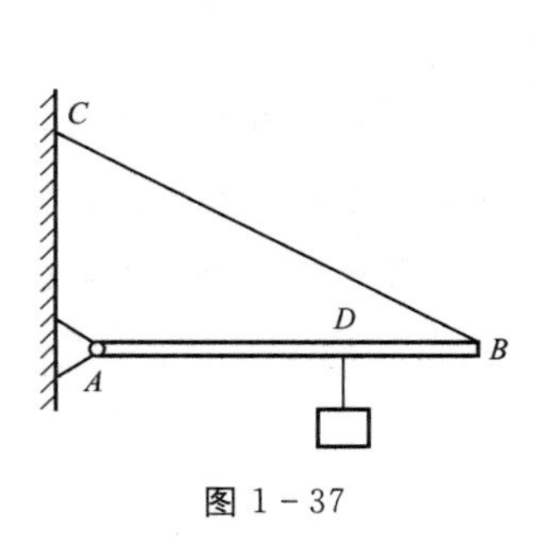

图 1－37

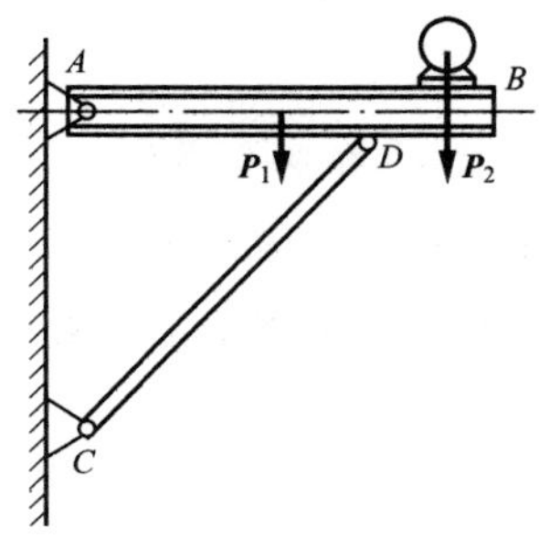

图 1－38

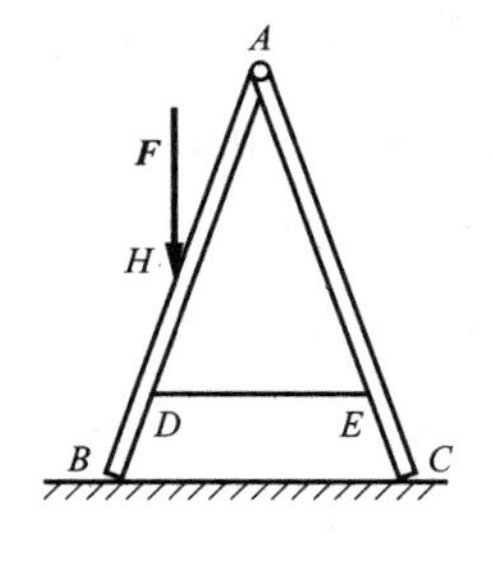

图 1－39

1－4　画出图 1－40 所示重力 P 的杆 AB 的受力图。所有接触处均为光滑接触。

1－5　重力 P 的均质圆盘 O，由杆 AB、绳索 BC 和墙面支撑，如图 1－41 所示。铰 A 及各接触点 D、E 的摩擦不计，杆重不计。试分别画出系统整体及圆盘 O 和杆 AB 的受力图。

1－6　画出题 1－42 所示结构中各构件的受力图。不计各构件重力，所有约束处均为光滑约束。

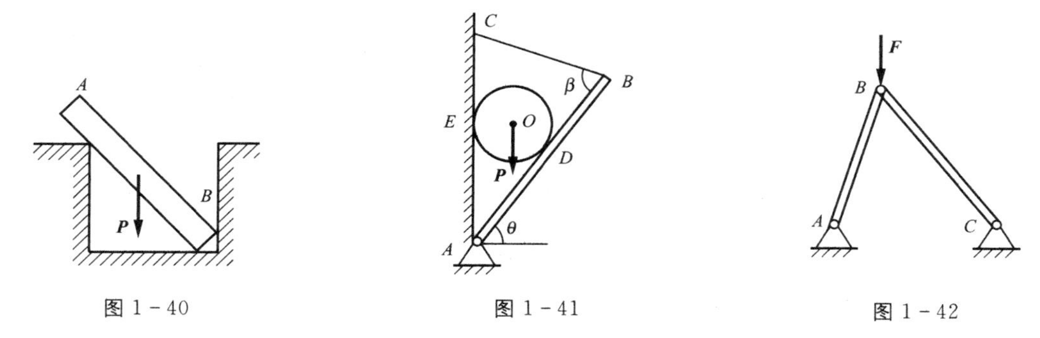

图 1－40　　图 1－41　　图 1－42

1－7　一支架如图 1－43 所示，各构件的重力、接触面的摩擦均忽略不计。试绘制：滑轮 B、杆 AB、杆 BC、销钉 B 及整个系统的受力图。（滑轮 B、杆 AB、杆 BC 都不含销钉 B，销钉 B 单独取出分析）

1－8　某刹车机构可简化为平面图形，如图 1－44 所示。曲杆 AB 可绕 A 点转动，当仅考虑 AB 受力情况时，连接其他刹车部件的液压构件可视为在 D 处铰接。试画出曲杆 AB 的受力图。

1－9　图 1－45 所示为上弦杆 AC、BC 和横杆 DE 组成的简单屋架。C、D 和 E 处都是铰链连接，屋架的支承情况和所受载荷 $\boldsymbol{P}$、$\boldsymbol{W}$ 如图所示。不计各杆自重，试分别画出横杆 DE、上弦杆 AC 和 BC 以及整个屋架的受力图。

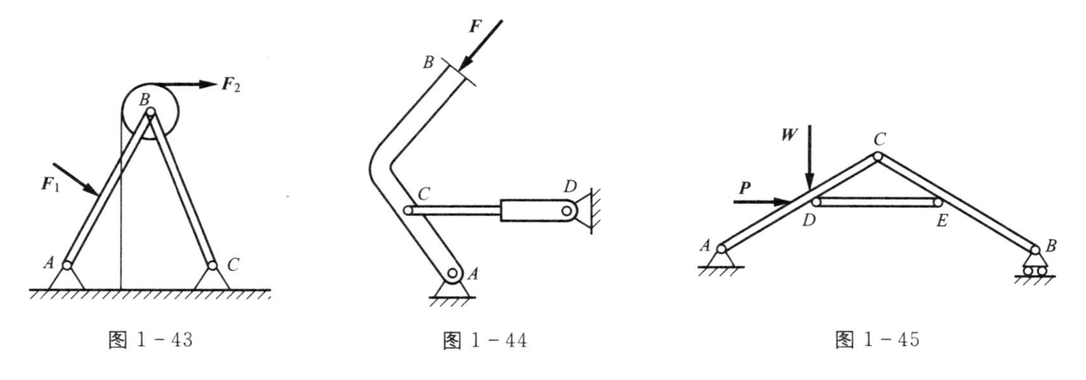

图 1－43　　图 1－44　　图 1－45

1－10　折杆 $ABCE$ 在平面 Axy 内，在 D 处作用力 $\boldsymbol{F}$，如图 1－46 所示，$\boldsymbol{F}$ 在垂直于 y 轴的平面内，偏离铅直线的角度为 α。若 $CD=a$，杆 BC 平行于 x 轴，杆 CE 平行于 y 轴，AB 和 BC 的长度都等于 l。试求力 $\boldsymbol{F}$ 对 x、y 和 z 轴之矩。

答：$M_x(\boldsymbol{F})=-F(l+a)\cos\alpha$，$M_y(\boldsymbol{F})=-Fl\cos\alpha$，$M_z(\boldsymbol{F})=-F(l+a)\sin\alpha$。

1－11　支架受力 $\boldsymbol{F}$ 作用，如图 1－47 所示，图中 l_1、l_2、l_3 和 α 角均已知。求 $\boldsymbol{M}_O(\boldsymbol{F})$。

答：$F[(l_1-l_3)\cos\alpha-l_2\sin\alpha]\boldsymbol{k}$。

1－12　水平圆盘的半径为 r，外缘 C 处作用有已知力 $\boldsymbol{F}$，力 $\boldsymbol{F}$ 位于 C 处的切平面内，且与 C 处圆盘切线夹角为 60°，其他尺寸如图 1－48 所示。求力 $\boldsymbol{F}$ 对 x、y、z 轴的矩。

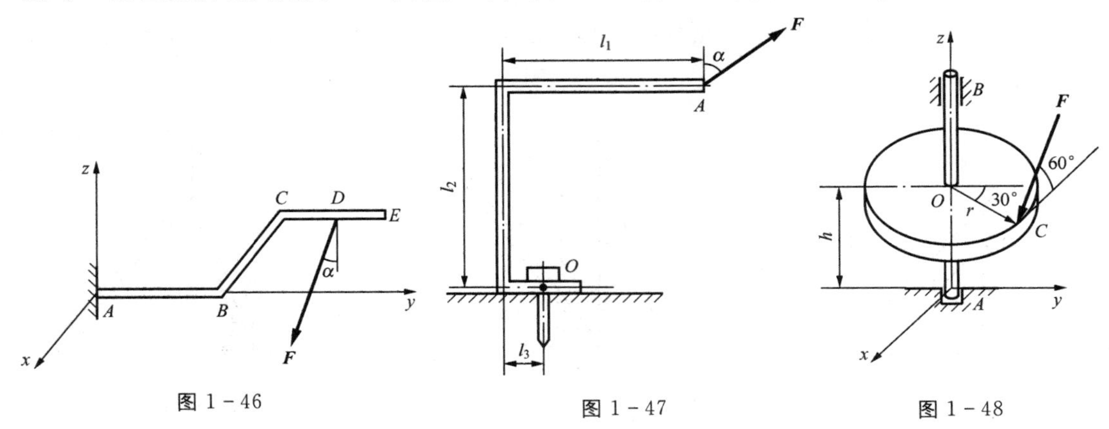

图 1－46　　图 1－47　　图 1－48

答：$M_x(\boldsymbol{F})=\frac{F}{4}(h-3r)$，$M_y(\boldsymbol{F})=\frac{\sqrt{3}}{4}F(h+r)$，$M_z(\boldsymbol{F})=-\frac{1}{2}Fr$。

1－13　如 1－49 所示，三棱柱刚体是正方体的一半，在四个面上各作用有力偶。已知力偶($\boldsymbol{F}_1$，$\boldsymbol{F}_1'$)的矩为 $M_1=20\text{N}\cdot\text{m}$，力偶($\boldsymbol{F}_2$，$\boldsymbol{F}_2'$)的矩为 $M_2=10\text{N}\cdot\text{m}$，力偶($\boldsymbol{F}_3$，$\boldsymbol{F}_3'$)的矩为 $M_3=30\text{N}\cdot\text{m}$，力偶($\boldsymbol{F}_4$，$\boldsymbol{F}_4'$)的矩为 $M_4=40\text{N}\cdot\text{m}$。试求该力偶系的合力偶矩矢的大小和方向。

答：$M=65.73\text{N}\cdot\text{m}$，$\angle(\boldsymbol{M},\boldsymbol{i})=90°$，$\angle(\boldsymbol{M},\boldsymbol{j})=38.8°$，$\angle(\boldsymbol{M},\boldsymbol{j})=51.2°$。

1－14　如图 1－50 所示三圆盘 A、B 和 C 的半径分别为 150mm、100mm 和 50mm。三轴 OA、OB 和 OC 在同一平面内，$\angle AOB$ 为直角。在这三个圆盘上分别作用力偶，组成各力偶的力作用在轮缘上，它们的大小分别为 10N、20N 和 F。如这三个圆盘所构成的物系是自由的，不计物系重量，求能使此物系平衡的力 $\boldsymbol{F}$ 的大小和角度 θ。

答：$F=50\text{N}$，$\theta=143.1°$。

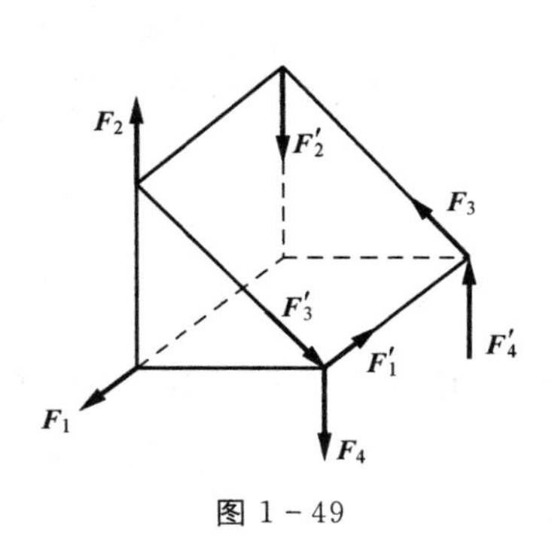

图 1－49

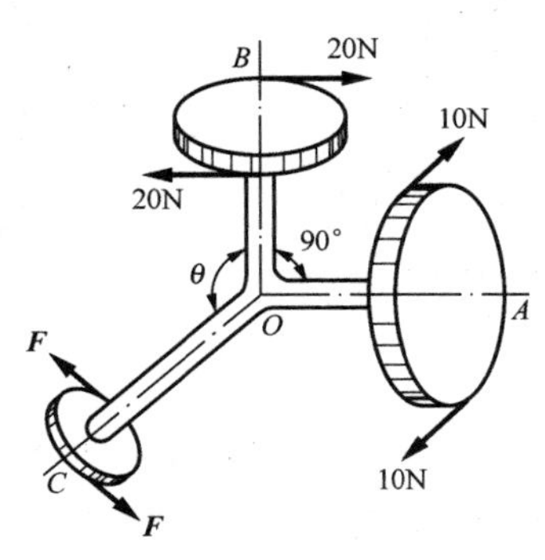

图 1－50

第 2 章　力系的简化

力系的等效与简化理论是研究静力学和动力学问题的基础。所谓**力系的等效**指作用于同一刚体上的两个力系，虽然组成力系的力不尽相同，但可能产生相同的运动效应。

本章首先引入力系的主矢与主矩的概念；在此基础上，引出力系等效定理；进而应用力的平移定理和力偶对力系进行简化，最后讨论平行力系的中心和重心的计算。

2.1　力系的主矢和主矩

2.1.1　力系的主矢

力系中各力矢的矢量和（几何和）称为力系的**主矢**。如图 2－1 所示，设力系由 n 个力组成：$\boldsymbol{F}_1$、$\boldsymbol{F}_2$、…、$\boldsymbol{F}_n$，它们的作用点分别为 P_1、P_2、…、P_n，则力系的主矢 $\boldsymbol{F}'_{\mathrm{R}}$ 为

$$\boldsymbol{F}'_{\mathrm{R}} = \boldsymbol{F}_1 + \boldsymbol{F}_2 + \cdots + \boldsymbol{F}_n = \sum_{i=1}^{n} \boldsymbol{F}_i \qquad (2-1)$$

即

$$\boldsymbol{F}'_{\mathrm{R}} = \sum_{i=1}^{n} \boldsymbol{F}_i \qquad (2-2)$$

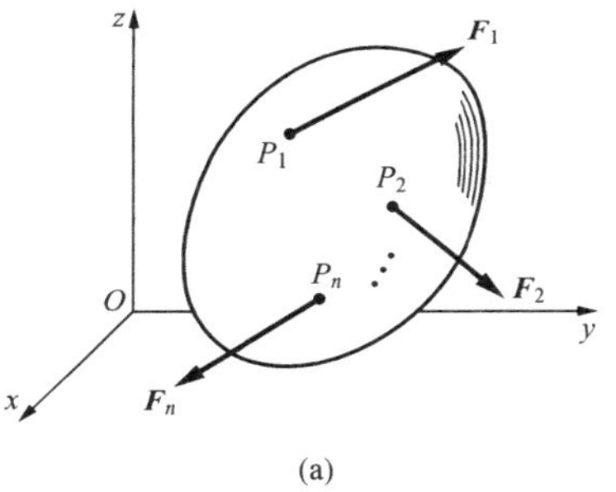

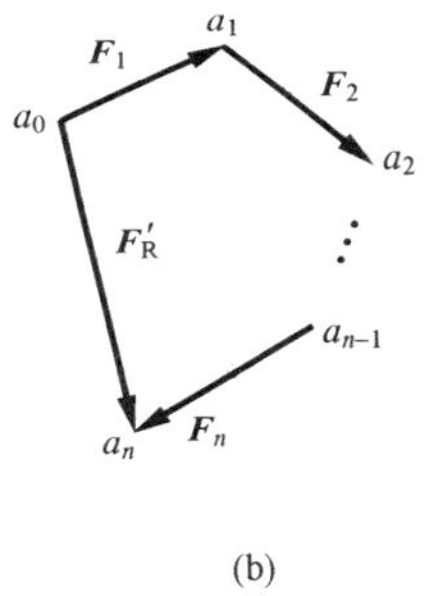

(a)　(b)

图 2－1

可以采用几何法或解析法求 $\boldsymbol{F}'_{\mathrm{R}}$。几何法也就是**力多边形法**，即将各力矢 $\boldsymbol{F}_1$、$\boldsymbol{F}_2$、…、$\boldsymbol{F}_n$ 按任意选定的顺序首尾相接地相继画出，则连接第一个力矢始端与最后一个力矢末端的矢量就是矢量和 $\boldsymbol{F}'_{\mathrm{R}}$，如图 2－1(b)所示。

采用解析法时，建立直角坐标系 $Oxyz$，任一力矢 $\boldsymbol{F}_i$ 可以表示为直角坐标形式

$$\boldsymbol{F}_i = F_{ix}\boldsymbol{i} + F_{iy}\boldsymbol{j} + F_{iz}\boldsymbol{k} \quad (i = 1,2,\cdots,n) \qquad (2-3)$$

其中，F_{ix}、F_{iy}、F_{iz} 是力 $\boldsymbol{F}_i$ 在坐标轴 x、y、z 轴上的投影。

将式(2－2)向各坐标轴投影，得到 $\boldsymbol{F}'_{\mathrm{R}}$ 的三个投影

$$F'_{\mathrm{R}x} = \sum_{i=1}^{n} F_{ix}, F'_{\mathrm{R}y} = \sum_{i=1}^{n} F_{iy}, F'_{\mathrm{R}z} = \sum_{i=1}^{n} F_{iz} \qquad (2-4)$$

所以，主矢的大小为

$$F'_R = \sqrt{F_{\mathrm{R}x}^2 + F_{\mathrm{R}y}^2 + F_{\mathrm{R}z}^2} \qquad (2-5)$$

主矢的方向余弦为

$$\cos(\boldsymbol{F}'_{\mathrm{R}},\boldsymbol{i})=\frac{F'_{\mathrm{R}x}}{F'_{\mathrm{R}}},\cos(\boldsymbol{F}'_{\mathrm{R}},\boldsymbol{j})=\frac{F'_{\mathrm{R}y}}{F'_{\mathrm{R}}},\cos(\boldsymbol{F}'_{\mathrm{R}},\boldsymbol{k})=\frac{F'_{\mathrm{R}z}}{F'_{\mathrm{R}}} \tag{2-6}$$

需要注意的是，力系的主矢和力系的合力是两个不同的概念。主矢是一几何量，它有大小和方向，但不涉及作用点的问题，可以在任意点画出；而力系的合力则是一物理量，它具有与原力系等效这一特定的力学内涵，除了大小和方向外，还必须说明其作用点才有意义。我们总可以计算一个已知力系的主矢，但该力系未必有合力。

2.1.2　力系的主矩

力系中各力矢对任一确定点的矩的矢量和称为力系的**主矩**。如图 2-2 所示，设力系有 n 个力 $\boldsymbol{F}_1$、$\boldsymbol{F}_2$、…、$\boldsymbol{F}_n$，它们的作用点分别为 P_1、P_2、…、P_n，选定矩心 O，各力作用点对矩心 O 的矢径分别为 $\boldsymbol{r}_1$、$\boldsymbol{r}_2$、…、$\boldsymbol{r}_n$，则力系的主矩 $\boldsymbol{M}_O$ 为

$$\boldsymbol{M}_O=\boldsymbol{r}_1\times\boldsymbol{F}_1+r_2\times\boldsymbol{F}_2+\cdots+\boldsymbol{r}_n\times\boldsymbol{F}_n=\sum_{i=1}^{n}\boldsymbol{r}_i\times\boldsymbol{F}_i \tag{2-7}$$

一般用解析法计算 $\boldsymbol{M}_O$。以 O 为原点取直角坐标系 $Oxyz$，将式(2-7)向各坐标轴投影，由力矩关系定理可知，该式右边向某一轴的投影就是力系各力对该轴之矩的代数和，也称力系对该轴的主矩

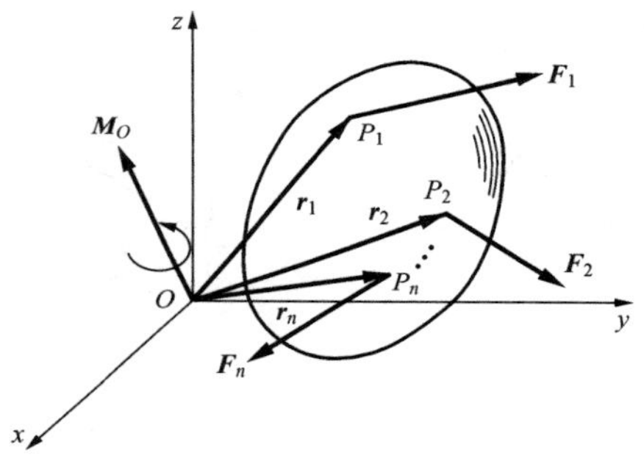

$$\begin{cases}M_{Ox}=\sum\limits_{i=1}^{n}M_{Ox}(\boldsymbol{F}_i)=\sum\limits_{i=1}^{n}M_{xi}\\ M_{Oy}=\sum\limits_{i=1}^{n}M_{Oy}(\boldsymbol{F}_i)=\sum\limits_{i=1}^{n}M_{yi}\\ M_{Oz}=\sum\limits_{i=1}^{n}M_{Oz}(\boldsymbol{F}_i)=\sum\limits_{i=1}^{n}M_{zi}\end{cases}$$

图 2-2

因此，主矩 $\boldsymbol{M}_O$ 的大小和方向余弦分别为

$$M_O=\sqrt{M_{Ox}^2+M_{Oy}^2+M_{Oz}^2} \tag{2-8}$$

$$\cos(\boldsymbol{M}_O,i)=\frac{M_{Ox}}{M_O},\cos(\boldsymbol{M}_O,\boldsymbol{j})=\frac{M_{Oy}}{M_O},\cos(\boldsymbol{M}_O,\boldsymbol{k})=\frac{M_{Oz}}{M_O} \tag{2-9}$$

可见，力系的主矩与所选的矩心有关，主矩为定位矢量。

【例 2-1】　图 2-3 所示为 $\boldsymbol{F}_1$、$\boldsymbol{F}_2$ 组成的空间力系，已知 $F_1=F_2=F$。试求力系的主矢 $\boldsymbol{F}'_{\mathrm{R}}$ 以及力系对 O、A、E 三点的主矩。

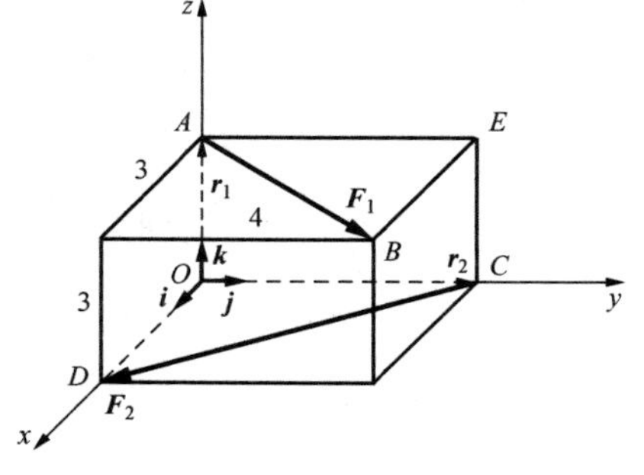

图 2-3

解　力系中的两个力可表示为

$$\boldsymbol{F}_1=\frac{F}{5}(3\boldsymbol{i}+4\boldsymbol{j}),\boldsymbol{F}_2=\frac{F}{5}(3\boldsymbol{i}-4\boldsymbol{j})$$

于是，力系的主矢为

$$\boldsymbol{F}'_R = \sum_{i=1}^{2} \boldsymbol{F}_i = \boldsymbol{F}_1 + \boldsymbol{F}_2 = \frac{6F}{5}\boldsymbol{i}$$

可见，$\boldsymbol{F}'_R$是沿 x 轴正方向的矢量。

根据式(2-7)及矢量叉乘方法，注意到下列矢量运算关系：

$$\boldsymbol{i} \times \boldsymbol{j} = \boldsymbol{k}, \boldsymbol{j} \times \boldsymbol{k} = \boldsymbol{i}, \boldsymbol{k} \times \boldsymbol{i} = \boldsymbol{j}$$

$$\boldsymbol{j} \times \boldsymbol{i} = -\boldsymbol{k}, \boldsymbol{k} \times \boldsymbol{j} = -\boldsymbol{i}, \boldsymbol{i} \times \boldsymbol{k} = -\boldsymbol{j}$$

$$\boldsymbol{i} \times \boldsymbol{i} = \boldsymbol{j} \times \boldsymbol{j} = \boldsymbol{k} \times \boldsymbol{k} = 0$$

可以计算力系对 O、A、E 三点的主矩分别为

$$\begin{aligned}\boldsymbol{M}_O &= \sum_{i=1}^{2} \boldsymbol{M}_O(\boldsymbol{F}_i) = \boldsymbol{r}_1 \times \boldsymbol{F}_1 + \boldsymbol{r}_2 \times \boldsymbol{F}_2 = 3\boldsymbol{k} \times \frac{F}{5}(3\boldsymbol{i} + 4\boldsymbol{j}) + 4\boldsymbol{j} \times \frac{F}{5}(3\boldsymbol{i} - 4\boldsymbol{j}) \\ &= \frac{3F}{5}(-4\boldsymbol{i} + 3\boldsymbol{j} - 4\boldsymbol{k})\end{aligned}$$

$$\begin{aligned}\boldsymbol{M}_A &= \sum_{i=1}^{2} \boldsymbol{M}_A(\boldsymbol{F}_i) = 0 + \boldsymbol{r}_{AC} \times \boldsymbol{F}_2 = (4\boldsymbol{j} - 3\boldsymbol{k}) \times \frac{F}{5}(3\boldsymbol{i} - 4\boldsymbol{j}) \\ &= \frac{3F}{5}(-4\boldsymbol{i} - 3\boldsymbol{j} - 4\boldsymbol{k})\end{aligned}$$

$$\begin{aligned}\boldsymbol{M}_E &= \sum_{i=1}^{2} \boldsymbol{M}_E(\boldsymbol{F}_i) = \boldsymbol{r}_{EA} \times \boldsymbol{F}_1 + \boldsymbol{r}_{EC} \times \boldsymbol{F}_2 = -4\boldsymbol{j} \times \frac{F}{5}(3\boldsymbol{i} + 4\boldsymbol{j}) - 3\boldsymbol{k} \times \frac{F}{5}(3\boldsymbol{i} - 4\boldsymbol{j}) \\ &= \frac{3F}{5}(-4\boldsymbol{i} - 3\boldsymbol{j} + 4\boldsymbol{k})\end{aligned}$$

2.2　力系的简化

2.2.1　力的平移定理

将由若干个力和力偶所组成的一般力系，用一个简单的等效力系来替代，这一过程称为**力系的简化**。

作用在刚体上的力如果沿其作用线移动，并不会改变力对刚体的作用效应。但是，如果将作用在刚体上的力从其作用点平行移动到另一点，则对刚体的运动效应将会发生改变。能不能使作用在刚体上的力从一点平移至另一点，而使其对刚体的运动效应保持不变呢？答案是肯定的。

考察图 2-4(a)中作用在刚体上 A 点的力 $\boldsymbol{F}_A$，为使这一力等效地从 A 点平移至 B 点，先在 B 点施加平行于力 $\boldsymbol{F}_A$ 的一对大小相等、方向相反、沿同一直线作用的平衡力系 $\boldsymbol{F}'_A$和 $\boldsymbol{F}''_A$，且 $\boldsymbol{F}'_A = -\boldsymbol{F}''_A = \boldsymbol{F}_A$，如图 2-4(b)所示。根据加减平衡力系原理，由 $\boldsymbol{F}_A$、$\boldsymbol{F}'_A$、$\boldsymbol{F}''_A$三个力组成的力系与原来作用在 A 点的一个力 $\boldsymbol{F}_A$ 等效。

图 2-4(b)中作用在 A 点的力 $\boldsymbol{F}_A$ 与作用在 B 点的力 $\boldsymbol{F}''_A$组成一力偶，其力偶矩矢为 $\boldsymbol{M} = \boldsymbol{r}_{BA} \times \boldsymbol{F}_A$，如图 2-4(c)所示。

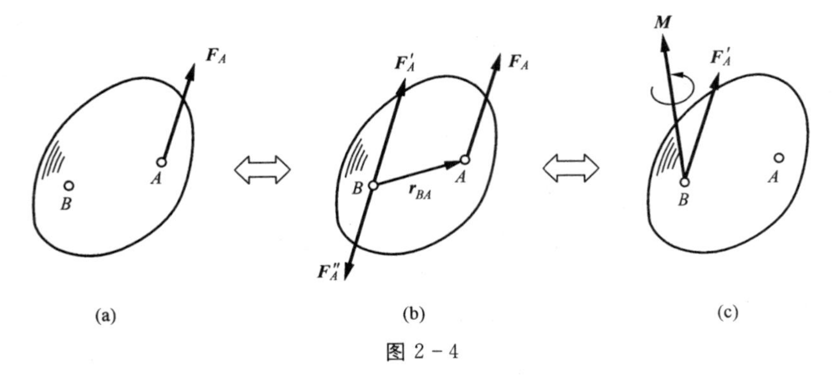

图 2-4

于是，作用在 B 点的力 $\boldsymbol{F}'_A$ 和力偶 $\boldsymbol{M}$ 与原来作用在 A 点的一个力 $\boldsymbol{F}_A$ 等效。不难发现，这一力偶的力偶矩等于原来作用在 A 点的力 $\boldsymbol{F}_A$ 对 B 点之矩。

上述分析表明：**作用在刚体上的力可以向任意点平移，平移时必须同时附加一个力偶，该附加力偶的力偶矩等于原力对新作用点之矩**。这就是**力的平移定理**。

力的平移定理是力系简化的基础和依据。需要指出的是，力的平移定理中所说的"等效"，指力对刚体的运动效应不变，当研究变形体问题时，力是不能移动的。

2.2.2　力系等效定理

两个力系相互等效的充分和必要条件是，这两个力系的主矢相等，且对同一点的主矩也相等。

如果对两个力系分别给以标号"1""2"，它们的主矢分别记作 $\boldsymbol{F}'^{(1)}_{\mathrm{R}}$、$\boldsymbol{F}'^{(2)}_{\mathrm{R}}$，对同一点 O 的主矩分别记为 $\boldsymbol{M}^{(1)}_O$、$\boldsymbol{M}^{(2)}_O$，则上述力系等效定理可表示为

$$\begin{cases}\boldsymbol{F}'^{(1)}_{\mathrm{R}} = \boldsymbol{F}'^{(2)}_{\mathrm{R}} \\ \boldsymbol{M}^{(1)}_O = \boldsymbol{M}^{(2)}_O\end{cases} \tag{2-10}$$

力系等效定理可以通过动力学理论加以严格证明。

2.2.3　力系的简化

2.2.3.1　空间力系的简化

(1) **空间力系的简化结果**。考虑作用于 A_1、A_2、…、A_n 各点的空间任意力系 $\boldsymbol{F}_1$、$\boldsymbol{F}_2$、…、$\boldsymbol{F}_n$ 向任意点 O 简化，如图 2-5(a)所示。根据力的平移定理，可将各力平行移动到 O 点，并各自附加一力偶，于是得到作用于 O 点的一个汇交力系 $\boldsymbol{F}'_1$、$\boldsymbol{F}'_2$、…、$\boldsymbol{F}'_n$ 和一个附加的力偶系 $\boldsymbol{M}'_1$、$\boldsymbol{M}'_2$、…、$\boldsymbol{M}'_n$。附加的各力偶矢分别垂直于对应之各力与 O 点所决定的平面，其力偶矩矢分别等于各力对 O 点的矩，即

$$\boldsymbol{M}_1 = \boldsymbol{M}_O(\boldsymbol{F}_1), \boldsymbol{M}_2 = \boldsymbol{M}_O(\boldsymbol{F}_2), \cdots, \boldsymbol{M}_n = \boldsymbol{M}_O(\boldsymbol{F}_n)$$

由图 2-5(b)可见，汇交力系 $\boldsymbol{F}'_1$、$\boldsymbol{F}'_2$、…、$\boldsymbol{F}'_n$ 可合成为一个合力 $\boldsymbol{F}_{\mathrm{R}}$。$\boldsymbol{F}_{\mathrm{R}}$ 等于各力的矢量和，即

$$\boldsymbol{F}_{R} = \boldsymbol{F}_1' + \boldsymbol{F}_2' + \cdots + \boldsymbol{F}_n' = \boldsymbol{F}_1 + \boldsymbol{F}_2 + \cdots + \boldsymbol{F}_n = \sum_{i=1}^{n} \boldsymbol{F}_i$$

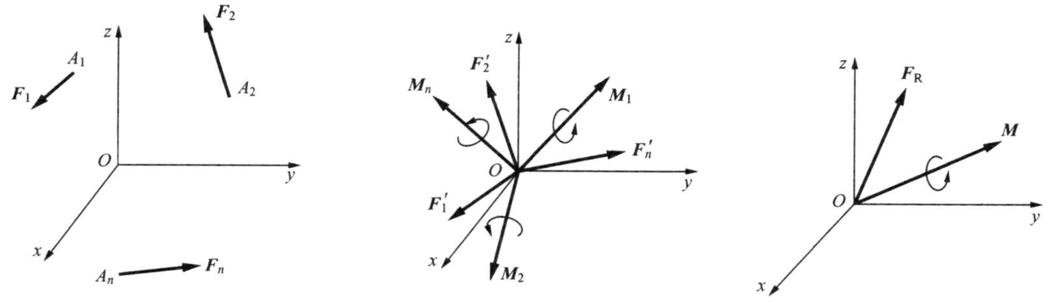

(a)　(b)　(c)

图 2-5

根据式(2-2),上式右边是原力系各力矢的矢量和,即为该力系的主矢 $\boldsymbol{F}_R'$,所以

$$\boldsymbol{F}_R = \boldsymbol{F}_R' \tag{2-11}$$

对于给定的力系,主矢是唯一的。而且,由于简化中心 O 是任意选取的,所以主矢 $\boldsymbol{F}_R'$ 仅取决于力系中各力的大小和方向,而与简化中心的位置无关,这表明主矢 $\boldsymbol{F}_R'$ 是一个**自由矢量**,在对力系进行简化计算时,关心的都是主矢,以下在不致引起混淆的情况下,也用 $\boldsymbol{F}_R$ 表示主矢。但必须注意,在概念上主矢与力系的合力是有区别的。

附加的力偶系 $\boldsymbol{M}_1$、$\boldsymbol{M}_2$、…、$\boldsymbol{M}_n$ 可合成为一个合力偶,其力偶矩矢等于各附加力偶矩矢的矢量和,即

$$\boldsymbol{M}_O = \boldsymbol{M}_O(\boldsymbol{F}_1) + \boldsymbol{M}_O(\boldsymbol{F}_2) + \cdots + \boldsymbol{M}_O(\boldsymbol{F}_n) = \sum_{i=1}^{n} \boldsymbol{M}_O(\boldsymbol{F}_i) \tag{2-12}$$

可见,合力偶矩矢 $\boldsymbol{M}_O$ 为原力系对于简化中心 O 的主矩。由于力系中各力对于不同简化中心的矩矢是不同的,因而主矩一般随简化中心位置不同而改变。对于不同的两个简化中心 O_1 和 O_2,力系对它们的主矩之间有如下关系:

$$\boldsymbol{M}_{O_2} = \boldsymbol{M}_{O_1} + \boldsymbol{r} \times \boldsymbol{F}_R \tag{2-13}$$

式中:$\boldsymbol{M}_{O_1}$、$\boldsymbol{M}_{O_2}$ 分别是力系对 O_1、O_2 点的主矩;$\boldsymbol{r}$ 是由 O_2 指向 O_1 的矢径。

唯有当点 O_2 沿 $\boldsymbol{F}_R$ 的作用线变动时,由于 $\boldsymbol{r}$ 与 $\boldsymbol{F}_R$ 共线,故有 $\boldsymbol{r} \times \boldsymbol{F}_R = 0$,则有 $\boldsymbol{M}_{O_1} = \boldsymbol{M}_{O_2}$。

(2) **空间一般力系的简化结果分析**。空间一般力系向任意一点 O 简化,一般得到一个合力和一个合力偶,这个合力等于主矢 $\boldsymbol{F}_R'$,合力偶等于以该点为简化中心的主矩 $\boldsymbol{M}_O$。但是,在一般情况下,这还不是简化的最终或最简结果,还可以进一步简化。

空间一般力系的简化结果有以下几种情况:

1) 主矢 $\boldsymbol{F}_R' = 0$,主矩 $\boldsymbol{M}_O = 0$。这表明原力系为平衡力系。

2) 主矢 $\boldsymbol{F}_R' \neq 0$,主矩 $\boldsymbol{M}_O = 0$。力系最终简化为一合力,其作用线通过点 O,大小、方

向取决于力系的主矢。

3）主矢 $\boldsymbol{F}'_{\mathrm{R}}=0$，主矩 $\boldsymbol{M}_O\neq0$。因主矢与简化中心无关，不论向哪一点简化，主矢都等于零。因此，原力系简化为一个力偶，其力偶矩矢等于原力系对简化中心的主矩。在这种情况下，简化结果将不再因简化中心位置的不同而改变。

4）主矢 $\boldsymbol{F}'_{\mathrm{R}}\neq0$，主矩 $\boldsymbol{M}_O\neq0$。这时又可以分为以下三种情况：

① $\boldsymbol{F}'_{\mathrm{R}}\perp\boldsymbol{M}_O$：$\boldsymbol{M}_O$ 所代表的力偶与主矢 $\boldsymbol{F}'_{\mathrm{R}}$ 在同一平面内，如图 2-6 所示。根据力的平移定理的逆过程，还可再进一步简化为一个作用于另一点 O_1 的合力 $\boldsymbol{F}_{\mathrm{R}}$，$O$ 与 O_1 的距离为

$$d=\frac{M_O}{F'_{\mathrm{R}}} \tag{2-14}$$

O 与 O_1 的矢径的方向就是 $\boldsymbol{F}'_{\mathrm{R}}\times\boldsymbol{M}_O$ 的方向，$\overrightarrow{OO_1}$ 矢量的计算式为

$$\overrightarrow{OO_1}=\frac{\boldsymbol{F}'_{\mathrm{R}}\times\boldsymbol{M}_O}{F'^2_{\mathrm{R}}} \tag{2-15}$$

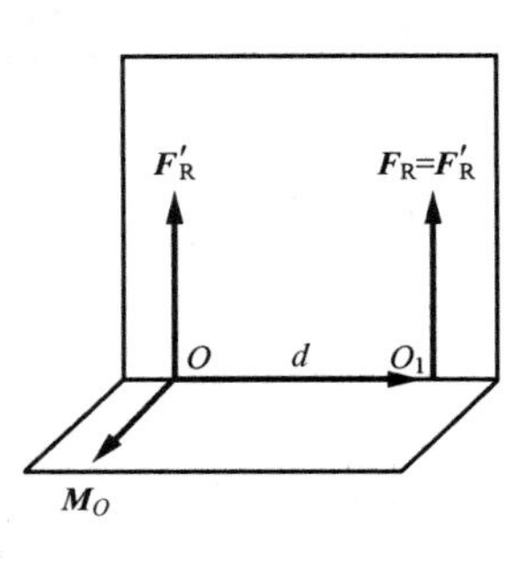

图 2-6

② $\boldsymbol{F}'_{\mathrm{R}}//\boldsymbol{M}_O$：此时力与力偶的组合称为**力螺旋**，如图 2-7 所示。这也是空间一般力系简化的一种最终结果，不能再进一步简化了。拧螺丝就是力螺旋的一个典型实例。当 $\boldsymbol{M}_O$ 与 $\boldsymbol{F}'_{\mathrm{R}}$ 方向一致时，称为**右手螺旋**，如图 2-8(a)所示；否则，称为**左手螺旋**，如图 2-8(b)所示。

③ $\boldsymbol{F}'_{\mathrm{R}}$ 与 $\boldsymbol{M}_O$ 成一般角度：这种情况还可再进一步简化。如图 2-9(a)所示，将 $\boldsymbol{M}_O$ 分解成平行于 $\boldsymbol{F}'_{\mathrm{R}}$ 的 $\boldsymbol{M}_1$ 与垂直于 $\boldsymbol{F}'_{\mathrm{R}}$ 的 $\boldsymbol{M}_2$。其中，$\boldsymbol{M}_2$ 可按照上述情况①通过力的平移进一步简化为作用于 O' 点的力 $\boldsymbol{F}_{\mathrm{R}}$，而 $\boldsymbol{M}_1$ 按照上述情况②与 $\boldsymbol{F}_{\mathrm{R}}$ 组成一个力螺旋，如图 2-9(b)所示。因为 $\boldsymbol{F}'_{\mathrm{R}}\times\boldsymbol{M}_2=\boldsymbol{F}'_{\mathrm{R}}\times\boldsymbol{M}_O$，所以 $\overrightarrow{OO_1}$ 的计算与式(2-15)相同，O 与 O_1 的距离为

$$d=\frac{|\boldsymbol{M}_O|\sin\theta}{F'_{\mathrm{R}}} \tag{2-16}$$

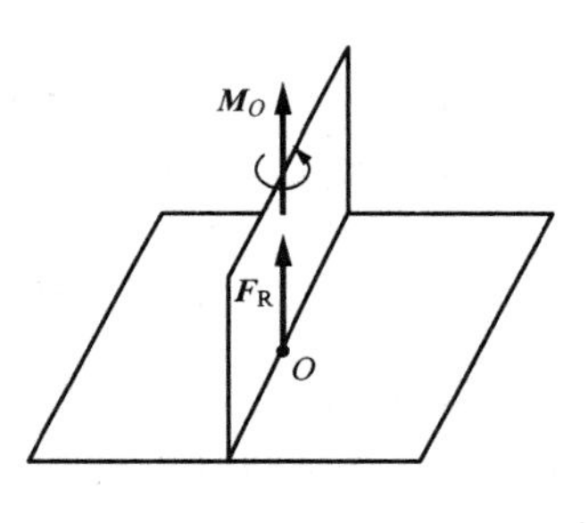

图 2-7

而 $\boldsymbol{M}_1$ 的计算式为

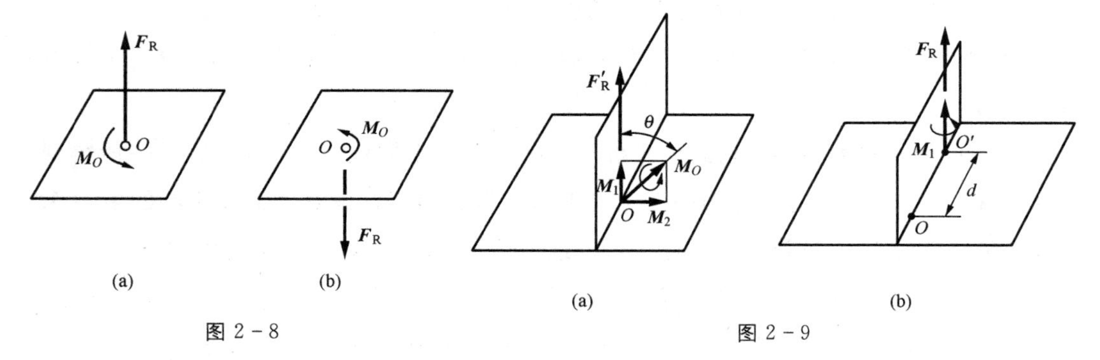

图 2-8　　图 2-9

$$\boldsymbol{M}_1 = \frac{(\boldsymbol{F}'_R \cdot \boldsymbol{M}_O)\ \boldsymbol{F}'_R}{F'^2_R} \tag{2-17}$$

这是空间一般力系简化的最一般情况。

【例 2-2】 如图 2-10 所示正方体边长为 a，在 A、B 点作用有力 $\boldsymbol{F}_1$、$\boldsymbol{F}_2$。求此力系向点 O 的简化结果。

解 求力系向点 O 的简化结果即求力系的主矢以及力系对 O 的主矩。

设 $\boldsymbol{i}$、$\boldsymbol{j}$、$\boldsymbol{k}$ 分别为 x、y、z 方向的单位矢量，则力系中的二力可写为

$$\boldsymbol{F}_1 = F_1\left(-\frac{1}{\sqrt{3}}\boldsymbol{i} - \frac{1}{\sqrt{3}}\boldsymbol{j} + \frac{1}{\sqrt{3}}\boldsymbol{k}\right)$$

$$\boldsymbol{F}_2 = F_2\left(\frac{1}{\sqrt{2}}\boldsymbol{i} + \frac{1}{\sqrt{2}}\boldsymbol{k}\right)$$

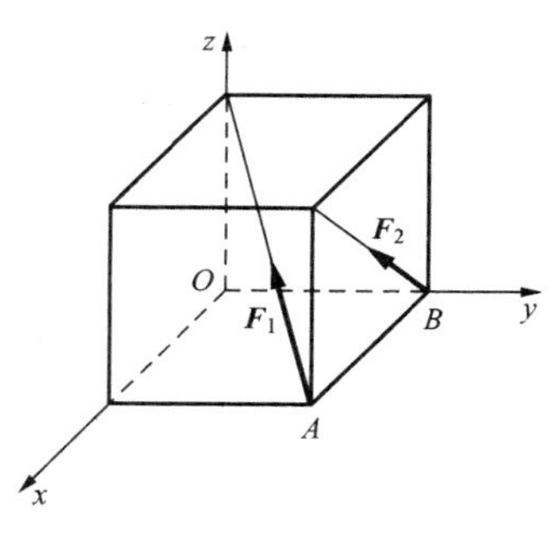

图 2-10

所以，力系的主矢为

$$\begin{aligned}\boldsymbol{F}'_R &= \sum_{i=1}^{2} \boldsymbol{F}_i = \boldsymbol{F}_1 + \boldsymbol{F}_2 \\ &= \left(-\frac{\sqrt{3}}{3}F_1 + \frac{\sqrt{2}}{2}F_2\right)\boldsymbol{i} - \frac{\sqrt{3}}{3}F_1\boldsymbol{j} + \left(\frac{\sqrt{3}}{3}F_1 + \frac{\sqrt{2}}{2}F_2\right)\boldsymbol{k}\end{aligned}$$

力系对 O 的主矩为

$$\begin{aligned}\boldsymbol{M}_O &= \sum_{i=1}^{2}\boldsymbol{M}_O(\boldsymbol{F}_i) = \sum_{i=1}^{2}\boldsymbol{r}_i \times \boldsymbol{F}_i = (M_{1x} + M_{2x})\boldsymbol{i} + (M_{1y} + M_{2y})\boldsymbol{j} + (M_{1z} + M_{2z})\boldsymbol{k} \\ &= \left(\frac{\sqrt{3}}{3}F_1 + \frac{\sqrt{2}}{2}F_2\right)a\boldsymbol{i} - \frac{\sqrt{3}}{3}Fa\boldsymbol{j} - \frac{\sqrt{2}}{2}F_2 a\boldsymbol{k}\end{aligned}$$

2.2.3.2　平面力系的简化

空间一般力系是最一般的力系，其他各种力系，如空间平行力系、平面一般力系、平面平行力系、汇交力系等，都是空间一般力系的特例。平面一般力系是工程中最常见的力系。

设平面力系所在的平面为 Oxy 平面，即 $F_{Rz} \equiv 0$，$M_x = M_y \equiv 0$，所以主矢 $\boldsymbol{F}'_R$ 仅在 x、y 轴上有投影

$$F'_{Rx} = \sum_{i=1}^{n} F_{xi}\ ,\ F'_{Ry} = \sum_{i=1}^{n} F_{yi}\ ,\ F'_R = \sqrt{F'^2_{Rx} + F'^2_{Ry}} \tag{2-18}$$

$$\cos(\boldsymbol{F}'_R, \boldsymbol{i}) = \frac{F'_{Rx}}{F'_R},\ \cos(\boldsymbol{F}'_R, \boldsymbol{j}) = \frac{F'_{Ry}}{F'_R} \tag{2-19}$$

主矩 $\boldsymbol{M}_O$ 垂直于 Oxy 平面，即 $\boldsymbol{F}'_R$ 与 $\boldsymbol{M}_O$ 垂直。此时，力系的主矩可用代数式表示

$$M_O = \sum_{i=1}^{n} M_O(\boldsymbol{F}_i) \tag{2-20}$$

当平面一般力系的主矢和主矩都不等于零时，根据空间一般力系简化结果讨论情况 4)，还可以进一步简化为一个合力，所以，这种平面一般力系简化的最终结果为零力系或者一个合力。

【例 2-3】 铆接薄钢板的铆钉 A、B、C 分别受到力 $\boldsymbol{F}_1$、$\boldsymbol{F}_2$、$\boldsymbol{F}_3$ 的作用，如图 2-11(a)

所示。已知 $F_1=200\text{N}, F_2=150\text{N}, F_3=100\text{N}$。图上尺寸单位为 m。求：(1) 力系向 A 点和 D 点简化的结果；(2) 力系的合成结果。

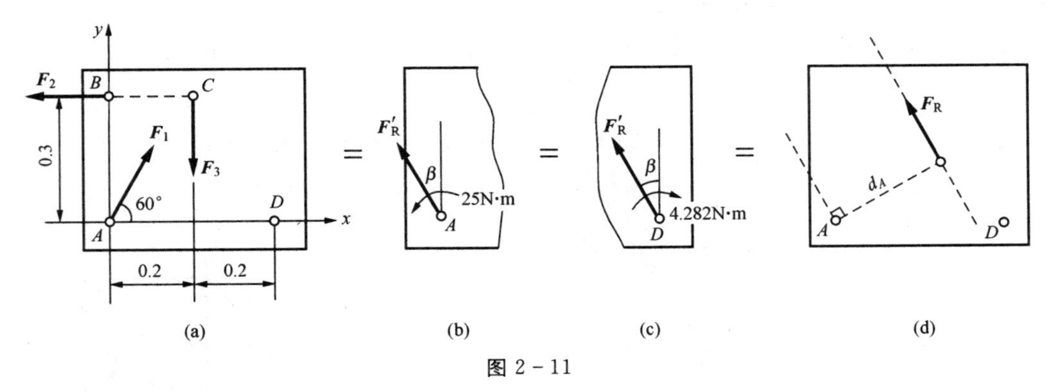

图 2-11

解 (1)力系向 A 点或 D 点简化，一般得到一个力和一个力偶。无论向哪一点简化，该力总是等于力系的主矢 $\boldsymbol{F}'_R$。根据式(2-4)～式(2-6)有

$$F'_{Rx}=\sum F_x=F_1\cos60°-F_2=200\cos60°-150=-50\text{N}$$

$$F'_{Ry}=\sum F_y=F_1\sin60°-F_3=200\sin60°-100=73.21\text{N}$$

$$F'_R=\sqrt{F'^2_{Rx}+F'^2_{Ry}}=\sqrt{(-50)^2+76.21^2}=88.65\text{N}$$

$$\cos\alpha=\cos(\boldsymbol{F}'_R,\boldsymbol{i})=\frac{\sum F_x}{F_R}=\frac{-50}{88.65}=-0.564$$

$$\cos\beta=\cos(\boldsymbol{F}'_R,\boldsymbol{j})=\frac{\sum F_y}{F_R}=\frac{73.21}{88.65}=0.826$$

得到

$$\alpha=124°20', \beta=34°20'$$

力系向 A 点和 D 点简化所得的力偶，其力偶矩 M_A 和 M_D 是不同的，它们分别等于原力系对 A 点和 D 点的矩。根据式(2-7)有

$$M_A=\sum M_A(\boldsymbol{F})=0.3F_2-0.2F_3=25\text{N}\cdot\text{m}$$

$$M_D=\sum M_D(\boldsymbol{F})=-0.4F_1\sin60°+0.3F_2+0.2F_3=-4.282\text{N}\cdot\text{m}$$

力系向 A 点和 D 点的简化结果分别示于图 2-11(b)和(c)。

(2) 因 $\boldsymbol{F}'_R\neq0$，故力系最终简化为一个合力。由式(2-14)知，合力 $\boldsymbol{F}_R$ 的作用线离 A 点的垂直距离为

$$d_A=\frac{M_A}{F'_R}=\frac{25}{88.65}=0.282\text{m}$$

由 M_A 的转向判断合力 $\boldsymbol{F}_R$ 的位置如图 2-11(d)所示。

【例 2-4】 混凝土重力坝截面形状如图 2-12(a)所示。为了计算方便，取坝的长度(垂直于图面)$l=1\text{m}$。已知混凝土的密度为 $2.4\times10^3\text{kg/m}^3$，水的密度为 $1\times10^3\text{kg/m}^3$。试求作用于坝体的重力与水压力的合力及其作用位置。

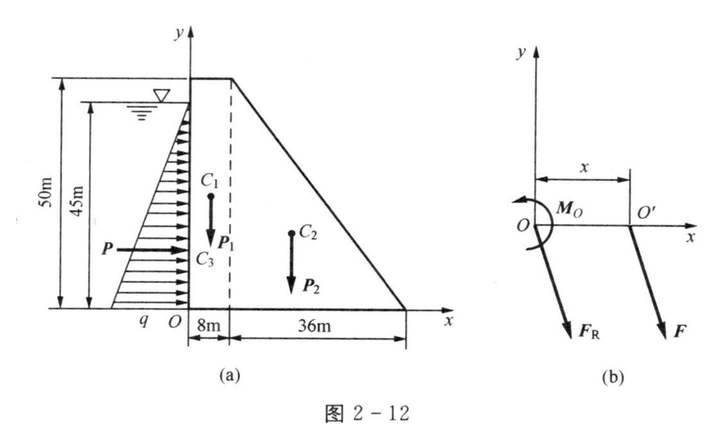

图 2-12

解　将坝体分成规则的两部分，求出坝体重力

$$P_1 = \rho V_1 g = 2.4 \times 10^3 \times 8 \times 50 \times 1 \times 9.81 = 9\ 418\text{kN}$$

$$P_2 = \rho V_2 g = 2.4 \times 10^3 \times \frac{1}{2} \times 36 \times 50 \times 1 \times 9.81 = 21\ 190\text{kN}$$

两力作用点的位置为 $x_{C_1}=4\text{m}$，$x_{C_2}=20\text{m}$。水压力为三角形分布载荷，坝底部的载荷集度 q 即为水的压强，$q=\rho hg=1\times10^3\times45\times9.81=441\ \text{kN/m}^2$，因而水压力

$$P = \frac{1}{2}qhl = \frac{1}{2} \times 441 \times 45 \times 1 = 9\ 923\text{kN}$$

水压力 $\boldsymbol{P}$ 方向水平，作用点位置 $y_{C_3}=15\text{m}$。将作用于坝体的三个力 $\boldsymbol{P}_1$、$\boldsymbol{P}_2$ 和 $\boldsymbol{P}$ 向 O 点简化，得到一个力和一个力偶，即主矢 $\boldsymbol{F}'_{\text{R}}$，主矩 $\boldsymbol{M}_{\text{O}}$

$$F'_{\text{R}x} = \sum_{i=1}^{3} F_{xi} = P = 9\ 923\text{kN}$$

$$F'_{\text{R}y} = \sum_{i=1}^{3} F_{yi} = -(P_1 + P_2) = -30\ 608\text{kN}$$

$$F'_{\text{R}} = \sqrt{F'^2_{\text{R}x} + F'^2_{\text{R}y}} = 32\ 176\text{kN}$$

$$M_O = -(P y_{C_3} + P_1 x_{C_1} + P_2 x_{C_2}) = -610\ 317\text{kN}\cdot\text{m}$$

此力及力偶可以进一步简化为一个力，即三力的合力 $\boldsymbol{F}_{\text{R}}$。设其作用线通过 x 轴上的 O' 点，则因力 $\boldsymbol{F}_{\text{R}}$ 对 O 点的力矩必等于主矩 $\boldsymbol{M}_O$，可得

$$x = \frac{M_O}{\sum_{i=1}^{3} F_{yi}} = \frac{M_O}{F_{\text{R}y}} = 19.94\text{m}$$

2.2.3.3　固定端约束的约束力分析

与铰链约束不同的是，固定端约束是约束物与被约束物之间或是线接触(平面问题)，或是面接触(空间问题)，因而约束力为作用在接触线或接触面上的分布力系，而且在很多情况下为复杂的分布力系，如图 2-13 所示。为使分析计算过程简化，需对固定端约束的复杂的分布约束力系进行简化。

根据力系简化理论，固定端的约束力可以简化为作用在约束处的一个约束力和一个约束力偶。

以电线杆为例，当杆上受到空间主动力系作用时，埋入地面内的杆的固定端所受到的约束力系也是一个空间力系。在固定端约束范围内任选一点 A(一般选地面上的点)作为简化中心，可将约束力系简化为一个力 $\boldsymbol{F}_A$ 和一个力偶 $\boldsymbol{M}_A$，或用它们沿坐标轴的 6 个分量表示，如图 2-14(a)所示。当电线杆上受到的主动力分布在同一平面内时，如垂直平面，这时由于主动力沿 z 轴的投影及对 x 和 y 轴之矩均等于零，因此固定端约束力中的3个分量 $\boldsymbol{F}_{Az}$、$\boldsymbol{M}_{Ax}$ 和 $\boldsymbol{M}_{Ay}$ 均不用考虑，只要用 $\boldsymbol{F}_{Ax}$、$\boldsymbol{F}_{Ay}$ 和 $\boldsymbol{M}_{Az}$ 表示即可，如图 2-14(b)所示。

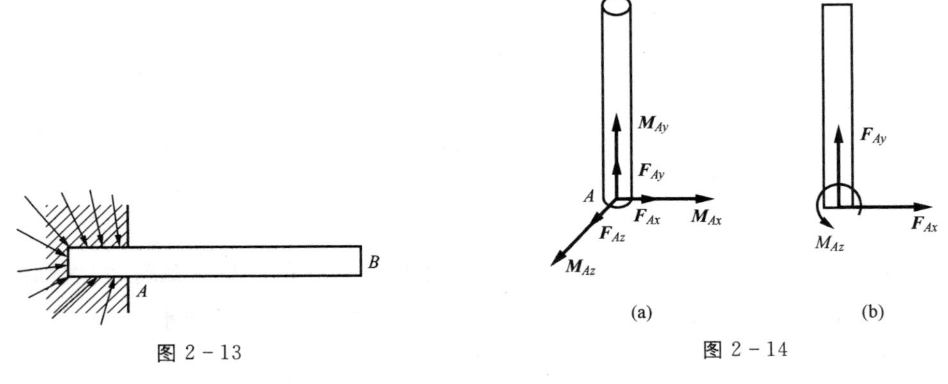

图 2-13　　　　图 2-14

2.3　平行力系的中心和物体的重心

2.3.1　平行力系的中心

平行力系是工程和生活中常见的力系之一，如物体在重力场受到的重力、水坝受到水的压力等。这些力系有一个重要的特点，即当它有合力时，其合力的作用线必通过一个确定点 C。这个确定点 C 称为**平行力系的中心**。

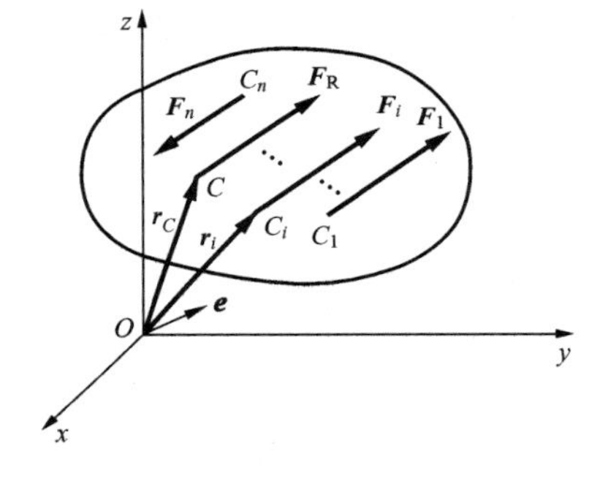

图 2-15

在平行力系中各力的作用点已知的情形下，可以求出平行力系中心位置。如图 2-15 所示，设平行力系中任意力 $\boldsymbol{F}_i$ 作用点的矢径为 $\boldsymbol{r}_i$，合力 $\boldsymbol{F}_R$ 的作用点 C 的矢径为 $\boldsymbol{r}_C$，则根据合力矩定理可以得到

$$\boldsymbol{r}_C \times \boldsymbol{F}_R = \sum_{i=1}^{n} \boldsymbol{r}_i \times \boldsymbol{F}_i$$

取力作用线的某一方向为正向，对应的单位矢量为 $\boldsymbol{e}$，则有

$$\boldsymbol{F}_R = F_R \boldsymbol{e}$$

$$\boldsymbol{F}_i = F_i \boldsymbol{e}$$

代入上式后整理得

$$(F_R \boldsymbol{r}_C - \sum_{i=1}^{n} F_i \boldsymbol{r}_i) \times \boldsymbol{e} = 0$$

注意到坐标原点位置的任意性，即 $\boldsymbol{e}$ 不等于零，由此可得

$$F_R \boldsymbol{r}_C - \sum_{i=1}^{n} F_i \boldsymbol{r}_i = 0$$

所以

$$\boldsymbol{r}_C = \frac{\sum_{i=1}^{n} F_i \boldsymbol{r}_i}{F_R} = \frac{\sum_{i=1}^{n} F_i \boldsymbol{r}_i}{\sum_{i=1}^{n} F_i} \tag{2-21}$$

对应的投影式为

$$x_C = \frac{\sum_{i=1}^{n} F_i x_i}{\sum_{i=1}^{n} F_i}, y_C = \frac{\sum_{i=1}^{n} F_i y_i}{\sum_{i=1}^{n} F_i}, z_C = \frac{\sum_{i=1}^{n} F_i z_i}{\sum_{i=1}^{n} F_i} \tag{2-22}$$

2.3.2　重心

地球上的一切物体都受到地球的引力作用。如果将物体视为由无数个质点组成，则每个质点都受到地球的引力作用。严格地讲，这些引力组成的力系是一个空间汇交力系，汇交点为地球的中心。一般的，由于我们所研究的物体尺寸远比地球半径小得多，因此，可近似地认为该力系为空间平行力系，该力系的合力就是物体的重力。通过实验可知，无论物体如何放置，该力系的合力总是通过一个确定的点。这个确定点叫做物体的**重心**。由此可见，物体的重心是平行力系中心的一个典型实例。

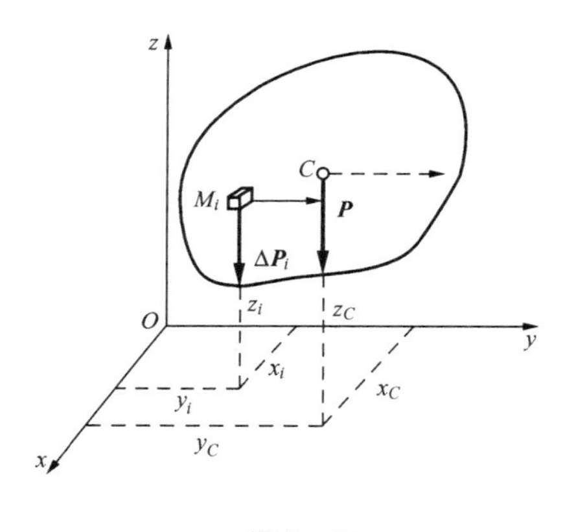

图 2-16

如图 2-16 所示，取固连于物体的空间直角坐标系 $Oxyz$，将物体分成若干微小部分，每个微小部分 M_i 的重力为 $\Delta \boldsymbol{P}_i$，物体所受的重力就是所有 $\Delta \boldsymbol{P}_i$ 的合力 $\boldsymbol{P}$，其大小为整个物体的重量 $\boldsymbol{P} = \sum_{i=1}^{n} \Delta \boldsymbol{P}_i$。设物体的重心坐标为$(x_C, y_C, z_C)$；$M_i$ 的坐标为(x_i, y_i, z_i)。根据空间平行力系中心公式(2-22)得到物体重心的坐标公式为

$$x_C = \frac{\sum_{i=1}^{n} \Delta P_i x_i}{P}, y_C = \frac{\sum_{i=1}^{n} \Delta P_i y_i}{P}, z_C = \frac{\sum_{i=1}^{n} \Delta P_i z_i}{P} \tag{2-23}$$

对于连续分布的物体，在应用式(2-23)计算其重心时，应将求和计算改为积分运算。特别地，对于均质物体，其重心就是几何中心，即**形心**，因此可将上述公式中的重力替换为

体积进行计算。

表 2-1　常见简单形体的重心公式

图　形	重心位置	图　形	重心位置
三角形	在中线的交点 $y_C=\frac{1}{3}h$	梯形	$y_C=\frac{h(2a+b)}{3(a+b)}$
圆弧	$x_C=\frac{r\sin\varphi}{\varphi}$ 对于半圆弧 $x_C=\frac{2r}{\pi}$	弓形	$x_C=\frac{2}{3}\frac{r^3\sin^3\varphi}{A}$ 面积 $A=\frac{r^2(2\varphi-\sin2\varphi)}{2}$
扇形	$x_C=\frac{2}{3}\frac{r\sin\varphi}{\varphi}$ 对于半圆 $x_C=\frac{4r}{3\pi}$	部分圆环	$x_C=\frac{2}{3}\frac{R^3-r^3}{R^2-r^2}\frac{\sin\varphi}{\varphi}$
二次抛物线面	$x_C=\frac{3}{5}a$ $y_C=\frac{3}{8}b$	二次抛物线面	$x_C=\frac{3}{4}a$ $y_C=\frac{3}{10}b$
正圆锥形	$z_C=\frac{1}{4}h$	半圆球	$z_C=\frac{3}{8}r$

【例 2-5】 某机器零件由同一种均质材料制成，形状与尺寸如图 2-17 所示，两孔的半径分别为 $r=50\text{mm}$，图中尺寸单位为 mm。求此零件在图示坐标下重心的坐标。

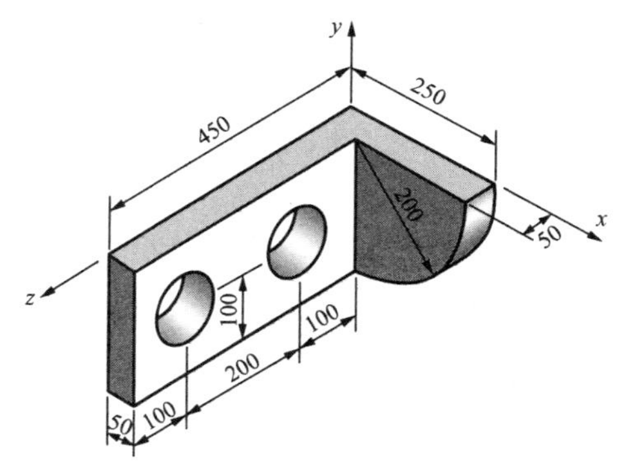

图 2-17

解 本例的物体为均质材料，计算重心时可以应用体积进行计算，由式(2-23)得到

$$x_C=\frac{\sum_{i=1}^{n}\Delta V_i x_i}{V},\ y_C=\frac{\sum_{i=1}^{n}\Delta V_i y_i}{V},\ z_C=\frac{\sum_{i=1}^{n}\Delta V_i z_i}{V} \tag{a}$$

因为有孔，宜采用负面积法，即把该零件看成由一个矩形板和一个 1/4 圆板组成，但还要扣除两个圆孔。

各部分体积和重心坐标如下：

矩形板

$$V_1=450\times 50\times 200=4.5\times 10^6\ \text{mm}^3$$

$$x_1=25\ \text{mm},y_1=-100\ \text{mm},z_1=225\ \text{mm}$$

1/4 圆板

$$V_2=\frac{1}{4}\pi\times 200^2\times 50=5\pi\times 10^5\ \text{mm}^3$$

$$x_2=50+\frac{2}{3}\times\frac{200\sin(\pi/4)}{\pi/4}\times\cos(\pi/4)=135\ \text{mm}$$

$$y_2=-\frac{2}{3}\times\frac{200\sin(\pi/4)}{\pi/4}\times\sin(\pi/4)=-85\ \text{mm}$$

$$z_2=25\ \text{mm}$$

两个圆孔

$$V_3=-\pi\times 50^2\times 50=-1.25\pi\times 10^5\ \text{mm}^3$$

$$x_3=25\ \text{mm},y_3=-100\ \text{mm},z_3=150\ \text{mm}$$

$$V_4=V_3=-1.25\pi\times 10^5\ \text{mm}^3$$

$$x_4=25\ \text{mm},y_4=-100\ \text{mm},z_4=350\ \text{mm}$$

将上述结果代入式(a)，得到零件的重心坐标为

$$x_C=55.4\ \text{mm},y_C=-95.9\ \text{mm},z_C=161.8\ \text{mm}$$

小　　结

1. 基本概念

力系的主矢：力系中所有力的矢量和

$$\boldsymbol{F}'_{\mathrm{R}}=\sum_{i=1}^{n}\boldsymbol{F}_i$$

力系的主矩：力系中所有力对空间同一点之矩的矢量和

$$\boldsymbol{M}_O=\sum_{i=1}^{n}\boldsymbol{r}_i\times\boldsymbol{F}_i$$

2. 基本定理

(1) 力的平移定理：作用在刚体上的力可以平移到空间任一点，平移后应附加上一个力偶，该力偶的力偶矩矢等于原力对该点之矩。

(2) 力系等效定理：两个力系相互等效的充分和必要条件是，两力系的主矢相等，且对同一点的主矩也相等。

3. 力系的简化

(1) 空间一般力系向简化中心 O 简化得到一个作用在简化中心 O 的力 $\boldsymbol{F}_{\mathrm{R}}$ 和一个力偶 $\boldsymbol{M}_O$

$$\boldsymbol{F}_{\mathrm{R}}=\sum_{i=1}^{n}\boldsymbol{F}_i,\boldsymbol{M}_O=\sum_{i=1}^{n}\boldsymbol{M}_O(\boldsymbol{F}_i)$$

(2) 空间一般力系的简化结果：

<table>
<tr><th>主矢</th><th colspan="2">主　矩</th><th>简化结果</th><th>说　　明</th></tr>
<tr><td rowspan="2">$\boldsymbol{F}'_{\mathrm{R}}=0$</td><td colspan="2">$\boldsymbol{M}_O=0$</td><td>平衡</td><td></td></tr>
<tr><td colspan="2">$\boldsymbol{M}_O\neq0$</td><td>合力偶</td><td>主矩与简化中心的位置无关</td></tr>
<tr><td rowspan="4">$\boldsymbol{F}'_{\mathrm{R}}\neq0$</td><td colspan="2">$\boldsymbol{M}_O=0$</td><td>合力</td><td>合力作用线通过简化中心</td></tr>
<tr><td rowspan="3">$\boldsymbol{M}_O\neq0$</td><td>$\boldsymbol{F}'_{\mathrm{R}}\perp\boldsymbol{M}_O$</td><td>合力</td><td>合力作用线到简化中心 O 的距离为
$d=\frac{|\boldsymbol{M}_O|}{F'_{\mathrm{R}}}$</td></tr>
<tr><td>$\boldsymbol{F}'_{\mathrm{R}}//\boldsymbol{M}_O$</td><td>力螺旋</td><td>力螺旋的中心轴通过简化中心</td></tr>
<tr><td>$\boldsymbol{F}'_{\mathrm{R}}$与 $\boldsymbol{M}_O$ 成 θ 角</td><td>力螺旋</td><td>力螺旋的中心轴到简化中心 O 的距离为
$\mathrm{d}=\frac{|\boldsymbol{M}_O|\sin\theta}{F'_{\mathrm{R}}}$</td></tr>
</table>

4. 平行力系的中心、重心

平行力系的中心坐标公式

$$x_C=\frac{\sum_{i=1}^{n}F_ix_i}{\sum_{i=1}^{n}F_i},y_C=\frac{\sum_{i=1}^{n}F_iy_i}{\sum_{i=1}^{n}F_i},z_C=\frac{\sum_{i=1}^{n}F_iz_i}{\sum_{i=1}^{n}F_i}$$

物体重心的坐标公式

$$x_C=\frac{\sum_{i=1}^{n}\Delta P_ix_i}{P},y_C=\frac{\sum_{i=1}^{n}\Delta P_iy_i}{P},z_C=\frac{\sum_{i=1}^{n}\Delta P_iz_i}{P}$$

习　　题

2-1　铆接薄板在孔心 A、B 和 C 处受三力作用，如图 2-18 所示。$F_1=100\text{N}$，沿铅垂方向；$F_3=50\text{N}$，沿水平方向，并通过点 A；$F_2=50\text{N}$，作用线也通过点 A，尺寸如图 2-18所示。求此力系的主矢。

答：$F'_R=161.2\text{N},\alpha=60.25°$。

2-2　已知 $F_1=2\text{kN},F_2=4\text{kN},F_3=10\text{kN}$，三力分别作用在边长为 a 的正方形 $OABC$ 的 C、O、B 三点上，如图 2-19 所示。求此力系的合成结果。

答：$F_R=5.7\text{kN}$，合力 $\boldsymbol{F}_R$ 到 O 点距离 $\frac{\sqrt{2}}{2}a$。

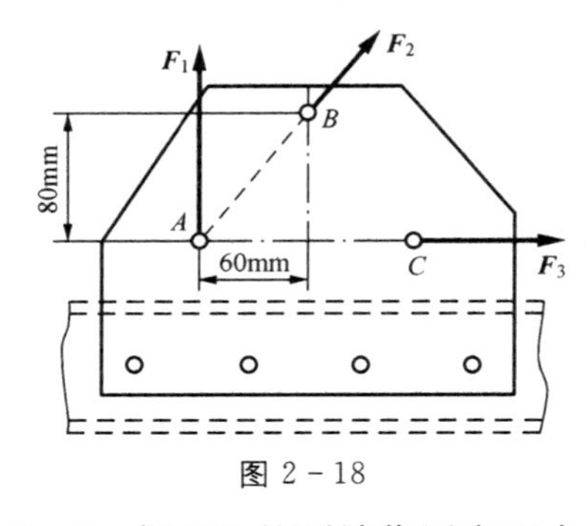

图 2-18

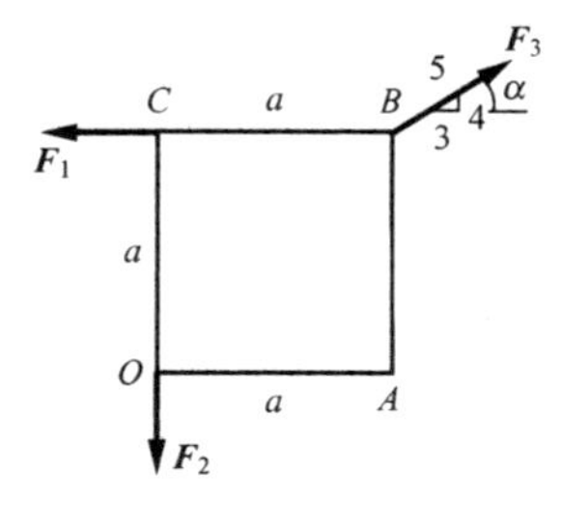

图 2-19

2-3　杆 OD 的顶端作用有三个力 $\boldsymbol{F}_1$、$\boldsymbol{F}_2$、$\boldsymbol{F}_3$，其方向如图 2-20 所示，各力大小分别为 $F_1=100\text{N},F_2=150\text{N},F_3=300\text{N}$。求力系的主矢。

答：$F'_R=452.1\text{N},\alpha=66.1°,\beta=81.4°,\gamma=154.4°$。

2-4　如图 2-21 所示，在刚体的 O、A、B 三点分别作用三个力，$\boldsymbol{F}_1=12\boldsymbol{k},\boldsymbol{F}_2=4\boldsymbol{j},\boldsymbol{F}_3=3\boldsymbol{i}$（力的单位为 N），各点的坐标为 $O(0,0,0),A(0,a,0),B(b_1,b_2,0)(b_2\neq0)$。试简化该力系，并证明该力系无合力。

答：$\boldsymbol{F}'_R=(3\boldsymbol{i}+4\boldsymbol{j}+12\boldsymbol{k})\text{N},\boldsymbol{M}_O(\boldsymbol{F})=-3b_2\boldsymbol{k}\text{N}\cdot\text{m}$。

2-5　已知 $F_1=6\text{N},F_2=8\text{N},F_3=10\text{N},a=3\text{m},b=4\text{m}$。试求图 2-22 所示空间力系向 O 简化的主矩。

答：$\boldsymbol{M}_O=(-24\boldsymbol{j}+36\boldsymbol{k})\text{N}\cdot\text{m}$。

2-6　板上作用四个平行力，大小方向如图 2-23 所示。求此力系的合力。

答：$\boldsymbol{F}_\text{R}=-1\,400\boldsymbol{k}$ N，作用线与 xy 平面的交点 $x=3.0$，$y=2.5$。

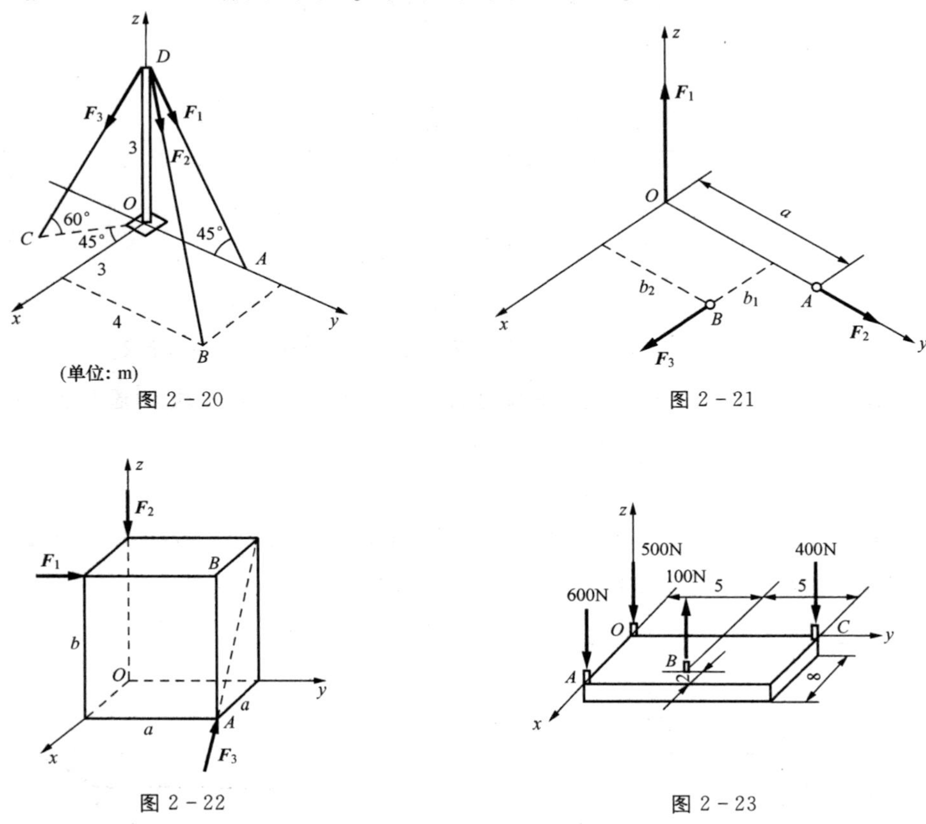

图 2-20　　图 2-21

图 2-22　　图 2-23

2-7　工件如图 2-24 所示，在它的四个面上同时钻五个孔，每个孔所受的切削力偶矩均为 80 N·m。求工件所受合力偶的矩在 x、y、z 轴上的投影 M_x、M_y、M_z。

答：$M_x=-193.1\text{N}\cdot\text{m}$，$M_y=-80\text{N}\cdot\text{m}$，$M_z=-193.1\text{N}\cdot\text{m}$。

2-8　钢架 $ABCD$ 所受载荷如图 2-25 所示。$AB=l=1.5\text{m}$，梯形载荷两端的载荷集度分别为 $q_1=2\text{kN/m}$，$q_2=4\text{kN/m}$，作用力 $F=4.5\text{kN}$，力偶矩 $M=5\text{kN}\cdot\text{m}$。试简化此力系。

答：$M_A=-1.25\text{kN}\cdot\text{m}$。

2-9　图 2-26 所示梁 AB 受到外力系作用，$P=75\text{N}$，$F_1=100\text{N}$，$F_2=80\text{N}$，力偶矩 $M=50\text{N}\cdot\text{m}$，方向及作用位置如图，求此力系的简化结果。

答：$F_\text{R}=138.6\text{N}$，$\angle(\boldsymbol{F}'_\text{R},\boldsymbol{i})=71.8°$，$\angle(\boldsymbol{F}'_\text{R},\boldsymbol{j})=161.6°$，作用线到梁中心距离 $d=0.948\text{m}$。

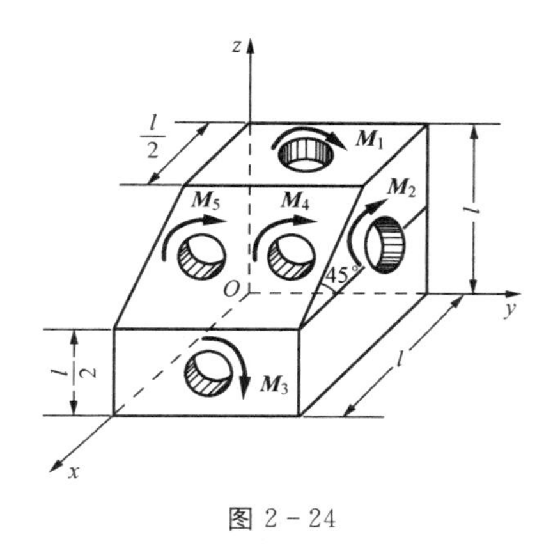

图 2-24

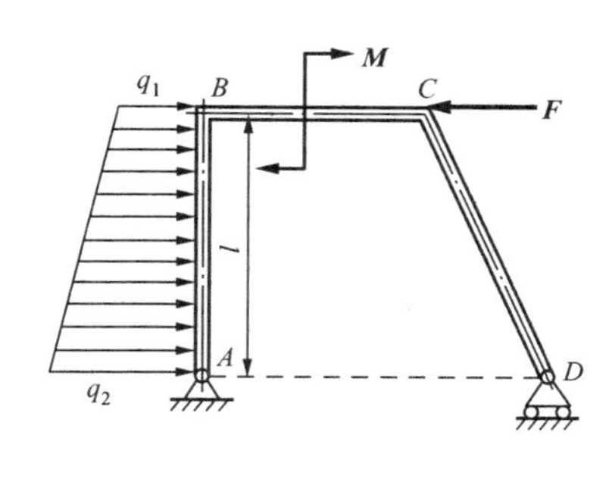

图 2-25

2-10　如图 2-27 所示空间力系 $F_1=F_2=100\text{N}$，$M=20\text{N}\cdot\text{m}$，求此力系向 O 点的简化结果。

答：$\boldsymbol{F}'_R=(100\boldsymbol{i}+100\boldsymbol{j})\text{N}$，$\boldsymbol{M}'_O=(10\boldsymbol{i}+10\boldsymbol{j})\text{N}\cdot\text{m}$，中心轴位置 $x=50\text{cm}$，$y=-50\text{cm}$，$z=100\text{cm}$。

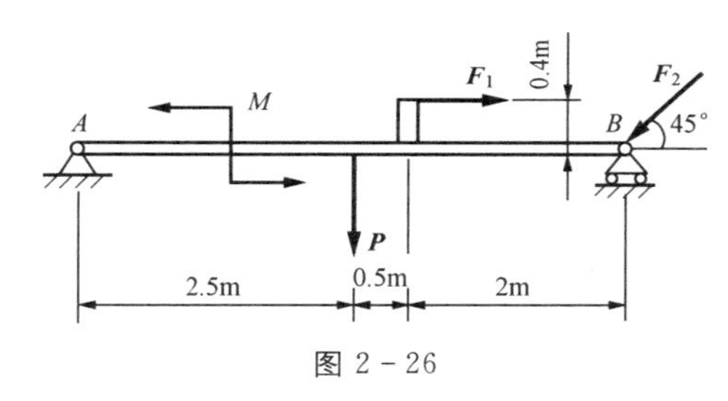

图 2-26

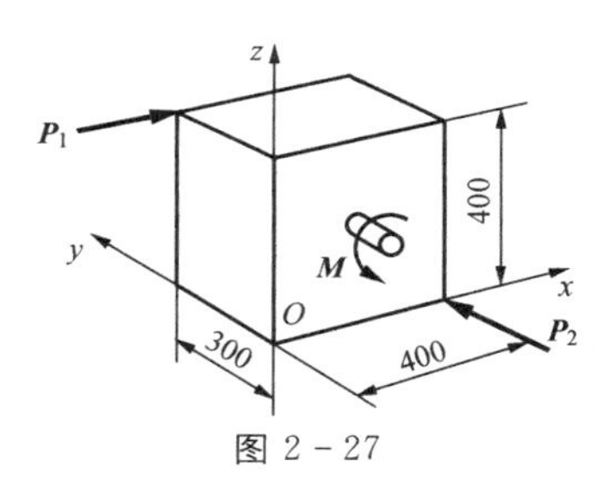

图 2-27

2-11　为了校核水坝的安全性，需要确定出坝体截面上所受主动力的合力作用线，并限制它与坝底水平线交点 E 距离坝底左端点 O 不超过坝底横向尺寸的 2/3，即 $OE\leqslant 2b/3$，如图 2-28 所示。水坝取 1 m 长度，坝底尺寸 $b=18$ m，坝高 $H=36$m，坝体斜面倾角 $\alpha=70°$。已知坝身自重 $G=9.0\times10^3$kN，左侧水压力 $F_1=4.5\times10^3$kN，右侧水压力 $F_2=180$kN，F_2 作用线过 E 点。各力作用位置 $a=6.4$m，$h=10$m，$c=12$m。试求坝体所受的主动力的合力、合力作用线的位置，并判断坝体的安全性。

答：$F_R=1.004\times10^4$kN，$\varphi=64°46'$，作用线距 O 点距离 11.403m，安全。

2-12　图 2-29 所示为一铁路桥墩，顶部受到两边桥梁传来的铅垂力 $F_1=1\,940$kN，$F_2=800$kN，机车传递的制动力 $F_3=193$kN。桥墩自重 $G=5\,280$kN，风力 $F_w=140$kN。各力作用线位置如图所示。试求：(1)力系向基础中心 O 简化的结果；(2)如能简化为一个力，试确定合力作用线的位置。

答：(1)$F'_R=8\,027$kN，$\angle(\boldsymbol{F}'_R,i)=92.4°$，$M_O(\boldsymbol{F})=6\,103.5\text{kN}\cdot\text{m}$；(2)合力 $\boldsymbol{F}_R$ 作用线在 O 点左侧 0.761m。

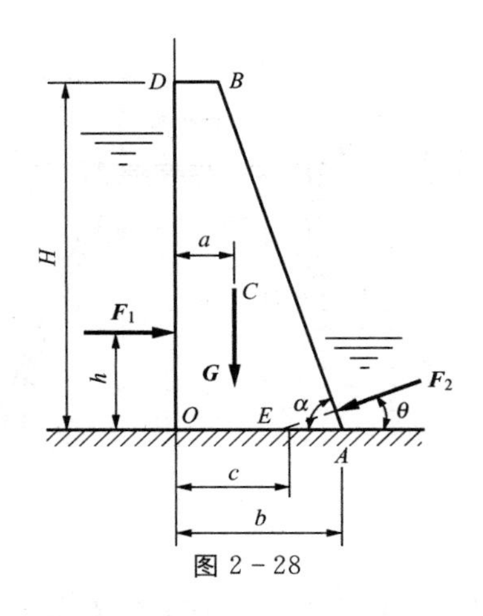

图 2-28

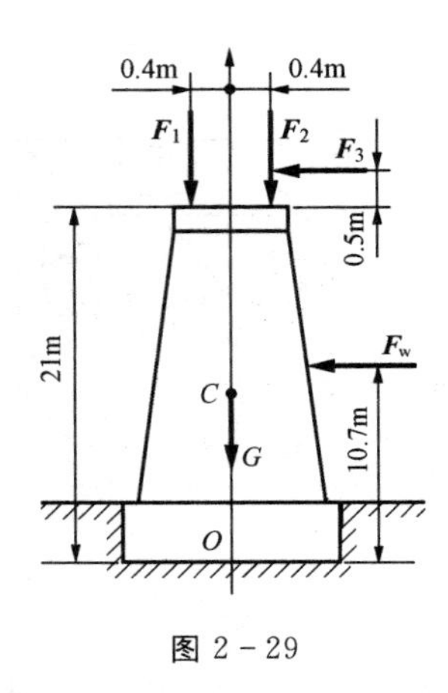

图 2-29

2-13　试求图 2-30 所示半径为 R、圆心角为 2φ 的扇形的重心。

答：$y_C=\dfrac{2R\sin\varphi}{3\varphi}$。

2-14　求图 2-31 所示(图中尺寸单位为 mm)的均质金属薄板的重心。

答：$x_C=232.9\text{mm}$，$y_C=86.4\text{mm}$。

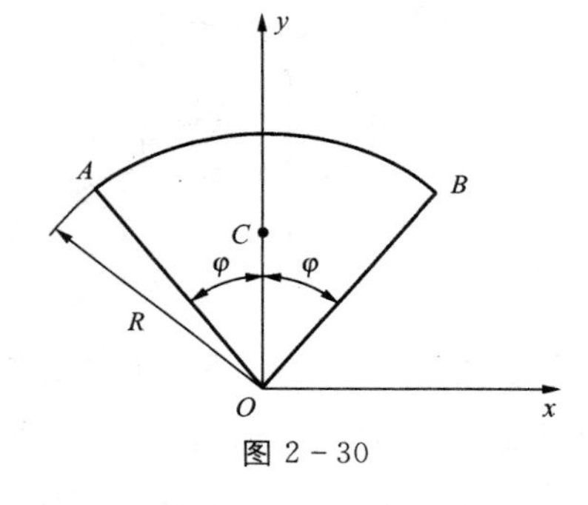

图 2-30

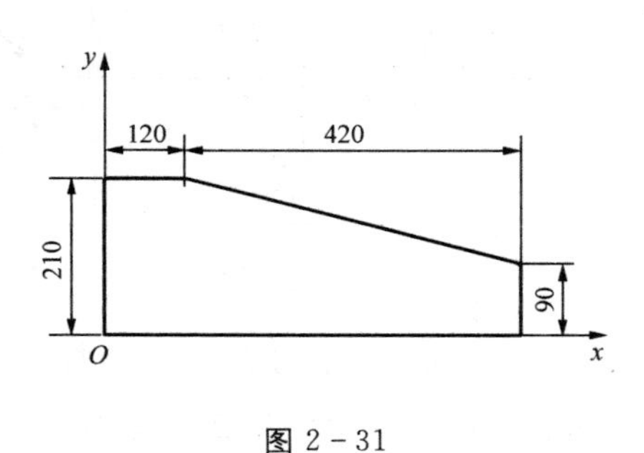

图 2-31

2-15　已知均质块尺寸如图 2-32 所示，图中尺寸单位为 mm，求均质块的重心。

答：$x_C=23.1\text{mm}$，$y_C=38.5\text{mm}$，$z_C=-28.1\text{mm}$。

2-16　求图 2-33 所示均质等截面金属弯管的重心。

答：$x_C=\dfrac{a}{6}$，$y_C=\dfrac{a}{2}$，$z_C=\dfrac{a}{6}$。

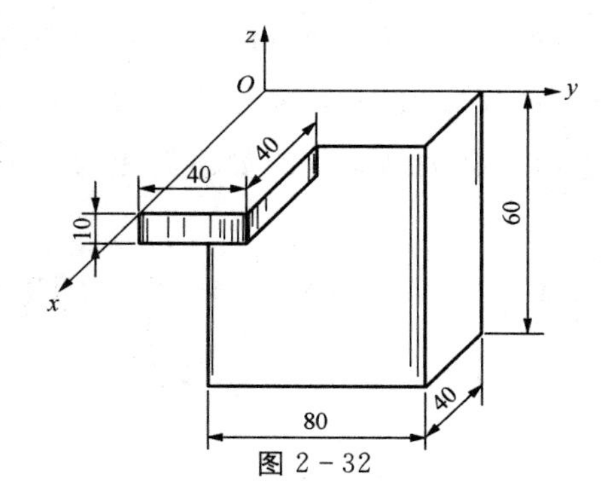

图 2-32

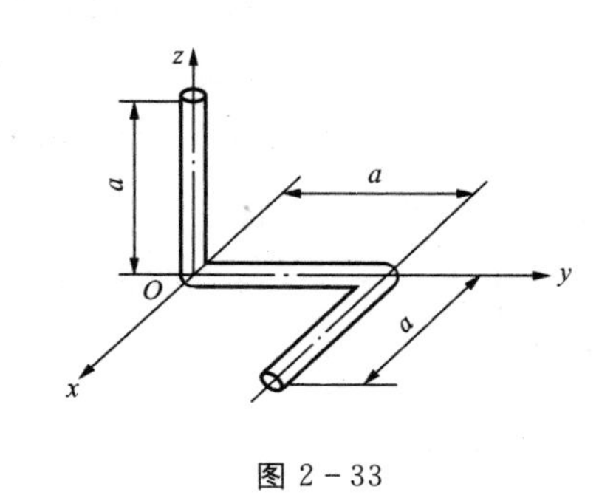

图 2-33

第3章　力系的平衡

本章应用力系的等效与简化理论，分析力系平衡条件，导出一般力系的平衡方程，并讨论平面一般力系等各种特殊力系的平衡方程。刚体系统的平衡问题是所有机械和结构的静力学设计基础，是本章研究的重点。本章还将对平面桁架和考虑摩擦时的平衡问题进行研究。

3.1　力系的平衡条件与平衡方程

3.1.1　力系的平衡条件与平衡方程

由上一章有关力系简化结果的分析可知，**力系的平衡条件是力系的主矢和力系对任一点的主矩同时等于零，即力系为零力系**。力系平衡是刚体和刚体系统平衡的充要条件，因此，如果刚体或刚体系统保持平衡，则作用于刚体或者刚体系统上的力系的主矢和力系对任一点的主矩都等于零，即

$$\begin{cases} \boldsymbol{F}_{\mathrm{R}} = 0 \\ \boldsymbol{M}_O(\boldsymbol{F}) = 0 \end{cases} \tag{3-1}$$

对于空间一般力系，平衡方程(3－1)可以分量形式表示为

$$\begin{cases} \sum_{i=1}^{n} F_{xi} = 0, \sum_{i=1}^{n} F_{yi} = 0, \sum_{i=1}^{n} F_{zi} = 0 \\ \sum_{i=1}^{n} M_x(\boldsymbol{F}_i) = 0, \sum_{i=1}^{n} M_y(\boldsymbol{F}_i) = 0, \sum_{i=1}^{n} M_z(\boldsymbol{F}_i) = 0 \end{cases} \tag{3-2}$$

平衡方程(3－2)为空间一般力系的平衡方程。由此可见，对于一个平衡力系，力系中的所有力在坐标系各轴上投影的代数和都等于零；同时，所有力对各轴之矩的代数和也都等于零。

平衡方程(3－2)中的6个平衡方程都是相互独立的，这些平衡方程适用于空间一般力系。对于不同情况的特殊力系，如平面力系、汇交力系、力偶系等，其中某些平衡方程是自然满足的，因此，独立的平衡方程数目将会减少。

3.1.2　特殊空间力系的平衡方程

3.1.2.1　空间汇交力系

对于所有力的作用线都汇交于一点 O 的空间汇交力系，如图3－1所示，平衡方程(3－2)中的三个力矩方程自然满足。因此，空间汇交力系的独立平衡方程为

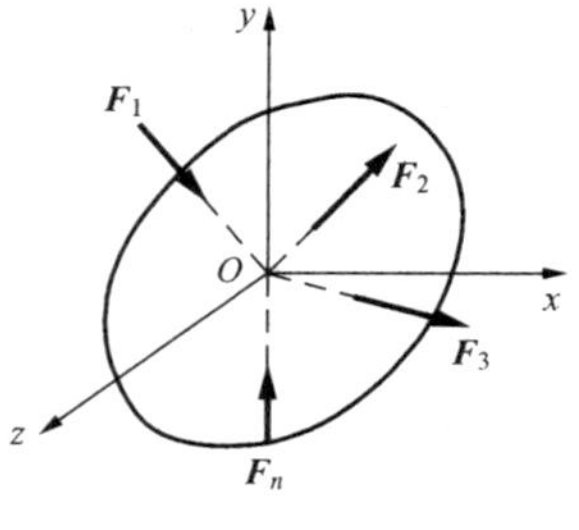

图3－1

$$\sum_{i=1}^{n} F_{xi} = 0, \sum_{i=1}^{n} F_{yi} = 0, \sum_{i=1}^{n} F_{zi} = 0 \tag{3-3}$$

3.1.2.2　空间力偶系

对于力偶作用面位于不同平面的空间力偶系，平衡方程(3-2)中三个力的投影方程自然满足。因此，空间力偶系的独立平衡方程为

$$\sum_{i=1}^{n} M_x(\boldsymbol{F}_i) = 0, \sum_{i=1}^{n} M_y(\boldsymbol{F}_i) = 0, \sum_{i=1}^{n} M_z(\boldsymbol{F}_i) = 0 \tag{3-4}$$

3.1.2.3　空间平行力系

对于力系中所有力的作用线相互平行的空间平行力系，如图3-2所示，不失一般性，假设各力与z轴平行，则平衡方程(3-2)中以下方程自然满足

$$\sum_{i=1}^{n} F_{xi} = 0, \sum_{i=1}^{n} F_{yi} = 0, \sum_{i=1}^{n} M_z(\boldsymbol{F}_i) = 0$$

于是，空间平行力系的平衡方程为

$$\sum_{i=1}^{n} M_x(F_i) = 0, \sum_{i=1}^{n} M_y(F_i) = 0, \sum_{i=1}^{n} F_{zi} = 0 \tag{3-5}$$

图3-2

【例3-1】 均质等厚矩形板$ABCD$重量$G=200\text{N}$，用球铰A和蝶铰B与垂直固定面连接，并用绳索CE拉住，在水平位置保持平衡，如图3-3(a)所示。已知A、E两点同在一铅垂线上，且$\angle ECA=\angle BAC=30°$。试求绳索$CE$、球铰$A$和蝶铰$B$所受力。

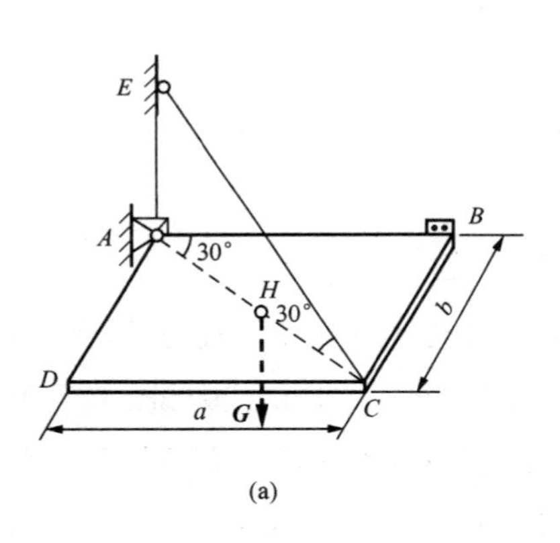

(a)

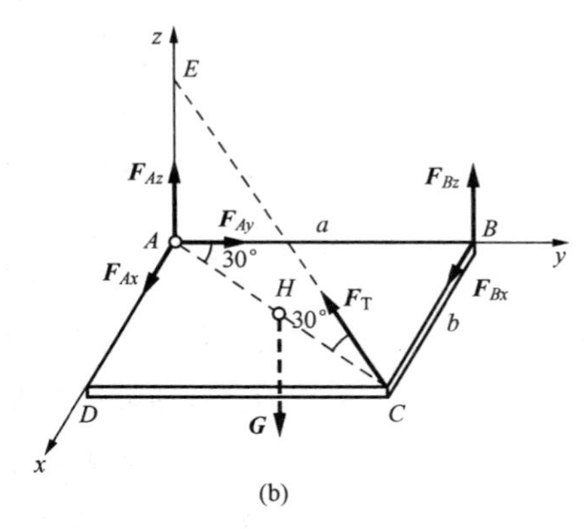

(b)

图3-3

解　(1) 选择研究对象。取矩形板$ABCD$为研究对象。受力分析如图3-3(b)所示。重力$\boldsymbol{G}$，绳索CE的拉力$\boldsymbol{F}_\text{T}$，球铰A的约束力为三个相互垂直的分力$\boldsymbol{F}_{Ax}$、$\boldsymbol{F}_{Ay}$、$\boldsymbol{F}_{Az}$，蝶铰B的约束力为两个相互垂直的分力$\boldsymbol{F}_{Bx}$、$\boldsymbol{F}_{Bz}$；它们组成了一个平衡的空间一般力系。

(2) 建立坐标系，写出平衡方程。建立直角坐标系$Axyz$，如图3-3(b)所示。写出力系对于x、y、z轴和BC边的力矩平衡方程以及x、y轴的投影平衡方程并求解，设$AD=BC=b$，$AB=CD=a=\sqrt{3}b$，有

$$
\begin{cases}
\sum M_x(\boldsymbol{F})=0, F_{Bz}a+F_T\sin30^\circ\cdot a-G\dfrac{a}{2}=0 \\
\sum M_y(\boldsymbol{F})=0, G\dfrac{b}{2}-F_T\sin30^\circ\cdot b=0 \\
\sum M_z(\boldsymbol{F})=0, -F_{Bx}a=0 \\
\sum M_{BC}(\boldsymbol{F})=0, G\dfrac{a}{2}-F_{Az}a=0 \\
\sum F_x=0, F_{Ax}+F_{Bx}-F_T\cos30^\circ\sin30^\circ=0 \\
\sum F_y=0, F_{Ay}-F_T\cos30^\circ\cos30^\circ=0
\end{cases}
$$

解得

$$F_{Ax}=86.6\text{N}, F_{Ay}=150\text{N}, F_{Az}=100\text{N}$$

$$F_{Bx}=0, F_{Bz}=0$$

$$F_T=200\text{N}$$

讨论

空间一般力系的平衡方程(3－2)中,有 3 个力平衡方程和 3 个力矩平衡方程。但是,对于实际问题,在列平衡方程时可以灵活运用,如本例选择 BC 边列一力矩方程,从而方便求解。

3.1.3　平面力系的平衡方程

所有力的作用线都位于同一平面内的力系称为**平面力系**。平面力系也是空间力系的特例。如图 3－4 所示,力系中所有力在垂直于 Oxy 坐标平面的 z 轴上的投影,以及对 x、y 轴之矩均为 0,即在平衡方程(3－2)中,下列方程自然满足

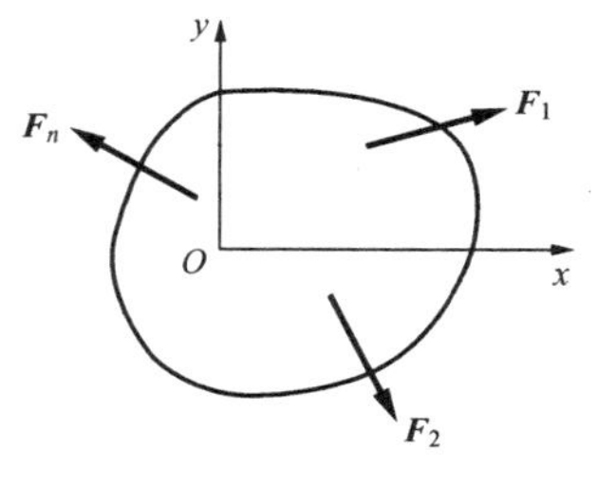

图 3－4

$$\sum_{i=1}^{n} F_{zi}=0, \sum_{i=1}^{n} M_x(\boldsymbol{F}_i)=0, \sum_{i=1}^{n} M_y(\boldsymbol{F}_i)=0$$

于是,平面一般力系的平衡方程为

$$\sum_{i=1}^{n} F_{xi}=0, \sum_{i=1}^{n} F_{yi}=0, \sum_{i=1}^{n} M_O(\boldsymbol{F}_i)=0 \quad (3-6)$$

其中,$\sum_{i=1}^{n} M_O(\boldsymbol{F}_i)=0$ 是 $\sum_{i=1}^{n} M_z(\boldsymbol{F}_i)=0$ 的习惯写法。矩心 O 是力系作用平面内的任一点。

平衡方程(3－6)是平面一般力系平衡方程的基本形式。除此之外,还有以下两种常用形式,但它们都有各自的限制条件。

(1) 二矩式:

$$\sum_{i=1}^{n} F_{xi}=0, \sum_{i=1}^{n} M_A(\boldsymbol{F}_i)=0, \sum_{i=1}^{n} M_B(\boldsymbol{F}_i)=0 \quad (3-7)$$

其限制条件是：A、B 两点连线与投影轴 x 不垂直，如图 3－5 所示。这是因为，当式(3－7)中的第二式和第三式同时满足时，力系不可能简化为一力偶，只可能简化为通过 A、B 两点的一个合力或者是平衡力系。但是，当第一式同时成立时，如果力系有合力，则必与 x 轴垂直，即 AB 与 x 轴垂直，这与限制条件矛盾，力系不能简化为一个力，所以力系只能平衡。

(2) 三矩式：

$$\sum_{i=1}^{n} M_A(\boldsymbol{F}_i) = 0, \sum_{i=1}^{n} M_B(\boldsymbol{F}_i) = 0, \sum_{i=1}^{n} M_C(\boldsymbol{F}_i) = 0 \tag{3-8}$$

其限制条件为：A、B、C 三点不共线。

因为，当式(3－8)中的第一式满足时，力系不可能简化为一力偶，只可能简化为通过 A 点的一个合力 $\boldsymbol{F}_R$ 或者是平衡力系。同样，如果第二、三式也同时满足，则这一合力也必须通过 B、C 两点。但是，由于 A、B、C 三点不共线(见图 3－6)，所以力系不可能简化为一合力，因此，满足上述方程的平面力系只可能是一平衡力系。

对于平面一般力系，上述三种形式所列的三个平衡方程都是相互独立的，因而能够求解三个未知量。在实际应用中，选取何种形式的平衡方程，取决于计算是否简便。一般情况下，应力求一个方程能求解一个未知量，避免解联立方程。

3.1.3.1　平面汇交力系

平面汇交力系是平面一般力系的特例。在平面汇交力系中，如图 3－7 所示，各力的作用线汇交于一点，平衡方程(3－6)中的第三式自然满足。因此，平面汇交力系的平衡方程为

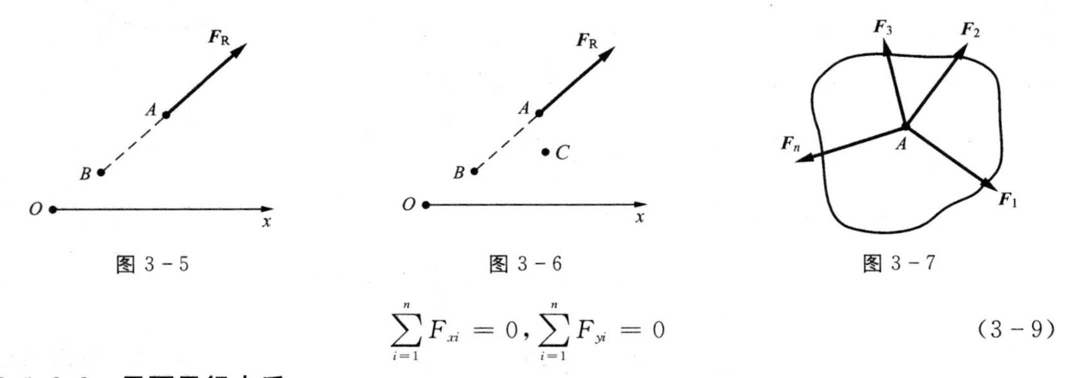

图 3－5　　图 3－6　　图 3－7

$$\sum_{i=1}^{n} F_{xi} = 0, \sum_{i=1}^{n} F_{yi} = 0 \tag{3-9}$$

3.1.3.2　平面平行力系

平面平行力系也是平面一般力系的一个特例。在平面平行力系中，所有力的作用线均相互平行。假设平面平行力系中的所有力均平行于 x 轴，则平衡方程(3－6)中的第二式自然满足。因此，平面平行力系的平衡方程为

$$\sum_{i=1}^{n} F_{xi} = 0, \sum_{i=1}^{n} M_O(\boldsymbol{F}_i) = 0 \tag{3-10}$$

3.1.3.3　平面力偶系

作用在同一平面内的一群力偶称为**平面力偶系**。平面力偶系中，各力偶矩矢 $\boldsymbol{M}_1$、$\boldsymbol{M}_2$、…、$\boldsymbol{M}_n$ 均垂直于该平面，成为共法线矢量，于是合力偶矩等于力偶系中各力偶矩的代数和，即

$$M = M_1 + M_2 + \cdots + M_n = \sum_{i=1}^{n} M_i \tag{3-11}$$

由此得到平面力偶系的平衡条件是所有力偶矩的代数和等于零。因此，平面力偶系平衡方程为

$$\sum_{i=1}^{n} M_i = 0 \tag{3-12}$$

由此可见，平面力偶系只有一个平衡方程，可以求解一个未知量。

【例 3-2】　平面刚架的受力及各部分尺寸如图 3-8(a)所示。所有外力的作用线都位于刚架平面内，A 处为固定端约束。若图中 q、F、M、l 等均为已知，试求 A 处的约束力。

解　(1) 选择研究对象。本例中只有平面刚架 $ABCD$ 一个刚体(折杆)，因而是唯一的研究对象。

(2) 受力分析。本例为平面一般力系。刚架 A 处为固定端约束，有 3 个同处于刚架平面内的约束力 $\boldsymbol{F}_{Ax}$、$\boldsymbol{F}_{Ay}$ 和 $\boldsymbol{M}_A$。刚架的分离体受力图如图 3-8(b)所示。其中作用在 CD 部分的均布载荷已简化为一集中力 ql 并作用在 CD 杆的中点。

(3) 列平衡方程，求解未知力。

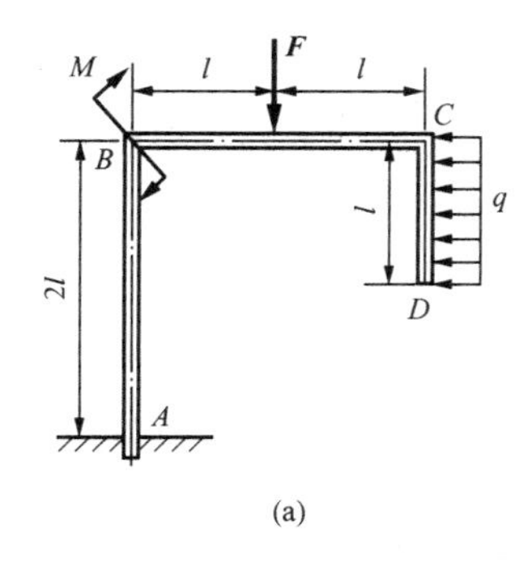

(a)

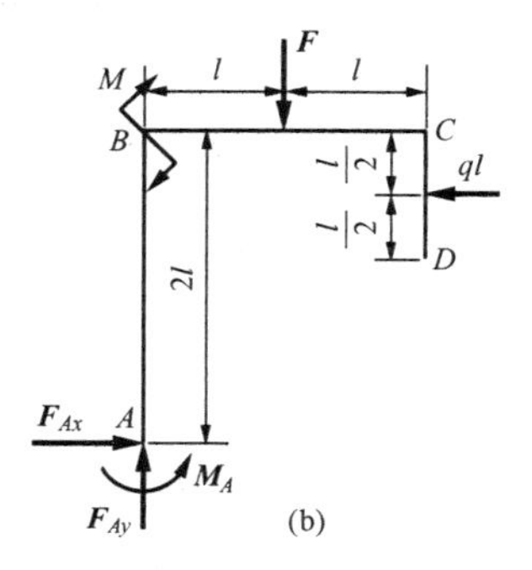

(b)

图 3-8

$$\begin{cases} \sum F_x = 0, F_{Ax} - ql = 0 \\ \sum F_y = 0, F_{Ay} - F = 0 \\ \sum M_A(\boldsymbol{F}) = 0, M_A - M - Fl + ql \times \dfrac{3l}{2} = 0 \end{cases}$$

解得

$$F_{Ax} = ql, F_{Ay} = F, M_A = M + Fl - \frac{3}{2}ql^2$$

讨论

为了验证上述结果的正确性，可以将作用在平衡对象上的所有力(包括已经求得的约束力)，对任意点(包括刚架上的点和刚架外的点)取矩。若这些力矩的代数和为零，则表示所得结果是正确的，否则就是不正确的。

3.2 物系的平衡

3.2.1 静定与超静定概念

每一种类型的力系都有确定的独立平衡方程数目，因此，能求解的未知约束力数目也是确定的。如果所考察问题的未知约束力数不大于独立平衡方程数，那么，未知约束力就可全部由平衡方程求得，这类问题称为**静定问题**，相应的结构称为**静定结构**。如果未知约束力数超过独立平衡方程数，仅仅运用静力学平衡方程不可能完全求得所有未知约束力，这类问题称为**超静定问题**或**静不定问题**，相应的结构称为**超静定结构**。

图 3－9 所示为超静定结构的几个实例。图 3－9(a)所示为平面汇交力系，只有两个独立平衡方程，但根据约束类型，有 3 个未知的约束力，因此为超静定问题。

未知约束力数与独立的平衡方程数的差为**超静定次数**。图 3－9 (a)、(b)所示为一次超静定，图 3－9 (c)所示为二次超静定。

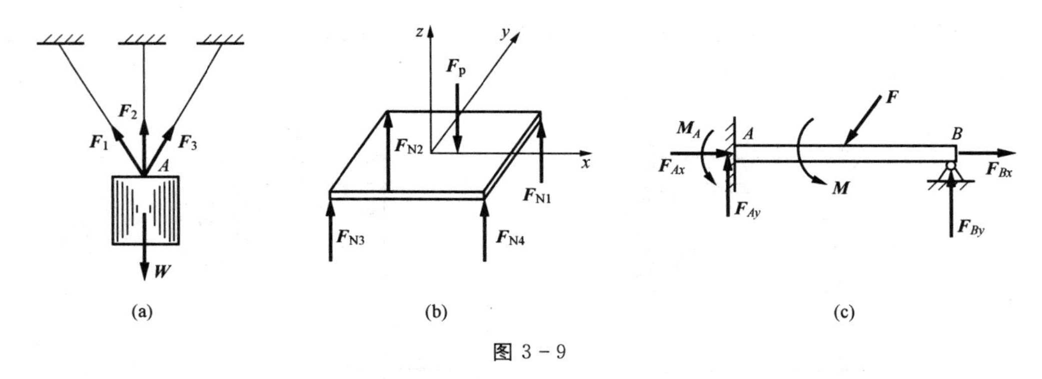

图 3－9

工程中为了提高结构的强度和刚度，或是为了满足工程的其他要求，常采用超静定的结构。在求解超静定问题时，除建立静力学平衡方程外，还应根据物体的变形协调条件建立补充方程，联立起来才能求解，这将在材料力学和结构力学中加以研究，在理论力学中仅限于讨论静定问题。

3.2.2 物系平衡

物系是指由若干物体通过适当约束相互连接而组成的系统。当物系平衡时，组成物系的每个物体或其局部系统也必然平衡。根据刚化原理，当物系平衡时，刚体平衡条件也成立。

物系平衡问题的特点是：仅仅考察系统的整体或某个局部(单个物体或局部系统)，不一定能确定全部未知力。

在求解具体的物系平衡问题时，必须分清物系的内力与外力。物系内各物体之间的联系构成内约束，内约束处的约束力是系统内部物体之间的作用力，称为**内部约束力**，即**内力**。根据作用和反作用定律，内力总是成对出现的，在研究整个系统的平衡时，成对的内力并不影响平衡，故内力可以不考虑。物系以外的物体作用于该系统的力，即**外力**，通常包括**主动力**和**外部约束力**。

应当注意，内力与外力是相对的概念，它们将随着研究对象的不同而转化。例如，图3-10(a)所示结构的三铰拱由AC和BC在C点铰接而成，当选取三铰拱ABC结构整体为研究对象时，受力图如图3-10(b)所示，C处的约束力是内力，不必画出，而主动力$\boldsymbol{F}_1$、$\boldsymbol{F}_2$，力偶矩$\boldsymbol{M}$以及约束力$\boldsymbol{F}_{Ax}$、$\boldsymbol{F}_{Ay}$、$\boldsymbol{F}_{Bx}$、$\boldsymbol{F}_{By}$则是外力；而当取AC为研究对象时，C处的约束力$\boldsymbol{F}_{Cx}$、$\boldsymbol{F}_{Cy}$就应视为外力，必须画出，如图3-10(c)所示。

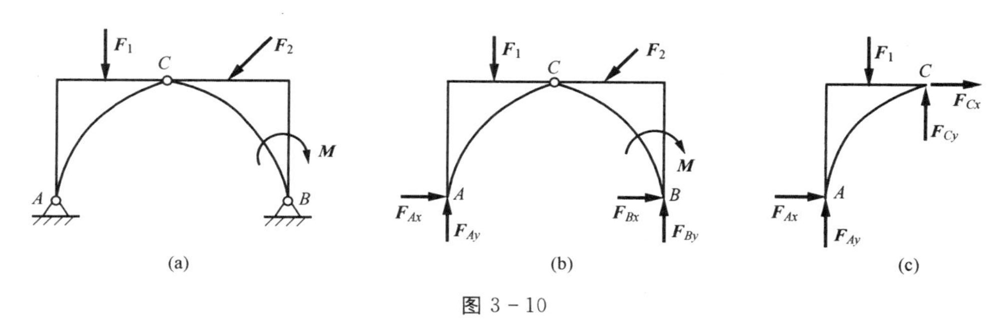

图3-10

在研究物系平衡问题时，首先要判断它是静定问题还是超静定问题。当整个系统处于平衡时，组成该系统的每一个构件必处于平衡状态。因此，对于空间一般力系问题，对物系的每一个构件，均可列出6个独立平衡方程，这样，由n个构件组成的物系就有$6n$个独立平衡方程。而物系的未知约束力数目，则应包括系统的外部约束力和构件之间的所有内力。在一般情况下，当系统静定时，物系的未知约束力总数小于或等于独立平衡方程总数，若未知约束力总数大于独立平衡方程总数，则系统就是超静定的。

物系平衡问题的解法有以下两种方法。

(1) 一般解法。对于空间一般力系问题的物系，可以建立$6n$个独立的平衡方程；如果该物系是静定的，也应有$6n$个未知约束力。于是，最终归结为解$6n$元线性代数方程组。

(2) 分析解法。由于许多工程实际问题并不需要求出刚体系统的所有内部和外部的约束力，而通常只需求出其中一部分约束力，因此，利用分析解法可以简化问题的求解。

当物系平衡时，系统中的每一个构件也处于平衡状态。于是，可以选取整个物系为研究对象，也可以将物系在连接处拆开，取系统中某一部分作为研究对象。因此，分析解法的关键是选择合适的研究对象。研究对象的选择很难有统一的方法。一般，在明确求解要求后，先有一个大致的思路，在比较各个选择对象的难易程度后，应选择一个需画的受力图最少、需列的平衡方程数最少、求解最易的解题捷径。

对物系平衡物体求解的一般原则作如下总结：

1）如能由整体受力图求出的未知约束力或中间量，应尽量选取整体为研究对象求解。

2）通常先考虑受力情形最简单、未知约束力最少的某一构件或局部系统的受力情况。研究对象的选择应尽可能满足一个平衡方程求解一个未知力的要求。

3）选择不同平衡对象时要分清内力和外力、施力体与受力体、作用力与反作用力等关系。

4）注意二力平衡原理和三力平衡汇交定理的运用，以简化求解过程。

【例 3-3】 图 3-11(a)所示结构由杆 AB 与杆 BC 在 B 处铰接而成。A 处为固定端，C 处为辊轴支座，在 DE 段承受均布载荷作用，载荷集度为 q；E 处作用有外力偶，其力偶矩为 M。若 q、M、l 均为已知，试求 A、C 两处的约束力。

解 (1) 选择研究对象，进行受力分析。考察结构整体为平面一般力系，系统由 2 个构件组成，独立平衡方程数为 $3\times2=6$。在固定端 A 处有 3 个约束力 $\boldsymbol{F}_{Ax}$、$\boldsymbol{F}_{Ay}$ 和 $\boldsymbol{M}_A$，在辊轴支座 C 处有 1 个竖直方向的约束力 $\boldsymbol{F}_C$，即共有 4 个未知约束力，小于独立平衡方程数，为静定问题，可以求解。但是，如果仅仅选取系统整体为研究对象，可以得到 3 个独立平衡方程，无法求解 4 个未知约束力。因而，除了系统整体外，还需要选取其中的构件为研究对象，为此，必须将系统拆开，即取分离体。

B 处的铰链是系统内部的约束。将结构从 B 处拆开，铰链 B 处的约束力可以用相互垂直的两个分量表示。作用在两构件 AB 和 BC 上同一处 B 的约束力，互为作用力与反作用力。在研究结构整体平衡时，B 点的内约束力不必画出。

杆 AB 在点 A 和 B 两处有 5 个未知约束力，而杆 BC 在点 B 和 C 两处有 3 个未知约束力。比较可见，拆开后宜选择杆 BC 为研究对象，得到 3 个独立平衡方程。因此，分别选取整体和杆 BC 为研究对象，共得到 6 个独立平衡方程，未知约束力包括固定端 A 的 3 个约束力，以及辊轴支座 C 处和拆开后 B 处增加两个未知的内约束力，所以共有 6 个未知约束力，与能够得到的 6 个独立平衡方程相等，从而可以求解。

系统整体的受力如图 3-11(a)所示，杆 BC 的受力如图 3-11(c)所示。其中，$\frac{F_q}{2}=ql$ 为均布载荷的简化结果。

(2) 列平衡方程，求解未知力。先考察杆 BC 的平衡，有

$$\sum M_B(\boldsymbol{F})=0, F_C\times2l-M-ql\times\frac{l}{2}=0$$

求得

$$F_C=\frac{M}{2l}+\frac{ql}{4} \tag{a}$$

再考察整体平衡，将 DE 段的分布载荷简化为作用于 B 处的集中力 $2ql$，有

$$\begin{cases}\sum F_x=0, & F_{Ax}=0\\ \sum F_y=0, & F_{Ay}-2ql+F_C=0\\ \sum M_A(\boldsymbol{F})=0, & M_A-2ql\times 2l-M+F_C\times 4l=0\end{cases}$$

将式(a)代入后，解得

$$F_{Ax}=0, F_{Ay}=\frac{7}{4}ql-\frac{M}{2l}, M_A=3ql^2-M \tag{b}$$

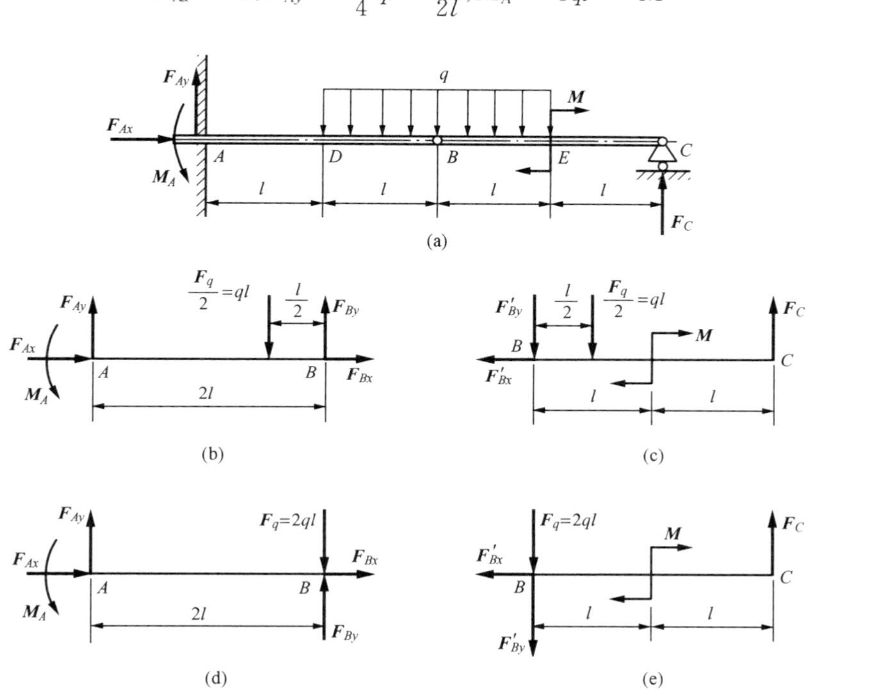

图 3-11

讨论

(1) 本题也可以分别选择整体和杆 AB 为研究对象，或者分别选择杆 AB 和杆 BC 为研究对象，但是，不同的选择方法，其平衡方程的求解难易程度也不相同。例如，本题若分别选择整体和杆 AB 为研究对象，则必须求解局部与整体联立的平衡方程。因此，正确选择研究对象，可以大大简化问题的求解。

(2) 主动力系的简化极为重要，处理不当，容易出错。例如，本例在考察局部平衡时，即系统拆开之前，先将均匀分布载荷简化为一集中力 $F_q=2ql$。系统拆开之后，再将力 $\boldsymbol{F}_q$ 按图 3-11(d)或(e)所示分别加在两部分杆件上，则将得出错误的结果。请读者自行分析，图 3-11(d)、(e)中的受力分析错在哪里？

(3) 当取系统整体为研究对象时，为简便起见，在不影响受力图表达清晰程度的前提下，可以在原图上画整体的受力图，如图 3-11(a)所示。

【例 3-4】 如图 3-12(a)所示液压夹紧机构，D 为固定铰链，B、C、E 为活动铰链。

已 $\boldsymbol{F}$ 已知，机构平衡时角度如图，各构件自重不计。求此时工件 H 所受的压紧力。

解　取铰链 B 为研究对象，作受力图如图 3-12(b)所示。由

$$\sum F_y=0, F_{BC}\sin\theta-F=0$$

得

$$F_{BC}=\frac{F}{\sin\theta}$$

取铰链 C 为研究对象，作受力图如图 3-12(c)所示。由

$$\sum F_x=0, F'_{BC}-F_{EC}\cos\left(\frac{\pi}{2}-2\theta\right)=0$$

由于 $F'_{BC}=F_{BC}$，所以

$$F_{EC}=\frac{F}{\sin2\theta\sin\theta}=\frac{F}{2\sin^2\theta\cos\theta}$$

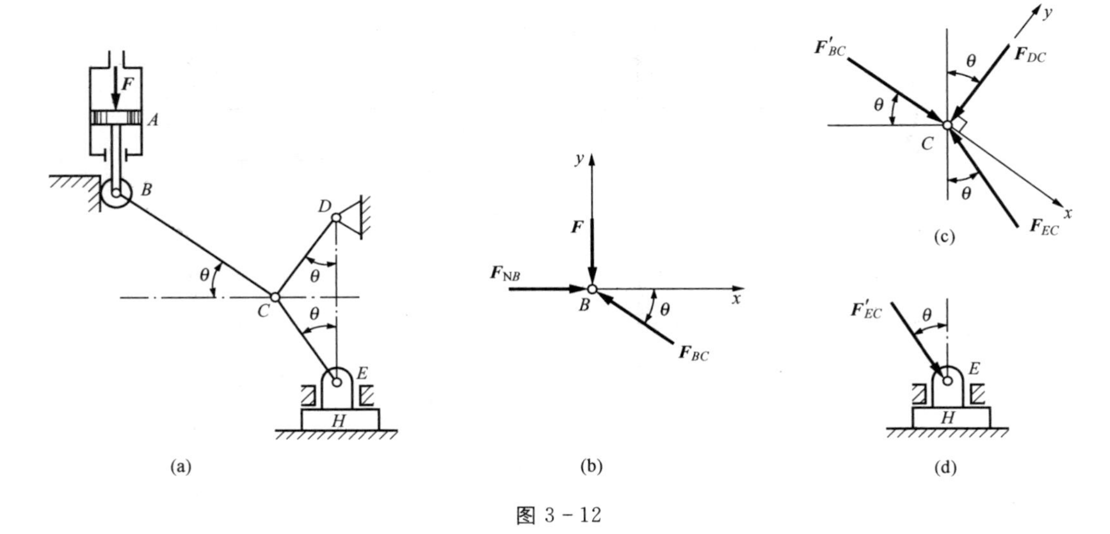

图 3-12

由图 3-12(d)可见，工件 H 受到的压力等于 $F'_{EC}(=F_{EC})$ 在垂直方向上的分量，即

$$F_H=F'_{EC}\cos\theta=\frac{F}{2\sin^2\theta}$$

【例 3-5】　构架由杆 AB、AC 和 DF 组成，如图 3-13(a)所示。杆 DF 上的销子 E 可在杆 AC 的光滑槽内滑动，不计各杆的重量，在水平杆 DF 的一端作用铅垂力 $\boldsymbol{F}$。求铅垂杆 AB 上铰链 A、D 和 B 所受的力。

解　分别取构架整体、水平杆 DF 及竖杆 AB 为研究对象，并作它们的受力图如图 3-13(b)～(d)所示。根据图 3-13 (b)，整体平衡方程为

$$\sum M_C=0, 2aF_{By}=0$$

得 $F_{By}=0$。

根据图 3-13(c)中 DEF 杆的受力图，作力三角形，它和△DGH 相似，利用相似三角

形对应边之比相等的关系，有

$$\frac{F_D}{DG}=\frac{F}{DH}$$

$$F_D=\frac{DG}{DH}F=\frac{\sqrt{5}a}{a}F=\sqrt{5}F$$

F'_D与水平面的夹角为$\alpha=\arcsin\frac{1}{\sqrt{5}}=26.57°$，则根据图 3-13(d)列杆 AB 的平衡方程

$$\begin{cases}\sum F_x=0,-F_{Bx}+F'_D\cos\alpha-F_{Ax}=0\\\sum F_y=0,-F_{Ay}+F'_D\sin\alpha=0\\\sum M_A=0,-2aF_{Bx}+aF'_D\cos\alpha=0\end{cases}$$

解得

$$F_{Ax}=F,F_{Ay}=F,F_{Bx}=F$$

$$F_A=\sqrt{F_{Ax}{}^2+F_{Ay}{}^2}=\sqrt{2}F$$

$$F_B=\sqrt{F_{Bx}{}^2+F_{By}{}^2}=F$$

所以，竖杆 AB 上铰链 A 所受的力为$\sqrt{2}F$，铰链 D 所受的力为$\sqrt{5}F$，铰链 B 所受的力为 F。

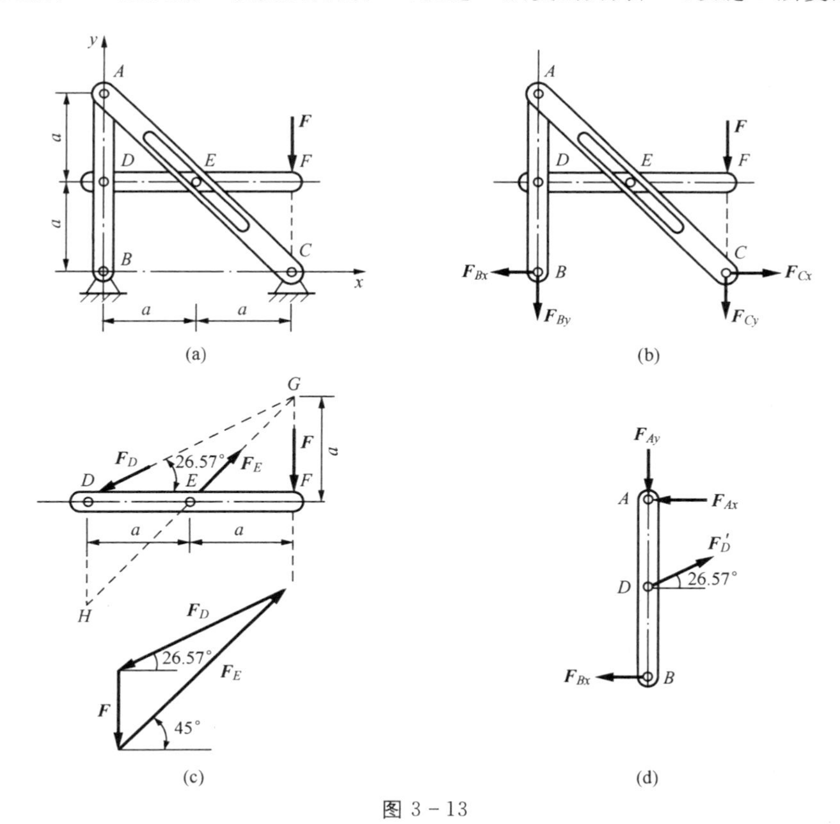

图 3-13

【例 3-6】 均质正方形板 $ABCD$ 的边长为 l，重为 P，用 6 根重量不计的细杆铰接，如图 3-14(a)所示，在 A 处作用有水平载荷 $\boldsymbol{F}$。求各杆的内力。

解 (1) 考虑板 $ABCD$ 受空间力系作用而平衡。建立直角坐标系 $A'xyz$，并将各杆编号。

(2) 对板 $ABCD$ 进行受力分析，画受力图。不考虑杆的自重，各细杆均在两点受力，因此都是二力杆。它们的受力及给方板的约束力都是沿杆方向，并设各杆均受拉力，如果求得结果是负值，即表示杆受压力。方板的受力图如图 3-14(b)所示。

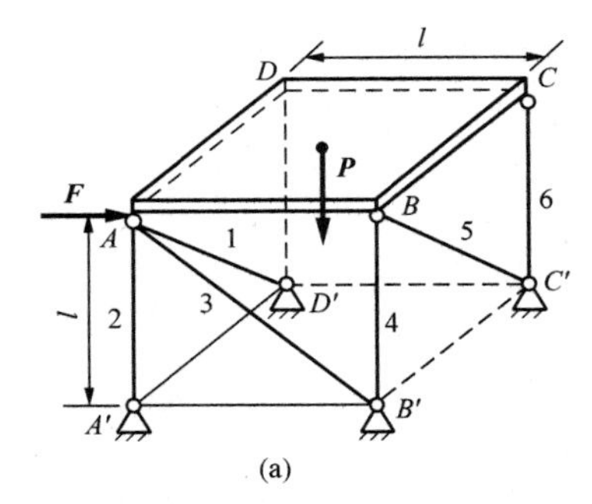

(a)

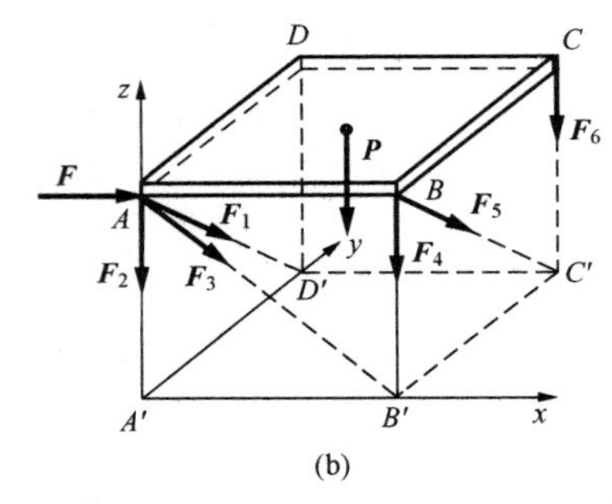

(b)

图 3-14

(3) 列平衡方程并求解

$\sum M_{AB}=0$，　$-F_6 l-P\dfrac{l}{2}=0$　$\Rightarrow F_6=-\dfrac{1}{2}P$

$\sum M_{AA'}=0$，　$F_5\cos45°\cdot l=0$　$\Rightarrow F_5=0$

$\sum F_y=0$，　$F_1\cos45°+F_5\cos45°=0$　$\Rightarrow F_1=0$

$\sum M_{AD}=0$，　$F_4 l+F_6 l+F_5\cos45°\cdot l+P\dfrac{l}{2}=0$　$\Rightarrow F_4=0$

$\sum F_x=0$，　$F+F_3\cos45°=0$　$\Rightarrow F_3=-\sqrt{2}F$

$\sum M_{B'C'}=0$，　$-F_1\sin45°\cdot l-F_2 l+Fl-\dfrac{1}{2}Pl=0$　$\Rightarrow F_2=F-\dfrac{1}{2}P$

由所得结果可知：杆 2 的内力为拉力(如果 $F>P/2$)；杆 3、6 的内力为压力；杆 1、4、5 为零杆。

(4) 校核。可用任一个余下的平衡方程式对所得结果进行校核，校核方程中应包含尽量多的所求量。在本题中可核对 $\sum F_z$：

$$\sum F_z=-F_1\cos45°-F_2-F_3\cos45°-F_4-F_5\cos45°-F_6-P$$

将所得结果代入，得 $\sum F_z=0$，因而所得结果无误。

3.3　平面桁架的平衡

桁架是一种由许多直杆以适当的方式在两端用铰链等连接而成的几何形状不变的结构。这类结构在工程上应用非常广泛，例如大型屋架、桥梁桁架、油田井架、起重设备、输电线路铁塔以及电视塔等。图 3－15 与图 3－16 所示分别为钢结构的屋顶桁架和桥梁桁架。

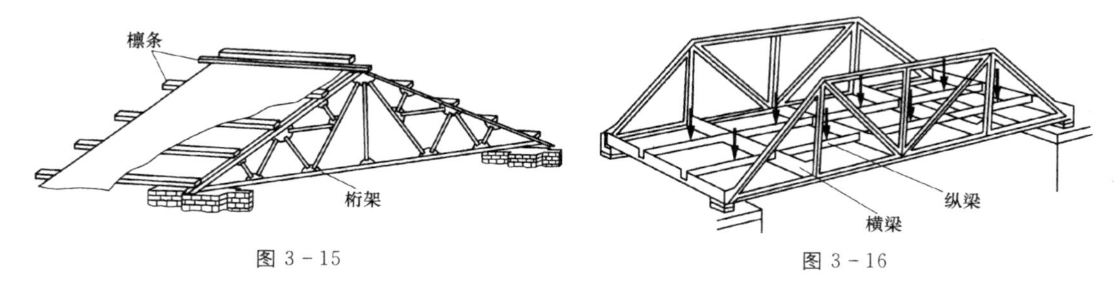

图 3－15　　图 3－16

若桁架的所有杆件和载荷都在同一平面内，称为**平面桁架**；反之，则称为**空间桁架**。

工程中桁架结构的设计涉及结构形式的选择、杆件几何尺寸的确定、材料的选用等。所有这些都与桁架杆件的受力有关。本节将组成桁架的杆件视为刚体，研究简单的平面静定桁架的杆件受力问题。

实际上，某些具有对称平面的空间结构，当载荷均作用在对称面内时，对称面两侧的结构也可以视为平面桁架加以分析。图 3－15 所示为房屋结构中的平面桁架；图 3－16 所示则为桥梁结构中的空间桁架，当载荷作用在对称面内时，可视为平面桁架。

3.3.1　平面桁架的力学模型

3.3.1.1　杆件连接的简化

桁架中各杆连接处的实际结构比较复杂，通常采用铆接、焊接、螺栓连接等连接方式，将有关的杆件连接在一角撑板上，如图 3－17(a)和(b)所示，或者简单地在相关杆件端部用螺栓直接连接，如图 3－17(c)所示。桁架杆件端部实际上并不能完全自由转动，因此每根杆的杆端均作用有约束力偶，这将使桁架分析过程复杂化，需要加以简化才能进行受力分析。

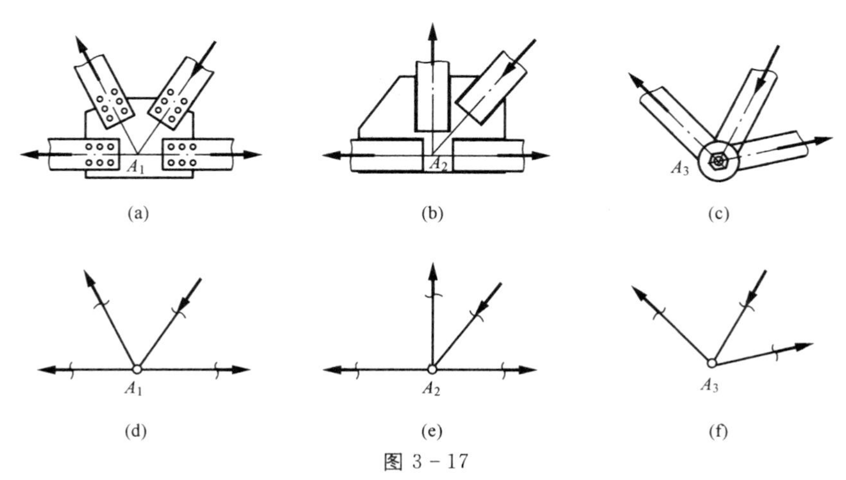

图 3－17

理论分析和实测结果表明，如果连接处的角撑板刚度不大，而且各杆轴线又汇交于一点，如图 3－17 中的点 A_1、A_2、A_3，则连接处的约束力偶很小。这时，可以将连接处的约束简化为光滑铰链，如图 3－17(d)～(f)所示，从而使分析和计算过程大大简化。当要求更加精确地分析桁架杆件的内力时，才需要考虑杆端约束力偶的影响，这时，桁架将不再是静定的，而变为超静定的。

3.3.1.2　载荷的简化

理想桁架模型要求载荷都必须作用在节点上，这一要求对于某些屋顶和桥梁结构是能够满足的。图 3－15 所示屋顶的载荷通过檩条（梁）作用在桁架节点上；图 3－16 所示桥板上的载荷先施加于纵梁上，然后再通过纵梁对横梁作用，由后者施加在两侧桁架上。这两种桁架简化模型分别如图 3－18 和图 3－19 所示。

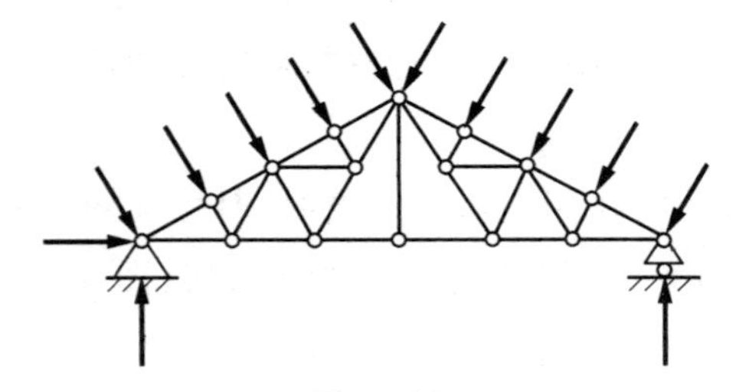

图 3－18

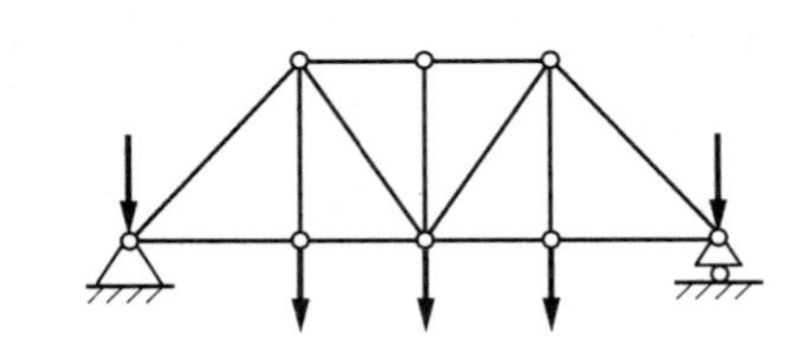

图 3－19

对于载荷不直接作用在节点上的情形，如图 3－20所示，可以对承载杆作受力分析，确定杆端受力，再将其作为等效节点载荷施加于节点上。

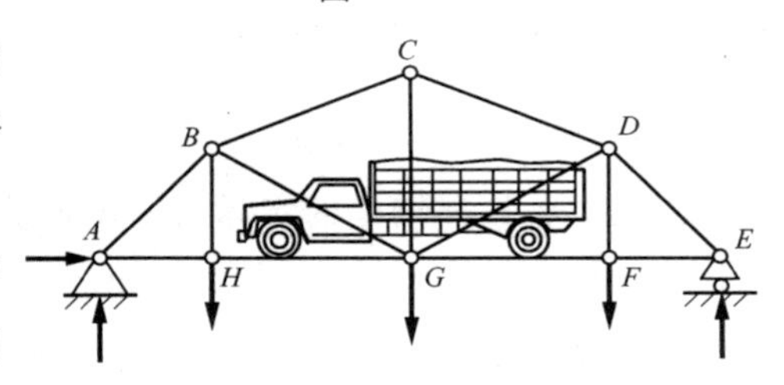

图 3－20

此外，对于桁架杆件自重，一般情形下由于其引起的杆件受力要比载荷引起的小得多，因而可以忽略不计。在特殊情况下，亦可采用上述的载荷简化方法。

据此，可得到关于平面桁架结构的几个基本假设：

(1) 所有杆件都是直杆，其轴线位于同一平面内。

(2) 所有杆件都在两端用光滑铰链连接。

(3) 所有载荷及支座约束力都集中作用在节点上，并与桁架共面。

(4) 各杆件的重量或略去不计，或平均分配在杆件两端的节点上。

根据上述假设，桁架中所有杆件可视为只有两端受力的二力构件，因此，杆件的内力都是轴向力，或为拉力，或为压力。在进行具体计算时，一般都假设所有杆件均为受拉杆，在受力图中画成离开节点，计算结果若为正值，则杆件受拉力；反之，则杆件受压力。

3.3.2　平面桁架的静力分析方法

对于处于平衡状态的桁架，它的任何局部，包括节点、杆以及用假想截面截出的任意局部都是平衡的。据此，形成分析桁架内力的“节点法”和“截面法”。

3.3.2.1　节点法

由于作用在节点上各力的作用线汇交于一点，若以节点为研究对象，则为平面汇交力系。逐个考察各节点的受力与平衡，可以求得全部杆件的受力，这种方法称为**节点法**。

由于每个节点只有两个独立的平衡方程，为了避免求解联立方程，通常是先求出支座反力，然后从只有两根杆的节点开始，按照由简到难的顺序逐点考虑节点平衡，使得每一次只出现两个新的未知量。

应用节点法求内力时，可以利用下列特殊情况简化计算：

(1) 利用对称性。结构对称，载荷对称，则内力必对称；结构对称，载荷反对称，则内力必反对称。

(2) 判断零力杆。内力为零的杆称为**零力杆**，或简称为**零杆**。但是，零力杆并不能取消，因为理想桁架有多种假设，实际的桁架对应的零力杆的内力并不等于零，只不过内力很小而已，一旦取消，桁架形状就可能成为几何可变的了。

零力杆的判断原则如下：

1) 两杆节点上无载荷时，则该两杆的内力都等于零，如图 3－21(a)所示。

2) 三杆节点上无载荷且其中两杆在同一直线上，则另一杆的内力为零，如图 3－21(b)中杆 3。

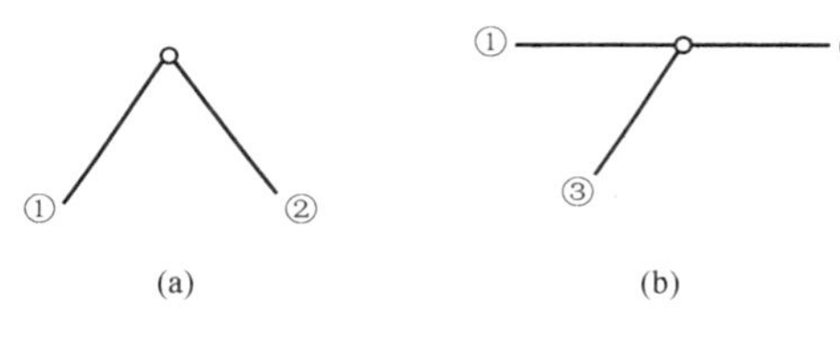

图 3－21

以上结论都不难由节点平衡条件得到。

在分析桁架时，可先利用上述原则找出零力杆，使计算过程简化。

【例 3－7】 平面桁架受力如图 3－22(a)所示。若尺寸 d 和载荷 $\boldsymbol{P}$ 均为已知，试求各杆的受力。

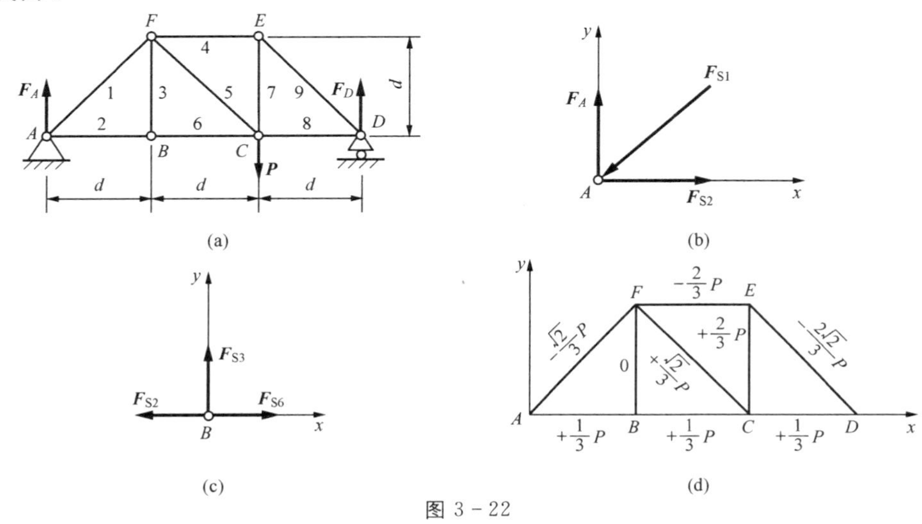

图 3－22

解　首先考察整体平衡，求出支座 A、D 两处的约束力。桁架整体受力如图 3－22(a)所示。根据整体平衡，由平衡方程

$$\sum M_A(\boldsymbol{F})=0,\sum F_y=0$$

求得

$$F_A=\frac{1}{3}P,F_D=\frac{2}{3}P$$

再以节点 A 为研究对象，其受力如图 3－22(b)所示。由平衡方程

$$\sum F_x=0,\sum F_y=0$$

得到

$$F_{S1}=\frac{\sqrt{2}}{3}P(\text{压}),F_{S2}=\frac{1}{3}P(\text{拉})$$

考察节点 B 的平衡，其受力如图 3－22(c)所示。由平衡方程 $\sum F_y=0$，得到

$$F_{S3}=0$$

这表明，杆 3 的内力为 0。所以，杆 3 为零力杆。

以下可继续从左向右，也可从右向左，或者两者同时进行，考察有关节点的平衡，求出各杆内力。最终计算结果标注于图 3－22(d)中。图中，“＋”表示该杆受拉，称为**拉杆**；“－”表示该杆受压，称为**压杆**；“0”表示零杆。

讨论

(1) 本例所考察的节点是从 A 或 B 开始的，那么能否从节点 C 开始呢？

(2) 也可以联合应用节点法和下面的截面法进行求解。

3.3.2.2　截面法

用假想截面将桁架截开，考察其中任一部分，这部分桁架在外力、约束力及被截杆件内力作用下保持平衡，这些力组成一个平面一般力系，可以列出三个独立的平衡方程，应用平衡方程，可以求出三个被截杆件的未知内力，这种方法称为**截面法**。截面法对于只需要确定部分杆件内力的情形，显得更加简便。

截面法的关键在于选取适当的截面。一般而言，尽管所作的截面可截断任意根数的杆件，但其中未知内力的杆件一般不得超过三根，而且这三根杆件不能交于一点。

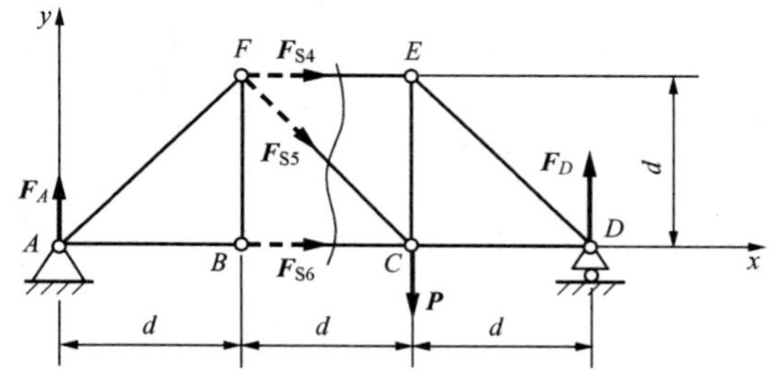

图 3－23

【例 3－8】　试用截面法求例 3－7 中杆 4、5、6 的内力。

解　首先用图 3－23 所示的假想截面将桁架截为两部分，假设截开的所有杆件均受拉力。考察左边部分的受力与平衡。写出平面力系的 3 个平衡方程，有

$$\sum M_F(\boldsymbol{F})=0,\quad F_A d-F_{S6} d=0$$
$$\sum M_C(\boldsymbol{F})=0,\quad F_A\times 2d+F_{S4} d=0$$
$$\sum F_y=0,\quad F_A-F_{S5}\times\frac{\sqrt{2}}{2}=0$$

由此解得

$$F_{S6}=F_A=\frac{1}{3}P(\text{拉}),F_{S4}=-2F_A=-\frac{2}{3}P(\text{压}),F_{S5}=\frac{\sqrt{2}}{3}P(\text{拉})$$

3.4　考虑摩擦时的平衡

3.4.1　工程中摩擦现象

到现在为止,我们所研究的平衡问题均没有考虑摩擦力,这实际上是一种简化。这种简化,对于那些接触面光滑或有润滑剂等摩擦力较小的情形,在工程上是合理的,可接受的。但是,工程中有一类问题,摩擦力不能忽略,例如车辆的制动、螺旋连接与锁紧装置、楔紧装置、缆索滑轮传动系统等。这类平衡问题统称为**摩擦平衡问题**。

相互接触的物体或介质在相对运动(包括滑动与滚动)或有相对运动趋势的情形下,接触表面(或层)会产生阻碍运动趋势的机械作用,这种现象称为**摩擦**,相应的阻碍运动的力称为**摩擦力**。本节讨论考虑摩擦时的平衡问题。

3.4.2　滑动摩擦力

滑动摩擦力是阻碍两个接触物体相对滑动的约束力,简称**摩擦力**。摩擦力也是一个未知力,但与一般的约束力有所不同,下面分析摩擦力与一般约束力的不同之处。

考察质量为 m 静止地置于水平面上的物块,假设接触面为非光滑面。在物块上施加水平力 $\boldsymbol{F}$,如图 3-24(a)所示,并令其自 0 开始逐渐增大,物块的受力图如图 3-24(b)所示。因为是非光滑面接触,所以作用在物块上的约束力除法向力 $\boldsymbol{F}_N$ 外,还有切向力 $\boldsymbol{F}_s$,此即滑动摩擦力。

当 $F=0$ 时,由于二者无相对滑动趋势,故滑动摩擦力 $F_s=0$。当 F 逐渐增加时,摩擦力 F_s 也随之增加,但物块仍然保持静止,这时的滑动摩擦力称为**静滑动摩擦力**,简称**静摩擦力**。在这一阶段始终有 $F_s=F$。当 F 增加到某一临界值时,静摩擦力达到最大值 $F_s=F_{max}$,物块开始沿力 F 方向滑动。与此同时,F_s 突变至**动滑动摩擦力** F_d,简称**动摩擦力**,F_d 略低于 F_{max}。此后,若再增加 F,F_d 基本上保持为常值。若速度更高,F_d 会呈下降趋势。上述过程中,摩擦力与外力 F 的关系曲线如图 3-25 所示。

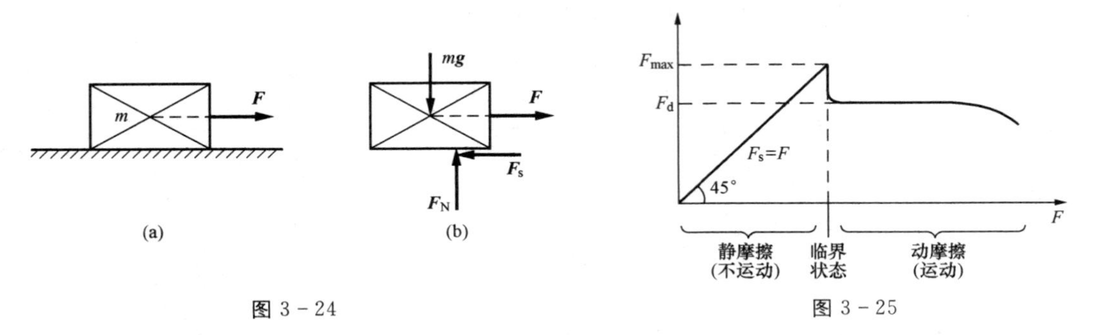

图 3－24　　　　　　　　　　　　　　图 3－25

F_{max}称为**最大静摩擦力**，其方向与相对滑动趋势的方向相反，大小与正压力成正比，而与接触面大小无关，即有**库仑摩擦定律**

$$F_{max}=f_sF_N \tag{3-13}$$

式中：f_s 为**静摩擦因数**，主要与材料和接触面的粗糙程度有关，表 3－1 列出了部分常用材料的静滑动摩擦因数；F_N 为法向约束力的大小。

动滑动摩擦力的方向与两接触面的相对运动方向相反，其大小与正压力成正比，即

$$F_d=f_dF_N \tag{3-14}$$

式中：f_d 为**动摩擦因数**。

根据经典摩擦理论，f_d 只与接触物体的材料和表面粗糙程度有关，与接触面大小无关。一般情况下，动摩擦因数小于静摩擦因数，即

$$f_d<f_s$$

表 3－1　常用材料的滑动摩擦因数

材　料	静滑动摩擦因数		动滑动摩擦因数	
	无润滑	有润滑	无润滑	有润滑
钢-钢	0.15	0.1～0.12	0.15	0.05～0.1
钢-软钢	—	—	0.2	0.1～0.2
钢-铸铁	0.3	—	0.18	0.05～0.15
钢-青铜	0.15	0.1～0.15	0.15	0.1～0.15
软钢-铸铁	0.2	—	0.18	0.05～0.15
软钢-青铜	0.2	—	0.18	0.07～0.15
铸铁-铸铁	—	0.18	0.15	0.07～0.12
铸铁-青铜	—	—	0.15～0.2	0.07～0.15
青铜-青铜	—	0.1	0.2	0.07～0.1
皮革-铸铁	0.3～0.5	0.15	0.6	0.15
橡皮-铸铁	—	—	0.8	0.5
木材-木材	0.4～0.6	0.1	0.2～0.5	0.07～0.15

3.4.3 摩擦角与自锁现象

3.4.3.1 摩擦角

在一般情况下，当物体处于平衡时，两物体在接触处相互作用的力，有法向力 $\boldsymbol{F}_N$ 以及在接触面上的静滑动摩擦力 $\boldsymbol{F}_s$，如图 3-26 所示。它们的合力 $\boldsymbol{F}_R=\boldsymbol{F}_N+\boldsymbol{F}_s$，称为支撑面的**总约束力**或**全反力**。全反力与接触面的法线成某一偏角 φ，由于法向约束力$\boldsymbol{F}_N=-m\boldsymbol{g}$，其值为常量，故全反力 $\boldsymbol{F}_R$ 与角度 φ 将随着静摩擦力 $\boldsymbol{F}_s$ 的增大而增大，同时由于三力($\boldsymbol{F}$、$m\boldsymbol{g}$、$\boldsymbol{F}_R$)应汇交于点 O，因而随着静摩擦力的增加，全反力 $\boldsymbol{F}_R$ 的作用点 A 将向右移动。当 $\boldsymbol{F}_s=\boldsymbol{F}_{max}$时，$\boldsymbol{F}_R=\boldsymbol{F}_{Rmax}$，点 A 移至点 A_m。这时角度 φ 达到最大值 φ_m，称为**摩擦角**。

显然

$$\tan\varphi_m=\frac{F_{max}}{F_N}=\frac{f_sF_N}{F_N}=f_s \tag{3-15}$$

即摩擦角的正切等于静摩擦因数。摩擦角表示出全反力偏离接触面法线的界限，与 f_s 一样都是表示两物体间的摩擦性质的物理量。

如果将作用线过点 O 的主动力 $\boldsymbol{F}$，在水平面内连续改变方向，则全反力 $\boldsymbol{F}_R$ 的方向也随之改变。假设两物体接触面沿任意方向的静摩擦因数均相同，这样，在两物体处于临界平衡状态时，全反力 $\boldsymbol{F}_R$ 的作用线将在空间组成一个顶角为 $2\varphi_m$ 的正圆锥面。这一圆锥称为**摩擦锥**，如图 3-27 所示。摩擦锥是全反力 $\boldsymbol{F}_R$ 在三维空间内的作用范围。

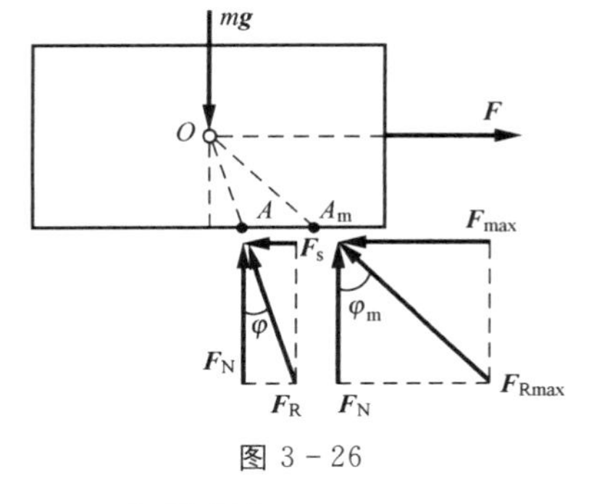

图 3-26

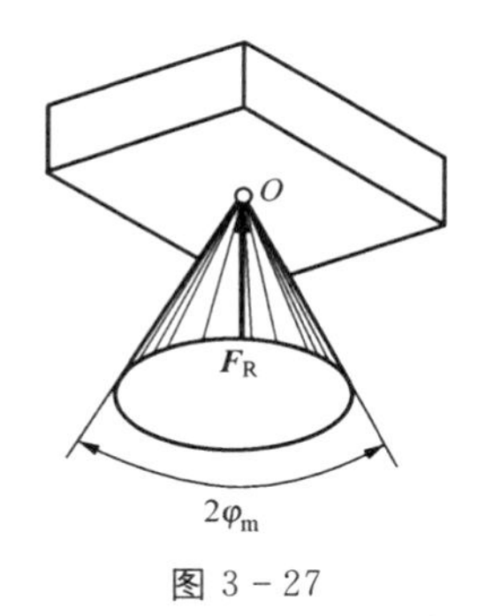

图 3-27

3.4.3.2 自锁现象

考察图 3-28 中所示物块当存在摩擦力时其运动与平衡的可能性。设主动力合力 $\boldsymbol{F}_Q=\boldsymbol{F}+m\boldsymbol{g}$，其中 $\boldsymbol{F}$ 为物块受到的推力。采用几何法不难证明，当 $\boldsymbol{F}_Q$ 的作用线与接触面法线矢量 $\boldsymbol{n}$ 的夹角 α 取不同值时，物块将存在三种可能运动状态。

(1) $\alpha<\varphi_m$ 时，物块保持静止，如图 3-28(a)所示。

(2) $\alpha>\varphi_m$ 时，物块发生运动，如图 3-28(b)所示。

(3) $\alpha=\varphi_m$ 时，物块处于临界状态，如图 3-28(c)所示。

由此可见，在我们所考虑的物体上，如果所有主动力的合力位于摩擦锥之内时，则无论这个力有多大，物体总处于平衡状态，这种现象称为**自锁**。反之，当主动力合力的作用线处于摩擦锥之外时，无论主动力多小，物体都不能保持平衡。

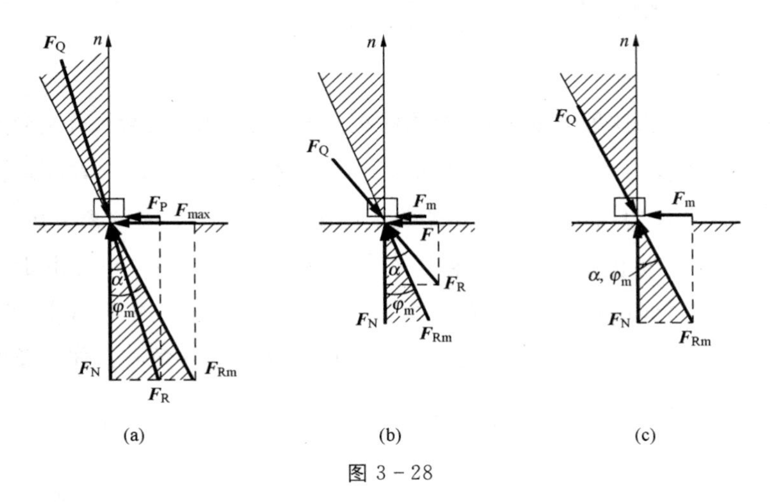

图 3-28

3.4.3.3　摩擦角的应用

（1）静摩擦因数的测定。利用摩擦角的概念，可用简单的实验方法，测定静摩擦因数。如图 3-29 所示，将要测定的两种材料分别做成斜面和物块，将物块放在斜面上，并从零起逐渐增大斜面的倾角 φ，直到物块刚开始下滑时为止。这时的 φ 角就是要测定的摩擦角 φ_m，即

$$f_s = \tan\varphi_m = \tan\varphi$$

（2）斜面自锁原理。在图 3-30 (a)中，如果 $\alpha + \varphi_m = \pi/2$，则摩擦锥的一边水平，无论作用力 $\boldsymbol{F}$ 多大，物块上主动力的合力 $\boldsymbol{F}_Q$ 的作用线永远落在摩擦锥以内，发生摩擦自锁。对 $\alpha + \varphi_m > \pi/2$ 情况的论证相同。如果 $\boldsymbol{F}=0$，且有 $\alpha \leqslant \varphi_m$，如图 3-30(b)所示，主动力 $\boldsymbol{W}$ 的作用线落在摩擦锥内，无论物块的重量多大也不能破坏平衡，物块摩擦自锁。

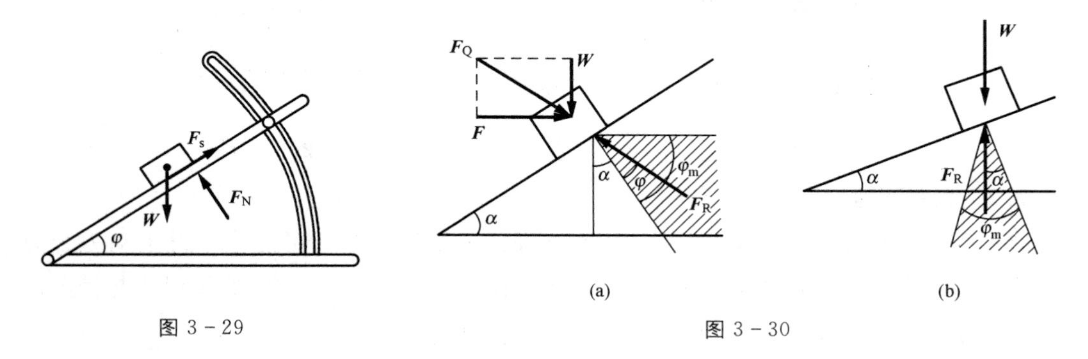

图 3-29　　　　图 3-30

工程上使用的螺旋器械、千斤顶等即是利用了斜面自锁的原理，确保当作用在螺杆上使其上升的主动力矩撤去时，螺杆保持静止，使所举重物能够停留在此时的高度上，而不致反向转动使重物下降，如图 3-31(a)所示。因为螺纹可以看成绕在一圆柱体上的斜面，如图 3-31(b)所示，螺纹升角 α 就是斜面的倾角，要使螺纹自锁，必须使螺纹的升角 α 小于或等于摩擦角 φ_m。因此，螺纹的自锁条件是

$$\alpha \leqslant \varphi_m \tag{3-16}$$

若螺纹千斤顶的螺杆与螺母之间的摩擦因数 $f_s = 0.1$，则 $\varphi_m = 5°43'$。工程上为保证螺旋千斤顶可靠自锁，一般取螺纹升角 $\alpha = 4° \sim 4°30'$。

楔块与尖劈也是利用自锁原理的简单机械。如图 3-32 所示，楔块被楔入两物体后，要求当外加力撤去后楔块不被挤压出来，亦即要求自锁。楔块与尖劈的自锁条件为

$$\alpha \leqslant 2\varphi_m \tag{3-17}$$

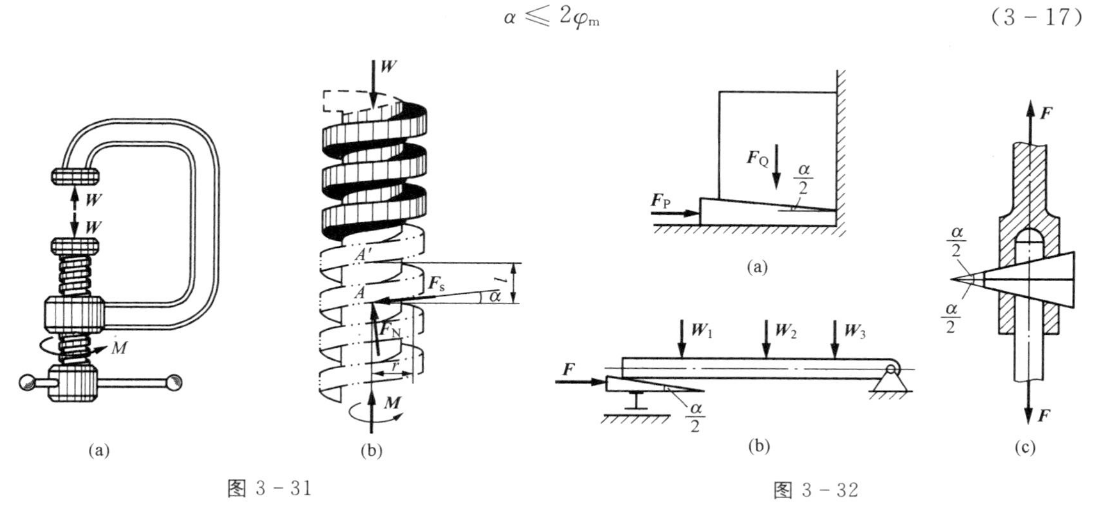

图 3-31　　　　图 3-32

【例 3-9】 重量为 $\boldsymbol{P}$ 的物块放在固定斜面上，斜面的倾斜角为 α。已知物块与斜面间的静摩擦因数为 f_s，对应的摩擦角 φ_m，且 $\varphi_m < \alpha$。为使物体在斜面上保持静止，在其上作用一水平力 $\boldsymbol{F}$，如图 3-33(a)所示。试求力 $\boldsymbol{F}$ 的大小。

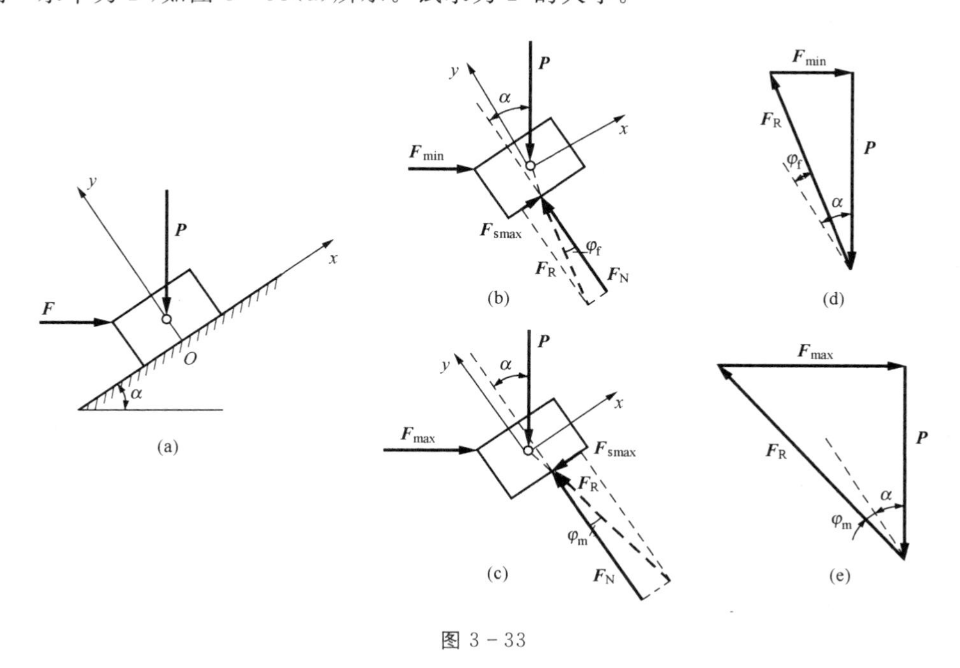

图 3-33

解　力 $\boldsymbol{F}$ 过大或过小，将使物块沿斜面上滑或下滑，故 $\boldsymbol{F}$ 的大小应在一定范围内方

能保持物块静止。

先求 $\boldsymbol{F}$ 的最小值 $\boldsymbol{F}_{min}$。在力 $\boldsymbol{F}_{min}$ 的作用下，物块处于由静止转入向下滑动的临界状态，它所受到的摩擦力沿斜面向上，并达到最大值 $\boldsymbol{F}_{smax}$。物块的受力图如图 3－33(b)所示，其中力 $\boldsymbol{F}_N$ 是斜面的法向反力。若略去物块的大小，则这些力可作为平面汇交力系处理。建立图示坐标系，列出平衡方程

$$\begin{cases}\sum F_x=0, F_{min}\cos\alpha - P\sin\alpha + F_{smax}=0\\ \sum F_y=0, F_N - P\cos\alpha - F_{min}\sin\alpha=0\end{cases} \tag{a}$$

此外，由静摩擦定律列补充方程

$$F_{smax} = f_s F_N$$

代入(a)，解得

$$F_{smax} = f_s(P\cos\alpha + F_{min}\sin\alpha)$$

$$F_{min} = P\frac{\sin\alpha - f_s\cos\alpha}{\cos\alpha + f_s\sin\alpha}$$

如果令 $f_s=\tan\varphi_m$，上式可改写为

$$F_{min} = P\frac{\sin\alpha - \tan\varphi_m\cos\alpha}{\cos\alpha + \tan\varphi_m\sin\alpha} = P\tan(\alpha-\varphi_m) \tag{b}$$

再求 $\boldsymbol{F}$ 的最大值 $\boldsymbol{F}_{max}$。在力 $\boldsymbol{F}_{max}$ 作用下，物块处于由静止转入向上滑动的临界状态。物体受到的最大静摩擦力 $\boldsymbol{F}_{smax}$ 沿斜面向下，如图 3－33(c)所示。同样地，列出平衡方程

$$\begin{cases}\sum F_x=0, F_{max}\cos\alpha - P\sin\alpha - F_{smax}=0\\ \sum F_y=0, F_N - P\cos\alpha - F_{max}\sin\alpha=0\end{cases}$$

静摩擦定律补充方程

$$F_{smax} = f_s F_N$$

解得

$$F_{max} = P\frac{\sin\alpha + f_s\cos\alpha}{\cos\alpha - f_s\sin\alpha} = P\tan(\alpha+\varphi_m) \tag{c}$$

综合式(b)和式(c)可知，$\boldsymbol{F}$ 在下列范围内时，物块可以静止在斜面上

$$P\tan(\alpha-\varphi_m) \leqslant F \leqslant P\tan(\alpha+\varphi_m)$$

讨论

本题也可用汇交力系平衡的几何法求解。受力分析时应将力 $\boldsymbol{F}_N$ 和 $\boldsymbol{F}_{smax}$ 合成为全反力 $\boldsymbol{F}_R$，只作为一个未知量处理，此时全反力 $\boldsymbol{F}_R$ 偏离斜面法线的角度等于摩擦角。分别作出两种情况下的力三角形如图 3－38(d)、(e)所示，不难求得 $\boldsymbol{F}$ 的范围。

$$F_{min} = P\tan(\alpha-\varphi_m), F_{max} = P\tan(\alpha+\varphi_m)$$

【例 3－10】 图 3－34(a)所示起重用抓具，由弯杆 ABC 和 DEF 组成，两根弯杆由 BE 杆在 B、E 两处用铰链连接，抓具各部分的尺寸如图 3－34(a)所示，单位为 mm。这种抓具是靠摩擦力抓取重物的。试求为了抓取重物，抓具与重物之间的静摩擦因数应为

多大?

解　这是一个具有摩擦的刚体系统平衡问题。只考虑整体或某个局部是不能求得问题答案的。例如,考虑重物的平衡,只能确定重力 $\boldsymbol{P}$ 与摩擦力 $\boldsymbol{F}$ 之间的关系,而摩擦力与正压力有关,在正压力未知的情形下,无法从重物的平衡求得所需的摩擦因数。为求摩擦因数,还必须考虑其他部分的平衡,以确定正压力与已知力 $\boldsymbol{P}$ 之间的关系。

设抓具与重物之间所需的最小摩擦因数为 f_s,重物正好开始下滑,即重物达到临界运动状态。这时摩擦力达到最大值,即

$$F = F_{max} = f_s F_N \tag{a}$$

将系统拆开,分别以重物、弯杆 DEF(或 ABC)、吊环为研究对象,其受力分别如图 3-34(b)～(d)所示。先考虑重物平衡,求得 f_s 与 $\boldsymbol{P}$、$\boldsymbol{F}_N$ 的关系,再考虑弯杆 DEF 和吊环的平衡,求得 $\boldsymbol{F}_N$ 与 $\boldsymbol{P}$ 的关系,最后便可求得 f_s。

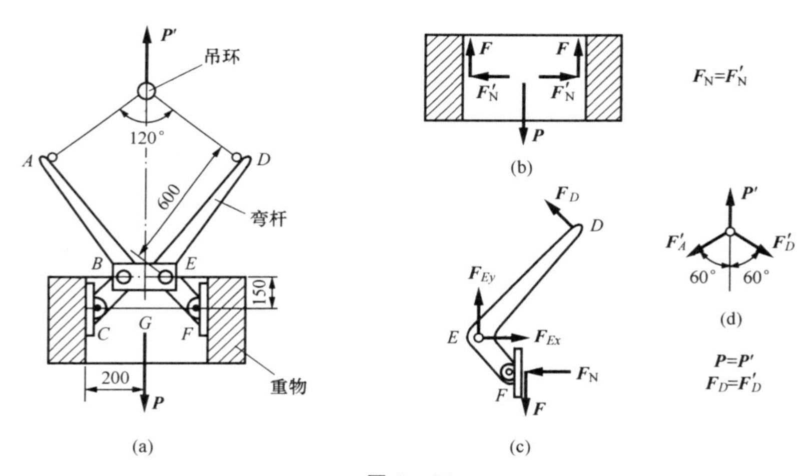

图 3-34

(1) 考虑重物平衡,由图 3-34 (b)有

$$\sum F_y = 0, 2F - P = 0 \tag{b}$$

即有 $F = \dfrac{P}{2}$,代入式(a)得到

$$f_s = \frac{P}{2F_N} \tag{c}$$

式中,F_N 尚为未知。

(2) 考虑弯杆 DEF 的平衡,确定 F_N。由图 3-34(c)有

$$\sum M_E = 0, F_D \times 600 - F \times 200 - F_N \times 150 = 0$$

将式(b)代入得

$$F_N = 4F_D - \frac{2}{3}P \tag{d}$$

(3) 考虑吊环的平衡,确定 F_D。由图 3-34(d)可以写出

$$\begin{cases}\sum F_x=0, F_D\sin60°-F_A\sin60°=0\\ \sum F_y=0, -F_D\cos60°-F_A\cos60°+P=0\end{cases}$$

解得

$$F_D=F_A=P$$

将上式代入式(d)，得出

$$F_N=\frac{10}{3}P$$

将这一结果代入式(c)，得到需要的最小静摩擦因数

$$f_s=\frac{P}{2F_N}=0.15$$

【例 3-11】 图 3-35 所示的均质木箱重 $P=5\text{kN}$，与地面间的静摩擦因数 $f_s=0.4$。图中 $h=2a=2\text{m}$，$\theta=30°$。求：(1)当 D 处的拉力 $F=1\text{kN}$ 时，木箱是否平衡？(2)能保持木箱平衡的最大拉力。

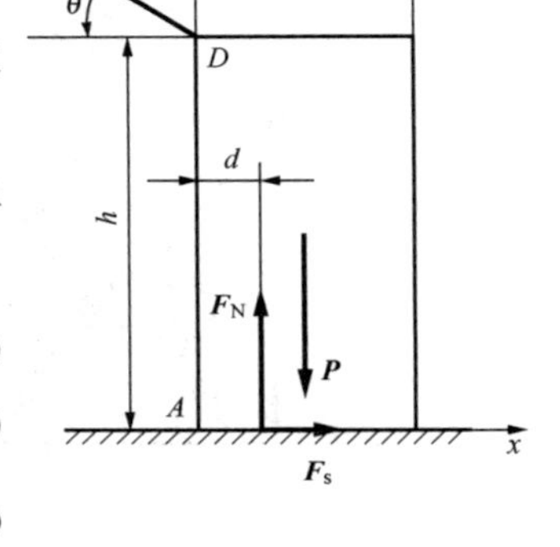

图 3-35

解　木箱保持平衡必须满足两个条件：一是不发生滑动，即要求静摩擦力 $F_s\leqslant F_{max}=f_sF_N$；二是不绕 A 点翻倒，这时法向约束力 F_N 的作用线应在木箱内，即 $d>0$。

(1) 取木箱为研究对象，受力分析如图 3-35 所示，列平衡方程

$$\sum F_x=0, F_s-F\cos\theta=0 \tag{a}$$

$$\sum F_y=0, F_N-P+F\sin\theta=0 \tag{b}$$

$$\sum M_A(\boldsymbol{F})=0, hF\cos\theta-P\frac{a}{2}+F_Nd=0 \tag{c}$$

求解以上各方程，得

$$F_s=0.866\text{kN}, F_N=4.5\text{kN}, d=0.171\text{m}$$

此时木箱与地面间最大摩擦力

$$F_{max}=f_sF_N=1.8\text{kN}$$

可见，$F_s<F_{max}$，木箱不滑动；又 $d>0$，木箱不会翻倒。因此，木箱保持平衡。

(2) 为求保持平衡的最大拉力 F，可分别求出木箱将要滑动时的临界拉力 $F_{滑}$ 和木箱将要绕 A 点翻倒的临界拉力 $F_{翻}$。两者中取其较小者，即为所求。

木箱将要滑动的条件为

$$F_s=F_{max}=f_sF_N \tag{d}$$

由式(a)、式(b)和式(d)联立解得

$$F_{滑}=\frac{f_sP}{\cos\theta+f_s\sin\theta}=1.876\text{kN}$$

木箱将要绕 A 点翻倒的条件 $d=0$，代入式(c)，得

$$F_{翻}=\frac{Pa}{2h\cos\theta}=1.443\text{kN}$$

由于 $F_{翻}<F_{滑}$，所以保持木箱平衡的最大拉力为

$$F=F_{翻}=1.443\text{kN}$$

由此可见，当拉力 $\boldsymbol{F}$ 逐渐增大时，木箱将先翻倒而失去平衡。

3.4.4　滚动摩阻

用滚动代替滑动，可以明显地提高效率，因而被广泛地采用。例如，搬运重物时，可在重物下放置一些小滚子。

如图 3-36(a)所示，车轮置于地面上，如果根据刚体的假定，车轮与地面均不变形，则车轮与地面的接触为一个点。在此情况下，只要在轮心有一个极小的水平力作用，车轮就应该滚动。但是实际上，在推车或拉车时，需加到一定大小的力，才能使车轮滚动。这是因为，由于实际物体是变形的，所以车轮与地面的接触不再是一点，而是一段弧线，如图 3-36(b)所示。地面对车轮的约束力，也就分布在这段弧线上而组成平面一般力系，于是产生了对滚动的阻力。一般，平面一般力系可以简化为一个力及一个力偶。如果以过轮心 O 作垂线与地面的交点 A 为简化中心，如图 3-36(c)所示，并且把简化到这点上的力仍以 $\boldsymbol{F}_{\mathrm{N}}$ 与 $\boldsymbol{F}_{\mathrm{s}}$ 表示，则车轮上的约束力简化为 $\boldsymbol{F}_{\mathrm{N}}$、$\boldsymbol{F}_{\mathrm{s}}$ 及力偶矩 M，力偶矩 M 称为**滚动摩阻力偶**，简称**滚阻力偶**。

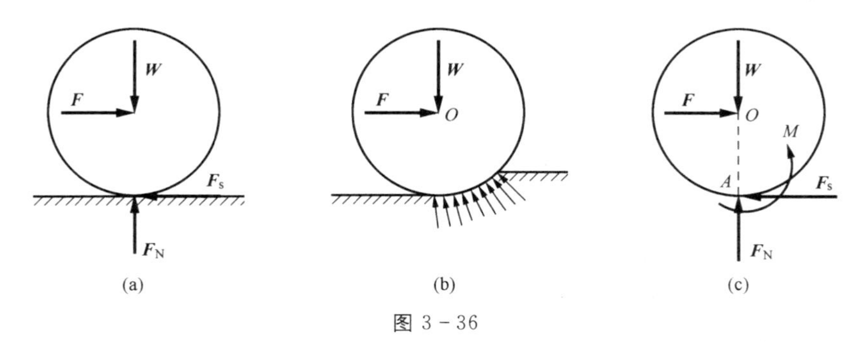

图 3-36

当 $\boldsymbol{F}$ 逐渐增加时，$\boldsymbol{F}_{\mathrm{s}}$ 与 M 均增加，但均有极限值。当 M 达到其极限值 $M_{\max}$ 时，轮子开始滚动。在实际情况下，车轮与接触面间有足够大的静滑动摩擦因数使轮子在滚动前不会发生滑动，即当 M 达到其极限值 $M_{\max}$ 时，$\boldsymbol{F}_{\mathrm{s}}$ 还小于其极限值 $F_{\max}$，这样的滚动称为**纯滚动**。

由此可知，滚阻力偶 M 的大小介于零与最大值 $M_{\max}$ 之间，即

$$0\leqslant M\leqslant M_{\max}$$

根据实验结果可以得到**最大静滚阻力偶** $M_{\max}$ 与 $F_{\max}$ 类似的公式

$$M_{\max}=\delta F_{\mathrm{N}} \tag{3-18}$$

这一关系称为**滚动摩阻定律**。式(3-18)中，δ 称为**滚动摩阻系数**，简称**滚阻系数**，它取决

于接触物体的材料等各种物理因素。可以看到，滚阻系数 δ 与静摩擦因数 f_s 相当；不过 f_s 是一个无量纲常数，而 δ 则是一个具有长度量纲的常数，它具有一定的物理意义。

如果把图 3-36(c)中的正压力 $\boldsymbol{F}_N$ 与滚阻力偶 M 一起简化，则只要将 $\boldsymbol{F}_N$ 向滚动方向移过一个距离 $d=M/F_N$。当轮子开始滚动时，这个移过的距离就等于 δ。于是得到，滚阻系数 δ 就是当轮子即将滚动时，正压力 F_N 从轮心正下方一点 A 向滚动方向偏移过的距离，如图 3-37所示。

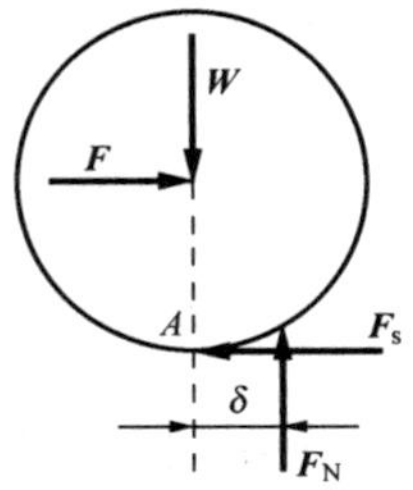

图 3-37

滚动摩阻系数与滚子和支撑面材料的硬度、湿度等有关，与滚子的半径无关，可以通过实验测定。几种常见材料的滚动摩阻系数见表 3-2。

表 3-2 常见材料的滚阻系数 mm

材料名称	δ
铸铁-铸铁	0.5
钢制车轮-钢轨	0.05
木-钢	0.3～0.4
木-木	0.5～0.8
软木-软木	1.5
淬火钢珠-钢	0.01
软钢-钢	0.5
有滚珠轴承的料车-钢轨	0.09
无滚珠轴承的料车-钢轨	0.21
钢制车轮-木面	1.5～2.5
轮胎-路面	2～5

一般滚动摩阻系数较小，因此，在一般情况下滚动摩阻是可以忽略不计的。

由图 3-37 可以分别计算出使滚子滚动或滑动所需要的水平力 $\boldsymbol{F}$。

由平衡方程 $\sum M_A(\boldsymbol{F})=0$，可以求得

$$F_{滚}=\frac{M}{R}=\frac{\delta F_N}{R}=\frac{\delta}{R}W$$

由平衡方程 $\sum F_x=0$，可以求得

$$F_{滑}=F_{max}=f_sF_N=f_sW$$

一般情况下，有

$$\frac{\delta}{R}<f_s$$

因而，使滚子滚动比滑动要省力得多，而且要减小 $F_{滚}$，应增大 R。

【例 3-12】 充气橡胶轮重 $\boldsymbol{P}$，半径 $R=45\text{cm}$，与路面的静摩擦因数 $f_s=0.7$，滚动摩阻系数 $\delta=5\text{mm}$。现在轮心作用一水平拉力 $\boldsymbol{F}$，求使橡胶轮发生滚动和滑动分别需要多大的拉力。

解 设轮在拉力 $\boldsymbol{F}$ 作用下处于平衡状态，有顺时针滚动趋势和向右滑动趋势，受静摩擦力 $\boldsymbol{F}_s$ 和滚阻力偶 M 作用，受力如图 3-38 所示。列出平衡方程，有

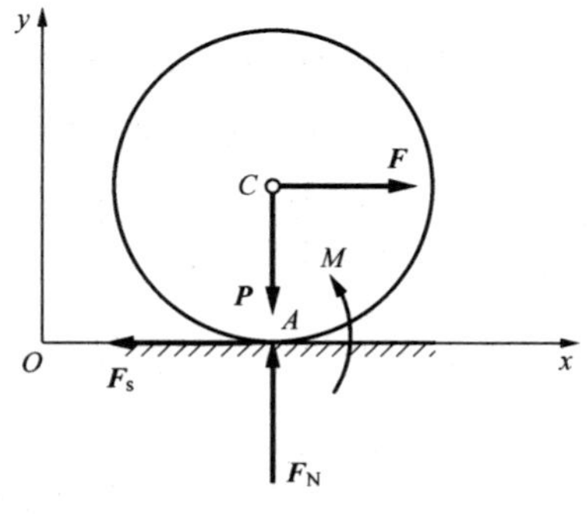

图 3-38

$$\begin{cases}\sum F_x=0, F-F_s=0\\ \sum F_y=0, F_N-P=0\\ \sum M_A(\boldsymbol{F})=0, FR-M=0\end{cases}$$

解得

$$\begin{cases} F_s = F \\ M = FR \end{cases}$$

为不发生滚动，应有 $M \leqslant \delta F_N$，即

$$F \leqslant \frac{\delta}{R} P = 0.011P$$

为不发生滑动，应有 $F_s \leqslant f_s F_N$，即

$$F_s \leqslant f_s P = 0.7P$$

可见，使车轮滚动比滑动要省力的多。

小　　结

1. 空间一般力系的平衡条件与平衡方程

(1) **空间一般力系平衡条件：力系的主矢为零，对任一简化中心的主矩为零。**

$$\boldsymbol{F}_R = 0, \boldsymbol{M}_O(\boldsymbol{F}) = 0$$

(2) **空间一般力系平衡方程的基本形式**

$$\begin{cases} \sum_{i=1}^{n} F_{xi} = 0, \sum_{i=1}^{n} F_{yi} = 0, \sum_{i=1}^{n} F_{zi} = 0 \\ \sum_{i=1}^{n} M_x(\boldsymbol{F}_i) = 0, \sum_{i=1}^{n} M_y(\boldsymbol{F}_i) = 0, \sum_{i=1}^{n} M_z(\boldsymbol{F}_i) = 0 \end{cases}$$

2. 特殊力系的平衡方程

(1) **空间汇交力系**

$$\sum_{i=1}^{n} F_{xi} = 0, \sum_{i=1}^{n} F_{yi} = 0, \sum_{i=1}^{n} F_{zi} = 0$$

(2) **空间力偶系**

$$\sum_{i=1}^{n} M_x(\boldsymbol{F}_i) = 0, \sum_{i=1}^{n} M_y(\boldsymbol{F}_i) = 0, \sum_{i=1}^{n} M_z(\boldsymbol{F}_i) = 0$$

(3) **空间平行力系　假设所有力与 z 轴平行**

$$\sum_{i=1}^{n} F_{zi} = 0, \sum_{i=1}^{n} M_x(\boldsymbol{F}_i) = 0, \sum_{i=1}^{n} M_y(\boldsymbol{F}_i) = 0$$

(4) **平面一般力系**

$$\sum_{i=1}^{n} F_{xi} = 0, \sum_{i=1}^{n} F_{yi} = 0, \sum_{i=1}^{n} M_O(\boldsymbol{F}_i) = 0$$

(5) **平面汇交力系**

$$\sum_{i=1}^{n} F_{xi} = 0, \sum_{i=1}^{n} F_{yi} = 0$$

(6) **平面力偶系**

$$\sum_{i=1}^{n} M_i = 0$$

3. 平面桁架

平面桁架的所有杆件均为二力杆。

(1) 节点法：以节点为研究对象，逐个考察各节点的受力与平衡，从而求得全部杆件的受力。

(2) 截面法：用假想截面将桁架截开，考察其中的任一部分，应用平衡方程求被截杆件的内力。

4. 摩擦

滑动摩擦力：在两个物体相互接触的表面之间有相对滑动或有相对滑动趋势时出现的切向约束力。前者为动滑动摩擦力，后者为静滑动摩擦力。

静摩擦力：$0 \leqslant F_s \leqslant F_{max}$。

静摩擦定律：$F_{max} = f_s F_N$。

动摩擦力：$F_d = f_d F_N$。

摩擦角 φ_m：$\tan\varphi_m = f_s$。

自锁：当主动力的合力作用线处于摩擦角的范围以内时，无论主动力有多大，物体一定保持平衡。

滚动摩阻力偶：$0 \leqslant M \leqslant M_{max}$。

滚动摩阻定律：$M_{max} = \delta F_N$。

习　　题

3-1　图 3-39 所示的水平横梁 AB，A 端为固定铰链支座，B 端为一滚动支座。梁长 $4a$，梁重 P，作用在梁的中点 C。在梁的 AC 段上受均布载荷 q 作用，在梁的 BC 段上受力偶作用，力偶矩 $M = Pa$。试求支座 A 和 B 的约束力。

答：$F_{Ax} = 0, F_{Ay} = \dfrac{P}{4} + \dfrac{3}{2}qa, F_B = \dfrac{3}{4}P + \dfrac{1}{2}qa$。

3-2　如图 3-40 所示，三铰拱 ABC 上受载荷 $\boldsymbol{F}$ 及力偶 $\boldsymbol{M}$ 作用，不计拱的自重。求铰 A、B 的约束力。

答：$F_{Ax} = \dfrac{1}{4}F + \dfrac{1}{2a}M, F_{Ay} = \dfrac{3}{4}F + \dfrac{1}{2a}M, F_{Bx} = -\dfrac{1}{4}F - \dfrac{1}{2a}M, F_{By} = \dfrac{1}{4}F - \dfrac{1}{2a}M$。

3-3　简易起重装置如图 3-41 所示。重物吊在钢丝绳的一端，绳的另一端跨过光滑定滑轮 A，缠绕在绞车 D 的鼓轮上。滑轮用直杆 AB、AC 支承，A、B、C 三处均可当做光滑铰链。杆 AB 成水平，其他如图所示。设重物重量 $P = 2\text{kN}$，不计滑轮和直杆重量。试求重物匀速铅垂提升时，杆 AB 和 AC 作用于滑轮的力。

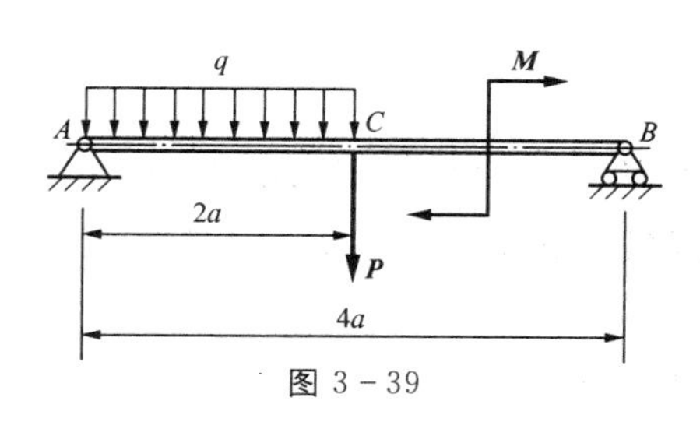

图 3-39

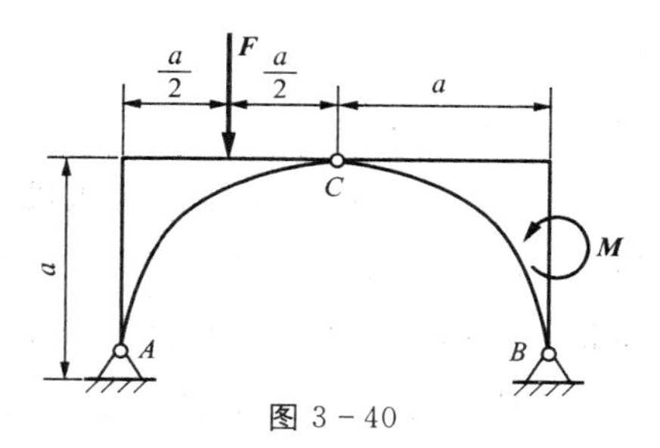

图 3-40

答：$F_{AB}=5.46\text{kN}$（拉），$F_{AC}=7.46\text{kN}$（压）。

3-4　组合梁由悬臂梁 AB 及简支梁 BC 组成，如图 3-42 所示，梁上作用有均布载荷，其载荷集度为 q。求 A、C 处的约束力。

答：$F_{Ax}=0$，$F_{Ay}=\dfrac{3}{2}qa$（↑），$M=\dfrac{5}{2}qa^2$（逆时针），$F_C=\dfrac{1}{2}qa$（↑）。

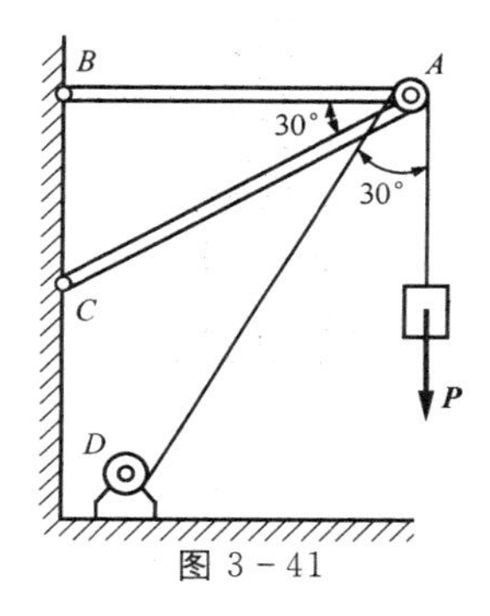

图 3-41

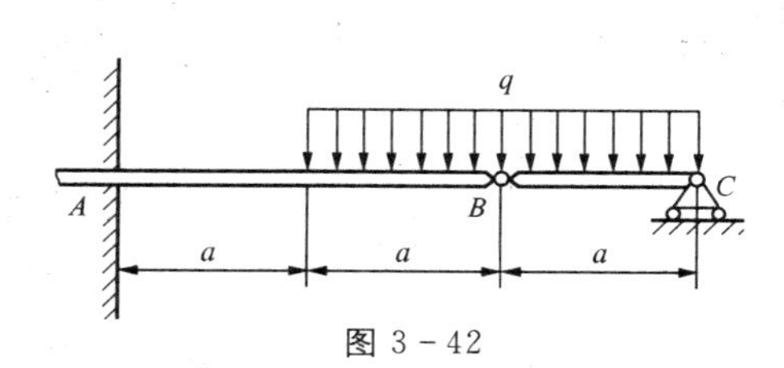

图 3-42

3-5　图 3-43 所示水平联合梁由梁 AB 和 BC 在 B 处铰接组成。A 为固定铰链支座，C、D 为辊轴铰链支座。已知 $F=8\text{kN}$，$q=2\text{kN/m}$，$M=5\text{kN}\cdot\text{m}$，图上长度单位为 m。试求支座 A、C、D 的反力。

答：$F_{Ax}=6.93\text{kN}$（←），$F_{Ay}=2.7\text{kN}$（↓），$F_C=6\text{kN}$（↑），$F_D=20.7\text{kN}$（↑）

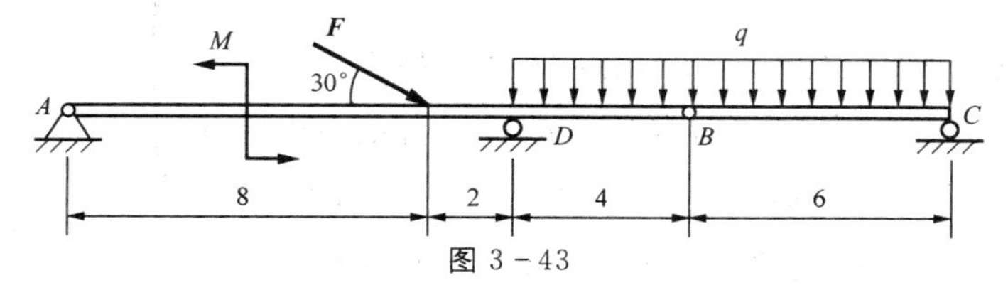

图 3-43

3-6　如图 3-44 所示的起重架，已知重物重 P，各部分尺寸如图。忽略各部分自重及销轴处摩擦。求 A、D 处的约束力。

答：$F_{Ax}=\dfrac{P}{4}\left(1-\dfrac{r}{a}\right)$（←），$F_{Ay}=\dfrac{P}{4}\left(3+\dfrac{r}{a}\right)$（↑），$M_A=\dfrac{P}{2}(3a+r)$（逆时针），$F_{Dx}=\dfrac{P}{4}\left(1-\dfrac{r}{a}\right)$（→），$F_{Dy}=\dfrac{P}{4}\left(1-\dfrac{r}{a}\right)$（↑）。

3-7　图 3-45 所示曲柄连杆活塞机构，曲柄 OA 长 r，连杆 AB 长 l，活塞受力 $F=400\text{N}$。不计所有构件的自重，试问在曲柄上应施加多大的力偶矩 M 才能使该机构在图示位置平衡？

答：$M=60\text{N}\cdot\text{m}$。

3－8　如图 3－46 所示塔式起重机的机身总重 $P_1=220\text{kN}$，作用线过塔架的中心，最大起重力 $P_2=50\text{kN}$，平衡块重 $P_3=30\text{kN}$。试求满载和空载时轨道 A、B 的约束力，并问此起重机在使用过程中有无翻倒的危险？

答：满载时，$F_A=45\text{kN}$，$F_B=255\text{kN}$；空载时，$F_A=170\text{kN}$，$F_B=80\text{kN}$。

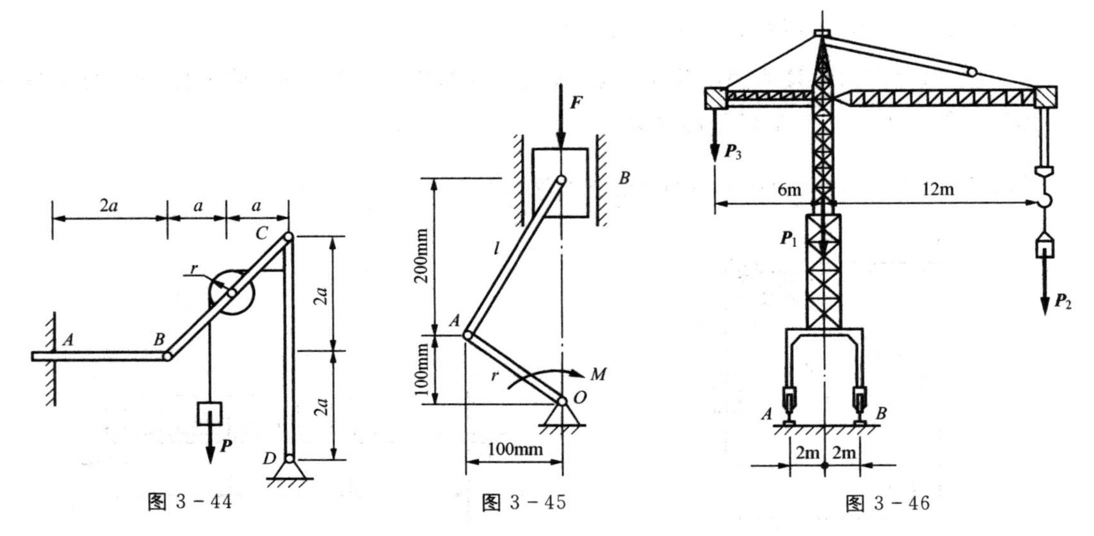

图 3－44　　图 3－45　　图 3－46

3－9　如图 3－47 所示构架由杆 AB、AC 和 DF 铰接而成，在杆 DEF 上作用一力偶矩为 M 的力偶，不计各杆的重量。求杆 AB 上铰链 A、D 和 B 所受的力。

答：$F_{Ax}=0$，$F_{Ay}=\dfrac{M}{2a}(\downarrow)$；$F_{Bx}=0$，$F_{By}=\dfrac{M}{2a}(\downarrow)$；

$F_{Dx}=0$，$F_{Dy}=\dfrac{M}{a}(\uparrow)$。

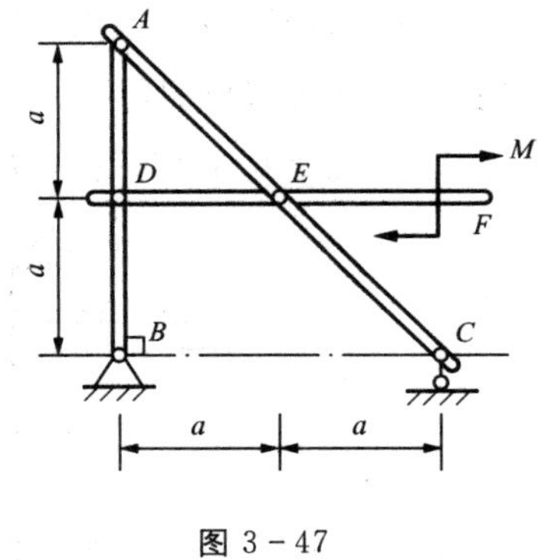

图 3－47

3－10　三根直杆 AD、BD、CD 在点 D 处互相连接构成支架，如图 3－48 所示，缆索 ED 绕固定在点 D 处的滑轮提升一重量为 500kN 的载荷。设 ABC 组成等边三角形，各杆和缆索 ED 与地面的夹角均为 60°。求平衡时各杆的轴向压力。

答：$F_A=F_B=525.8\text{kN}$，$F_C=25.8\text{kN}$。

3－11　图 3－49 所示为破碎机简图。电动机带动曲柄 OA 绕 O 轴转动，通过连杆 AB、BC、BD 带动夹板 DE 绕 E 轴摆动，从而破碎矿石。已知：$OA=0.1\text{m}$，$BC=BD=DE=0.6\text{m}$，O、A、B、C、D、E 均可看做光滑铰链。给定碎石时工作压力 $F=1\ 000\text{N}$，力 $\boldsymbol{F}$ 垂直于 DE，作用于 H 点，$EH=0.4\text{m}$。在图示位置恰好 OA 和 CD 均垂直于 OB，$\theta=30°$，$\beta=60°$。如不计各杆自重，试求在图示位置时电动机作用于曲柄 OA 的力偶矩 M。

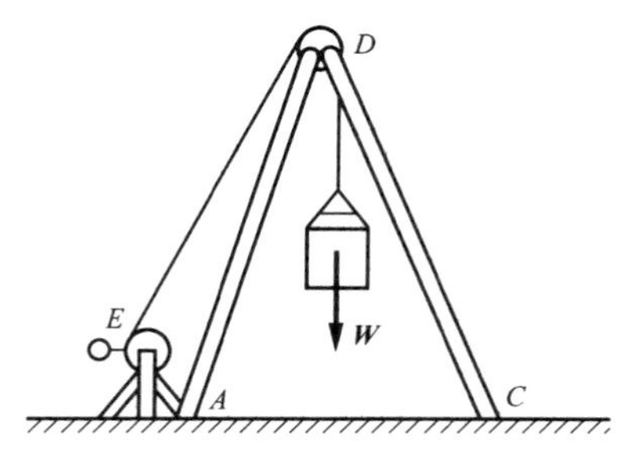

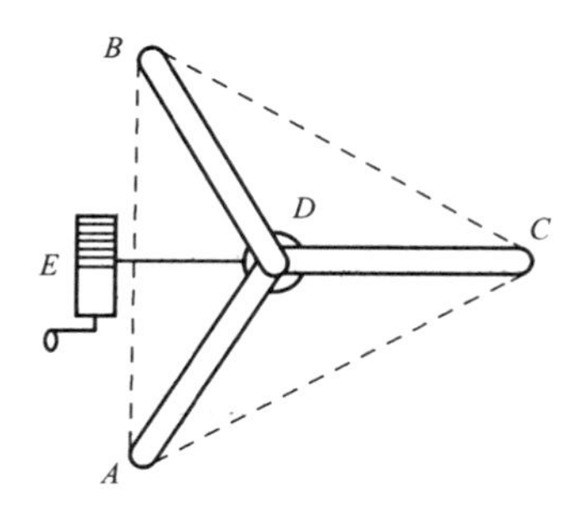

图 3-48

答：$M=70.36\text{N}\cdot\text{m}$。

3-12 用起重杆吊起重物如图 3-50 所示。起重杆的 A 端用球铰链固接于地面，B 端用绳 CB 和 DB 拉住，两绳分别系在墙上同一高度的对称两点 C 及 D，且$\angle CBE=\angle DBE=\theta=45°$。平面 CBD 与水平面的夹角 $\beta=30°$，杆 AB 与铅垂线的夹角 $\alpha=30°$。重物 G 重 $W=10\text{kN}$。略去杆的重量及球铰中的摩擦，求起重杆所受的压力及绳中的拉力。

答：$F_A=8.66\text{kN}$，$F_{BC}=F_{BD}=3.54\text{kN}$。

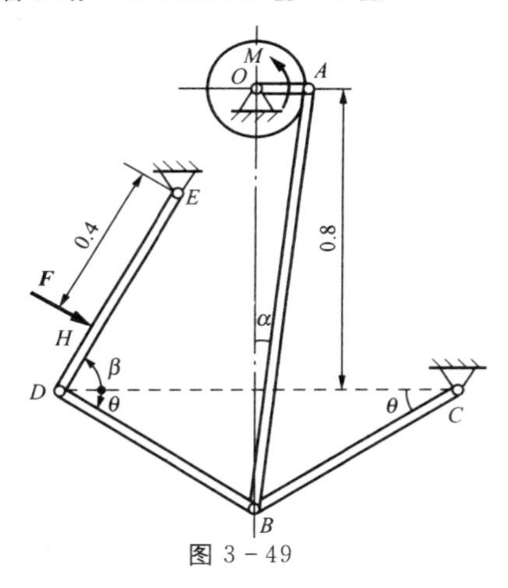

图 3-49

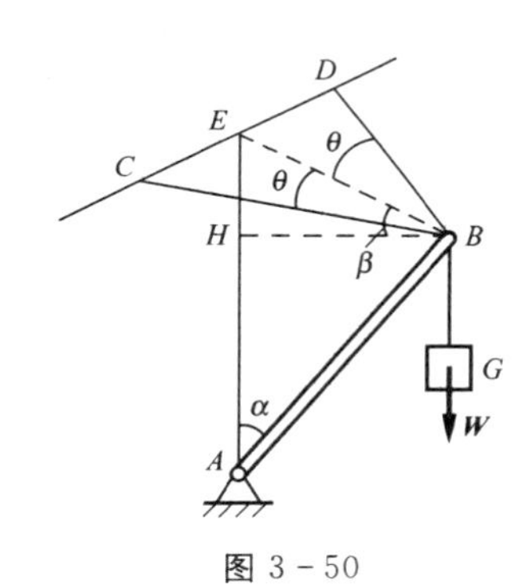

图 3-50

3-13 圆盘 O_1 和 O_2 与水平轴 AB 固连，O_1 盘面垂直于 z 轴，O_2 盘面垂直于 x 轴，盘面上分别作用有力偶($\boldsymbol{F}_1$，$\boldsymbol{F}_1'$)、($\boldsymbol{F}_2$，$\boldsymbol{F}_2'$)，如图 3-51 所示。如两盘半径均为 200mm，$F_1=3\text{N}$，$F_2=5\text{N}$，$AB=800\text{mm}$，不计构件自重。求轴承 A 和 B 处的约束力。

答：$F_{Ax}=-1.5\text{N}$，$F_{Az}=2.5\text{N}$，$F_{Bx}=-1.5\text{N}$，$F_{Bz}=2.5\text{N}$。

3-14 图 3-52 所示结构中，AB、AC、AD 三杆由活动球铰连接于 A 处；B、C、D 三处均为固定球铰支座。若在 A 处悬挂重物的重量 P 为已知，试求三杆的受力。

答：$F_{AB}=-\dfrac{\sqrt{6}}{2}P$，$F_{AC}=-\dfrac{\sqrt{6}}{2}P$，$F_{AD}=2P$。

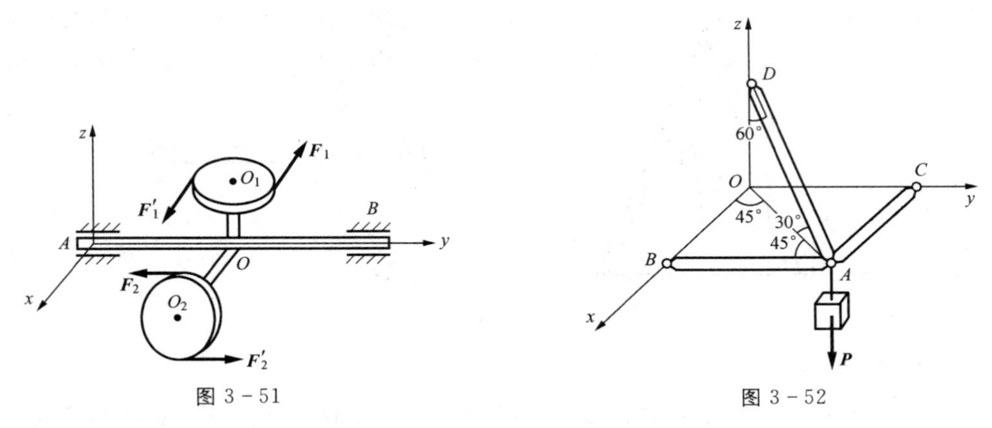

图 3-51　　　　图 3-52

3-15　一屋架尺寸及载荷如图 3-53 所示，求各杆的内力。

答：$F_1=-33.5\text{kN}$，$F_2=30\text{kN}$，$F_3=0$，$F_4=-22.3\text{kN}$，$F_5=-11.2\text{kN}$，$F_6=30\text{kN}$，$F_7=9.9\text{kN}$，其余对称。

3-16　求图 3-54 所示桁架中 CD 杆的内力。

答：$F_{CD}=-0.866F$。

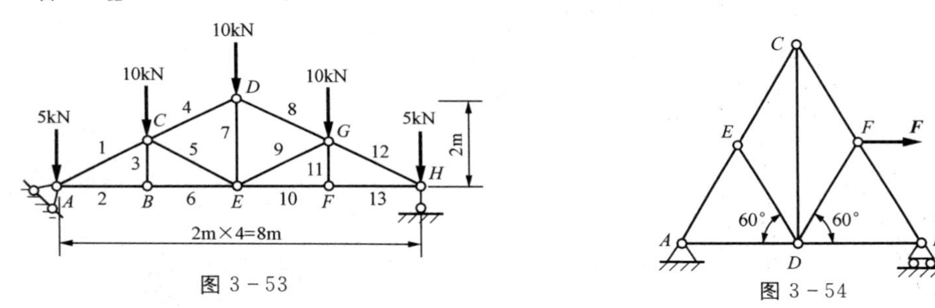

图 3-53　　　　图 3-54

3-17　已知图 3-55 所示桁架中$\angle CAB=\angle DBA=60°$，$\angle CBA=\angle DAB=30°$。$AD$、$DE$、$BC$、$CF$ 均各为一杆，中间无节点，求桁架中 1、2 两杆的内力。

答：$F_1=0.58F$，$F_2=-0.77F$。

3-18　图 3-56 所示均质梯子长为 l，重 $P_1=100\text{N}$，靠在光滑墙壁上，与水平地面呈角 $\theta=75°$，梯子与地面的静摩擦系数 $f_s=0.4$，重为 $P_2=700\text{N}$ 的人从地面开始沿梯子向上爬。求地面对梯子的摩擦力，并问此人能否爬到梯子顶端？

答：$F_s=201\text{N}$，能。

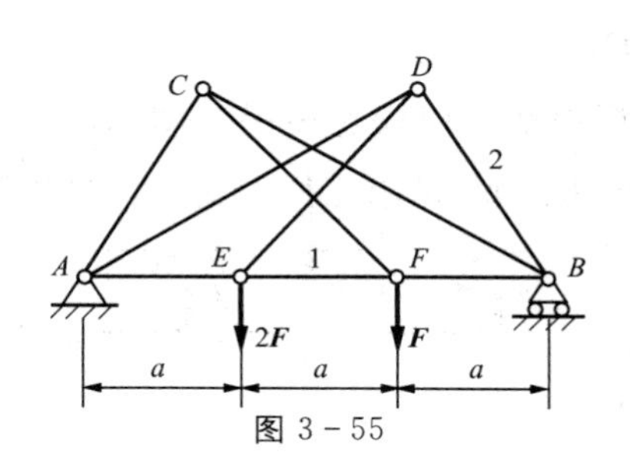

图 3-55

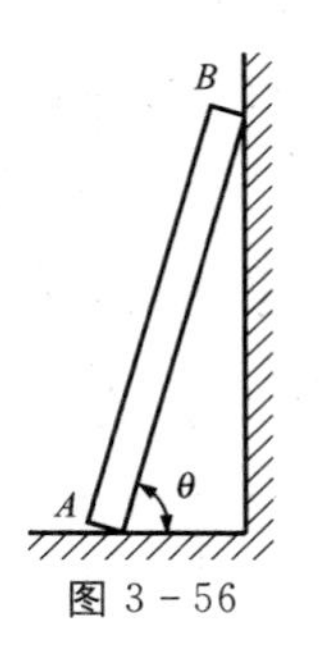

图 3-56

3－19　攀登电线杆的脚套钩如图3－57所示。设电线杆直径为d，A、B间的铅垂距离为b，套钩与电线杆之间摩擦因数为f_s。求工人操作时，为了安全，站在套钩上的最小距离l应为多大？

答：$l_{\min}=\dfrac{b}{2f_s}$。

3－20　轴的摩擦制动装置简图如图3－58所示，轴上外加的力偶矩$M=1\ 000\mathrm{N\cdot m}$，制动轮半径$r=250\mathrm{mm}$，制动轮与制动块间的静摩擦系数$f_s=0.25$。试求制动时制动块加在制动轮上正压力的最小值。

答：$F_{\mathrm{Nmin}}=8\mathrm{kN}$。

3－21　如图3－59所示重为P_1的滑块A套在铅直杆上，滑块与杆之间的静摩擦系数为f_s，滑块用绕过滑轮的绳子由重物B平衡。求系统平衡时重物B的重量P_2。

答：$P_1/(\cos\theta+f_s\sin\theta)\leqslant P_2\leqslant P_1/(\cos\theta-f_s\sin\theta)$。

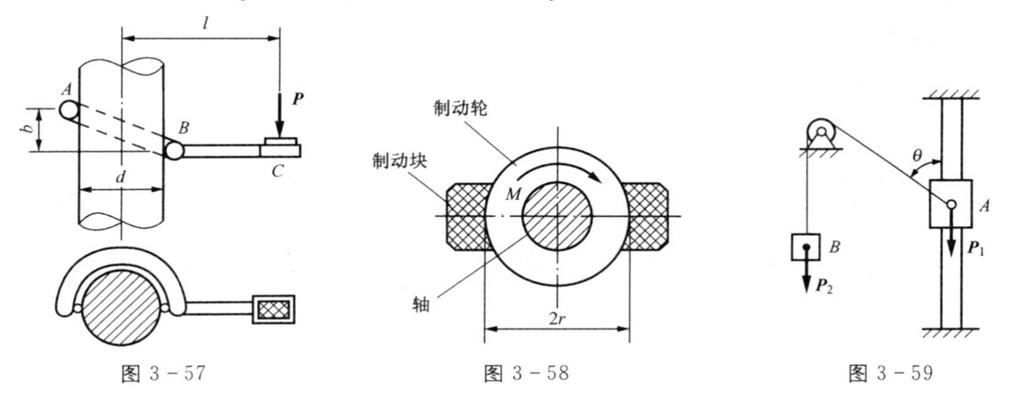

图3－57　　图3－58　　图3－59

3－22　如图3－60所示，木块A、B、C间的摩擦角均为$\varphi_m=12°$，木块A上作用一水平力$F_1=10\mathrm{kN}$，$\theta=15°$。不计木块A、B、C的自重和地面摩擦。求使系统平衡时作用在木块C上的铅垂力$\boldsymbol{F}_2$的最大值。

答：$F_{2\max}=7.22\mathrm{kN}$。

3－23　如图3－61所示，巨形石条重为P_1，放在两根圆形滚木上，滚木重为P_2，半径为R，滚木与地面滚阻系数为δ_1，与石条的滚阻系数为δ_2。求即将拉动石条时，水平拉力$\boldsymbol{F}$的最小值。

答：$F_{\min}=\dfrac{2P_2\delta_1+P_1(\delta_1+\delta_2)}{2R}$

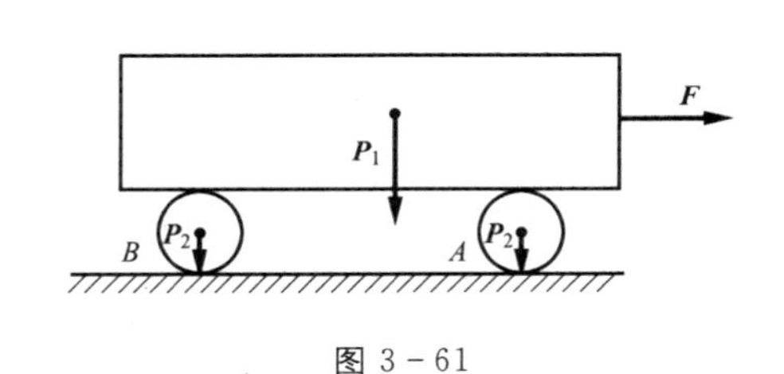

图3－60　　图3－61

3-24　如图3-62所示凸轮机构。已知推杆与滑道间的摩擦系数为 f_s，滑道宽度为 b。凸轮与推杆接触处的摩擦忽略不计。问 a 为多大时，推杆才不致被卡住。

答：$a<\dfrac{b}{2f_s}$。

3-25　如图3-63所示，均质杆 OC 长4m，重 $P_1=500\text{N}$；轮轴 $r=0.1\text{m}$，$R=0.3\text{m}$，重 $P_2=300\text{N}$，与杆 OC 及水平面接触处的摩擦系数分别为 $f_{sA}=0.4$，$f_{sB}=0.2$。求拉动圆轮所需最小力 F。

答：$F_{min}=254\text{N}$。

3-26*　正方形板 $ABCD$ 由六根直杆支撑于水平位置，若在 A 点沿 AD 作用有水平力 $\boldsymbol{P}$，尺寸如图3-64所示，不计杆重和板重。试求各杆的内力。

答：$F_1=P$，$F_2=-\sqrt{2}P$，$F_3=-P$，$F_4=\sqrt{2}P$，$F_5=\sqrt{2}P$，$F_6=-P$。

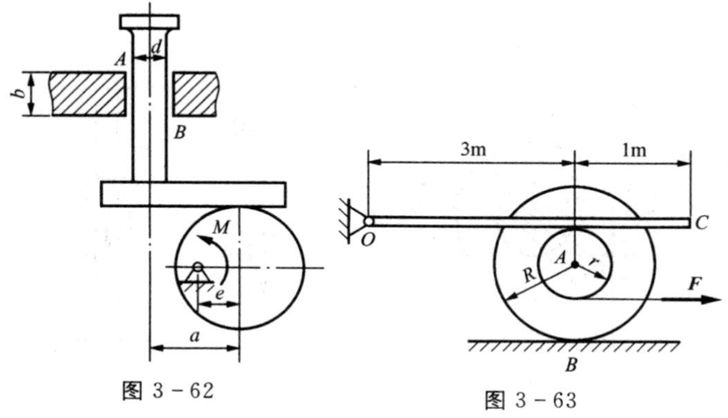

图3-62

图3-63

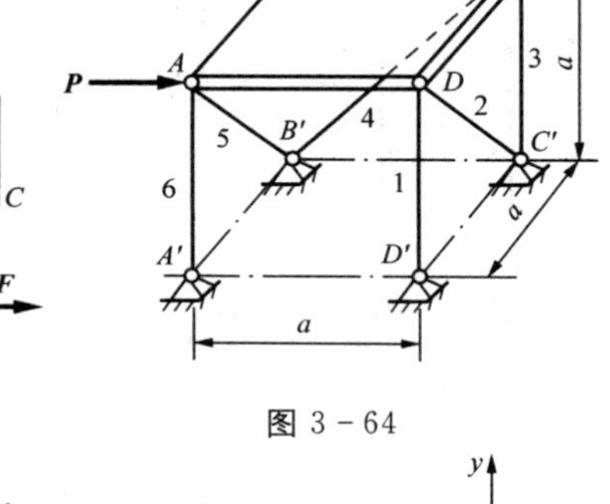

图3-64

3-27*　杆状物在 A 端用球形铰链支撑，B 处用光滑圆环支撑，并在 C 端用绳子系于 D 点，如图3-65所示。已知小球 $G=500\text{N}$，$l_1=20\text{cm}$，$l_2=30\text{cm}$。试求圆环 B 对杆状物的约束力以及绳子的拉力对图示轴 x、y、z 的矩。

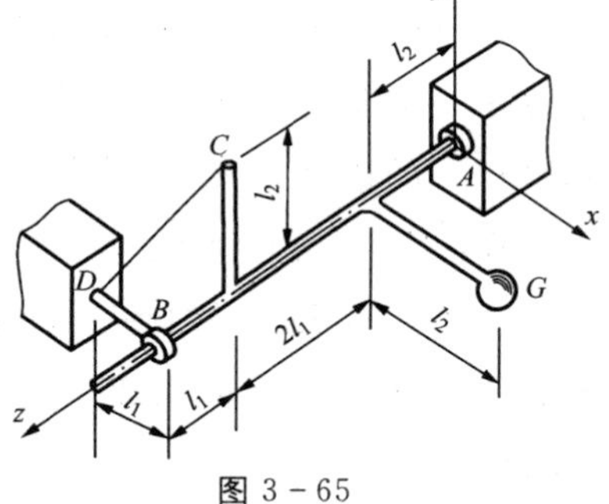

图3-65

答：$F_{Bx}=389\text{N}$，$F_{By}=917\text{N}$，$M_x=675\text{N}\cdot\text{m}$，$M_y=-350\text{N}\cdot\text{m}$，$M_z=150\text{N}\cdot\text{m}$。

3-28*　作用于水涡轮的主动力偶矩 $M_z=1\text{kN}\cdot\text{m}$，在锥齿轮 B 的外侧受有切向力 $\boldsymbol{F}_\tau$（沿 x 轴负方向），水涡轮总重 $P=10\text{kN}$，其作用线沿轴 Cz，锥齿轮的半径 $OB=0.5\text{m}$，其余尺寸如图3-66所示。试求当系统平衡时，作用于锥齿轮 B 的切向力 $\boldsymbol{F}_\tau$ 以及止推轴承 C、轴承 A 处的约束力。

答：$F_\tau=2\text{kN}$，$F_{Cx}=-0.67\text{kN}$，$F_{Cy}=0$，$F_{Cz}=10\text{kN}$，$F_{Ax}=2.67\text{kN}$，$F_{Ay}=0\text{kN}$。

3-29*　如图3-67所示小型双缸发动机的曲轴在图示位置平衡，两曲拐上分别作用有来自活塞连杆的力，$F_1=400\text{N}$，$F_2=800\text{N}$，忽略曲轴的自重，求轴承 A、B 处的约束力及作用在曲轴上的负载力偶 $\boldsymbol{M}$。

答：$F_{Ax}=-40.7\text{N}$，$F_{Ay}=456.8\text{N}$，$F_{Bx}=203.4\text{N}$，$F_{By}=639.5\text{N}$，$M=36.54\text{N}\cdot\text{m}$。

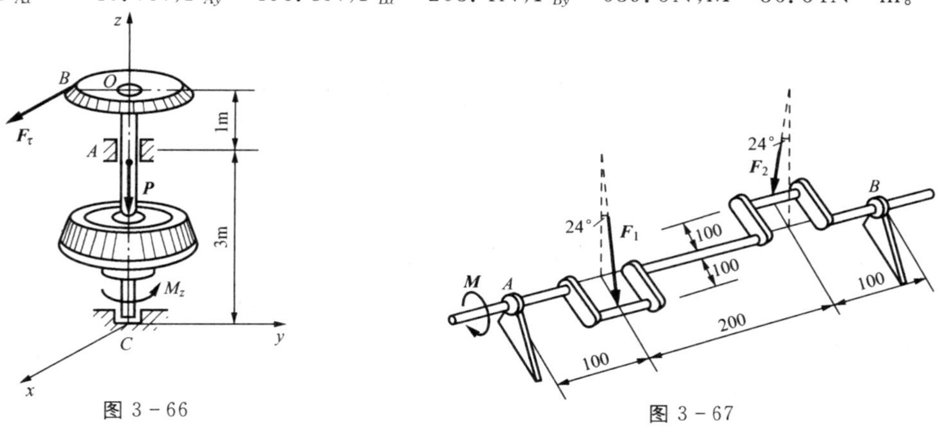

图 3-66　　　　图 3-67

第二篇　运动学

运动学是研究物体运动的几何规律的科学。

运动学研究物体的空间位置随时间变化的规律，包括运动轨迹、运动方程、速度和加速度，不涉及引起物体运动变化的物理因素，如力、质量等。运动学的研究对象是点和刚体。运动学是动力学的基础。

本篇包括运动学基础、点的合成运动和刚体的平面运动。运动学基础以点和刚体为力学模型，首先归纳介绍点运动的各种描述方法，然后研究刚体基本运动的规律，包括刚体的平动和定轴转动。点的合成运动用运动相对性的理论分析动点在不同参考系下的运动描述之间的关系，重点研究速度合成定理和加速度合成定理。刚体的平面运动是最简单的刚体复杂运动，在将刚体平面运动简化为平面图形在其自身平面内运动的基础上，研究求平面图形上各点速度的基点法、速度投影法及速度瞬心法，最后介绍求平面图形上各点加速度的基点法。

第 4 章　运动学基础

本章以点和刚体的运动为核心，阐述运动分析的基本概念、基本理论和基本方法。

本章首先介绍用矢量法、直角坐标法、自然轴法确定空间点的位置、点的运动轨迹以及点的速度和加速度，然后分析刚体的基本运动——平动和定轴转动的规律。

物体的运动表现为它在空间的位置随时间的变化，运动是普遍的、绝对的，但是对于物体运动的描述却又是相对的。只能指出某一物体相对于另一物体在不断地改变位置。这一被选作参考的物体称为**参考体**。固连在参考体上的一组任选的坐标系，称为**参考坐标系**或**参考系**。在一般工程问题中，习惯将参考系固连在地球上。

在研究物体的运动时，还应区分瞬时和时间间隔这两个概念。**瞬时**指物体运动到某一位置相对应的时刻，两个不同瞬时之间的一段时间为**时间间隔**。

4.1　点的运动

在空间运动的点也称为**动点**。动点在空间运动时所经过的路线，称为点的**运动轨迹**。根据运动轨迹的特点，点的运动主要有**直线运动**和**曲线运动**两种。

点的**运动方程**就是为确定点的运动建立起来的点在参考系中的位置随时间变化的数学表达式。

动点的**速度**是描述动点运动的快慢和方向的物理量。动点速度的变化由动点的**加速度**来描述。

4.1.1 矢量法

4.1.1.1 运动方程

设动点 M 沿 $\overset{\frown}{AB}$ 做空间曲线运动，如图 4－1 所示。任选参考系上一点 O 为参考点，则动点 M 在任一瞬时 t 的位置可用其位置矢量，即点 O 到动点 M 的**矢径** $\boldsymbol{r}=\overrightarrow{OM}$ 唯一确定。当动点 M 运动时，矢径 $\boldsymbol{r}$ 的大小和方向均随时间 t 变化，因而可表示为时间 t 的单值连续函数，即

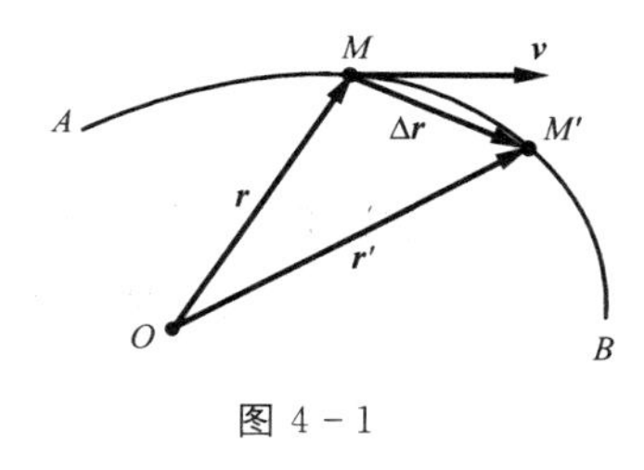

图 4－1

$$\boldsymbol{r}=\boldsymbol{r}(t) \tag{4-1}$$

式(4－1)完全确定了任一瞬时动点在空间的几何位置，因此该式称为点的**矢量形式的运动方程**。

当动点 M 在运动时，其矢径 $\boldsymbol{r}$ 的端点在空间描绘出一条连续曲线，称为**矢端图**。显然，矢端图就是点的运动轨迹。

4.1.1.2 速度

设动点在瞬时 t 位于轨迹上 M 点，其矢径为 $\boldsymbol{r}$；在瞬时 $t+\Delta t$，动点运动到 M' 位置，矢径为 $\boldsymbol{r}'$，如图 4－1 所示。在时间间隔 Δt 内，动点由位置 M 运动到 M'，其矢径的改变量称为点的**位移**，即 $\Delta\boldsymbol{r}=\boldsymbol{r}'-\boldsymbol{r}$。动点在 Δt 时间内运动的快慢和方向改变，可表示为

$$\boldsymbol{v}^{*}=\frac{\Delta\boldsymbol{r}}{\Delta t}$$

$\boldsymbol{v}^{*}$ 称为动点在 Δt 时间内的**平均速度**，也是矢量。$\boldsymbol{v}^{*}$ 的大小等于 $\left|\dfrac{\Delta\boldsymbol{r}}{\Delta t}\right|$，方向与位移 $\Delta\boldsymbol{r}$ 的方向相同。平均速度描述了动点在 Δt 时间内运动的快慢和方向变化，但不能精确地描述动点在每一瞬时的实际运动的情况。

当 $\Delta t\to 0$，动点 M' 将无限趋近于瞬时 t 的位置 M，平均速度 $\boldsymbol{v}^{*}$ 将趋于一极限值，即动点在瞬时 t 的**瞬时速度**，简称**速度**，即

$$\boldsymbol{v}=\lim_{\Delta t\to 0}\boldsymbol{v}^{*}=\lim_{\Delta t\to 0}\frac{\Delta\boldsymbol{r}}{\Delta t}=\frac{\mathrm{d}\boldsymbol{r}}{\mathrm{d}t}=\dot{\boldsymbol{r}} \tag{4-2}$$

即**动点的速度等于它的矢径对时间的一阶导数**。速度是矢量，其大小等于 $|\dot{\boldsymbol{r}}|$，通常称为**速率**。速度的方向沿轨迹在相应点的切线方向，并与此点运动的方向一致。在国际单位制中，速度的单位是 m/s。

4.1.1.3　加速度

点的速度对时间的变化率称为**加速度**。设动点在瞬时 t 位于轨迹上 M 点，其速度为 $\boldsymbol{v}$；在瞬时 $t+\Delta t$，动点运动到 M' 位置，速度为 $\boldsymbol{v}'$，如图 4－2(a)所示。在时间间隔 Δt 内，动点速度的改变量为 $\Delta\boldsymbol{v}=\boldsymbol{v}'-\boldsymbol{v}$，动点的速度在 Δt 时间内的**平均加速度**可表示为

$$\boldsymbol{a}^*=\frac{\Delta\boldsymbol{v}}{\Delta t}$$

其大小等于 $\left|\frac{\Delta\boldsymbol{v}}{\Delta t}\right|$，方向与 $\Delta\boldsymbol{v}$ 的方向相同。当 $\Delta t\to 0$，可得到动点在瞬时 t 的加速度为

$$\boldsymbol{a}=\lim_{\Delta t\to 0}\boldsymbol{a}^*=\lim_{\Delta t\to 0}\frac{\Delta\boldsymbol{v}}{\Delta t}=\frac{\mathrm{d}\boldsymbol{v}}{\mathrm{d}t}=\frac{\mathrm{d}^2\boldsymbol{r}}{\mathrm{d}t^2}=\dot{\boldsymbol{v}}=\ddot{\boldsymbol{r}} \tag{4-3}$$

即动点的**加速度等于该点的速度矢量对时间的一阶导数，或等于矢径对时间的二阶导数。**在国际单位制中，加速度的单位是 $\mathrm{m/s^2}$。

为确定加速度的方向，在空间任取一点 O，把动点 M 在各瞬时的速度矢量都平行地移到点 O，连接各矢量的端点，就构成了速度矢量端点的连续曲线，称为**速度矢端曲线**，如图 4－2(b)所示。动点的加速度矢量的大小等于 $|\dot{\boldsymbol{v}}|$，方向与速度矢端曲线在相应点的切线相平行。

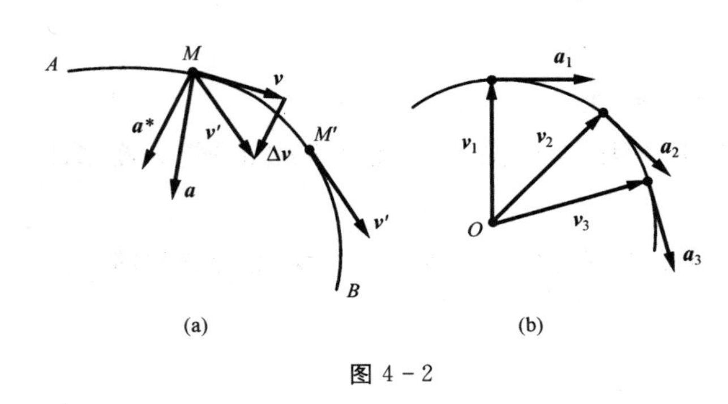

图 4－2

4.1.2　直角坐标法

4.1.2.1　运动方程

如图 4－3 所示，在参考点 O 建立直角坐标系 $Oxyz$，则动点 M 在任一瞬时的位置既可用相对于坐标原点 O 的矢径 $\boldsymbol{r}$ 表示，也可用动点 M 在直角坐标系中的三个坐标 x、y、z 唯一地确定，即

$$\boldsymbol{r}=x\boldsymbol{i}+y\boldsymbol{j}+z\boldsymbol{k} \tag{4-4}$$

式中：$\boldsymbol{i}$、$\boldsymbol{j}$、$\boldsymbol{k}$ 分别为三个坐标轴的单位矢量。

由于 $\boldsymbol{r}$ 是时间的单值连续函数，因此，x、y、z 也是时间的单值连续函数，即

$$\begin{cases}x=x(t)\\ y=y(t)\\ z=z(t)\end{cases} \tag{4-5}$$

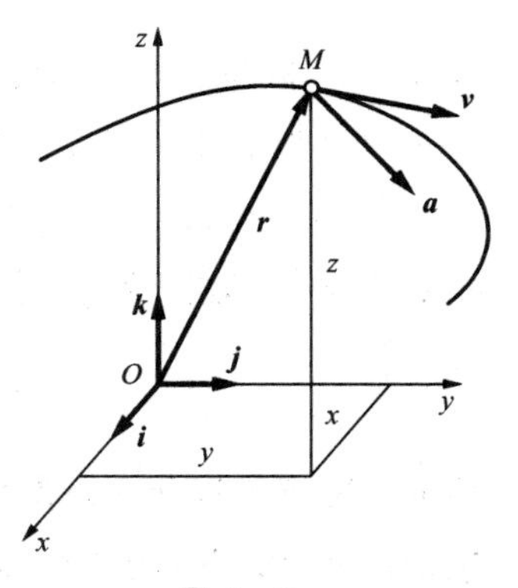

图 4－3

式(4－5)为点的**直角坐标形式的运动方程**。

由于运动方程决定了点 M 在空间的位置，因而也决定了

点的运动轨迹。式(4－5)实际上就是以时间 t 为参变量的点的运动轨迹的参数方程。从式(4－5)中消去时间 t，得到两个柱面方程，即

$$\begin{cases} F_1(x,y)=0 \\ F_2(y,z)=0 \end{cases} \tag{4-6}$$

这两个柱面的交线为动点 M 的运动轨迹，因此，式(4－6)就是动点 M 的轨迹方程。

4.1.2.2 速度

将式(4－4)代入式(4－2)，注意到 $\boldsymbol{i}$、$\boldsymbol{j}$、$\boldsymbol{k}$ 是大小和方向都不随时间变化的常矢量，有

$$\boldsymbol{v}=\frac{\mathrm{d}\boldsymbol{r}}{\mathrm{d}t}=\frac{\mathrm{d}x}{\mathrm{d}t}\boldsymbol{i}+\frac{\mathrm{d}y}{\mathrm{d}t}\boldsymbol{j}+\frac{\mathrm{d}z}{\mathrm{d}t}\boldsymbol{k} \tag{4-7}$$

设速度 $\boldsymbol{v}$ 在直角坐标轴上的投影为 v_x、v_y、v_z，分别表示沿 x、y、z 方向的速度分量，则

$$\boldsymbol{v}=v_x\boldsymbol{i}+v_y\boldsymbol{j}+v_z\boldsymbol{k} \tag{4-8}$$

比较式(4－8)和式(4－7)，得

$$\begin{cases} v_x=\dfrac{\mathrm{d}x}{\mathrm{d}t}=\dot{x} \\ v_y=\dfrac{\mathrm{d}y}{\mathrm{d}t}=\dot{y} \\ v_z=\dfrac{\mathrm{d}z}{\mathrm{d}t}=\dot{z} \end{cases} \tag{4-9}$$

即动点的**速度在坐标轴上的投影等于动点的对应坐标对时间的一阶导数**。

4.1.2.3 加速度

同理，将式(4－8)代入式(4－3)，并注意到 $\boldsymbol{i}$、$\boldsymbol{j}$、$\boldsymbol{k}$ 是大小和方向都不随时间变化的常矢量，设 a_x、a_y、z_z 为加速度 $\boldsymbol{a}$ 在直角坐标轴上的投影，则有

$$\boldsymbol{a}=\frac{\mathrm{d}\boldsymbol{v}}{\mathrm{d}t}=\frac{\mathrm{d}v_x}{\mathrm{d}t}\boldsymbol{i}+\frac{\mathrm{d}v_y}{\mathrm{d}t}\boldsymbol{j}+\frac{\mathrm{d}v_z}{\mathrm{d}t}\boldsymbol{k}=a_x\boldsymbol{i}+a_y\boldsymbol{j}+a_z\boldsymbol{k} \tag{4-10}$$

且

$$\begin{cases} a_x=\dfrac{\mathrm{d}v_x}{\mathrm{d}t}=\dfrac{\mathrm{d}^2x}{\mathrm{d}t^2}=\ddot{x} \\ a_y=\dfrac{\mathrm{d}v_x}{\mathrm{d}t}=\dfrac{\mathrm{d}^2y}{\mathrm{d}t^2}=\ddot{y} \\ a_z=\dfrac{\mathrm{d}v_z}{\mathrm{d}t}=\dfrac{\mathrm{d}^2z}{\mathrm{d}t^2}=\ddot{z} \end{cases} \tag{4-11}$$

因此，动点的**加速度在直角坐标轴上的投影等于动点的对应坐标对时间的二阶导数**。

【例 4－1】 如图 4－4 所示，椭圆规的曲柄 OC 可绕定轴 O 转动，其端点 C 与规尺 AB 中点以铰链相连接，规尺 AB 两端分别在相互垂直的滑槽中运动。$OC=AC=BC=l$，$CM=a$，$\varphi=\omega t$。试求：规尺上点 M 的运动方程、运动轨迹、速度和加速度。

解 首先用直角坐标法建立点 M 的运动方程，然后从运动方程中消去时间 t 即得轨迹方程。

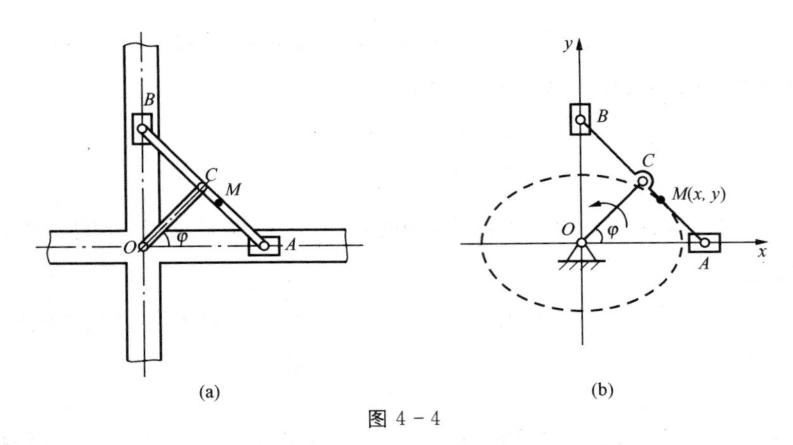

图 4－4

以点 O 为坐标原点，建立图示直角坐标系 Oxy，点 M 的运动方程为

$$\begin{cases} x=(OC+CM)\cos\varphi=(l+a)\cos\omega t \\ y=AM\sin\varphi=(l-a)\sin\omega t \end{cases}$$

消去时间 t 得到动点 M 的轨迹方程为

$$\frac{x^2}{(l+a)^2}+\frac{y^2}{(l-a)^2}=1$$

这是标准形式的椭圆方程，表示以坐标原点 O 为中心，长半轴为 $l+a$，短半轴为 $l-a$ 的椭圆，如图 4－4(b)中虚线所示。

将点 M 的坐标对时间求一阶导数，得到点 M 的速度

$$\begin{cases} v_x=\dot{x}=-(l+a)\omega\sin\omega t \\ v_y=\dot{y}=(l-a)\omega\cos\omega t \end{cases}$$

故点 M 的速度大小为

$$v=\sqrt{v_x^2+v_y^2}=\sqrt{(l+a)^2\omega^2\sin^2\omega t+(l-a)^2\omega^2\cos^2\omega t}=\omega\sqrt{l^2+a^2-2al\cos2\omega t}$$

其方向余弦为

$$\begin{cases} \cos(\boldsymbol{v},\boldsymbol{i})=\dfrac{v_x}{v}=\dfrac{-(l+a)\sin\omega t}{\sqrt{l^2+a^2-2al\cos2\omega t}} \\ \cos(\boldsymbol{v},\boldsymbol{j})=\dfrac{v_y}{v}=\dfrac{(l-a)\cos\omega t}{\sqrt{l^2+a^2-2al\cos2\omega t}} \end{cases}$$

点 M 的速度对时间再求一阶导数，或坐标对时间求二阶导数，得到点 M 的加速度

$$\begin{cases} a_x=\dot{v}_x=\ddot{x}=-(l+a)\omega^2\cos\omega t \\ a_y=\dot{v}_y=\ddot{y}=-(l-a)\omega^2\sin\omega t \end{cases}$$

故点 M 的加速度大小为

$$a=\sqrt{a_x^2+a_y^2}=\sqrt{(l+a)^2\omega^4\cos^2\omega t+(l-a)^2\omega^4\sin^2\omega t}=\omega^2\sqrt{l^2+a^2+2al\cos2\omega t}$$

其方向余弦为

$$\begin{cases} \cos(\boldsymbol{a},\boldsymbol{i})=\dfrac{a_x}{a}=\dfrac{-(l+a)\cos\omega t}{\sqrt{l^2+a^2+2al\cos2\omega t}} \\ \cos(\boldsymbol{a},\boldsymbol{j})=\dfrac{a_y}{a}=\dfrac{-(l-a)\sin\omega t}{\sqrt{l^2+a^2+2al\cos2\omega t}} \end{cases}$$

4.1.3　自然轴法

在实际工程和现实生活中，动点的轨迹往往是已知的，如运转机件上的某一点，此时可利用点的运动轨迹建立弧坐标及自然轴系，并用它们来描述和分析点的运动，这种方法称为**自然轴法**。

4.1.3.1　运动方程

设动点 M 的轨迹为如图 4－5 所示的曲线，则动点 M 在轨迹上的位置可以这样来确定：在轨迹上任选一点 O 为参考点，并设点 O 的某一侧为正向，另一侧为负向，则动点 M 在轨迹上任一瞬时的位置就可由弧长 s 确定，视弧长 s 为代数量，称它为动点 M 在轨迹上的**弧坐标**。显然，当动点 M 运动时，弧坐标 s 随着时间而变化，且是时间的单值连续函数，即

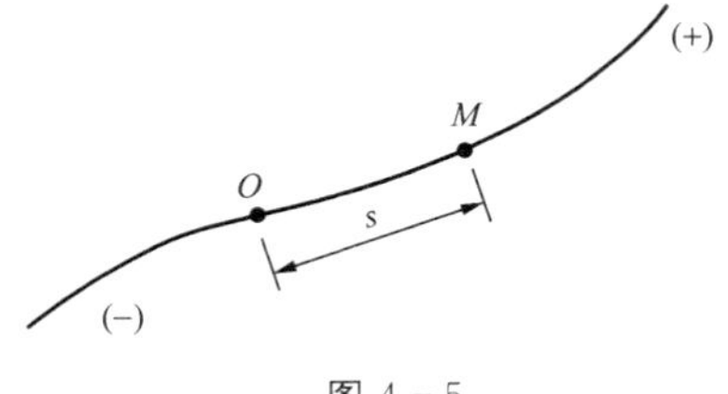

图 4－5

$$s=s(t) \tag{4-12}$$

式(4－12)称为动点沿已知轨迹的运动方程，即以**弧坐标表示的点的运动方程**。

如果已知点沿轨迹的运动方程，就可以确定任一瞬时点的弧坐标 s 的值，也就确定了该瞬时动点在轨迹上的位置。

4.1.3.2　自然轴系

在动点的运动轨迹曲线上取极为接近的两点 M 和 M_1，其间的弧长为 Δs，这两点切线的单位矢量分别为 $\boldsymbol{\tau}$ 和 $\boldsymbol{\tau}_1$，其指向与弧坐标正向一致，如图 4－6(a)所示。将 $\boldsymbol{\tau}_1$ 平移至点 M，则 $\boldsymbol{\tau}$ 和 $\boldsymbol{\tau}_1$ 确定一平面。当点 M_1 向点 M 趋近时，矢量 $\boldsymbol{\tau}_1$ 的方位将不断改变，因而所决定的平面亦将绕矢量 $\boldsymbol{\tau}$ 连续地转动，而当点 M_1 无限趋近于点 M 时，该平面就趋近于某一极限位置，此极限平面称为曲线在点 M 处的**密切面**，如图 4－6(b)所示。曲线在点 M 附近无限小的弧段可以看成是在其密切面内的平面曲线。空间曲线上各点处密切面的方位随各点在曲线上的位置而改变，而平面曲线的密切面就是整个曲线所在的平面。

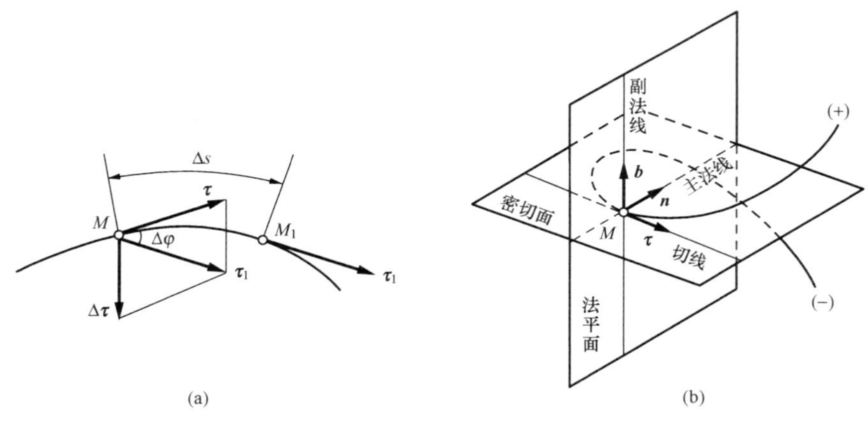

图 4－6

过点 M 作垂直于切线的平面，该平面称为曲线在点 M 处的**法平面**。法平面与密切面的交线称为**主法线**。其单位矢量为 $\boldsymbol{n}$，指向曲线的凹侧。过点 M 且垂直于切线和主法线的直线称为**副法线**，其单位矢量为 $\boldsymbol{b}$，指向按右手法则确定，即 $\boldsymbol{b}=\boldsymbol{\tau}\times\boldsymbol{n}$。这样以点 M 为原点，以切线、主法线和副法线为坐标轴组成的正交坐标系称为曲线在点 M 的**自然轴系**，这三个轴称为**自然轴**。注意，随着点 M 在轨迹上运动，$\boldsymbol{b}$、$\boldsymbol{\tau}$、$\boldsymbol{n}$ 的方向也在不断变动，因此，自然轴系是沿曲线而变动的游动坐标系。

设点的运动轨迹为一空间曲线，如图 4-6(a)所示，曲线上任一点的切线的转角对弧长的一阶导数的绝对值称为曲线在该点的**曲率**。曲率的倒数称为**曲率半径**。如图 4-6(a)中点 M 沿轨迹经过弧长 Δs 到达点 M_1。设点 M 处曲线切向单位矢量为 $\boldsymbol{\tau}$，点 M_1 处单位矢量为 $\boldsymbol{\tau}_1$，而切线经过 Δs 时转过的角度为 $\Delta\varphi$。如曲率以 k 表示，曲率半径以 ρ 表示，则有

$$k=\frac{1}{\rho}=\lim_{\Delta s\to 0}\left|\frac{\Delta\varphi}{\Delta s}\right|=\left|\frac{\mathrm{d}\varphi}{\mathrm{d}s}\right| \tag{4-13}$$

在曲线运动中，轨迹的曲率或曲率半径是一个重要的参数，它表示曲线的弯曲程度。

4.1.3.3　速度

设动点在瞬时 t 位于轨迹上 M 点，其矢径为 $\boldsymbol{r}$；在瞬时 $t+\Delta t$，动点运动到 M_1 位置，矢径为 $\boldsymbol{r}_1$，如图 4-7 所示。在时间间隔 Δt 内，动点的位移增量为 $\Delta\boldsymbol{r}$，弧坐标的增量为 Δs。根据式(4-2)，并注意到当 $\Delta t\to 0$ 时，$|\Delta\boldsymbol{r}|=|\Delta s|$，故有

$$|\boldsymbol{v}|=\lim_{\Delta t\to 0}\left|\frac{\Delta\boldsymbol{r}}{\Delta t}\right|=\lim_{\Delta t\to 0}\left|\frac{\Delta s}{\Delta t}\right|=\left|\frac{\mathrm{d}s}{\mathrm{d}t}\right|$$

其中，s 为动点在轨迹曲线上的弧坐标。上式表明速度的大小等于动点弧坐标对时间一阶导数的绝对值。注意到弧坐标对时间的导数是一个代数量，所以

$$v=\frac{\mathrm{d}s}{\mathrm{d}t}=\dot{s} \tag{4-14}$$

$\dot{s}>0$ 表示点沿轨迹的正向运动；$\dot{s}<0$ 则表示点沿轨迹的负向运动。因此，点的速度矢量可表示为

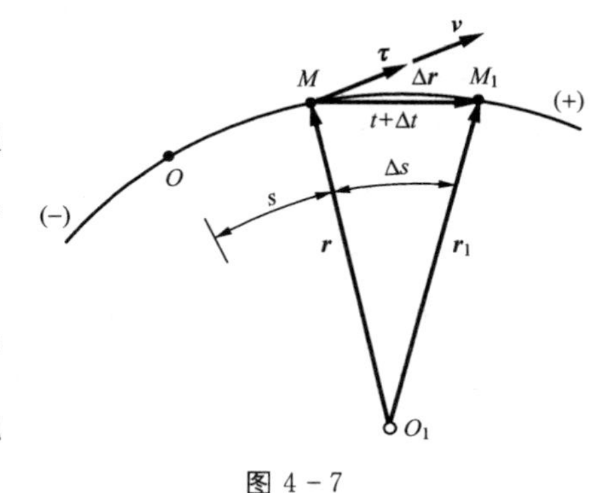

图 4-7

$$\boldsymbol{v}=v\boldsymbol{\tau}=\frac{\mathrm{d}s}{\mathrm{d}t}\boldsymbol{\tau} \tag{4-15}$$

即动点的速度是一个矢量，其大小即速率等于弧坐标对时间的一阶导数，方向沿曲线的切线方向，用单位矢量 $\boldsymbol{\tau}$ 表示。

4.1.3.4　加速度

将式(4-15)代入式(4-3)，得到动点的加速度，即

$$\boldsymbol{a}=\frac{\mathrm{d}\boldsymbol{v}}{\mathrm{d}t}=\frac{\mathrm{d}}{\mathrm{d}t}(v\boldsymbol{\tau})=\frac{\mathrm{d}v}{\mathrm{d}t}\boldsymbol{\tau}+v\frac{\mathrm{d}\boldsymbol{\tau}}{\mathrm{d}t} \tag{4-16}$$

因此，动点的加速度由两个分矢量组成。

(1) 第一个分矢量$\frac{dv}{dt}\boldsymbol{\tau}$:反映了速度大小随时间的变化率,方向仍沿轨迹的切向方向,称为**切向加速度**,记为$\boldsymbol{a}_\tau$,即

$$\boldsymbol{a}_\tau=\frac{dv}{dt}\boldsymbol{\tau}=\frac{d^2 s}{dt^2}\boldsymbol{\tau}=a_\tau\boldsymbol{\tau} \tag{4-17}$$

显然切向加速度$\boldsymbol{a}_\tau$是一个沿轨迹切线的矢量,反映点的速度值对时间的变化率,它的代数值等于速度的代数值对时间的一阶导数,或弧坐标对时间的二阶导数;它的方向沿轨迹切线。$\dot{v}>0$,$\boldsymbol{a}_\tau$指向轨迹的正向;$\dot{v}<0$,$\boldsymbol{a}_\tau$指向轨迹的负向。a_τ是一个代数量,是加速度$\boldsymbol{a}$沿轨迹切向的投影。当速度$\boldsymbol{v}$与切向加速度$\boldsymbol{a}_\tau$的指向相同时,即$\boldsymbol{v}$与$\boldsymbol{a}_\tau$的符号相同时,动点做加速运动;反之动点作减速运动。

(2) 第二个分矢量$v\frac{d\boldsymbol{\tau}}{dt}$:反映了切线单位矢量$\boldsymbol{\tau}$对时间的变化率,也就是动点速度方向对时间的变化率。显然,$v\frac{d\boldsymbol{\tau}}{dt}$也是一个矢量,其大小和方向与$\frac{d\boldsymbol{\tau}}{dt}$有关。

如图 4-8 所示,在瞬时t动点位于轨迹上M点,切向单位矢量为$\boldsymbol{\tau}$;在瞬时$t+\Delta t$,动点运动到M_1位置,切向单位矢量为$\boldsymbol{\tau}_1$,弧坐标的增量为Δs。在时间间隔Δt内,切向单位矢量变化了$\Delta\boldsymbol{\tau}=\boldsymbol{\tau}_1-\boldsymbol{\tau}$。于是有

$$v\frac{d\boldsymbol{\tau}}{dt}=v\frac{d\boldsymbol{\tau}}{ds}\cdot\frac{ds}{dt}=v^2\frac{d\boldsymbol{\tau}}{ds}=v^2\lim_{\Delta t\to 0}\frac{\Delta\boldsymbol{\tau}}{\Delta s} \tag{4-18}$$

由图 4-8 可见,当时间间隔Δt取得极短时,$\boldsymbol{\tau}$和$\boldsymbol{\tau}_1$间的夹角$\Delta\varphi$也极小,$\Delta\boldsymbol{\tau}$与$\boldsymbol{\tau}$垂直,且有$|\boldsymbol{\tau}|=1$,此时$\Delta\boldsymbol{\tau}$的大小为

$$|\Delta\boldsymbol{\tau}|=2|\boldsymbol{\tau}|\sin\frac{\Delta\varphi}{2}\approx 2|\boldsymbol{\tau}|\times\frac{\Delta\varphi}{2}=|\boldsymbol{\tau}|\Delta\varphi=\Delta\varphi \tag{4-19}$$

于是$\frac{d\boldsymbol{\tau}}{ds}$的大小为

$$\left|\frac{d\boldsymbol{\tau}}{ds}\right|=\lim_{\Delta t\to 0}\left|\frac{\Delta\boldsymbol{\tau}}{\Delta s}\right|=\lim_{\Delta t\to 0}\left|\frac{\Delta\varphi}{\Delta s}\right|=\left|\frac{d\varphi}{ds}\right|=k=\frac{1}{\rho} \tag{4-20}$$

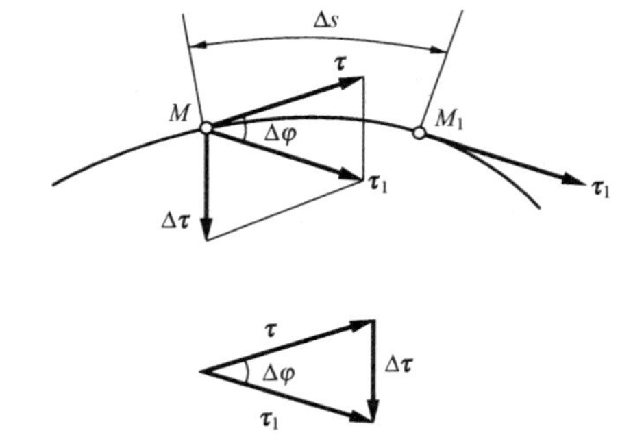

图 4-8

而$\frac{d\boldsymbol{\tau}}{ds}$的方向应是$\Delta s\to 0$时$\frac{\Delta\boldsymbol{\tau}}{\Delta s}$的极限方向。当$\Delta s\to 0$时,$\Delta\boldsymbol{\tau}$位于轨迹上点$M$处的密切面内,所以矢量$\frac{d\boldsymbol{\tau}}{ds}$位于点$M$的密切面上。由图 4-8 可见,$\Delta\boldsymbol{\tau}$与$\boldsymbol{\tau}$之间的夹角为$\left(\frac{\pi}{2}-\frac{\Delta\varphi}{2}\right)$,当$\Delta s\to 0$时,$\Delta\varphi\to 0$,$\Delta\boldsymbol{\tau}$与$\boldsymbol{\tau}$之间的夹角趋近于$\frac{\pi}{2}$,因而$\frac{d\boldsymbol{\tau}}{ds}$垂直于$\boldsymbol{\tau}$。这样,$\frac{d\boldsymbol{\tau}}{ds}$既在密切面内又垂直于$\boldsymbol{\tau}$,所以它位于主法线上;同时不论动点怎么运动,$\frac{d\boldsymbol{\tau}}{ds}$总是朝向轨迹内凹的一侧,即指向曲率中心,与主法线

单位矢量 $\boldsymbol{n}$ 同向。综合以上分析，可以得到第二个分矢量为

$$v\frac{\mathrm{d}\boldsymbol{\tau}}{\mathrm{d}t}=\frac{v^2}{\rho}\boldsymbol{n} \tag{4-21}$$

由于它沿点 M 在轨迹上的法线方向，因而这个加速度称为**法向加速度**，记为

$$\boldsymbol{a}_n=a_n\boldsymbol{n}=\frac{v^2}{\rho}\boldsymbol{n} \tag{4-22}$$

法向加速度反映了点的速度方向改变的快慢程度，它的大小等于点的速度平方除以曲率半径，方向沿着主法线，指向曲率中心。a_n 为一代数量，是加速度 $\boldsymbol{a}$ 沿轨迹法向的投影。

于是动点的加速度可表示为

$$\boldsymbol{a}=\frac{\mathrm{d}v}{\mathrm{d}t}\boldsymbol{\tau}+\frac{v^2}{\rho}\boldsymbol{n}=a_\tau\boldsymbol{\tau}+a_n\boldsymbol{n} \tag{4-23}$$

因为 $\boldsymbol{\tau}$ 和 $\boldsymbol{n}$ 都在密切面内，所以加速度也在密切面内。若以 a_τ、a_n、a_b 分别表示加速度在切线、主法线和副法线三个自然轴上的投影，则动点的全加速度可表示为

$$\boldsymbol{a}=a_\tau\boldsymbol{\tau}+a_n\boldsymbol{n}+a_b\boldsymbol{b} \tag{4-24}$$

式中，

$$a_\tau=\frac{\mathrm{d}v}{\mathrm{d}t}=\frac{\mathrm{d}^2s}{\mathrm{d}t^2}=\ddot{s},\quad a_n=\frac{v^2}{\rho},\quad a_b=0$$

于是，如图 4－9 所示，动点的全加速度 $\boldsymbol{a}$ 的大小和方向为

$$a=\sqrt{a_\tau^2+a_n^2}=\sqrt{\left(\frac{\mathrm{d}v}{\mathrm{d}t}\right)^2+\left(\frac{v^2}{\rho}\right)^2},\quad \tan\theta=\frac{|a_\tau|}{a_n}$$

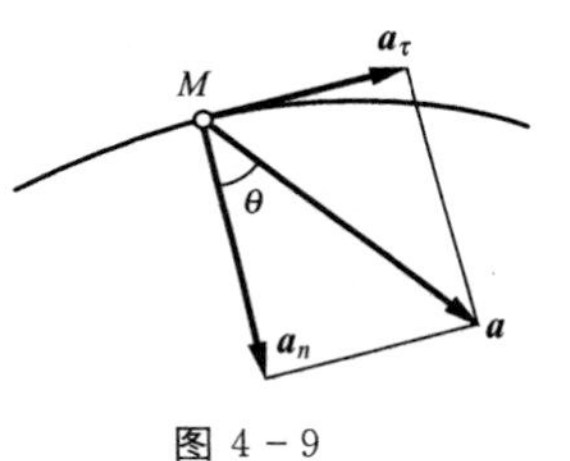

图 4－9

【例 4－2】　在图 4－10 所示曲柄摇杆机构中，曲柄 OA 与水平线夹角的变化规律为 $\varphi=\frac{\pi}{4}t^2$，设 $OA=O_1O=10\text{cm}$，$O_1B=24\text{cm}$。求 B 点的运动方程和 $t=1\text{s}$ 时 B 点的速度和加速度。

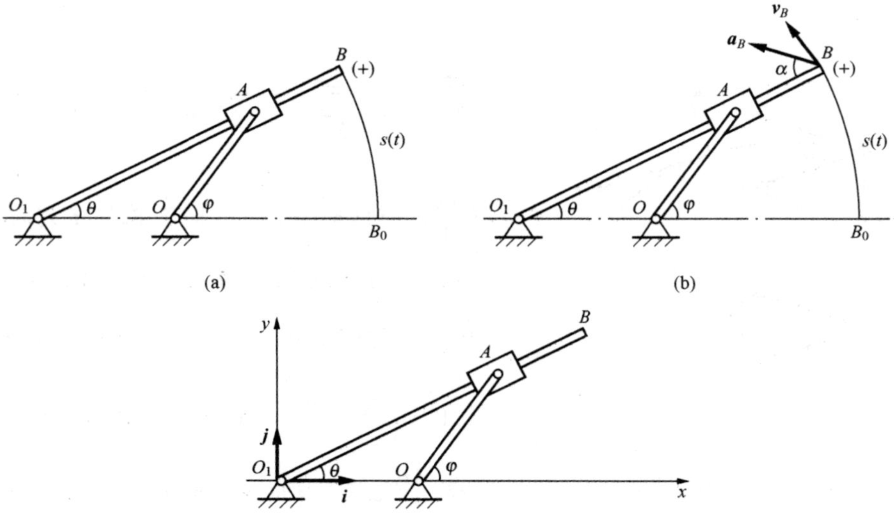

(a)　　(b)

(c)

图 4－10

解　方法一　自然轴法

以 B_0 点为参考点，逆时针方向为正向，如图 4－10(a)所示。B 点的运动方程为

$$s=\overset{\frown}{B_0B}=24\theta=3\pi t^2$$

根据式(4－14)求 B 点的速度为

$$v_B=\dot{s}=6\pi t$$

根据式(4－23)求 B 点的加速度

$$a_B^\tau=\ddot{s}=6\pi$$

$$a_B^n=\frac{\dot{s}^2}{\rho}=\frac{36\pi^2t^2}{24}=\frac{3\pi^2t^2}{2}$$

当 $t=1\text{s}$ 时，$\varphi=\frac{\pi}{4}$，$v_B=6\pi\text{cm/s}$，$a_B^\tau=6\pi\text{cm/s}^2$，$a_B^n=\frac{3\pi^2}{2}\text{cm/s}^2$。所以，$v_B=18.85\text{cm/s}$，$a_B=\sqrt{(a_B^\tau)^2+(a_B^n)^2}=23.97\text{cm/s}^2$，$\alpha=\arctan\frac{a_B^\tau}{a_B^n}=51.9°$。$\boldsymbol{v}_B$、$\boldsymbol{a}_B$ 方向如图 4－10(b)所示。

方法二　直角坐标法

建立图 4－10(c)所示直角坐标系，B 点的运动方程

$$\begin{cases}x_B=O_1B\cos\theta=24\cos\frac{\varphi}{2}=24\cos\frac{\pi}{8}t^2\\ y_B=O_1B\sin\theta=24\sin\frac{\pi}{8}t^2\end{cases}$$

速度

$$\begin{cases}v_{Bx}=\dot{x}_B=-6\pi t\sin\frac{\pi}{8}t^2\\ v_{By}=\dot{y}_B=6\pi t\cos\frac{\pi}{8}t^2\end{cases}$$

加速度

$$\begin{cases}a_{Bx}=\ddot{x}_B=-6\pi\sin\frac{\pi}{8}t^2-\frac{3\pi^2}{2}t^2\cos\frac{\pi}{8}t^2\\ a_{By}=\ddot{y}_B=6\pi\cos\frac{\pi}{8}t^2-\frac{3\pi^2}{2}t^2\sin\frac{\pi}{8}t^2\end{cases}$$

当 $t=1\text{s}$ 时

$$v_{Bx}=-6\pi\sin\frac{\pi}{8},v_{By}=6\pi\cos\frac{\pi}{8}$$

$$a_{Bx}=-6\pi\sin\frac{\pi}{8}-\frac{3\pi^2}{2}\cos\frac{\pi}{8}=-20.89\ \text{cm/s}^2,a_{By}=6\pi\cos\frac{\pi}{8}-\frac{3\pi^2}{2}\sin\frac{\pi}{8}=11.75\text{cm/s}^2$$

所以

$$v_B=\sqrt{v_{Bx}^2+v_{By}^2}=18.85\ \text{cm/s},a_B=\sqrt{a_{Bx}^2+a_{By}^2}=23.97\text{cm/s}^2$$

4.2　刚体的平动

刚体的平行移动和定轴转动是刚体运动的两种最简单形式。由于刚体较复杂的运动一般可以看成是这两种运动的合成，因此这两种运动也称为**刚体的基本运动**。

刚体运动时，如果刚体上任一直线，在运动过程中始终与它的最初位置平行，这种运动称为刚体的**平行移动**，简称**平动**。刚体在平动时，其上各点的轨迹可以是直线，也可以是曲线。例如，图 4－11 所示的汽缸内活塞的运动轨迹是直线，而图 4－12 所示筛砂机台面 AB 的摆动轨迹则是曲线。

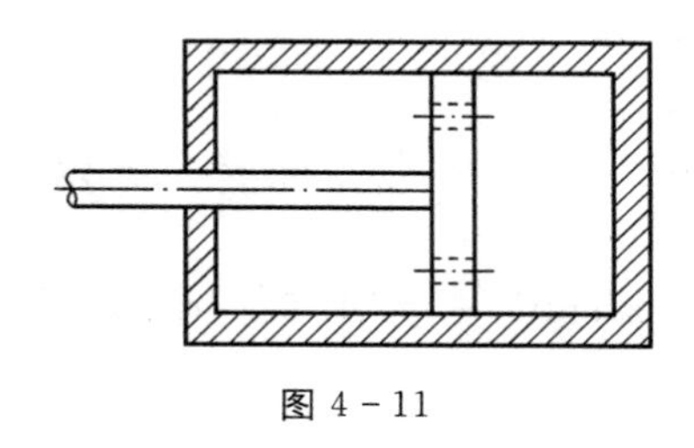

图 4－11

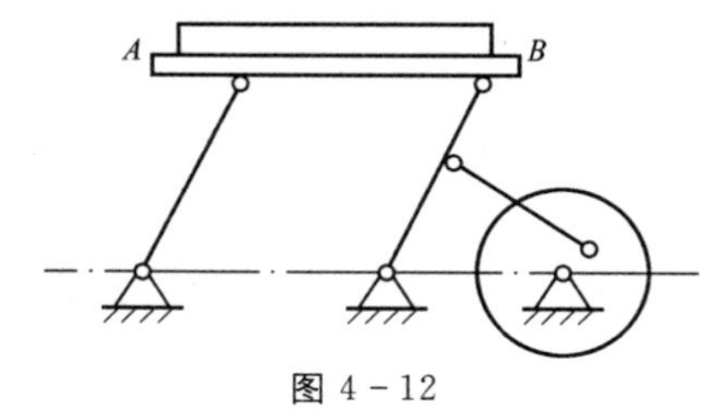

图 4－12

现就一般情形，研究平动刚体内各点的运动轨迹、速度和加速度。

在平动刚体上任选两点 A 和 B，如图 4－13 所示，设点 A 的矢径为 $\boldsymbol{r}_A$，点 B 的矢径为 $\boldsymbol{r}_B$，则两条矢端曲线就是两点的轨迹。由图可知

$$\boldsymbol{r}_A=\boldsymbol{r}_B+\overrightarrow{BA} \tag{4-25}$$

根据刚体的定义和平动刚体的运动特征，可知当刚体平动时，$\overrightarrow{BA}$为常矢量。因此，只要把点 B 的轨迹沿$\overrightarrow{BA}$方向平行搬移一段距离 BA，就能与点 A 的轨迹完全重合。这说明刚体平动时，其上各点的运动轨迹可能是直线，也可能是曲线，但是它们的形状是完全相同的。

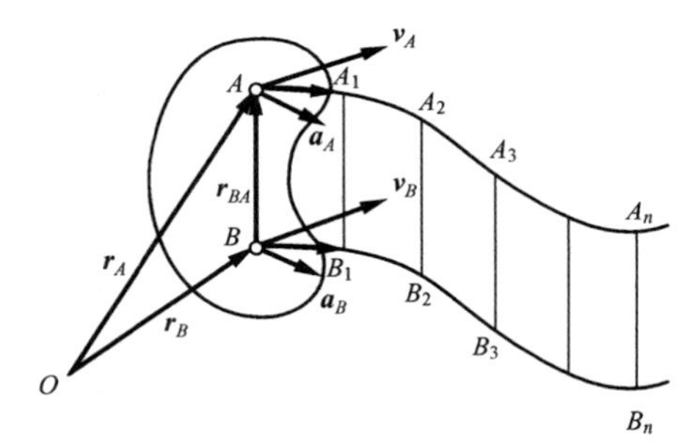

图 4－13

式(4－25)对时间 t 分别求一阶导数和二阶导数，由于常矢量$\overrightarrow{BA}$的导数为零，于是得到

$$\frac{\mathrm{d}\boldsymbol{r}_A}{\mathrm{d}t}=\frac{\mathrm{d}\boldsymbol{r}_B}{\mathrm{d}t}，即\ \boldsymbol{v}_A=\boldsymbol{v}_B \tag{4-26}$$

$$\frac{\mathrm{d}^2\boldsymbol{r}_A}{\mathrm{d}t^2}=\frac{\mathrm{d}^2\boldsymbol{r}_B}{\mathrm{d}t^2}，即\ \boldsymbol{a}_A=\boldsymbol{a}_B \tag{4-27}$$

式(4－26)和式(4－27)表明：当刚体平动时，在任一瞬时，刚体上各点的速度相同，加速度也相同。因此，研究刚体平动，可以归结为研究刚体上任一点(如质心)的运动，即研究刚体的平动可归结为研究点的运动。

【例 4－3】　如图 4－14 所示，荡木 AB 用两根等长的钢索 O_1A 和 O_2B 平行吊起，$O_1A=O_2B=l$。当荡木摆动时，钢索的摆动规律为 $\varphi=\varphi_0\sin\frac{\pi}{4}t$。试求荡木 AB 的速度和加速度。

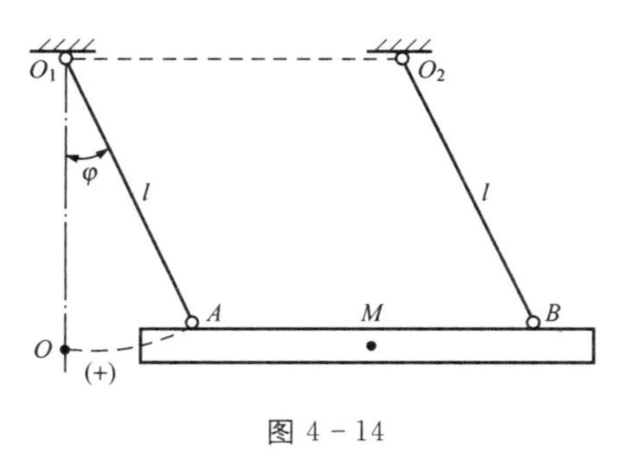

图 4－14

解　由于钢索 O_1A 和 O_2B 长度相等，并且相互平行，所以荡木 AB 在运动过程中始终平行于直线 O_1O_2，荡木 AB 做平动，其速度和加速度分别与 A 点的速度和加速度相同。

由于 A 点在圆弧上运动，圆弧的半径为 l。现以最低点 O 为起点，规定弧坐标向右为正，则 A 点的运动方程为

$$s=l\varphi=l\varphi_0\sin\frac{\pi}{4}t$$

根据式(4－14)求 A 点的速度

$$v_A=\dot{s}=\frac{\pi}{4}l\varphi_0\cos\frac{\pi}{4}t$$

方向沿轨迹的切线方向。

根据式(4－23)求 A 点的加速度，其中切向加速度为

$$a_A^\tau=\dot{v}_A=-\frac{\pi^2}{16}l\varphi_0\sin\frac{\pi}{4}t$$

方向沿轨迹的切线方向。

法向加速度为

$$a_A^n=\frac{v_A^2}{l}=\frac{\pi^2}{16}l\varphi_0^2\cos^2\frac{\pi}{4}t$$

方向沿该点的主法线，指向 O_1。

4.3　刚体的定轴转动

4.3.1　刚体的定轴转动

刚体在运动时，若其上或其扩展部分有一条直线始终保持不动，则这种运动称为**刚体的定轴转动**，这条固定的直线为刚体的**转轴**或**轴线**，简称**轴**，如图 4－15所示。转轴上各点的速度和加速度恒为零，其他各点绕轴线做圆周运动。例如，机床主轴、电机转子、传动轴等的运动都是定轴转动。

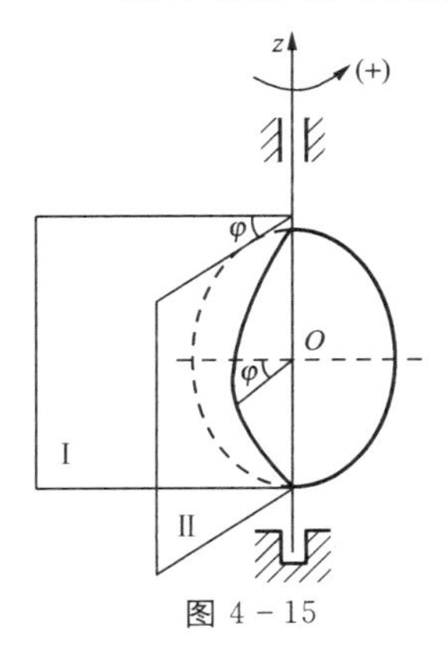

图 4－15

4.3.1.1　转动方程

如图 4－15 所示，设刚体绕固定轴 z 转动。为确定刚体在任一瞬时的位置，通过轴线作一平面 Ⅰ 固定不动，称为**定平面**；同时作一平面 Ⅱ 与刚体固结，随刚体一起转动，称为**动平面**。

任一瞬时刚体的位置，可由动平面 Ⅱ 与定平面 Ⅰ 的夹角 φ 来

确定。角 φ 称为刚体的**转角**，又称**角位移**。转角 φ 是一个代数量，单位为弧度。其符号规定如下：自 z 轴的正端往负端看，从固定面起按逆时针转向计算角 φ，取正值；反之，取负值。当刚体转动时，转角 φ 是时间 t 的单值连续函数，即

$$\varphi=\varphi(t) \tag{4-28}$$

此即为**刚体定轴转动的运动方程**，它描述了刚体绕定轴转动的规律。

4.3.1.2　角速度

刚体绕定轴转动的快慢和转向可用角速度来描述。设在时间间隔 Δt 中，刚体的转角改变量为 $\Delta\varphi$，当 $\Delta t\to 0$ 时，刚体的瞬时角速度定义为

$$\omega=\lim_{\Delta t\to 0}\frac{\Delta\varphi}{\Delta t}=\frac{\mathrm{d}\varphi}{\mathrm{d}t}=\dot{\varphi} \tag{4-29}$$

即刚体瞬时角速度等于转角对时间的一阶导数。角速度 ω 是代数量，它表征刚体转动的快慢和方向。角速度 ω 的正负规定与转角 φ 的正负规定相同。角速度的单位是 rad/s，在工程中，还常用转速 n(r/min)来表示刚体转动的快慢，ω 与 n 之间的关系为

$$\omega=\frac{2\pi n}{60}=\frac{\pi n}{30} \tag{4-30}$$

4.3.1.3　角加速度

定轴转动刚体角速度变化的快慢和转向可用角加速度来描述。设在时间间隔 Δt 中，刚体的角速度的改变量为 $\Delta\omega$，当 $\Delta t\to 0$ 时，刚体的瞬时角加速度定义为

$$\alpha=\lim_{\Delta t\to 0}\frac{\Delta\omega}{\Delta t}=\frac{\mathrm{d}\omega}{\mathrm{d}t}=\frac{\mathrm{d}^2\varphi}{\mathrm{d}t^2}=\ddot{\varphi} \tag{4-31}$$

即刚体瞬时角加速度等于角速度对时间的一阶导数，也等于转角对时间的二阶导数。角加速度 α 是代数量，它表征角速度变化的快慢。如果 ω 与 α 同号，则转动是加速的；如果 ω 与 α 异号，则转动是减速的。角加速度的单位是 rad/s^2。

工程中经常出现两种特殊的刚体定轴转动：

(1) 匀速转动：刚体的角速度 ω 为常量，则角加速度为零，而转角为 $\varphi=\varphi_0+\omega t$，其中 φ_0 为 $t=0$ 的初始转角。

(2) 匀变速转动：刚体的角加速度 α 为常量，则角速度和转角的关系分别为

$$\omega=\omega_0+\alpha t,\ \varphi=\varphi_0+\omega_0 t+\frac{1}{2}\alpha t^2$$

其中，ω_0 和 φ_0 分别是 $t=0$ 时的初始角速度和转角。

4.3.1.4　定轴转动刚体上各点的速度和加速度

当刚体绕定轴转动时，刚体内任意一点都做圆周运动，圆心在轴线上，圆周所在的平面与轴线垂直，圆周的半径 R 等于该点到轴线的垂直距离。这时，可用弧坐标确定刚体上各点的运动。

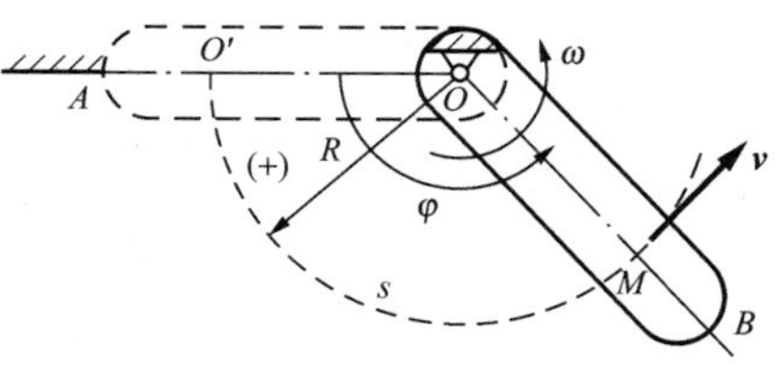

图 4-16

如图 4-16 所示，选取刚体上任意一点 M，O 为转轴与圆周所在平面的交点，M 点到

转轴的距离为 R，称为**转动半径**。显然，M 点的运动是以 O 为圆心，R 为半径的圆周运动。以固定点 O' 为弧坐标 s 的原点，按 φ 角的正向规定弧坐标 s 的正向，则 M 点的运动方程为

$$s=R\varphi \tag{4-32}$$

若转动刚体的角速度为 ω，角加速度为 α，将式(4－32)对 t 取一阶导数，得到 M 点的速度

$$v=\frac{\mathrm{d}s}{\mathrm{d}t}=R\frac{\mathrm{d}\varphi}{\mathrm{d}t}=R\omega \tag{4-33}$$

即某瞬时转动刚体内任一点的速度的大小，等于该点的转动半径与该瞬时刚体的角速度的乘积，它的方向沿圆周的切线方向，且指向与 ω 的转向一致。

因为点 M 做圆周运动，根据式(4－17)和式(4－22)，可以得到点 M 的切向加速度和法向加速度

$$a_\tau=\frac{\mathrm{d}v}{\mathrm{d}t}=R\frac{\mathrm{d}\omega}{\mathrm{d}t}=Ra \tag{4-34}$$

$$a_n=\frac{v^2}{\rho}=R\omega^2 \tag{4-35}$$

即转动刚体内任一点的切向加速度大小，等于该点的转动半径与该瞬时刚体的角加速度的乘积，方向与转动半径垂直，指向与角加速度的转向一致；法向加速度的大小等于该点的转动半径与该瞬时刚体的角速度平方的乘积，方向指向转动中心。

M 点的全加速度大小为

$$a=\sqrt{a_\tau^2+a_n^2}=R\sqrt{\alpha^2+\omega^4}$$

方向由下式确定

$$\tan\theta=\frac{a_\tau}{a_n}=\frac{\alpha}{\omega^2}$$

式中，θ 为加速度与法向加速度的夹角。

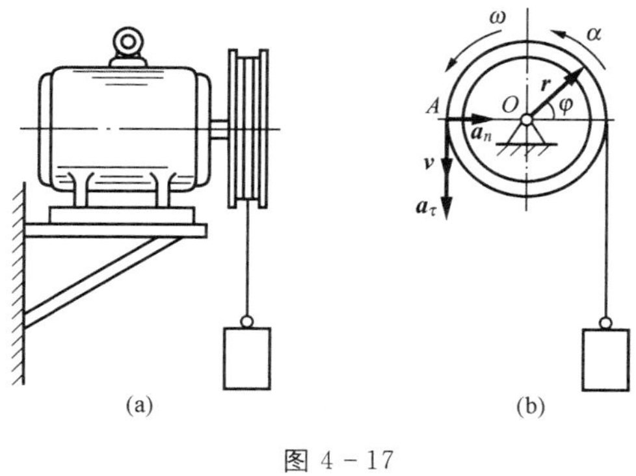

图 4－17

【例 4－4】 卷扬机的鼓轮绕固定轴 O 逆时针转动，如图 4－17 所示。鼓轮半径 $r=$ 20cm，启动时的转动方程为 $\varphi=2t^3$，其中 t 以 s 计。试计算 $t=2$s 时鼓轮转过的圈数，轮缘上 A 点的速度和加速度。

解　由于鼓轮的转动方程已知，所以可直接应用公式求解。将 $t=2$s 代入转动方程，可得转角 $\varphi=16$rad，由此计算转过的圈数 N 为

$$N=\frac{\varphi}{2\pi}=\frac{16}{2\pi}\approx 2.55 \text{ 圈}$$

由式(4－29)和式(4－31)求出角速度和角加速度为

$$\omega=\frac{\mathrm{d}\varphi}{\mathrm{d}t}=6t^2$$

$$\alpha=\frac{\mathrm{d}\omega}{\mathrm{d}t}=12t$$

由式(4－33)～式(4－35)，将 $t=2\mathrm{s}$ 代入，可以求出 A 点的速度和加速度为

$$v=r\omega=4.8\mathrm{m/s}$$

$$a_\tau=r\alpha=4.8\mathrm{m/s^2}$$

$$a_n=r\omega^2=115.2\mathrm{m/s^2}$$

方向如图 4－17(b)所示。

4.3.1.5　用矢量表示角速度与角加速度

研究图 4－18(a)所示的刚体定轴转动。$Oxyz$ 为定参考系，Oz 轴为刚体的转动轴。如以 $\boldsymbol{k}$ 表示沿转轴的单位矢量，则刚体的角速度可表示为

$$\boldsymbol{\omega}=\omega\boldsymbol{k} \tag{4-36}$$

$\boldsymbol{\omega}$ 称为**角速度矢量**。角速度矢量的大小等于角速度的绝对值$|\boldsymbol{\omega}|$，方位沿轴线，指向表示刚体转动的方向；如果从角速度矢量的末端向始端看，则看到刚体做逆时针转向的转动，如图 4－18(a)所示；或者按照右手螺旋法则确定，右手的四指代表转动的方向，拇指代表角速度矢量的指向，如图 4－18(b)所示。至于角速度矢量的起点，可在轴线上任意选取，也就是说，角速度矢量是滑动矢量。

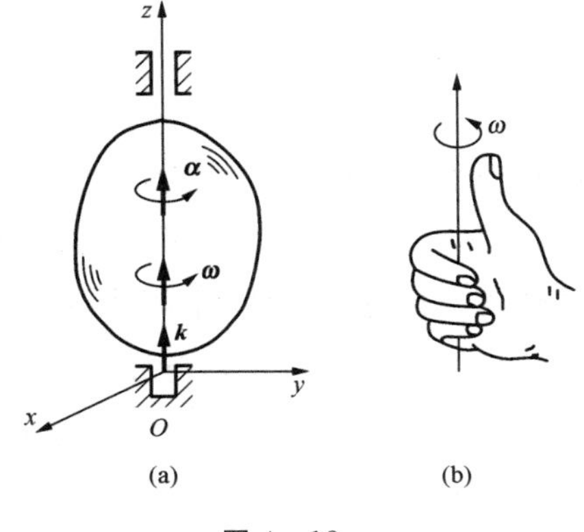

图 4－18

同理，角加速度也可表示为一滑动矢量，即

$$\boldsymbol{\alpha}=\frac{\mathrm{d}\boldsymbol{\omega}}{\mathrm{d}t}=\frac{\mathrm{d}\omega}{\mathrm{d}t}\boldsymbol{k}=\alpha\boldsymbol{k} \tag{4-37}$$

即角加速度矢量 $\boldsymbol{\alpha}$ 也沿转轴，表示方法与 $\boldsymbol{\omega}$ 类似，如图 4－18 所示。

4.3.1.6　用矢积表示点的速度与加速度

在转轴上任取一点 O，向点 M 引矢径 $\boldsymbol{r}$，如图 4－19 所示。M 点的速度可表示为

$$\boldsymbol{v}=\boldsymbol{\omega}\times\boldsymbol{r} \tag{4-38}$$

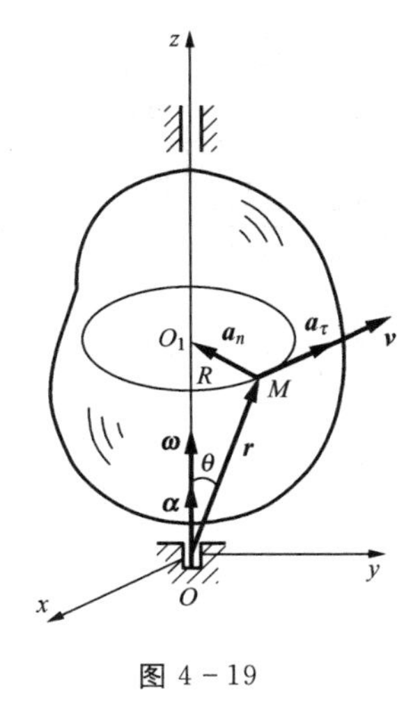

图 4－19

根据矢积的定义，$\boldsymbol{\omega}\times\boldsymbol{r}$ 仍是一个矢量，其大小 $|\boldsymbol{\omega}\times\boldsymbol{r}|=\omega r\sin\theta=\omega R$，$\boldsymbol{\omega}\times\boldsymbol{r}$ 的方向垂直于 $\boldsymbol{\omega}$ 与 $\boldsymbol{r}$ 确定的平面，即垂直于转动半径 R，指向用右手法则判定，与自然法分析的速度方向一致。由此可知，**转动刚体上任一点的速度矢量，等于刚体的角速度矢量与该点矢径的矢积。**

将式(4－38)对时间求一阶导数，可以得到点 M 的加速度，即

$$\boldsymbol{a}=\frac{\mathrm{d}\boldsymbol{v}}{\mathrm{d}t}=\frac{\mathrm{d}\boldsymbol{\omega}}{\mathrm{d}t}\times\boldsymbol{r}+\boldsymbol{\omega}\times\frac{\mathrm{d}\boldsymbol{r}}{\mathrm{d}t} \tag{4-39}$$

$$=\boldsymbol{\alpha}\times\boldsymbol{r}+\boldsymbol{\omega}\times\boldsymbol{v}=\boldsymbol{\alpha}\times\boldsymbol{r}+\boldsymbol{\omega}\times(\boldsymbol{\omega}\times\boldsymbol{r})$$

其中，$\boldsymbol{\alpha}\times\boldsymbol{r}$ 的大小 $|\boldsymbol{\alpha}\times\boldsymbol{r}|=|\boldsymbol{\alpha}||\boldsymbol{r}|\sin\theta=|\boldsymbol{\alpha}|R$，即为 M 点切向加速度的大小，而其方向垂直于 $\boldsymbol{\alpha}$ 与 $\boldsymbol{r}$ 所构成的平面，指向与该点的切向加速度方向一致，如图 4－19 所示，即

$$\boldsymbol{a}_\tau=\boldsymbol{\alpha}\times\boldsymbol{r} \tag{4-40}$$

同理，式(4－39)中 $\boldsymbol{\omega}\times\boldsymbol{v}$ 的大小 $|\boldsymbol{\omega}\times\boldsymbol{v}|=\omega v=\omega^2R$，即等于 M 点的法向加速度，方向由右手法则知也与 $\boldsymbol{a}_n$ 相同，如图 4－19 所示，即

$$\boldsymbol{a}_n=\boldsymbol{\omega}\times\boldsymbol{v} \tag{4-41}$$

由此可见，**转动刚体内任一点的切向加速度等于刚体角加速度矢量与该点矢径的矢积，法向加速度等于刚体角速度矢量与该点速度矢量的矢积。**

4.3.2　轮系传动

工程中常用轮系传动来改变机械的转速和转向，如齿轮传动和皮带传动等。

4.3.2.1　齿轮传动

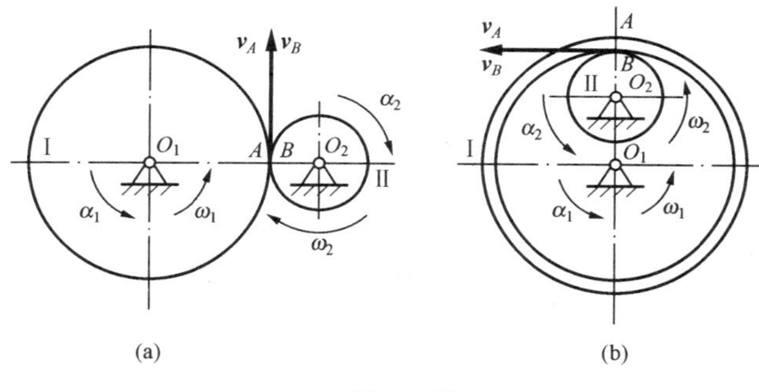

图 4－20

齿轮传动分为外啮合和内啮合，如图 4－20 所示。设两齿轮各绕其固定轴 O_1 和 O_2 转动。已知其啮合圆半径分别为 r_1 和 r_2；齿数分别为 z_1 和 z_2；角速度分别为 ω_1 和 ω_2。点 A 和 B 分别为两齿轮节圆的啮合点，由于在齿轮啮合时两节圆间没有相对滑动，因此有 $\boldsymbol{v}_B=\boldsymbol{v}_A$，并且速度方向也相同。由此得到

$$r_2\omega_2=r_1\omega_1 \text{ 或} \frac{\omega_1}{\omega_2}=\frac{r_2}{r_1}$$

由于齿轮齿数与半径成正比，所以

$$\frac{\omega_1}{\omega_2}=\frac{r_2}{r_1}=\frac{z_2}{z_1} \tag{4-42}$$

即一对啮合的齿轮，其角速度与两齿轮的齿数成反比，也与两齿轮的节圆半径成反比。

设齿轮Ⅰ为**主动轮**，齿轮Ⅱ为**从动轮**。在机械中，常常把主动轮和从动轮的两个角速度的比值称为**传动比**，用 i_{12} 表示，即

$$i_{12}=\frac{\omega_1}{\omega_2}=\frac{r_2}{r_1}=\frac{z_2}{z_1} \tag{4-43}$$

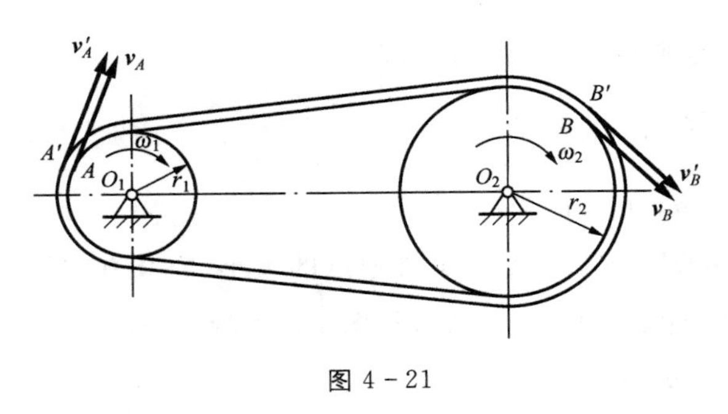

图 4-21

4.3.2.2　带传动

如图 4-21 所示的带传动装置中，主动轮和从动轮的半径分别为 r_1 和 r_2，角速度分别为 ω_1 和 ω_2。如不考虑传动带的厚度，并假定传动带与带轮间无相对滑动，有

$$r_2\omega_2 = r_1\omega_1$$

则带轮的传动比为

$$i_{12} = \frac{\omega_1}{\omega_2} = \frac{r_2}{r_1}$$

即带传动中两轮的角速度与其半径成反比。

【例 4-5】　如图 4-22 所示带式输送机，已知主动轮Ⅰ的转速 n_1 为 1 000r/min，齿数 $z_1=20$；轮Ⅲ和Ⅳ用链条传动，齿数分别为 $z_3=15$ 和 $z_4=45$，轮Ⅴ的直径 $D=400$mm。如希望输送带的速度约为 $v=2$m/s，试求轮Ⅱ应有的齿数 z_2。

解　分析图示的传动关系，可得

$$\frac{n_1}{n_2} = \frac{z_2}{z_1},\ \frac{n_3}{n_4} = \frac{z_4}{z_3}$$

注意到轮Ⅱ和轮Ⅲ转速相等，则由上式得

$$z_2 = \frac{n_1}{n_4}\frac{z_1 z_3}{z_4}$$

由于输送带的速度等于轮Ⅴ轮缘上点的速度，而轮Ⅴ的转速等于轮Ⅳ的转速，于是有

$$v = \frac{D}{2}\omega_5 = \frac{D}{2}\omega_4 = \frac{D}{2}\frac{\pi n_4}{30}$$

将上式代入 z_2 的表达式中，得

$$z_2 = \frac{n_1 z_1 z_3}{z_4}\frac{\pi D}{60v} = 69.8$$

由于齿轮的齿数必须为整数，因此可取 $z_2=70$。此时输送带的实际速度为 1.99m/s，满足输送带速度的设计要求。

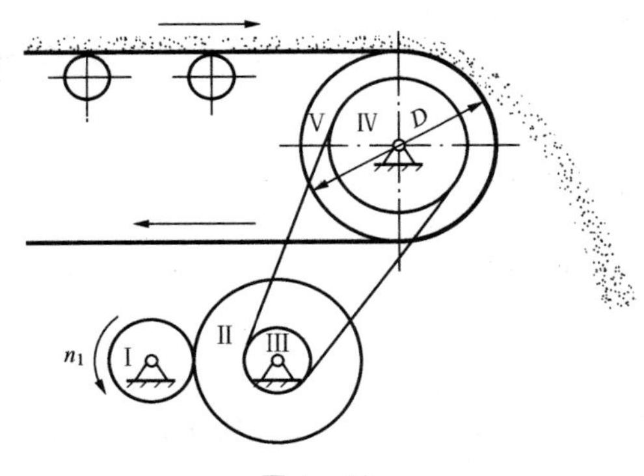

图 4-22

小　　结

1. 点的运动方程

点的运动方程是动点在参考系中的位置随时间变化的数学表达式。一个点相对于同一个参考体，若采用不同的坐标系，将有不同形式的运动方程：

（1）矢量形式：$\boldsymbol{r}=\boldsymbol{r}(t)$

（2）直角坐标形式：$x=x(t)$，$y=y(t)$，$z=z(t)$

（3）弧坐标形式：$s=s(t)$

2．点的速度和加速度

（1）矢量形式

$$\boldsymbol{v}=\frac{\mathrm{d}\boldsymbol{r}}{\mathrm{d}t}$$

$$\boldsymbol{a}=\frac{\mathrm{d}\boldsymbol{v}}{\mathrm{d}t}=\frac{\mathrm{d}^2\boldsymbol{r}}{\mathrm{d}t^2}$$

（2）分量形式

1）直角坐标形式

$$\boldsymbol{v}=v_x\boldsymbol{i}+v_y\boldsymbol{j}+v_z\boldsymbol{k}$$

$$v_x=\frac{\mathrm{d}x}{\mathrm{d}t},v_y=\frac{\mathrm{d}y}{\mathrm{d}t},v_z=\frac{\mathrm{d}z}{\mathrm{d}t}$$

$$\boldsymbol{a}=a_x\boldsymbol{i}+a_y\boldsymbol{j}+a_z\boldsymbol{k}$$

$$a_x=\frac{\mathrm{d}v_x}{\mathrm{d}t}=\frac{\mathrm{d}^2x}{\mathrm{d}t^2},a_y=\frac{\mathrm{d}v_y}{\mathrm{d}t}=\frac{\mathrm{d}^2y}{\mathrm{d}t^2},a_z=\frac{\mathrm{d}v_z}{\mathrm{d}t}=\frac{\mathrm{d}^2z}{\mathrm{d}t^2}$$

2）自然坐标形式

$$\boldsymbol{v}=v\boldsymbol{\tau}=\frac{\mathrm{d}s}{\mathrm{d}t}\boldsymbol{\tau}$$

$$\boldsymbol{a}=a_\tau\boldsymbol{\tau}+a_n\boldsymbol{n}+a_b\boldsymbol{b}$$

$$a_\tau=\frac{\mathrm{d}v}{\mathrm{d}t}=\frac{\mathrm{d}^2s}{\mathrm{d}t^2},a_n=\frac{v^2}{\rho},a_b=0$$

3．刚体平动

刚体平动时，刚体内各点的轨迹形状完全相同，在同一瞬时刚体内各点的速度和加速度大小、方向都相同，因此可以归结为研究刚体上任一点的运动。

4．刚体的定轴转动

（1）转动方程：$\varphi=\varphi(t)$

（2）角速度ω是代数量，表示刚体转动的快慢程度和转向。

$$\omega=\frac{\mathrm{d}\varphi}{\mathrm{d}t}=\dot{\varphi}$$

（3）角加速度α也是代数量，表示角速度对时间的变化率。

$$\alpha=\frac{\mathrm{d}\omega}{\mathrm{d}t}=\frac{\mathrm{d}^2\varphi}{\mathrm{d}t^2}=\ddot{\varphi}$$

（4）角速度和角加速度也可用矢量表示

$$\boldsymbol{\omega}=\omega\boldsymbol{k},\boldsymbol{\alpha}=\alpha\boldsymbol{k}$$

（5）转动刚体上点的速度和加速度的矢积表示

$$\boldsymbol{v}=\boldsymbol{\omega}\times\boldsymbol{r},\boldsymbol{a}_\tau=\boldsymbol{\alpha}\times\boldsymbol{r},\boldsymbol{a}_n=\boldsymbol{\omega}\times\boldsymbol{v}$$

（6）齿轮传动与带传动的传动比

$$i_{12}=\frac{\omega_1}{\omega_2}=\frac{r_2}{r_1}=\frac{z_2}{z_1}$$

习　　题

4－1　如图4－23所示，曲线规尺的各杆长 $OA=AB=200\text{mm}$，$CD=DE=AC=AE=50\text{mm}$。如杆以等角速度 $\omega=\frac{\pi}{5}$ rad/s 绕 O 轴转动，当运动开始时，杆 OA 水平向右。求规尺上点 D 的运动方程和轨迹。

答：$x=200\cos\frac{\pi}{5}t$ mm，$y=100\sin\frac{\pi}{5}t$ mm，$\frac{x^2}{40\ 000}+\frac{y^2}{10\ 000}=1$。

4－2　如图4－24所示，半圆形凸轮以等速 $v_0=0.01\text{m/s}$ 沿水平方向向左运动，使活塞杆 AB 沿铅垂方向运动。当运动开始时，活塞杆 A 端在凸轮的最高点上。如凸轮的半径 $R=0.08\text{m}$，$AB=0.1\text{m}$。求活塞 B 相对于地面和相对于凸轮的运动方程和速度。

答：对地：$x_B=0\text{m}$，$y_B=0.01\sqrt{64-t^2}+0.1\text{m}$，$v_{Bx}=0\text{m/s}$，$v_{By}=-\frac{0.01t}{\sqrt{64-t^2}}\text{m/s}$；

对凸轮：$x'_B=0.01t$ m，$y'_B=0.01\sqrt{64-t^2}+0.1\text{m}$，$v'_{Bx}=0.01\text{m/s}$，$v'_{By}=\frac{0.01t}{\sqrt{64-t^2}}\text{m/s}$。

4－3　凸轮顶板机构如图4－25所示，偏心凸轮的半径为 R，偏心距 $OC=e$，绕轴 O 以等角速度转动，从而带动顶板 A 做平动。试列出顶板的运动方程，并求其速度和加速度。

答：$\begin{cases}x=e\cos\omega t\\ y=R+e\sin\omega t\end{cases}$，$\begin{cases}v_x=-e\omega\sin\omega t\\ v_y=e\omega\cos\omega t\end{cases}$，$\begin{cases}a_x=-e\omega^2\cos\omega t\\ a_y=-e\omega^2\sin\omega t\end{cases}$。

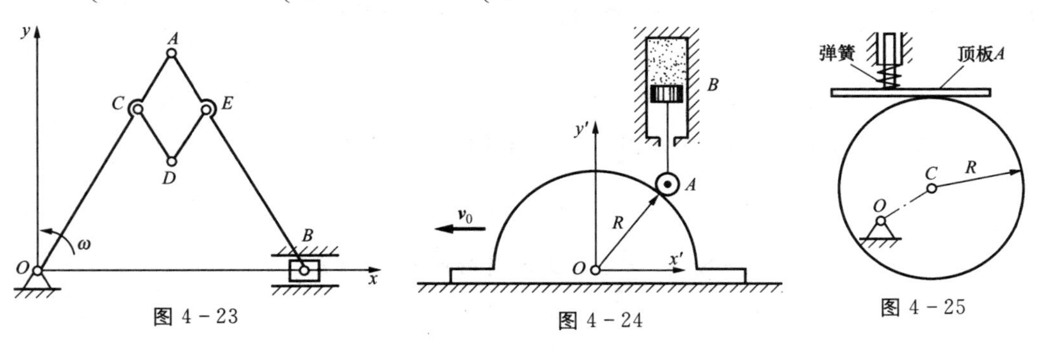

图4－23　　图4－24　　图4－25

4－4　如图4－26所示，绳的一端连在小车上的 A 点，另一端跨过 B 处的小滑轮绕在鼓轮 C 上，滑轮离地面的高度为 h。若小车以匀速度 v 沿水平方向向右运动，试求当 $\theta=45°$时，绳 BC 上一点 P 的速度、加速度及绳 AB 与铅垂线夹角对时间的导数 $\ddot{\theta}$。

答：$v_P=\dfrac{v}{\sqrt{2}}, a_P=\dfrac{v^2}{2\sqrt{2}h}, \ddot{\theta}=-\dfrac{v^2}{2h^2}$。

4－5　如图 4－27 所示，动点 M 沿轨道 $OABC$ 运动，OA 段为直线，AB 和 BC 段分别为四分之一圆弧。已知点 M 的运动方程为 $s=30t+5t^2$，求当 $t=0,1,2\text{s}$ 时点 M 的加速度。

答：$t=0\text{s}$ 时，$a_\tau=10\text{m/s}^2$，$a_n=0\text{m/s}^2$；$t=1\text{s}$ 时，$a_\tau=10\text{m/s}^2$，$a_n=106.7\text{m/s}^2$；$t=2\text{s}$ 时，$a_\tau=10\text{m/s}^2$，$a_n=83.3\text{m/s}^2$。

4－6　如图 4－28 所示摇杆滑道机构中的滑块 M，同时在固定的圆弧槽 BC 和摇杆 OA 的滑道中滑动。弧 BC 的半径为 R，摇杆 OA 的轴 O 在弧 BC 的圆周上。摇杆绕 O 轴以等角速度 ω 转动，当运动开始时，摇杆在水平位置。试分别用直角坐标法和自然法给出点 M 的运动方程，并求其速度和加速度。

答：直角坐标法：$\begin{cases} x=R+R\cos 2\omega t \\ y=R\sin 2\omega t \end{cases}$，$\begin{cases} v_x=-2R\omega\sin 2\omega t \\ v_y=2R\omega\cos 2\omega t \end{cases}$，$\begin{cases} a_x=-4R\omega^2\cos 2\omega t \\ a_y=-4R\omega^2\sin 2\omega t \end{cases}$。

自然法：$s=2R\omega t, v=2R\omega, a_\tau=0, a_n=4R\omega^2$。

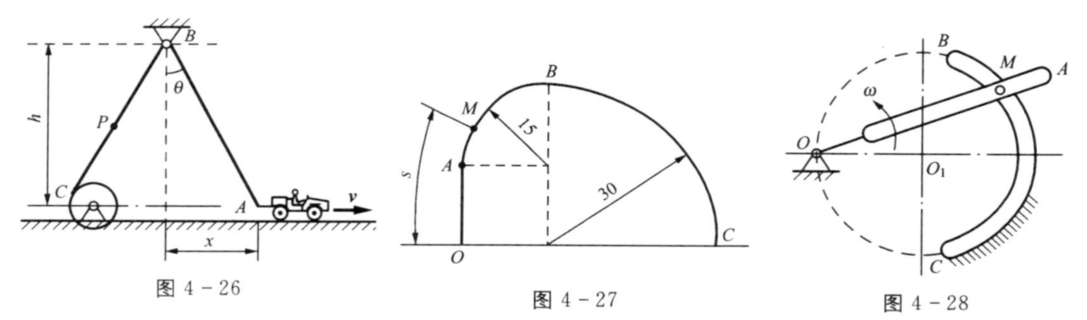

图 4－26　　图 4－27　　图 4－28

4－7　如图 4－29 所示，OA 和 O_1B 两杆分别绕 O 和 O_1 轴转动，用十字形滑块 D 将两杆连接。在运动过程中，两杆保持相交呈直角。已知：$OO_1=a$，$\varphi=kt$，k 为常数。求滑块 D 的速度和相对于 OA 杆的速度。

答：$v_D=ak$，$v'_D=-ak\sin kt$。

4－8　如图 4－30 所示曲柄滑块机构，滑杆上有一圆弧形滑道，其半径为 R，圆心 O_1 在导杆 BC 上。曲柄长 $OA=R$，以等角速度 ω 绕 O 轴转动。求导杆 BC 的运动规律以及当曲柄与水平线间的交角 $\varphi=30°$时，导杆 BC 的速度和加速度。

答：$x(t)=2R\cos\omega t$，$v=-R\omega$，$a=-\sqrt{3}R\omega^2$。

4－9　计算机硬盘驱动器的电动机以匀变速转动，启动后为了能尽快达到最大工作转速，要求在 3s 内转速从 0 增加到 3 000r/min。求电动机的角加速度及转过的转数。

答：$\alpha=\dfrac{100\pi}{3}\text{rad/s}^2$，$n=75\text{r}$。

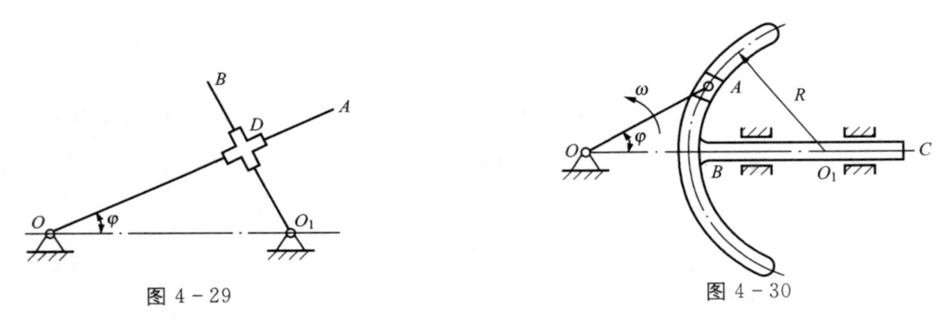

图 4-29　　　　图 4-30

4-10　如图 4-31 所示机构，假设 AB 杆以匀速 v 运动，开始时 $\varphi=0$。试求当 $\varphi=\frac{\pi}{4}$ 时，摇杆 OC 的角速度和角加速度。

答：$\omega=\frac{v}{2l}$，$\alpha=-\frac{v^2}{2l^2}$。

4-11　如图 4-32 所示升降机，由半径 $R=500\text{mm}$ 的鼓轮带动，已知被升降物体的运动方程 $x=50t^2$（t 以 s 计，x 以 mm 计）。求鼓轮的角速度和角加速度。

答：$\omega=0.2t\text{rad/s}$，$\alpha=0.2\text{rad/s}^2$。

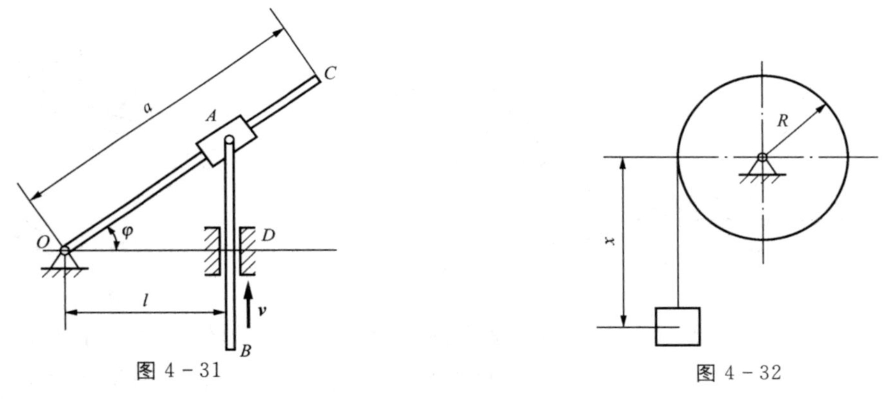

图 4-31　　　　图 4-32

4-12　如图 4-33 所示滚子传送带，已知滚子的直径 $d=0.2\text{m}$，转速 $n=50\text{r/min}$。求钢板在滚子上无滑动运动的速度和加速度，以及滚子上与钢板接触的点的加速度。

答：$v=0.524\text{m/s}$，$a=0\text{m/s}^2$；$a_A=2.742\text{m/s}^2$。

4-13　如图 4-34 所示，摩擦传动机构的主动轮Ⅰ的转速 $n=600\text{r/min}$，它与轮Ⅱ的接触点按箭头所示的方向移动，距离 d 按规律 $d=10-0.5t$ 变化，单位为 cm，t 以 s 计。摩擦轮的半径 $r=5\text{cm}$，$R=15\text{cm}$。求以距离 d 表示轮Ⅱ的角加速度，并求当 $d=r$ 时，轮Ⅱ边缘上一点的加速度的大小。

答：$\alpha_2=\frac{0.005\pi}{d^2}\text{rad/s}^2$，$a=592.2\text{m/s}^2$。

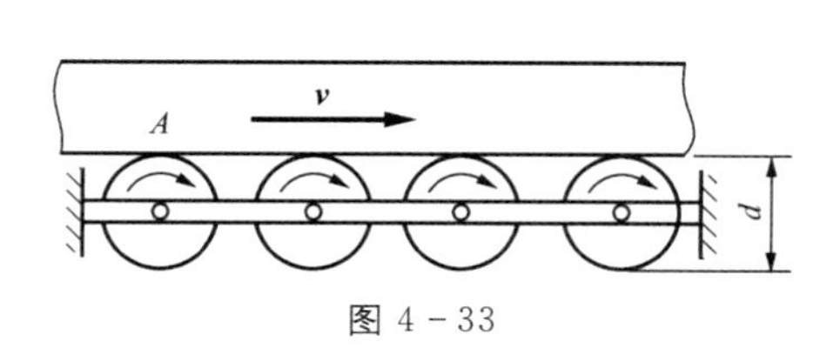

图 4-33

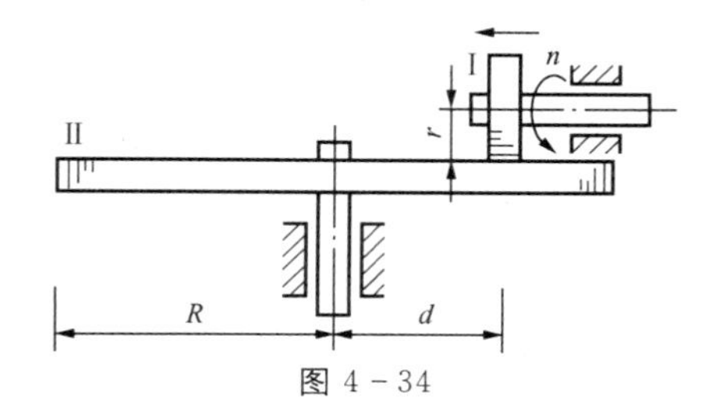

图 4-34

4-14　提升重物的绞车机构如图 4-35 所示。主动轴Ⅰ转动时，通过齿轮传动使轴Ⅱ转动并提升重物 P。如小齿轮和大齿轮的齿数分别是 z_1 和 z_2，鼓轮的半径是 R，主动轴Ⅰ的转动方程为 $\varphi_1=\pi t^2$。试求重物的运动方程、速度和加速度。

答：$s=\dfrac{\pi R z_1 t^2}{z_2}$，$v=\dfrac{2\pi R z_1 t}{z_2}$，$a=\dfrac{2\pi R z_1}{z_2}$。

4-15　如图 4-36 所示，半径 $R=100\text{mm}$ 的圆盘绕圆心 O 转动。图示瞬时，点 A 的速度为 $\boldsymbol{v}_A=200\boldsymbol{j}\text{mm/s}$，点 B 的切向加速度 $\boldsymbol{a}_B^{\tau}=150\boldsymbol{i}\text{mm/s}^2$。试求角速度 ω 和角加速度 α，并进一步写出点 C 的加速度的矢量表达式。

答：$\boldsymbol{\omega}=2\boldsymbol{k}\text{rad/s}$，$\boldsymbol{\alpha}=-1.5\boldsymbol{k}\text{rad/s}^2$，$\boldsymbol{a}_C=-388.9\boldsymbol{i}+176.8\boldsymbol{j}\text{mm/s}^2$。

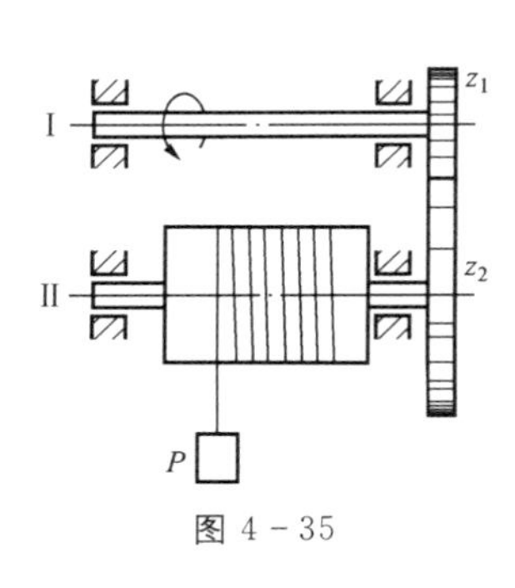

图 4-35

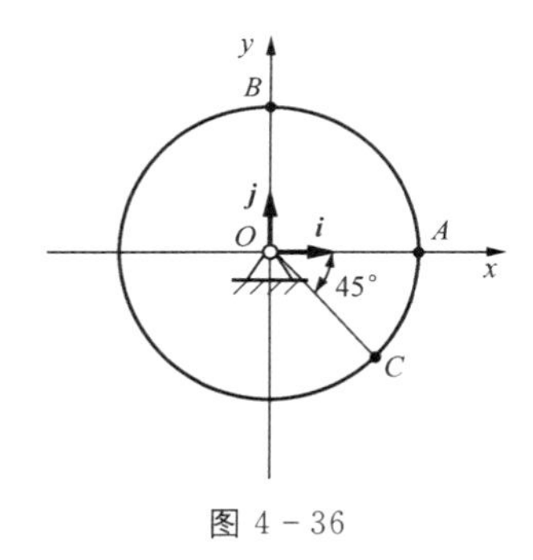

图 4-36

第 5 章　点的合成运动

本章将运用运动相对性的观点建立动点相对于不同参考系的运动之间的关系，包括轨迹、速度和加速度之间的关系。利用这些关系可以将点的复杂运动分解为几个简单的运动来研究，或者将一些简单运动合成来求得较为复杂的运动，从而将一些运动学问题的研究得以简化。本章的概念和方法是运动分析的重要内容，在工程运动分析中有着广泛的应用。

本章以点的合成运动为核心阐述点的速度合成规律和加速度合成规律。首先引入定系和动系两种参考系，描述同一动点的运动；然后分析两种结果之间的关系，从而得到点的速度合成定理和加速度合成定理。

5.1　点的合成运动的基本概念

5.1.1　两种参考系

在不同的参考系中描述同一个物体的运动，结果往往是不同的，所以描述一个物体的运动，首先要选定一个参考系。一般工程问题中，通常将固连于地球或相对地球不动的机架上的坐标系称为**定参考系**，简称**定系**，以 $Oxyz$ 表示；而把固定在其他相对于地球运动的参考体上的坐标系称为**动参考系**，简称**动系**，以 $O'x'y'z'$ 表示。例如，图 5-1 所示车床车削螺纹时，被夹持在车床三爪卡盘上的工件绕 y' 轴转动，切削车刀相对于车床床身向左做直线平移。若以刀尖点 M 为研究对象，则可取动系 $O'x'y'z'$ 固连于卡盘工件，定系 $Oxyz$ 固连于车床床身即固连于地球来分析动点 M 的运动。

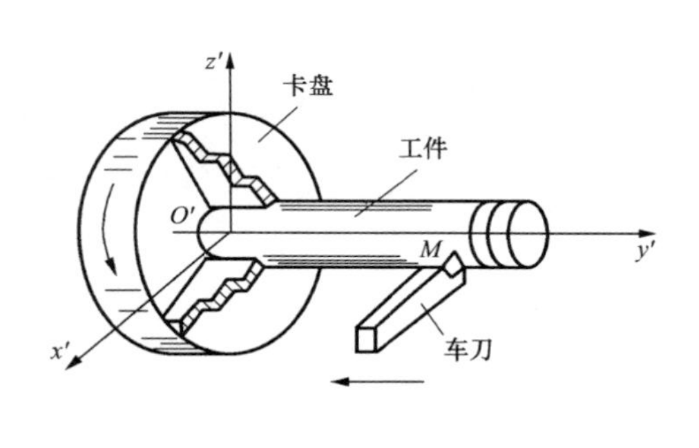

图 5-1

5.1.2　三种运动

为了区分动点（研究对象）相对于不同坐标系的运动，将动点相对于定系的运动称为动点的**绝对运动**。动点相对于动系的运动称为动点的**相对运动**。动系相对于定系的运动称为**牵连运动**。动点在绝对运动中的轨迹，称为动点的**绝对轨迹**。动点在相对运动中的轨迹，称为动点的**相对轨迹**。

例如，图 5-1 中动点 M 的绝对运动为相对于床身的水平直线（绝对轨迹）运动。动

点 M 的相对运动为相对于工件表面的螺旋线（相对轨迹）运动。牵连运动为工件绕 $O'y'$ 轴的定轴转动。

必须注意：动点的绝对运动和相对运动都是指点的运动，它可能是点的直线运动，也可能是点的曲线运动；而牵连运动是动系的运动，实际上是刚体的运动，它可能是刚体的平动、定轴转动或其他复杂运动。

动点对动系有相对运动，而动系又牵连着动点对定系做牵连运动，从而形成了动点的绝对运动，即合成运动，如图 5－2 所示。

5.1.3　三种速度和加速度

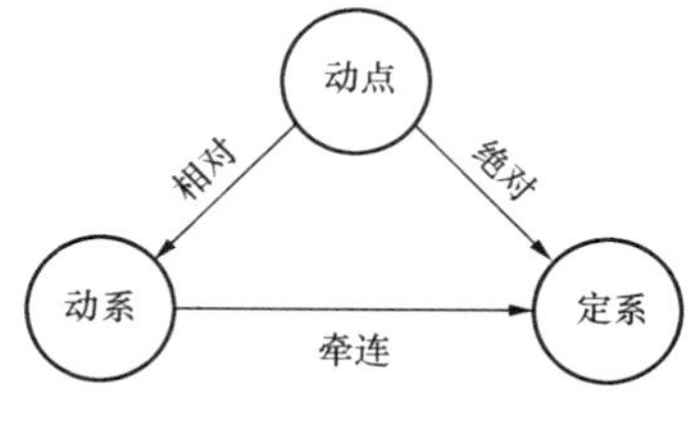

图 5－2

动点相对于定系的运动速度和加速度，分别称为动点的**绝对速度**和**绝对加速度**，分别用 $\boldsymbol{v}_a$ 和 $\boldsymbol{a}_a$ 表示。

动点相对于动系的运动速度和加速度，分别称为动点的**相对速度**和**相对加速度**，分别用 $\boldsymbol{v}_r$ 和 $\boldsymbol{a}_r$ 表示。

由于牵连运动是刚体的运动，除了刚体平动以外，一般情况下，刚体上各点的运动并不相同。在某瞬时，动系上与动点相重合的那一点称为**牵连点**。由于相对运动的存在，在不同瞬时，牵连点是动系上的不同点。

在某瞬时，动系上牵连点相对于定系的速度和加速度，分别称为该瞬时动点的**牵连速度**和**牵连加速度**，分别用 $\boldsymbol{v}_e$ 和 $\boldsymbol{a}_e$ 表示。

必须注意：牵连速度（加速度）是牵连点的绝对速度（加速度），而牵连运动是动系的运动，为刚体运动。两者在概念上是不同的，是靠牵连点联系的。

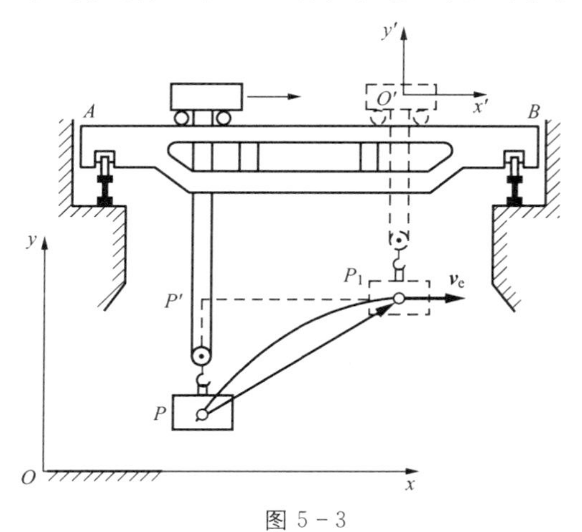

图 5－3

【例 5－1】　如图 5－3 所示桥式起重机。当起吊重物时，横梁 AB 在图示位置保持不动，而卷扬小车在横梁上做水平直线运动，并同时将吊钩上的重物 P 向上提升，从而将重物运送到位置 P_1。若取重物 P 为动点，试分析动点的绝对运动、相对运动和牵连运动，并画出图示位置动点牵连速度的方向。

解　取重物 P 为动点，将动系 $O'x'y'z'$ 固连于卷扬小车上，定系 $Oxyz$ 固连于地面上。动点 P 的绝对运动是点 P 在铅垂平面内做曲线运动；动点 P 的相对运动是点 P 做向上的铅垂直线运动；牵连运动是动系做水平向右的直线平移。牵连速度 $\boldsymbol{v}_e$ 如图 5－3 所示。

5.2 点的速度合成定理

设动点 M 在动系中沿相对轨迹 $\widehat{AB}$ 运动，与 $\widehat{AB}$ 固连的动系 $O'x'y'z'$ 在定系 $Oxyz$ 中运动，如图 5－4 所示。在瞬时 t，动系 $O'x'y'z'$ 连同相对轨迹 $\widehat{AB}$ 相对于定系在图示位置，动点 M 在曲线 $\widehat{AB}$ 上的 M 位置。经过时间间隔 Δt，相对轨迹随动系运动到 $\widehat{A'B'}$ 位置，动点 M 到达了曲线 $\widehat{A'B'}$ 上的 M' 位置。在 Δt 时间内，动点 M 随同曲线 $\widehat{AB}$ 沿弧线 $\widehat{MM_1}$ 运动到点 M_1，并同时沿曲线 $\widehat{A'B'}$ 运动到 M'。显然，曲线 $\widehat{MM'}$ 是动点 M 的绝对运动轨迹，曲线 $\widehat{M_1M'}$ 是动点 M 的相对运动轨迹，而曲线 $\widehat{MM_1}$ 则是动系上与动点 M 相重合的牵连点的运动轨迹。相应的矢量 $\overrightarrow{MM'}$、$\overrightarrow{MM_1}$ 和 $\overrightarrow{M_1M'}$ 分别为在 Δt 时间间隔内，动点 M 的绝对位移、牵连位移和相对位移。

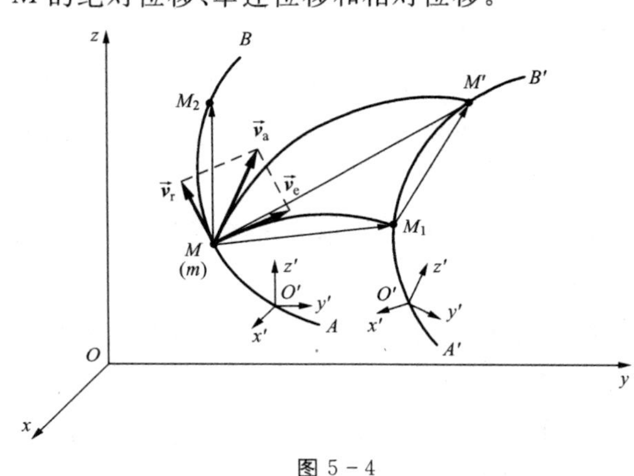

图 5－4

根据图 5－4 中的矢量关系得到

$$\overrightarrow{MM'}=\overrightarrow{MM_1}+\overrightarrow{M_1M'}$$

将上式两端同除 Δt，并令 $\Delta t\to 0$，取极限得

$$\lim_{\Delta t\to 0}\frac{\overrightarrow{MM'}}{\Delta t}=\lim_{\Delta t\to 0}\frac{\overrightarrow{MM_1}}{\Delta t}+\lim_{\Delta t\to 0}\frac{\overrightarrow{M_1M'}}{\Delta t}$$

式中

$$\lim_{\Delta t\to 0}\frac{\overrightarrow{MM'}}{\Delta t}=\boldsymbol{v}_a$$

为动点的绝对速度，方向沿曲线 $\widehat{MM'}$ 在点 M 处的切线方向。

$$\lim_{\Delta t\to 0}\frac{\overrightarrow{MM_1}}{\Delta t}=\boldsymbol{v}_e$$

为动点的牵连速度，方向沿曲线 $\widehat{MM_1}$ 在点 M 处的切线方向，

$$\lim_{\Delta t\to 0}\frac{\overrightarrow{M_1M'}}{\Delta t}=\boldsymbol{v}_r$$

为动点的相对速度。当 $\Delta t\to 0$，曲线 $\widehat{A'B'}$ 无限趋近于曲线 $\widehat{AB}$，点 M_1 无限趋近于点 M，因此 $\boldsymbol{v}_r$ 的方向沿相对轨迹 $\widehat{AB}$ 在点 M 处的切线方向。于是，得到

$$\boldsymbol{v}_a=\boldsymbol{v}_e+\boldsymbol{v}_r \tag{5-1}$$

由此得到点的**速度合成定理：动点在某一瞬时的绝对速度等于它在该瞬时的牵连速度与相对速度的矢量和**，即动点的绝对速度矢量，可以由它的牵连速度矢量与相对速度矢量所构成的平行四边形的对角线来确定。这个平行四边形称为**速度平行四边形**。

必须注意，在上面推导速度合成定理的过程中，对动系的运动并未加任何限制。因此，速度合成定理适用于牵连运动为任何运动的情况，即动系可以做平动、定轴转动或其他任何复杂的运动。

在速度合成定理的表达式(5-1)中，包含有 $\boldsymbol{v}_a$，$\boldsymbol{v}_e$ 和 $\boldsymbol{v}_r$ 三者的大小和方向共六个因素，若已知其中任意四个因素，就能作出速度平行四边形或速度三角形求出其余两个未知因素。

【例 5-2】 如图 5-5 所示，车 A 沿半径为 150m 的圆弧道路以匀速 $\boldsymbol{v}_A=45\text{km/h}$ 行驶，车 B 沿直线道路以匀速 $\boldsymbol{v}_B=60\text{km/h}$ 行驶，两车相距 30m。求：(1) A 车相对 B 车的速度；(2) B 车相对 A 车的速度。

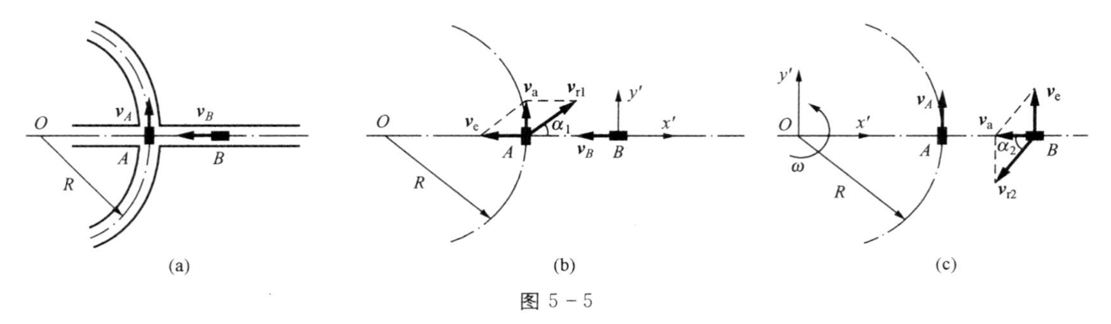

图 5-5

解：(1) 以车 A 为动点，定系固连于地面上，动系固连于车 B 上。动点 A 的绝对运动为圆周运动，牵连运动为水平方向的直线平移。动点 A 的速度合成矢量图如图 5-5(b)所示。

由图 5-5(b)得到 A 车相对 B 车的速度为

$$v_{r1}=\sqrt{v_a^2+v_e^2}=\sqrt{v_A^2+v_B^2}=75\text{km/h}$$

$$\sin\alpha_1=\frac{v_A}{v_{r1}}=\frac{45}{75}=0.6$$

$$\alpha_1=36.9^\circ$$

(2) 以车 B 为动点，定系固连于地面上，动系固连于车 A 上。动点 B 的绝对运动为水平方向的直线运动，牵连运动为绕圆心 O 的定轴转动。动点的速度合成矢量图如图 5-5(c)所示。

动系的转动角速度为

$$\omega=\frac{v_A}{R}=\frac{45\times10^3}{3600\times150}=\frac{1}{12}=0.083\text{rad/s}$$

动系上与动点 B 重合的牵连点的速度为

$$v_e=OB\times\omega=(150+30)\times\frac{1}{12}=15\text{m/s}=54\text{km/h}$$

注意，这里 $\boldsymbol{v}_e$ 不是 A 车的速度，而是与 B 重合的牵连点绕 O 转动的速度。

所以，B 车相对 A 车的速度为

$$v_{r2}=\sqrt{v_e^2+v_a^2}=\sqrt{v_e^2+v_B^2}=80.72\text{km/h}$$

$$\sin\alpha_2=\frac{v_e}{v_{r2}}=\frac{54}{80.72}=0.669$$

$$\alpha_2=42^\circ$$

【例 5-3】 如图 5-6 所示凸轮机构，凸轮以角速度 ω 绕 O 轴转动，推动顶杆 AB 沿铅垂导槽运动。在图示位置 $OA=h$，凸轮的轮廓曲线在 A 点的法线与 OA 成 α 角。试求此时顶杆的速度。

解 (1) 运动分析。

动点：顶杆上的点 A。

动系：固连于凸轮上。

绝对运动：动点 A 的铅垂直线运动。

相对运动：动点 A 沿凸轮外轮廓的曲线运动。

牵连运动：凸轮 O 轴的转动。

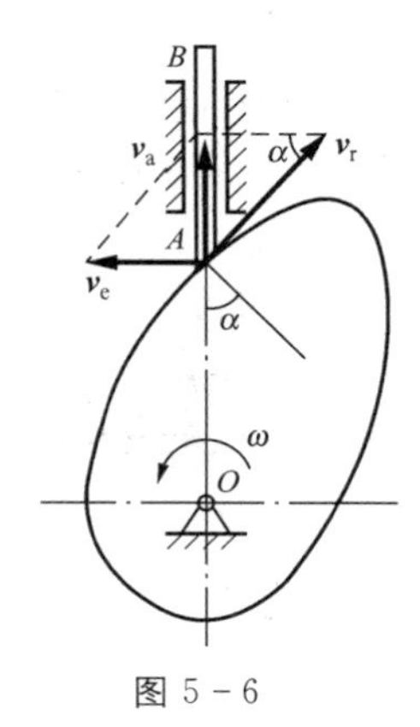

图 5-6

(2) 速度分析。绝对速度 $\boldsymbol{v}_a$ 的方向沿铅直方向，其大小待求；相对速度 $\boldsymbol{v}_r$ 的方向已知，即沿轮缘曲线在点 A 的切线方向，大小未知；牵连速度 $\boldsymbol{v}_e$ 是凸轮上与点 A 重合的那一点的速度，它的方向垂直于 OA，大小为 $v_e=h\omega$。可见，共有四个要素已知，因而可以求出另外两个未知量。在图 5-6 中作出速度平行四边形，根据速度合成定理，由图中的几何关系得到

$$v_a=v_e\tan\alpha=h\omega\tan\alpha$$

即为顶杆的速度。

【例 5-4】 牛头刨床的结构简图如图 5-7 所示。曲柄小齿轮由电动机带动，大齿轮与小齿轮啮合而绕轴 O 转动。滑块 A 用销钉连接在大齿轮上随大齿轮一起运动，并通过滑槽使摇杆 O_1B 绕固定轴 O_1 摆动，摇杆 O_1B 又拨动滑块 B 使滑枕作往复直线平移，从而带动刨刀进行刨削加工。设大齿轮中心 O 与滑块 A 之间的距离 $OA=r$，两轴间距离 $OO_1=l$，大齿轮的角速度为 ω。试求当 $\varphi=90^\circ$ 时摇杆 O_1B 的角速度 ω_1。

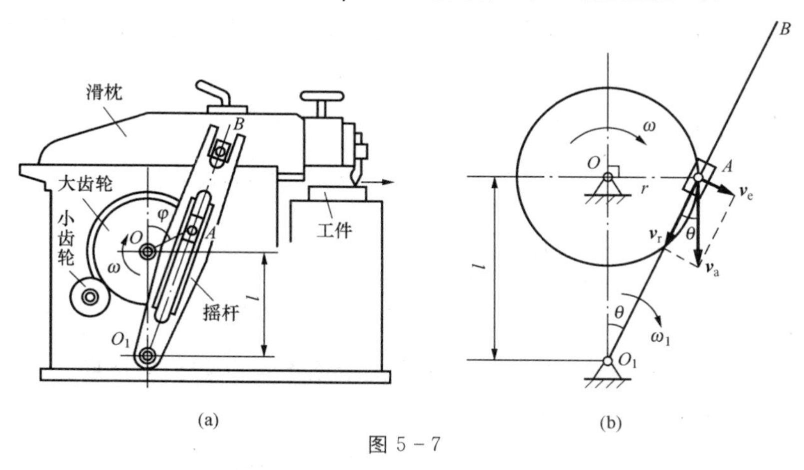

图 5-7

解：(1) 运动分析。

动点：滑块 A。

动系：固定于摇杆 O_1B 上。

定系：固定于刨床床身。

绝对运动：以点 O 为圆心的圆周运动。

相对运动：沿滑槽的直线运动。

牵连运动：摇杆 O_1B 绕 O_1 轴的摆动。

(2) 速度分析。绝对速度 $\boldsymbol{v}_a$ 的大小和方向都是已知的，它的大小等于 $r\omega$，方向与 OA 垂直向下；相对速度 $\boldsymbol{v}_r$ 的方向已知的，即沿 AO_1 方向；牵连速度 $\boldsymbol{v}_e$ 是杆 O_1B 上与动点 A 重合的那一点的速度，方向已知垂直于 O_1B。共计有四个要素已知。由于 $\boldsymbol{v}_a$ 的大小和方向都已知，因此，这是一个速度分解的问题。作出速度平行四边形如图 5－7(b)所示，根据速度合成定理，由其中的直角三角形可求得

$$v_e = v_a \sin\theta$$

又

$$\sin\theta = \frac{r}{\sqrt{l^2 + r^2}},\ v_a = r\omega$$

所以

$$v_e = \frac{r^2\omega}{\sqrt{l^2 + r^2}} \tag{a}$$

设摇杆在此瞬时的角速度为 ω_1，则

$$v_e = O_1A \cdot \omega_1 \tag{b}$$

其中，$O_1A = \sqrt{l^2 + r^2}$。由式(a)和式(b)得到此瞬时摇杆的角速度为

$$\omega_1 = \frac{r^2\omega}{l^2 + r^2}$$

其转向由 $\boldsymbol{v}_e$ 的指向确定，即为顺时针转向。

讨论

以上，应用点的速度合成定理求解了三种典型的运动学问题，即互不相关点的相对运动问题，见[例 5－2]；一点在另一物体上运动的问题，见[例 5－3]；两个物体运动的问题，其中一个为主动件，另一个为从动件，主动件与从动件有相对滑动，见[例 5－4]。

通过上述例题可以总结得到应用点的速度合成定理解题的一般步骤。

(1) 选取动点、动系和定系。所选的参考系应能将动点的绝对运动分解成为相对运动和牵连运动。因此，动点和动系不能选在同一个物体上，选取动点时一般应易于分析其相对运动。

(2) 分析三种运动或三种速度。必须清楚地分析出绝对运动、相对运动和牵连运动分

别是怎样的一种运动。绝对运动和相对运动是点的运动，可以是直线运动、圆周运动或其他某种曲线运动；牵连运动是刚体的运动，可以是平动、定轴转动或其他某种刚体运动。各种运动的速度都有大小和方向两个要素，只有已知四个要素时才能画出速度平行四边形。

(3) 应用速度合成定理，作出速度平行四边形。必须注意，作图时要使绝对速度成为平行四边形的对角线。

(4) 利用速度平行四边形中的几何关系解出未知数。

以上所述的动点、动系的选择原则以及分析三种运动的过程，也同样适合下节将要研究的加速度合成定理求解问题。

5.3 点的加速度合成定理

与点的速度合成不同，点的加速度合成问题比较复杂，与动系的运动即牵连运动的形式有关。由于动系的运动实际上是刚体的运动，包括刚体的平动和转动，因此需要分别讨论牵连运动为平动和转动时的加速度合成情况。

5.3.1 牵连运动为平动时点的加速度合成定理

如图 5-8 所示，动系 $O'x'y'z'$ 相对于定系 $Oxyz$ 做平动，由于 x'、y'、z' 各轴方向不变，使其与定系坐标轴 x、y、z 分别平行。动点 M 相对于动系的相对坐标为 x'、y'、z'，则动点 M 的相对矢径为

$$\boldsymbol{r}'=x'\boldsymbol{i}'+y'\boldsymbol{j}'+z'\boldsymbol{k}' \tag{5-2}$$

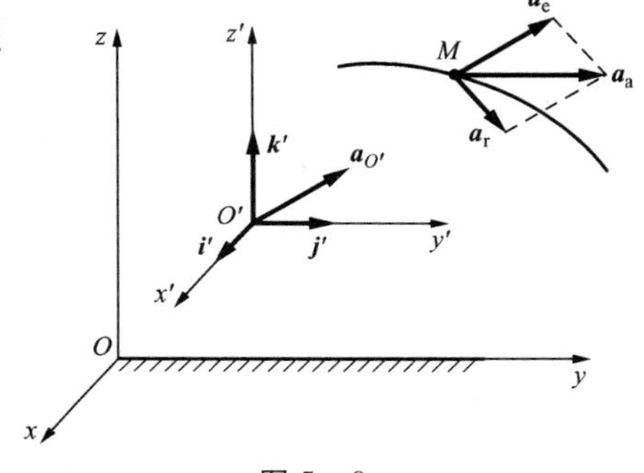

图 5-8

动点 M 的相对速度和加速度为

$$\boldsymbol{v}_r=\dot{x}'\boldsymbol{i}'+\dot{y}'\boldsymbol{j}'+\dot{z}'\boldsymbol{k}' \tag{5-3}$$

$$\boldsymbol{a}_r=\ddot{x}'\boldsymbol{i}'+\ddot{y}'\boldsymbol{j}'+\ddot{z}'\boldsymbol{k}' \tag{5-4}$$

根据点的速度合成定理有

$$\boldsymbol{v}_a=\boldsymbol{v}_e+\boldsymbol{v}_r$$

两边对时间求导，得到

$$\dot{\boldsymbol{v}}_a=\dot{\boldsymbol{v}}_e+\dot{\boldsymbol{v}}_r \tag{5-5}$$

因为牵连运动为平动，平动刚体上各点的速度和加速度均相等，所以

$$\dot{\boldsymbol{v}}_a=\boldsymbol{a}_a$$

$$\dot{\boldsymbol{v}}_e=\dot{\boldsymbol{v}}_{O'}=\boldsymbol{a}_{O'}=\boldsymbol{a}_e$$

再将式(5-3)对时间求一阶导数有

$$\dot{\boldsymbol{v}}_r=\ddot{x}'\boldsymbol{i}'+\ddot{y}'\boldsymbol{j}'+\ddot{z}'\boldsymbol{k}'+\dot{x}'\dot{\boldsymbol{i}}'+\dot{y}'\dot{\boldsymbol{j}}'+\dot{z}'\dot{\boldsymbol{k}}' \tag{5-6}$$

由于平动坐标轴的单位矢量 $\boldsymbol{i}'$、$\boldsymbol{j}'$、$\boldsymbol{k}'$ 为常矢量，即有 $\dot{\boldsymbol{i}}'=\dot{\boldsymbol{j}}'=\dot{\boldsymbol{k}}'=0$，代入式(5-6)

得到

$$\dot{\boldsymbol{v}}_r = \ddot{x}'\boldsymbol{i}' + \ddot{y}'\boldsymbol{j}' + \ddot{z}'\boldsymbol{k}' = \boldsymbol{a}_r$$

最后将上述 $\dot{\boldsymbol{v}}_a$、$\dot{\boldsymbol{v}}_e$、$\dot{\boldsymbol{v}}_r$ 的结果代入式(5－5)得到

$$\boldsymbol{a}_a = \boldsymbol{a}_e + \boldsymbol{a}_r \tag{5-7}$$

由此得到**牵连运动为平动时点的加速度合成定理：当牵连运动为平动时，动点在某瞬时的绝对加速度等于该瞬时它的牵连加速度与相对加速度的矢量和。**

式(5－7)是牵连运动为平动时点的加速度合成定理的基本形式，而其最一般形式为

$$\boldsymbol{a}_a^\tau + \boldsymbol{a}_a^n = \boldsymbol{a}_e^\tau + \boldsymbol{a}_e^n + \boldsymbol{a}_r^\tau + \boldsymbol{a}_r^n \tag{5-8}$$

具体应用时，只有分析清楚三种运动，才能确定加速度合成定理的形式。

【例 5－5】 铰接四边形机构如图 5－9 所示，$O_1A = O_2B = 10\text{cm}$，$O_1O_2 = AB$，杆 O_1A 以匀角速度 $\omega = 2\text{rad/s}$ 绕 O_1 轴转动。AB 杆上有一滑套 C，滑套 C 与 CD 杆铰接，机构各部件在同一铅垂面内。求当 $\varphi = 60°$时，CD 杆的速度和加速度。

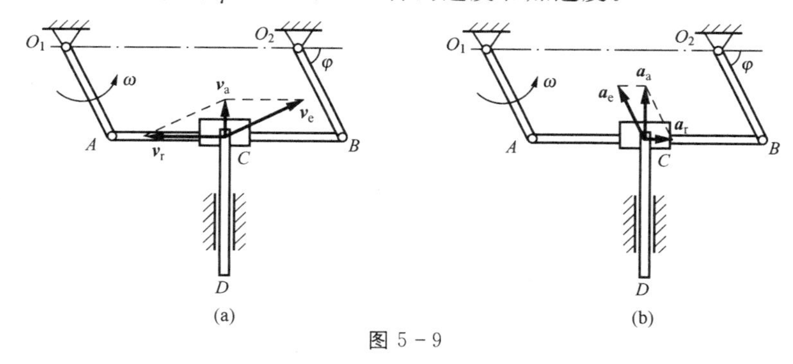

图 5－9

解　以滑套 C 为动点，定系固连于地面，动系与 AB 固连。注意到 AB 做平动，因此 AB 上各点速度、加速度均相等。动点 C 的绝对运动为铅垂向上的直线运动；动点 C 的相对运动为 AB 方向的直线运动；牵连运动为 AB 杆的平动。动点的速度合成矢量图如图 5－9(a)，利用点的速度合成定理

$$\boldsymbol{v}_a = \boldsymbol{v}_e + \boldsymbol{v}_r$$

其中

$$v_e = v_A = O_1A \cdot \omega = 10 \times 2 = 20\text{cm/s}$$

由速度平行四边形可得

$$v_a = v_e \cos\varphi = 20\cos 60° = 10\text{cm/s}$$

方向铅垂向上。

动点的加速度合成矢量图如图 5－9(b)所示，注意牵连运动为平动，利用点的加速度合成定理

$$\boldsymbol{a}_a = \boldsymbol{a}_e + \boldsymbol{a}_r$$

其中

$$a_e=a_A=r\omega^2$$

由加速度平行四边形可得

$$a_a=a_e\sin\varphi=r\omega^2\sin\varphi=10\times2^2\sin60°=34.6\text{cm/s}^2$$

方向铅垂向上。

C 点的速度和加速度即为 CD 杆的速度和加速度。

5.3.2 牵连运动为转动时点的加速度合成定理

首先分析动系 $O'x'y'z'$ 绕定系 $Oxyz$ 以角速度 ω 做定轴转动时，其单位矢量 $\boldsymbol{i}'$、$\boldsymbol{j}'$、$\boldsymbol{k}'$ 对时间的导数，然后再研究牵连运动为转动时的加速度合成定理。

5.3.2.1 泊桑公式

如图 5-10 所示，动系 $O'x'y'z'$ 绕定系 $Oxyz$ 以角速度 ω 做定轴转动时，动系的单位矢量为 $\boldsymbol{i}'$、$\boldsymbol{j}'$、$\boldsymbol{k}'$。设单位矢量 $\boldsymbol{i}'$、$\boldsymbol{j}'$、$\boldsymbol{k}'$ 的端点分别为 P_1、P_2、P_3，根据式(4-2)有

$$\boldsymbol{v}_{P_1}=\frac{\mathrm{d}\boldsymbol{i}'}{\mathrm{d}t},\boldsymbol{v}_{P_2}=\frac{\mathrm{d}\boldsymbol{j}'}{\mathrm{d}t},\boldsymbol{v}_{P_3}=\frac{\mathrm{d}\boldsymbol{k}'}{\mathrm{d}t}$$

再由式(4-38)得到

$$\boldsymbol{v}_{P_1}=\boldsymbol{\omega}\times\boldsymbol{i}',\boldsymbol{v}_{P_2}=\boldsymbol{\omega}\times\boldsymbol{j}',\boldsymbol{v}_{P_3}=\boldsymbol{\omega}\times\boldsymbol{k}'$$

比较上面两组公式可以得到泊桑公式

$$\begin{cases}\dfrac{\mathrm{d}\boldsymbol{i}'}{\mathrm{d}t}=\boldsymbol{\omega}\times\boldsymbol{i}'\\[2ex]\dfrac{\mathrm{d}\boldsymbol{j}'}{\mathrm{d}t}=\boldsymbol{\omega}\times\boldsymbol{j}'\\[2ex]\dfrac{\mathrm{d}\boldsymbol{k}'}{\mathrm{d}t}=\boldsymbol{\omega}\times\boldsymbol{k}'\end{cases}\text{或}\begin{cases}\dot{\boldsymbol{i}}'=\boldsymbol{\omega}\times\boldsymbol{i}'\\\dot{\boldsymbol{j}}'=\boldsymbol{\omega}\times\boldsymbol{j}'\\\dot{\boldsymbol{k}}'=\boldsymbol{\omega}\times\boldsymbol{k}'\end{cases}\tag{5-9}$$

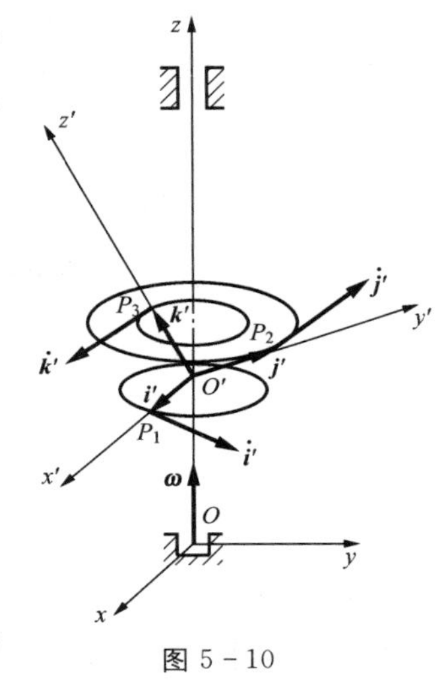

图 5-10

5.3.2.2 牵连运动为转动时点的加速度合成定理

如图 5-11 所示，设动系 $O'x'y'z'$ 以角速度 $\boldsymbol{\omega}_e$ 和角加速度 $\boldsymbol{\alpha}_e$ 绕定系 $Oxyz$ 的 Oz 轴转动，动点 M 又相对于动系作相对运动，相对动系 $O'x'y'z'$ 的相对矢径为 $\boldsymbol{r}'$，相对坐标为(x',y',z')。动点 M 的相对速度和相对加速度分别为

$$\boldsymbol{v}_r=\dot{x}'\boldsymbol{i}'+\dot{y}'\boldsymbol{j}'+\dot{z}'\boldsymbol{k}'\tag{5-10}$$

$$\boldsymbol{a}_r=\ddot{x}'\boldsymbol{i}'+\ddot{y}'\boldsymbol{j}'+\ddot{z}'\boldsymbol{k}'\tag{5-11}$$

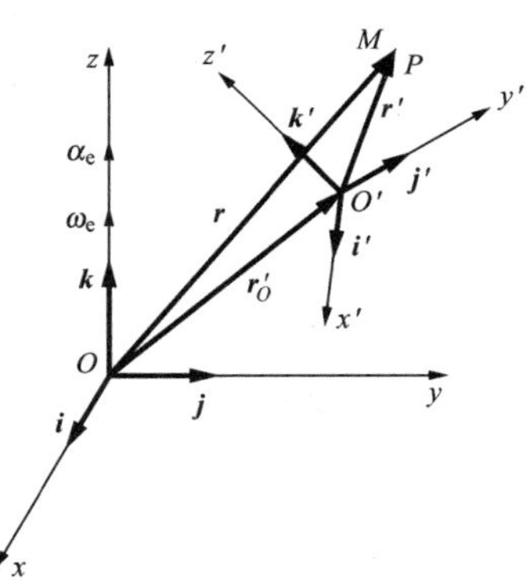

图 5-11

设牵连点为 P，利用式(4-38)，得到动点 M 的牵连速度即牵连点 P 的速度为

$$\boldsymbol{v}_e=\boldsymbol{v}_P=\boldsymbol{\omega}_e\times\boldsymbol{r}\tag{5-12}$$

利用式(4-39),得到动点 M 的牵连加速度即牵连点 P 的加速度为

$$\boldsymbol{a}_e=\boldsymbol{a}_P=\boldsymbol{\alpha}_e\times\boldsymbol{r}+\boldsymbol{\omega}_e\times\boldsymbol{v}_e \tag{5-13}$$

根据速度合成定理与式(5-10)和式(5-11),可得

$$\boldsymbol{v}_a=\boldsymbol{v}_e+\boldsymbol{v}_r=\boldsymbol{\omega}_e\times\boldsymbol{r}+\dot{x}'\boldsymbol{i}'+\dot{y}'\boldsymbol{j}'+\dot{z}'\boldsymbol{k}' \tag{5-14}$$

将式(5-14)对时间 t 求一阶导数,有

$$\boldsymbol{a}_a=\dot{\boldsymbol{\omega}}_e\times\boldsymbol{r}+\boldsymbol{\omega}_e\times\dot{\boldsymbol{r}}+\ddot{x}'\boldsymbol{i}'+\ddot{y}'\boldsymbol{j}'+\ddot{z}'\boldsymbol{k}'+\dot{x}'\dot{\boldsymbol{i}}'+\dot{y}'\dot{\boldsymbol{j}}'+\dot{z}'\dot{\boldsymbol{k}}' \tag{5-15}$$

式中,$\dot{\boldsymbol{\omega}}_e=\boldsymbol{\alpha}_e$,$\dot{\boldsymbol{r}}=\boldsymbol{v}_a=\boldsymbol{v}_e+\boldsymbol{v}_r$。所以,式(5-15)等号右端前两项可表示为

$$\dot{\boldsymbol{\omega}}_e\times\boldsymbol{r}+\boldsymbol{\omega}_e\times\dot{\boldsymbol{r}}=\boldsymbol{\alpha}_e\times\boldsymbol{r}+\boldsymbol{\omega}_e\times\boldsymbol{v}_e+\boldsymbol{\omega}_e\times\boldsymbol{v}_r \tag{5-16}$$

由泊桑公式,式(5-15)的后三项可表示为

$$\boldsymbol{\omega}_e\times(\dot{x}'\boldsymbol{i}'+\dot{y}'\boldsymbol{j}'+\dot{z}'\boldsymbol{k}')=\boldsymbol{\omega}_e\times\boldsymbol{v}_r \tag{5-17}$$

将式(5-11)、式(5-16)和式(5-17)代入式(5-15),得

$$\boldsymbol{a}_a=\boldsymbol{\alpha}_e\times\boldsymbol{r}+\boldsymbol{\omega}_e\times\boldsymbol{v}_e+\boldsymbol{a}_r+2\boldsymbol{\omega}_e\times\boldsymbol{v}_r \tag{5-18}$$

应用式(5-13),并令

$$\boldsymbol{a}_k=2\boldsymbol{\omega}_e\times\boldsymbol{v}_r \tag{5-19}$$

称为**科氏加速度**,则

$$\boldsymbol{a}_a=\boldsymbol{a}_e+\boldsymbol{a}_r+\boldsymbol{a}_k \tag{5-20}$$

由此得到**牵连运动为转动时的加速度合成定理:当牵连运动为转动时,动点在某瞬时的绝对加速度等于该瞬时它的牵连加速度、相对加速度和科氏加速度的矢量和。**

5.3.2.3　科氏加速度

根据矢积运算规则,式(5-19)的科氏加速度 $\boldsymbol{a}_k$ 的大小为

$$a_k=2\omega_e v_r\sin\theta \tag{5-21}$$

式中,θ 为 $\boldsymbol{\omega}_e$ 与 $\boldsymbol{v}_r$ 两矢量间的最小夹角。

科氏加速度 $\boldsymbol{a}_k$ 垂直于 $\boldsymbol{\omega}_e$ 和 $\boldsymbol{v}_r$ 所构成的平面,指向由右手法则确定,如图5-12所示。当 $\boldsymbol{\omega}_e$ 与 $\boldsymbol{v}_r$ 平行时($\theta=0°$或$\theta=180°$),$\boldsymbol{a}_k=0$;当 $\boldsymbol{\omega}_e$ 与 $\boldsymbol{v}_r$ 垂直时($\theta=90°$),$a_k=2\omega_e v_r$。

下面用一个特例来说明科氏加速度产生的原因。设滑块 M 以相对速度 $\boldsymbol{v}_r$ 沿 AB 杆运动,而 AB 杆又以匀角速度 $\boldsymbol{\omega}_e$ 绕 A 转动,如图5-13(a)所示。

设 t 时刻滑块位于 M 处,相对速度为 $\boldsymbol{v}_r$,牵连速度为 $\boldsymbol{v}_e$,且 $v_e=AM\cdot\omega_e$,牵连加速度为 $\boldsymbol{a}_e$,且 $a_e=a_e^n=AM\cdot\omega_e^2$,指向 A。

经过 Δt 后,滑块 M 随 AB 转过 $\Delta\varphi$ 到达 M_1,设此时的相对速度为 $\boldsymbol{v}_{r1}$,牵连速度为 $\boldsymbol{v}_{e1}$,且 $v_{e1}=AM_1\cdot\omega_e$。则在 Δt 时间内,滑块 M 的绝对速度的改变量 $\Delta\boldsymbol{v}_a$ 为

$$\Delta\boldsymbol{v}_a=(\boldsymbol{v}_{r1}+\boldsymbol{v}_{e1})-(\boldsymbol{v}_r+\boldsymbol{v}_e)=(\boldsymbol{v}_{r1}-\boldsymbol{v}_r)+(\boldsymbol{v}_{e1}-\boldsymbol{v}_e)$$

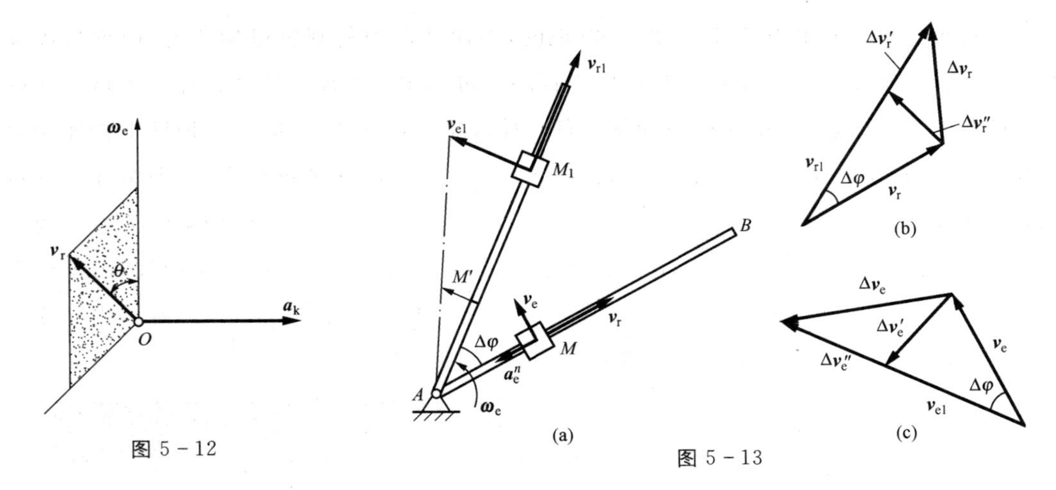

图 5-12

图 5-13

即

$$\Delta \boldsymbol{v}_a = \Delta \boldsymbol{v}_r + \Delta \boldsymbol{v}_e$$

$\Delta \boldsymbol{v}_r$ 和 $\Delta \boldsymbol{v}_e$ 如图 5-13(b)、(c)所示，将 $\Delta \boldsymbol{v}_r$ 用两分量 $\Delta \boldsymbol{v}'_r$ 和 $\Delta \boldsymbol{v}''_r$ 表示，且 $\Delta v'_r = v_{r1} - v_r$；将 $\Delta \boldsymbol{v}_e$ 也用两分量 $\Delta \boldsymbol{v}'_e$ 和 $\Delta \boldsymbol{v}''_e$ 表示，且 $\Delta v''_e = v_{e1} - v_e$。这样 $\Delta \boldsymbol{v}_a$ 改写成为

$$\Delta \boldsymbol{v}_a = \Delta \boldsymbol{v}'_r + \Delta \boldsymbol{v}''_r + \Delta \boldsymbol{v}'_e + \Delta \boldsymbol{v}''_e$$

上式两边除以 Δt 后再取极限得

$$\boldsymbol{a}_a = \lim_{\Delta t \to 0} \frac{\Delta \boldsymbol{v}_a}{\Delta t} = \lim_{\Delta t \to 0} \frac{\Delta \boldsymbol{v}'_r}{\Delta t} + \lim_{\Delta t \to 0} \frac{\Delta \boldsymbol{v}''_r}{\Delta t} + \lim_{\Delta t \to 0} \frac{\Delta \boldsymbol{v}'_e}{\Delta t} + \lim_{\Delta t \to 0} \frac{\Delta \boldsymbol{v}''_e}{\Delta t}$$

式中，$\lim\limits_{\Delta t \to 0} \dfrac{\Delta \boldsymbol{v}'_r}{\Delta t} = \boldsymbol{a}_r$，是观察者站在动系 AB 上看到的，即由于 $\boldsymbol{v}_r$ 大小的改变而引起的加速度，即相对加速度；$\lim\limits_{\Delta t \to 0} \left| \dfrac{\Delta \boldsymbol{v}'_e}{\Delta t} \right| = \lim\limits_{\Delta t \to 0} \dfrac{v_e \Delta\varphi}{\Delta t} = v_e \cdot \dfrac{d\varphi}{dt} = AM \cdot \omega_e \cdot \omega_e = AM \cdot \omega_e^2$，而 $\lim\limits_{\Delta t \to 0} \dfrac{\Delta \boldsymbol{v}'_e}{\Delta t}$ 的方向为 $\Delta \boldsymbol{v}'_e$ 的极限方向。显然 $\Delta \boldsymbol{v}'_e$ 的极限方向垂直于 $\boldsymbol{v}_e$ 沿 AB 方向而指向 A，因此 $\lim\limits_{\Delta t \to 0} \dfrac{\Delta \boldsymbol{v}'_e}{\Delta t} = \boldsymbol{a}_e$，是由于牵连速度方向发生改变而产生的；$\lim\limits_{\Delta t \to 0} \left| \dfrac{\Delta \boldsymbol{v}''_r}{\Delta t} \right| = \lim\limits_{\Delta t \to 0} \dfrac{v_r \Delta\varphi}{\Delta t} = v_r \cdot \dfrac{d\varphi}{dt} = v_r \cdot \omega_e$ 是 $\boldsymbol{a}_k$ 的一部分，它是由于牵连运动为转动，使 $\boldsymbol{v}_r$ 方向发生改变而产生的，它的方向为 $\Delta \boldsymbol{v}''_r$ 的极限方向，显然垂直于 $\boldsymbol{v}_r$ 且与 $\boldsymbol{\omega}_e$ 转向一致，符合式(5-19)的右手法则；$\lim\limits_{\Delta t \to 0} \left| \dfrac{\Delta \boldsymbol{v}''_e}{\Delta t} \right| = \lim\limits_{\Delta t \to 0} \dfrac{M'M_1 \cdot \omega_e}{\Delta t} = \lim\limits_{\Delta t \to 0} \dfrac{M'M_1}{\Delta t} \cdot \omega_e = v_r \cdot \omega_e$，也是 $\boldsymbol{a}_k$ 的一部分，是由于相对运动使牵连速度大小发生改变而产生的，其方向垂直于 $\boldsymbol{v}_r$ 且与 $\boldsymbol{\omega}_e$ 的转向一致，同样符合式(5-19)的右手法则。

因而，科氏加速度为

$$\boldsymbol{a}_k = \lim_{\Delta t \to 0} \frac{\Delta \boldsymbol{v}''_r}{\Delta t} + \lim_{\Delta t \to 0} \frac{\Delta \boldsymbol{v}''_e}{\Delta t}$$

是由于牵连运动和相对运动的相互影响而造成的。在本例中，$a_k = 2\omega_e v_r \sin 90° = 2\omega_e v_r$。

科氏加速度是科利奥里于 1832 年发现的，因而命名为科利奥里加速度，简称科氏加速度。科氏加速度在自然现象中是有所表现的。可以用科氏加速度来解释北半球江河的右岸被冲刷，而在南半球则左岸被冲刷这种自然现象。地球绕地轴转动，地球上物体相对于地球运动，这都是牵连运动为转动的合成运动。地球自转角速度很小，一般情况下其自转的影响可略去不计；但是在某些情况下，却必须给予考虑。在北半球如果河流沿经线往北流，则河水的科氏加速度 $\boldsymbol{a}_k$ 指向左岸，如图 5－14 所示。由牛顿第二定律知，由于科氏惯性力长年累月地作用于右岸，导致右岸比左岸冲刷更严重，如图 5－15 所示。用同样的方法不难解释南半球江河的左岸被冲刷的自然现象。

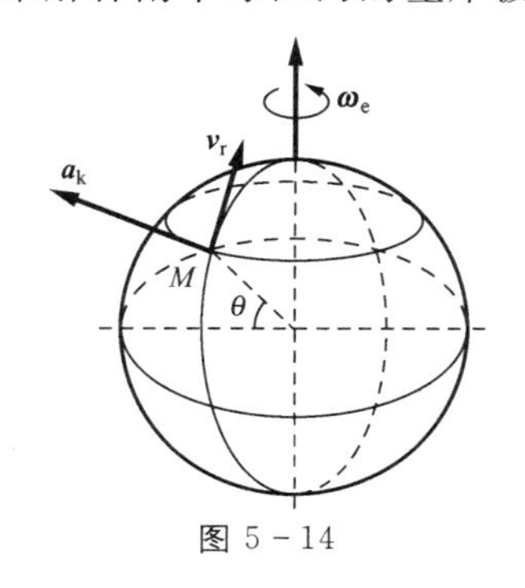

图 5－14

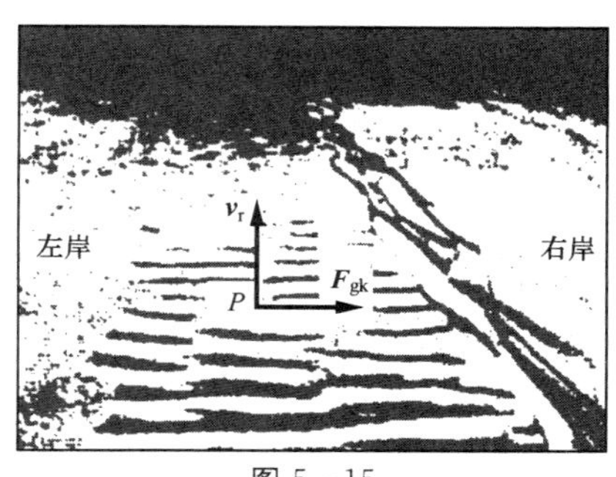

图 5－15

【例 5－6】　图 5－16 所示机构，半径为 R 的曲柄 OA 以匀角速度 ω 绕 O 轴转动，通过铰链 A 带动连杆 AB 运动。由于连杆 AB 穿过套筒 CD，从而使套筒 CD 绕 E 轴转动。在图示瞬时，$OA \perp OE$，$\angle AEO = 30°$。求此时套筒 CD 的角加速度。

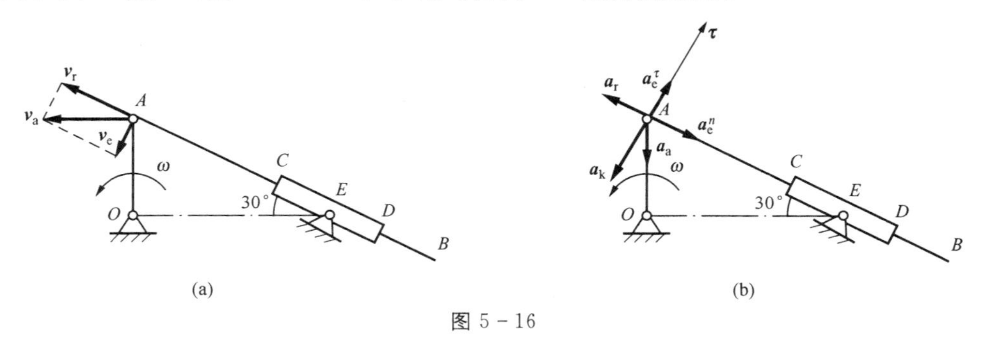

图 5－16

解　以铰 A 为动点，定系固连于地面上，动系固连于 CD 上。动点 A 的绝对运动为绕 O 轴的匀速圆周运动；动点 A 的相对运动为沿套筒 CD 的往复直线运动；牵连运动为套筒 CD 绕 E 轴的定轴转动。动点的速度合成矢量图如图 5－16(a)所示，利用点的速度合成定理

$$\boldsymbol{v}_a = \boldsymbol{v}_e + \boldsymbol{v}_r$$

其中

$$v_a = R\omega$$

由几何关系可得

$$v_r = v_a\cos30° = R\omega\cos30° = \frac{\sqrt{3}}{2}R\omega$$

$$v_e = v_a\sin30° = R\omega\sin30° = \frac{1}{2}R\omega$$

于是套筒 CD 的角速度为

$$\omega_{CD} = \frac{v_e}{AE} = \frac{1}{4}\omega$$

方向为逆时针转向。

动点的加速度合成矢量图如图 5－16(b)所示，注意牵连运动为定轴转动，利用点的加速度合成定理

$$\boldsymbol{a}_a = \boldsymbol{a}_e^\tau + \boldsymbol{a}_e^n + \boldsymbol{a}_r + \boldsymbol{a}_k$$

其中

$$a_a = a_a^n = R\omega^2, a_e^n = AE\times\omega_{CD}^2 = \frac{1}{8}R\omega^2$$

$$a_k = 2\omega_{CD}v_r = \frac{\sqrt{3}}{4}R\omega^2$$

建立如图 5－16(b)所示的投影坐标轴 τ，并将各矢量投影到投影轴 τ 上，得

$$-a_a\cos30° = a_e^\tau - a_k$$

解得

$$a_e^\tau = a_k - a_a\cos30° = \frac{\sqrt{3}}{4}R\omega^2 - \frac{\sqrt{3}}{2}R\omega^2 = -\frac{\sqrt{3}}{4}R\omega^2$$

套筒 CD 的角加速度为

$$\alpha = \frac{a_e^\tau}{AE} = -\frac{\sqrt{3}}{8}\omega^2$$

转向为逆时针方向。

小　　结

1. 点的绝对运动

点的绝对运动是点的牵连运动和相对运动的合成结果。

2. 点的速度合成定理

$$\boldsymbol{v}_a = \boldsymbol{v}_e + \boldsymbol{v}_r$$

(1) 绝对速度 $\boldsymbol{v}_a$：动点相对于定系的运动速度。

(2) 相对速度 $\boldsymbol{v}_r$：动点相对于动系的运动速度。

(3) 牵连速度 $\boldsymbol{v}_e$：动系上与动点相重合的牵连点相对于定系的运动速度。

3．点的加速度合成定理

$$\boldsymbol{a}_a=\boldsymbol{a}_e+\boldsymbol{a}_r+\boldsymbol{a}_k$$

（1）绝对加速度 $\boldsymbol{a}_a$：动点相对于定系的运动加速度。

（2）相对加速度 $\boldsymbol{a}_r$：动点相对于动系的运动加速度。

（3）牵连加速度 $\boldsymbol{a}_e$：动系上与动点相重合的牵连点相对于定系的运动加速度。

（4）科氏加速度 $\boldsymbol{a}_k$：牵连运动为转动时，牵连运动和相对运动相互影响而出现的一项附加的加速度

$$\boldsymbol{a}_k=2\boldsymbol{\omega}_e\times\boldsymbol{v}_r$$

当动系做平动、或 $\boldsymbol{v}_r=0$、或 $\boldsymbol{\omega}_e$ 与 $\boldsymbol{v}_r$ 平行时，$\boldsymbol{a}_k=0$。

习　　题

5-1　水流在水轮机工作轮入口处的绝对速度 $v_a=15\text{m/s}$，并与直径呈 $\beta=60°$ 角，如图 5-17 所示。工作轮的半径 $R=2\text{m}$，转速 $n=30\text{r/min}$。为避免水流对工作轮叶片的冲击，叶片应恰当地安装，以使水流对工作轮的相对速度与叶片相切。求在工作轮外缘处水流对工作轮的相对速度的大小和方向。

答：$v_r=10.06\text{m/s}$，$\angle(\boldsymbol{v}_r,\boldsymbol{R})=41°48'$。

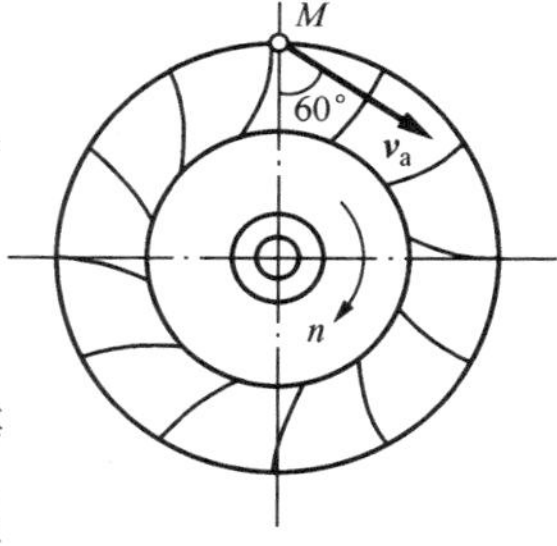

图 5-17

5-2　在图 5-18 所示的两机构中，已知 $O_1O_2=a=200\text{mm}$，$\omega=3\text{rad/s}$。求在图示位置时杆 O_2A 的角速度。

答：(a) 1.5rad/s；(b) 2rad/s。

5-3　图 5-19 所示曲柄滑道机构，曲柄长 $OA=r$，并以等角速度 ω 绕轴 O 转动。装在水平杆上的滑槽 DE 与水平线呈 60°角。求当曲柄与水平线的夹角分别为 $\varphi=0°$、30°、60°时，杆 BC 的速度。

答：$\varphi=0°$，$v=\dfrac{\sqrt{3}}{3}r\omega(\leftarrow)$；$\varphi=30°$，$v=0$；$\varphi=60°$，$v=\dfrac{\sqrt{3}}{3}r\omega(\rightarrow)$。

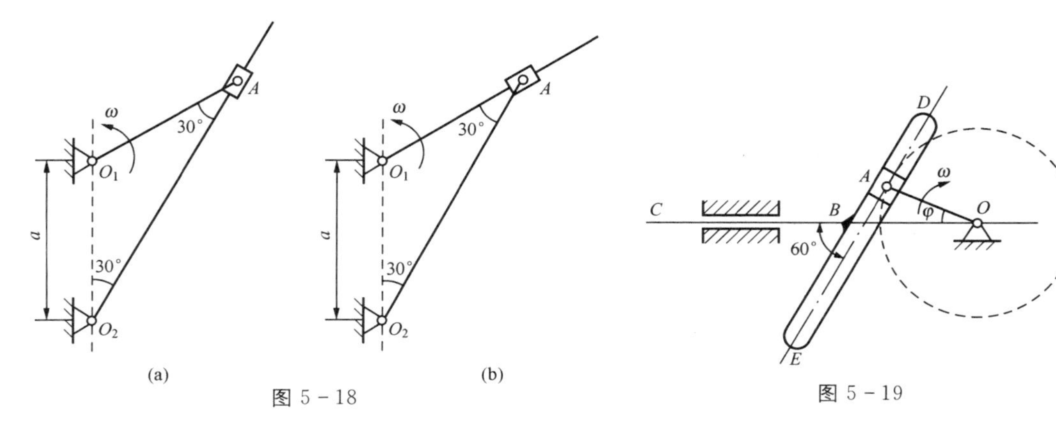

图 5-18

图 5-19

5-4　绕 O 轴转动的圆盘及直杆 OA 上均有一导槽，两导槽间有一活动销子 M，如图 5-20 所示，$b=0.1\text{m}$。设在图示位置时，圆盘及直杆的角速度分别为 $\omega_1=9\text{rad/s}$，$\omega_2=3\text{rad/s}$。求此瞬时销子 M 的速度。

答：$v_M=0.5292\text{m/s}$。

5-5　汽车 A 以 $v_A=40\text{km/h}$ 的速度沿直线道路行驶，汽车 B 以 $v_B=56.6\text{km/h}$ 的速度沿另一岔道行驶，如图 5-21 所示。试求在汽车 B 上观察到的汽车 A 的速度。

答：$v_r=40\text{km/h}$，$\angle(\boldsymbol{v}_r,\boldsymbol{v}_A)=90°$。

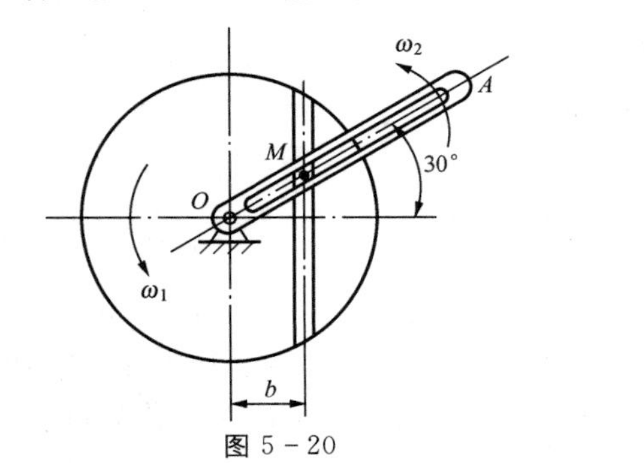

图 5-20

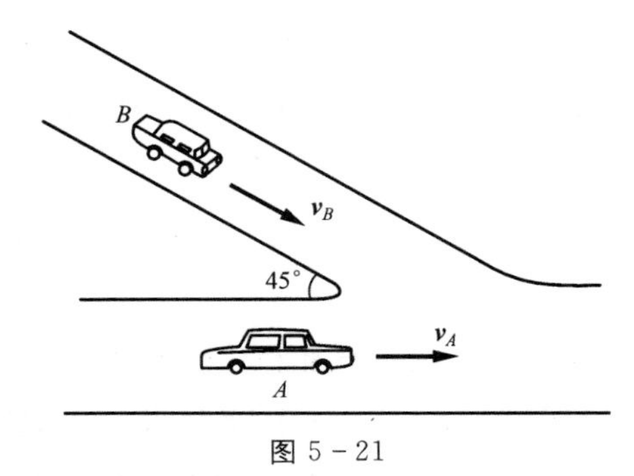

图 5-21

5-6　半径为 R 的半圆形凸轮 D 以等速 v_0 沿水平线向右运动，带动从动杆 AB 沿铅直方向上升，如图 5-22 所示。求 $\varphi=30°$ 时杆 AB 相对于凸轮的速度和加速度。

答：$v_r=\dfrac{2\sqrt{3}}{3}v_0$，$a_r=\dfrac{8\sqrt{3}}{9}\dfrac{v_0^2}{R}$。

5-7　如图 5-23 所示，斜面 AB 与水平面间呈 45°角，以 0.1m/s^2 的加速度沿 Ox 轴向右运动。物块 M 以恒定的相对加速度 $0.1\sqrt{2}\text{m/s}^2$ 沿斜面滑下，斜面与物块的初始速度都为零。物块的初位置 $x=0$，$y=h$。求物块绝对运动的方程、轨迹、速度和加速度。

答：$x=0.1t^2\text{m}$，$y=h-0.05t^2\text{m}$；$\dfrac{x}{2}+y=h$；$v_a=0.1\sqrt{5}t\ \text{m/s}$，$a_a=0.1\sqrt{5}\text{m/s}^2$。

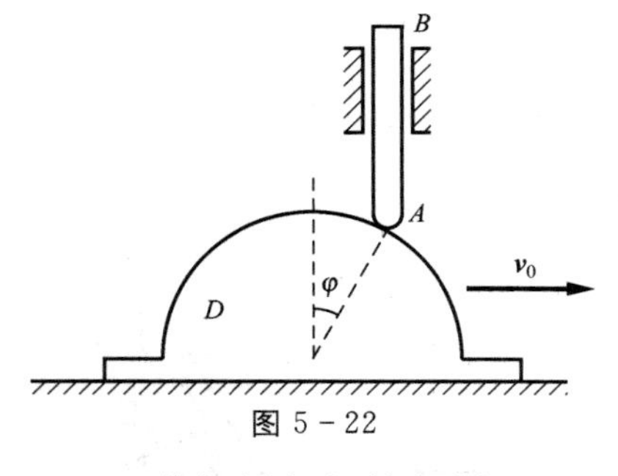

图 5-22

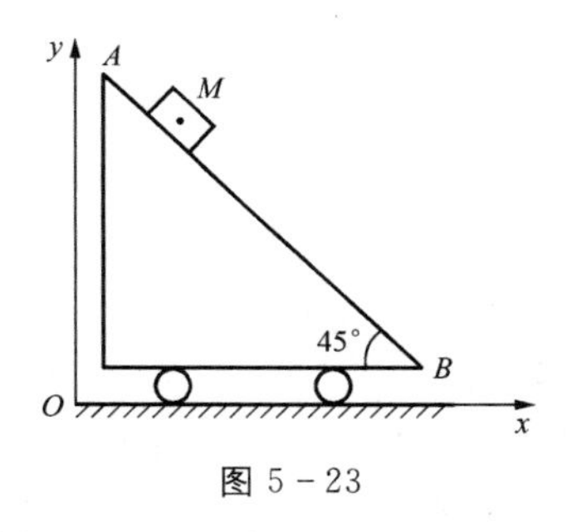

图 5-23

5-8　曲柄摇杆机构如图 5-24 所示。已知：曲柄 O_1A 以等角速度 ω 绕 O_1 转动，$O_1A=R$，$O_1O_2=b$，$O_2C=l$。试求当 O_1A 处于水平位置时，杆 BC 的速度。

答：$v_{BC}=\dfrac{R^2l\omega}{b^2}$。

5-9　如图 5-25 所示，$O_1A=O_2B=r=10\text{cm}$，$O_1O_2=AB=20\text{cm}$。在图示位置时，O_1A 杆的角速度 $\omega=1\text{rad/s}$，角加速度 $\alpha=0.5\text{rad/s}^2$，O_1A 与 EF 两杆位于同一水平线上，EF 杆的 E 端与三角板 BCD 的 BD 边相接触。求图示瞬时 EF 杆的加速度。

答：$a_{EF}=7.11\text{cm/s}^2$（←）。

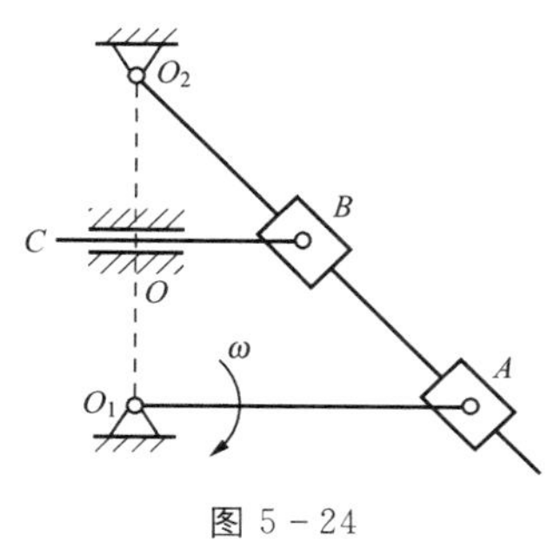

图 5-24

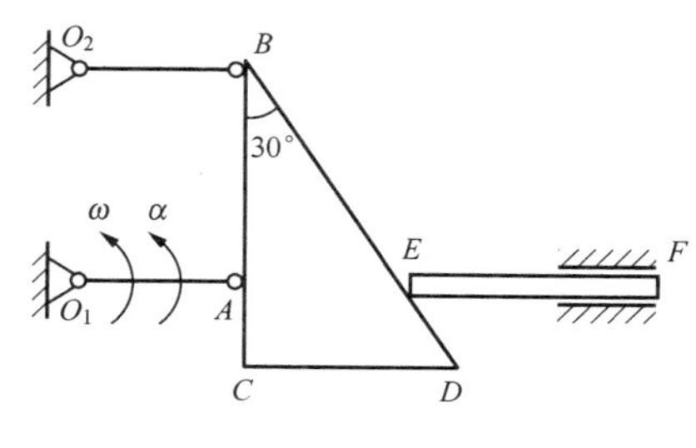

图 5-25

5-10　摇杆 OC 绕 O 轴往复摆动，通过套在其上的套筒 A 带动铅垂杆 AB 上下运动。已知 $l=30\text{cm}$，当 $\theta=30°$时，$\omega=2\text{rad/s}$，$\alpha=3\text{rad/s}^2$，转向如图 5-26 所示。试求机构在图示位置时，杆 AB 的速度和加速度。

答：$v=80\text{cm/s}$，$a=64.75\text{cm/s}^2$。

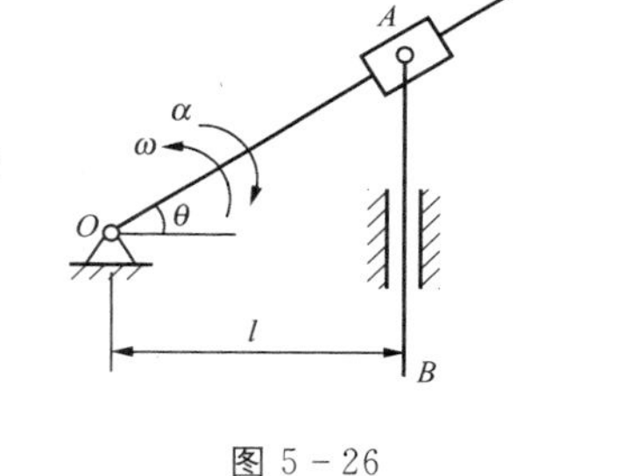

图 5-26

5-11　半径为 R 的圆轮，以匀角速度 ω_0 绕 O 轴逆时针转动，带动 AB 杆绕 A 轴转动。在图 5-27所示瞬时，OC 与铅垂线的夹角为 60°，AB 杆水平，圆轮与 AB 杆的接触点 D 距 A 点为$\sqrt{3}R$。求此时 AB 杆的角加速度。

答：$\alpha_{AB}=\dfrac{\sqrt{3}}{4}\omega_0^2$。

5-12　牛头刨床机构如图 5-28 所示。已知 $O_1A=200\text{mm}$，角速度 $\omega=2\text{rad/s}$。求图示位置滑枕 CD 的速度和加速度。

答：$v=0.325\text{m/s}$，$a=0.657\text{m/s}^2$。

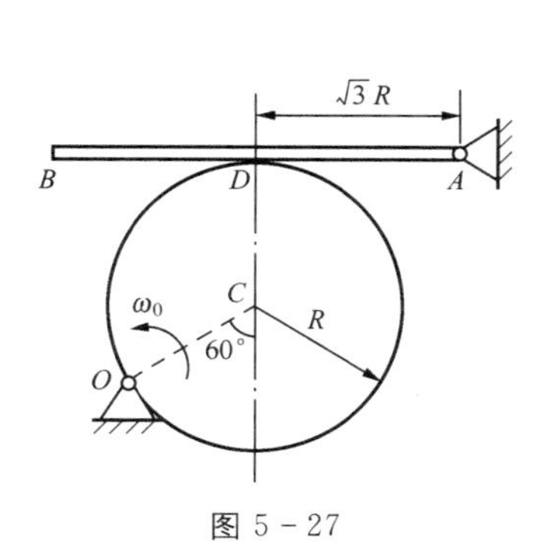

图 5-27

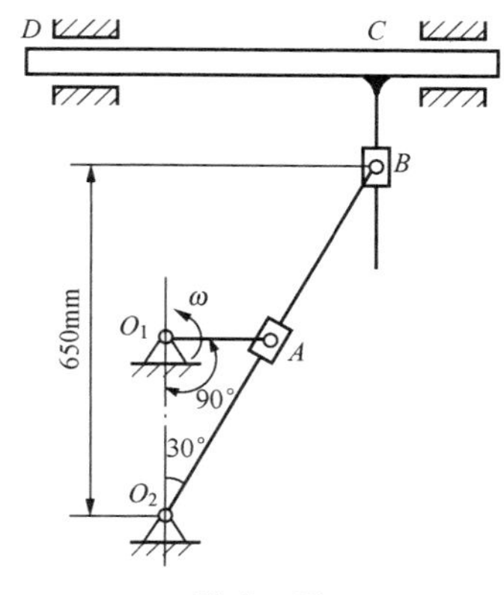

图 5-28

5-13　如图 5-29 所示，已知 $O_1A=O_2B=l=1.5\text{m}$，且 O_1A 平行于 O_2B，在图示位置，滑道 OC 的角速度 $\omega=2\text{rad/s}$，角加速度 $\alpha=1\text{rad/s}^2$，$OM=b=1\text{m}$。试求此时杆 O_1A

的角速度和角加速度。

答：$\omega=1.89\text{rad/s}$，$\alpha=10\text{rad/s}^2$。

5－14　如图5－30所示，滑块M与O_1A铰接，并可沿杆O_2B滑动。O_1O_2的水平间距$l=0.5\text{m}$。在图示瞬时$\varphi=60°$，杆O_1A的角速度$\omega_1=0.2\text{rad/s}$，角加速度$\alpha_1=0.25\text{rad/s}^2$，转向如图。试求此瞬时杆$O_2B$的角加速度$\alpha_2$和滑块$M$相对于杆$O_2B$的加速度。

答：$\alpha_2=0.274\text{rad/s}^2$，$a_r=0.125\text{cm/s}^2$。

5－15　如图5－31所示偏心轮摇杆机构，摇杆O_1A借助弹簧压在半径为R的偏心轮C上。偏心轮C绕轴O往复摆动，从而带动摇杆绕轴O_1摆动。设$OC\perp OO_1$时，轮的角速度为ω，角加速度为零，$\theta=60°$。试求此时摇杆O_1A的角速度ω_1和角加速度α_1。

答：$\omega_1=\dfrac{\omega}{2}$，$\alpha_1=\dfrac{\sqrt{3}}{12}\omega^2$。

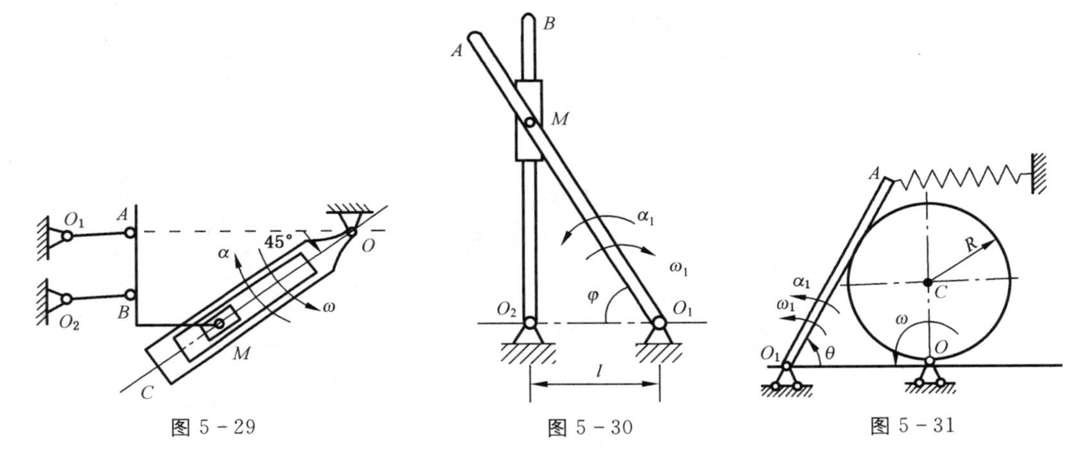

图5－29　　图5－30　　图5－31

第 6 章　刚体的平面运动

刚体的平面运动是工程中常见的一种较为复杂的运动形式。本章将讨论刚体平面运动的特征，着重阐述运用基点法、瞬心法和速度投影法进行速度分析，以及运用基点法进行加速度分析的原理与方法。

6.1　刚体平面运动的简化和分解

6.1.1　刚体平面运动的简化

刚体在运动过程中，如其上任一点到某一固定平面的距离始终保持不变，则称这种运动为**刚体的平面运动**。刚体平面运动在工程中十分常见，图 6－1(a)中曲柄滑块机构中连杆 AB 的运动，图 6－1(b)中车辆沿直线轨道行驶时车轮的运动都是刚体的平面运动。

如图 6－2 所示，设刚体作平面运动，其上任一点至固定平面Ⅰ的距离在运动过程中保持不变。过刚体上任一点 A，作平行于固定平面Ⅰ的平面Ⅱ，平面Ⅱ切割刚体得到截面 S。当刚体运动时，截面 S 始终在平面Ⅱ内运动。过 A 点作与截面 S 垂直的直线 A_1AA_2，则在刚体运动过程中，该直线做平行于原来位置的运动，且其上各点的运动与 S 面上 A 点的运动完全相同。这样，直线 A_1AA_2 上各点的运动就可以用 A 点的运动来代替，所以整个刚体的运动就可以用 S 面在平面Ⅱ上的运动来代替。因此，**刚体的平面运动可以简化为平面图形在其自身平面内的运动**。

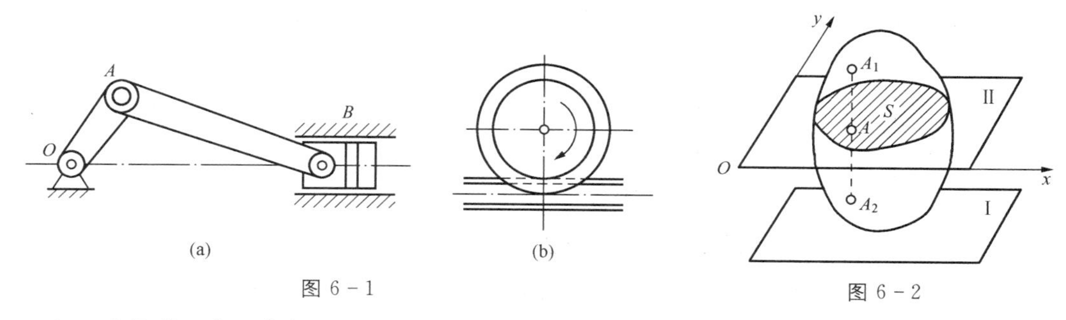

图 6－1

图 6－2

由上述简化可知，确定了平面图形 S 在任意瞬时 t 的位置，也就确定了平面运动刚体的运动规律。为此，只需确定平面图形 S 内任一线段 AB 的位置即可。在图形 S 所在平面内建立定系 Oxy，如图 6－3 所示，则线段 AB 的位置可由线段上一点 A 的坐标 x_A、y_A 和线段 AB 相对于 x 轴的转角 φ 来表示，点 A 称为**基点**。当图形 S 在其自身所在平面内运动时，基点 A 的坐标 x_A，y_A 和角 φ 都是随时间而变化的，即

$$
\begin{cases} x_A = x(t) \\ y_A = y(t) \\ \varphi = \varphi(t) \end{cases} \tag{6-1}
$$

式(6－1)可以完全确定平面运动刚体的运动学特征，所以该方程就是**刚体平面运动的运动方程**。

6.1.2　刚体平面运动的分解

在刚体平面运动方程(6－1)中，若 φ 为常数，则刚体的运动简化为随基点 A 的平动；若 x_A 和 y_A 均为常数，则刚体的运动简化为绕过 A 点垂直于平面 S 的轴的定轴转动。由此可见，**刚体的平面运动可以分解为随基点 A 的平动和绕基点 A 的转动**，从而可以用合成运动的理论来研究刚体的平面运动。

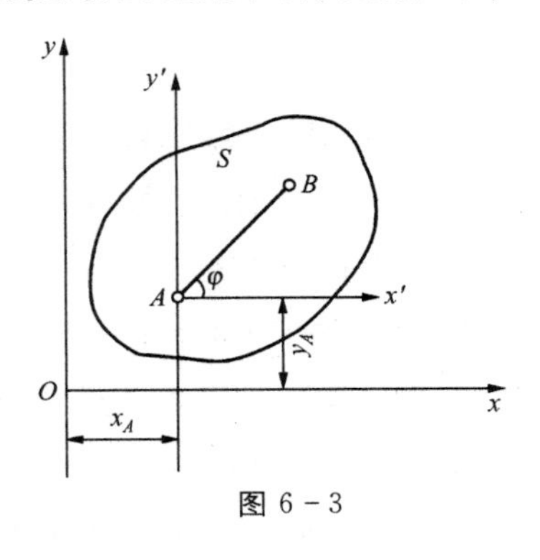

图 6－3

对于平面图形 S 的运动，如图 6－3 所示，以基点 A 为原点建立动系 $Ax'y'$，动系只在其原点 A 与图形 S 相铰接，动系坐标轴 x' 和 y' 的方向分别始终与固定坐标轴 x 和 y 平行，即动系 $Ax'y'$ 是一个平动坐标系。于是，平面图形 S 在定系 Oxy 中的绝对运动就是所要研究的平面运动，其在动系 $Ax'y'$ 的相对运动是绕基点 A 的转动，动系 $Ax'y'$ 相对于定系 Oxy 的牵连运动是随基点 A 的平动。因此，平面图形 S 的运动可以分解为随基点的平动和绕基点的转动，从而可以将平面运动视为平动与转动的合成。

应当指出，上述分解中，总是以选定的基点为原点，建立一个做平动的动系，而并非实际存在的平动物体，所谓绕基点的转动，是指相对于这个平动参考系的转动。

研究平面运动时，可以选择不同的点作为基点。一般的，平面图形上各点的运动情况是不相同的。设在时间间隔 Δt 内，平面图形由位置Ⅰ运动到位置Ⅱ，相应的，图形内任取的线段从 AB 运动到 A_1B_1，如图 6－4 所示。如取 A 为基点，这一运动可以分解成：线段 AB 随 A 点平动到达位置 A_1B_1' 的牵连运动，以及由位置 A_1B_1' 绕 A_1 点转动 $\Delta\varphi$ 角，到达位置 A_1B_1 的相对运动。但是，对基点的选择并无任何限制。譬如，也可以选 B 为基点。这时，平面图形内线段从 AB 到 A_1B_1 的运动就可以分解成：线段 AB 随 B 点平动到 $A_1'B_1$ 的牵连运动，以及由位置 $A_1'B_1$ 绕 B_1 点转动 $\Delta\varphi'$ 角到达位置 A_1B_1 的相对运动。

由图 6－4 可以看出，一般 $\overrightarrow{AA_1} \neq \overrightarrow{BB_1}$，因此，选择不同的基点，平动的位移一般是不同的，所以其平动的速度和加速度一般也不相同；但是，由于 $\Delta\varphi = \Delta\varphi'$，即转动的角位移及其转向总是相同的，所以其转动的角速度和角加速度也是相同的。由此可见，**平面运动分解为平动和转动时，其平动的速度和加速度与基点的选择有关，而角速度和角加速度与基点的选**

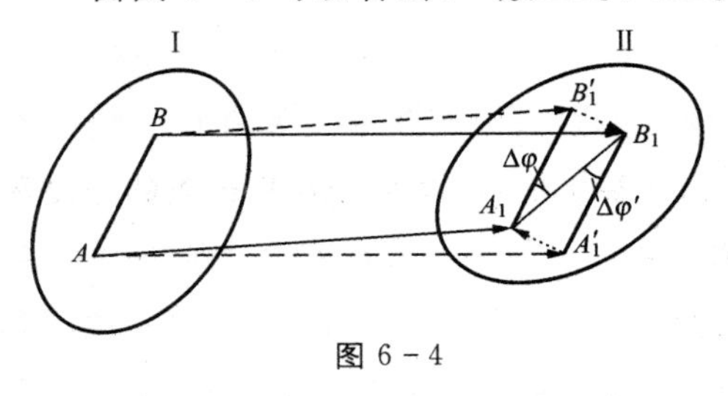

图 6－4

择无关，所以在研究平面图形的速度和加速度时必须指明其基点，而在研究其角速度和角加速度时不必指明其基点。

6.2　平面图形上各点的速度分析

通过对刚体平面运动的简化和分解，可以将刚体的平面运动简化为平面图形在其自身平面内的运动，并将平面图形的运动分解为随基点的平动和绕基点的转动。现在，就可以用点的合成运动理论来分析平面图形内各点的速度和加速度。

6.2.1　基点法

设在某瞬时，平面图形上点 A 的速度为 $\boldsymbol{v}_A$，平面图形的角速度为 ω，如图 6－5 所示，下面分析平面图形内任一点 B 的速度 $\boldsymbol{v}_B$。

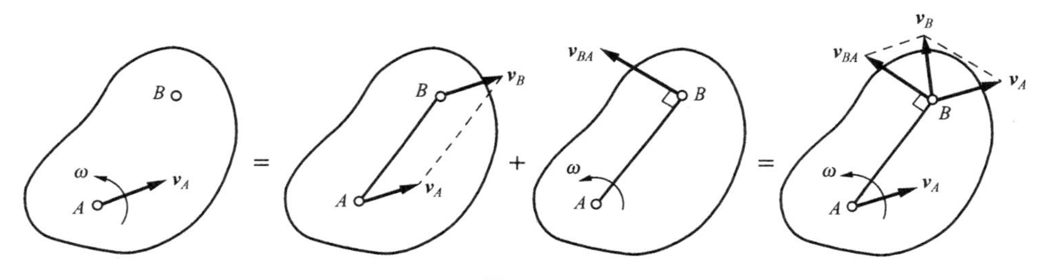

图 6－5

由于点 A 的运动已知，所以取点 A 为基点，点 B 为动点，铰接在点 A 的平动坐标系为动系。因此，点 B 的运动就可以看成是牵连运动为平动和相对运动为绕基点（相对于平动坐标系）的圆周运动这两种运动的合成，其绝对运动是平面曲线运动。根据速度合成定理，B 点的绝对速度为

$$\boldsymbol{v}_B=\boldsymbol{v}_e+\boldsymbol{v}_r$$

由于点 B 的牵连运动是动坐标系随基点 A 的平动，所以牵连速度为

$$\boldsymbol{v}_e=\boldsymbol{v}_A$$

而点 B 的相对运动是以基点 A 为圆心、半径为 AB 的圆周运动，所以，相对速度就是平面图形绕点 A 转动时点 B 的速度，用 $\boldsymbol{v}_{BA}$ 表示，即

$$\boldsymbol{v}_r=\boldsymbol{v}_{BA}$$

其大小为 $v_r=v_{BA}=AB\cdot\omega$，方向垂直于 AB，指向由 ω 的转向确定。因此，点 B 的绝对速度可表示为

$$\boldsymbol{v}_B=\boldsymbol{v}_A+\boldsymbol{v}_{BA} \tag{6-2}$$

由此得到求平面图形上任一点速度的速度合成法，即**基点法：平面图形内任一点的速度等于基点的速度与该点绕基点转动的速度的矢量和。**

在式(6－2)中，$\boldsymbol{v}_B$、$\boldsymbol{v}_A$ 和 $\boldsymbol{v}_{BA}$ 各有大小和方向两个要素，共计六个要素，因此要使问题可解，一般应至少有四个要素是已知的。在平面图形运动中，点的相对速度 $\boldsymbol{v}_{BA}$ 的方向总

是已知的，即垂直于 AB，于是，只需要知道任意其他三个要素，便可以作出速度平行四边形进行求解。

6.2.2　速度投影法

式(6－2)表明了平面图形上任意两点速度之间的关系。根据此式，还可以得出同一刚体上两点速度的另一种关系。

如图 6－6 所示，将式(6－2)向 AB 连线上投影得

$$[\boldsymbol{v}_B]_{AB}=[\boldsymbol{v}_A]_{AB}+[\boldsymbol{v}_{BA}]_{AB}$$

由于 $\boldsymbol{v}_{BA}$ 的方向总是垂直于 AB 连线，所以 $\boldsymbol{v}_{BA}$ 在 AB 上的投影为零，即

$$[\boldsymbol{v}_{BA}]_{AB}=0$$

由此得到刚体上任意两点的速度投影关系为

$$[\boldsymbol{v}_B]_{AB}=[\boldsymbol{v}_A]_{AB} \tag{6－3}$$

这就是**速度投影定理：平面图形上任意两点的速度在这两点连线上的投影彼此相等**。这个定理反映了刚体的特性，因为刚体上任意两点之间的距离始终保持不变，因此，任意两点的速度在连线上的投影必须相等；否则，这两点的距离就要改变，那就不能称其为刚体了。所以，这个定理不仅适用于刚体的平面运动，而且也适用于刚体其他任何形式的运动。

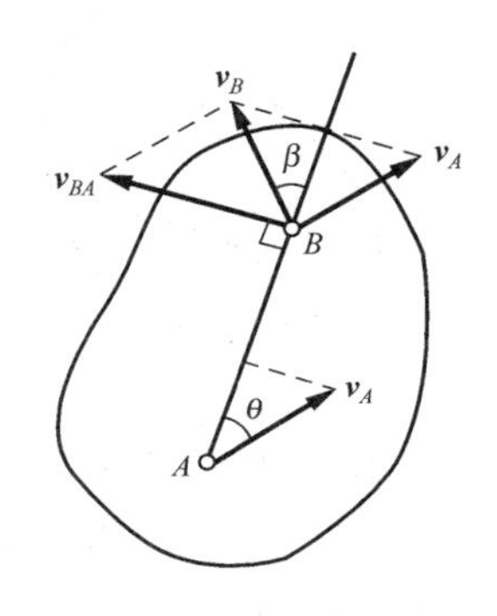

图 6－6

运用速度投影定理求平面图形上一点的速度，有时是很方便的。但式(6－3)只是矢量式(6－2)的一个投影式，并不能完全取代式(6－2)。

利用基点法和速度投影法求解刚体平面运动的一般步骤分为以下几点。

(1) 根据题意，分析各刚体的运动，选取做平面运动的刚体为研究对象。

(2) 选取基点，进行速度分析，弄清楚平面运动刚体上哪一点速度的大小和方向是已知的，哪一点速度的大小和方向是未知的。

(3) 应用基点法或速度投影法求解未知量。

【例 6－1】　直杆 AB 的长度 $l=200\text{mm}$，其两端分别沿相互垂直的两条固定直线滑动，如图 6－7 所示。在图示位置，A 端速度 $v_A=20\text{mm/s}$，杆 AB 与水平线的夹角恰好是 30°。求该瞬时杆 AB 的角速度 ω 和 B 端的速度 v_B。

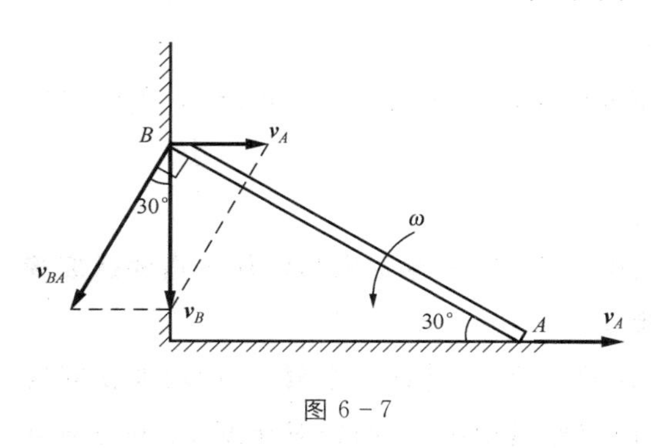

图 6－7

解　方法一　基点法

杆 AB 做平面运动，以点 A 为基点求 ω

和 v_B。根据式(6-2)有

$$\boldsymbol{v}_B=\boldsymbol{v}_A+\boldsymbol{v}_{BA}$$

其中，基点速度 $\boldsymbol{v}_A$ 已知；B 点绕基点 A 转动的相对速度 $\boldsymbol{v}_{BA}$ 的方向垂直于 AB，但大小 $v_{BA}=l\omega$ 尚未知；B 点的速度 $\boldsymbol{v}_B$ 的方向铅垂向下，大小待求。作出点 B 的速度平行四边形，由图中几何关系可得

$$v_B=v_A/\tan30°=34.64\text{mm/s}$$

$$v_{BA}=v_A/\sin30°=40\text{mm/s}$$

因此

$$\omega=\frac{v_{BA}}{AB}=0.2\text{rad/s}$$

由相对速度 $\boldsymbol{v}_{BA}$ 的指向及其相对于 A 的位置，可以判明角速度 ω 的转向为逆时针方向。

方法二　速度投影法

注意到 $\boldsymbol{v}_A$ 方向水平、$\boldsymbol{v}_B$ 方向铅直，将它们向 AB 连线投影，根据式(6-3)可得

$$v_B\cos60°=v_A\cos30°$$

所以

$$v_B=v_A\cos30°/\cos60°=34.64\text{mm/s}$$

然而，不能通过速度投影法求直杆 AB 的角速度。

【例 6-2】 如图 6-8(a)所示连杆滑块机构，连杆长度 $AB=BC=l=300\text{cm}$，已知滑块 A 以等速 $v_A=0.2\text{m/s}$ 向右运动，图示瞬时，连杆 AB 的角速度 $\omega_{AB}=0.4\text{rad/s}$。求此瞬时滑块 C 的速度和连杆 BC 的角速度。

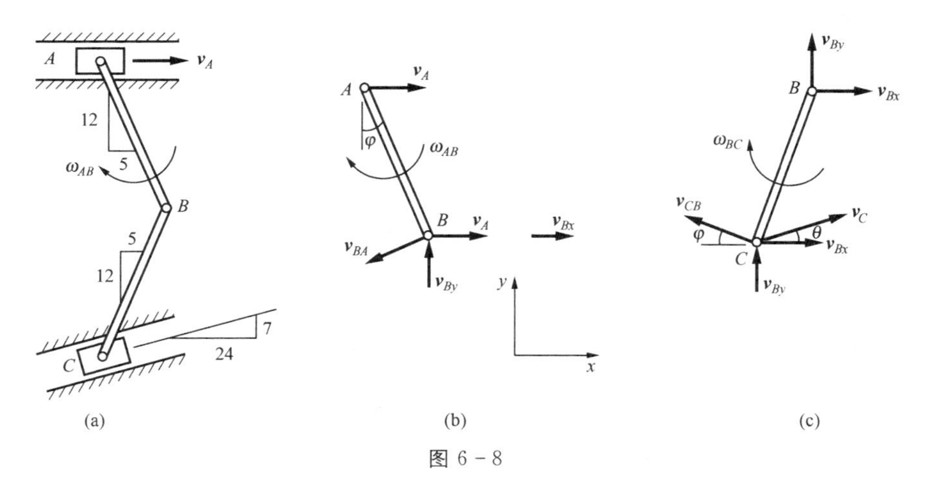

图 6-8

解　连杆 AB 和 BC 均做平面运动。研究杆 AB，由题所给已知条件，就可求得点 B 的速度，再以 B 为基点，进一步求得点 C 的速度和杆 BC 的角速度。

先以点 A 为基点分析点 B，其速度合成矢量图如图 6-8(b)所示，将 $\boldsymbol{v}_B=\boldsymbol{v}_A+\boldsymbol{v}_{BA}$ 分别向 x、y 投影，有

$$v_{Bx}=v_A-v_{BA}\cos\varphi, v_{By}=-v_{BA}\sin\varphi$$

式中，$v_{BA}=l\omega_{AB}=1.2\text{m/s}$，$\cos\varphi=\dfrac{12}{13}$，$\sin\varphi=\dfrac{5}{13}$，代入上式得

$$v_{Bx}=-0.908\text{m/s}, v_{By}=-0.462\text{m/s}$$

再以点 B 为基点分析点 C，其速度合成矢量图如图 6－8(c)所示，将 $\boldsymbol{v}_C=\boldsymbol{v}_B+\boldsymbol{v}_{CB}$ 分别向 x、y 投影，有

$$v_C\cos\theta=v_{Bx}-v_{CB}\cos\varphi$$

$$v_C\sin\theta=v_{By}+v_{CB}\sin\varphi$$

式中，$\cos\theta=\dfrac{24}{25}$，$\sin\theta=\dfrac{7}{25}$，上两式联立解得

$$v_C=\frac{v_{Bx}\sin\varphi+v_{By}\cos\varphi}{\sin\varphi\cos\theta+\cos\varphi\sin\theta}=-1.235\text{m/s}$$

$$v_{CB}=\frac{v_{Bx}\sin\theta-v_{By}\cos\theta}{\sin\varphi\cos\theta+\cos\varphi\sin\theta}=3.01\text{m/s}$$

连杆 BC 的角速度

$$\omega_{BC}=\frac{v_{BC}}{l}=1\text{rad/s}$$

其转向由 $\boldsymbol{v}_{CB}$ 的指向确定为顺时针方向。

讨论

本题在已知条件中，若将杆 AB 的角速度去除，而给出点 C 的速度（$v_C=1.235\text{m/s}$，沿斜面向下），则应怎样求解？

6.2.3　速度瞬心法

基点法中基点是可以任意选择的。如果平面图形上存在着瞬时速度等于零的一点，那么选取该点为基点来计算各点速度就会方便得多。

如图 6－9(a)所示，设在某瞬时平面图形的角速度为 ω，其上一点 A 的速度为 $\boldsymbol{v}_A$。以点 A 为基点，顺着 ω 的转向，作垂直于 $\boldsymbol{v}_A$ 的直线 AL，则 AL 上任一点 M 的速度为

$$\boldsymbol{v}_M=\boldsymbol{v}_A+\boldsymbol{v}_{MA}$$

由图 6－9(a)可以看出，$\boldsymbol{v}_A$ 与 $\boldsymbol{v}_{MA}$ 在同一直线上，且方向相反，所以 $\boldsymbol{v}_M$ 的大小为 $v_M=v_A-v_{MA}=v_A-MA\cdot\omega$。若在直线 AL 上取一点 P，使 $PA=\dfrac{v_A}{\omega}$，那么点 P 的速度大小为

$$v_P=v_A-PA\cdot\omega=0$$

即在任一瞬时，只要 $\omega\neq0$，平面图形上必定唯一地存在着速度为零的点。 平面图形上

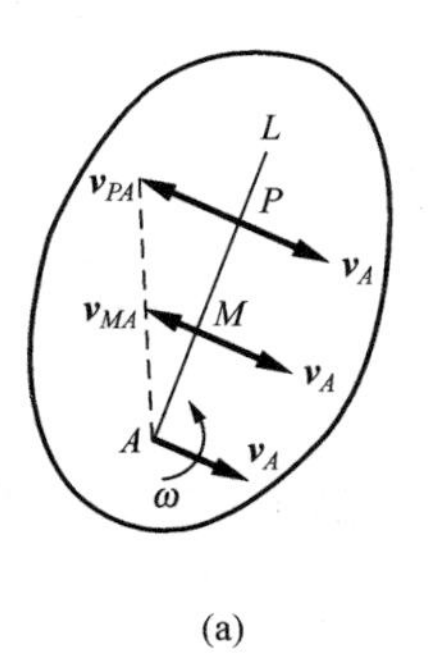

(a)

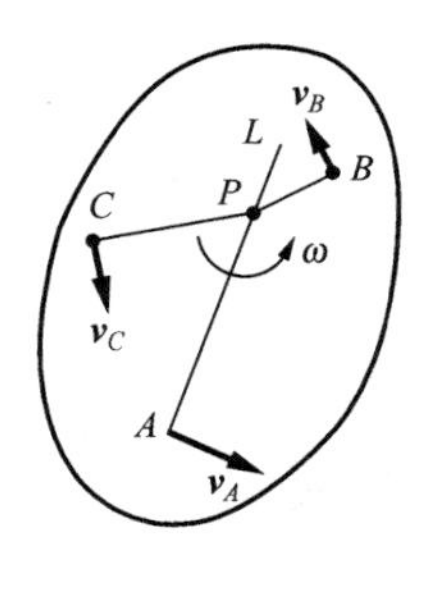

(b)

图 6－9

这个瞬时速度为零的点称为平面图形的**瞬时速度中心**，简称为**瞬心**。

关于速度瞬心的概念，应着重从以下几个方面去理解。

(1) 速度瞬心是平面图形内某瞬时速度为零的点，但并不是平面图形上的一个固定点，其位置随时间而变化，在不同瞬时有不同的位置。

(2) 速度瞬心不一定在所考虑的平面图形内，它可以在其扩展图形上。

(3) 若平面图形在某瞬时角速度不等于零，则该瞬时图形必有一个而且只有一个瞬心。

(4) 若平面图形在运动中的某瞬时角速度等于零，则该瞬时图形的运动称为**瞬时平动**。其特点是该瞬时图形上各点的速度大小相等，方向相同。

(5) 对运动中的平面图形，瞬心的速度为零，并不表明其加速度也为零。因为，如果平面图形在运动中速度瞬心的加速度也为零，那么该点一定是个固定点，这样平面图形的运动就应该是定轴转动，而不是平面运动。

如图 6-9(b)所示，若以点 P 为基点，由于 $v_P=0$，所以平面图形上各点的速度为

$$v_A=v_{AP}=\omega\cdot PA,\boldsymbol{v}_A\perp PA$$

$$v_B=v_{BP}=\omega\cdot PB,\boldsymbol{v}_B\perp PB$$

$$v_C=v_{CP}=\omega\cdot PC,\boldsymbol{v}_C\perp PC$$

由此可见，图形内各点速度的大小与该点到速度瞬心的距离成正比。速度的方向垂直于该点到速度瞬心的连线，指向图形转动的一方，如图 6-9(b)所示。平面图形内各点速度在某一瞬时的分布情况，与图形绕定轴转动时各点速度的分布情况类似。所以，平面图形的运动可以看成绕速度瞬心的瞬时转动。

显然，选择速度瞬心作为基点来求平面图形上任一点的速度，比选其他点为基点更为方便。这种利用速度瞬心求平面图形上各点速度的方法称为**速度瞬心法**，简称**瞬心法**。

运用速度瞬心法求解时，必须首先确定瞬心的位置，确定速度瞬心的方法有以下几种。

(1) 已知某瞬时图形上 A、B 两点的速度方向，且两者互不平行，如图 6-10 所示。由于图形上各点的速度与各点至瞬心的连线垂直，所以，过 A、B 两点分别作速度的垂线，两垂线的交点 P 是该瞬时图形的速度瞬心。速度瞬心 P 可能在平面图形内，如图 6-10(a)所示，也可能在平面图形外如图 6-10(b)所示。

(2) 已知某瞬时图形上 A、B 两点的速度 v_A 和 v_B，且 $v_A /\!/ v_B$，但大小不相等，方向垂直于连线 AB，如图 6-11 所示。不论 v_A 和 v_B 的指向相同，如图 6-11(a)所示，还是相反，如图 6-11(b)所示，该瞬时图形的速度瞬心 P 都必定在连线 AB 与速度矢量 v_A 与 v_B 矢端连线的交点上。

(3) 已知某瞬时图形上 A、B 两点的速度 $v_A=v_B$，且 $v_A//v_B$，同时都垂直于连线 AB，如图 6-12(a)所示；或已知 $v_A//v_B$，但 v_A 与 v_B 都与连线 AB 不垂直，如图 6-12(b)所

示。这时图形的速度瞬心在无穷远处，该瞬时图形的角速度 $\omega=0$，即平面图形此时作瞬时平动，该瞬时图形上各点的瞬时速度彼此相等。必须注意，此瞬时各点的速度相同，但加速度不一定相同。

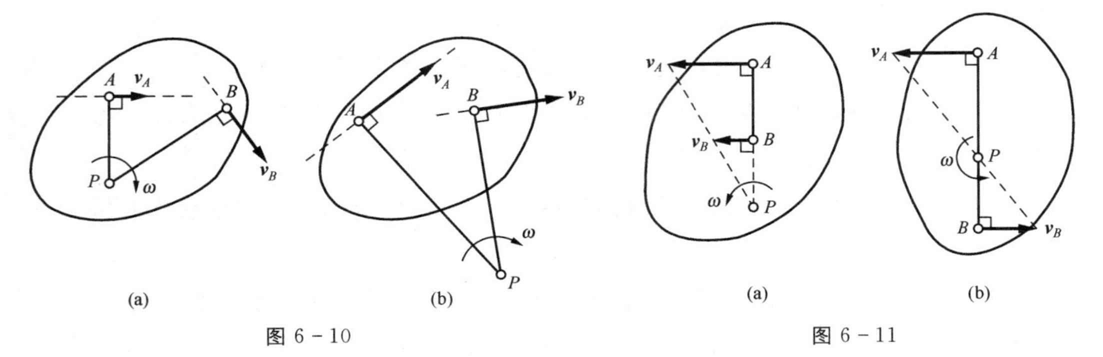

图 6－10　　　　图 6－11

（4）若图形沿某一固定平面或曲面做纯滚动，如图 6－13 所示，则任何瞬时图形与固定面相接触的点 P 就是图形的瞬心。因为在这一瞬时，点 P 相对于固定面的速度为零，所以它的绝对速度为零。例如，在车轮滚动的过程中，轮缘上的各点相继与地面接触成为车轮在不同时刻的速度瞬心。

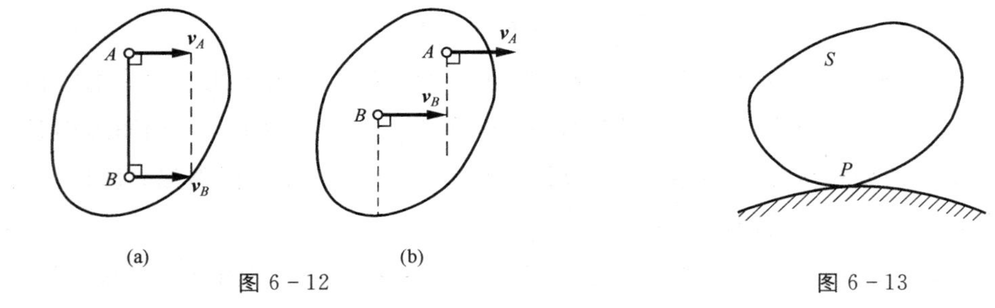

图 6－12　　　　图 6－13

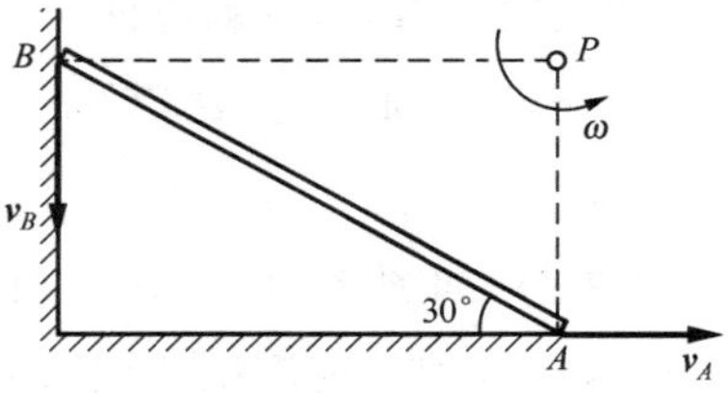

图 6－14

【例 6－3】 用速度瞬心法重解[例 6－1]。

解　先求出直杆在该位置的速度瞬心。因直杆 AB 上 A、B 两点速度的方向已知，故过这两点分别作对应速度方位的垂线，这两垂线的交点 P 就是速度瞬心，如图 6－14 所示。这时，杆上各点速度的分布情况如同直杆绕 P 点转动一样，因此

$$v_A=PA\cdot\omega, v_B=PB\cdot\omega$$

直杆的角速度为

$$\omega=\frac{v_A}{PA}=\frac{v_A}{AB\sin30^\circ}=0.2\text{rad/s}$$

转向为逆时针方向。

B 点的速度为

$$v_B=PB\cdot\omega=AB\cos30^\circ\cdot\omega=34.64\text{mm/s}$$

【例 6－4】 矿石轧碎机的活动夹板 AB 长 600mm，由曲柄 OE 通过连杆组带动，使其绕 A 轴摆动，如图 6－15 所示。曲柄 OE 长 100mm，角速度为 10rad/s。连杆组由杆 BG、GD 和 GE 组成，杆 BG 和 GD 各长 500mm。求当机构在图示位置时，夹板 AB 的角速度。

解　此机构由五个刚体组成：杆 OE、GD 和 AB 绕固定轴转动，杆 GE 和 BG 做平面运动。

欲求杆 AB 的角速度 ω_{AB}，必须先求出点 B 的速度大小，因为 $\omega_{AB}=\dfrac{v_B}{AB}$；而欲求 v_B，则应先求点 G 的速度。

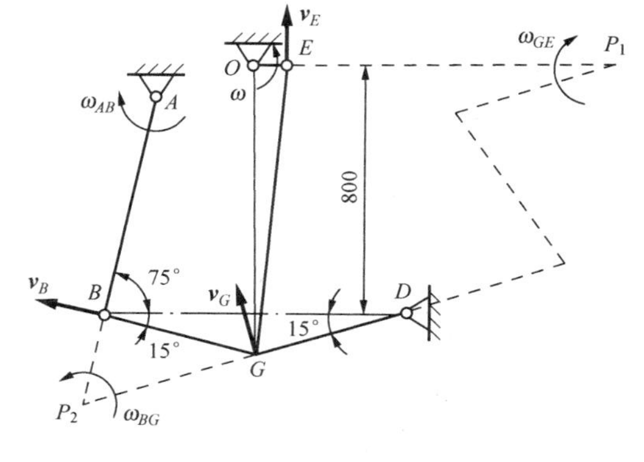

图 6－15

杆 GE 做平面运动，点 E 的速度方向垂直于 OE，点 G 在以 D 为圆心的圆弧上运动，因此速度方向垂直于 GD。作 G、E 两点速度矢量的垂线，得交点 P_1，这就是在图示瞬间杆 GE 的速度瞬心。

由图中几何关系知

$$OG=800+500\sin15°=929.4\text{mm}$$

$$EP_1=OP_1-OE=OG\cdot\cot15°-OE=3369\text{mm}$$

$$GP_1=OG/\sin15°=3591\text{mm}$$

于是，杆 GE 的角速度为

$$\omega_{GE}=\frac{v_E}{EP_1}=\frac{\omega\cdot OE}{EP_1}=0.2968\text{rad/s}$$

点 G 的速度为

$$v_G=\omega_{GE}\cdot GP_1=1.066\text{m/s}$$

杆 BG 也做平面运动，已知点 G 的速度大小和方向，点 B 的速度垂直于 AB，作两速度矢量的垂线交于点 P_2，即为杆 BG 在图示瞬时的速度瞬心。按照上面的计算方法可求得

$$\omega_{BG}=\frac{v_G}{GP_2}$$

$$v_B=\omega_{BG}\cdot BP_2=v_G\frac{BP_2}{GP_2}=v_G\sin30°$$

$$\omega_{AB}=\frac{\omega_B}{AB}=\frac{v_G\sin30°}{AB}=0.888\text{rad/s}$$

讨论

（1）机构的运动都是通过各部件的连接点来传递的。

（2）在每一瞬时，机构中做平面运动的各刚体有各自的速度瞬心和角速度。

（3）本题用速度投影定理求解更简便，请试做。

【例 6-5】 图 6-16 所示的行星轮系中，大齿轮Ⅰ固定，半径为 r_1；行星齿轮Ⅱ沿轮Ⅰ只滚动而不滑动，半径为 r_2。杆 OA 角速度为 ω_0。试求轮Ⅱ的角速度 $\omega_{\text{Ⅱ}}$ 及其上 B、C 两点的速度。

解　方法一　基点法

行星轮Ⅱ做平面运动，其上点 A 的速度可由杆 OA 的转动求得

$$\boldsymbol{v}_A=\omega_0\cdot OA=\omega_0(r_1+r_2)$$

方向如图 6-16 所示。

以 A 为基点，轮Ⅱ上与轮Ⅰ接触的点 D 的速度应为

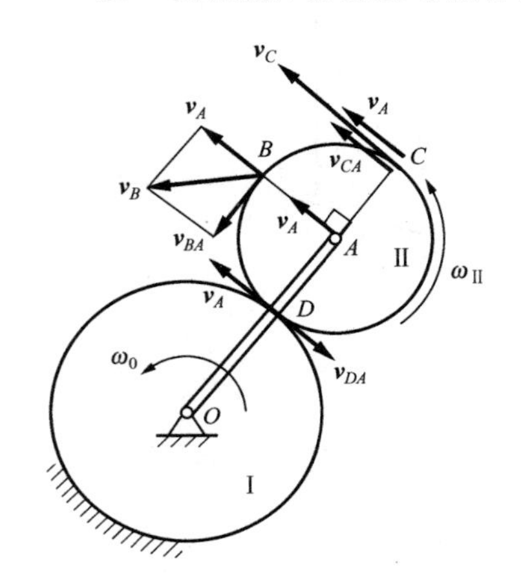

图 6-16

$$\boldsymbol{v}_D=\boldsymbol{v}_A+\boldsymbol{v}_{DA}$$

由于齿轮Ⅰ固定不动，接触点 D 不滑动，显然 $v_D=0$，因而有

$$v_{DA}=v_A=\omega_0(r_1+r_2)$$

方向与 $\boldsymbol{v}_A$ 相反，如图所示。$\boldsymbol{v}_{DA}$ 作为点 D 绕基点 A 的转动速度，应有 $v_{DA}=\omega_{\text{Ⅱ}}\cdot DA$。由此可得

$$\omega_{\text{Ⅱ}}=\frac{v_{DA}}{DA}=\frac{\omega_0(r_1+r_2)}{r_2}$$

为逆时针转动，如图 6-16 所示。

以 A 为基点，点 B 的速度为

$$\boldsymbol{v}_B=\boldsymbol{v}_A+\boldsymbol{v}_{BA}$$

而 $v_{BA}=\omega_{\text{Ⅱ}}\cdot BA=\omega_0(r_1+r_2)=v_A$，方向与 $\boldsymbol{v}_A$ 垂直，如图 6-16 所示。因此，$\boldsymbol{v}_B$ 与 $\boldsymbol{v}_A$ 的夹角为 45°，指向如图所示，大小为

$$v_B=\sqrt{2}v_A=\sqrt{2}\omega_0(r_1+r_2)$$

以 A 为基点，点 C 的速度为

$$\boldsymbol{v}_C=\boldsymbol{v}_A+\boldsymbol{v}_{CA}$$

而 $v_{CA}=\omega_{\text{Ⅱ}}\cdot CA=\omega_0(r_1+r_2)=v_A$，方向与 $\boldsymbol{v}_A$ 一致，因此

$$v_C=v_A+v_{CA}=2\omega_0(r_1+r_2)$$

方法二　瞬心法

由于点 D 为轮Ⅱ的速度瞬心，所以直接有

$$\omega_{\text{Ⅱ}}=\frac{v_A}{DA}=\frac{\omega_0(r_1+r_2)}{r_2}$$

$$v_B=\omega_{\text{Ⅱ}}\cdot DB=\frac{\omega_0(r_1+r_2)}{r_2}\sqrt{2}r_2=\sqrt{2}\omega_0(r_1+r_2)$$

$$v_C=\omega_{\text{Ⅱ}}\cdot DC=\frac{\omega_0(r_1+r_2)}{r_2}2r_2=2\omega_0(r_1+r_2)$$

【例 6-6】 在图 6-17 所示机构中，曲柄 OA 以匀角速度 $\omega=0.5\text{rad/s}$ 绕 O 轴逆时

针转动，$OA=10\text{cm}$。CD 杆以匀速 $v=15\text{cm/s}$ 水平向左滑动。在图示位置，曲柄 OA 水平，槽杆 AB 与水平线的夹角为 45°，两铰链 A 和 C 之间的距离 $AC=10\sqrt{2}\text{cm}$，求此时槽杆 AB 的角速度 ω_{AB}。

解　(1) 分析机构各构件的运动。曲柄 OA 做定轴转动，CD 杆沿水平槽做直线平动，滑块 C 做水平直线运动，槽杆 AB 做平面运动。

(2) 选取研究对象，进行速度分析与求解。为了求槽杆 AB 的角速度 ω_{AB}，先以做平面运动的槽杆 AB 为研究对象，选 A 为基点。这样，基点 A 的速度 $\boldsymbol{v}_A$ 的大小为 $v_A=OA\cdot\omega=5\text{cm/s}$，方向垂直于 OA，铅直向下。AB 杆上与滑块 C 相重合的牵连点 C 的速度 $\boldsymbol{v}_C$ 大小方向均未知，$\boldsymbol{v}_{CA}$ 的大小 $v_{CA}=AC\cdot\omega_{AB}$ 未知，方向垂直于 AB，指向假设如图 6-17 所示。

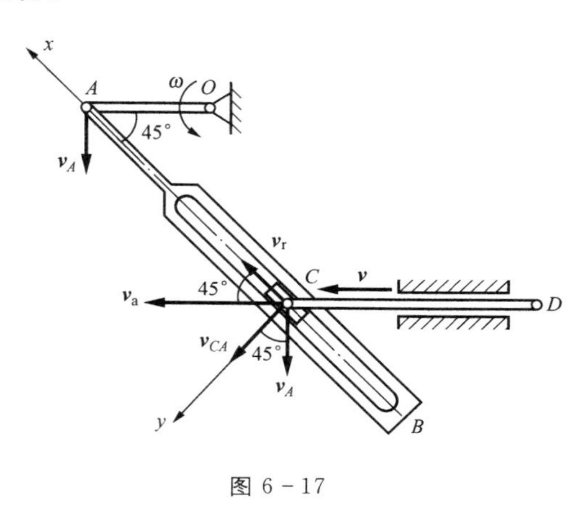

图 6-17

根据以上分析，由基点法得

$$\boldsymbol{v}_C = \boldsymbol{v}_A + \boldsymbol{v}_{CA} \tag{a}$$

	$\boldsymbol{v}_C$	$\boldsymbol{v}_A$	$\boldsymbol{v}_{CA}$
大小	?	√($OA\cdot\omega$)	?($AC\cdot\omega_{AB}$)
方向	?	√($\perp OA$)	√($\perp AB$)

式(a)中有三个未知量，不可解。

由于从点的合成运动观点看，$\boldsymbol{v}_C$ 是滑块 C 的牵连速度，因此，再以滑块 C 为动点，将动系固结在槽杆上，则动点的三种运动与三种速度分别如下所述。

绝对运动：水平直线运动。

相对运动：沿槽杆的直线运动。

牵连运动：槽杆的平面运动。

绝对速度 $\boldsymbol{v}_a$：大小为 v，方向水平向左。

相对速度 $\boldsymbol{v}_r$：大小未知，方向沿 AB，指向假设如图 6-17 所示。

牵连速度 $\boldsymbol{v}_e$：大小方向均未知。

由速度合成定理得

$$\boldsymbol{v}_a = \boldsymbol{v}_e + \boldsymbol{v}_r \tag{b}$$

	$\boldsymbol{v}_a$	$\boldsymbol{v}_e$	$\boldsymbol{v}_r$
大小	√(v)	?	?
方向	√(←)	?	√(↖)

式(b)中三个未知量，不可解。

根据前面的分析可知

$$\boldsymbol{v}_e=\boldsymbol{v}_C$$

所以，将式(a)代入式(b)中，得

	$\boldsymbol{v}_a$	=	$\boldsymbol{v}_A$	+	$\boldsymbol{v}_{CA}$	+	$\boldsymbol{v}_r$	(c)
大小	√(v)		√($OA\cdot\omega$)		?($AC\cdot\omega_{AB}$)		?	
方向	√(←)		√(⊥OA)		√(⊥AB)		√(↖)	

式中只有两个未知量，可解。

为了求 ω_{AB}，只需求出 $\boldsymbol{v}_{CA}$ 即可。为此，选取坐标系 Cxy，如图 6－17 所示，将式(c)向 y 轴投影得

$$v_a\sin45°=v_A\cos45°+v_{CA}$$

由此解出

$$v_{CA}=5\sqrt{2}\text{cm/s}$$

所得 $\boldsymbol{v}_{CA}$ 为正，说明图中所设 $\boldsymbol{v}_{CA}$ 的指向与实际相符，于是

$$\omega_{AB}=\frac{v_{CA}}{AC}=\frac{5\sqrt{2}}{10\sqrt{2}}=0.5\text{rad/s}$$

讨论

(1) 这个题目的特点是做平面运动的刚体与其他刚体接触处有相对运动，这类题目属于综合型题目。解决这类题目往往需要综合运用点的合成运动与刚体的平面运动两种理论。

(2) 本题是这类综合型题目中的一种，它是一个牵连运动为平面运动的点的合成运动问题。因此，在研究动点的运动时，是以动点为研究对象，动系固结在作平面运动的刚体上，对动点进行点的合成运动分析。而动点的牵连速度(即做平面运动刚体上与动点相重合的那一点的速度)又需要以这个刚体为研究对象，选取基点对刚体作平面运动分析。由此可得到两个矢量方程，根据题意，联立求解。

6.3　平面图形上各点的加速度分析

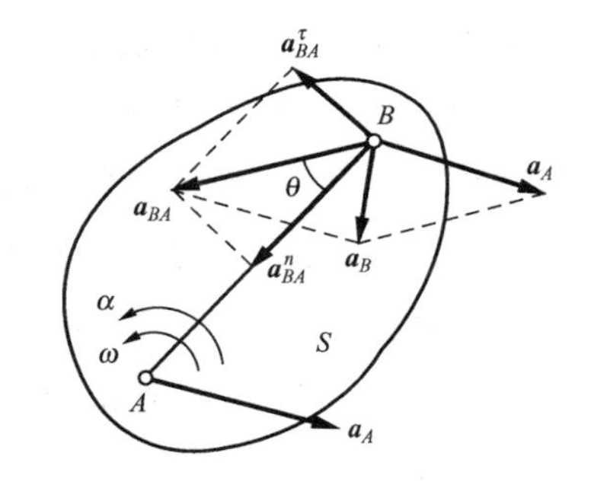

图 6－18

平面图形上各点的加速度分析与速度分析类似。设已知某一瞬时平面图形上某一点 A 的加速度为 $\boldsymbol{a}_A$，角速度为 ω，角加速度为 α，如图 6－18 所示。平面图形 S 的运动分解为随基点 A 的平动(牵连运动)和绕基点 A 的转动(相对运动)，因此，平面图形内任一点 B 的加速度 $\boldsymbol{a}_B$，即点 B 的绝对加速度可以用牵连运动为平动时的点的加速度合成定理求出，即

$$\boldsymbol{a}_B=\boldsymbol{a}_e+\boldsymbol{a}_r$$

由于牵连运动是平动，所以

$$\boldsymbol{a}_e=\boldsymbol{a}_A$$

B 点的相对加速度是 B 点绕基点 A 做圆周运动的加速度,用表示 $\boldsymbol{a}_{BA}$,即

$$\boldsymbol{a}_{\mathrm{r}}=\boldsymbol{a}_{BA}$$

$\boldsymbol{a}_{BA}$ 由相对切向加速度和相对法向加速度组成,即

$$\boldsymbol{a}_{BA}=\boldsymbol{a}_{BA}^{n}+\boldsymbol{a}_{BA}^{\tau}$$

式中:$a_{BA}^{\tau}=AB\cdot\alpha$,方向与连线 AB 垂直,指向由 α 的方向确定;$a_{BA}^{n}=AB\cdot\omega^{2}$,方向沿连线 AB,且指向基点 A。

所以,平面图形上任一点 B 的加速度为

$$\boldsymbol{a}_{B}=\boldsymbol{a}_{A}+\boldsymbol{a}_{BA}^{\tau}+\boldsymbol{a}_{BA}^{n} \tag{6-4}$$

即平面图形上任一点的加速度,等于随基点平动的加速度与该点相对于基点转动的切向加速度和法向加速度的矢量和。这一求平面图形上任一点加速度的方法称为**基点法**,也称为**加速度合成法**。

式(6-4)是一个平面矢量关系式,可以向两个相交的坐标轴投影,得到两个投影式,所以可以求解其中的两个未知量。

【例 6-7】 半径为 r 的轮子沿直线轨道做无滑动的滚动,如图 6-19(a)所示。已知在某一瞬时轮心 O 的速度为 $\boldsymbol{v}_{O}$,加速度为 $\boldsymbol{a}_{O}$。试求轮缘上 A、B、C、D 各点的加速度。

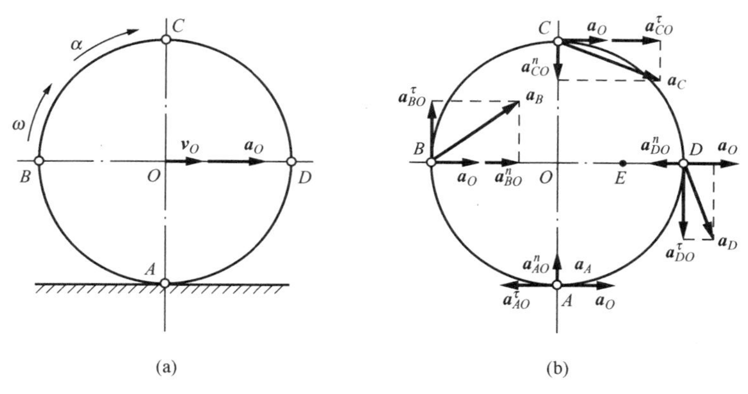

图 6-19

解　(1) 运动分析。本题中只有一个物体,做平面运动。

(2) 速度分析。轮子沿直线轨道做无滑动的滚动,所以轮子与轨道的接触点 A 就是速度瞬心。轮子的角速度为

$$\omega=\frac{v_{O}}{r}$$

这个关系式在任何瞬时都是成立的,所以可以通过其对时间求导来求轮子的角加速度

$$\alpha=\frac{\mathrm{d}\omega}{\mathrm{d}t}=\frac{1}{r}\ \frac{\mathrm{d}v_{O}}{\mathrm{d}t}$$

由于轮心做直线运动,所以有

$$\frac{\mathrm{d}v_O}{\mathrm{d}t}=a_O$$

代入前式得到

$$\alpha=\frac{a_O}{r}$$

ω 和 α 的转向如图 6－19(a)所示。

(3) 加速度分析。以 O 点为基点，分析 A、B、C、D 各点的加速度。根据式(6－4)有

$$\begin{cases}\boldsymbol{a}_A=\boldsymbol{a}_O+\boldsymbol{a}_{AO}^{\tau}+\boldsymbol{a}_{AO}^{n}\\ \boldsymbol{a}_B=\boldsymbol{a}_O+\boldsymbol{a}_{BO}^{\tau}+\boldsymbol{a}_{BO}^{n}\\ \boldsymbol{a}_C=\boldsymbol{a}_O+\boldsymbol{a}_{CO}^{\tau}+\boldsymbol{a}_{CO}^{n}\\ \boldsymbol{a}_D=\boldsymbol{a}_O+\boldsymbol{a}_{DO}^{\tau}+\boldsymbol{a}_{DO}^{n}\end{cases}\tag{a}$$

其中，基点加速度 $\boldsymbol{a}_O$ 的大小为 a_O，方向水平向右。$\boldsymbol{a}_{AO}^{\tau}$、$\boldsymbol{a}_{BO}^{\tau}$、$\boldsymbol{a}_{CO}^{\tau}$ 和 $\boldsymbol{a}_{DO}^{\tau}$ 的方向分别与 AO、BO、CO 和 DO 的连线垂直，指向如图 6－19(b)所示，大小分别为

$$a_{AO}^{\tau}=a_{BO}^{\tau}=a_{CO}^{\tau}=a_{DO}^{\tau}=r\alpha=a_O$$

$\boldsymbol{a}_{AO}^{n}$、$\boldsymbol{a}_{BO}^{n}$、$\boldsymbol{a}_{CO}^{n}$ 和 $\boldsymbol{a}_{DO}^{n}$ 的方向分别沿 AO、BO、CO 和 DO，且指向 O，如图 6－19(b)所示，大小分别为

$$a_{AO}^{n}=a_{BO}^{n}=a_{CO}^{n}=a_{DO}^{n}=r\omega^2=\frac{v_O^2}{r}$$

所以，在求 A、B、C 和 D 四点加速度的式(a)中，各有两个未知量，分别是 $\boldsymbol{a}_A$、$\boldsymbol{a}_B$、$\boldsymbol{a}_C$ 和 $\boldsymbol{a}_D$ 的大小和方向，4 个方程都是可解的。以 A 点为例

	$\boldsymbol{a}_A$	=	$\boldsymbol{a}_O$	+	$\boldsymbol{a}_{AO}^{\tau}$	+	$\boldsymbol{a}_{AO}^{n}$
大小	?		√(a_O)		√($r\alpha$)		√($r\omega^2$)
方向	?		√(→)		√(⊥AO)		√(↑)

将上式向 x、y 轴投影得

$$a_{Ax}=a_O-a_{AO}^{\tau},\ a_{Ay}=a_{AO}^{n}$$

即

$$a_{Ax}=0,\ a_{Ay}=\frac{v_O^2}{r}$$

所以

$$a_A=\sqrt{a_{Ax}^2+a_{Ay}^2}=\frac{v_O^2}{r}$$

同理可求得 B、C、D 三点的加速度如下

$$a_B=\sqrt{\left(a_O+\frac{v_O^2}{r}\right)^2+a_O^2},\ a_C=\sqrt{(2a_O)^2+\left(\frac{v_O^2}{r}\right)^2},\ a_D=\sqrt{\left(a_O-\frac{v_O^2}{r}\right)^2+a_O^2}$$

讨论

(1) A 点虽然是轮子的速度瞬心，但其加速度并不为零。这说明速度瞬心在本质上不同于固定的转动中心。从平面图形上各点速度的分布而言，可以将图形的平面运动看成是绕速度瞬心的转动；但从图形上各点加速度的分布而言，就不能这样看了。所以，在以速度瞬心为基点计算平面图形各点的加速度时，必须计入基点（速度瞬心）的加速度。

(2) 在圆轮沿固定面滚动这一类问题中，轮缘上各点的运动轨迹都比较复杂，只有轮心的轨迹比较简单，加速度比较容易分析。所以在求解加速度时，优先选轮心为基点。

【例 6-8】 曲柄长 $OA=20\text{cm}$，绕 O 轴以匀角速度 $\omega_0=10\text{rad/s}$ 转动，通过长 $AB=100\text{cm}$ 的连杆带动滑块 B 沿铅直导槽运动，如图 6-20(a)所示。试求在曲柄和连杆相互垂直并与水平线成角 $\varphi=45°$ 瞬时，连杆 AB 的角加速度，以及滑块 B 的速度和加速度。

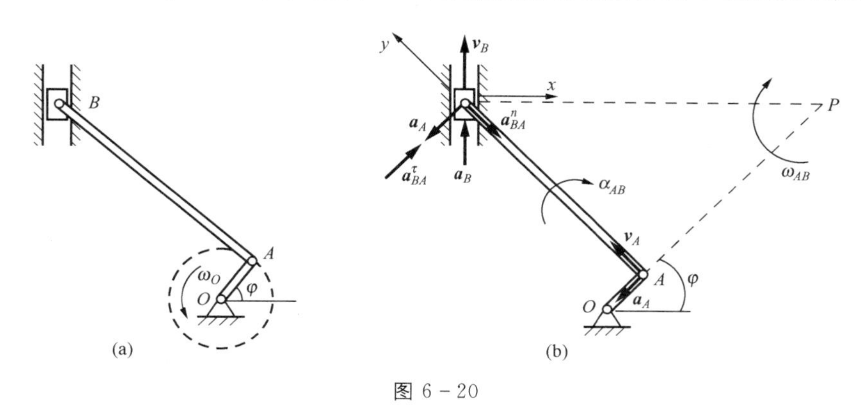

图 6-20

解　连杆 AB 做平面运动，选 A 点为基点，则 B 点的加速度为

$$\boldsymbol{a}_B=\boldsymbol{a}_A+\boldsymbol{a}_{BA}^{\tau}+\boldsymbol{a}_{BA}^{n}$$

式中，$\boldsymbol{a}_B$ 的方位沿滑槽的中心线，指向假设向上（可随意假设，本题参照速度的指向假设，这样容易得出点是做加速运动还是减速运动），大小未知；$\boldsymbol{a}_A$ 的大小与方位已知；$\boldsymbol{a}_{BA}^{\tau}$ 的方位垂直于 AB，指向如图 6-20(b)所示；$\boldsymbol{a}_{BA}^{n}$ 的方向沿 BA 并指向 A 点，其大小可以通过研度分析得到。利用速度瞬心法，有

$$\omega_{AB}=\frac{v_A}{PA}=\frac{\omega_0 r}{AB}=\frac{10\times0.2}{1}=2\text{rad/s}$$

由 $\boldsymbol{v}_A$ 的指向可知，ω_{AB} 为顺时针方向，则有

$$a_{BA}^{n}=\omega_{AB}^{2}AB=2^2\times1=4\text{m/s}^2$$

这样，只有 $\boldsymbol{a}_B$ 和 $\boldsymbol{a}_{BA}^{\tau}$ 两个大小未知的量，将各矢量向 x、y 轴投影，得到

$$0=-a_A\cos\varphi+a_{BA}^{\tau}\cos\varphi+a_{BA}^{n}\sin\varphi \tag{a}$$

$$a_B\cos\varphi=-a_{BA}^{n} \tag{b}$$

式中，$a_A=OA\cdot\omega_0^2=0.2\times10^2=20\text{m/s}^2$。

由式(a)得到

$$a_{BA}^{\tau}=\frac{a_A\cos\varphi-a_{BA}^{n}\sin\varphi}{\cos\varphi}=\frac{20\cos45^{\circ}-4\sin45^{\circ}}{\cos45^{\circ}}=16\text{m/s}^2$$

则连杆 AB 的角加速度的大小为

$$\alpha_{AB}=\frac{a_{BA}^{\tau}}{AB}=\frac{16}{1}=16\text{rad/s}^2$$

根据 $\boldsymbol{a}_{BA}^{\tau}$ 的指向可知 α_{AB} 为顺时针方向。

由式(b)得到

$$a_B=-\frac{a_{BA}^{n}}{\cos\varphi}=-\frac{4}{\cos45^{\circ}}=-5.657\text{m/s}^2$$

负号表示实际指向向下，与假设方向相反。

【例 6-9】 在图 6-21(a)所示机构中，轮Ⅰ固定，轮Ⅱ以匀角速度为 ω 做纯滚动，$O_1C=l$，$O_1A=3l/4$，两轮半径均为 r。试求图示瞬时 v_A、ω_{AB} 和 α_{AB}。

解 本题也是平面运动和合成运动的综合问题。运动分析如图 6-21(b)所示。

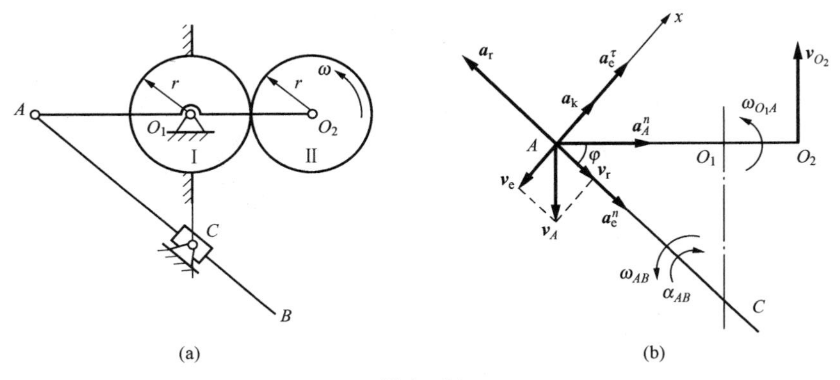

图 6-21

(1) 求 v_A。轮Ⅱ做平面运动，根据题设条件可得

$$v_{O_2}=r\omega$$

$$\omega_{O_1A}=\frac{v_{O_2}}{2r}=\frac{\omega}{2}\text{（逆时针）}$$

所以

$$v_A=O_1A\cdot\omega_{O_1A}=\frac{3}{8}l\omega(\downarrow)$$

(2) 求 ω_{AB}。以点 A 为动点，动系固结于套筒 C 上，则

$$\boldsymbol{v}_A=\boldsymbol{v}_e+\boldsymbol{v}_r$$

式中

$$v_e=v_A\cos\varphi=\frac{9}{40}l\omega,\ v_r=v_A\sin\varphi=\frac{3}{10}l\omega$$

所以

$$\omega_{AB}=\frac{v_e}{AC}=\frac{9}{50}\omega\text{(逆时针)}$$

（3）求 α_{AB}。因为 $\alpha_{O_1A}=0$，所以

$$a_A^{\tau}=0$$

$$a_A=a_A^n=O_1A\omega_{O_1A}^2=\frac{3}{16}l\omega^2$$

牵连运动为定轴转动，所以科氏加速度为

$$a_k=2\omega_{AB}v_r=\frac{27}{250}l\omega^2$$

由加速度合成定理

	$\boldsymbol{a}_A$	= $\boldsymbol{a}_e^{\tau}$	+ $\boldsymbol{a}_e^n$	+ $\boldsymbol{a}_r$	+ $\boldsymbol{a}_k$
大小	√	?	√	?	√
方向	√（→）	√（⊥AC）	√（∥AC）	√（∥AC）	√（⊥AC）

向 Ax 方向投影得

$$a_A\sin\varphi=a_e^{\tau}+a_k$$

所以

$$a_e^{\tau}=\frac{21}{500}l\omega^2$$

故

$$\alpha_{AB}=\frac{a_e^{\tau}}{AC}=\frac{21}{625}\omega^2\text{(顺时针)}$$

小　　结

1. 刚体平面运动

刚体平面运动可以简化为平面图形在其自身平面内的运动，并可分解为随基点的平动和绕基点的转动。

2. 平面图形上各点的速度

（1）基点法

$$\boldsymbol{v}_B=\boldsymbol{v}_A+\boldsymbol{v}_{BA}$$

（2）速度投影法

$$[\boldsymbol{v}_B]_{AB}=[\boldsymbol{v}_A]_{AB}$$

（3）瞬心法

在任一瞬时，平面图形绕瞬心做定轴转动，可以用定轴转动的理论来求平面图形上各点的速度。速度瞬心的位置是随时间变化的，因此，平面图形相对于速度瞬心的转动也具

有瞬时性。

3. 平面图形上各点的加速度

$$\boldsymbol{a}_B=\boldsymbol{a}_A+\boldsymbol{a}_{BA}^{\tau}+\boldsymbol{a}_{BA}^{n}$$

习　题

6-1　如图6-22所示曲柄滑块机构，曲柄OA长r，连杆AB长l。曲柄以匀角速度ω转动。求当曲柄与水平线的夹角为φ时，滑块B的速度和连杆AB的角速度。

答：$v_B=r\omega(1+\frac{r\cos\varphi}{\sqrt{l^2-r^2\sin^2\varphi}})\sin\varphi, \omega_{AB}=\frac{r\omega\cos\varphi}{\sqrt{l^2-r^2\sin^2\varphi}}$。

6-2　如图6-23所示两平行齿条沿相同的方向运动，速度大小不同：$v_1=6\text{m/s}$，$v_2=2\text{m/s}$。齿条之间夹有一半径$r=0.5\text{m}$的齿轮，试求齿轮的角速度及其中心O的速度。

答：4rad/s，4m/s。

6-3　鼓轮A转动时，通过绳索使管子ED上升，如图6-24所示。已知鼓轮的转速为$n=10\text{r/min}$，$R=150\text{mm}$，$r=50\text{mm}$。设管子与绳索间没有滑动，求管子中心的速度。

答：52.36mm/s。

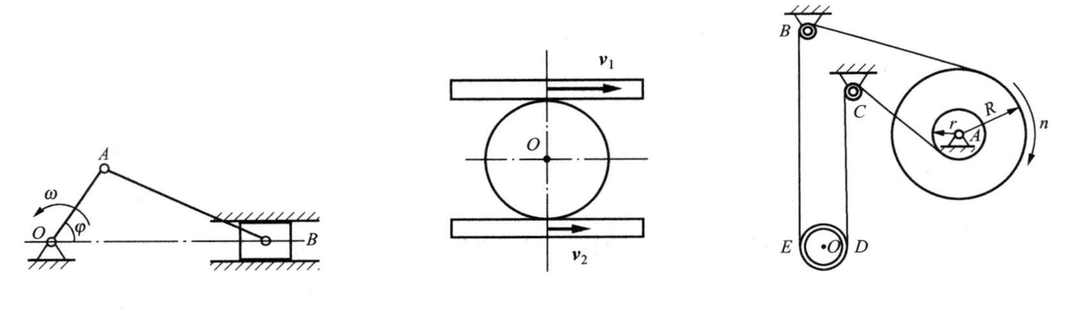

图6-22　　图6-23　　图6-24

6-4　如图6-25所示，A、B两轮均在地面上做纯滚动，已知轮A中心的速度为$\boldsymbol{v}_A$。求$\beta=0°$和$90°$时，轮B中心的速度。

答：$\beta=0°$时，$v_B=2v_A$；$\beta=90°$时，$v_B=v_A$。

6-5　齿轮刨床的刨刀运动机构如图6-26所示。曲柄OA以角速度ω_0绕O轴转动，通过齿条AB带动齿轮Ⅰ绕O_1轴转动。已知$OA=R$，齿轮Ⅰ的半径$O_1C=r=R/2$。在图示位置$\alpha=60°$，求此瞬时齿轮Ⅰ的角速度。

答：$1.732\omega_0$。

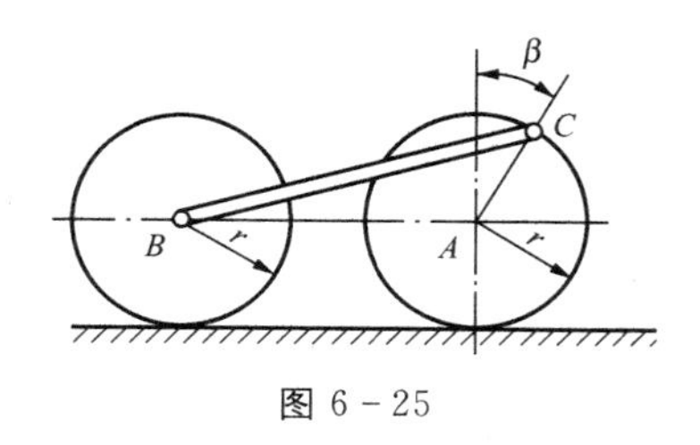

图 6－25

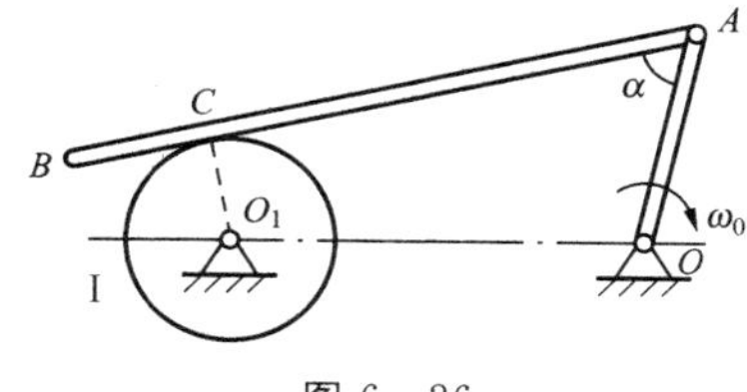

图 6－26

6－6　如图 6－27 所示机构，小滑块 C 可沿铅直导槽运动，通过连杆 AC 推动摆杆 OA 绕 O 轴转动，再通过连杆 AB 推动滑块 B 沿导槽运动。在图示位置，杆 OA 成水平位置，杆 AB 与滑块 B 的导槽方向一致，$v_C=0.5\text{m/s}$，图中尺寸单位为 mm。试求杆 OA 的角速度和滑块 B 的速度。

答：2rad/s，0.4615m/s。

6－7　半径为 75mm 的轮子沿水平直线轨道做无滑动的滚动，通过铰接于轮缘的连杆 BD 带动摆杆 AB，如图 6－28 所示，图中尺寸单位为 mm。在图示瞬时，角速度 $\omega=6\text{rad/s}$，杆 AB 恰好处于水平位置。试求该瞬时 BD、AB 两杆的角速度。

答：1.5rad/s，1.7rad/s。

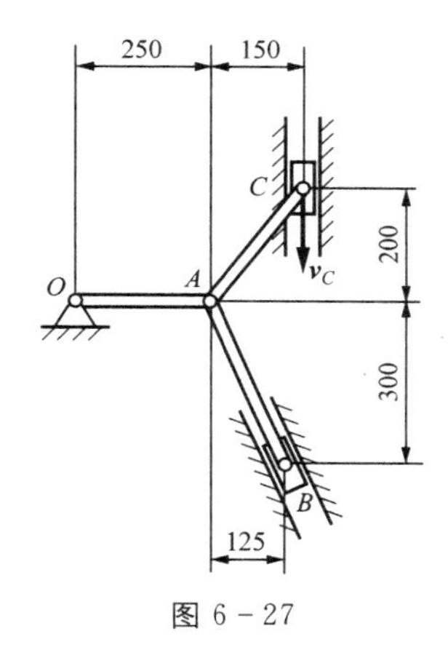

图 6－27

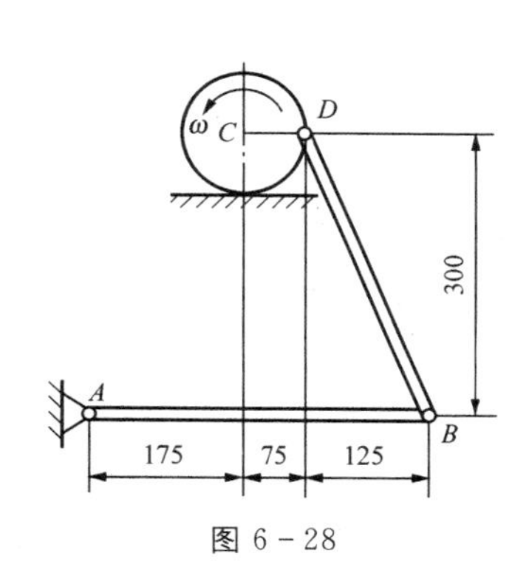

图 6－28

6－8　如图 6－29 所示机构的连杆 AB 在中点 C 和杆 CD 铰接，而杆 CD 又与绕固定轴 E 转动的摆杆 DE 铰接。曲柄 OA 做逆时针匀速转动，角速度 $\omega=8\text{rad/s}$。已知 $OA=25\text{cm}$，$DE=100\text{cm}$；当滑块 B 通过 E 处的铅垂线时，杆 OA 和 AB 处于同一水平线上，且 $\angle BED=30°$，$\angle CDE=90°$。求此瞬时杆 DE 的角速度。

答：$\omega_{DE}=0.5\text{rad/s}$，顺时针。

6－9　如图 6－30 所示轮子沿直线轨道运动，轮心 O 的速度 $v_O=2.5\text{m/s}$ 保持不变，轮子同时有不变的角速度 $\omega=6\text{rad/s}$，已知轮子半径 $r=0.5\text{m}$。试判断轮子与轨道接触处是否发生滑动，并求在图示位置 A、B、C 三点的速度和加速度。

答：0.498m/s，5.502m/s，5.316m/s；18m/s^2，18m/s^2，18m/s^2。

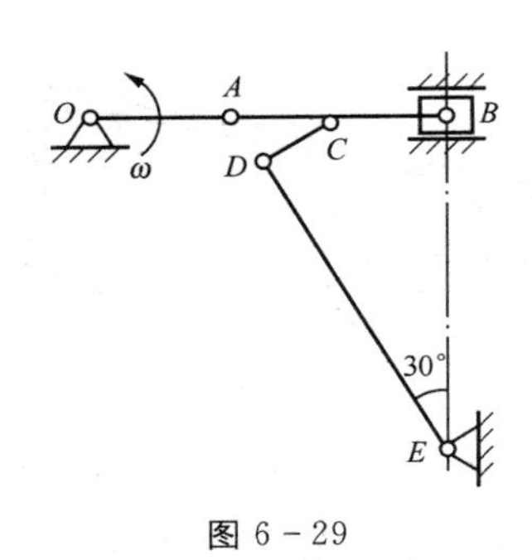

图 6－29

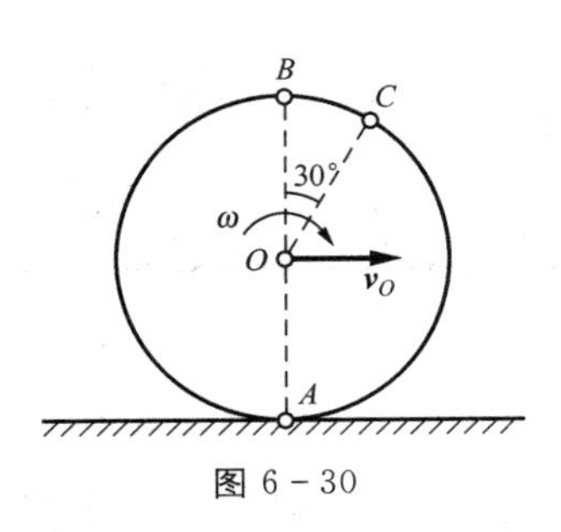

图 6－30

6－10　如图 6－31 所示四连杆机构中，曲柄 OA 以匀角速度 ω_0 绕过点 O 的轴转动，且 $OA=O_1B=r$。当$\angle AOO_1=90°$，$\angle BAO=\angle BO_1O=45°$时，求曲柄 O_1B 的角速度和角加速度。

答：$\omega_{O_1B}=\frac{\sqrt{2}}{2}\omega_0$，顺时针；$\alpha_{O_1B}=\frac{1}{2}\omega_0^2$，顺时针。

6－11　如图 6－32 所示机构中，$AB=250\text{mm}$，$CD=200\text{mm}$，图中尺寸单位为 mm。在图示瞬时，杆 AB 与 CD 相互平行，成水平位置；杆 AB 的角速度 $\omega=2\text{rad/s}$，角加速度 $\alpha=6\text{rad/s}^2$，转向如图所示。试求该瞬时杆 BC 和 CD 的角速度和角加速度。

答：0，2.5rad/s；1.25rad/s²，6.555rad/s²。

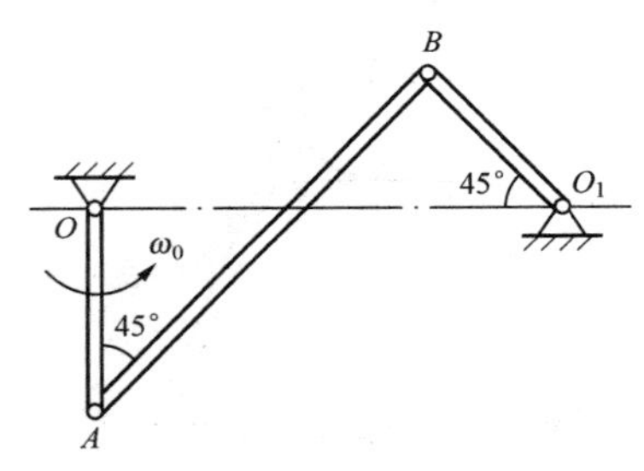

图 6－31

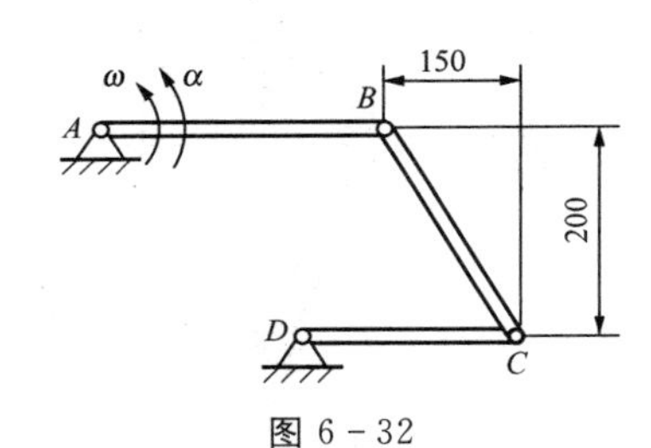

图 6－32

6－12*　如图 6－33 所示，液压机构的滚子沿水平面滚动而不滑动。曲柄 OA 长 10cm，以等转速 $n=30\text{r/min}$ 绕过点 O 的轴逆钟时针向转动，滚子半径 $R=10\text{cm}$。当曲柄与水平线夹角 $\alpha=60°$时，且 OA 与 AB 垂直时，求滚子的角速度和角加速度。

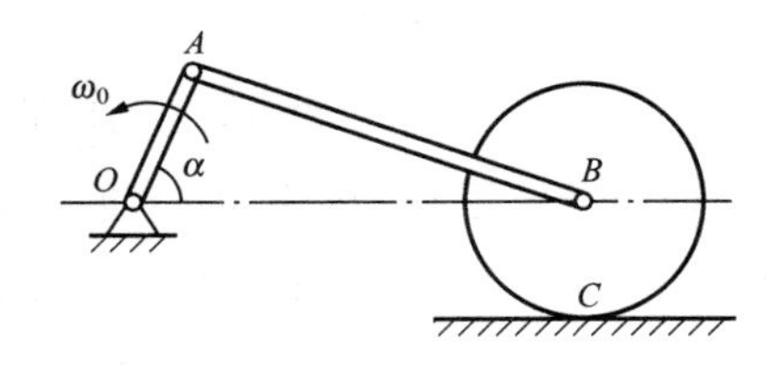

图 6－33

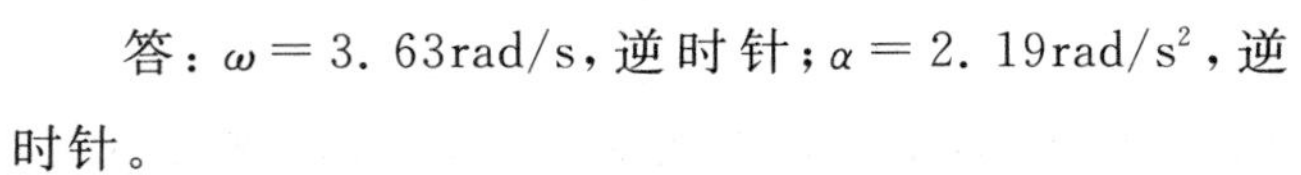
答：$\omega=3.63\text{rad/s}$，逆时针；$\alpha=2.19\text{rad/s}^2$，逆时针。

6－13*　曲柄 OA 长 50mm，以匀角速度 $\omega=10\text{rad/s}$ 绕 O 轴转动，通过连杆 AD 和滑块 B、D 使摆杆 O_1C 绕 O_1 轴转动。在图 6－34 所示位置时，曲柄 OA 垂直于水平线 OBO_1，连杆 AD 与水平线呈 30°角，摆杆 O_1C 与水平线呈 60°角，且 $O_1D=70\text{mm}$。求此瞬时摆杆 O_1C 的角速度和角加速度。

答：6.186rad/s，顺时针；78.1rad/s²，逆时针。

6－14* 已知 $OA=r=0.2\text{m}$，$AB=\sqrt{3}r$，$O_1B=l=2/3\text{m}$，$\omega_{OA}=0.5\text{rad/s}$，在图 6－35 所示瞬时，$BC=2l$。求此瞬时滑块 C 的绝对速度和加速度，以及相对于摇杆 O_1B 的速度和加速度。

答：0.4m/s（向左），0.159m/s²（向右）；0.2m/s（向下），0.139m/s²（向上）。

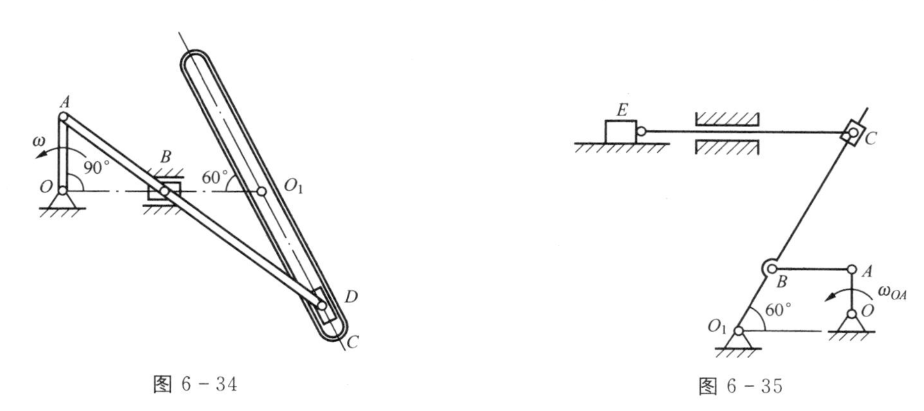

图 6－34　　　　　　图 6－35

6－15* 图 6－36 所示，曲柄 OA 以匀转速 $n=60\text{r/min}$ 绕 O 轴转动，通过连杆 AB 带动圆柱沿水平地面做无滑动的滚动。圆柱借摩擦带动物体 DE 沿水平方向平行移动，圆柱与 DE 间没有滑动。已知 $OA=100\text{mm}$，$AB=300\text{mm}$，圆柱半径 $R=100\text{mm}$，O 点和 B 点在同一水平线上。在图示瞬时，曲柄 OA 处于铅垂位置。试求该瞬时物体 DE 的速度和加速度。

答：1.257m/s，2.792m/s²。

6－16* 如图 6－37 所示，两相同的圆柱在中心与杆 AB 的两端相铰接，两圆柱分别沿水平和铅垂的固定面做无滑动的滚动。已知 $AB=500\text{mm}$，圆柱半径 $r=100\text{mm}$。在图示位置，圆柱 A 有角速度 $\omega_1=4\text{rad/s}$，角加速度 $\alpha_1=2\text{rad/s}^2$，图中尺寸单位为 mm。试求该瞬时直杆 AB 和圆柱 B 的角速度、角加速度。

答：1rad/s，3rad/s；0.25rad/s²，4.75rad/s²。

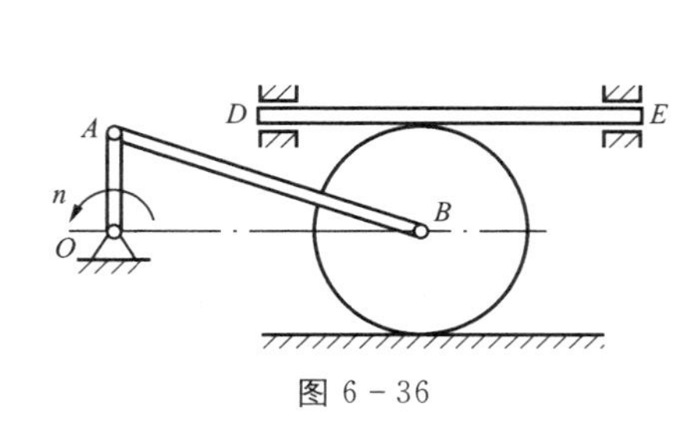

图 6－36

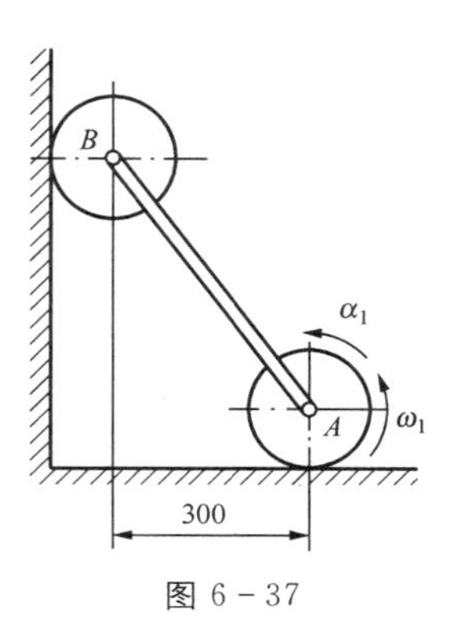

图 6－37

第三篇　动　力　学

动力学是研究物体的机械运动与作用力之间的关系的科学。

静力学分析了作用于物体的力，并研究了物体在力系作用下的平衡问题。运动学仅从几何方面分析物体的运动，而不涉及作用力。动力学则对物体的机械运动进行全面的分析，研究作用于物体的力与物体运动之间的关系，建立物体机械运动的普遍规律。动力学的研究对象包括质点和质点系，因而形成质点动力学和质点系动力学，质点动力学是质点系动力学的基础。

本篇包括动力学基础、动力学普遍定理和碰撞。动力学基础介绍了质点动力学和质点系动力学的基本概念，包括动力学基本定律与运动微分方程、质点系惯性的度量、机械运动的度量和力作用的度量等。动力学基本定律的核心是牛顿第二定律，并以此为基础建立了质点和质点系的运动微分方程。质点系惯性的度量包括质量和转动惯量。机械运动的度量包括动量、动量矩与动能。力作用的度量包括冲量、功和势能。动力学普遍定理包括动量定理、动量矩定理和动能定理。动量定理建立了动量与力的冲量之间的关系，据此还得到了动量守恒定律、质心运动定理以及质心守恒定律。动量矩定理建立了动量矩与力矩之间的关系，据此得到了动量矩守恒定律、刚体定轴转动微分方程和刚体平面运动微分方程。动能定理建立了动能变化与力的功之间的关系。机械能守恒定律揭示了保守系统的动能与势能之间的关系。碰撞是物体运动的一种特殊形式，通过对碰撞现象和过程的分析，应用动力学基本原理，得到了碰撞过程的基本定理。

第 7 章　动力学基础

7.1　动力学基本定律与运动微分方程

7.1.1　动力学基本定律

在动力学中，理想的模型是质点和质点系(包括刚体)。在一些问题中，物体形状和大小的影响可以忽略不计。例如，在研究地球环绕太阳的运行规律时，就可以不考虑地球的大小尺寸，而将它看成是具有一定质量的点，即质点。质点是具有一定质量而其几何形状和大小尺寸可以忽略不计的物体。有限个或无限个质点的集合构成质点系。这样，任何物体（包括固体、液体、气体）都可看做质点系，刚体是各质点间距离保持不变的特殊质点系。

牛顿在总结前人特别是伽利略研究成果的基础上，提出了动力学的基本定律。这些定律是动力学的基础。

第一定律　惯性定律

质点如不受任何力的作用，则将保持静止或者匀速直线运动。

惯性定律指出了质点有保持原有运动状态，即运动速度的大小和方向保持不变的属性，这种属性称为**惯性**。若质点的运动状态发生变化，则必定受到其他物体的作用力。

第二定律　力与加速度定律

质点因受力作用而产生的加速度，其方向与力相同，大小与力成正比。

设质点 M 受到力 $\boldsymbol{F}$ 的作用做曲线运动，其加速度为 $\boldsymbol{a}$，如图 7-1 所示，力与加速度关系为

$$\boldsymbol{F}=m\boldsymbol{a} \tag{7-1}$$

式中：m 为质点的质量。

式(7-1)是质点动力学的基本方程，建立了质点加速度 $\boldsymbol{a}$、质量 m 与力 $\boldsymbol{F}$ 之间的定量关系。

第三定律　作用力与反作用力定律

两质点间相互作用的力，总是大小相等、方向相反，沿着两点连线分别作用在两质点上。

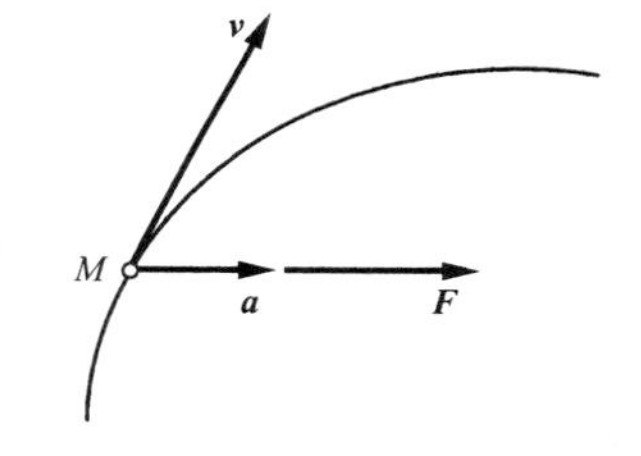

图 7-1

第四定律　力的独立作用定律

若质点同时受到几个力的作用，则其加速度等于各力分别作用于该质点时所产生的加速度的矢量和。

设质量为 m 的质点受到力 $\boldsymbol{F}_1$、$\boldsymbol{F}_2$、…、$\boldsymbol{F}_n$ 的作用，按照第四定律，其加速度为

$$\boldsymbol{a}=\boldsymbol{a}_1+\boldsymbol{a}_2+\cdots+\boldsymbol{a}_n \tag{7-2}$$

式中，$\boldsymbol{a}_1$、$\boldsymbol{a}_2$、…、$\boldsymbol{a}_n$ 分别为各力单独作用时产生的加速度，即

$$\boldsymbol{F}_1=m\boldsymbol{a}_1,\boldsymbol{F}_2=m\boldsymbol{a}_2,\cdots,\boldsymbol{F}_n=m\boldsymbol{a}_n$$

设这些力的合力为 $\boldsymbol{F}_{\mathrm{R}}$，则有

$$\boldsymbol{F}_{\mathrm{R}}=\boldsymbol{F}_1+\boldsymbol{F}_2+\cdots+\boldsymbol{F}_n=m\boldsymbol{a}_1+m\boldsymbol{a}_2+\cdots+m\boldsymbol{a}_n$$

即

$$\boldsymbol{F}_{\mathrm{R}}=m\boldsymbol{a} \tag{7-3}$$

式(7-3)表明，几个力同时作用于一质点时，如用它们的合力来代替，仍能产生相同的加速度，亦即合力 $\boldsymbol{F}_{\mathrm{R}}$ 与共点力系 $\boldsymbol{F}_1$、$\boldsymbol{F}_2$、…、$\boldsymbol{F}_n$ 等效。这实质就是共点力相加符合力

的平行四边形法则。

上述四个定律构成了动力学的基础。在此基础上建立的力学体系，称为**古典力学**，又称**经典力学**。由于动力学基本定律是在观察天体运动和生产实践中一般机械运动的基础上总结出来的，因此只在**惯性参考系**下适用。在一般工程问题中，忽略地球自转的影响，把固定于地面的坐标系或相对于地面做匀速直线运动的坐标系作为惯性参考系。在研究人造卫星的轨道、洲际导弹的弹道等问题时，地球自转的影响不可忽略，必须选取以地心为原点，三轴指向三个恒星的坐标系作为惯性参考系，称为**地心参考系**。在研究天体运动时，地心运动的影响也不可忽略，需要取太阳中心为原点，三轴指向三个恒星的坐标系作为惯性参考系，称为**日心参考系**。本书中，若无特别说明，均取固定在地球表面的坐标系为惯性参考系。在古典力学范畴内，认为质量是不变的，空间和时间是“绝对的”，与物体的运动无关。近代物理研究表明，质量、时间和空间都与物体的运动速度有关。但是，当物体运动速度远小于光速（3×10^5 km/s）时，物体运动对于质量、时间和空间的影响是微不足道的。因此，对于一般工程中的机械运动问题，其尺度远大于微观粒子且速度远低于光速，即在宏观低速情况下，应用古典力学可以得到足够精确的结果。

7.1.2 运动微分方程

7.1.2.1 质点运动微分方程

设质量为 m 的质点 M 在力 $\boldsymbol{F}_1$、$\boldsymbol{F}_2$、…、$\boldsymbol{F}_n$ 作用下运动，作用力的合力为 $\boldsymbol{F}_{\mathrm{R}}$，运动的加速度为 $\boldsymbol{a}$，如图 7-2 所示。

根据式(7-3)有

$$m\boldsymbol{a}=\boldsymbol{F}_{\mathrm{R}}=\sum_{i=1}^{n}\boldsymbol{F}_i \tag{7-4}$$

或有

$$m\frac{\mathrm{d}\boldsymbol{v}}{\mathrm{d}t}=\sum_{i=1}^{n}\boldsymbol{F}_i \quad 或 \quad m\frac{\mathrm{d}^2\boldsymbol{r}}{\mathrm{d}t^2}=\sum_{i=1}^{n}\boldsymbol{F}_i$$

式中，$\boldsymbol{v}$ 为质点的速度；$\boldsymbol{r}$ 为质点在固定参考系中对于原点的矢径。

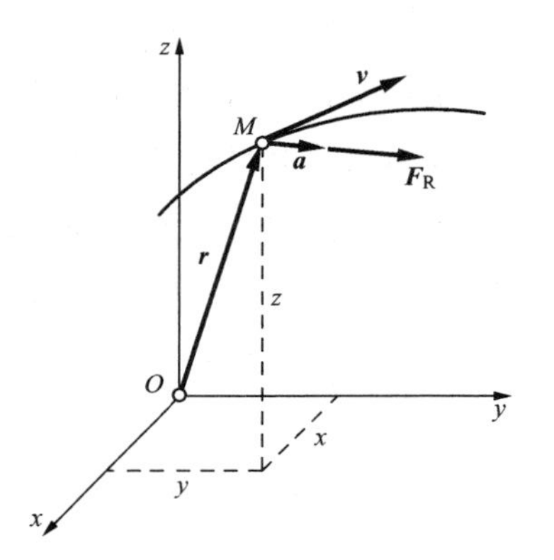

图 7-2

式(7-4)是**矢量形式的质点运动微分方程**。

在具体计算中，常将式(7-4)向一坐标系投影，得到标量形式。例如，向直角坐标系投影可得到**直角坐标形式的运动微分方程**

$$m\ddot{x}=\sum_{i=1}^{n}F_{xi},\ m\ddot{y}=\sum_{i=1}^{n}F_{yi},\ m\ddot{z}=\sum_{i=1}^{n}F_{zi} \tag{7-5}$$

式中，x,y,z 为质点的坐标；F_{xi}、F_{yi}、F_{zi} 为质点所受力 $\boldsymbol{F}_i$ 在各坐标轴上的投影。

当质点做曲线运动时，也可将式(7-4)向轨迹的切向和法向投影，得到**自然形式的质点运动微分方程**

$$m\frac{\mathrm{d}v}{\mathrm{d}t}=\sum_{i=1}^{n}F_i^{\tau},m\frac{v^2}{\rho}=\sum_{i=1}^{n}F_i^{n},0=\sum_{i=1}^{n}F_i^{b} \tag{7-6}$$

式中，v 为质点速率；ρ 为质点运动轨迹的曲率半径；F_i^{τ}、F_i^{n} 和 F_i^{b} 为力 $\boldsymbol{F}_i$ 在切向、法向和副法向的投影。

7.1.2.2　质点系运动微分方程

作用于质点系中各质点的力，也可以分为外力和内力两类。外力指质点系以外的其他物体作用于质点系内质点的力，内力为质点系内各质点之间相互作用的力。根据作用力与反作用力定律，内力总是成对出现、等值反向而且共线，因此质点系的内力系的主矢和对任一点的主矩都等于零。

设质点系由 n 个质点组成，其中第 i 个质点 M_i 的质量为 m_i，所受外力的合力为 $\boldsymbol{F}_i^{(e)}$，内力的合力为 $\boldsymbol{F}_i^{(i)}$，质点的加速度为 $\boldsymbol{a}_i$。根据牛顿第二定律有

$$m\boldsymbol{a}_i=\boldsymbol{F}_i^{(e)}+\boldsymbol{F}_i^{(i)}\quad(i=1,2,\cdots,n) \tag{7-7}$$

这是**矢量形式的质点系运动微分方程**。

从质点系的运动微分方程可以推出动力学普遍定理，包括动量定理、动量矩定理和动能定理。这些定理都具有明确的物理意义。动力学普遍定理建立了表示质点系的运动特征的量（动量、动量矩、动能）与表示质点系所受机械作用的量（力、力矩、冲量、功）之间的关系。通过这些定理，可以解决质点系动力学的一些问题；而对于某些问题（如刚体动力学问题）而言，只要知道质点系运动的某些特征（如质心的运动，绕质心的转动）就可以了。

7.1.3　动力学基本问题

第一类问题　已知质点的运动，求质点所受的力。这类问题可用微分法求解。

设已知质点在直角坐标系中的运动方程为

$$x=x(t),y=y(t),z=z(t) \tag{7-8}$$

将式(7-8)对时间求导两次，就得到加速度在直角坐标轴上的三个投影。应用式(7-5)不难求出有关力的三个未知量。未知力可以包括约束反力，与静力学中不同的是动力学中约束反力的大小不仅与质点所受的主动力有关，而且与质点的运动有关。

第二类问题　已知质点所受的力，求质点的运动。这类问题可用积分法求解。

求质点的运动，就是要求运动微分方程(7-5)的解。式(7-5)右边是已知的力，它们可以是不变的，如重力；也可以是时间、坐标或速度的函数，如万有引力与质点到引力中心距离的平方成反比，介质阻力与质点速度的一定幂次成正比等。如果力的函数比较复杂，则往往得不到微分方程的精确解析解，只能求得近似的解析解或数值解，或者对微分方程作定性研究。

对方程(7-5)的三个二阶微分方程积分，得到包含 6 个积分常数 C_1、C_2、$\cdots$、C_6 的通解

$$\begin{cases} x=x(t,C_1,C_2,\cdots,C_6) \\ y=y(t,C_1,C_2,\cdots,C_6) \\ z=z(t,C_1,C_2,\cdots,C_6) \end{cases}$$

这 6 个积分常数可由质点运动的初始条件来确定。所谓初始条件，就是质点初位置和初速度，即当 $t=0$ 时，有

$$\begin{cases} x=x_0, y=y_0, z=z_0 \\ \dot{x}=v_{x0}, \dot{y}=v_{y0}, \dot{z}=v_{z0} \end{cases}$$

由此可见，若初始条件不同，受同样力作用的同一质点将做不同的运动。因此，解第二类问题除了要给定力的函数外，还要知道运动的初始条件。

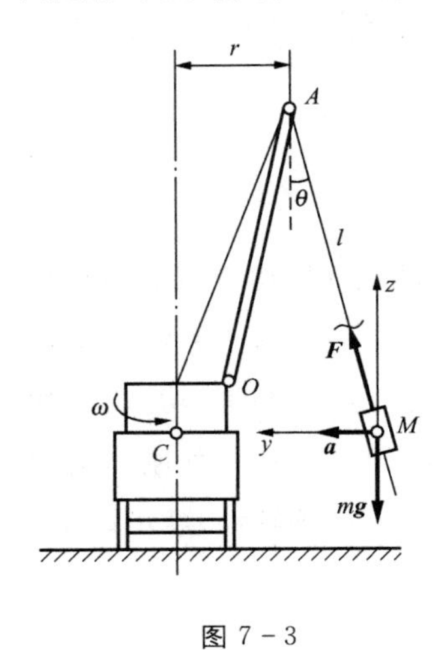

图 7 - 3

【例 7 - 1】 起重机吊起质量为 m 的重物，绕铅直的中心轴线以匀角速度 ω 旋转。这时重物将向外扬起而使钢丝绳 AM 与铅垂线成 θ 角，如图 7 - 3 所示。已知 r、l，求平稳旋转（即 θ 保持不变）时，角 θ 与角速度 ω 之间的关系。

解　在平稳状态下，重物 M 在水平面内绕 C 点做匀速圆周运动，速度为

$$v=\overline{CM}\cdot\omega=(r+l\sin\theta)\omega$$

加速度只有法向分量

$$a=\overline{CM}\cdot\omega^2=(r+l\sin\theta)\omega^2$$

重物受到两个力作用：重力，大小为 mg，方向铅垂向下；钢丝绳拉力 $\boldsymbol{F}$，大小未知。

建立图示坐标系，x 轴垂直纸面向内。将矢量式（7 - 3）向 y、z 轴投影可得

$$\begin{cases} m(r+l\sin\theta)\omega^2=F\sin\theta \\ 0=F\cos\theta-mg \end{cases}$$

消去 F，得

$$\omega^2=\frac{g\tan\theta}{r+l\sin\theta}$$

这就是要求的 θ 与 ω 之间的关系式。

【例 7 - 2】 物体在阻尼介质（如空气、水等）中运动时，都要受到与前进方向相反的阻力作用，如图 7 - 4 所示。当速度 v 不大时，阻力 $\boldsymbol{F}_R$ 的大小与速度的一次方成正比，即 $\boldsymbol{F}_R=-c\boldsymbol{v}$，其中，$c>0$ 为试验测定的阻力系数。求物体在阻尼介质中的自由下落规律。

解　以物体初始位置为坐标原点，Oy 轴铅垂向下。受力分析如图 7 - 4 所示，初始条件：$t=0$ 时，$y_0=0$，$v_0=0$。物体的运动微分方程为

$$m\frac{\mathrm{d}v}{\mathrm{d}t}=mg-cv$$

或

$$\frac{dv}{dt}=\frac{g}{\mu}(\mu-v)$$

其中，$\mu=\frac{mg}{c}$。

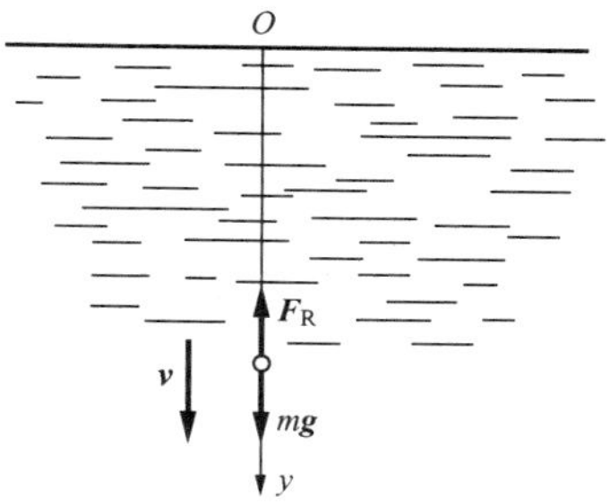

分离变量后，应用初始条件积分，即

$$\int_0^v \frac{dv}{\mu-v}=\int_0^t \frac{g}{\mu}dt$$

得到

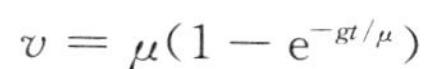

$$v=\mu(1-e^{-gt/\mu})$$

图 7-4

再积分得到

$$y=\mu t-\frac{\mu^2}{g}(1-e^{-gt/\mu})$$

当 t 逐渐增大时，v 将趋近于极限速度 v^*

$$v^*=\lim_{t\to\infty}v=\mu=\frac{mg}{c}$$

即当 $t\to\infty$ 时速度将趋于一个极限速度，为**物体在阻尼介质中自由下落的极限速度**。它表明物体下落速度不可能无限增大，当达到极限速度后，引起物体下落的重力将与阻力达到平衡，就不可能再加速了。上式也表明，不同质量的物体在同一介质中下落时，其极限速度是不同的。极限速度具有重要实际意义，利用此原理可以分开不同比重的物料，例如选矿、净化谷粒等。

7.2　质点系惯性的度量

7.2.1　质点系的质量

由式(7-1)可知，质点的质量 m 越大，越难改变它的运动状态，所以，**质量是质点惯性的度量**，也称为**惯性质量**。

设有 n 个质点构成的质点系。质点系内任一质点 M_i 的质量为 m_i。度量该质点系惯性的物理量之一为质点系的总质量，即

$$M=\sum_{i=1}^{n}m_i \tag{7-9}$$

对于刚体，式(7-9)的求和需要对组成刚体的所有质点进行，从而得到刚体的质量。它是刚体平动惯性的度量。

7.2.2　质点系的质量中心

质点系的运动不仅与作用在该质点系上的力以及各质点的质量大小有关，而且还与

质点系的质量分布状态有关。**质量中心**，简称**质心**，是描述质点系的质量分布状态的一个特征量。

如图 7－5 所示，质点系由 n 个质点 M_1、M_2、…、M_n 组成，各质点的质量分别为 m_1、m_2、…、m_n，对应的矢径分别为 $\boldsymbol{r}_1$、$\boldsymbol{r}_2$、…、$\boldsymbol{r}_n$。质点系的质心位置矢径为

$$\boldsymbol{r}_C = \frac{\sum_{i=1}^{n} m_i \boldsymbol{r}_i}{M} \tag{7-10}$$

对应的直角坐标形式为

$$x_C = \frac{\sum_{i=1}^{n} m_i x_i}{M}, y_C = \frac{\sum_{i=1}^{n} m_i y_i}{M}, z_C = \frac{\sum_{i=1}^{n} m_i z_i}{M} \tag{7-11}$$

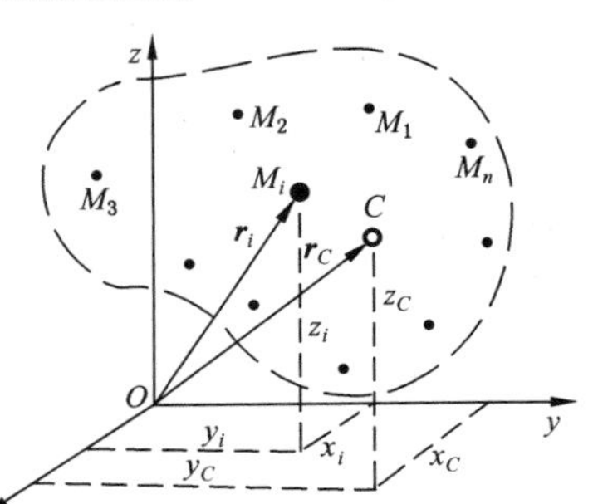

图 7－5

由此可见，质点系中各质点的位置发生变化时，质心的位置也可能发生变化；质点系的质量中心不一定落在质点系的某个质点上，它只是该质点系所在空间的一个几何点。另外，对于由无限多质点组成的连续分布物体，上述质心计算公式均应改为积分计算式。均质物体的质心在其几何中心。

7.2.3　刚体的转动惯量

当刚体做转动时，其惯性的度量是**转动惯量**。转动惯量不仅与刚体的质量有关，还与这些质量的分布有关。

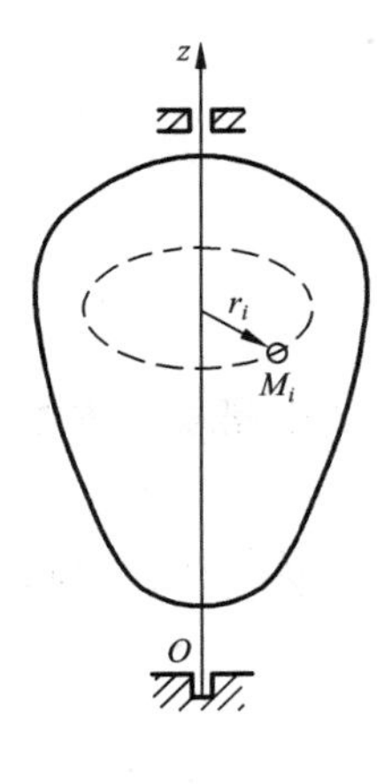

图 7－6

如图 7－6 所示，刚体以角速度 ω 绕固定轴 Oz 做定轴转动。设刚体内任一质点 M_i 的质量为 m_i，到转轴 Oz 的垂直距离为 r_i，定义刚体对转轴 Oz 的转动惯量为

$$J_z = \sum_{i=1}^{n} m_i r_i^2 \tag{7-12}$$

由式(7－12)可知，**刚体对某轴的转动惯量等于各质点质量与它们到该轴垂直距离平方的乘积之和**。转动惯量的单位为 $\mathrm{kg \cdot m^2}$。刚体对任一固定轴的转动惯量均为常量，且总为正值，但对不同轴线的转动惯量一般是不相等的。所以，转动惯量只取决于刚体的形状、质量分布和转轴位置等情况，与刚体是否运动以及运动状态如何均无关，反映了刚体绕固定轴转动的转动惯性。

对于形状较为简单的刚体，根据式(7－12)的定义，其转动惯量可直接利用下面的积分进行计算

$$J_z = \int_M r^2 \mathrm{d}m \tag{7-13}$$

式中，M 表示积分范围遍及整个刚体。

常见简单形状的均质刚体的转动惯量可查表 7－1 得到。复杂形状的均质刚体，可看作多个简单形状刚体的组合，用**组合法**来计算其转动惯量。非均质的复杂形状刚体的转动惯量可以用试验法测定。

转动惯量的概念可以推广到一般的质点系。如果质点系形状、质量分布、转轴位置等发生变化时，转动惯量一般也随之变化。

表 7－1　均质刚体的转动惯量

形状	简图	转动惯量	回转半径
细直杆	z，z_C，C，$\frac{l}{2}$，$\frac{l}{2}$	$J_z=\frac{1}{3}ml^2$ $J_{z_C}=\frac{1}{12}ml^2$	$\rho_z=\frac{\sqrt{3}}{3}l$ $\rho_{z_C}=\frac{\sqrt{3}}{6}l$
长方体	z，a，b	$J_z=\frac{1}{12}m(a^2+b^2)$	$\rho_z=\frac{1}{6}\sqrt{3(a^2+b^2)}$
薄壁圆筒	z，R	$J_z=mR^2$	$\rho_z=R$
圆柱	x，y，z，C，R，$\frac{l}{2}$，$\frac{l}{2}$	$J_x=J_y=\frac{1}{12}m(l^2+3R^2)$ $J_z=\frac{1}{2}mR^2$	$\rho_x=\rho_y=\sqrt{\frac{l^2+3R^2}{12}}$ $\rho_z=\frac{\sqrt{2}}{2}R$
空心圆柱	R，r，z	$J_z=\frac{1}{2}m(R^2-r^2)$	$\rho_z=\sqrt{\frac{R^2-r^2}{2}}$
薄壁球壳	z，R，C	$J_z=\frac{2}{3}mR^2$	$\rho_z=\frac{\sqrt{6}}{3}R$
实心球	z，R，C	$J_z=\frac{2}{5}mR^2$	$\rho_z=\frac{\sqrt{10}}{5}R$

工程中常用**回转半径**来表述刚体的转动惯量，即

$$\rho_z=\sqrt{\frac{J_z}{M}} \tag{7-14}$$

式中，M 为刚体的质量。

由式(7-14)有

$$J_z=M\rho_z^2 \tag{7-15}$$

回转半径又称**惯性半径**，其含义是假想将刚体的全部质量 M 集中在与转轴 z 相距为 ρ_z 的圆周上。回转半径为计算刚体的转动惯量提供了方便，只要给定了某刚体绕给定轴转动的回转半径 ρ_z，就可以用式(7-15)来计算该刚体的转动惯量。

现在分析同一刚体对相互平行的不同转轴的转动惯量之间的关系。设轴 z_C 通过刚体的质心 C，称为**质心轴**，如图 7-7 所示。不失一般性，设轴 z 与 y 相交且平行于质心轴 z_C，两轴的距离为 d。刚体对质心轴 z_C 的转动惯量 J_{z_C} 为

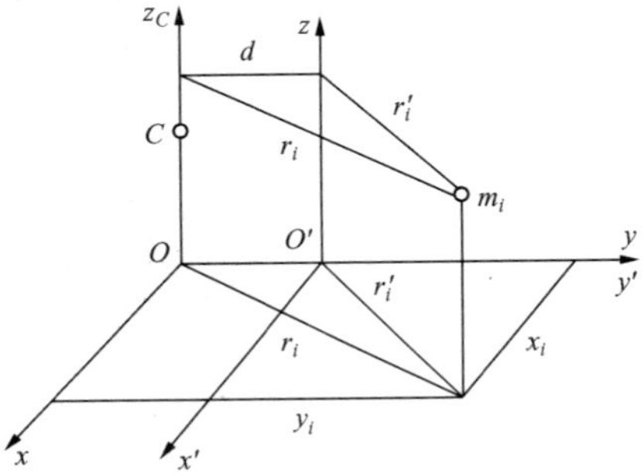

图 7-7

$$J_{z_C}=\sum_{i=1}^{n}m_i r_i^2=\sum_{i=1}^{n}m_i(x_i^2+y_i^2)$$

刚体对 z 轴的转动惯量

$$J_z=\sum_{i=1}^{n}m_i r_i'^2=\sum_{i=1}^{n}m_i[x_i^2+(y_i-d)^2]$$

式中，r_i 和 r_i' 分别为质点 m_i 到轴 z_C 和轴 z 的垂直距离；x_i、y_i、z_i 为质点 m_i 在坐标系 $Oxyz$ 中的坐标。

将上式展开，得到

$$\begin{aligned}J_z&=\sum_{i=1}^{n}m_i(x_i^2+y_i^2-2dy_i+d^2)\\&=\sum_{i=1}^{n}m_i(x_i^2+y_i^2)-2d\sum_{i=1}^{n}m_iy_i+d^2\sum_{i=1}^{n}m_i\\&=J_{z_C}-2dMy_C+Md^2\end{aligned}$$

式中，M 为刚体的质量；y_C 为质心 C 在坐标系 $Oxyz_C$ 中的 y 坐标。

由于轴 z_C 通过质心 C，所以 $y_C=0$，从而得到

$$J_z=J_{z_C}+Md^2 \tag{7-16}$$

由此得到计算**转动惯量的平行轴定理：刚体对任意轴的转动惯量，等于刚体对平行于该轴的质心轴的转动惯量加上刚体质量与两轴间距离平方的乘积**。

显然，在一组平行轴中，刚体对质心轴的转动惯量 J_{z_C} 最小。

【例 7-3】 钟摆简图如图 7-8 所示，均质杆质量为 m_1，长度为

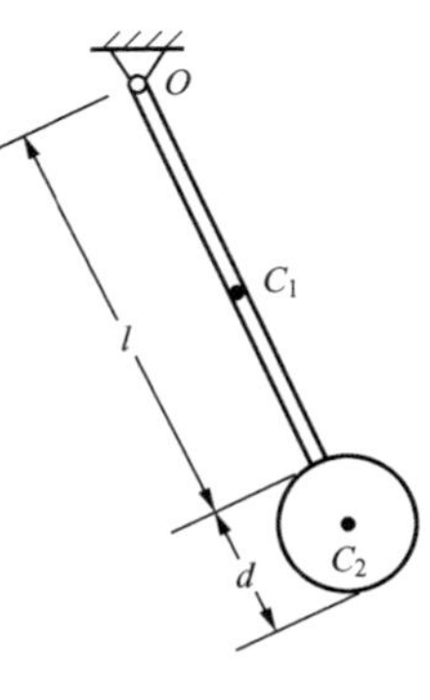

图 7-8

l，均质圆盘质量为 m_2，直径为 d。求钟摆对通过点 O 的水平轴的转动惯量。

解　杆对通过点 O 的水平轴的转动惯量为

$$J_{O1}=\frac{1}{3}m_1 l^2$$

根据平行轴定理，圆盘对通过点 O 的水平轴的转动惯量为

$$J_{O2}=\frac{1}{2}m_2\left(\frac{1}{2}d\right)^2+m_2\left(l+\frac{1}{2}d\right)^2=m_2\left(\frac{3}{8}d^2+l^2+ld\right)$$

于是，应用组合法得到钟摆对通过点 O 的水平轴的转动惯量为

$$J_O=J_{O1}+J_{O2}=\frac{1}{3}m_1 l^2+m_2(\frac{3}{8}d^2+l^2+ld)$$

7.3　机械运动的度量

7.3.1　动量

物体运动强弱的判断，不仅与物体的速度有关，还与物体的质量有关。子弹的质量虽小，但由于运动速度大，可以击穿钢板。轮船的速度虽小，但由于质量很大，如不慎可以将码头撞坏。这说明将质点的质量和速度综合，度量运动的一种效应，具有明显的物理意义。质点的质量与速度的乘积称为**质点的动量**，即

$$\boldsymbol{p}=m\boldsymbol{v} \tag{7-17}$$

动量是矢量，方向与速度一致，单位是 kg · m/s。

如图 7 - 9 所示，质点系运动时，各质点均有各自的动量，这些动量的集合就构成了动量系。质点系中所有质点动量的矢量和，称为**质点系的动量**，即

$$\boldsymbol{p}=\sum_{i=1}^{n}m_i\boldsymbol{v}_i \tag{7-18}$$

质点系的动量也是矢量。

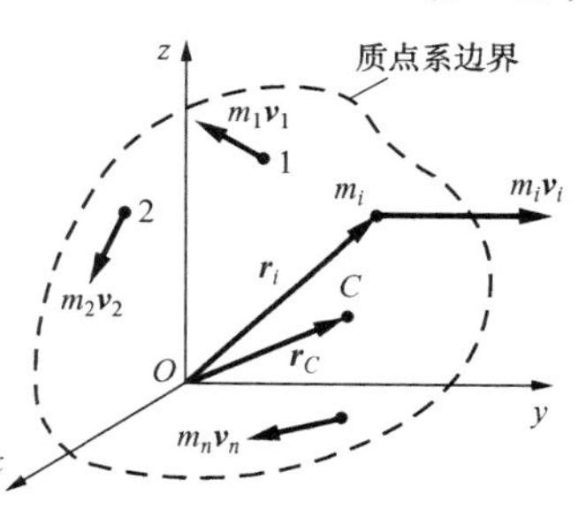

图 7 - 9

设质点 i 的速度为 $\boldsymbol{v}_i=\frac{\mathrm{d}\boldsymbol{r}_i}{\mathrm{d}t}$，所以有

$$\boldsymbol{p}=\sum_{i=1}^{n}m_i\boldsymbol{v}_i=\sum_{i=1}^{n}m_i\cdot\frac{\mathrm{d}\boldsymbol{r}_i}{\mathrm{d}t}=\frac{\mathrm{d}}{\mathrm{d}t}\sum_{i=1}^{n}m_i\boldsymbol{r}_i \tag{7-19}$$

由质点系的质心公式(7 - 10)，得到

$$\sum_{i=1}^{n}m_i\boldsymbol{r}_i=M\boldsymbol{r}_C \tag{7-20}$$

两边分别对 t 求导后代入式(7 - 19)，得

$$\boldsymbol{p}=\frac{\mathrm{d}}{\mathrm{d}t}(M\boldsymbol{r}_C)=M\boldsymbol{v}_C \tag{7-21}$$

式中，$\boldsymbol{v}_C$ 为质点系质心 C 的速度。

因此，**质点系的动量等于质点系的质心速度与质点系的全部质量的乘积**，这给计算刚体的动量带来很大方便，如图 7－10(a)所示的刚体，其动量 $\boldsymbol{p}=m\boldsymbol{v}_C$。特别是当质点系的质心速度为零时，质点系的动量必为零，例如图 7－10(b)的定轴转动，当转轴通过刚体的质心时，其动量必为零。

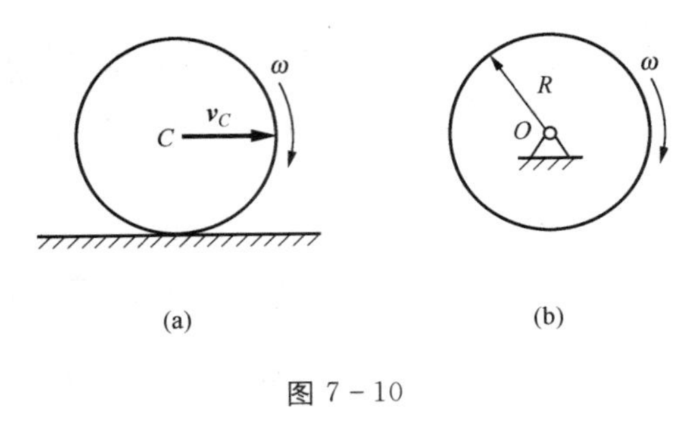

图 7－10

如果质点系由 n 个部分组成，每一部分的质量为 m_i，该部分的质心速度为 $\boldsymbol{v}_{Ci}$，则质点系的动量等于各部分质量与质心速度乘积的矢量和，即

$$\boldsymbol{p}=\sum_{i=1}^{n}\boldsymbol{p}_i=\sum_{i=1}^{n}m_i\boldsymbol{v}_{Ci} \tag{7-22}$$

【例 7－4】 如图 7－11 所示，画椭圆的机构由匀质的曲柄 OA、规尺 BD 以及滑块 B 和 D 组成。已知规尺长 $2l$，质量是 $2m_1$；两滑块的质量都是 m_2；曲柄长 l，质量是 m_1，并以角速度 ω 绕定轴 O 转动。求当曲柄 OA 与水平成角 φ 的瞬时：(1) 曲柄 OA 的动量；(2) 整个机构的动量。

解　(1) 曲柄 OA 的质心在其中点 E，它的动量大小

$$p_{OA}=m_1v_E=\frac{1}{2}m_1l\omega$$

其方向与 $\boldsymbol{v}_E$ 一致，即垂直于 OA，顺着 ω 的转向。

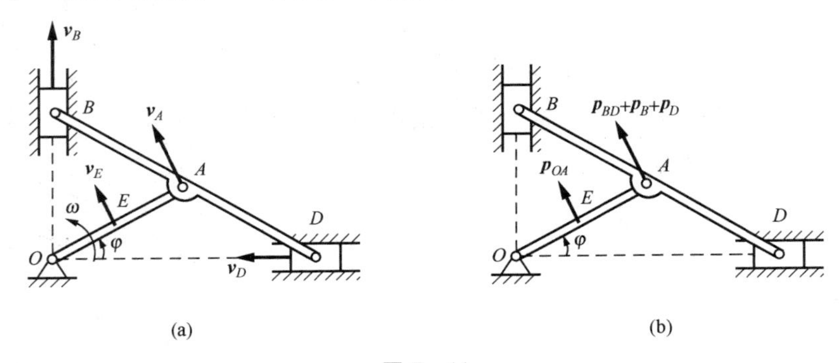

图 7－11

(2) 整个机构的动量等于曲柄 OA，规尺 BD，滑块 B 和 D 的动量的矢量和，即

$$\boldsymbol{p}=\boldsymbol{p}_{OA}+\boldsymbol{p}_{BD}+\boldsymbol{p}_B+\boldsymbol{p}_D$$

可以先求出各分动量后，按上式计算整个机构的动量主矢。但是，上式右端的后三个分动量可以合起来简便地计算。因为规尺和两个滑块的公共质心在点 A，它们的动量可表示成

$$\boldsymbol{p}'=\boldsymbol{p}_{BD}+\boldsymbol{p}_B+\boldsymbol{p}_D=2(m_1+m_2)\boldsymbol{v}_A$$

由于动量 $\boldsymbol{p}_{OA}$ 的方向也与 $\boldsymbol{v}_A$ 的方向一致，所以整个椭圆机构的动量的方向与 $\boldsymbol{v}_A$ 相同，而大小为

$$p=p_{OA}+p'=\frac{1}{2}m_1 l\omega+2(m_1+m_2)l\omega=\frac{1}{2}(5m_1+4m_2)l\omega$$

7.3.2　动量矩

7.3.2.1　质点的动量矩

质点 A 的动量为 $m\boldsymbol{v}$，对固定点 O 的矢径为 $\boldsymbol{r}$，如图 7－12 所示，动量对 O 点的矩，称为**动量矩**，即

$$\boldsymbol{L}_O=\boldsymbol{M}(m\boldsymbol{v})=\boldsymbol{r}\times m\boldsymbol{v} \tag{7-23}$$

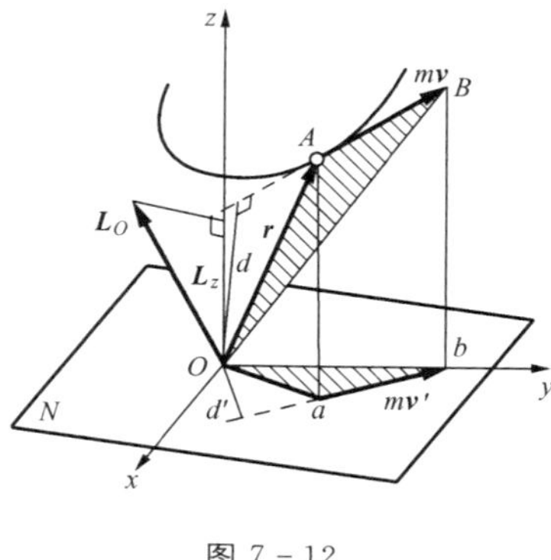

图 7－12

动量矩矢量 $\boldsymbol{L}_O$ 垂直于 $\boldsymbol{r}$ 与 $m\boldsymbol{v}$ 构成的平面，方向按右手法则确定，如图 7－12 所示。动量矩 $\boldsymbol{L}_O$ 的大小为

$$L_O=(mv)\cdot d=2S_{\triangle OAB}$$

式中，d 为矩心 O 到动量矩矢量 $\boldsymbol{L}_O$ 的垂直距离。

质点动量 $m\boldsymbol{v}$ 对 z 轴的矩称为**质点对 z 轴的动量矩** L_z。设动量 $m\boldsymbol{v}$ 在垂直于矩轴 z 的平面 Oxy 上的投影为 $m\boldsymbol{v}'$，z 轴与 Oxy 平面的交点 O 到 $m\boldsymbol{v}'$ 的垂直距离为 d'，则

$$L_z=M_z(m\boldsymbol{v})=\pm(mv')\cdot d'=\pm 2S_{\triangle Oab}$$

动量对轴的动量矩是标量，其正负号按右手法则确定。

质点对 O 点的动量矩在通过 O 点的任意轴上的投影，等于质点对该轴的动量矩。这个关系与力矩关系定理类似，即有

$$[\boldsymbol{L}_O]_z=L_z \tag{7-24}$$

7.3.2.2　质点系的动量矩

对于质点系，若第 i 个质点对 O 点的动量矩为

$$\boldsymbol{L}_{Oi}=\boldsymbol{r}_i\times m\boldsymbol{v}_i$$

质点系所有质点对 O 点的动量矩的矢量和，为质点系对 O 点的动量矩，即

$$\boldsymbol{L}_O=\sum_{i=1}^{n}\boldsymbol{r}_i\times m\boldsymbol{v}_i \tag{7-25}$$

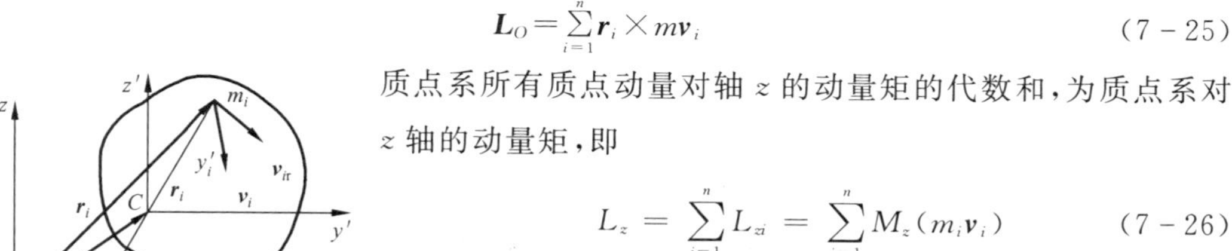
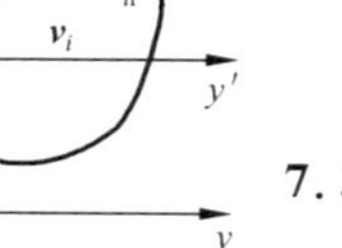

图 7－13

质点系所有质点动量对轴 z 的动量矩的代数和，为质点系对 z 轴的动量矩，即

$$L_z=\sum_{i=1}^{n}L_{zi}=\sum_{i=1}^{n}M_z(m_i\boldsymbol{v}_i) \tag{7-26}$$

7.3.2.3　质点系相对于质心的动量矩

如图 7－13 所示，$Oxyz$ 为定参考系，$Cx'y'z'$ 为随质心平动的动参考系即**质心参考系**，简称**质心系**。质点系内任一质点 M_i 的质量为 m_i，$\boldsymbol{r}_i$ 和 $\boldsymbol{r}_i'$ 分别为质点 M_i 相对于定点 O

的绝对矢径和质心 C 的相对矢径，$\boldsymbol{v}_i$ 和 $\boldsymbol{v}_{ri}$ 分别为质点 M_i 在定系中的绝对速度和在动系中的相对速度。

质点系各质点在动系 $Cx'y'z'$ 中相对于质心 C 运动的动量对质心 C 之矩的矢量和，为质点系相对运动的动量的主矩，称为**质点系相对于质心的动量矩**，即

$$\boldsymbol{L}_C = \sum_{i=1}^{n}\boldsymbol{r}_i' \times m_i\boldsymbol{v}_{ri} \tag{7-27}$$

根据式(7－10)，在动系中质点系质心的矢径为 $\boldsymbol{r}_C' = \sum_{i=1}^{n} m_i\boldsymbol{r}_i'/M = 0$，即 $\sum_{i=1}^{n} m_i\boldsymbol{r}_i' = 0$，所以

$$\sum_{i=1}^{n}\boldsymbol{r}_i' \times m_i\boldsymbol{v}_C = \sum_{i=1}^{n}(m_i\boldsymbol{r}_i') \times \boldsymbol{v}_C = 0$$

又根据速度合成定理有

$$\boldsymbol{v}_i = \boldsymbol{v}_C + \boldsymbol{v}_{ri}$$

将上两式代入(7－27)，得到

$$\boldsymbol{L}_C = \sum_{i=1}^{n}\boldsymbol{r}_i' \times m_i\boldsymbol{v}_i \tag{7-28}$$

于是，根据式(7－25)有

$$\boldsymbol{L}_O = \sum_{i=1}^{n}(\boldsymbol{r}_C + \boldsymbol{r}_i') \times m_i\boldsymbol{v}_i = \boldsymbol{r}_C \times \sum_{i=1}^{n} m_i\boldsymbol{v}_i + \sum_{i=1}^{n}\boldsymbol{r}_i' \times m_i\boldsymbol{v}_i$$

将式 (7－21)和式(7－28)代入上式，得到

$$\boldsymbol{L}_O = \boldsymbol{r}_C \times M\boldsymbol{v}_C + \boldsymbol{L}_C \tag{7-29}$$

式(7－29)说明，**质点系对定点 O 的动量矩等于集中于质心 C 的动量对定点 O 的动量矩与质点系对质心 C 的动量矩的矢量和。**

7.3.2.4　刚体的动量矩

（1）平动刚体对定点 O 的动量矩

平动刚体上各点的速度都相同，设刚体质心的速度为 v_C，则由式(7－20)和式(7－25)，有

$$\begin{aligned}\boldsymbol{L}_O &= \sum_{i=1}^{n}\boldsymbol{r}_i \times m_i\boldsymbol{v}_C = \left(\sum_{i=1}^{n} m_i\boldsymbol{r}_i\right) \times \boldsymbol{v}_C = M\boldsymbol{r}_C \times \boldsymbol{v}_C \\ &= \boldsymbol{r}_C \times M\boldsymbol{v}_C = \boldsymbol{r}_C \times \boldsymbol{p}\end{aligned} \tag{7-30}$$

式中，M 为刚体的质量；$\boldsymbol{p} = M\boldsymbol{v}_C$ 为刚体的动量。

式(7－30)表明，**平动刚体对定点 O 的动量矩相当于将刚体的质量集中在质心上的一个质点的动量对定点 O 的动量矩。**

（2）定轴转动刚体对固定转轴的动量矩

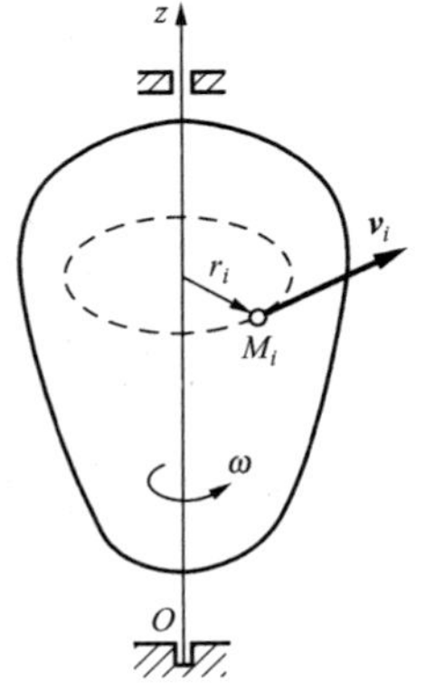

图 7－14

如图 7－14 所示，刚体以角速度 ω 绕固定转轴 Oz 做定轴转动。设刚体上任一质点 M_i 的质量为 m_i，到转轴 Oz 的垂直距离为 r_i，速度 $v_i = r_i\omega$。

质点 M_i 对转轴 Oz 的动量矩为

$$L_{zi}=M_z(m_i\boldsymbol{v}_i)=m_iv_i\cdot r_i=m_i\cdot r_i\omega\cdot r_i=m_ir_i^2\omega$$

由于刚体所有质点具有相同的角速度 ω，因此刚体对转轴 Oz 的动量矩为

$$L_z=\sum_{i=1}^{n}M_z(m_i\boldsymbol{v}_i)=\omega\sum_{i=1}^{n}m_ir_i^2$$

即

$$L_z=J_z\omega \tag{7-31}$$

式(7－31)表明，**定轴转动刚体对转轴的动量矩等于刚体对转轴的转动惯量与角速度的乘积。**

【例 7－5】 如图 7－15 所示，质量为 m_1 的矩形板 $ABED$ 与杆 OA、O_1B 铰接，质量为 m_2 的质点 M 以相对速度 $\boldsymbol{v}_r$ 在板中心线处的凹槽中运动，杆 OA 以角速度 ω 绕 Oz 轴转动。已知 $OO_1/\!/AB$，$OA/\!/O_1B$，且 $OA=l$，$AD=h$。求系统运动到 $\theta=0°$ 位置时矩形板和质点 M 对 z 轴的动量矩。

解　以杆 OA、板 $ABED$ 和质点 M 所组成的系统作为一个质点系。由于质点系对轴 z 的动量矩等于每个质点对 z 轴动量矩之和，故先分别求出板 $ABED$ 和质点 M 对 z 轴的动量矩，再求和。

(1) 板 $ABED$ 对 z 轴的动量矩。板 $ABED$ 作平动，其上各点的速度 $v=v_A=l\omega$，质心坐标 $x_C=l+\frac{h}{2}$，板 $ABED$ 对 z 轴的动量矩为

$$L_z=-m_1vx_C=-m_1l\omega(l+\frac{h}{2})$$

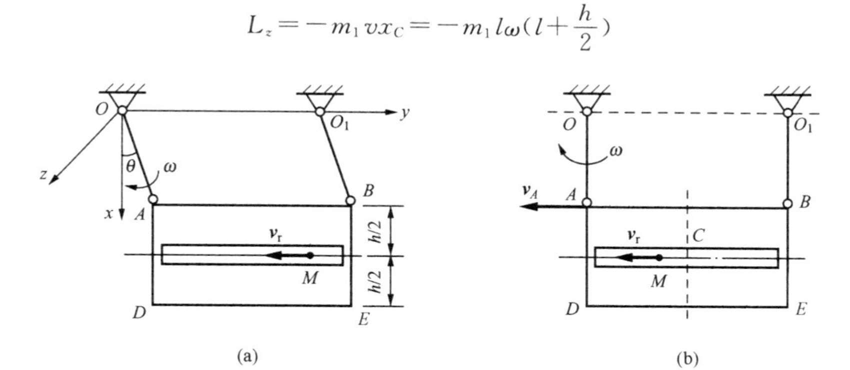

图 7－15

(2) 质点 M 对 z 轴的动量矩。质点的绝对速度

$$\boldsymbol{v}_a=\boldsymbol{v}_e+\boldsymbol{v}_r$$

式中，$\boldsymbol{v}_e$ 为平板上与质点 M 相重合的点的速度，即

$$\boldsymbol{v}_e=\boldsymbol{v}=l\omega$$

所以，质点的动量为

$$m_2\boldsymbol{v}_a=m_2(l\omega+v_r)$$

对 z 轴的动量矩为

$$L_{z2}=-m_2 v_a x_C=-m_2(l\omega+v_r)(l+\frac{h}{2})$$

(3) 矩形板 $ABCD$ 和质点 M 对 z 轴的动量矩为

$$L_z=L_{z1}+L_{z2}=-m_1 l\omega(l+\frac{h}{2})-m_2(l\omega+v_r)(l+\frac{h}{2})$$

【例 7-6】 如图 7-16 所示，半径为 r 的均质轮，在半径为 R 的固定凹面上只滚不滑，轮的质量为 m_1，均质杆 OA 的质量为 m_2，杆长为 l，在图示瞬时杆 OA 的角速度为 ω。试求系统在该瞬时对点 O 的动量矩。

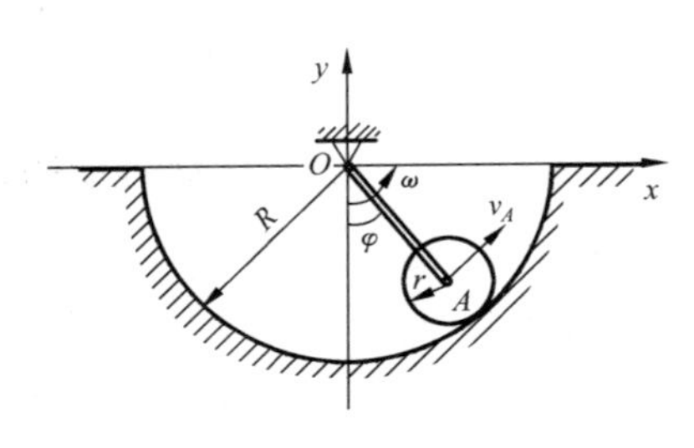

图 7-16

解 以杆 OA 和均质轮 A 组成的系统作为一个质点系。杆 OA 作定轴转动，故杆 OA 对点 O 的动量矩为

$$L_{O1}=J_O\omega=\frac{1}{3}m_2 l^2\omega$$

轮 A 作平面运动，对 O 点的动量矩为

$$\begin{aligned}L_{O2}&=-J_A\omega+m_1 v_A(R-r)\\&=-\frac{1}{2}m_1 r^2\frac{(R-r)\omega}{r}+m_1(R-r)^2\omega\\&=\frac{1}{2}m_1(R-r)(2R-3r)\omega\end{aligned}$$

式中，轮 A 的角速度是顺时针方向，根据右手法则，应为 z 轴负方向，故有负号。

于是，整个系统对 O 点的动量矩为

$$L_O=L_{O1}+L_{O2}=\frac{1}{3}m_2 l^2\omega+\frac{1}{2}m_1(R-r)(2R-3r)\omega$$

7.3.3　动能

设质点的质量为 m，瞬时速度大小为 v，则该质点的瞬时**动能**为

$$T=\frac{1}{2}mv^2 \tag{7-32}$$

显然，动能是非负的标量，单位为焦耳(J)。

质点系的动能为质点系中所有质点的动能之和，即

$$T=\sum_{i=1}^{n}\frac{1}{2}m_i v_i^2 \tag{7-33}$$

7.3.3.1　平动刚体的动能

刚体做平动时，在同一瞬时刚体上各点的速度都相同，如用 $\boldsymbol{v}_C$ 表示刚体质心的速度，则平动刚体的动能为

$$T=\sum_{i=1}^{n}\frac{1}{2}m_iv_i^2=\frac{1}{2}\sum_{i=1}^{n}m_iv_C^2=\frac{1}{2}Mv_C^2 \qquad (7-34)$$

式中，$M=\sum_{i=1}^{n}m_i$ 为刚体的质量。

式(7-34)表明，**平动刚体的动能等于刚体的质量与其质心速度大小的平方之乘积的一半。**

7.3.3.2　定轴转动刚体的动能

如图 7-17 所示，刚体以角速度为 ω 绕定轴 z 转动，设刚体内任一质点 M_i 的质量为 m_i，转动半径 r_i，则刚体的动能为

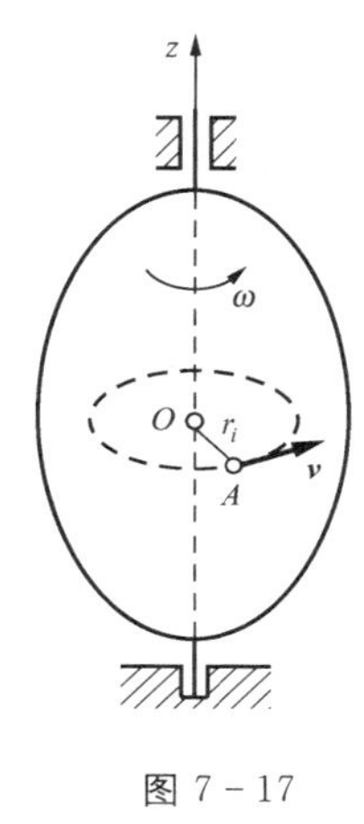

图 7-17

$$T=\sum_{i=1}^{n}\frac{1}{2}m_iv_i^2=\frac{1}{2}\sum_{i=1}^{n}m_i(r_i\omega)^2=\frac{1}{2}J_z\omega^2 \qquad (7-35)$$

可见，**定轴转动刚体的动能等于刚体对转轴的转动惯量与角速度平方之乘积的一半。**

7.3.3.3　平面运动刚体的动能

当刚体作平面运动时，其上各点速度的分布与刚体绕瞬心 P 转动时一样，如图 7-18 所示。设平面运动刚体的角速度为 ω，刚体对瞬心轴的转动惯量为 J_P，则根据(7-35)得到平面运动刚体的动能为

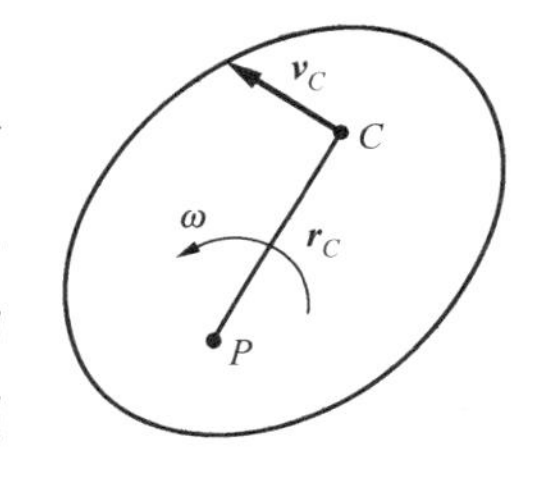

图 7-18

$$T=\frac{1}{2}J_P\omega^2 \qquad (7-36)$$

由于瞬心轴在刚体内的位置是变化的，因此，刚体对瞬心轴的转动惯量一般是变化的。若 $\boldsymbol{r}_C$ 为瞬心 P 到质心 C 的距离，J_C 为刚体对平行于瞬心轴的质心轴的转动惯量，由于

$$J_P=J_C+Mr_C^2$$

式中，M 为刚体的质量。

将上式代入式(7-36)得到

$$T=\frac{1}{2}(J_C+Mr_C^2)\omega^2=\frac{1}{2}J_C\omega^2+\frac{1}{2}M(r_C\omega)^2$$

注意到 $v_C=r_C\omega$ 为质心速度，所以

$$T=\frac{1}{2}Mv_C^2+\frac{1}{2}J_C\omega^2 \qquad (7-37)$$

所以，**平面运动刚体的动能等于刚体随质心平动的动能与绕质心转动的动能之和。**

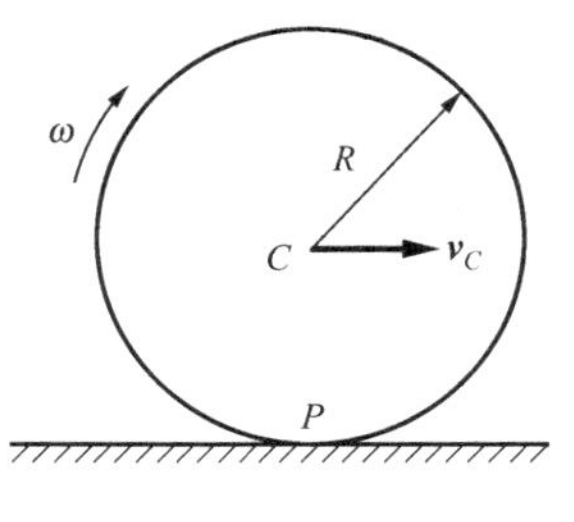

图 7-19

【例 7-7】　如图 7-19 所示，均质圆柱体质量为 m，质心速度为 $\boldsymbol{v}_C$。求其作纯滚动时的动能。

解　显然，圆柱体作刚体平面运动，因此

$$T=\frac{1}{2}mv_C^2+\frac{1}{2}J_C\omega^2$$

根据瞬心 P 知 $\omega=v_C/R$，所以

$$T=\frac{1}{2}mv_C^2+\frac{1}{2}\times\frac{1}{2}mR^2\times\left(\frac{v_C}{R}\right)^2=\frac{3}{4}mv_C^2$$

【例 7-8】 如图 7-20 所示，均质细长杆长为 l，质量为 m，与水平面的夹角 $\alpha=30°$，已知端点 B 的速度为 v_B。求杆 AB 的动能。

解　杆作平面运动，速度瞬心为 P，杆的角速度为 $\omega=v_B/PB=2v_B/l$，从而质心速度 $v_C=\omega l/2=v_B$。所以杆的动能为

$$T=\frac{1}{2}mv_C^2+\frac{1}{2}J_C\omega^2=\frac{1}{2}mv_B^2+\frac{1}{2}\left(\frac{1}{12}ml^2\right)\left(\frac{2v_B}{l}\right)^2=\frac{2}{3}mv_B^2$$

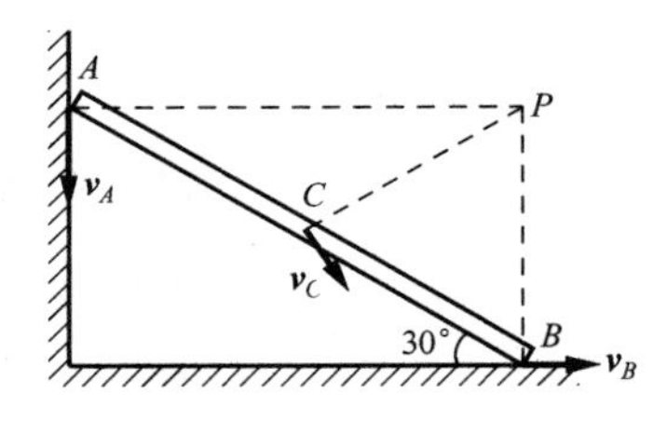

图 7-20

注：此题也可直接用式(7-35)进行计算，其中

$$J_P=J_C+m\cdot PC^2=\frac{1}{12}ml^2+m\left(\frac{l}{2}\right)^2=\frac{1}{3}ml^2$$

所以

$$T=\frac{1}{2}J_P\omega^2=\frac{1}{2}\times\frac{1}{3}ml^2\times\left(\frac{2v_B}{l}\right)^2=\frac{2}{3}mv_B^2$$

7.4　力作用的度量

7.4.1　冲量

物体运动的改变，不仅与作用在物体上的力有关，而且与力作用在物体上的时间有关。因此，可以用力与作用时间的乘积来衡量力在一段时间内的累积作用。作用力与作用时间的乘积称为**冲量**，即

$$\boldsymbol{I}=\boldsymbol{F}t \tag{7-38}$$

冲量是矢量，方向与力的方向一致，单位为 N·s。冲量是一个过程量，因此对于变力，定义**元冲量**为

$$\mathrm{d}\boldsymbol{I}=\boldsymbol{F}\mathrm{d}t \tag{7-39}$$

变力在一段时间内的总冲量，通过对元冲量的积分得到

$$\boldsymbol{I}=\int\boldsymbol{F}(t)\mathrm{d}t \tag{7-40}$$

7.4.2　功与功率

7.4.2.1　功与元功

设质点 M 在大小和方向都不变的力 $\boldsymbol{F}$ 作用下，沿直线经过一段路程 s，如图 7-21 所示，则力 $\boldsymbol{F}$ 在这段路程内所积累的作用效应可以用功 W 来度量，即

$$W = Fs\cos\theta \quad (7-41)$$

式中，θ 为力 $\boldsymbol{F}$ 与直线位移方向之间的夹角。

功是代数量，单位为焦耳(J)，1 J=1 N·m。

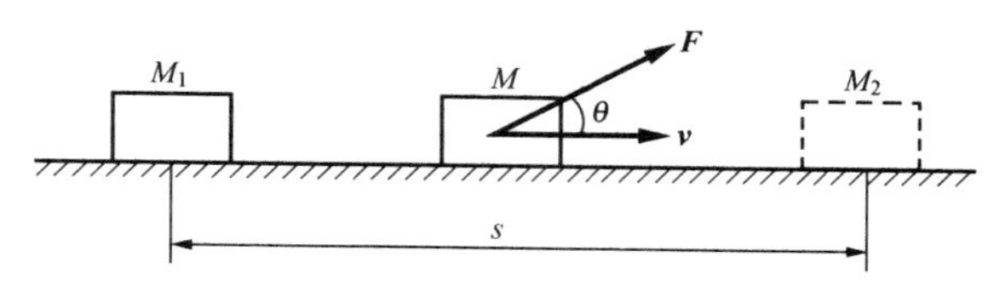

图 7-21

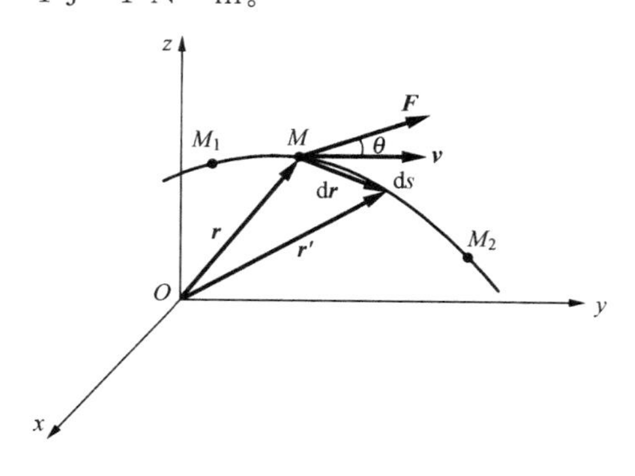

图 7-22

设质点 M 在变力 $\boldsymbol{F}$ 作用下作曲线运动，如图 7-22 所示。变力 $\boldsymbol{F}$ 在无限小位移 $\mathrm{d}\boldsymbol{r}$ 中可视为常力，其经过的一小段弧长 $\mathrm{d}s$ 也可视为直线，$\mathrm{d}\boldsymbol{r}$ 的方向近似为曲线在 M 点的切线方向。在无限小位移 $\mathrm{d}\boldsymbol{r}$ 上力作的功称为**元功**，用 δW 表示。于是有

$$\delta W = F\cos\theta \mathrm{d}s = \boldsymbol{F} \cdot \mathrm{d}\boldsymbol{r} \quad (7-42)$$

变力 $\boldsymbol{F}$ 在 $\widehat{M_1M_2}$ 全路程上做的功等于元功之和，即

$$W_{12} = \int_{M_1}^{M_2} F\cos\theta \mathrm{d}s = \int_{M_1}^{M_2} \boldsymbol{F} \cdot \mathrm{d}\boldsymbol{r} \quad (7-43)$$

由式(7-43)可知，如果在质点运动过程中，力 $\boldsymbol{F}$ 始终与质点位移垂直时，则该力将不做功。

建立固结于地面的直角坐标系 $Oxyz$，并设 $\boldsymbol{i}$、$\boldsymbol{j}$ 和 $\boldsymbol{k}$ 分别为坐标轴 x、y 和 z 的单位矢量，则有

$$\boldsymbol{F} = F_x\boldsymbol{i} + F_y\boldsymbol{j} + F_z\boldsymbol{k}$$

$$\mathrm{d}\boldsymbol{r} = \mathrm{d}x\boldsymbol{i} + \mathrm{d}y\boldsymbol{j} + \mathrm{d}z\boldsymbol{k}$$

代入式(7-43)可得**功的解析表达式**为

$$W_{12} = \int_{M_1}^{M_2} F_x\mathrm{d}x + F_y\mathrm{d}y + F_z\mathrm{d}z \quad (7-44)$$

当质点 M 同时受到 n 个力 $\boldsymbol{F}_1, \boldsymbol{F}_2, \cdots, \boldsymbol{F}_n$ 的作用时，设这 n 个力的合力为 $\boldsymbol{F}_R$，则质点在合力 $\boldsymbol{F}_R$ 作用下由 M_1 运动到 M_2 时，合力 $\boldsymbol{F}_R$ 做的功为

$$W_{12} = \int_{M_1}^{M_2} \boldsymbol{F}_R \cdot \mathrm{d}\boldsymbol{r} = \int_{M_1}^{M_2} (\boldsymbol{F}_1 + \boldsymbol{F}_2 + \cdots + \boldsymbol{F}_n) \cdot \mathrm{d}\boldsymbol{r}$$

$$= \int_{M_1}^{M_2} \boldsymbol{F}_1 \cdot \mathrm{d}\boldsymbol{r} + \boldsymbol{F}_2 \cdot \mathrm{d}\boldsymbol{r} + \cdots + \boldsymbol{F}_n \cdot \mathrm{d}\boldsymbol{r} = W_1 + W_2 + \cdots + W_n = \sum_{i=1}^{n} W_i \quad (7-45)$$

因此，**力系的合力在质点所经过的一段有限路程上所做之功等于力系中各力在同一路程上所做功的代数和。**

7.4.2.2　常见力的功

(1) 重力的功

设质量为 m 的质点 M，在重力 $\boldsymbol{P} = m\boldsymbol{g}$ 的作用下沿曲线由 M_1 运动到 M_2，如图 7-23

所示。作用在质点 M 上的重力在三个坐标轴上的投影分别为 $F_x=F_y=0, F_z=-P$，于是重力的功为

$$W_{12}=\int_{z_1}^{z_2}-P\mathrm{d}z=mg(z_1-z_2)=mgh \tag{7-46}$$

式中，h 为质点 M 的始点位置 M_1 与终点位置 M_2 的高度差。

所以，**重力的功等于质点的重量与质点始末位置高度之差的乘积，与质点运动的路径无关**，若质点位置下降，重力作正功；反之，若质点位置上升，重力作负功。

对于质点系，重力的功等于质点系中各质点所受重力的功之和。当质点系从位置 1 运动到位置 2，其中第 i 个质点 M_i 的质量为 m_i，所受的重力 $\boldsymbol{P}_i$ 的功为 $m_ig(z_{i1}-z_{i2})$，整个质点系所受到的重力的功为

$$W_{12}=\sum_{i=1}^{n}m_ig(z_{i1}-z_{i2})=\sum_{i=1}^{n}m_igz_{i1}-\sum_{i=1}^{n}m_igz_{i2}$$

由质心坐标公式 $z_C=\dfrac{\sum\limits_{i=1}^{n}m_iz_i}{m}$ 有

$$W_{12}=mgz_{C1}-mgz_{C2}=mgh_C \tag{7-47}$$

式中，m 为质点系质量；h_C 为质点系在运动始末时刻质心位置的高度差。

式(7-47)表明，**质点系在运动过程中重力的功，等于质点系的重力与其质心始末位置高度之差的乘积，与质点系质心运动的路径无关**，若质点系质心位置下降，重力作正功；反之，若质点系质心位置上升，重力作负功。

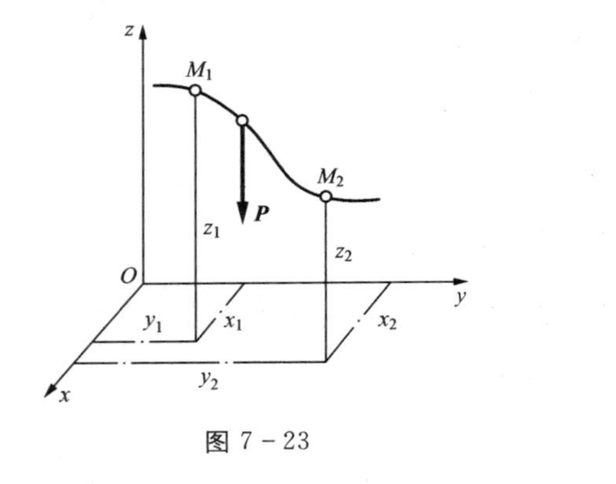

图 7-23

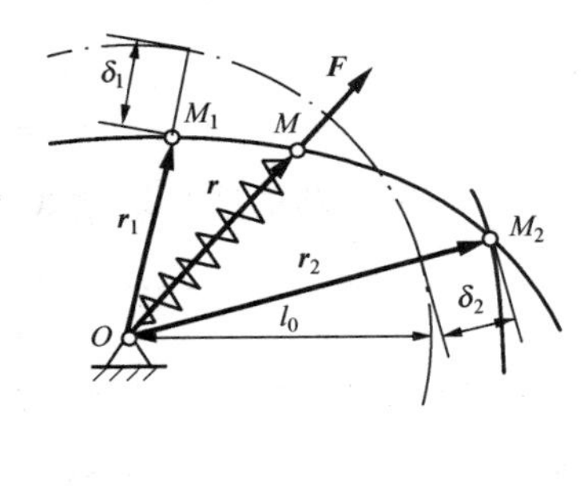

图 7-24

(2) 弹性力的功

如图 7-24 所示，弹簧原长为 l_0，质点 M 在弹簧力 $\boldsymbol{F}$ 作用下由 M_1 运动到 M_2。以 O 为原点建立坐标系，质点 M 的矢径为 $\boldsymbol{r}$。设沿矢径 $\boldsymbol{r}$ 的单位矢为 $\boldsymbol{r}_0$，则有 $\boldsymbol{r}=r\boldsymbol{r}_0$。弹性力可表示为

$$\boldsymbol{F}=-k(r-l_0)\boldsymbol{r}_0$$

式中，k 为弹簧的**刚度系数**，单位为 N/m。

弹性力 $\boldsymbol{F}$ 的元功为

$$\delta W=-k(r-l_0)\boldsymbol{r}_0\cdot \mathrm{d}\boldsymbol{r}=-k\frac{(r-l_0)}{r}\boldsymbol{r}\cdot \mathrm{d}\boldsymbol{r}$$

由于 $\boldsymbol{r}\cdot\mathrm{d}\boldsymbol{r}=\frac{1}{2}\mathrm{d}(\boldsymbol{r}\cdot\boldsymbol{r})=\frac{1}{2}\mathrm{d}r^2=r\mathrm{d}r$，所以 $\delta W=-k(r-l_0)\mathrm{d}r$。于是

$$W_{12}=\int_{r_1}^{r_2}-k(r-l_0)\mathrm{d}r=\frac{1}{2}k[(r_1-l_0)^2-(r_2-l_0)^2]=\frac{1}{2}k(\delta_1^2-\delta_2^2) \tag{7-48}$$

可见，**弹性力的功等于弹簧始末变形量的平方差乘以弹簧刚度系数的一半**；只与弹簧的始末位置的变形量 δ 有关，而与路径无关；当 $\delta_1>\delta_2$ 时，弹性力作正功；当 $\delta_1<\delta_2$ 时，弹性力作负功；当 $\delta_1=\delta_2$ 时，弹性力的功为零。

（3）定轴转动刚体上作用力的功

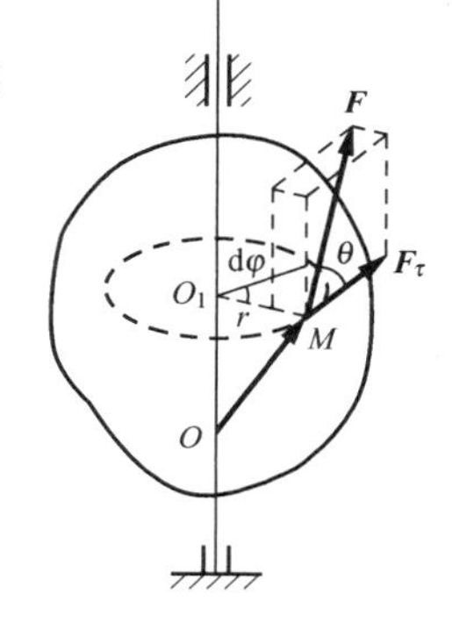

图 7－25

设力 $\boldsymbol{F}$ 与作用点 M 处的轨迹切线之间的夹角为 θ，如图 7－25 所示，则力 $\boldsymbol{F}$ 在切线上的投影为

$$F_\tau= F\cos\theta$$

当刚体绕定轴 z 转动，转角 φ 与弧长 s 的关系为

$$\mathrm{d}s=r\mathrm{d}\varphi$$

式中，r 为力的作用点 M 到转轴的垂直距离。力 $\boldsymbol{F}$ 的元功为

$$\delta W=\boldsymbol{F}\cdot\mathrm{d}\boldsymbol{r}=F_\tau\mathrm{d}s=F_\tau r\mathrm{d}\varphi$$

式中，$F_\tau r$ 为力 $\boldsymbol{F}$ 对 z 轴的力矩 M_z，即 $F_\tau r= M_z(\boldsymbol{F})$。于是

$$\delta W=M_z(\boldsymbol{F})\mathrm{d}\varphi$$

所以，在刚体从 φ_1 转动到 φ_2 的过程中力 $\boldsymbol{F}$ 作的功为

$$W_{12}=\int_{\varphi_1}^{\varphi_2}M_z(\boldsymbol{F})\mathrm{d}\varphi \tag{7-49}$$

如果作用在刚体上的是力偶，则力偶所作的功仍可以用式(7－49)计算，这时 M_z 应为力偶对转轴 z 的矩，即力偶矩矢 $\boldsymbol{M}$ 在 z 轴上的投影。

（4）平面运动刚体上力系的功

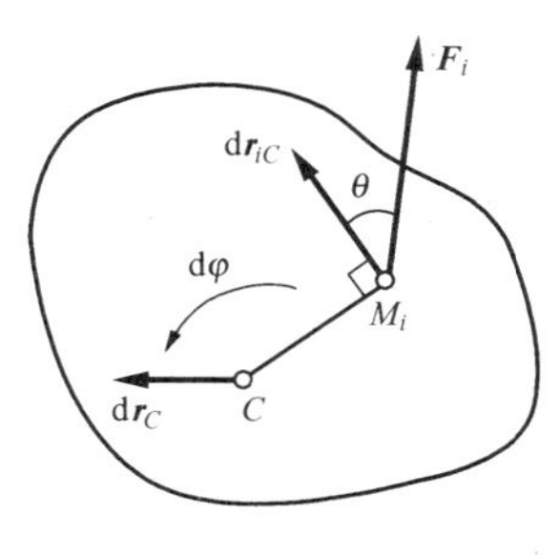

图 7－26

如图 7－26 所示，平面运动刚体上有一力系作用，以刚体的质心 C 为基点，当刚体有无限小位移时，力 $\boldsymbol{F}_i$ 的作用点 M_i 的位移为

$$\mathrm{d}\boldsymbol{r}_i=\mathrm{d}\boldsymbol{r}_C+\mathrm{d}\boldsymbol{r}_{iC}$$

式中，$\mathrm{d}\boldsymbol{r}_C$ 为质心 C 的无限小位移；$\mathrm{d}\boldsymbol{r}_{iC}$ 为质点 M_i 绕质心 C 的微小转动位移。

力 $\boldsymbol{F}_i$ 在点 M_i 位移上所作的元功为

$$\delta W_i=\boldsymbol{F}_i\cdot\mathrm{d}\boldsymbol{r}_i=\boldsymbol{F}_i\cdot\mathrm{d}\boldsymbol{r}_C+\boldsymbol{F}_i\cdot\mathrm{d}\boldsymbol{r}_{iC}$$

设刚体的无限小转角为 $\mathrm{d}\varphi$，转动位移 $\mathrm{d}\boldsymbol{r}_{iC}$ 垂直于直线 CM_i，大小为 $CM_i\mathrm{d}\varphi$。因此，上式后一项

$$\boldsymbol{F}_i \cdot \mathrm{d}\boldsymbol{r}_{iC} = F_i\cos\theta \times CM_i\mathrm{d}\varphi = M_C(\boldsymbol{F}_i)\mathrm{d}\varphi$$

式中，θ 为力 $\boldsymbol{F}_i$ 与转动位移 $\mathrm{d}\boldsymbol{r}_{iC}$ 间的夹角；$M_C(\boldsymbol{F}_i)$ 为力 $\boldsymbol{F}_i$ 对质心 C 的矩。则力系全部力所作的元功之和为

$$\delta W = \sum_{i=1}^{n}\delta W_i = \sum_{i=1}^{n}\boldsymbol{F}_i \cdot \mathrm{d}\boldsymbol{r}_C + \sum_{i=1}^{n}M_C(\boldsymbol{F}_i)\mathrm{d}\varphi = \boldsymbol{F}_R' \cdot \mathrm{d}\boldsymbol{r}_C + M_C\mathrm{d}\varphi$$

式中，$\boldsymbol{F}_R'$ 为力系的主矢；M_C 为力系对质心 C 的主矩。

所以，当刚体的质心 C 由 C_1 平动到 C_2，同时，刚体又由 φ_1 转到 φ_2 时，力系所作的功为

$$W_{12} = \int_{C_1}^{C_2}\boldsymbol{F}_R' \cdot \mathrm{d}\boldsymbol{r}_c + \int_{\varphi_1}^{\varphi_2}M_C\mathrm{d}\varphi \tag{7-50}$$

即平面运动刚体上力系的功等于力系向质心简化所得的力与力偶作功之和。

（5）质点系内力的功

如图 7－27 所示，AB 两质点间有相互作用的内力 $\boldsymbol{F}_A$ 和 $\boldsymbol{F}_B$，且 $\boldsymbol{F}_A = -\boldsymbol{F}_B$，两点对坐标系原点 O 的矢径分别为 $\boldsymbol{r}_A$ 和 $\boldsymbol{r}_B$，$\boldsymbol{F}_A$ 和 $\boldsymbol{F}_B$ 的元功之和为

$$\delta W = \boldsymbol{F}_A \cdot \mathrm{d}\boldsymbol{r}_A + \boldsymbol{F}_B \cdot \mathrm{d}\boldsymbol{r}_B = \boldsymbol{F}_A \cdot \mathrm{d}\boldsymbol{r}_A - \boldsymbol{F}_A \cdot \mathrm{d}\boldsymbol{r}_B = \boldsymbol{F}_A \cdot \mathrm{d}(\boldsymbol{r}_A - \boldsymbol{r}_B)$$

由于 $\boldsymbol{r}_A + \boldsymbol{r}_{AB} = \boldsymbol{r}_B$，所以 $\mathrm{d}(\boldsymbol{r}_A - \boldsymbol{r}_B) = -\mathrm{d}\boldsymbol{r}_{AB}$，则

$$\delta W = -F_A\mathrm{d}r_{AB} \tag{7-51}$$

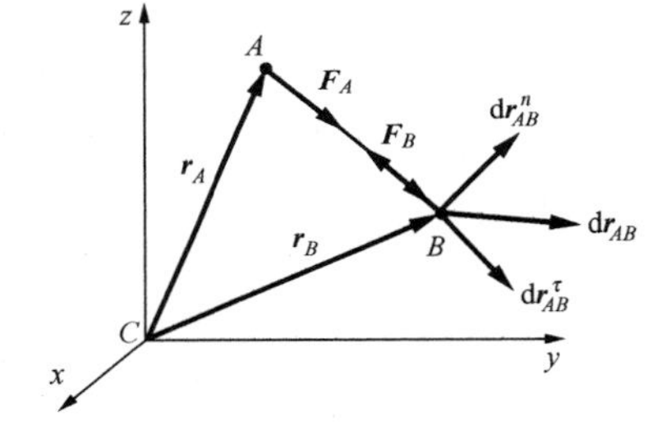

图 7－27

式（7－51）表明，**当质点系内质点间的距离发生变化时，内力的元功之和一般不为零。**例如，汽车发动机汽缸内膨胀的气体对活塞和汽缸的作用力都是内力，内力的功之和不为零，从而使汽车的动能增加。如果两质点间的距离不变，则其内力的元功之和为零，例如刚体内或刚性杆联结的两端点的距离始终不变，所以刚体内所有内力的功之和恒等于零。

（6）摩擦力的功

一般情况下，滑动摩擦力与物体相对位移的方向相反，因此摩擦力做负功。但是，当刚体沿固定支承面作纯滚动时，如图 7－28 所示，这时的摩擦力为静摩擦力，其元功为

$$\delta W = \boldsymbol{F} \cdot \boldsymbol{v}_P\mathrm{d}t$$

由于点 P 是刚体的速度瞬心，因此 $\boldsymbol{v}_P = 0$，所以 $\delta W = 0$。**即刚体沿固定支承面作纯滚动时，摩擦力不作功。**

（7）约束反力的功

常见的约束有以下几类：

光滑固定支承面：如图 7－29(a)光滑支承面、图 7－29(b)销钉和图 7－29(c)活动支座。这类约束的约束反力 $\boldsymbol{F}_\mathrm{N}$ 沿接触面的法向，位移 $\mathrm{d}\boldsymbol{r}$ 沿接触点的切向，约束反力 $\boldsymbol{F}_\mathrm{N}$ 与位移 $\mathrm{d}\boldsymbol{r}$ 始终垂直，所以，这些约束力的元功 δW 恒等于零。

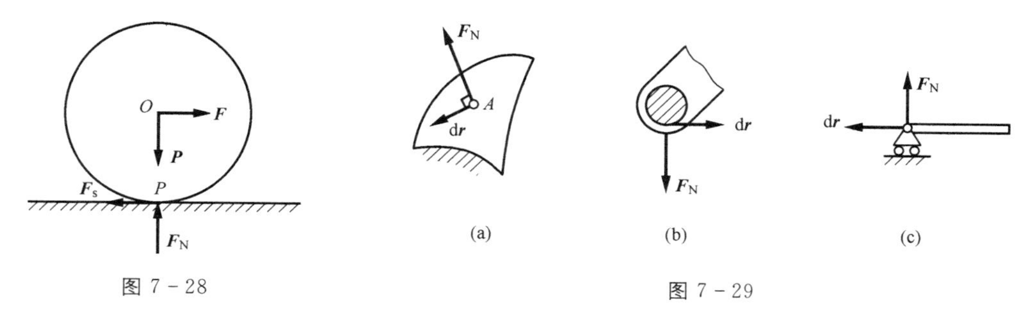

图 7－28

图 7－29

光滑固定铰支座：由于光滑固定铰支座没有任何位移，所以其元功 δW 始终为零。

不可伸长柔绳：由于柔绳仅在拉紧时才受力，而任何一段拉直的不可伸长的柔绳就其承受的拉力来说，都与刚性杆一样，因此其内力的元功之和等于零。如果绳子绕过某个光滑物体如滑轮的表面，则因绳子不能伸长，绳子上各点沿物体表面的位移大小相等。与此同时，绳中各处的拉力大小并不因绕过光滑物体而改变。所以，这段柔绳的内力的元功之总和也等于零。

光滑活动铰链：当由铰链相联的两个物体一起运动而不发生相对转动时，铰链间相互作用的压力与刚体的内力性质相同；当发生相对转动时，由于接触点的约束力总是和它作用点的元位移相垂直，这些力也不做功。因此，当同时发生上述两种运动时，光滑活动铰链的内压力的作功之和仍然恒等于零。

上述几种约束的共同特点是其约束反力不做功。这种约束反力作功等于零的约束称为**理想约束**。

7.4.2.3　功率

在工程实际中，不仅要知道力作功的大小，而且还要知道力在单位时间内作功的大小。力在单位时间内所作的功称为**瞬时功率**，简称**功率**，以 P 表示

$$P=\frac{\delta W}{\mathrm{d}t}=\frac{\boldsymbol{F}\cdot \mathrm{d}\boldsymbol{r}}{\mathrm{d}t}=\boldsymbol{F}\cdot \boldsymbol{v}=Fv\cos\theta \tag{7-52}$$

即力的**瞬时功率等于力矢与其作用点的速度矢的标量积**，也等于力在其作用点速度方向投影与速率的乘积。功率 P 为标量，正负号取决于力 $\boldsymbol{F}$ 与 $\boldsymbol{v}$ 速度的夹角 θ。功率单位为焦耳/秒(J/s)，也称为瓦特，用 W 表示，有时也用千瓦(kW)表示。

作用于转动刚体上的力或力偶的功率为

$$P=\frac{\delta W}{\mathrm{d}t}=\frac{M_z\mathrm{d}\varphi}{\mathrm{d}t}=M_z\omega \tag{7-53}$$

由式(7－52)和(7－53)可知，在功率一定条件下，力或转矩与速度或角速度成反比。例如，旋转机械在**额定功率**下工作时，当要求转矩大时则必须降低转速；反之，当要求提高转速时必须减小转矩。因此，在许多机器中，为了增大转矩降低转速，就必须在电动机和工作机之间安装减速装置；在汽车上坡时为了增大牵引力，就必须采用低速档。

7.4.3　势能

前面我们在讨论常见力的功时已经知道，重力、弹性力等这一类力的大小和方向完全取决于受力质点的位置，其作功都有一个共同的特点，即只与力的作用点的初始和终了位置有关，而与运动的路径无关，这样的力称为**有势力或保守力**。产生有势力的物质空间称为**势力场或保守力场**，例如重力场、弹性力场、万有引力场等。

设质点在势力场中从任意位置 M 运动到选定的固定参考点 M_0，作用在质点上的有势力所作的功称为质点在位置 M 的**势能**，用 V 表示

$$V = \int_{M}^{M_0} \boldsymbol{F} \cdot \mathrm{d}\boldsymbol{r} = \int_{M}^{M_0} F_x \mathrm{d}x + F_y \mathrm{d}y + F_z \mathrm{d}z \tag{7-54}$$

上式说明，势能是通过有势力的功来度量的。显然，质点在位置 M_0 的势能等于零。因此，位置 M_0 又称为**零势能位置或零势能点**。由于零势能位置 M_0 可以任意选取，因此，势能只有相对值。如果零势能点选得不同，则同一位置的势能值亦不同。所以，对势能必须指明零势能位置才有意义。在同一问题的研究过程中，为了比较势力场中质点在不同位置时所具有的势能，必须在该势力场中取同一点作为零势能点。

7.4.3.1　重力势能

在重力场中，以铅直轴为 z 轴，零势能点 M_0 选在 $z_0=0$ 处，则由式(7-46)得到位于坐标 z 处 M 点的质点的重力势能为

$$V = \int_{z}^{z_0} -mg\,\mathrm{d}z = mg(z - z_0) = mgz \tag{7-55}$$

7.4.3.2　弹性势能

设弹簧的一端固定，另一端与一质点相连，如图 7-30 所示，弹簧的刚度系数为 k，取弹簧变形 δ_0 的 M_0 处为零势力点，则由式(7-48)得到质点在变形为 δ 的 M 处的弹性势能为

$$V = \int_{M}^{M_0} \boldsymbol{F} \cdot \mathrm{d}\boldsymbol{r} = \frac{1}{2}k(\delta^2 - \delta_0^2) \tag{7-56}$$

如果选取弹簧的自然位置为零势能点，则有 $\delta_0=0$，于是

$$V=\frac{1}{2}k\delta^2 \tag{7-57}$$

7.4.3.3　引力势能

设质量为 m_1 的质点受质量为 m_2 的质点的万有引力 $\boldsymbol{F}$ 作用，如图 7-31 所示，取点 M_0 为零势能点，则质点在点 M 的势能为

$$V = \int_{M}^{M_0} \boldsymbol{F} \cdot \mathrm{d}\boldsymbol{r} = \int_{r}^{r_0} -\frac{Gm_1 m_2}{R^2}\mathrm{d}r = Gm_1 m_2\left(\frac{1}{r_0} - \frac{1}{r}\right)$$

式中，G 为万有引力常数 $G=6.67259\times10^{-11}\,\mathrm{N}\cdot\mathrm{m}^2/\mathrm{kg}^2$。

若设零势能点在无穷远处，即 $r_0=\infty$，则

$$V=-\frac{Gm_1m_2}{r} \tag{7-58}$$

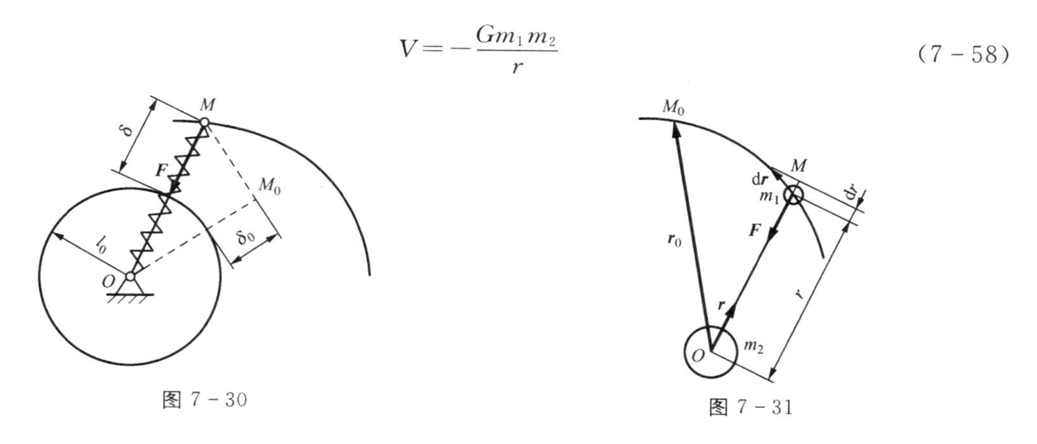

图 7－30　　　　图 7－31

对于受到多个有势力作用的质点系，各个有势力可以有各自的零势能点。质点系的零势能点是各质点都处于其零势能点的一组位置。质点系从某位置到其零势能位置的运动过程中，各个有势力作功的代数和为质点系在该位置的势能。

小　结

1. 牛顿第二定律

$\boldsymbol{F}$、$\boldsymbol{a}$、m 三者之间的关系：$\boldsymbol{F}=m\boldsymbol{a}$。

2. 运动微分方程

（1）质点运动微分方程

1）矢量形式

$$m\frac{\mathrm{d}^2 r}{\mathrm{d}t^2}=\sum_{i=1}^{n}\boldsymbol{F}_i$$

2）直角坐标形式

$$m\ddot{x}=\sum_{i=1}^{n}F_{xi},m\ddot{y}=\sum_{i=1}^{n}F_{yi},m\ddot{z}=\sum_{i=1}^{n}F_{zi}$$

3）自然坐标形式

$$m\frac{\mathrm{d}v}{\mathrm{d}t}=\sum_{i=1}^{n}F_i^{\tau},m\frac{v_2}{\rho}=\sum_{i=1}^{n}F_i^{n},0=\sum_{i=1}^{n}F_i^{b}$$

（2）质点系运动微分方程

$$m\frac{\mathrm{d}^2\boldsymbol{r}_i}{\mathrm{d}t^2}=\boldsymbol{F}_i^{(\mathrm{e})}+\boldsymbol{F}_i^{(\mathrm{i})}\,(i=1,2,\cdots,n)$$

3. 质点系的惯性

质量是刚体平行惯性的度量，转动惯量是刚体转动惯性的度量。

（1）质点系的质量中心

$$\boldsymbol{r}_C = \frac{\sum_{i=1}^{n} m_i \boldsymbol{r}_i}{M} \quad 或 \quad x_C = \frac{\sum_{i=1}^{n} m_i x_i}{M}, y_C = \frac{\sum_{i=1}^{n} m_i y_i}{M}, z_C = \frac{\sum_{i=1}^{n} m_i z_i}{M}$$

（2）刚体的转动惯量

$$J_z = \sum_{i=1}^{n} m_i r_i^2 = \int_M r^2 \mathrm{d}m = M\rho_z^2$$

回转半径：$\rho_z = \sqrt{\frac{J_z}{M}}$

平行轴定理：$J_z = J_{zC} + Md^2$

4. 动量

质点的动量：$\boldsymbol{p} = m\boldsymbol{v}$

质点系动量：$\boldsymbol{p} = \sum_{i=1}^{n} m_i \boldsymbol{v}_i = M\boldsymbol{v}_C$

5. 动量矩

（1）对定点的动量矩：$\boldsymbol{L}_0 = \boldsymbol{r} \times m\boldsymbol{v} = \boldsymbol{r}_C \times M\boldsymbol{v}_C + \boldsymbol{L}_C$

（2）对固定轴的动量矩：$L_z = [\boldsymbol{L}_O]_z = J_z\omega$

（3）质点系相对于质心的动量矩：$\boldsymbol{L}_C = \sum_{i=1}^{n} \boldsymbol{r}_i' \times m_i v_i$

（4）平动刚体对定点的动量矩：$\boldsymbol{L}_O = \sum_{i=1}^{n} \boldsymbol{r}_i \times m_i \boldsymbol{v}_i = r_C \times m\boldsymbol{v}_C$

（5）定轴转动刚体对转轴的动量矩：$L_z = J_z\omega$

6. 动能

（1）质点的动能：$T = \frac{1}{2}mv^2$

（2）质点系的功能：$T = \sum_{i=1}^{n} \frac{1}{2} m_i {v_i}^2$

（3）平动刚体的动能：$T = \frac{1}{2}Mv_C^2$

（4）定轴转动刚体的动能：$T = \frac{1}{2}J_z\omega^2$

（5）平面运动刚体的动能：$T = \frac{1}{2}Mv_C^2 + \frac{1}{2}J_C\omega^2$

7. 冲量

（1）元冲量：$\mathrm{d}\boldsymbol{I} = \boldsymbol{F}\mathrm{d}t$

（2）冲量：$\boldsymbol{I} = \int_{t_1}^{t_2} \boldsymbol{F}\mathrm{d}t$

8. 力的功

（1）功：$W = Fs\cos\theta$

（2）元功：$\delta W=\boldsymbol{F}\cdot \mathrm{d}\boldsymbol{r}$

（3）功的解析表达式：$W_{12}=\int_{M_1}^{M_2}\boldsymbol{F}\cdot \mathrm{d}\boldsymbol{r}=\int_{M_1}^{M_2}F_x\mathrm{d}x+F_y\mathrm{d}y+F_z\mathrm{d}z$

（4）常见力的功

1）重力的功：$W_{12}=mgh_C$

2）弹性力的功：$W_{12}=\dfrac{1}{2}k(\delta_1^2-\delta_2^2)$

3）定轴转动刚体上作用力的功：$W_{12}=\int_{\varphi_2}^{\varphi_2}M_z\mathrm{d}\varphi$

4）平面运动刚体上力系的功：$W_{12}=\int_{C_1}^{C_2}\boldsymbol{F}'_R\cdot \mathrm{d}\boldsymbol{r}_C+\int_{\varphi_1}^{\varphi_2}M_C\mathrm{d}\varphi$

5）质点系内力的功：$\delta W=-F_A\mathrm{d}r_{AB}$。

6）理想约束作的功等于零。

9. 功率

$$P=\boldsymbol{F}\cdot\boldsymbol{v}=Fv\cos\theta;P=M_z\omega$$

10. 势能

（1）重力势能：$V=mgh$

（2）弹性势能：$V=\dfrac{1}{2}k\delta^2$

（3）引力势能：$V=-\dfrac{Gm_1m_2}{r}$

习　　题

7-1　汽车质量为 1 500kg，以 $v=10$ m/s 的速度驶过拱桥，拱桥中点的曲率半径 $\rho=50$m。忽略摩擦，求汽车经过拱桥中点时对桥的压力。

答：11.7kN。

7-2　设质点 D 在固定平面 Oxy 内运动，如图 7-32 所示。已知质点的质量为 m，运动方程为 $x=A\cos kt$，$y=B\sin kt$，式中 A、B、k 都是常量。求作用于质点 D 的力 $\boldsymbol{F}$。

答：$F=-mk^2(x\boldsymbol{i}+y\boldsymbol{j})$。

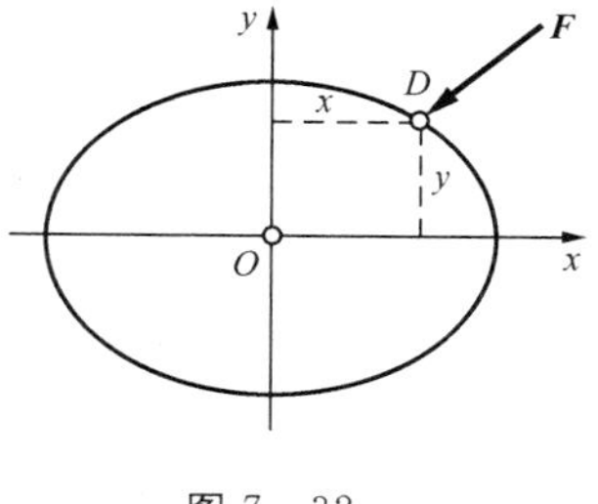

图 7-32

7-3　小球 A 重 G，以绳 AB、AC 挂起，如图 7-33 所示，夹角为 φ。现把绳 AB 突然剪断，试求此瞬时 AC 的拉力 $\boldsymbol{F}$，并求未剪断绳时 AC 的拉力 $\boldsymbol{F}_0$。

答：$F=G\cos\varphi$，$F_0=\dfrac{G}{2\cos\varphi}$。

7－4 如图 7－34 所示机构，半径为 r 的偏心轮绕 O 轴以匀角速度 ω 顺时针转动，推动挺杆 AB 沿铅垂滑道运动，挺杆顶部放有一质量为 m 的物块 D。设偏心距 $OC=e$，在运动开始时，OC 位于铅垂线 OBA 上。试求：(1)任一瞬时，物块对挺杆的压力；(2)保证物块 D 不离开挺杆的偏心轮转动角速度的最大值 ω_{max}。

答：(1) $mg-me\omega^2\cos\omega t$；(2) $\sqrt{\dfrac{g}{e}}$。

7－5 如图 7－35 所示单摆，由无重量细长杆和固结在细长杆一端的重球组成，杆长 $OA=l$，球的质量为 m。试求：(1)单摆的运动微分方程；(2)在小摆动的假设下分析摆的运动。

答：(1) $m\ddot{s}=-mg\sin\theta, m\dfrac{\dot{s}^2}{l}=F-mg\cos\theta$；(2) $\theta=A\sin(\omega_n t+\varphi)$。

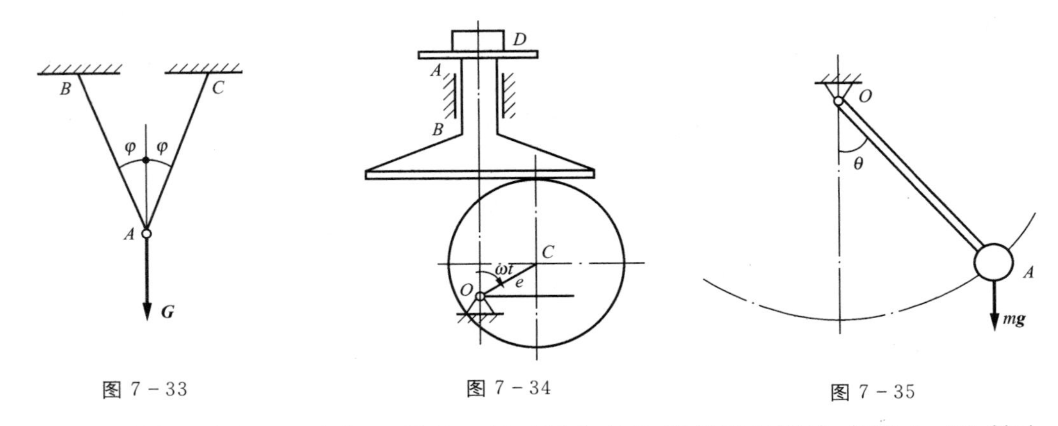

图 7－33　　图 7－34　　图 7－35

7－6 单摆的摆锤 M 重为 G，绳长 l，悬于固定点 O，绳的质量不计，如图 7－36 所示。设开始时绳与铅垂线呈偏角 $\varphi_0\leqslant\pi/2$，并被无初速地释放。求绳中拉力的最大值。

答：$G(3-2\cos\varphi_0)$。

7－7 求脱离地球引力场做宇宙飞行的飞船所需要的初速度，已知地球半径 $R=$ 6 371km。

答：11.2km/s。

7－8 曲柄连杆机构如图 7－37 所示，曲柄 OA 以匀角速度 ω 绕轴 O 转动，滑块 B 沿轴 x 做往复运动，曲柄 $OA=r$，连杆 $AB=l$，$\lambda=\dfrac{r}{l}$。当 λ 比较小时，以 O 为坐标原点，滑块 B 的运动方程可近似写为 $x=l\left(1-\dfrac{\lambda^2}{4}\right)+r\left(\cos\omega t+\dfrac{\lambda}{4}\cos 2\omega t\right)$。如滑块 B 的质量为 m，忽略摩擦及连杆 AB 的质量。试求当 $\varphi=\omega t=0$ 和 $\dfrac{\pi}{2}$ 时，连杆所受的力。

答：$mr\omega^2(1+\lambda)$，$-\dfrac{mr\omega^2}{\sqrt{l^2-r^2}}$。

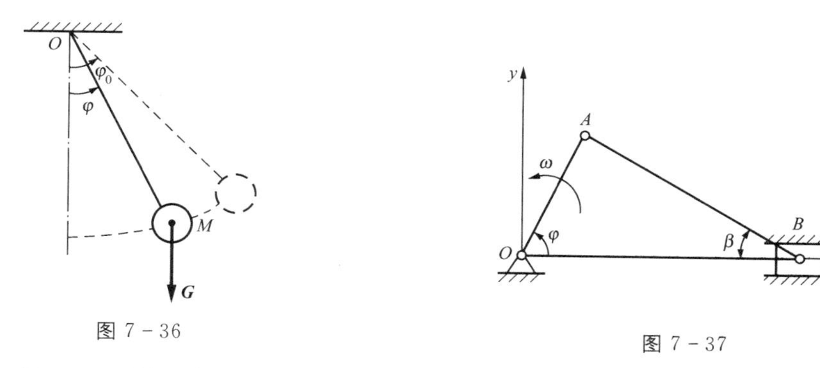

图 7－36　　图 7－37

7－9　图 7－38 所示半径为 R 的偏心轮以匀角速度 ω 绕 O 轴转动，推动导板 ABD 沿铅垂轨道作平移。已知偏心距 $OC=e$，开始时 OC 沿水平线。若在导板顶部 D 处放有一质量为 m 的物块 M。试求：(1)导板对物块的最大反力及这时偏心 C 的位置；(2)预使物块不离开导板，试求角速度 ω 的最大值。

答：(1)$F_{\mathrm{Nmax}}=m(g+e\omega^2)$，$C$ 点在最低位置，(2)$\omega_{\max}=\sqrt{\dfrac{g}{e}}$。

7－10　如图 7－39 所示，起重机起吊重物时，钢丝绳偏离铅垂线 30°。起吊后货物沿以 O 为圆心、半径为 l 的圆弧摆动。已知货物重 P，试求摆动到任一位置时货物的速度，并求钢丝绳的最大拉力。

答：$v^2=2gl\left(\cos\varphi-\dfrac{\sqrt{3}}{2}\right)$，$F_{\max}=1.27P$。

7－11　质量为 m 的质点无初速开始作直线运动，作用于质点上的力 F 随时间按图 7－40所示规律变化。试求质点的运动方程。F_0，t_0 均为具有正号的常数。

答：$x=\dfrac{F_0}{6t_0m}t^3\,(t<t_0)$；$x=\dfrac{F_0}{2m}t^2-\dfrac{F_0t_0}{2m}t+\dfrac{F_0t_0^2}{6m}\,(t\geqslant t_0)$。

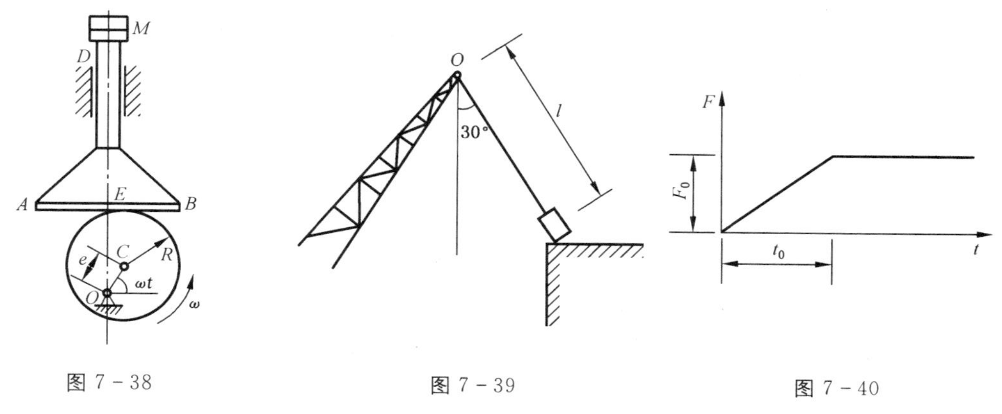

图 7－38　　图 7－39　　图 7－40

7－12　如图 7－41 所示质量为 m 的质点 M 自点 O 抛出，其初速度 v_0 与水平线的夹角为 φ，设空气阻力 $\boldsymbol{F}_{\mathrm{R}}$ 的大小为 mkv(k 为一常数)，方向与质点 M 的速度 v 方向相反。试求该质点 M 的运动方程。

答：$y=\left(\tan\varphi+\frac{g}{kv_0\cos\varphi}\right)x+\frac{g}{k^2}\ln\left(1-\frac{k}{v_0\cos\varphi}\right)$。

7－13　如图7－42所示起重机的绳索容许拉力为35kN，现起吊一重力为$P=25$kN的物体，如果要它在$t=0.25$s内无初速以匀加速度上升到0.6m/s的速度，试问起吊是否安全？

答：$\boldsymbol{F}_T=33.1$kN（安全）。

7－14　如图7－43所示倾角为30°的楔形斜面以加速度$a=\frac{g}{3}$向左运动，质量为$m=$10kg的小球A用软绳维系与斜面上，试求绳子的拉力及斜面的压力，并求当斜面的加速度达到多大时绳子的拉力为零？

答：$F_\tau=20.71$N，$F_n=101.20$N，$a=5.66\text{m/s}^2$。

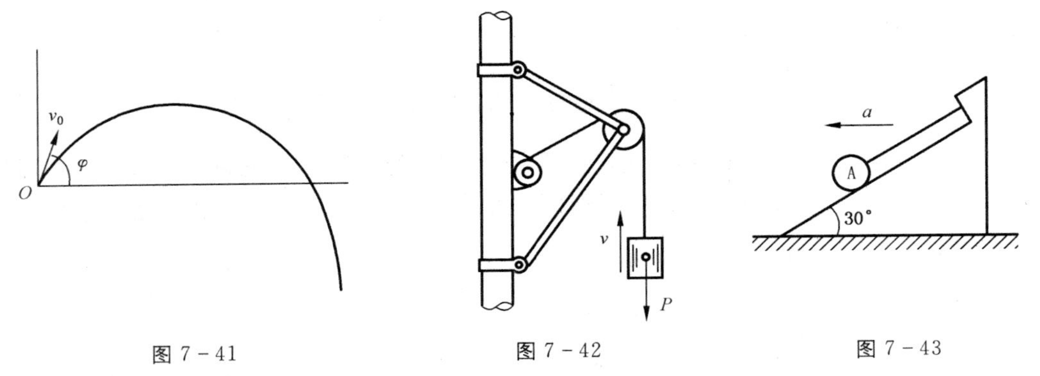

图7－41　　图7－42　　图7－43

7－15　如图7－44所示，在曲柄滑道机构中，活塞和活塞杆质量共为50kg。曲柄OA长0.3m，绕O轴作匀速转动，转速为$n=120$r/min。求当曲柄在$\varphi=0°$和$\varphi=90°$时，作用在BDC上总的水平力。

答：(1)$\varphi=0°$，$F=2\ 369$N，向左；(2)$\varphi=90°$，$F=0$N。

7－16　如图7－45所示，一质量为m的物体放在匀速转动的水平转台上，它与转轴的距离为r。设物体与转台表面的摩擦系数为f，求当物体不致因转台旋转而滑出时，水平台的最大转速。

答：$n_{max}=\frac{30}{\pi}\sqrt{\frac{fg}{r}}$r/min。

7－17　如图7－46所示A、B两物体的质量分别为m_1与m_2，二者间用一绳子连接，此绳跨过一滑轮，滑轮半径为r。如在开始时，两物体的高度差为c，而且$m_1>m_2$，不计滑轮质量。求由静止释放后，两物体达到相同的高度时所需的时间。

答：$\sqrt{\frac{c}{g}\frac{m_1+m_2}{m_1-m_2}}$。

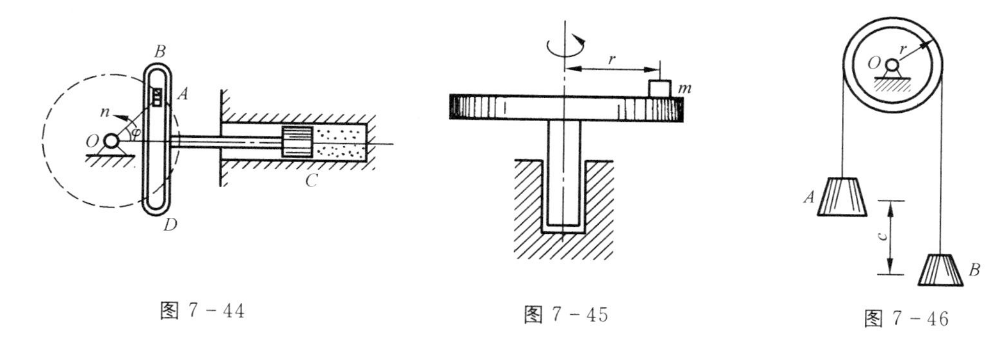

图7-44　　图7-45　　图7-46

7-18　如图7-47所示，振动式筛沙机使砂粒随筛框在铅直方向作简谐运动。若振幅$A=25\text{mm}$，试求频率f至少为多少时，砂粒才能与筛面分离而向上抛起。

答：$f=3.15\text{Hz}$。

7-19　如图7-48所示离心浇注装置中，电动机带动支承轮A、B作同向转动，管模放在两轮上靠摩擦传动而旋转。铁水浇入后，将均匀地紧贴管模的内壁而自动成型，从而可得到质量密实的管形铸件。如已知管模内径$D=400\text{mm}$，试求管模的最低转速n。

答：$n=67\text{r/min}$。

7-20　如图7-49所示，为了使列车对铁轨的压力垂直于路基，在铁道弯曲部分，外轨要比内轨稍为提高。设轨道的曲率半径$\rho=300\text{m}$，列车的速度为$v=12\text{m/s}$，内、外轨道间的距离为$b=1.6\text{m}$，试求外轨高于内轨的高度h。

答：$h=78.4\text{mm}$。

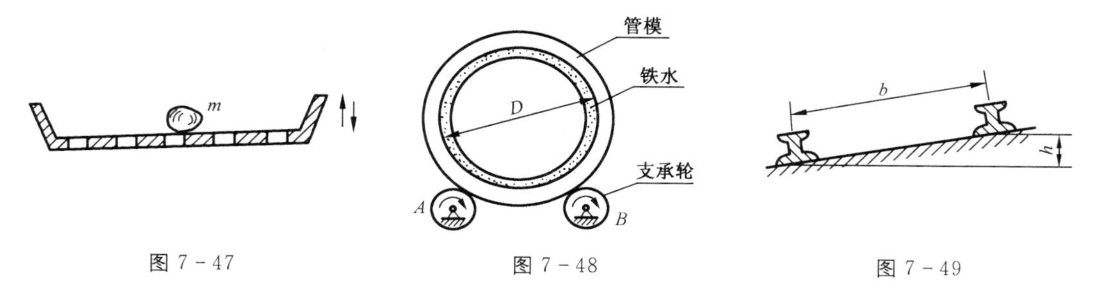

图7-47　　图7-48　　图7-49

7-21　求图7-50所示各匀质板对x轴的转动惯量。已知面积为ab的板的质量为m。

答：$\frac{m}{3}(a^2+3ab+4b^2)$，$\frac{5}{6}m(a^2+3ab+3b^2)$。

7-22　试求图7-51所示质量为m的均质三角板对x轴的转动惯量。

答：$\frac{1}{6}mh^2$。

7-23　试求图7-52所示质量为m的半圆薄板对x轴的转动惯量。

答：$4\left(\frac{5}{16}-\frac{2}{3\pi}\right)mR^2$。

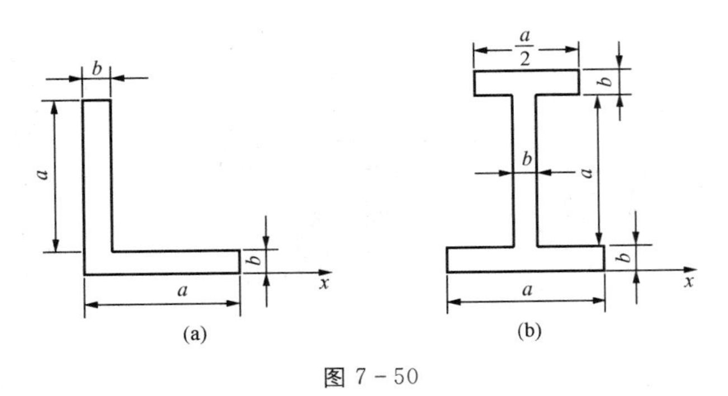

图 7-50

7-24　均质 T 形杆由两根长为 l、质量为 m 的细杆组成，如图 7-53 所示，试求其对过点 O 并垂直于其平面的轴 Oz 的转动惯量。

答：$\frac{17}{12}ml^2$。

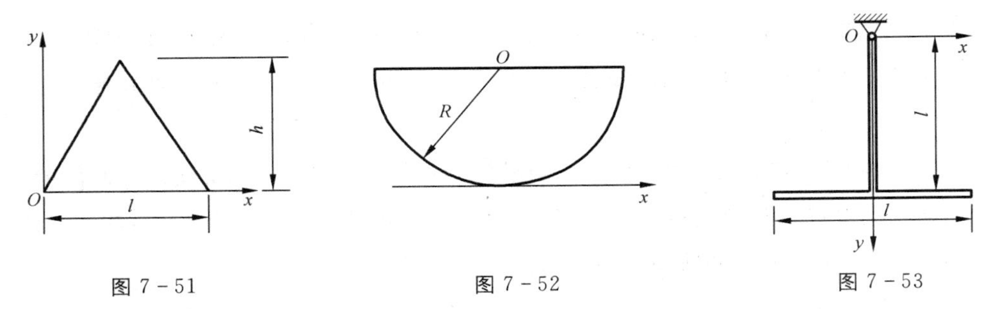

图 7-51　　　图 7-52　　　图 7-53

7-25　试求图 7-54 所示各质点系的动量。各物体均为匀质体。

答：(a) $-\left(\frac{1}{2}m_1l\omega+m_2l\omega+m_3l\omega\right)\boldsymbol{i}$；(b) $-(m_1v+2m_2v)\boldsymbol{i}$；(c) 0；

(d) $(2m_1v+mv)\boldsymbol{i}$；(e) $r\omega(m_1-m_2)\boldsymbol{j}$；(f) $-m_2v\boldsymbol{i}-m_1v\boldsymbol{j}$。

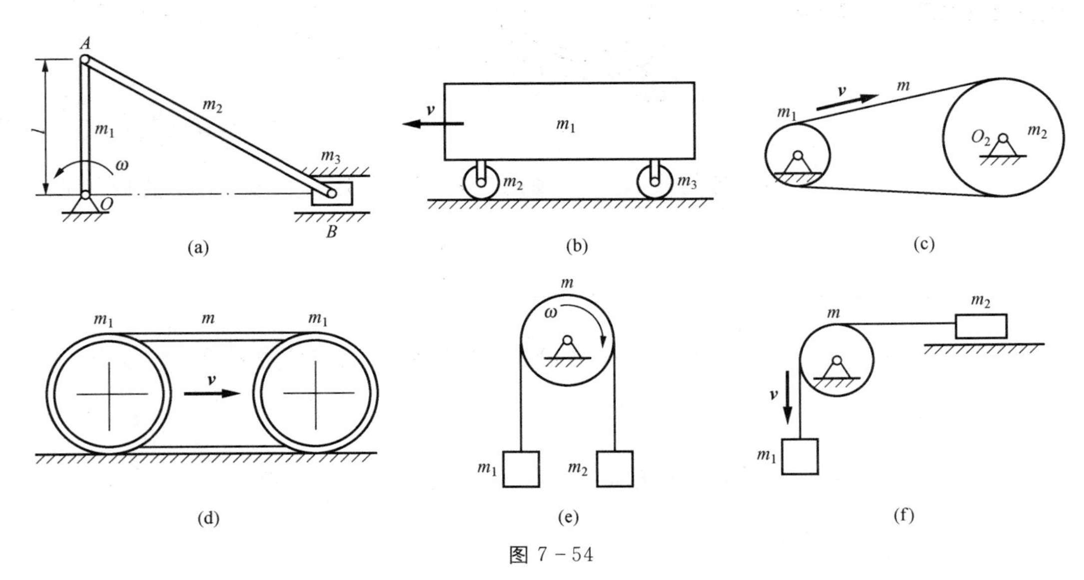

图 7-54

7-26　试求图 7-55 所示各刚体在图示条件下的动量。

答：(a) $p=\frac{P}{g}v_0$，方向与 v_0 相同；(b) $p=\frac{P}{g}e\omega$，方向与 OC 垂直，指向与 ω 相同；

(c) $p_x=\frac{2}{3}ma\omega$，方向向右；$p_y=\frac{1}{6}ma\omega$，方向向上；

(d) $p=m(R-r)\dot{\theta}$，方向与 OC 垂直，指向与 θ 增大方向相同。

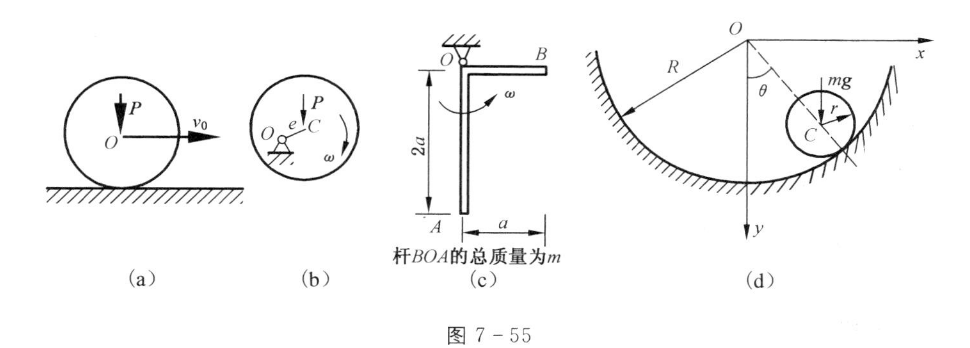

图 7-55

7-27　质量为 m_1 的物体 A 通过滑轮装置与质量为 m_2 的物块 B 相连，如图 7-56 所示，均质滑轮 D 和 E 的质量分别为 m_3 和 m_4，半径分别为 $2r$ 和 r。已知物块 B 沿斜面下滑的速度为 v，且斜面的倾角为 θ，试求系统的动量及对轴 D 的动量矩。

答：$\boldsymbol{p}=m_2v\cos\theta\boldsymbol{i}+\left(\frac{1}{2}m_1+\frac{1}{2}m_4-m_2\sin\theta\right)v\boldsymbol{j}$；$L_D=-\frac{1}{4}(2m_1+8m_2+4m_3+3m_4)rv$。

7-28　如图 7-57 所示机构，两球 C 和 D 的质量均为 m，用直杆连接，并将其中点 O 固结在铅垂轴 AB 上，杆与轴的交角为 θ。若此杆绕 AB 轴以等角速度 ω 转动，试求在下面两种情况下，质点系对 AB 轴的动量矩。(1) 杆重忽略不计；(2) 杆为均质杆，质量为 $2m$。

答：(1) $L=2m\omega l^2\sin^2\theta$；(2) $L=\frac{8}{3}m\omega l^2\sin^2\theta$。

7-29　如图 7-58 所示，质量为 m 的偏心轮在水平面上作平面运动。轮子轴心为 A，质心为 C，$AC=e$；轮子半径为 R，对轴心 A 的转动惯量为 J_A；C、A、B 三点在同一铅垂直线上。试求：(1) 当轮子只滚不滑时，若 v_A 已知，求轮子的动量和对地面上 B 点的动量矩；(2) 当轮子又滚又滑时，若 v_A 和 ω 已知，求轮子的动量和对地面上 B 点的动量矩。

答：(1) $p=\frac{R+e}{R}mv_A$，$L_B=[J_A-me^2+m(R+e)^2]\frac{v_A}{R}$；

(2) $p=m(v_A+e\omega)$，$L_B=(J_A+mRe)\omega+m(R+e)v_A$。

7-30　如图 7-59 所示，均质圆盘质量为 m，半径为 R，$OC=l$。当它作图示四种运动时，分别求圆盘对固定点 O 的动量矩。

答：(a)$ml\omega^2$；(b)$\left(\frac{1}{2}mR^2+ml^2\right)\omega$；(c)$\frac{1}{2}mR^2\omega$；(d)$mR\left(\frac{1}{2}R-l\right)\omega$。

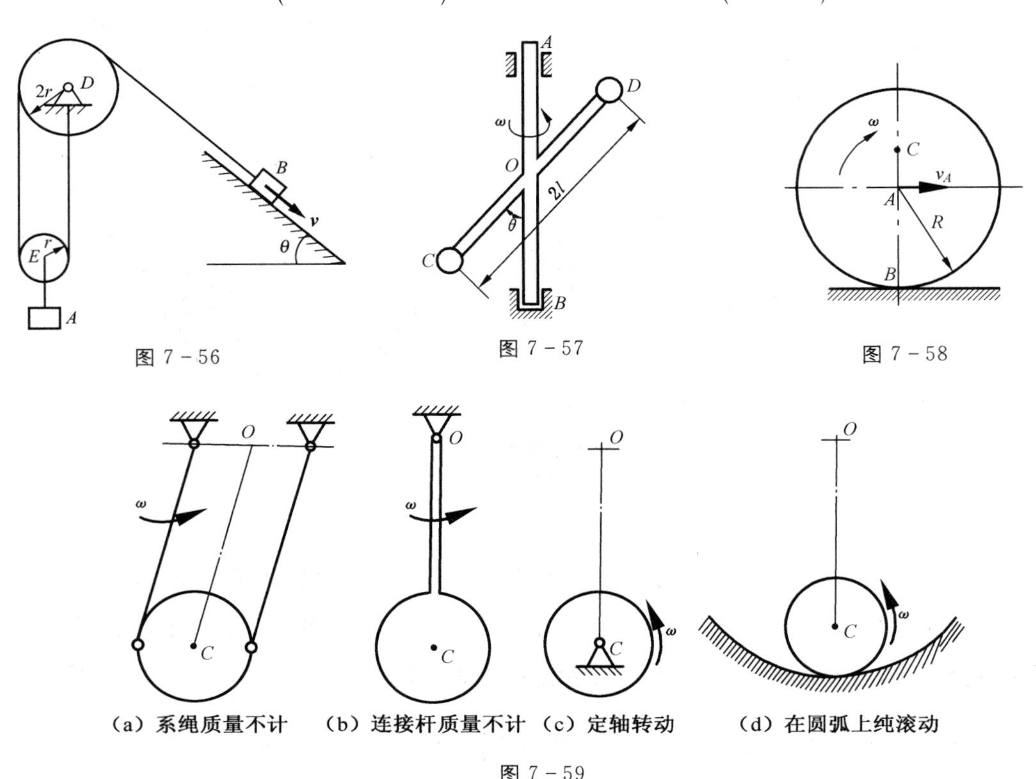

图 7-56　　图 7-57　　图 7-58

图 7-59

7-31　如图 7-60 所示，均质杆 AB 质量为 m，长为 l，在图示铅垂平面内运动。试求此杆绕其端点 B 的动量矩。

答：$\frac{1}{12}ml^2\omega(1+3\cos 2\varphi)$。

7-32　平行连杆机构如图 7-61 所示，其中均质摆杆的质量均为 m，长均为 l，角速度为 ω，平板 AB 的质量为 $2m$。试求系统在图示位置时的动量和动能。

答：$p=3ml\omega$，方向与 v_A 相同；$T=\frac{4}{3}ml^2\omega^2$。

7-33　如图 7-62 所示，两均质杆与均质圆盘的质量均为 m。圆盘的半径为 r，$OA=r$，$AB=3r$。圆盘在水平面上作纯滚动。图示瞬时杆 OA 铅垂，转动角速度为 ω，杆 AB 水平。试求该瞬时：(1)机构的动量；(2)机构对点 O 的动量矩；(3)机构的动能。

答：(1)$p=\frac{5}{2}mr\omega$；(2)$L_O=\frac{11}{6}mr^2\omega$；(3)$T=\frac{17}{12}mr^2\omega^2$。

7-34　如图 7-63 所示，各均质物体的质量都是 m，物体的尺寸以及绕轴转动的角速度或质心的速度如图。试分别计算三种情况下物体的动能。

答：(a)$\frac{1}{4}mr^2\omega^2$；(b)$\frac{3}{4}mr^2\omega^2$；(c)$\frac{3}{4}mv_C^2$。

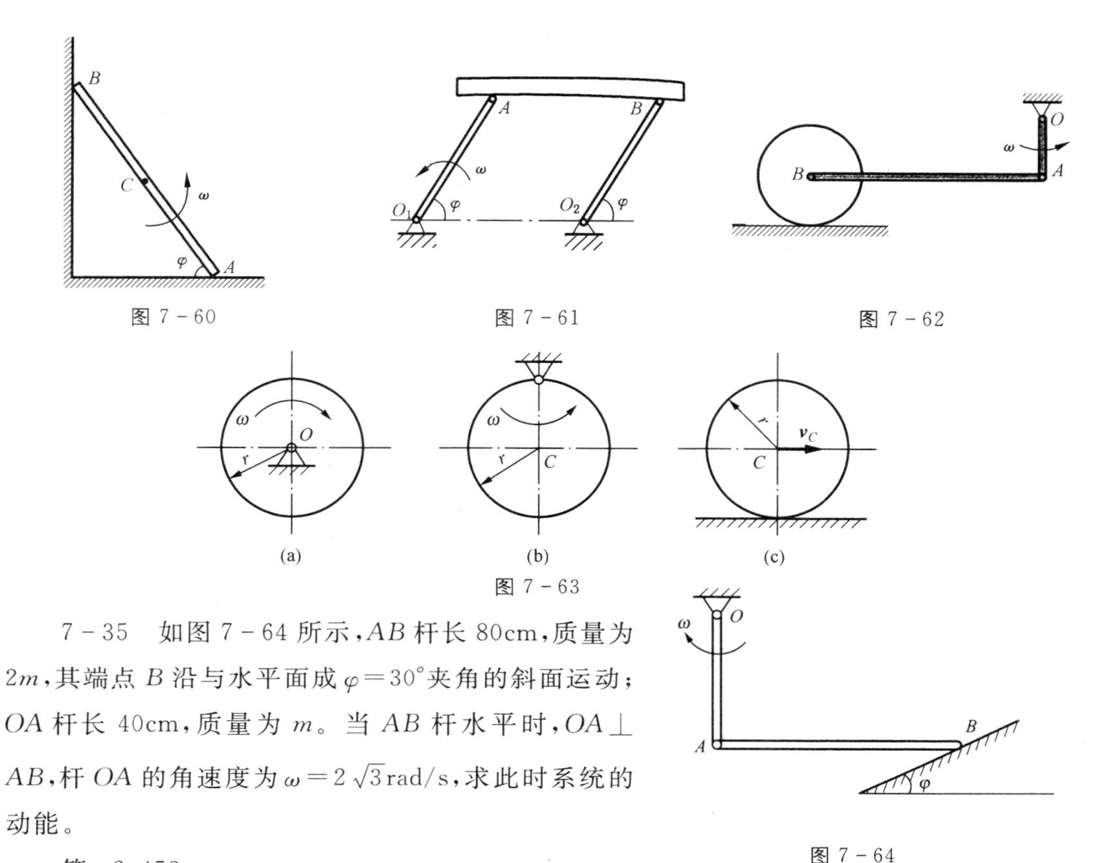

图 7－60　　图 7－61　　图 7－62

图 7－63

图 7－64

7－35　如图 7－64 所示，AB 杆长 80cm，质量为 $2m$，其端点 B 沿与水平面成 $\varphi=30°$夹角的斜面运动；OA 杆长 40cm，质量为 m。当 AB 杆水平时，$OA\perp AB$，杆 OA 的角速度为 $\omega=2\sqrt{3}\text{rad/s}$，求此时系统的动能。

答：$2.453m$。

7－36　如图 7－65 所示，滑块重 W，在滑道内滑动，其上铰接一均质直杆 AB，杆 AB 长 l，重 P。当 AB 杆与铅垂线的夹角为 φ 时，滑块 A 的速度为 v_A，杆 AB 的角速度为 ω。求在该瞬时系统的动能。

答：$T=\dfrac{W}{2g}v_A^2+\dfrac{P}{2g}\left(v_A^2+\dfrac{1}{3}l^2\omega^2+l\omega v_A\cos\varphi\right)$。

7－37　如图 7－66 所示，质量为 m_1 的滑块以匀速 v 沿水平直线运动。滑块上的 O 点悬挂一单摆，摆长为 l，摆锤质量为 m_2。单摆的转动方程 $\varphi=\varphi(t)$已知。试写出滑块与单摆所组成的质点系的动能表达式。

答：$(m_1+m_2)v^2/2+m_2l^2\dot{\varphi}^2/2+m_2lv\dot{\varphi}^2\cos\varphi$。

7－38　如图 7－67 所示，圆轮半径均为 R，在细绳的拉动下在水平面上作纯滚动。拉力为常力 $\boldsymbol{F}$。情况(a)、(b)轮心 O 水平移动的距离为 S，情况(c)轮心 O 沿斜面移动的距离为 S。试求三种情形下力在过程中所做的功。

答：(a)FS；(b)$2FS$；(c)$\dfrac{3}{2}FS$。

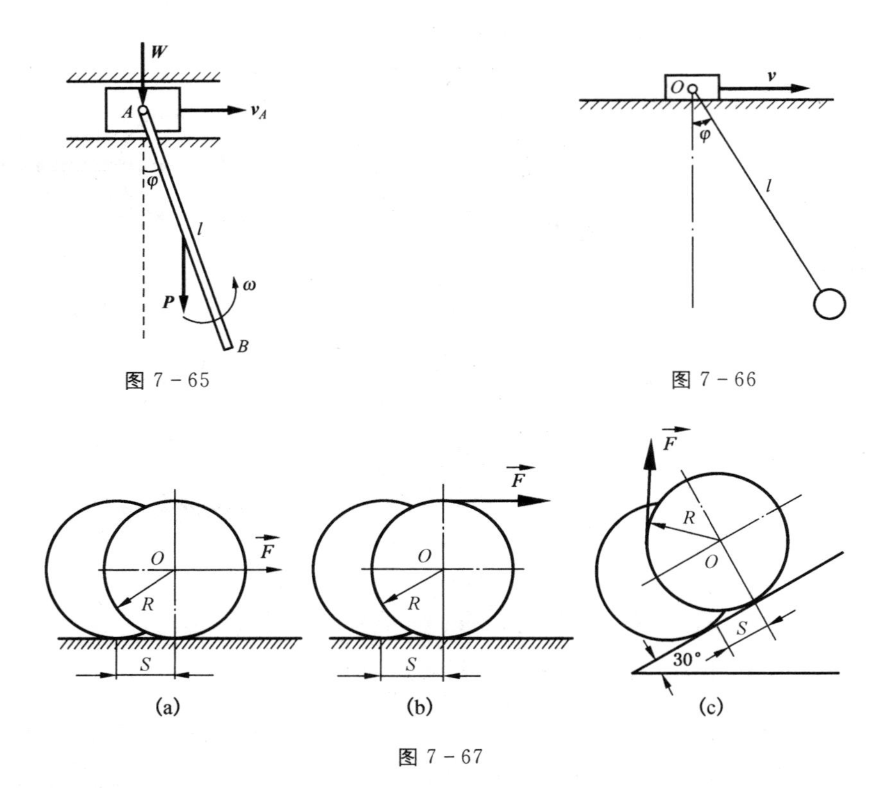

图 7-65

图 7-66

图 7-67

7-39　如图 7-68 所示弹簧原长 $l=100\text{mm}$，刚度系数 $k=4.9\text{kN/m}$，一端固定在点 O，此点在半径为 $R=100\text{mm}$ 的圆周上。如弹簧的另一端由点 B 拉至点 A 和由点 A 拉至点 D，$AC\perp BC$，OA 和 BD 为直径。分别计算弹簧力所作的功。

答：$W_{BA}=-20.3\text{J}$；$W_{AD}=20.3\text{J}$。

7-40　如图 7-69 所示，用跨过滑轮的绳子牵引质量为 2kg 的滑块 A 沿倾角为 30°的光滑槽运动。设绳子拉力 $F=20\text{N}$。计算滑块由位置 A 至位置 B 时，重力与拉力所作的总功。

答：6.29J。

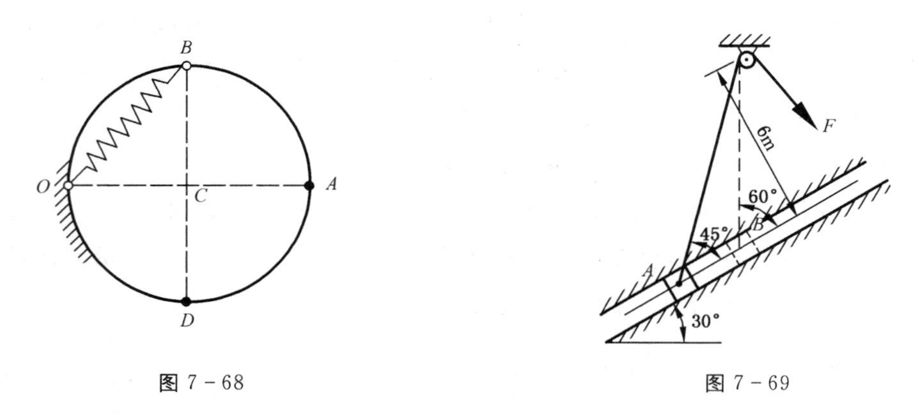

图 7-68

图 7-69

第 8 章　动力学普遍定理

动力学第二定律描述了质点的加速度与作用在质点上的力之间的瞬时定量关系，适用于解决质点或平动刚体的动力学问题。动力学第二定律既没有涉及力矩的作用效应，又不能考虑力的时间和空间累积效应。从动力学第二定律推导出来的动力学普遍定理包括动量定理、动量矩定理和动能定理，克服了动力学第二定律的上述局限性，不仅建立起了质点和质点系的机械运动的度量（动量、动量矩、动能）与力作用的度量（冲量、力矩、功）之间的关系，而且揭示了质点系或刚体的整体机械运动的度量与作用在其上的力系的总效应之间的关系，因而特别适合从整体上解决质点系或刚体的动力学问题。

本章内容包括动力学三大普遍定理及其对应的守恒定律，以及质心运动定理和质心守恒定律、刚体定轴转动微分方程、刚体平面运动微分方程和机械能守恒定律等。

8.1　动量定理

8.1.1　质点的动量定理

设质量为 m 的质点 M 在力 $\boldsymbol{F}$ 作用下作空间一般曲线运动，由 M_1 运动到 M_2，速度由 $\boldsymbol{v}_1$ 变为 $\boldsymbol{v}_2$。根据牛顿第二定律 $m\boldsymbol{a}=\boldsymbol{F}$，由于 $\boldsymbol{a}=\dfrac{\mathrm{d}\boldsymbol{v}}{\mathrm{d}t}$，于是有

$$m\frac{\mathrm{d}\boldsymbol{v}}{\mathrm{d}t}=\boldsymbol{F}$$

由于 m 是常数，上式可以写成

$$\frac{\mathrm{d}(m\boldsymbol{v})}{\mathrm{d}t}=\frac{\mathrm{d}\boldsymbol{p}}{\mathrm{d}t}=\boldsymbol{F} \tag{8-1}$$

或

$$\mathrm{d}\boldsymbol{p}=\boldsymbol{F}\mathrm{d}t=\mathrm{d}\boldsymbol{I} \tag{8-2}$$

式(8－1)为质点动量定理的微分形式，表明**质点动量的变化率等于作用于质点上的力**，式(8－2)表明**质点动量的增量等于作用于质点上的力的元冲量**。

对式(8－2)积分，积分限取时间 0 到 t，速度从 $\boldsymbol{v}_1$ 到 $\boldsymbol{v}_2$，得到

$$m\boldsymbol{v}_2-m\boldsymbol{v}_1=\int_0^t\boldsymbol{F}\mathrm{d}t=\boldsymbol{I}\ \text{或}\ \boldsymbol{p}_2-\boldsymbol{p}_1=\boldsymbol{I} \tag{8-3}$$

式(8－3)为质点动量定理的积分形式，表明在**某一时间间隔内，质点动量的变化等于作用于质点的力在同一时间间隔内的冲量**，也称为**冲量定理**。

8.1.2　质点系的动量定理

设质点系由 n 个质点组成，其中第 i 个质点的质量为 m_i，速度为 $\boldsymbol{v}_i$，所受到的外力的合力为 $\boldsymbol{F}_i^{(e)}$，各质点间相互作用的内力的合力为 $\boldsymbol{F}_i^{(i)}$。根据质点的动量定理，对于每个质点有

$$\frac{\mathrm{d}}{\mathrm{d}t}(m_i\boldsymbol{v}_i)=\boldsymbol{F}_i^{(e)}+\boldsymbol{F}_i^{(i)}\ (i=1,2,\cdots,n)$$

将这样 n 个方程加起来，得到

$$\sum_{i=1}^{n}\frac{\mathrm{d}}{\mathrm{d}t}(m_i\boldsymbol{v}_i)=\frac{\mathrm{d}}{\mathrm{d}t}\Big(\sum_{i=1}^{n}m_i\boldsymbol{v}_i\Big)=\sum_{i=1}^{n}\boldsymbol{F}_i^{(e)}+\sum_{i=1}^{n}\boldsymbol{F}_i^{(i)} \tag{8-4}$$

式中，$\sum\limits_{i=1}^{n}m_i\boldsymbol{v}_i=\boldsymbol{p}$ 为质点系的动量；$\sum\limits_{i=1}^{n}\boldsymbol{F}_i^{(e)}$ 为作用于质点系的外力系的主矢；$\sum\limits_{i=1}^{n}\boldsymbol{F}_i^{(i)}$ 为全部内力系的主矢。根据作用力与反作用力定律，内力总是成对出现的，因此，内力系的主矢等于零，所以

$$\frac{\mathrm{d}\boldsymbol{p}}{\mathrm{d}t}=\sum_{i=1}^{n}\boldsymbol{F}_i^{(e)} \tag{8-5}$$

式(8-5)表明，**质点系的动量对时间的变化率等于质点系所受外力的矢量和(外力系的主矢)**，这就是**质点系动量定理的微分形式**。

对式(8-5)积分可得

$$\boldsymbol{p}_2-\boldsymbol{p}_1=\sum_{i=1}^{n}\int_0^t\boldsymbol{F}_i^{(e)}\mathrm{d}t=\sum_{i=1}^{n}\boldsymbol{I}_i \tag{8-6}$$

在某一时间间隔，质点系动量的增量等于质点系所受外力的冲量的矢量和，这就是**积分形式的质点系动量定理**。

将式(8-5)和式(8-6)投影到直角坐标轴上，得到

$$\begin{cases}\dfrac{\mathrm{d}p_x}{\mathrm{d}t}=\sum\limits_{i=1}^{n}F_{xi}\\[2ex]\dfrac{\mathrm{d}p_y}{\mathrm{d}t}=\sum\limits_{i=1}^{n}F_{yi}\\[2ex]\dfrac{\mathrm{d}p_z}{\mathrm{d}t}=\sum\limits_{i=1}^{n}F_{zi}\end{cases}\quad\text{或}\quad\begin{cases}p_{2x}-p_{1x}=\sum\limits_{i=1}^{n}I_{xi}\\[2ex]p_{2y}-p_{1y}=\sum\limits_{i=1}^{n}I_{yi}\\[2ex]p_{2z}-p_{1z}=\sum\limits_{i=1}^{n}I_{zi}\end{cases} \tag{8-7}$$

式(8-7)是质点系动量定理的微分投影形式和积分投影形式。

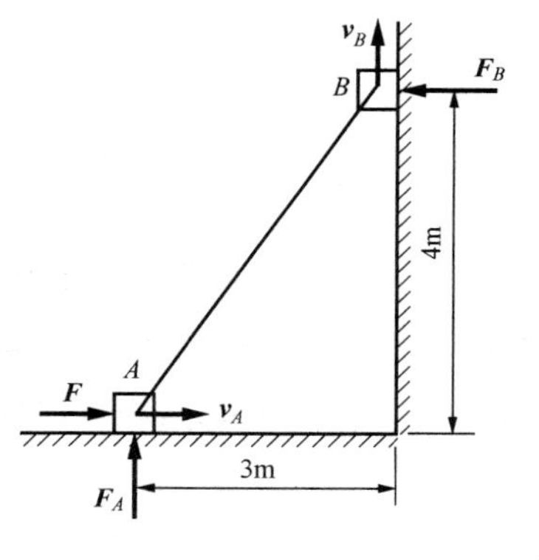

图 8-1

【例 8-1】 质量分别为 $m_A=12\text{kg}$ 和 $m_B=10\text{kg}$ 的物块 A 和 B，用一不计质量的杆倚放在铅垂墙面和水平地板上，如图 8-1 所示。在物块 A 上作用常力 $F=250\text{N}$，使它从静止开始向右运动，假设经过 1s 后，A、B 到达图示位置，速度 $v_A=4\text{m/s}$。忽略摩擦，试求作用在墙面和地面的力。

解　根据图 8－1，由速度投影定理得到

$$v_B = v_A \times \frac{3}{4} = 3\text{m/s}$$

由质点系动量定理，当 $\Delta t = 1\text{s}$ 时，有

$$\begin{cases}(F - F_B)\Delta t = m_A v_A - 0 \\ [F_A - (m_A + m_B)g]\Delta t = m_B v_B - 0\end{cases}$$

所以

$$F_B = F - \frac{m_A v_A}{\Delta t} = 250 - \frac{12 \times 4}{1} = 202\text{N}$$

$$F_A = (m_A + m_B)g + \frac{m_B v_B}{\Delta t} = (12 + 10) \times 10 + \frac{10 \times 3}{1} = 250\text{N}$$

【例 8－2】　图 8－2 所示为流体流经变截面弯管时的示意图。设有不可压缩的流体在变截面的弯曲管道中做定常流动。求管壁的附加动约束力。

解　所谓**定常流动**，也称为**稳定流动**，是指流体中各点流速分布不随时间改变的流动。取管中 aa 与 bb 两个截面间的流体作为质点系。经过时间 $\mathrm{d}t$，该部分流体流动到 a_1a_1 和 b_1b_1 两个截面之间。

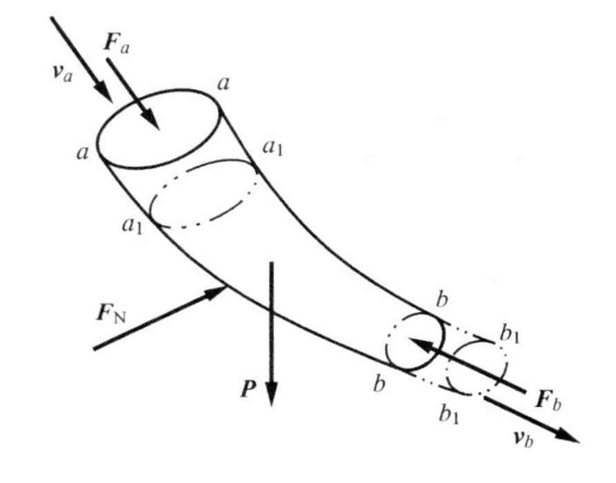

图 8－2

设 q_v 为流体在单位时间内流过截面的体积流量，ρ 为密度，由于流体不可压缩，则质点系在时间 $\mathrm{d}t$ 内流过截面的质量为

$$\mathrm{d}m = \rho q_v \mathrm{d}t$$

因为管内的流体为稳定流动，所以在时间 $\mathrm{d}t$ 内，a_1a_1 与 bb 两截面之间的流体动量不会发生变化，故在时间 $\mathrm{d}t$ 内质点系动量的变化为

$$\mathrm{d}\boldsymbol{p} = \boldsymbol{p}_{a_1b_1} - \boldsymbol{p}_{ab} = \boldsymbol{p}_{bb_1} - \boldsymbol{p}_{aa_1}$$

由于 $\mathrm{d}t$ 极小，可以认为 aa 和 a_1a_1 两截面之间的各质点速度相同，设为 $\boldsymbol{v}_a$，bb 和 b_1b_1 两截面之间的各质点速度也相同，设为 $\boldsymbol{v}_b$。于是

$$\mathrm{d}\boldsymbol{p} = \mathrm{d}m(\boldsymbol{v}_b - \boldsymbol{v}_a) = \rho q_v(\boldsymbol{v}_b - \boldsymbol{v}_a)\mathrm{d}t$$

作用于质点系上的外力：均匀分布于体积 $aabb$ 的流体重力 $\boldsymbol{P}$，管壁对流体的约束反力 $\boldsymbol{F}_{\mathrm{N}}$，以及流体在 aa 和 bb 两截面处受到相邻流体的压力 $\boldsymbol{F}_a$ 和 $\boldsymbol{F}_b$。由质点系的动量定理有

$$\rho q_v(\boldsymbol{v}_b - \boldsymbol{v}_a) = \boldsymbol{P} + \boldsymbol{F}_{\mathrm{N}} + \boldsymbol{F}_a + \boldsymbol{F}_b$$

所以，管壁的约束反力为

$$\boldsymbol{F}_{\mathrm{N}} = -(\boldsymbol{P} + \boldsymbol{F}_a + \boldsymbol{F}_b) + \rho q_v(\boldsymbol{v}_b - \boldsymbol{v}_a)$$

由此可见，管壁的约束反力包括两个部分：第一部分是由于流体的重力和进出截面处相邻流体的压力所引起的，与流体的流动无关，称为**静约束力**。第二部分是由于流体的动

量变化所引起的，称为**附加动约束力**（或附加动压力），由下式确定

$$\boldsymbol{F}'_{\mathrm{N}}=\rho q_v(\boldsymbol{v}_b-\boldsymbol{v}_a)$$

8.1.3　动量守恒定律

由质点系的动量定理知，若作用在质点系上的外力的主矢为零，则

$$\boldsymbol{p}=\sum_{i=1}^{n}m_i\boldsymbol{v}_i=\text{常矢量} \tag{8-8}$$

由此得到**质点系的动量守恒定理：若作用于质点系的外力的主矢等于零，则质点系动量保持不变**。由此可见，动量定理中不包含内力，只有外力才能改变质点系的动量，内力不能改变质点系的动量，但内力可以改变质点系内各质点动量的分配。

如果外力主矢在某轴的投影等于零，如 x 轴，则由式(8－8)可以得到

$$p_x=\sum_{i=1}^{n}m_iv_{xi}=\text{常量} \tag{8-9}$$

由此可见，**若作用于质点系外力的主矢在某坐标方向投影等于零，则质点系动量在此坐标方向上投影保持不变**。

【例 8－3】　如图 8－3(a)所示，已知 m_A、m_B，AB 长为 l，摆杆按规律 $\varphi=\varphi_0\cos\omega t$ 摆动，不计摆杆自重。求滑块 A 的运动方程和地面对 A 的作用力。

解　以整个系统为研究对象，建立坐标系 Oxy。作系统受力图，如图 8－3(b)所示。因系统在 x 方向无外力作用，即 $\sum F_x=0$，故 x 方向的动量守恒。又因为初始时系统静止，所以有

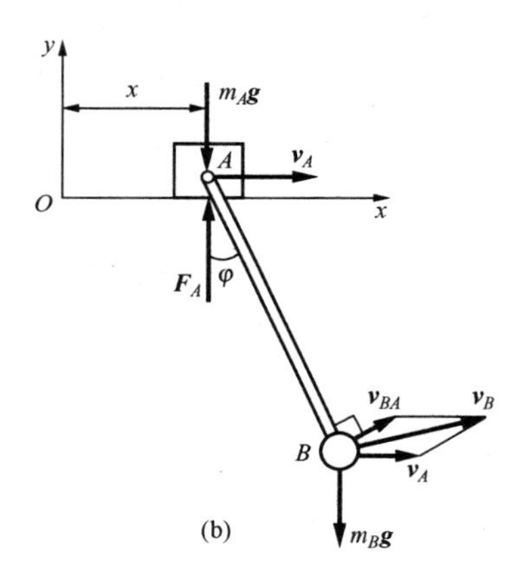

图 8－3

$$m_Av_{Ax}+m_Bv_{Bx}=0$$

由基点法，式中 m_B 的速度 $\boldsymbol{v}_B$ 可由滑块速度 $\boldsymbol{v}_A$ 和摆杆 AB 的运动规律 $\varphi(t)$得到，即

$$\boldsymbol{v}_B=\boldsymbol{v}_A+\boldsymbol{v}_{BA}$$

其中，$v_{BA}=l\dot{\varphi}$，所以

$$v_{Bx}=v_{Ax}+v_{BAx}=v_A+l\dot{\varphi}\cos\varphi$$

代入前式得到

$$m_Av_A+m_B(v_A+l\dot{\varphi}\cos\varphi)=0$$

解得

$$v_A=-\frac{m_Bl\dot{\varphi}\cos\varphi}{m_A+m_B}$$

将 $v_A=\frac{\mathrm{d}x_A}{\mathrm{d}t}$代入上式并进行积分有

$$\int_0^x \mathrm{d}x_A = -\frac{m_B l}{m_A + m_B}\int_0^t \dot{\varphi}\cos\varphi \mathrm{d}t$$

得到滑块 A 的运动规律为

$$x_A=\frac{m_B l}{m_A+m_B}(\sin\varphi_0-\sin\varphi)$$

y 方向因有外力，动量不守恒。根据动量定理，系统在 y 方向的动量为

$$p_y=m_A\cdot 0+m_B v_{By}=m_B l\dot{\varphi}\sin\varphi$$

根据质点系动量定理有

$$\frac{\mathrm{d}p_y}{\mathrm{d}t}=F_A-m_A g-m_B g$$

即

$$\frac{\mathrm{d}}{\mathrm{d}t}(m_B l\dot{\varphi}\sin\varphi)=F_A-m_A g-m_B g$$

所以

$$F_A=(m_A+m_B)g+m_B l\omega^2\varphi_0(\varphi_0\sin^2\omega t\cos\varphi-\cos\omega t\sin\varphi)$$

8.1.4　质心运动定理

将式(7-21)代入式(8-5)得到

$$\frac{\mathrm{d}}{\mathrm{d}t}(M\boldsymbol{v}_C) = \sum_{i=1}^{n}\boldsymbol{F}_i \tag{8-10}$$

对质量不变的质点系，有

$$M\frac{\mathrm{d}\boldsymbol{v}_C}{\mathrm{d}t} = \sum_{i=1}^{n}\boldsymbol{F}_i \tag{8-11}$$

即有

$$M\boldsymbol{a}_C = \sum_{i=1}^{n}m_i\boldsymbol{a}_i = \sum_{i=1}^{n}\boldsymbol{F}_i \tag{8-12}$$

式中，$\boldsymbol{a}_C=\frac{\mathrm{d}\boldsymbol{v}_C}{\mathrm{d}t}=\frac{\mathrm{d}^2\boldsymbol{r}_C}{\mathrm{d}t^2}$为质心加速度。式(8-12)表明，**质点系的质量与质心加速度的乘积等于质点系所受外力的矢量和**，这一规律称为**质心运动定理**。因此，质点系可以看成是一个质点的运动，这个质点上集中了质点系的全部质量，并作用了质点系上的所有外力。

式(8-12)也是质点系的质心运动微分方程，其投影式为

$$Ma_{Cx} = \sum_{i=1}^{n}F_{xi},Ma_{Cy} = \sum_{i=1}^{n}F_{yi},Ma_{Cz} = \sum_{i=1}^{n}F_{zi} \tag{8-13}$$

其自然轴系的投影式为

$$M\frac{\mathrm{d}v_C}{\mathrm{d}t} = \sum_{i=1}^{n}F_i^{\tau},M\frac{v_C^2}{\rho} = \sum_{i=1}^{n}F_i^{n},\sum_{i=1}^{n}F_i^{b} = 0 \tag{8-14}$$

由式(8－12)可知，质心的运动变化仅取决于外力系的作用，而与内力无关。由此得到**质心运动守恒定律：当质点系所受外力的主矢等于零时，则质心作匀速直线运动，若开始静止，则质心位置始终保持不变；如果作用于质点系的所有外力在某轴上投影的代数和等于零，则质心速度在该轴上的投影保持不变。若开始静止，则质心在该轴方向没有位移。**

【例 8－4】 如图 8－4 所示，挂在绳索两边的重物 A 和 B，分别重 P_1 和 P_2，且 $P_1>P_2$，绳索跨过重量不计的滑轮 O，绳的质量和轴承处的摩擦忽略不计。求当重物 A 的加速度为 a 时滑轮轴所受到的力。

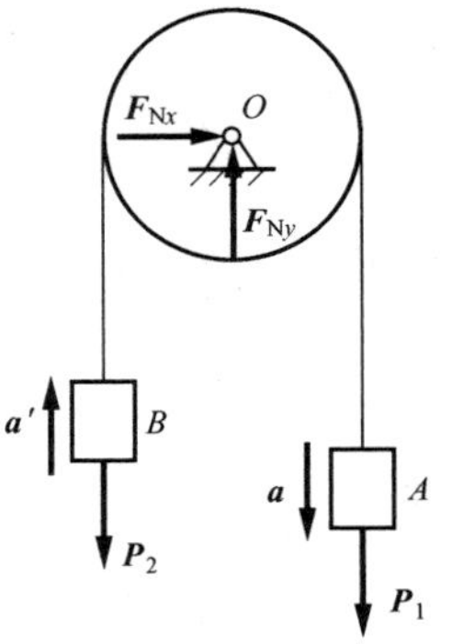

图 8－4

解 以重物 A、B 和滑轮 O 组成的系统为研究对象，受力分析如图 8－4 所示，取向上为正。设 O 处轴承的约束反力为 $\boldsymbol{F}_{Nx}$ 和 $\boldsymbol{F}_{Ny}$，根据质心运动定理有

$$\begin{cases} Ma_{Cx}=F_{Nx} \\ Ma_{Cy}=-\dfrac{P_1}{g}a+\dfrac{P_2}{g}a'=F_{Ny}-P_1-P_2 \end{cases}$$

注意到 $a'=a$，解得

$$\begin{cases} F_{Nx}=0 \\ F_{Ny}=P_1+P_2+\dfrac{P_2-P_1}{g}a \end{cases}$$

【例 8－5】 在平静的水面上有一静止的小船，一人从船尾由静止走到船头，如图 8－5 所示。已知船的质量为 m_1，长度为 l，人的质量为 m_2，水对船的阻力不计。求小船的水平位移。

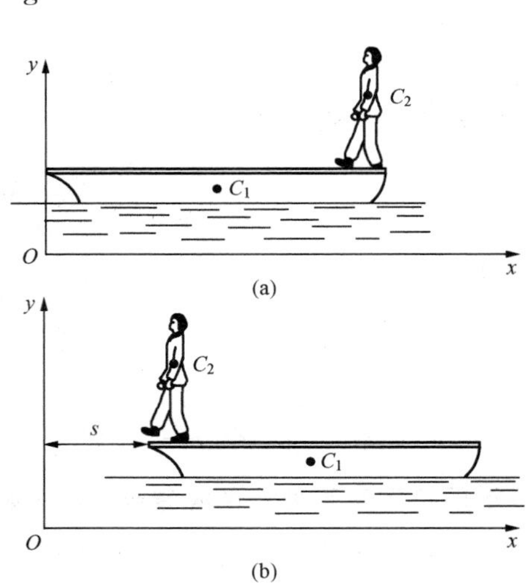

图 8－5

解 以小船和人组成的系统为研究对象。不计水对船的阻力，则系统在水平方向上无外力作用，即 $\sum F_x=0$。由于系统初始时处于静止状态，所以根据质心运动守恒定律，系统在水平方向上质心位置 x_C 应保持不变。如图 8－5 所示，不失一般性，设小船的质心在 $l/2$ 处，并设小船的水平位移为 s。

如图 8－5(a)，初始时人在船尾，系统质心的水平坐标为

$$x_{C1}=\frac{m_1\dfrac{l}{2}+m_2 l}{m_1+m_2}$$

当人走到船头时，如图 8－5(b)所示，这时系统质心的水平坐标为

$$x_{C2} = \frac{m_1\left(s+\frac{l}{2}\right)+m_2 s}{m_1+m_2}$$

由水平方向质心守恒 $x_{C1}=x_{C2}$，得到

$$\frac{m_1\frac{l}{2}+m_2 l}{m_1+m_2} = \frac{m_1\left(s+\frac{l}{2}\right)+m_2 s}{m_1+m_2}$$

解得小船的水平位移为

$$s = \frac{m_2 l}{m_1+m_2}$$

8.2　动量矩定理

8.2.1　质点的动量矩定理

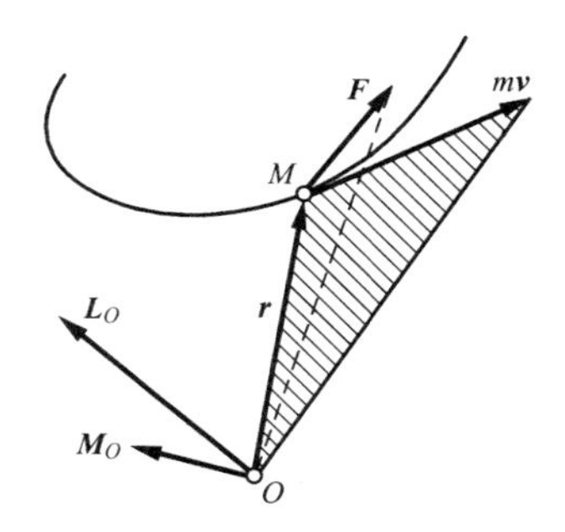

图 8－6

如图 8－6 所示，设质量为 m 的质点 M 在力 $\boldsymbol{F}$ 的作用下运动，它对固定点 O 的动量矩 $\boldsymbol{L}_O=\boldsymbol{r}\times m\boldsymbol{v}$。为研究质点动量矩随时间的变化率与所受力的关系，将 $\boldsymbol{L}_O$ 对时间求导

$$\frac{\mathrm{d}\boldsymbol{L}_O}{\mathrm{d}t} = \frac{\mathrm{d}}{\mathrm{d}t}(\boldsymbol{r}\times m\boldsymbol{v}) = \frac{\mathrm{d}\boldsymbol{r}}{\mathrm{d}t}\times m\boldsymbol{v}+\boldsymbol{r}\times\frac{\mathrm{d}(m\boldsymbol{v})}{\mathrm{d}t} \tag{8－15}$$

因为$\frac{d\boldsymbol{r}}{\mathrm{d}t}=\boldsymbol{v}$，所以式(8－15)右边第一项为零。由动量定理$\frac{\mathrm{d}(m\boldsymbol{v})}{\mathrm{d}t}=m\boldsymbol{a}=\boldsymbol{F}$，式(8－15)变为

$$\frac{\mathrm{d}\boldsymbol{L}_O}{\mathrm{d}t} = \boldsymbol{r}\times\boldsymbol{F} = \boldsymbol{M}_O(\boldsymbol{F}) \tag{8－16}$$

再将式(8－16)投影到直角坐标轴上，并注意到力矩关系定理，得到

$$\frac{\mathrm{d}L_x}{\mathrm{d}t} = M_x(\boldsymbol{F}),\frac{\mathrm{d}L_y}{\mathrm{d}t} = M_y(\boldsymbol{F}),\frac{\mathrm{d}L_z}{\mathrm{d}t} = M_z(\boldsymbol{F}) \tag{8－17}$$

式(8－16)和式(8－17)表明，**质点动量对任一固定点或轴的矩随时间的变化率，等于质点所受的力对该固定点或轴的矩**。这就是**质点的动量矩定理**。

如果质点同时受到几个力的作用，式(8－16)和式(8－17)右边应该是这几个力对点(或轴)的矩的矢量和(或代数和)。

8.2.2　质点系的动量矩定理

质点系由 n 个质点所组成，其中第 i 质点对固定点 O 的动量矩为 $\boldsymbol{L}_{Oi}$，该质点所受力包括外力 $\boldsymbol{F}_i^{(e)}$ 和内力 $\boldsymbol{F}_i^{(i)}$，外力对 O 的矩为 $\boldsymbol{M}_{Oi}^{(e)}$，内力对 O 的矩为 $\boldsymbol{M}_{Oi}^{(i)}$，根据动量矩定理，可以得出

$$\frac{\mathrm{d}\boldsymbol{L}_{Oi}}{\mathrm{d}t} = \boldsymbol{M}_{Oi}^{(e)}+\boldsymbol{M}_{Oi}^{(i)}\quad(i=1,2,\cdots,n) \tag{8－18}$$

将上述 n 个方程相加得到

$$\sum_{i=1}^{n}\frac{\mathrm{d}\boldsymbol{L}_{Oi}}{\mathrm{d}t}=\frac{\mathrm{d}}{\mathrm{d}t}\left(\sum_{i=1}^{n}\boldsymbol{L}_{Oi}\right)=\sum_{i=1}^{n}\boldsymbol{M}_{Oi}^{(\mathrm{e})}+\sum_{i=1}^{n}\boldsymbol{M}_{Oi}^{(\mathrm{i})} \tag{8-19}$$

由于内力总是大小相等方向相反成对出现的，因此内力系的主矩恒等于零，即 $\sum_{i=1}^{n}\boldsymbol{M}_{Oi}^{(\mathrm{i})}=0$。用 $\boldsymbol{L}_O=\sum_{i=1}^{n}\boldsymbol{L}_{Oi}$ 表示质点系对 O 点的动量矩，$\boldsymbol{M}_O=\sum_{i=1}^{n}\boldsymbol{M}_{Oi}^{(\mathrm{e})}$ 表示作用于质点系的外力系对 O 点的主矩，则有

$$\frac{\mathrm{d}\boldsymbol{L}_O}{\mathrm{d}t}=\boldsymbol{M}_O \tag{8-20}$$

将式(8－20)投影到直角坐标轴上，得到

$$\frac{\mathrm{d}L_x}{\mathrm{d}t}=M_x,\frac{\mathrm{d}L_y}{\mathrm{d}t}=M_y,\frac{\mathrm{d}L_z}{\mathrm{d}t}=M_z \tag{8-21}$$

这就是质点系的**动量矩定理：质点系对任意固定点或轴的动量矩随时间的变化率，等于质点系所受外力对该固定点或轴的矩的矢量和或代数和。**

【例 8－6】 如图 8－7(a)所示，两个鼓轮固连在一起，对通过轮心 O 的水平轴 z 的转动惯量为 J_z，在半径为 r_1 的鼓轮上用钢丝绳悬挂质量为 m_1 的平衡锤 A，在半径为 r_2 的鼓轮上用钢丝绳提升质量为 m_2 的罐笼 B。已知在鼓轮上作用一不变的转矩 M，不计绳重和轴承处的摩擦，求罐笼上升的加速度。

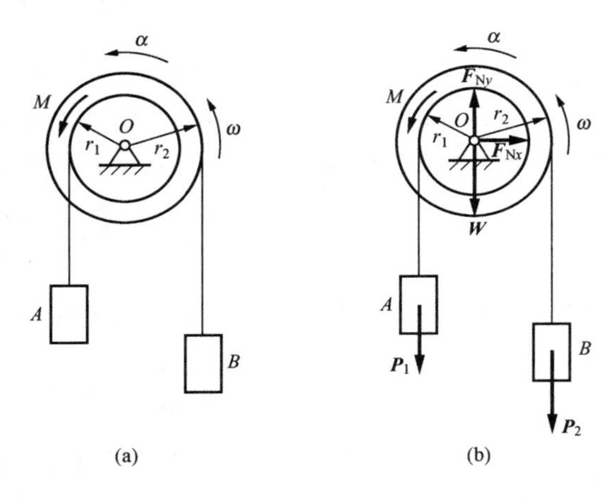

图 8－7

解　以鼓轮、平衡锤和罐笼组成的质点系为研究对象。设平衡锤 A 下降的速度为 $\boldsymbol{v}_1$，罐笼 B 上升的速度为 $\boldsymbol{v}_2$。质点系对水平轴 z 的动量矩为

$$L_z=J_z\omega+m_1v_1r_1+m_2v_2r_2=(J_z+m_1r_1^2+m_2r_2^2)\omega$$

质点系所受外力对水平轴 z 的力矩为

$$\sum M_z=M+m_1gr_1-m_2gr_2$$

根据质点系动量矩定理 $\frac{\mathrm{d}L_z}{\mathrm{d}t}=\sum M_z$，有

$$\frac{\mathrm{d}}{\mathrm{d}t}[(J_z+m_1r_1^2+m_2r_2^2)\omega]=M+(m_1r_1-m_2r_2)g$$

即

$$(J_z+m_1r_1^2+m_2r_2^2)\frac{\mathrm{d}\omega}{\mathrm{d}t}=M+(m_1r_1-m_2r_2)g$$

则鼓轮的角加速度为

$$\alpha=\frac{\mathrm{d}\omega}{\mathrm{d}t}=\frac{M+(m_1r_1-m_2r_2)g}{J_z+m_1r_1^2+m_2r_2^2}$$

罐笼 B 上升的加速度为

$$a_2=r_2\alpha=\frac{M+(m_1r_1-m_2r_2)g}{J_z+m_1r_1^2+m_2r_2^2}r_2$$

【例 8-7】 水轮机的叶轮如图 8-8 所示，流经各叶片间流道的水流均相同。水流进、出流道的速度分别为 $\boldsymbol{v}_1$、$\boldsymbol{v}_2$，与切线方向的夹角分别为 θ_1 和 θ_2。若总体积流量为 q_V，求流体对叶轮的转动力矩。

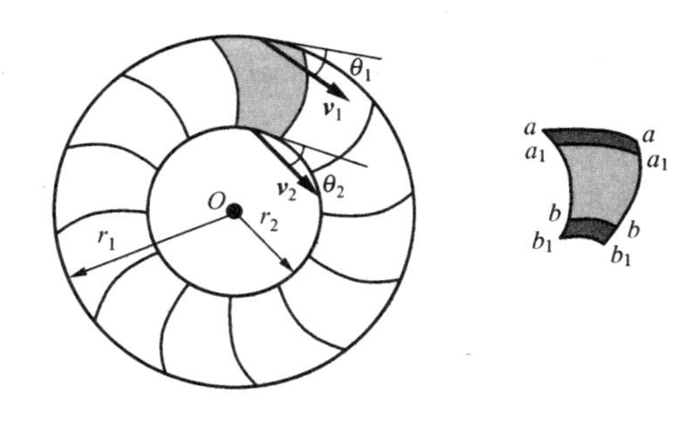

图 8-8

解 取两叶片间的流体作为研究质点系。经过 dt 时间，该部分的流体由图 8-8 所示 $aabb$ 位置流动到 $a_1a_1b_1b_1$ 位置。动量矩与力矩均以顺时针转向为正。设流体稳定流动，所以在时间 dt 内质点系对轴 O 的动量矩变化为

$$\mathrm{d}L_O=(L_{a_1a_1bb}+L_{bbb_1b_1})-(L_{aaa_1a_1}+L_{a_1a_1bb})=L_{bbb_1b_1}-L_{aaa_1a_1}$$

设流体密度为 ρ，叶轮的叶片总数为 n，则

$$L_{bbb_1b_1}=\frac{1}{n}q_V\rho\mathrm{d}tv_2r_2\cos\theta_2$$

$$L_{aaa_1a_1}=\frac{1}{n}q_V\rho\mathrm{d}tv_1r_1\cos\theta_1$$

所以

$$\mathrm{d}L_O=\frac{1}{n}q_V\rho\mathrm{d}t(v_2r_2\cos\theta_2-v_1r_1\cos\theta_1)$$

由动量矩定理，得到叶轮两叶片间全部流体所受到的力对点 O 的力矩为

$$M_O(\boldsymbol{F})=n\frac{\mathrm{d}L_O}{\mathrm{d}t}=q_V\rho(v_2r_2\cos\theta_2-v_1r_1\cos\theta_1)$$

当右端取正值时，$M_O(\boldsymbol{F})$ 为顺时针转向，否则相反。叶轮所受到的转动力矩 M 与 $M_O(\boldsymbol{F})$ 等值反向，即

$$M=q_V\rho(v_1r_1\cos\theta_1-v_2r_2\cos\theta_2)$$

此即为**欧拉涡轮方程**。

8.2.3 动量矩守恒定律

根据式(8-20)，若外力对 O 点的主矩 $\boldsymbol{M}_O=\sum_{i=1}^{n}\boldsymbol{M}_O^{(e)}=0$，则 $\frac{\mathrm{d}\boldsymbol{L}_O}{\mathrm{d}t}=0$，即

$$\boldsymbol{L}_O = \sum_{i=1}^{n} \boldsymbol{M}_O(m_i \boldsymbol{v}_i) = \sum_{i=1}^{n} \boldsymbol{r}_i \times m\boldsymbol{v}_i = \text{常矢量} \tag{8-22}$$

又根据式(8－21)，若外力对某坐标轴，如 z 轴的矩 $M_z = \sum_{i=1}^{n} M_{zi} = 0$，则 $\frac{\mathrm{d}L_z}{\mathrm{d}t} = 0$，即

$$L_z = \sum_{i=1}^{n} M_z(m_i \boldsymbol{v}_i) = \text{常量} \tag{8-23}$$

由此得到**动量矩守恒定律：如果作用于质点或质点系的外力对某固定点或轴的力矩之和等于零，则质点系对该固定点或轴的动量矩保持不变。**

【例 8－8】 摩擦离合器靠接合面的摩擦进行传动。在接合前，主动轴 1 的转动角速度为 ω_0，从动轴 2 处于静止，如图 8－9(a)所示。一经接合，轴 1 的转速迅速减慢，轴 2 的转速迅速加快，两轴最后以共同角速度 ω 转动，如图 8－9(b)所示。已知轴 1 和轴 2 连同各自的附件对转轴的转动惯量分别是 J_1 和 J_2，试求接合后的共同角速度 ω。轴承的摩擦不计。

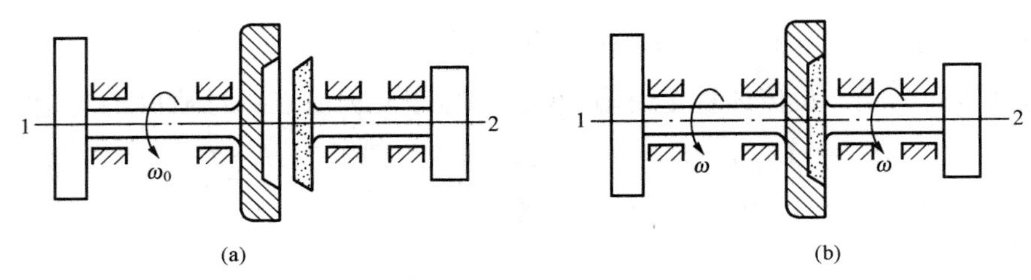

图 8－9

解　取轴 1 和轴 2 组成的系统作为研究对象。接合前后作用在两轴的外力对公共转轴的力矩都等于零，故系统的动量矩守恒，总动量矩不变。

接合前，系统的动量矩为

$$L = J_1\omega_0 + J_2 \times 0$$

接合后，系统的动量矩为

$$L' = (J_1 + J_2)\omega$$

根据动量矩守恒定律有

$$J_1\omega_0 = (J_1 + J_2)\omega$$

所以，接合后的共同角速度为

$$\omega = \frac{J_1\omega_0}{J_1 + J_2}$$

8.2.4　刚体定轴转动微分方程

如图 8－10 所示，刚体以角速度 ω 绕固定轴 Oz 转动，根据式(7－31)和式(8－21)，可以得到刚体定轴转动的微分方程为

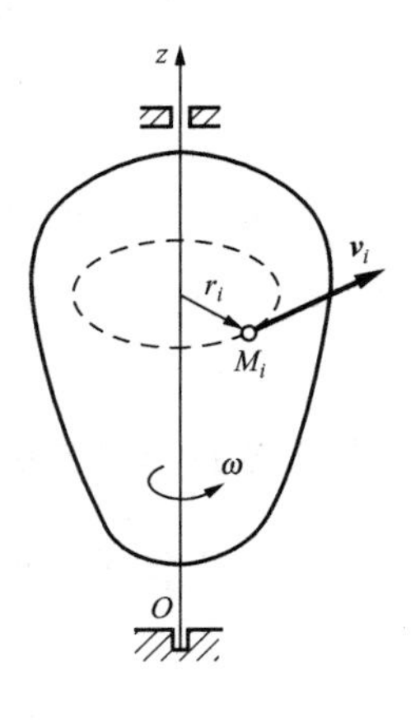

图 8－10

$$J_z \frac{d\omega}{dt} = M_z \tag{8-24}$$

即

$$J_z\alpha = M_z \tag{8-25}$$

或

$$J_z \frac{d^2\varphi}{dt^2} = M_z \tag{8-26}$$

由此可见，在转动惯量 J_z 不变的情况下，如果作用在转动刚体上的外力对转轴 z 的力矩 M_z 保持不变，则定轴转动刚体的角加速度 α 将保持不变。另外，当作用在转动刚体上的外力对转轴 z 的力矩 M_z 保持不变时，若转动惯量 J_z 增加，则刚体转动的角加速度 α 将减小；反之，若转动惯量 J_z 减小，则角加速度 α 将增大。因此，转动惯量 J_z 是刚体转动惯性的度量，其作用与度量刚体平动惯性的质量相对应。

另外，需要注意力矩与转角的正负号应该一致。一般，可先规定转角 φ 的正向，力矩的转向与转角正向相同时取正号，反之取负号。另外，在不计摩擦的情况下，由于转轴 z 受到的约束反力均通过 z 轴，所以对 z 轴的力矩等于零。

【例 8-9】 图 8-11(a)所示的传动机构中，转子Ⅰ除转子外还包括轴Ⅰ′和齿轮 1，转子Ⅱ除转子外还包括轴Ⅱ′和齿轮 2，转子Ⅰ、Ⅱ对各自转轴的转动惯量分别为 $J_1=1\text{kg}\cdot\text{m}^2$、$J_2=1.5\text{kg}\cdot\text{m}^2$。轴Ⅰ′受不变的转矩 M 作用，通过传动比 $i=\frac{z_1}{z_2}=\frac{1}{2}$ 的齿轮 1、2，使轴Ⅱ′做匀加速转动。设轴Ⅰ′从静止开始经 10s 后，转速达到 $n=1\ 500\text{r/min}$。已知齿轮 1 的节圆半径 $r_1=100\text{mm}$，略去轴承的摩擦。试求转矩 M 及齿轮间的圆周力 $\boldsymbol{F}_t$。

解　转子Ⅰ、Ⅱ受力如图 8-11(b)所示，取逆时针转向为正，即以轮Ⅰ′的角速度 ω_1 的转向为正向，设轴Ⅰ′的角加速度 α_1 沿正向与转矩 M 同向，则轴Ⅱ′的角加速度 α_2 沿负向。

转子Ⅰ和转子Ⅱ的转动微分方程分别为

$$\begin{cases} J_1\alpha_1 = M - F_t r_1 \\ -J_2\alpha_2 = -F_t r_2 \end{cases}$$

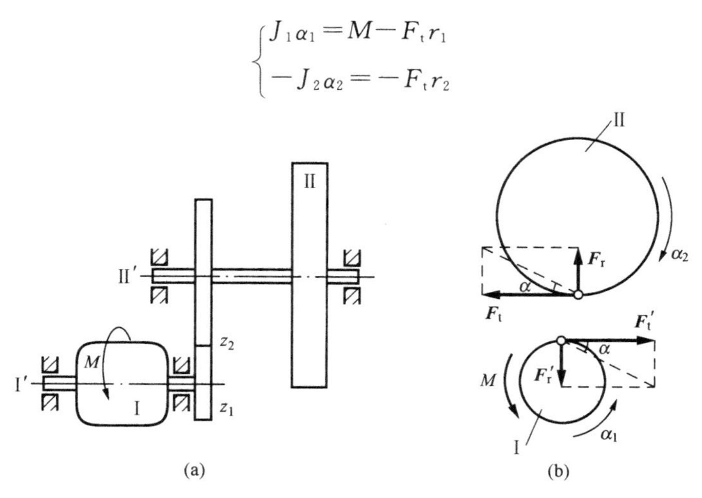

图 8-11

根据传动关系

$$\frac{r_1}{r_2}=\frac{z_1}{z_2}=\frac{1}{2},\frac{\alpha_2}{\alpha_1}=\frac{z_1}{z_2}=\frac{1}{2}$$

得到

$$r_2=2r_1,\alpha_2=\frac{1}{2}\alpha_1$$

代入转动微分方程解得

$$M=\left(J_1+\frac{J_2}{4}\right)\alpha_1$$

$$F_t=\frac{J_2}{4r_1}\alpha_1$$

由已知条件，当 $t=0\text{s}$ 时，$\omega_0=0$；当 $t=10\text{s}$ 时，$\omega_1=\frac{n\pi}{30}=\frac{1500\pi}{30}=50\pi\text{rad/s}$。由匀加速转动公式 $\omega_1=\omega_0+\alpha_1 t$，得

$$\alpha_1=\frac{\omega_1-\omega_0}{t}=\frac{50\pi-0}{10}=5\pi\text{rad/s}^2$$

代入前式，得

$$M=\left(J_1+\frac{J_2}{4}\right)\alpha_1=\left(1+\frac{1.5}{4}\right)\times5\pi=21.6\text{N}\cdot\text{m}$$

$$F_t=\frac{J_2}{4r_1}\alpha_1=\frac{1.5}{4\times0.1}\times5\pi=58.9\text{N}$$

8.2.5　质点系相对于质心的动量矩定理

如图 8-12 所示，建立以质心 C 为原点的平动坐标系 $Cx'y'z'$，则有

$$\boldsymbol{r}_i=\boldsymbol{r}_C+\boldsymbol{r}'_i$$

于是，根据质点系对固定点 O 的动量矩式(7-23)有

$$\boldsymbol{L}_O=\sum_{i=1}^{n}(\boldsymbol{r}_C+\boldsymbol{r}'_i)\times m\boldsymbol{v}_i=\boldsymbol{r}_C\times\sum_{i=1}^{n}m\boldsymbol{v}_i+\sum_{i=1}^{n}\boldsymbol{r}'_i\times m\boldsymbol{v}_i \tag{8-27}$$

设质点系相对于质心的动量矩为

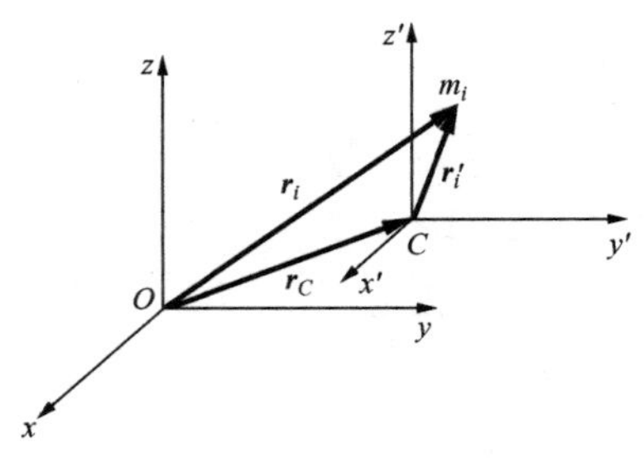

图 8-12

$$\boldsymbol{L}_C=\sum_{i=1}^{n}\boldsymbol{r}'_i\times m\boldsymbol{v}_i$$

将上式和式(7-21)代入式(8-27)得到

$$\boldsymbol{L}_O=\boldsymbol{r}_C\times M\boldsymbol{v}_C+\boldsymbol{L}_C$$

外力矩为

$$\boldsymbol{M}_O(\boldsymbol{F})=\sum_{i=1}^{n}\boldsymbol{r}_i\times\boldsymbol{F}_i^{(e)}=\sum_{i=1}^{n}(\boldsymbol{r}_C+\boldsymbol{r}'_i)\times\boldsymbol{F}_i^{(e)}$$

所以，根据质点系对固定点的动量矩定理，即式

(8－20)，得到

$$\frac{\mathrm{d}}{\mathrm{d}t}(\boldsymbol{r}_C \times M\boldsymbol{v}_C + \boldsymbol{L}_C) = \sum_{i=1}^{n}(\boldsymbol{r}_C + \boldsymbol{r}_i') \times \boldsymbol{F}_i^{(e)}$$

展开得到

$$\frac{\mathrm{d}\boldsymbol{r}_C}{\mathrm{d}t} \times M\boldsymbol{v}_C + \boldsymbol{r}_C \times \frac{\mathrm{d}M\boldsymbol{v}_C}{\mathrm{d}t} + \frac{\mathrm{d}\boldsymbol{L}_C}{\mathrm{d}t} = \boldsymbol{r}_C \times \sum_{i=1}^{n}\boldsymbol{F}_i^{(e)} + \sum_{i=1}^{n}\boldsymbol{r}_i' \times \boldsymbol{F}_i^{(e)} \tag{8-28}$$

其中

$$\frac{\mathrm{d}\boldsymbol{r}_C}{\mathrm{d}t} \times M\boldsymbol{v}_C = \boldsymbol{v}_C \times M\boldsymbol{v}_C = 0$$

$$\frac{\mathrm{d}M\boldsymbol{v}_C}{\mathrm{d}t} = \boldsymbol{F}_\mathrm{R}^{(e)} = \sum_{i=1}^{n}\boldsymbol{F}_i^{(e)}$$

$$\sum_{i=1}^{n}\boldsymbol{r}_i' \times \boldsymbol{F}_i^{(e)} = \sum_{i=1}^{n}M_C[\boldsymbol{F}_i^{(e)}] = \boldsymbol{M}_C$$

于是，式(8－28)简化为

$$\frac{\mathrm{d}\boldsymbol{L}_C}{\mathrm{d}t} = \sum_{i=1}^{n}\boldsymbol{M}_C[\boldsymbol{F}_i^{(e)}] = \boldsymbol{M}_C \tag{8-29}$$

式(8－29)表明，**质点系相对于随质心平动的坐标系的相对动量矩对时间的一阶导数，等于质点系的外力对质心之矩的矢量和**。这就是**相对于质心的动量矩定理**。

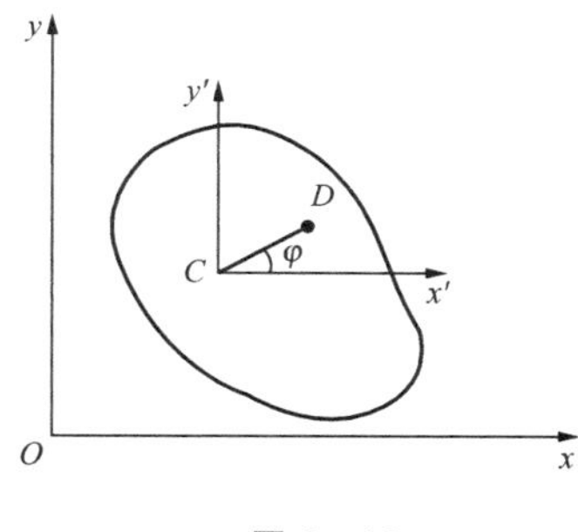

图 8－13

将式(8－29)与式(8－20)相比较，两式在形式上完全相同。这表明，质点系在绝对运动中对固定点的动量矩定理的陈述，完全适用于质点系在其质心平动坐标系中的相对运动对质心的动量矩定理。

8.2.6　刚体平面运动微分方程

刚体的平面运动可以分解为随基点的平动和绕基点的转动。如图 8－13 所示，以质心 C 为基点，质心的坐标为 (x_C, y_C)，设 D 为刚体上任意一点，CD 与 x 轴的夹角为 φ，则刚体的位置可由 x_C、y_C 和 φ 确定。因此，当刚体的运动分解成随质心的平动和绕质心的转动两个部分时，则这两部分的运动可以分别由质点系的质心运动定理和相对于质心的动量矩定理来确定。

由质心运动定理和相对于质心的动量矩定理，有

$$\begin{cases} M\boldsymbol{a}_C = \displaystyle\sum_{i=1}^{n}\boldsymbol{F}_i \\ J_C\alpha = \displaystyle\sum_{i=1}^{n}M_C(\boldsymbol{F}_i) \end{cases} \tag{8-30}$$

其投影式为

$$\begin{cases} Ma_{Cx}=\sum F_x \\ Ma_{Cy}=\sum F_y \\ J_C\alpha=\sum M_C(\boldsymbol{F}_i) \end{cases} \text{或} \begin{cases} M\ddot{x}_C=\sum F_x \\ M\ddot{y}_C=\sum F_y \\ J_C\ddot{\varphi}=\sum M_C(\boldsymbol{F}_i) \end{cases} \tag{8-31}$$

式(8－30)和式(8－31)是**刚体平面运动的微分方程**。通过此方程组可求解刚体平面运动的动力学问题。

【例8－10】 半径为r、重为P的均质圆轮沿水平直线做纯滚动，如图8－14所示。设轮对轮心C的回转半径为ρ，作用其上的力偶矩为M，求轮心的加速度。如果圆轮对地面的静滑动摩擦因数为f_s，问力偶矩M应符合什么条件才不致使圆轮滑动？

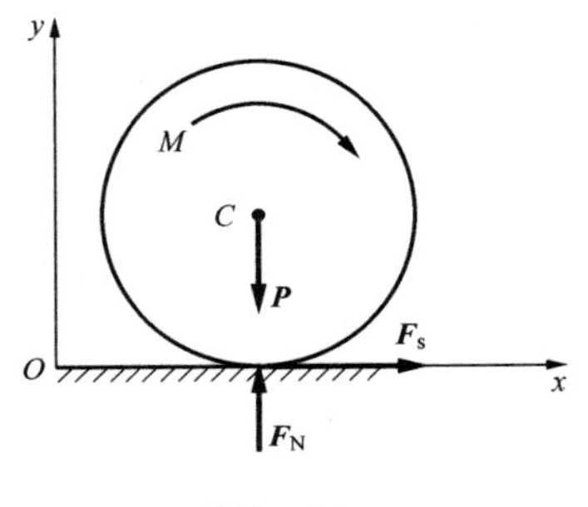

图8－14

解 取圆轮为研究对象，其受力分析如图8－14所示。按图示坐标系，力矩取顺时针转向为正，则圆轮做平面运动的微分方程为

$$\begin{cases} \dfrac{P}{g}a_{Cx}=F_s \\ \dfrac{P}{g}a_{Cy}=F_N-P \\ \dfrac{P}{g}\rho^2\alpha=M-F_sr \end{cases}$$

其中，$a_{Cy}=0$，$a_{Cx}=a_C$，$a_C=r\alpha$。将这些关系式代入上面的三个方程，解得

$$a_C=\frac{Mr}{P(\rho^2+r^2)}g,F_s=\frac{Mr}{\rho^2+r^2}$$

要使圆轮静止滚动而不滑动，则必须满足$F_s\leqslant f_sF_N$，即$F_s\leqslant f_sP$。于是得到圆轮只滚不滑的条件是

$$M\leqslant f_sP\frac{\rho^2+r^2}{r}$$

8.3　动能定理

8.3.1　质点的动能定理

设质量为m的质点M在力$\boldsymbol{F}$作用下做曲线运动，由M_1运动到M_2，速度由$\boldsymbol{v}_1$变为$\boldsymbol{v}_2$。由牛顿第二定律

$$m\frac{\mathrm{d}\boldsymbol{v}}{\mathrm{d}t}=\boldsymbol{F}$$

两边分别点积$\mathrm{d}\boldsymbol{r}$，得到

$$m\frac{\mathrm{d}\boldsymbol{v}}{\mathrm{d}t}\cdot \mathrm{d}\boldsymbol{r}=\boldsymbol{F}\cdot \mathrm{d}\boldsymbol{r}$$

即

$$m\boldsymbol{v}\cdot \mathrm{d}\boldsymbol{v}=\boldsymbol{F}\cdot \mathrm{d}\boldsymbol{r}$$

因为

$$m\boldsymbol{v}\cdot \mathrm{d}\boldsymbol{v}=\frac{1}{2}m\mathrm{d}(\boldsymbol{v}\cdot \boldsymbol{v})=\mathrm{d}(\frac{1}{2}mv^2)=\mathrm{d}T$$

所以

$$\mathrm{d}T=\mathrm{d}(\frac{1}{2}mv^2)=\delta W \tag{8-32}$$

式(8－32)表明，**质点动能的微分等于作用于质点上力的元功**，这就是**微分形式的质点动能定理**。

将式(8－32)沿曲线 $\widehat{M_1M_2}$ 进行积分，得

$$\int_{v_1}^{v_2}\mathrm{d}(\frac{1}{2}mv^2)=\int_{M_1}^{M_2}\delta W$$

即

$$\frac{1}{2}mv_2^2-\frac{1}{2}mv_1^2=W_{12} \tag{8-33}$$

式(8－33)表明，**在任一路程中质点动能的变化，等于作用在质点上的力在同一路程中所作的功**。这就是**积分形式的质点动能定理**。

在动能定理中，包含质点的速度、运动的路程和力，可用来求解与质点速度和路程等有关的问题，也可用来求解加速度的问题。由于动能定理为标量方程，求解动力学问题时可以避免矢量运算，所以运用起来较为方便。

需要指出的是，式(8－33)只表明动能的变化在数值上等于力的功，但不表明动能就是功。质点的动能是质点运动的一种度量；功则是在质点运动过程中，力对质点作用的空间累积效果。

【例 8－11】 如图 8－15 所示，自动卸料车连同料的重力为 P，无初始地沿 $\alpha=30°$的斜面滑下。料车滑至底端时与一弹簧相碰，通过控制机构使料车在弹簧压缩到最大时自动卸料。然后依靠被压缩弹簧的弹力作用又沿斜面回到原来位置。设弹簧的刚度系数为 k，空车的重力为 P_0，摩擦阻力为车重的 0.2 倍。求 P 与 P_0 的比值至少应多大？

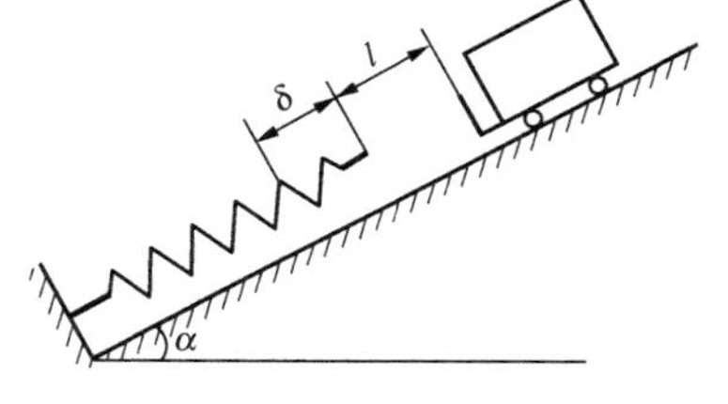

图 8－15

解　以料车为研究对象，并在料车从初始点下滑又回到初始点这一往返过程中应用动能定理。显然有

$$T_1=T_2=0$$

在往返过程中，弹簧压缩后又恢复到原长，所以弹性

力的功为零。而空车重力 P_0 也因往返一个来回而净功为零。其余做功的力包括：料的重力 $P_1=P-P_0$，做正功；装料车下滑时的阻力 $F_1=0.2P$ 和空车上滑时的阻力 $F_2=0.2P_0$，均做负功。所以

$$\sum_{i=1}^{n}W_i=(P-P_0)(l+\delta)\sin30°-0.2P(l+\delta)-0.2P_0(l+\delta)$$

式中：δ 为弹簧的最大压缩量。

由动能定理 $T_2-T_1=\sum_{i=1}^{n}W_i$ 得

$$(P-P_0)(l+\delta)\sin30°-0.2P(l+\delta)-0.2P_0(l+\delta)=0$$

解得

$$\frac{P}{P_0}=\frac{7}{3}$$

8.3.2 质点系的动能定理

由 n 个质点组成的质点系，质点 M_i 的质量为 m_i，速度为 $\boldsymbol{v}_i$，所受到外力的合力为 $\boldsymbol{F}_i^{(e)}$，内力的合力为 $\boldsymbol{F}_i^{(i)}$。当质点发生微小位移 $\mathrm{d}\boldsymbol{r}$ 时，由质点动能定理的微分形式有

$$\mathrm{d}\left(\frac{1}{2}m_iv_i^2\right)=\delta W_i^{(e)}+\delta W_i^{(i)}\quad(i=1,2,\cdots,n)$$

式中：$\delta W_i^{(e)}$ 和 $\delta W_i^{(i)}$ 分别为质点 M_i 受到的外力和内力的元功。

将上述 n 个等式相加得到

$$\sum_{i=1}^{n}\mathrm{d}\left(\frac{1}{2}m_iv_i^2\right)=\sum_{i=1}^{n}\delta W_i^{(e)}+\sum_{i=1}^{n}\delta W_i^{(i)}$$

即有

$$\mathrm{d}T=\sum_{i=1}^{n}\delta W_i^{(e)}+\sum_{i=1}^{n}\delta W_i^{(i)}\tag{8-34}$$

式(8-34)表明，**质点系动能的微分等于作用于质点系上的所有外力元功和内力元功的代数和**。这就是**微分形式的质点系动能定理**。

积分式(8-34)，得

$$T_2-T_1=\sum_{i=1}^{n}W^{(e)}+\sum_{i=1}^{n}W^{(i)}\tag{8-35}$$

式中：T_1、T_2 分别为质点系在位移起、止点位置时的动能；$\sum_{i=1}^{n}W^{(e)}$ 和 $\sum_{i=1}^{n}W^{(i)}$ 分别为作用在质点系中所有质点上的外力和内力在同一路程上所做之功的代数和。

式(8-35)表明，**质点系经过任一路程之后，其动能的改变量，在数值上等于作用在质点系上的所有外力和内力在同一路程中所做功的代数和**。这就是**积分形式的质点系动能定理**。

需要指出的是，在一般情况下，式(8－35)中的内力做功之和 $\sum_{i=1}^{n} W^{(i)}$ 不等于零。例如，当两质点在相互的吸引力作用下运动时，该引力就是内力。两质点在这种内力的作用下，相互间的距离将发生变化。由于力与位移的方向一致，所以两内力均做正功，两者做功之和不等于零。

内力功不为零的工程实例是很多的。比如，蒸汽机车，蒸汽对活塞的推力是内力，这个内力做正功，使机车动能增加；又如，车辆刹车时，闸块与车轮间的摩擦力是内力，但这个内力做负功，消耗车辆的动能，使车辆减速直至停车。

可见，对于一般质点系，内力做功之和不为零。因此，质点系的动能变化不仅与外力有关，还与内力有关。

对于刚体，由于其上任意两点间的距离均不改变，所以作用在这两点间大小相等、方向相反的内力，在刚体运动过程中做功之和等于零。这表明，在刚体运动过程中，全部内力做功之和为零。所以，式(8－35)可以简化为

$$T_2 - T_1 = \sum_{i=1}^{n} W^{(e)} \tag{8-36}$$

如果将作用于质点系内各质点的力分为主动力和约束反力，并以 $\sum W^{(F)}$ 和 $\sum W^{(N)}$ 分别表示所有主动力和约束反力在某一路程上所做功之和，则动能定理可以写为

$$T_2 - T_1 = \sum_{i=1}^{n} W^{(F)} + \sum_{i=1}^{n} W^{(N)} \tag{8-37}$$

对于工程中常见的理想约束，由于理想约束所做的功之和为零，如光滑接触、光滑铰链、光滑轴承、不考虑伸长的柔索及无滑动的纯滚动等，所以在理想约束情况下，式(8－37)可以简化为

$$T_2 - T_1 = \sum_{i=1}^{n} W^{(F)} \tag{8-38}$$

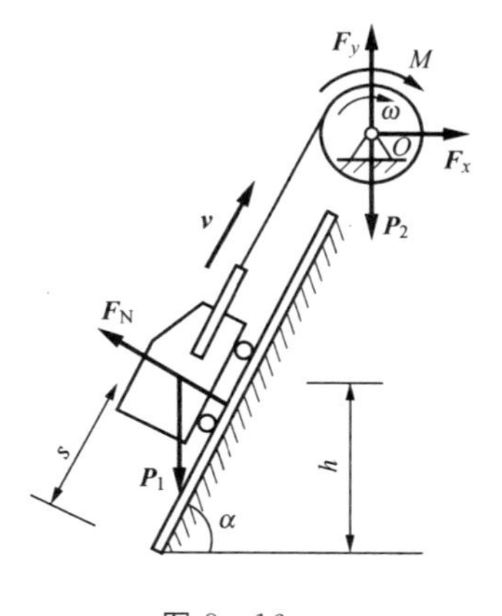

图 8－16

【例 8－12】 高炉自动送料机构的小车连同矿石的质量为 m_1，轮鼓质量为 m_2，半径为 r，对其转轴的回转半径为 ρ，轨道的倾角为 α，如图 8－16 所示。若在小车上作用一不变的力偶矩 M 使小车由静止上升，略去摩擦和绳的质量，求小车的加速度。

解　本题可用动能定理的积分形式求解。先求出任一瞬时小车的速度表达式，再对时间求一阶导数，得到加速度。

以小车与轮鼓组成一个质点系，研究小车由静止上升一段路程 s 的过程，轮鼓相应的转角为 $\varphi = \dfrac{s}{r}$。初始时刻，小车初速 $v_1 = 0$，轮鼓角速度 $\omega_1 = 0$；结束时刻，小车速度 $v_2 = v$，

轮鼓角速度 $\omega_2=\dfrac{v}{r}$。

（1）主动力的功。系统上全部主动力做的功包括力偶矩 M 做的功和小车重力的功。力偶矩 M 做的功为

$$W_1=M\varphi=M\frac{s}{r}$$

小车重力的功为

$$W_2=-m_1gh=-m_1gs\sin\alpha$$

系统上全部主动力做的功为

$$\sum_{i=1}^{n}W=M\frac{s}{r}-m_1gs\sin\alpha=\left(\frac{M}{r}-m_1g\sin\alpha\right)s$$

（2）系统的动能。

初始时刻　　$T_1=0$

结束时刻　　$T_2=\dfrac{1}{2}m_1v^2+\dfrac{1}{2}m_2\rho^2\left(\dfrac{v}{r}\right)^2=\left(m_1+m_2\dfrac{\rho^2}{r^2}\right)\dfrac{v^2}{2}$

（3）由动能定理

$$\sum_{i=1}^{n}W=T_2-T_1$$

即

$$\left(m_1+m_2\frac{\rho^2}{r^2}\right)\frac{v^2}{2}-0=\left(\frac{M}{r}-m_1g\sin\alpha\right)s$$

解得

$$v^2=\frac{2\left(\dfrac{M}{r}-m_1g\sin\alpha\right)}{m_1+m_2\dfrac{\rho^2}{r^2}}s$$

对上式两边求导，得

$$2v\frac{\mathrm{d}v}{\mathrm{d}t}=\frac{2\left(\dfrac{M}{r}-m_1g\sin\alpha\right)}{m_1+m_2\dfrac{\rho^2}{r^2}}\frac{\mathrm{d}s}{\mathrm{d}t}$$

注意到 $v=\dfrac{\mathrm{d}s}{\mathrm{d}t}$，得小车的加速度

$$a=\frac{Mr-m_1gr^2\sin\alpha}{m_1r^2+m_2\rho^2}$$

【例 8－13】　行星齿轮传动机构，放在水平面内，如图 8－17 所示。均质行星齿轮的半径为 r_1，质量为 m_1；均质曲柄 O_1O_2 的质量为 m，长 $O_1O_2=l$，作用一不变的力偶 M，曲柄由静止开始转动。求曲柄 O_1O_2 的角速度 ω 和角加速度 α。

解　此机构由中心齿轮、行星齿轮和曲柄组成。中心齿轮固定不动，其动能恒为零。

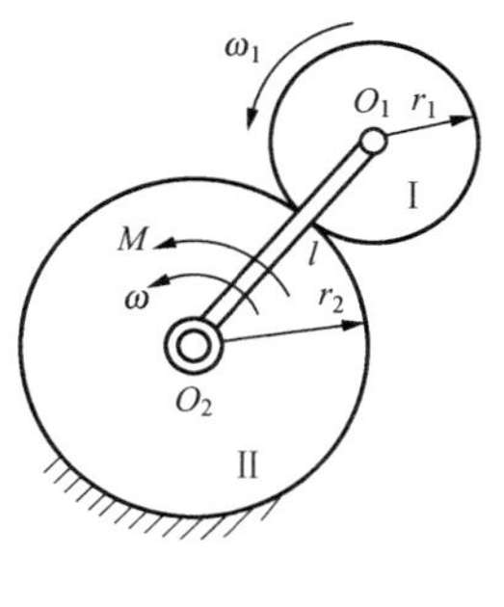

图 8-17

曲柄 O_1O_2 以角速度 $\omega=\frac{d\varphi}{dt}$ 绕固定轴 O_2 转动，其动能为

$$T_{O_1O_2}=\frac{1}{2}\times\frac{ml^2}{3}\omega^2$$

行星齿轮做平面运动，质心 O_1 的速度 $v_{O_1}=\omega l$，角速度 $\omega_1=\frac{v_{O_1}}{r_1}=\frac{\omega l}{r_1}$。所以，行星齿轮的动能为

$$T_A=\frac{1}{2}m_1v_{O_1}^2+\frac{1}{2}\frac{m_1r_1^2}{2}\omega_1^2$$

所以，系统的动能为

$$\begin{aligned}T_2&=T_{O_1O_2}+T_A\\&=\frac{1}{2}\frac{ml^2}{3}\omega^2+\frac{1}{2}m_1v_{O_1}^2+\frac{1}{2}\frac{m_1r_1^2}{2}\omega_1^2\\&=\frac{2m+9m_1}{12}l^2\omega^2\end{aligned}$$

系统的初始动能为

$$T_1=0$$

外力做的功为

$$W=M\varphi$$

由动能定理

$$T_2-T_1=\sum W$$

得到

$$\frac{2m+9m_1}{12}l^2\omega^2=M\varphi \tag{a}$$

解得曲柄 O_1O_2 的角速度

$$\omega=\sqrt{\frac{12M\varphi}{(2m+9m_1)l^2}}$$

对式(a)求导并注意到 $\omega=\frac{d\varphi}{dt}$，得到曲柄 O_1O_2 的角加速度

$$\alpha=\frac{6M}{(2m+9m_1)l^2}$$

注意：齿轮Ⅰ和齿轮Ⅱ的接触点不是理想约束，其摩擦力 F_s 尽管在空间是移动的，但是由于作用在速度瞬心上，故不做功。

8.3.3　功率方程

机器工作时，必须输入一定的功，以便克服无用阻力（如无用摩擦、碰撞以及其他物理原因产生的阻力等）引起的损耗后，付出有用阻力（如机床加工时切削力的功），而完成指定工作。以 $W_{输入}$ 表示输入的功(如电机提供的功),$W_{有用}$ 和 $W_{无用}$ 分别表示对应的有用阻力和无用阻力所消耗的功,机器运转的动能用 T 表示,则根据式(8-34),有

$$\mathrm{d}T=\delta W_{输入}-\delta W_{有用}-\delta W_{无用}$$

将上式两边同时除以 $\mathrm{d}t$,得

$$\frac{\mathrm{d}T}{\mathrm{d}t}=P_{输入}-P_{有用}-P_{无用} \tag{8-39}$$

式(8-39)称为**功率方程**,表示机器的输入功率、输出功率与机械运动间的关系,常用来研究机器在工作时能量的变化和转化问题。当机器在启动加速阶段时,由于速度逐渐增大,要求$\frac{\mathrm{d}T}{\mathrm{d}t}>0$,即要求 $P_{输入}>P_{有用}+P_{无用}$;而当机器在停车减速阶段时,要求$\frac{\mathrm{d}T}{\mathrm{d}t}<0$,即要求 $P_{输入}<P_{有用}+P_{无用}$;当机器处于正常运转阶段时,这时一般做匀速运动,则机器的动能保持不变,即$\frac{\mathrm{d}T}{\mathrm{d}t}=0$,所以要求 $P_{输入}=P_{有用}+P_{无用}$。

在工程中,一般将机器在稳定运转阶段中的有用功率与输入功率的比值,称为机器的**机械效率**,用 η 表示,即

$$\eta=\frac{P_{有用}}{P_{输入}}\times 100\% \tag{8-40}$$

机械效率 η 表明了机器对输入能量有效利用的程度,是评价机械质量的指标之一,与机械的传动方式、制造精度、工作条件等有关。显然,机械效率 $\eta<1$。

【例 8-14】 带式输送机如图 8-18 所示。传送带的速度 $v=1.26\mathrm{m/s}$,输送量 $q_{\mathrm{m}}=455\mathrm{t/h}$,输送高度 $h=40\mathrm{m}$,机械效率 $\eta=68\%$。求电动机的功率。

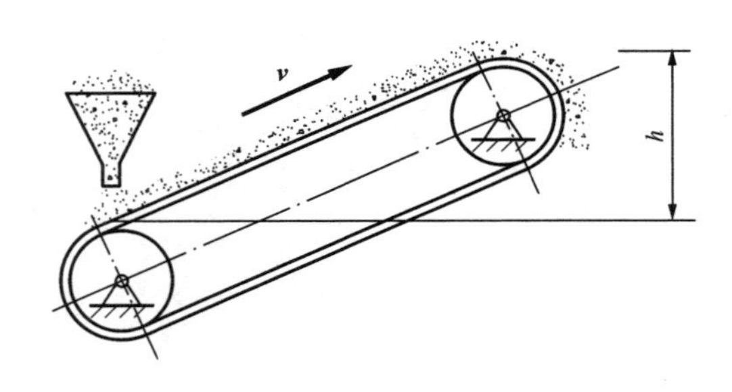

图 8-18

解　取传送带上被输送的物料为研究对象,在 $\mathrm{d}t$ 时间内,有 $\mathrm{d}m=q_{\mathrm{m}}\mathrm{d}t$ 的物料被提升到高度 $h=40\mathrm{m}$ 处,所以有用功率为

$$P_{有用}=q_{\mathrm{m}}gh$$

同时有同样多的物料补充到传送带上,其速度由零变为 v,系统动能变化量为

$$\frac{\mathrm{d}T}{\mathrm{d}t}=\frac{1}{2}q_{\mathrm{m}}v^2$$

设电动机的功率为 P,所以有效功率为

$$P_{有效}=\eta P=P_{有用}+\frac{\mathrm{d}T}{\mathrm{d}t}=\frac{1}{2}q_{\mathrm{m}}(2gh+v^2)$$

所以,电动机的功率为

$$P=\frac{1}{\eta}\frac{1}{2}\mathrm{q_m}(2gh+v^2)$$

$$=\frac{1}{0.68}\times\frac{1}{2}\times3\ 600\times(2\times9.8\times40+1.26^2)$$

$$=73\times10^3\text{W}=73\text{kW}$$

根据计算出的功率即可选择所需的电动机。

8.3.4　机械能守恒定律

势能的大小是通过有势力做功来度量的。相反，质点和质点系在势力场中有势力做的功也可以用势能来表示。

设质点系在势力场中运动，各质点从位置 M_1 运动到 M_2，有势力做功为 W_{12}；取势力场中 M_0 为质点系势能的零势能点，且质点系分别从位置 M_1、M_2 运动至 M_0 时，有势力所做的功分别记为 W_{10}、W_{20}。显然，由有势力做功与路径无关的性质有

$$W_{10}=W_{12}+W_{20}$$

即

$$W_{12}=W_{10}-W_{20}$$

又由于点 M_0 为零势能点，故 W_{10}、W_{20} 分别为 M_1、M_2 位置的势能 V_1、V_2，于是

$$W_{12}=V_1-V_2 \tag{8-41}$$

这表明，质点系在势力场中运动时，有势力所做的功等于质点系在运动过程中的起止位置的势能差，即等于质点系在运动过程中势能的减少值。

质点系在某瞬时的动能与势能的代数和称为**机械能**。设质点系在运动过程的初始和终了瞬时的动能分别为 T_1 和 T_2，所受力在这个过程中所做的功为 W_{12}，根据动能定理有

$$T_2-T_1=W_{12}$$

如果质点在运动过程中，只有有势力做功，而有势力的功可用势能计算，即

$$T_2-T_1=W_{12}=V_1-V_2$$

移项后得到

$$T_1+V_1=T_2+V_2=\text{常数} \tag{8-42}$$

由此得到**机械能守恒定律：质点系仅在有势力作用下，其机械能保持不变**。这样的质点系称为**保守系统**。

如果质点系同时有有势力和非有势力做功，则该质点系称为**非保守系统**。非保守系统的机械能是不守恒的。设非有势力在质点运动过程中所做的功为 W'_{12}，根据动能定理，有

$$T_2-T_1=V_1-V_2+W'_{12}$$

即

$$(T_2+V_2)-(T_1+V_1)=W'_{12} \tag{8-43}$$

式(8-43)指出了非保守系统机械能的改变与非有势力做功之间的关系。**即机械能的改变量等于非有势力所做的功**。当质点系受到摩擦阻力等力作用时，W'_{12} 为负值，表明

质点系在运动过程中机械能减小，称为**机械能耗散**；当质点系受到非保守的主动力作用时，如果 W'_{12} 为正值，则质点系在运动过程中机械能增加，这时外界对系统输入了能量。从广义的能量观点来看，无论是什么系统，总能量是不变的，在质点系的运动过程中，机械能的增减，只说明了在这个过程中机械能与其他形式的能量（如热能、电能等）发生了相互转化而已。

【例 8-15】 图 8-19 所示机构中，已知套筒 A 的质量 $m_1=7\text{kg}$，均质杆 AB、AC 的质量均为 $m_2=10\text{kg}$，长度均为 $l=375\text{mm}$；均质圆轮 B、C 的质量均为 $m_3=30\text{kg}$，半径均为 $r=150\text{mm}$。设套筒 A 自图示位置静止地沿铅垂轴无摩擦地开始下滑，使轮 B 与 C 在水平面上做纯滚动。当杆 AB 与 AC 到达水平位置时，套筒 A 开始与刚度系数 $k=30\text{kN/m}$ 的弹簧接触。求在该瞬时套筒 A 的速度以及在以后的运动中弹簧的最大压缩量。

解　取整个系统为研究对象，已知在初瞬时系统静止，现需求在另一瞬时套筒的速度，可运用质点系动能定理求解。

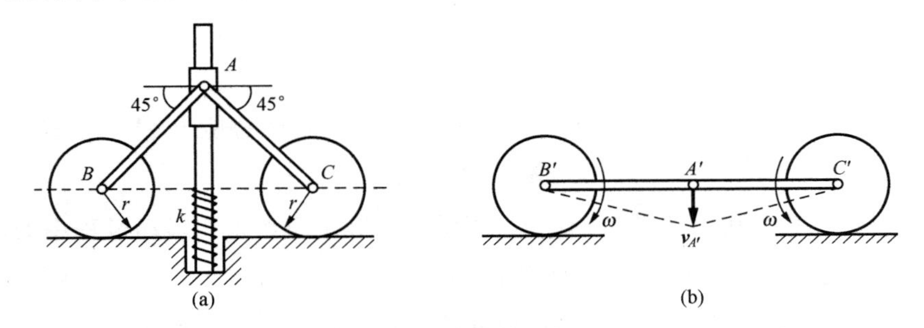

图 8-19

因为全部约束反力均不做功，而主动力均为有势力，所以该系统的机械能守恒，即

$$T_1+V_1=T_2+V_2 \tag{a}$$

取初瞬时位置为位置 1，如图 8-19(a)所示，杆达到水平位置时为位置 2，如图 8-19(b)所示，则有 $T_1=0$。取通过轮心的水平面为重力的零势能面，有

$$\begin{aligned}V_1&=m_1gl\cos45^\circ+2m_2g\frac{l}{2}\cos45^\circ\\&=7\times9.8\times0.375\times\frac{1}{\sqrt{2}}+2\times10\times9.8\times\frac{0.375}{2}\times\frac{1}{\sqrt{2}}\\&=44.2\ \text{J}\end{aligned}$$

在位置 2 时，套筒 A' 的速度为 $v_{A'}$，杆 $A'C'$、$A'B'$ 的速度瞬心分别为 C' 和 B' 点，所以杆 $A'B'$、$A'C'$ 的角速度为 $\omega=\dfrac{v_{A'}}{l}$，由于点 B' 和点 C' 的速度为零，则两轮的动能为零。所以，该瞬时系统的动能为

$$T_2=\frac{1}{2}m_1v_{A'}^2+2\times\frac{1}{2}J\omega^2=\frac{1}{2}\times7\times v_{A'}^2+2\times\frac{1}{2}\times\frac{1}{3}\times10\times0.375^2\times\frac{v_{A'}^2}{0.375^2}=6.83v_{A'}^2$$

而势能 $V_2=0$。将动能和势能代入式(a)得到

$$0+44.2=6.83v_{A'}^2+0$$

解得在位置 2 时套筒的速度为

$$v_{A'}=2.54\text{m/s}$$

当套筒在位置 2 与弹簧接触后，继续向下滑动，到达位置 3 时，速度变为零，这时弹簧具有最大压缩量 $\delta_{\max}$。从位置 2 到位置 3 的过程中，有势力包括重力和弹性力，系统的机械能守恒，即

$$T_1+V_1=T_3+V_3 \tag{b}$$

其中，$T_1=T_3=0$，$V_1=44.2\text{J}$，而位置 3 时系统的势能为

$$V_3=-m_1 g\delta_{\max}-2m_2 g\ \frac{1}{2}\delta_{\max}+\frac{1}{2}k\delta_{\max}^2$$

将各动能和势能代入式(b)得到

$$0+44.2=0-m_1 g\delta_{\max}-2m_2 g\ \frac{1}{2}\delta_{\max}+\frac{1}{2}k\delta_{\max}^2$$

解得

$$\delta_{\max}=60.1\text{mm}$$

8.4　动力学普遍定理综合应用

动量定理、动量矩定理和动能定理构成了动力学的三大普遍定理。在动力学三大普遍定理中涉及的重要物理量如表 8 - 1 所示。

表 8 - 1　动力学三大普遍定理中涉及的重要物理量

<table>
<tr><th>机械运动的度量</th><th colspan="2">力作用的度量</th><th>物体惯性的度量</th></tr>
<tr><td>动量
动量矩</td><td>冲量</td><td>力，力系的主矢
力偶矩，力系的主矩</td><td rowspan="2">质量，转动惯量</td></tr>
<tr><td>动能</td><td>功</td><td>功　率</td></tr>
</table>

动量和动能是物体机械运动的两种度量。动量矩由动量引出，两者可归于同一范畴。动量是矢量，而动能则是标量。这两个量都是状态量，它们是质点系在某个瞬时状态下运动的度量。

冲量和功是物体间机械作用力的两种度量，分别与动量和动能相对应。冲量是矢量，是力的作用的时间累积；功是标量，是力的作用的空间积累。这两个量都是过程量，是在质点系的某个运动过程中力的总作用的度量。度量在某个瞬时力作用的强弱，相应的又有两种量：力(包括力偶，对于力系则是主矢和主矩)和功率。

在建立表示运动特征的量与表示力作用的量两者间的关系时，自然要涉及物体的力学属性——惯性。相应于平动和转动这两种刚体运动的基本形式，也有两种度量物体惯性的量：质量和转动惯量。质量是刚体平动时惯性的度量，转动惯量则是刚体转动时惯性

的度量。

动力学普遍定理建立了机械运动的度量与力作用的度量两者之间的联系，分别有微分形式和积分形式两种，如表 8－2 所示。

表 8－2　动力学三大普遍定理的形式

微分形式	动量定理 （质心运动的微分方程）	动量矩定理 （刚体定轴转动的微分方程）	动能定理（微分形式） 功率方程
积分形式	冲量定理		动能定理（积分形式）

动力学普遍定理的共同点是：（1）都是从牛顿第二定理推导而来；（2）都表示质点或质点系运动的变化和作用在其上的力之间的关系。

动力学普遍定理的不同点是：（1）内容不同——动量定理和动量矩定理对于质点系而言，不包含内力，而动能定理中内力可以做功；（2）形式不同——动量定理和动量矩定理显含时间不显含路程，而动能定理显含路程不显含时间。

动量定理和动量矩定理的表达式是矢量式，一般各有三个投影式；而动能定理的表达式是标量式，只有一个方程。动量定理主要阐述物体做平动或平动部分的运动规律；动量矩定理主要阐述物体做转动或转动部分的运动规律；由于能量的概念更为广泛，所以动能定理能阐述包括平动、转动、平面运动等各种运动规律。

【例 8－16】　如图 8－20 所示，物块重为 P，滑轮 O 重为 W、半径为 r，对质心的转动惯量为 J_O；轮 C 重为 Q，半径为 r，对质心的转动惯量为 J_C；三角块重为 G，倾斜角为 α。绳子不可伸长，重量略去不计，轮 C 在斜面上只滚不滑。滑轮 O 与绳子间无相对滑动，其余各处摩擦不计，系统由静止开始运动。试求轮 C 向下滚动时质心的加速度 a_C，C 点绳子的拉力及地面对三角块的约束反力。

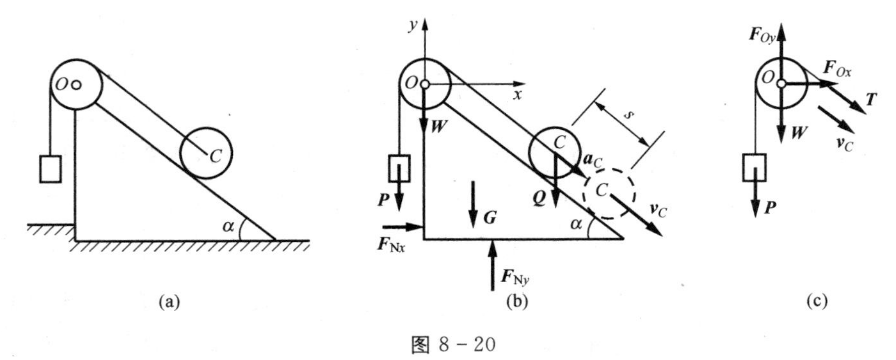

图 8－20

解　这是一个比较复杂的质点系动力学问题，需要求的量比较多，应考虑联合应用几个定理求解所有待求量。本题既要求运动特征量 a_C，又要求作用力，应先求运动后求力。

（1）求加速度 a_C。选三角块、重物、轮 O、轮 C 及绳子组成的系统为研究对象，画出受力图如图 8－20(b)所示。由图可看出，欲使未知外力不出现，宜选用动能定理求 a_C。考虑系统由静止至轮 C 中心沿斜面移动 s 距离这段过程，根据质点系动能定理，有

$$T_2 - T_1 = \sum W_{12} \tag{a}$$

这是系统反力的功为零的理想情况。初动能 $T_1=0$，末动能

$$\begin{aligned} T_2 &= T_C + T_O + T_P \\ &= \frac{1}{2}\frac{Q}{g}v_C^2 + \frac{1}{2}J_C\left(\frac{v_C}{r}\right)^2 + \frac{1}{2}J_O\left(\frac{v_C}{r}\right)^2 + \frac{1}{2}\frac{P}{g}v_C^2 \\ &= \frac{1}{2}\left(\frac{P+Q}{g} + \frac{J_C+J_O}{r^2}\right)v_C^2 \end{aligned}$$

外力的功

$$\sum W_{12} = Q\sin\alpha \cdot s - Ps = (Q\sin\alpha - P)s$$

将各值代入式(a)，得到

$$\frac{1}{2}\left(\frac{P+Q}{g} + \frac{J_C+J_O}{r^2}\right)v_C^2 = (Q\sin\alpha - P)s$$

两边对时间求导数，并注意到$\frac{\mathrm{d}v_C}{\mathrm{d}t}=a_C$ 和$\frac{\mathrm{d}s}{\mathrm{d}t}=v_C$，得到

$$\frac{1}{2}\left(\frac{P+Q}{g} + \frac{J_C+J_O}{r^2}\right)2v_C a_C = (Q\sin\alpha - P)v_C$$

所以

$$a_C = \frac{(Q\sin\alpha - P)r^2}{(P+Q)r^2 + (J_C+J_O)g}g$$

当 $P<Q\sin\alpha$ 时，a_C 为正值，轮 C 向下滚动；当 $P>Q\sin\alpha$ 时，a_C 为负值，轮 C 向上滚动。这里只研究轮 C 向下滚动的情况。

(2) 求 C 点的拉力 $\boldsymbol{T}$。选重物、轮 O 及一段绳子组成的系统为研究对象，画出受力图如图 8-20(c)所示。为使方程中不出现未知反力 $\boldsymbol{F}_{Ox}$、$\boldsymbol{F}_{Oy}$，可用对轴 O 的动量矩定理求解。

由动量矩定理

$$\frac{\mathrm{d}L_O}{\mathrm{d}t} = \sum M_O(\boldsymbol{F}) \tag{b}$$

其中

$$L_O = \frac{P}{g}v_C r + J_O\frac{v_C}{r} = \left(\frac{Pr}{g} + \frac{J_O}{r}\right)v_C$$

$$\sum M_O(\boldsymbol{F}) = Tr - Pr$$

这里，动量矩和力矩都以顺时针转向为正。将各值代入式(b)，并注意到$\frac{\mathrm{d}v_C}{\mathrm{d}t}=a_C$，有

$$\frac{\mathrm{d}}{\mathrm{d}t}\left[\left(\frac{Pr}{g} + \frac{J_O}{r}\right)v_C\right] = Tr - Pr$$

所以

$$T = P + \frac{1}{r}\left(\frac{Pr}{g} + \frac{J_O}{r}\right)a_C$$

将 a_C 代入，得

$$T=P+\frac{(Pr^2+J_O g)(Q\sin\alpha-P)}{(P+Q)r^2+(J_C+J_O)g}$$

(3) 求约束反力 $\boldsymbol{F}_{Nx}$ 和 $\boldsymbol{F}_{Ny}$。根据以整个系统为研究对象的受力图 8-20(b)，要求 $\boldsymbol{F}_{Nx}$、$\boldsymbol{F}_{Ny}$，可用动量定理，以使它们在方程中出现。质点系动量定理的投影式为

$$\begin{cases}\dfrac{\mathrm{d}p_x}{\mathrm{d}t}=\sum F_x\\[2ex]\dfrac{\mathrm{d}p_y}{\mathrm{d}t}=\sum F_y\end{cases}\tag{c}$$

其中

$$p_x=\frac{Q}{g}v_C\cos\alpha,\ p_y=\frac{P}{g}v_C-\frac{Q}{g}v_C\sin\alpha=\frac{P-Q\sin\alpha}{g}v_C$$

$$\sum F_x=F_{Nx},\ \sum F_y=F_{Ny}-P-Q-G-W$$

代入式(c)得到

$$\begin{cases}\dfrac{Q}{g}a_C\cos\alpha=F_{Nx}\\[2ex]\dfrac{P-Q\sin\alpha}{g}a_C=F_{Ny}-P-Q-G-W\end{cases}$$

将 a_C 代入求解得到

$$\begin{cases}F_{Nx}=\dfrac{Q(Q\sin\alpha-P)r^2}{(P+Q)r^2+(J_C+J_O)g}\cos\alpha\\[2ex]F_{Ny}=P+Q+G+W-\dfrac{(Q\sin\alpha-P)^2r^2}{(P+Q)r^2+(J_C+J_O)g}\end{cases}$$

【例 8-17】 冲击试验机的摆由摆杆和摆锤组成，如图 8-21(a)所示。摆杆 OA 长为 l，质量为 m_1，可绕垂直于图面的固定轴 Oz 转动。摆杆的一端固连着摆锤 A，摆锤质量为 m_2，且 $m_1=m_2=m$。设摆杆为均质细杆，摆锤可看做质点。开始时，摆杆 OA 静止在水平位置，然后释放并自由落下。试求摆在水平位置开始下落以及达到铅直位置这两个瞬时，摆的角加速度、角速度和轴承 O 的反力。

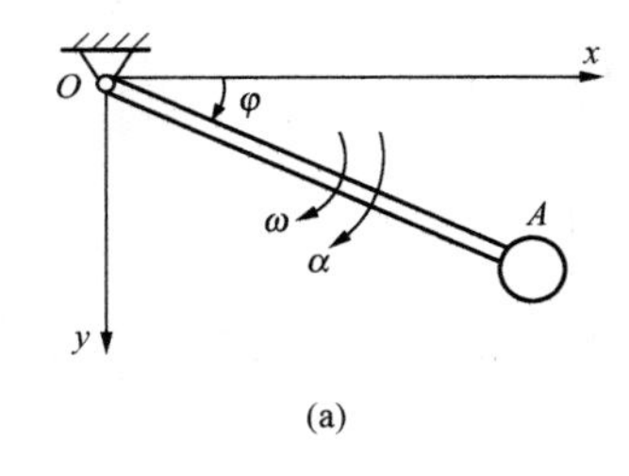

(a)

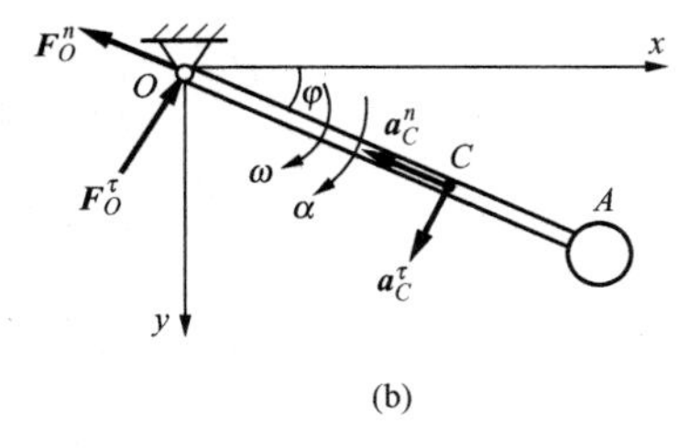

(b)

图 8-21

解　设 x 轴水平向右，分析摆杆 OA 与 x 夹角为 φ 的任意位置时的运动和受力，如图 8-21(b)所示。

(1) 求角加速度 α。

方法一　利用刚体定轴转动的微分方程求解。

摆对转轴 Oz 的转动惯量为

$$J_z=\frac{1}{3}m_1l^2+m_2l^2=\frac{4}{3}ml^2$$

根据刚体定轴转动的微分方程有

$$\frac{4}{3}ml^2\alpha=m_1g\ \frac{l}{2}\cos\varphi+m_2gl\cos\varphi$$

解得

$$\alpha=\frac{9g}{8l}\cos\varphi$$

方法二　利用微分形式的动能定理求解。

考察摆由转角 φ 到 $\varphi+d\varphi$ 的微小过程。设摆在转角为 φ 时的角速度为 ω，摆的动能为

$$T=\frac{1}{2}J_z\omega^2=\frac{1}{2}\times\frac{4}{3}ml^2\omega^2=\frac{2}{3}ml^2\omega^2$$

在摆转动 $\mathrm{d}\varphi$ 角的过程中，只有重力的元功不为零

$$\delta W=m_1g\ \frac{l}{2}\cos\varphi\mathrm{d}\varphi+m_2gl\cos\varphi\mathrm{d}\varphi=\frac{3}{2}mgl\cos\varphi\mathrm{d}\varphi$$

由动能定理的微分形式

$$\mathrm{d}(\frac{2}{3}ml^2\omega^2)=\frac{3}{2}mgl\cos\varphi\mathrm{d}\varphi$$

即

$$\frac{4}{3}ml^2\omega\mathrm{d}\omega=\frac{3}{2}mgl\cos\varphi\mathrm{d}\varphi$$

两边同时除以 $\mathrm{d}t$，并注意到$\frac{\mathrm{d}\varphi}{\mathrm{d}t}=\omega$ 和$\frac{\mathrm{d}\omega}{\mathrm{d}t}=\alpha$，得到

$$\alpha=\frac{9g}{8l}\cos\varphi \tag{a}$$

(2) 求角速度 ω。

方法一　利用积分形式的动能定理求解。

研究摆从水平位置摆至转角为 φ 的位置的过程。因摆从静止摆下，其初动能为零，即

$$T_1=0$$

而在转角为 φ 时，动能为

$$T_2=\frac{1}{2}J_z\omega^2=\frac{1}{2}\times\frac{4}{3}ml^2\omega^2=\frac{2}{3}ml^2\omega^2$$

在此过程中只有重力做功

$$\sum W=m_1g\ \frac{l}{2}\sin\varphi+m_2gl\sin\varphi=\frac{3}{2}mgl\sin\varphi$$

由动能定理

$$T_2 - T_1 = \sum W$$

得到

$$\frac{2}{3}ml^2\omega^2 - 0 = \frac{3}{2}mgl\sin\varphi$$

解得

$$\omega = \frac{3}{2}\sqrt{\frac{g}{l}\sin\varphi} \tag{b}$$

方法二　直接积分求解。

利用变换

$$\alpha = \frac{d\omega}{dt} = \frac{d\varphi}{dt}\frac{d\omega}{d\varphi} = \omega\frac{d\omega}{d\varphi}$$

代入式(a)有

$$\omega\frac{d\omega}{d\varphi} = \frac{9g}{8l}\cos\varphi$$

分离变量后积分

$$\int_0^{\omega}\omega d\omega = \frac{9g}{8l}\int_0^{\varphi}\cos\varphi d\varphi$$

得到

$$\omega = \frac{3}{2}\sqrt{\frac{g}{l}\sin\varphi}$$

(3) 求轴承 O 的反力。摆角为 φ 的瞬时，摆的受力情况如图 8－21(b)所示。将轴承 O 的反力分解为沿着杆和垂直于杆的两个分量 $\boldsymbol{F}_O^n$ 和 $\boldsymbol{F}_O^{\tau}$，运用质心运动定理求反力。先计算摆的质心 C 到转轴 O 的距离

$$r_C = \frac{m_1\dfrac{l}{2} + m_2 l}{m_1 + m_2} = \frac{3}{4}l \tag{c}$$

质心的加速度有两个分量：切向加速度 $a_C^{\tau} = r_C\alpha$，法向加速度 $a_C^n = r_C\omega^2$，将矢量方程

$$\sum_{i=1}^{n}\boldsymbol{F}_i = m\boldsymbol{a}_C$$

向沿 OA 和垂直于 OA 的两个方向投影，得到

$$\begin{cases} -F_O^n + (m_1 + m_2)g\sin\varphi = -(m_1 + m_2)r_C\omega^2 \\ -F_O^{\tau} + (m_1 + m_2)g\cos\varphi = (m_1 + m_2)r_C\alpha \end{cases}$$

将式(a)～式(c)代入以上方程，解得

$$\begin{cases} F_O^n = \dfrac{43}{8}mg\sin\varphi \\ F_O^{\tau} = \dfrac{5}{16}mg\cos\varphi \end{cases} \tag{d}$$

根据上面求得的一般结果不难求得各特殊位置的对应值。当摆在水平位置开始落下时 $\varphi=0°$，代入式(a)、式(b)和式(d)，得到

$$\alpha_0=\frac{9g}{8l},\omega_0=0,F_O^n=0,F_O^\tau=\frac{5}{16}mg$$

可见，这时的轴承反力铅直向上。

当摆运动到铅直位置时 $\varphi=90°$，同样可以求得

$$\alpha_1=0,\omega_1=\frac{3}{2}\sqrt{\frac{g}{l}},F_O^n=\frac{43}{8}mg,F_O^\tau=0$$

这时，轴承反力也是铅直向上的。顺便指出，在 φ 取一般值时，轴承反力的方向是倾斜的。

小　结

1. 动量定理

(1) 微分形式：

$$\frac{\mathrm{d}\boldsymbol{p}}{\mathrm{d}t}=\sum_{i=1}^{n}\boldsymbol{F}_i^{(\mathrm{e})}$$

(2) 积分形式：

$$\boldsymbol{p}_2-\boldsymbol{p}_1=\sum_{i=1}^{n}I_i$$

2. 动量守恒定律

当 $\sum_{i=1}^{n}F_i^{(e)}=0$ 时，$\boldsymbol{p}=\sum_{i=1}^{n}m_iv_i=$ 常矢量。

当 $\sum_{i=1}^{n}F_{xi}^{(e)}=0$ 时，$p_x=\sum_{i=1}^{n}m_iv_{xi}=$ 常量。

3. 质心运动定理

$$M\boldsymbol{a}_C=\sum_{i=1}^{n}m_i\boldsymbol{a}_i=\sum_{i=1}^{n}\boldsymbol{F}_i^{(\mathrm{e})}$$

4. 质心运动守恒定律

当 $\sum_{i=1}^{n}\boldsymbol{F}_i^{(\mathrm{e})}=0$ 时，$\boldsymbol{v}_C=$ 常矢量；若同时又有 $\boldsymbol{v}_{C0}=0$ 时，$\boldsymbol{r}_C=$ 常矢量。

当 $\sum_{i=1}^{n}\boldsymbol{F}_{xi}^{(\mathrm{e})}=0$ 时，$v_{Cx}=$ 常量；若同时又有 $v_{Cx0}=0$ 时，$x_C=$ 常量。

5. 动量矩定理

(1) 对任意固定点 O

$$\frac{\mathrm{d}\boldsymbol{L}_O}{\mathrm{d}t}=\sum_{i=1}^{n}\boldsymbol{M}_O(\boldsymbol{F}_i^{(\mathrm{e})})$$

(2) 对质心 C

$$\frac{\mathrm{d}\boldsymbol{L}_C}{\mathrm{d}t}=\sum_{i=1}^{n}\boldsymbol{M}_C(\boldsymbol{F}_i^{(\mathrm{e})})$$

6. 动量矩守恒定律

当 $\boldsymbol{M}_O=\sum_{i=1}^{n}\boldsymbol{M}_{Oi}^{(e)}=0$ 时，$\boldsymbol{L}_O=\sum_{i=1}^{n}\boldsymbol{M}_O(m_i v_i)=$常矢量。

当 $M_z=\sum_{i=1}^{n}M_{zi}^{(e)}=0$ 时，$L_z=\sum_{i=1}^{n}M_z(m_i v_i)=$常量。

7. 刚体运动微分方程

(1) 刚体定轴转动

$$J_z\alpha=M_z$$

(2) 刚体平面运动

$$\begin{cases} M\boldsymbol{a}_C=\sum_{i=1}^{n}\boldsymbol{F}_i \\ J_C\alpha=\sum_{i=1}^{n}M_C(\boldsymbol{F}_i) \end{cases},\quad \begin{cases} Ma_{Cx}=\sum_{i=1}^{n}F_x \\ Ma_{Cy}=\sum_{i=1}^{n}F_y \\ J_C\alpha=\sum_{i=1}^{n}M_C(\boldsymbol{F}_i) \end{cases}$$

8. 动能定理

(1) 微分形式：$\mathrm{d}T=\sum_{i=1}^{n}\delta W^{(e)}+\sum_{i=1}^{n}\delta W^{(i)}$ 或 $T_2-T_1=\sum_{i=1}^{n}W^{(F)}+\sum_{i=1}^{n}W^{(N)}$

(2) 积分形式：$T_2-T_1=\sum_{i=1}^{n}W^{(e)}+\sum_{i=1}^{n}W^{(i)}$

对理想约束情况：$T_2-T_1=\sum_{i=1}^{n}W^{(F)}$

9. 功率方程

$$\frac{\mathrm{d}T}{\mathrm{d}t}=P_{输入}-P_{有用}-P_{无用}$$

10. 机械能守恒定律：保守系统的机械能保持不变。

$$T_1+V_1=T_2+V_2=常数$$

习　　题

8-1　小车 A 重为 G，下悬一摆，如图 8-22 所示。摆按规律 $\varphi=\varphi_0\sin\omega t$ 摆动，设摆锤 B 重为 P，摆长为 l，摆杆重量及各处摩擦均忽略不计。若运动开始时系统的质心速度等于零，试求小车的运动方程。

答：$x_A=\dfrac{Pl}{P+G}\sin(\varphi_0\sin\omega t)$。

8-2　匀质杆 AB 长 $2l$，B 端搁置于光滑水平面上，与水平方向呈 φ_0 角，如图 8-23 所示。当杆由静止自由倒下时，求杆端点 A 的轨迹方程。

答：$x_A^2+\frac{y_A^2}{4}=l^2,x_A\in(l\cos\varphi_0,l),y_A\in(0,2l\sin\varphi_0)$。

8-3　水管有一个 45°的缩小弯头，进口直径 $d_1=450\text{mm}$，出口直径 $d_2=250\text{mm}$，如图 8-24 所示。水的流量 $q_V=0.28\text{m}^3/\text{s}$。求由于水流动量变化所引起的弯管反力。

答：$F_x=0.636\text{kN},F_y=1.129\text{kN}$。

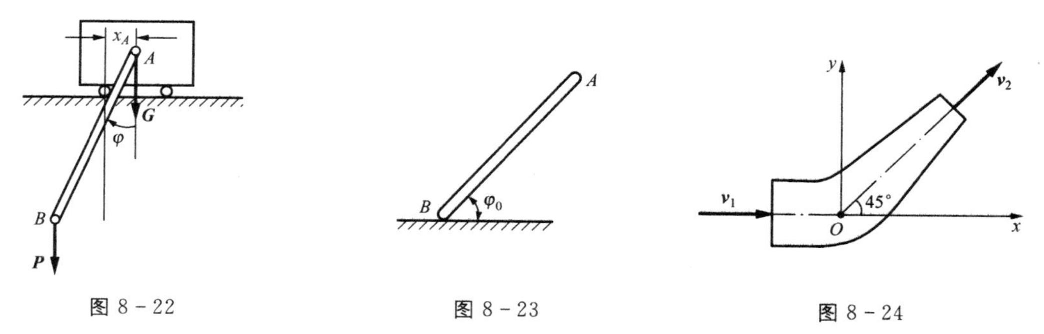

图 8-22　　图 8-23　　图 8-24

8-4　如图 8-25 所示，大炮的炮身重 $G=8\text{kN}$，炮弹重 $G_1=40\text{N}$，炮筒倾角 30°，从击发炮弹到离开炮筒所持续时间 $t=0.05\text{s}$，炮弹出口速度 $v=500\text{m/s}$，由于射击时间很短，所有摩擦力的影响可以忽略不计。求炮身反坐速度及地面对炮身的平均铅垂反力。

答：$v'=-2.165\text{m/s},F_R=28.45\text{kN}$。

8-5　如图 8-26 所示，质量为 m_1 的矩形板可在光滑平面上运动，板上有一半径为 R 的圆形凹槽，一质量为 m_2 的质点以相对速度 $\boldsymbol{v}_r$ 沿凹槽匀速运动。初始时，板静止，质点位于圆形凹槽的最右端($\theta=0°$)。试求质点运动到图示位置时，板的速度和加速度。

答：$v=\frac{m_2v_r\sin\theta}{m_1+m_2},a=\frac{m_2v_r^2\cos\theta}{(m_1+m_2)R}$。

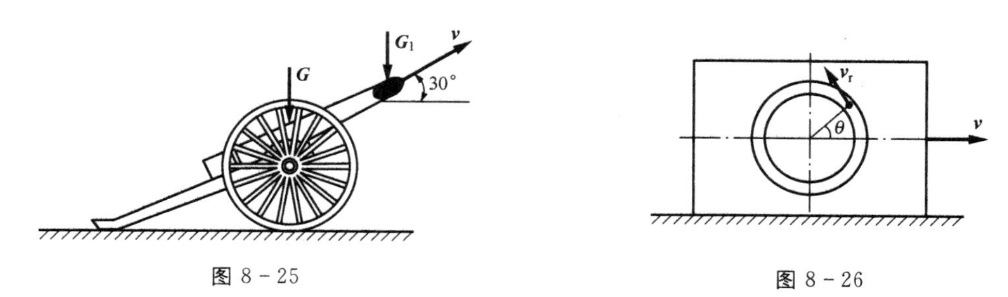

图 8-25　　图 8-26

8-6　如图 8-27 所示，重物 A、B 的重力分别为 P_1、P_2。如重物 A 下降的加速度为 $\boldsymbol{a}$。试求支座 O 处的约束反力。

答：$F_{Ox}=0,F_{Oy}=P_1+P_2-\frac{2P_1-P_2}{2g}a$。

8-7　如图 8-28 所示，长为 l，质量为 m 的匀质杆 AB 可绕通过 O 点的水平轴在垂直平面内转动，$OA=\frac{l}{3}$。当 AB 杆转至与水平线呈 φ 角时，角速度 ω，角加速度 α 已知，求此时支座 O 的约束反力。

答：$\dfrac{m}{6}\sqrt{l^2(\alpha^2+\omega^4)+12lg(\omega^2\sin\varphi-\alpha\cos\varphi)+36g^2}$。

8－8　质量为 m 的薄板在竖直面内，绕过点 O 的水平轴按 $\theta=\theta_0\cos\omega t$ 规律转动，其质心 C 离点 O 的距离为 a，如图 8－29 所示。求在任一瞬时水平轴对板的约束力。

答：$F_O^n=mg\cos(\theta_0\cos\omega t)+ma\theta_0^2\omega^2\sin^2\omega t$，$F_O^\tau=mg\sin(\theta_0\cos\omega t)-ma\theta_0\omega^2\cos\omega t$。

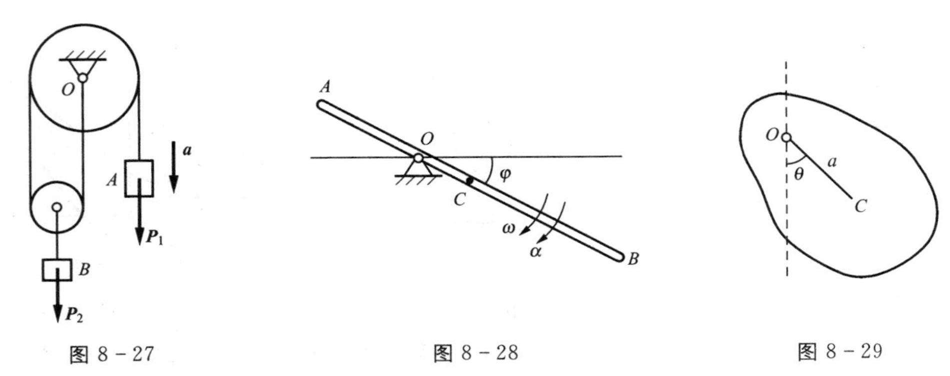

图 8－27　　图 8－28　　图 8－29

8－9　船 A 和船 B 的重量分别为 2.4kN 和 1.3kN。两船原处于静止，间距 6m。船 B 上有一人，重 500N，用力拉动船 A，使两船靠拢，如图 8－30 所示。若不计水的阻力，求当两船靠拢在一起时，船 B 移动的距离。

答：$\Delta x=3.43\text{m}$。

8－10　塔轮由两个半径分别为 r_1 和 r_2 的均质圆轮固连在一起组成，可绕水平轴 O 转动。两轮上各绕有绳索，并挂有重物 M_1 和 M_2，如图 8－31 所示。已知两轮的总质量为 m，两重物的质量分别为 m_1 和 m_2，不计绳的质量及轴承 O 处摩擦。试求 M_1 以加速度 $\boldsymbol{a}_1$ 下降时轴承 O 的约束反力。

答：$F_{Ox}=0$，$F_{Oy}=mg+m_1g+m_2g-\left(m_1+\dfrac{r_2}{r_1}m_2\right)a_1$。

8－11　质量为 m_1 的小车置于光滑水平面上，长为 l 的无重刚杆 AB 的 B 端有一质量为 m_2 的小球，如图 8－32 所示。若刚杆在与 y 轴夹角为 θ 位置时，系统静止。求系统释放后，当 AB 杆运动到 $\theta=0$ 时小车的水平位移。

答：$s=\dfrac{m_2l\sin\theta}{m_1+m_2}$。

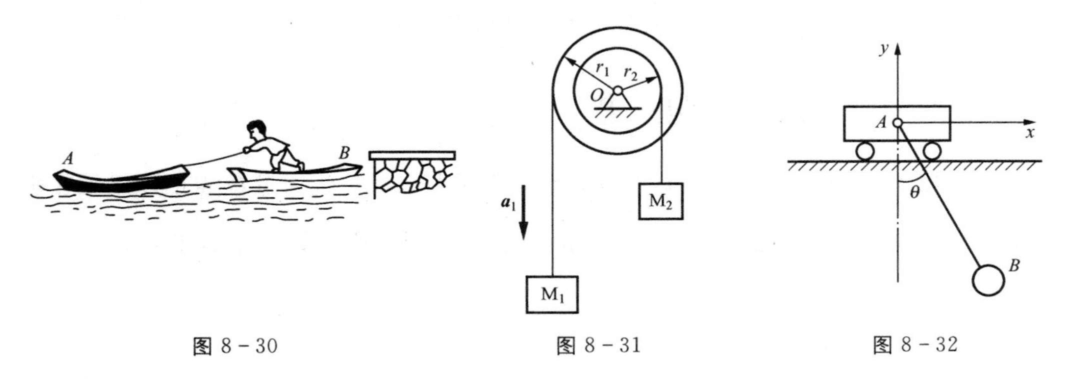

图 8－30　　图 8－31　　图 8－32

8-12　振动器由偏心锤和机架组成，如图 8-33 所示。已知底座的质量为 m，每个偏心锤的质量为 m_1，偏心距为 e，两偏心锤以相同的匀角速度 ω 朝相反的方向转动，转动时两偏心锤始终保持对称。求振动器对地面的压力。

答：$F_N=mg+2m_1(g+e\omega^2\cos\omega t)$。

8-13　质量分别为 m_1 和 m_2 的重物以跨过滑轮 A 的不可伸长的轻绳相连，并可沿直角三棱柱的斜面滑动。三棱柱底面放在光滑水平面上，如图 8-34 所示。已知三棱柱质量 $m=4m_1=16m_2$，初始时各物体均静止，求当重物 m_1 下降 0.1m 时，三棱柱沿水平面的位移。

答：0.038m。

8-14　如图 8-35 所示，长方体箱子 $ABDE$ 搁置在光滑水平面上，AE 边与水平地面的夹角为 φ。$AB=DE=b$，$BD=AE=e$。试问 φ 取何值时，可使箱子倒下后：(1) A 点的滑移距离最大，并求出此距离；(2) A 点恰好滑移已知距离 d（d 小于最大滑移距离）。

答：(1)$\varphi=\dfrac{\pi}{2}-\arctan\dfrac{b}{e}$，$d_{\max}=\dfrac{e}{2}$；(2)$\varphi=\arccos\dfrac{e-2d}{\sqrt{b^2+e^2}}-\arctan\dfrac{b}{e}$。

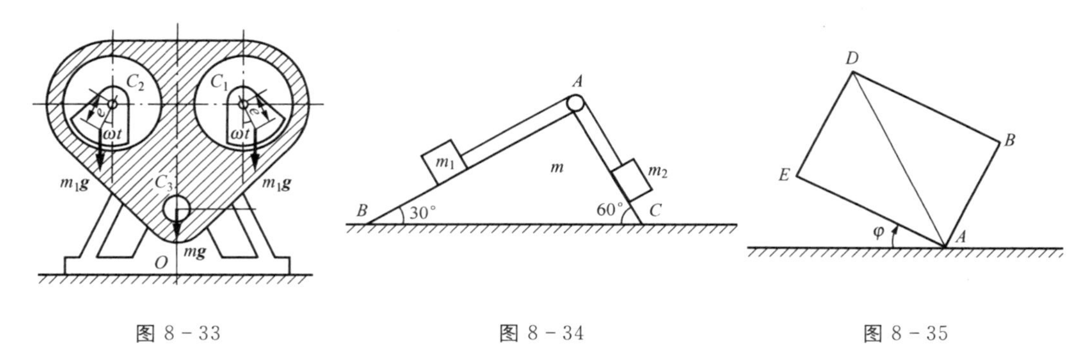

图 8-33　　　　图 8-34　　　　图 8-35

8-15　质量为 m_1，半径为 r 的均质卷扬机鼓轮可绕过鼓轮中心 O 的水平轴转动如图 8-36 所示。在鼓轮上绕一绳，绳的一端悬挂质量为 m_2 的重物。在鼓轮上作用一不变力偶矩 M，试求重物上升的加速度。

答：$a=\dfrac{2(M-m_2gr)}{(m_1+2m_2)r}$。

8-16　质量为 m 的鼓轮，可绕过轮心 O 垂直于图面的 z 轴转动，轮上绕一不计质量且不可伸长的绳，绳两端各系分别为 m_A、m_B 的重物 A、B，如图 8-37 所示。已知鼓轮对 z 轴的回转半径为 ρ_z，大、小半径分别为 R、r。求鼓轮的角加速度。

答：$\alpha=\dfrac{m_AR-m_Br}{m\rho_z^2+m_AR^2+m_Br^2}g$。

8-17　均质正方形薄板重为 P，边长为 l，可绕水平轴 OO_1 转动，如图 8-38 所示。今有重为 P_1 的一小团胶泥，以速度 $\boldsymbol{v}_0$ 沿垂直于板面的方向投到静止悬垂着的薄板中心，并粘在板上一起运动。试求薄板刚开始扬起这一瞬时的角速度。

答：$\dfrac{6P_1\left(\dfrac{v_0}{l}\right)}{4P+3P_1}$。

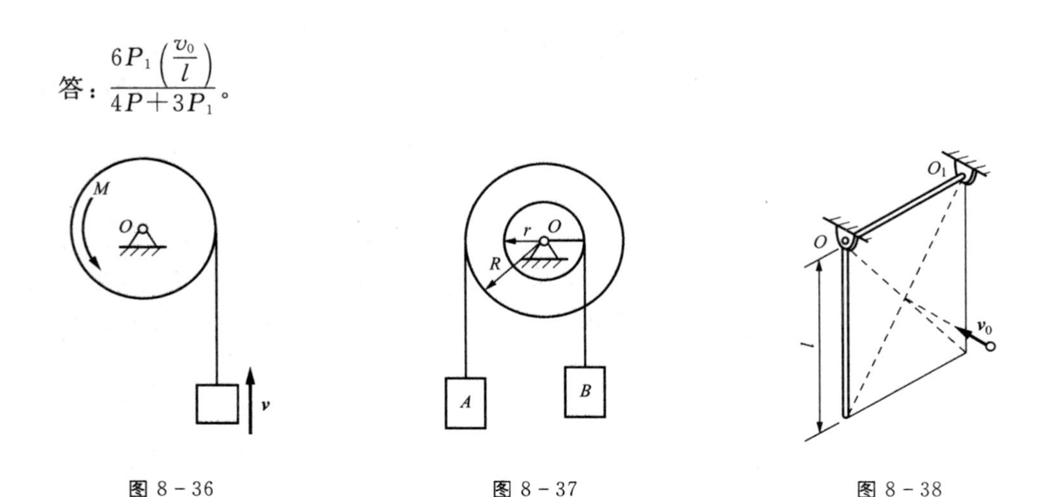

图 8-36　　图 8-37　　图 8-38

8-18　均质梁 AB 长 l，重 P，由铰链 A 和绳索约束，如图 8-39 所示。若突然剪断连接 B 点的软绳，求绳断前后铰链 A 约束力的改变量。

答：$\Delta F_{Ay}=\dfrac{1}{4}P$。

8-19　均质杆 AB 质量为 m，长为 l，与小滑块 A 铰接，如图 8-40 所示。滑块 A 质量为 m，不计几何尺寸，可沿倾角 $\theta=45°$ 的光滑斜面下滑。初瞬时杆位于图示铅垂位置而处于静止。求初瞬时斜面支撑反力和杆 AB 的角加速度。

答：$\dfrac{10\sqrt{2}}{13}mg$，$\dfrac{12g}{13l}$。

8-20　如图 8-41 所示，卷扬机的 B、C 轮半径分别为 R、r，对水平转动轴的转动惯量为 J_1，J_2，物体 A 重为 P，在轮 C 上作用常力偶矩 M。试求物体 A 上升的加速度和挂重物绳子的拉力。

答：$a=\dfrac{M/r-P}{P+gJ_1/R^2+gJ_2/r^2}g$，$F=P\left(1+\dfrac{M/r-P}{P+gJ_1/R^2+gJ_2/r^2}\right)$。

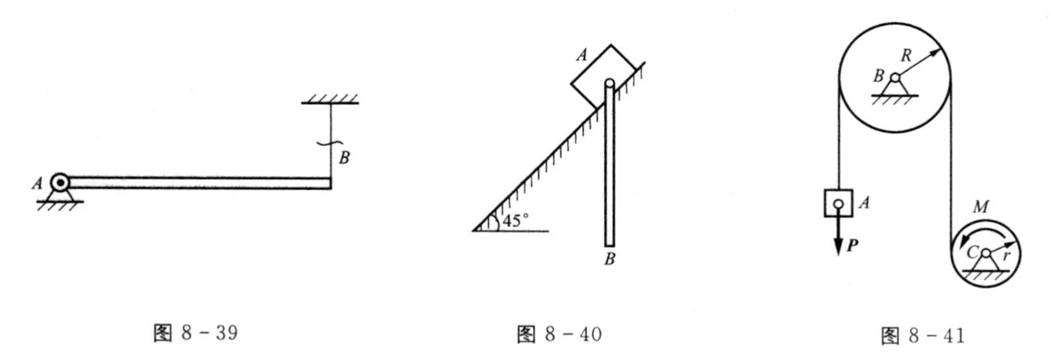

图 8-39　　图 8-40　　图 8-41

8-21　如图 8-42 所示，飞轮 A 的半径 $R=0.5\text{m}$，为了求得它对中心轴的转动惯量而进行如下试验：在飞轮轮缘缠绕细绳，细绳悬挂质量 $m_1=8\text{kg}$ 的重锤，测得重锤自静止

开始下降 $h=2\text{m}$ 距离所需的时间为 $t_1=16\text{s}$。为了考虑轴承摩擦的影响，再用质量 $m_2=4\text{kg}$ 的重锤进行同样的试验，测得 $t_2=25\text{s}$。假定摩擦力矩为常量，与重锤大小无关，试计算飞轮的转动惯量。

答：$1060\text{kg}\cdot\text{m}^2$。

8－22　如图8－43所示，提升机构主动轮重 G_1，半径为 r_1 绕固定轴 O_1 的转动惯量为 J_1，组合轮重 G_2，半径为 r_2 和 R，绕固定轴 O_2 的转动惯量为 J_2。现在主动轮上作用一常力偶矩 M，由静止开始提升重量为 G 的重物。试求重物上升的加速度 $\boldsymbol{a}$ 以及挂重物绳的拉力 $\boldsymbol{F}$。

答：$a=\dfrac{Rr_1(Mr_2-GRr_1)}{J_1r_2^2g+J_2r_1^2g+GR^2r_1^2}g$，$F=G\left[1+\dfrac{Rr_1(Mr_2-GRr_1)}{J_1r_2^2g+J_2r_1^2g+GR^2r_1^2}g\right]$。

8－23　如图8－44所示，均质圆盘半径为 R，质量为 m，以角速度 ω 转动。今在闸杆 AB 的 B 端施加以铅垂力 $\boldsymbol{F}$，以使圆盘停止转动，圆盘与杆之间的动摩擦因数为 f_d。已知尺寸 b、l，求圆盘从制动到停止转过的圈数。

答：$\dfrac{mR\omega^2b}{8\pi f_dFl}$。

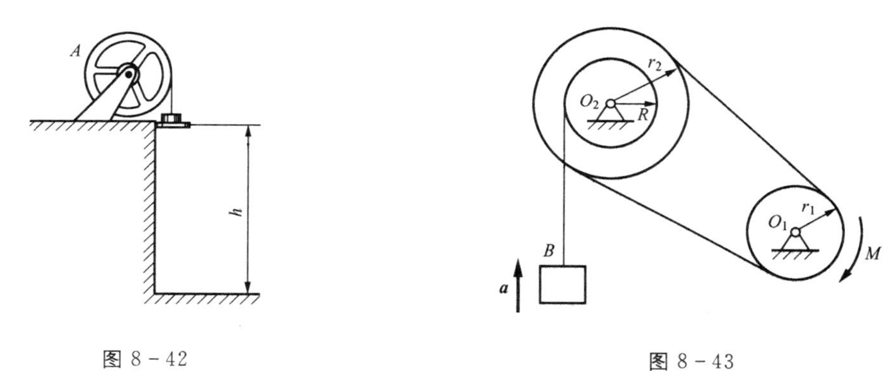

图8－42　　　　图8－43

8－24　如图8－45所示，一均质杆的质量为 m，长为 l，上端靠在光滑墙上，下端用水平绳系住并支撑在光滑地板上，倾角 $\theta=60°$。如将绳突然剪断，求此时杆的角加速度以及剪断前后墙与地板约束反力的变化。

答：$\ddot{\varphi}=-\dfrac{3g}{4l}$，$\Delta F_A=0.036mg$，$\Delta F_B=-0.188mg$。

8－25　如图8－46所示，飞轮的质量为75kg，对其转轴的回转半径为0.5m，受到扭矩 $M=10(1-e^{-t})\text{N}\cdot\text{m}$ 的作用，t 的单位为s。若飞轮从静止开始运动，试求 $t=3\text{s}$ 时的角速度。

答：1.09rad/s。

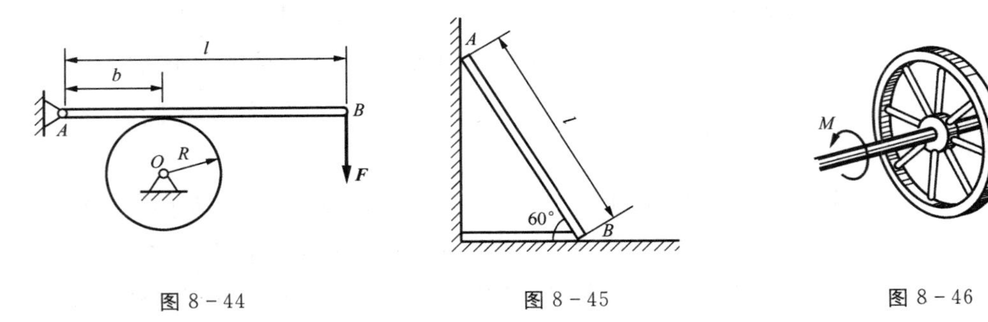

图 8－44　　图 8－45　　图 8－46

8－26　如图 8－47 所示，A 为离合器，开始时轮 2 静止，轮 1 具有加速度 ω_0。当离合器接合后，依靠摩擦使轮 2 转动。已知轮 1 和轮 2 的转动惯量分别为 J_1 和 J_2。求：(1)离合器接合后，两轮共同转动的角速度；(2)若经过时间 t 时两轮的转速相同，求离合器应有多大的摩擦力矩。

答：(1)$\dfrac{J_1\omega_0}{J_1+J_2}$；(2)$\dfrac{J_1J_2\omega_0}{(J_1+J_2)t}$。

8－27　如图 8－48 所示，线 OA 上系一小球，自静止位置 A 将小球释放，当运动至固定点 O 的垂直下方时，线的中点被钉子 C 所阻止，只有下半段的线随小球继续摆动。试求小球到达最右位置 B 时，下半段的线与铅垂线所呈的夹角 α。

答：$\alpha=42.9°$。

8－28　如图 8－49 所示，原长为 40cm 刚度系数为 20N/cm 的弹簧，一端固定，另一端与一重 100N、半径为 10cm 的均质圆盘的中心 A 相联接，圆盘在铅垂平面内沿一弧形轨道做纯滚动。开始时 OA 在水平位置，$OA=30$cm，速度为零。弹簧的质量不计。求弹簧运动到铅垂位置时轮心的速度，此时 O 与轮心的距离为 35cm。

答：2.38m/s。

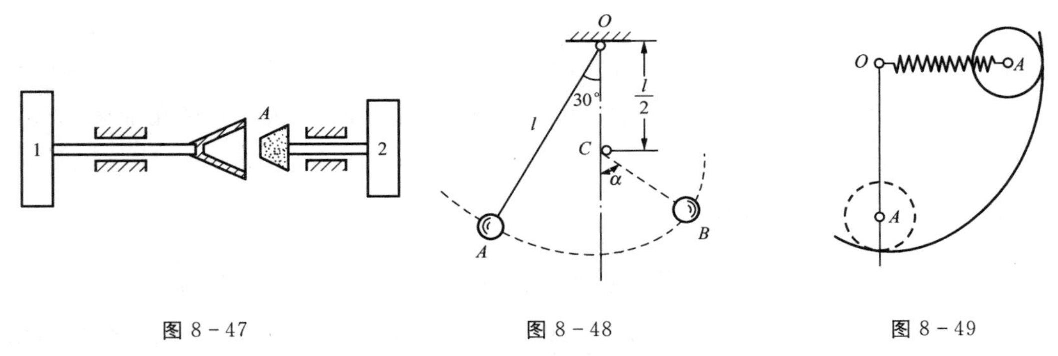

图 8－47　　图 8－48　　图 8－49

8－29　如图 8－50 所示机构在水平面内，初始处于静止，$\varphi=0°$。杆 OA 在力偶矩 M 作用下驱动机构。已知滑块 B 和 C 重量均为 P，杆 OA 长为 l，重量为 P_1，杆 BC 长为 $2l$，重量为 $2P_1$。求当杆 OA 位于 φ 角时的角速度和角加速度。

答：$\omega=\dfrac{1}{l}\sqrt{\dfrac{2M\varphi g}{3P_1+4P}}$，$\alpha=\dfrac{Mg}{(3P_1+4P)l^2}$。

8－30　链条传送机如图8－51所示。链条与水平线的夹角为α，在链轮B上作用一不变的转矩M，传送机由静止开始运动，已知被提升重物A的重量为W_1，链轮B、C的半径均为r，重量均为W_2，且可看成是均质圆柱，链条的质量可略去不计。试求传送机链条的速度和加速度（以其位移s表示）。

答：$v=\sqrt{\dfrac{2gs(M-W_1r\sin\alpha)}{r(W_1+W_2)}}$，$a=\dfrac{M-W_1r\sin\alpha}{r(W_1+W_2)}g$。

8－31　均质杆AB质量为m，楔块C质量为m_C，倾斜角为θ，如图8－52所示。AB杆铅垂下降时推动楔块水平运动，不计摩擦。求楔块C和AB杆的加速度。

答：$a_C=\dfrac{mg\tan\theta}{m\tan^2\theta+m_C}$，$a_{AB}=\dfrac{mg\tan^2\theta}{m\tan^2\theta+m_C}$。

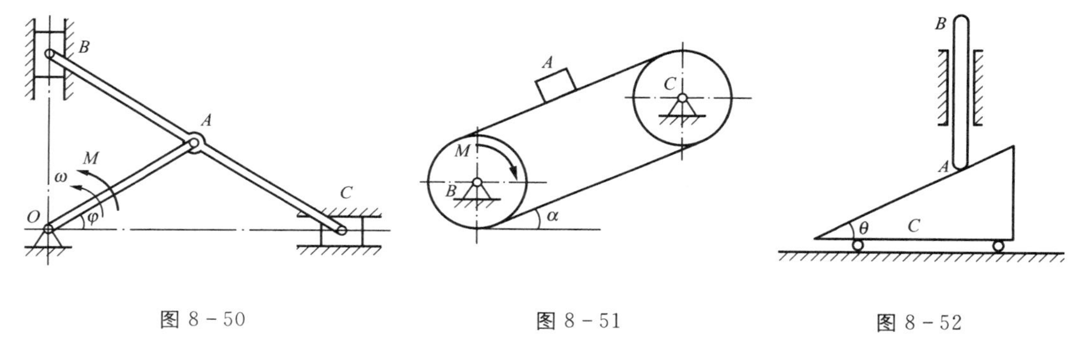

图8－50　　图8－51　　图8－52

8－32　如图8－53所示，均质杆OA、AB各长l，质量均为m_1；均质圆轮的半径为r、质量为m_2，在水平面上只滚不滑。当$\theta=60°$时，系统由静止开始运动。求当$\theta=30°$时轮心的速度。

答：$v_B=2.1\sqrt{\dfrac{m_1gl}{7m_1+9m_2}}$。

8－33　如图8－54所示，在车床上车削直径$D=48\text{mm}$的工件，切削力$F_x=7.84\text{kN}$，主轴转速$n=240\text{r/min}$，电动机转速1 420r/min，传动系统总机械效率为0.75，那么车床主轴与电动机主轴分别受的力矩和电动机的功率为多少？

答：$M_{主轴}=188.2\text{N}\cdot\text{m}$，$M_{电动机}=42.4\text{N}\cdot\text{m}$，$P_{电动机}=6305\text{W}$。

8－34　质量为m_1的物体上刻有半径为r的半圆槽，初始静止，如图8－55所示。一质量为m的小球自A处无初速地滑下，且$m_1=3m$，不计摩擦。求小球滑到半圆槽最低点B时相对于物体的速度和槽对小球的正压力。

答：$v_r=\sqrt{\dfrac{8}{3}gr}$，$F_N=\dfrac{11}{3}mg$。

8－35　如图8－56所示，质量为m的均质杆长为l，由铅垂位置开始滑动，A端沿墙滑下，B端沿地板向右，不计摩擦。求杆滑至与地板呈φ角时，杆的角速度、角加速度及A、B处的反力。

答：$\omega=\sqrt{\dfrac{3g(1-\sin\varphi)}{l}}$，$\alpha=\dfrac{3g}{2l}\cos\varphi$，$F_A=\dfrac{9mg}{4}\cos\varphi\left(\sin\varphi-\dfrac{2}{3}\right)$，

$F_B=\dfrac{1}{4}mg\left[1+9\sin\varphi\left(\sin\varphi-\dfrac{2}{3}\right)\right]$。

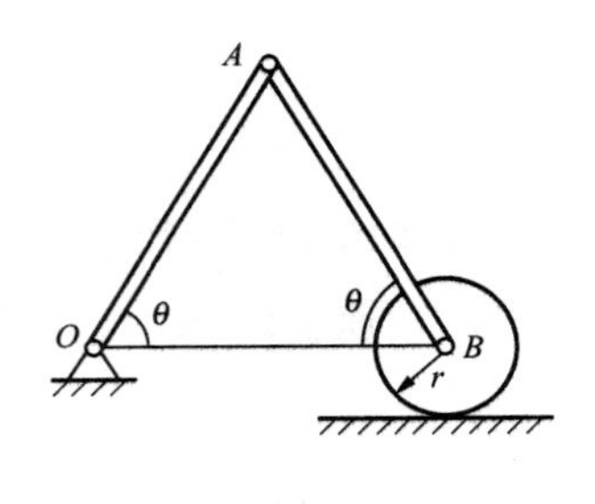

图 8－53

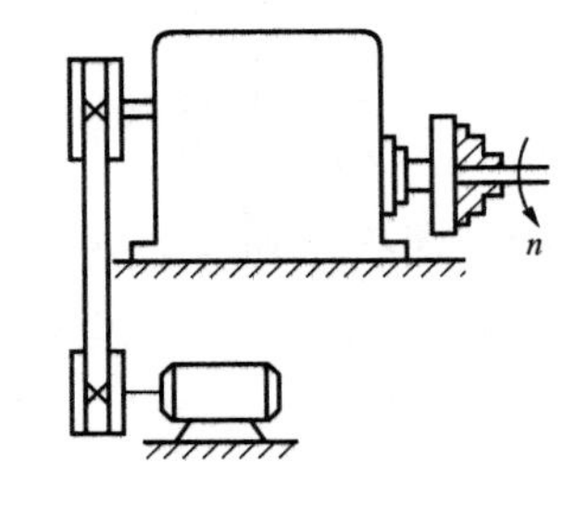

图 8－54

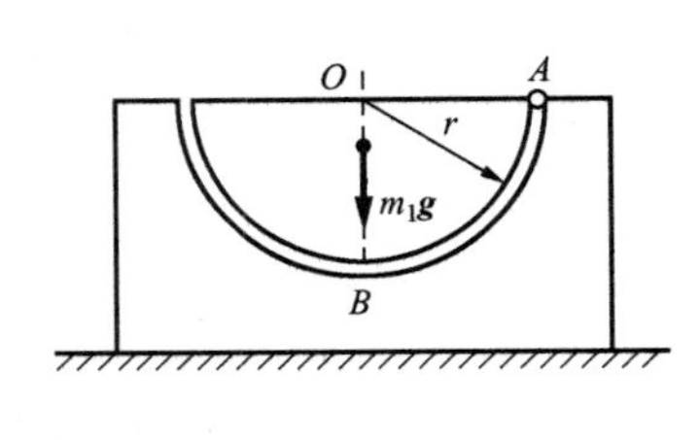

图 8－55

8－36　如图 8－57 所示，正方形均质板的质量为 40kg，在铅垂面内以三根软绳拉住，板的边长 b=100mm。求：(1)当软绳 FG 剪断后，木板开始运动的加速度以及 AD 和 BE 两绳的张力；(2)当 AD 和 BE 两绳位于铅直位置时，板中心 C 的加速度和两绳的张力。

答：(1)$a=4.9\text{m/s}^2$，$F_A=72\text{N}$，$F_B=268\text{N}$；(2)$a_C=2.63\text{m/s}^2$，$F_A=F_B=248.5\text{N}$。

8－37　均质杆 AB 的质量 $m=4\text{kg}$，如图 8－58 所示，其两端悬挂在两条平行绳上，杆处于水平位置。若其中一绳突然断了，求此瞬时另一绳的张力。

答：9.8N。

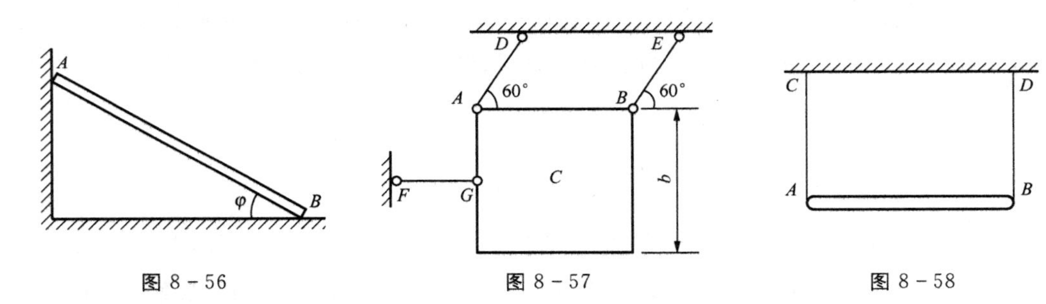

图 8－56　　图 8－57　　图 8－58

8－38　三棱柱 A 沿三棱柱 B 的斜面滑动，如图 8－59 所示。A 和 B 的质量分别为 m_1 和 m_2，三棱柱 B 的斜面与水平面呈 θ 角，开始时系统静止，忽略摩擦。求运动时三棱柱 B 的加速度。

答：$a_B=\dfrac{m_1 g\sin\theta\cos\theta}{m_1\sin^2\theta+m_2}$。

8－39　如图 8－60 所示，均质轮 A 与滑轮 B 的质量均为 m_1，半径相等，轮 A 向下做纯滚动，物体 C 的质量为 m_2。求轮 A 的质心加速度和系在轮 A 上的绳子张力。

答：$a=\dfrac{m_1\sin\theta-m_2}{2m_1+m_2}g$，$F=\dfrac{3m_1m_2+(2m_1m_2+m_1^2)\sin\theta}{2(2m_1+m_2)}g$。

8－40　不可伸长的绳子跨过滑轮 D，一端系于均质轮 A 的圆心 C 处，另一端绕在均

质圆柱体 B 上，如图 8-61所示。轮 A 重为 P_1，半径为 R；圆柱 B 重为 P_2，半径为 r；斜面倾角为 α，滑轮 D 的质量不计。试问：(1) 为使轮 A 沿斜面向下滚动而不滑动，轮 A 与斜面的摩擦系数应为多大？(2) P_1、P_2 应满足什么关系，轮 A 才会沿斜面滚下？

答：(1) $f \geqslant \dfrac{3P_1\sin\alpha - P_2}{(9P_1+2P_2)\cos\alpha}$；(2) $P_1\sin\alpha > \dfrac{1}{3}P_2$。

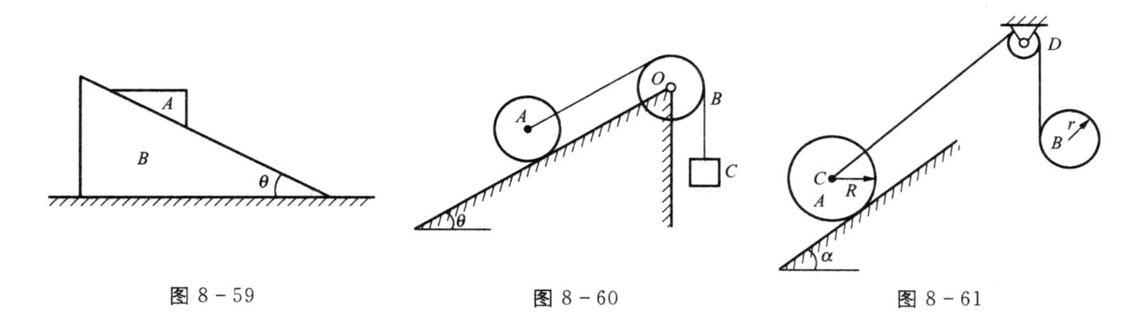

图 8-59　　图 8-60　　图 8-61

第 9 章　碰撞

碰撞是物体运动的一种特殊形式，也是工程与日常生活中一种常见而又非常复杂的动力学问题。例如，工程中打桩、锤锻、飞机着陆、车辆撞击等，生活中钉钉子、各种球类运动中球的弹射与反跳等。本章内容包括碰撞现象的基本特征，碰撞过程的基本定理，以及碰撞过程中的动能损失和撞击中心等。

9.1　碰撞现象的基本特征

9.1.1　碰撞现象

碰撞是两个或两个以上有相对运动的物体在极短的时间内（$10^{-3}\sim10^{-4}$s）相互接触，物体速度突然发生变化的力学现象。由动力学基本定律可以推知，在碰撞瞬时，物体上各质点的加速度极大，作用有极大的瞬时作用力，这种在极短时间内发生远大于普通力的力称为**碰撞力**。如图 9-1 所示为碰撞力的变化历程，碰撞开始和结束时力 $\boldsymbol{F}$ 皆为零，$F_{\max}$ 和 $\bar{F}$ 分别表示碰撞力的最大值和平均值。例如，重 30N 的锤头以速度 $v_1=3$m/s 打在钉子上，测得的碰撞时间为 0.002s，锤头的反弹速度为 $v_2=5$m/s。为简化计算，假设碰撞过程为匀减速运动，可得平均碰撞力 $\bar{F}=3\ 856$N，约为锤头重量的 129 倍。又如，鸟与飞机相撞时，碰撞力甚至可达鸟自身重量的 2 万倍。

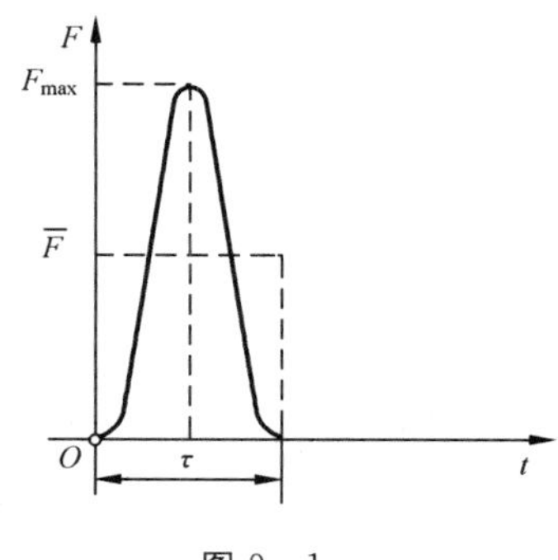

图 9-1

由于碰撞时，碰撞力的变化相当复杂，且难以测定，因此研究碰撞问题通常使用**碰撞冲量**，即

$$\boldsymbol{I}=\int_0^{\tau}\boldsymbol{F}\mathrm{d}t \tag{9-1}$$

式中，τ 为碰撞时间。

碰撞冲量是碰撞力在碰撞时间内的累积效应。

在巨大的碰撞力作用下，物体必然发生变形，并伴随有发声、发热、发光，说明碰撞的物理现象很复杂，碰撞过程中总有一部分机械能转化为其他形式的能量，因而机械能一般不守恒。

9.1.2　碰撞过程

两物体发生碰撞时，在接触点处产生的相互作用的碰撞力依然满足作用与反作用定律。分析图 9－2 所示两个平面运动刚体碰撞的情况。刚体Ⅰ和刚体Ⅱ在运动过程中发生碰撞，在碰撞的接触点有一公共切平面 $A-A$，过接触点作垂直于切平面的法线 $\boldsymbol{n}$，称为**碰撞法线**。不考虑两刚体之间的摩擦，碰撞时两刚体之间的碰撞力沿碰撞法线方向。

碰撞过程可以分为两个阶段。第一阶段是变形阶段，两个物体在碰撞点开始接触，互相挤压，并产生微小的局部压缩变形，直至变形达到最大值，即接触点的相对速度在碰撞法线方向上的投影减小到零。这一阶段碰撞力的冲量称为**压缩冲量 $\boldsymbol{I}_1$**。第二阶段是恢复阶段，两个物体由于弹性在碰撞点的变形开始恢复，直至分离，此时，接触点相对速度的法向分量正负号改变，绝对值增加。这一阶段碰撞力的冲量称为**恢复冲量 $\boldsymbol{I}_2$**。当然，实际的碰撞过程非常复杂，两个阶段很难明确划分，这里的分析是一种理想化情形。

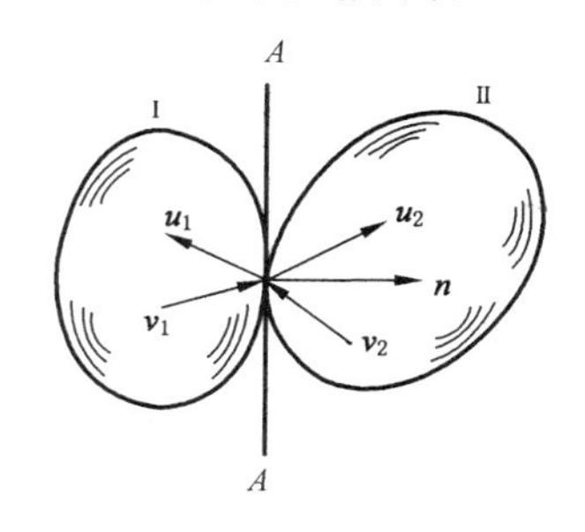

图 9－2

9.1.3　恢复因数

在碰撞过程中，由于有塑性变形的存在，恢复冲量 I_2 一般小于压缩冲量 I_1。恢复冲量与压缩冲量的大小之比称为**恢复因数**，即

$$e=\frac{I_2}{I_1} \tag{9-2}$$

恢复因数 e 与碰撞时物体的速度以及物体的形状和大小无关，仅与两碰撞物体的材料性质有关，可通过实验方法确定。显然，恢复因数 e 的值在 0 与 1 之间。表 9－1为几种材料的恢复因数。

表 9－1　几种材料的恢复因数

碰撞物体材料	恢复因数 e
铁对铅	0.14
木对胶木	0.26
木对木	0.50
钢对钢	0.56
玻璃对玻璃	0.94

在实际碰撞过程中，由于碰撞时间极短，很难直接获得 $\boldsymbol{I}_1$ 与 $\boldsymbol{I}_2$。根据冲量定理，若能测出物体Ⅰ上碰撞接触点在碰撞前后的速度 $\boldsymbol{v}_1$ 和 $\boldsymbol{u}_1$，物体Ⅱ上碰撞接触点在碰撞前后的速度 $\boldsymbol{v}_2$ 和 $\boldsymbol{u}_2$，则恢复因数还可以表示为

$$e=\frac{u_{2n}-u_{1n}}{v_{1n}-v_{2n}} \tag{9-3}$$

式中，v_{1n}、u_{1n}、v_{2n}、u_{2n} 为 $\boldsymbol{v}_1$、$\boldsymbol{u}_1$、$\boldsymbol{v}_2$、$\boldsymbol{u}_2$ 在碰撞法线方向 $\boldsymbol{n}$ 上的投影。

式(9－3)称为**牛顿公式**，是实际碰撞过程的近似结果。牛顿公式适用于局部变形的刚体碰撞，不适用于考虑物体内部发生变形的碰撞。

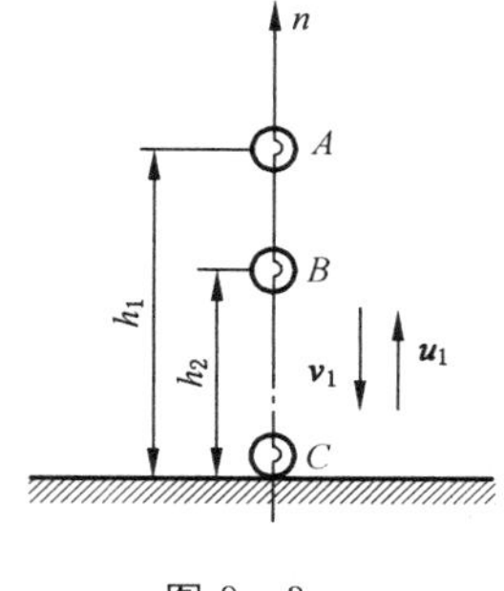

图 9－3

一种测定恢复因数的方法如图 9－3 所示。质量为 m 的小球自 h_1 处自由落下，碰撞

到固定平面后又回弹到 h_2 处。小球碰撞前后的速度分别为 $v_{1n}=\sqrt{2gh_1}$ 和 $u_{1n}=\sqrt{2gh_2}$，固定平面的速度 $v_{2n}=u_{2n}=0$，代入式(9-3)得到

$$e=\frac{0-u_{1n}}{-v_{1n}-0}=\sqrt{\frac{h_2}{h_1}} \tag{9-4}$$

因此，测得 h_1 和 h_2 后，即可由式(9-4)计算得到恢复因数 e。

9.1.4　碰撞分类

碰撞问题可按下述方法分类：

(1) 两物体的质心在碰撞法线 $\boldsymbol{n}$ 上的碰撞称为**对心碰撞**，否则称为**偏心碰撞**。

(2) 两物体碰撞点的速度 $\boldsymbol{v}_1$ 和 $\boldsymbol{v}_2$ 沿碰撞法线 $\boldsymbol{n}$ 的碰撞称为**正碰撞**，否则称为**斜碰撞**。

(3) 恢复因数 $e=0$ 的碰撞称为**完全塑性碰撞**；恢复因数 $e=1$ 的碰撞称为**完全弹性碰撞**；恢复因数 $0<e<1$ 的碰撞称为**非完全弹性碰撞**。

两物体发生完全弹性碰撞时，由于恢复因数 $e=1$，碰撞变形完全恢复。相反，两物体发生完全塑性碰撞时，由于恢复因数 $e=0$，物体的变形完全没有恢复，因此，碰撞后两物体接触点具有共同的速度。一般地，两物体的恢复因数在 0 和 1 之间，碰撞变形部分恢复，所以，实际的碰撞一般为非完全弹性碰撞。

9.2　碰撞过程的基本定理

9.2.1　碰撞过程的基本假设

由于碰撞过程时间非常短，在这极短的时间内碰撞力又是急剧变化，因而很难精确确定其变化规律。对于一般的工程问题，并不需要考虑碰撞的所有物理过程，只需要分析物体在碰撞前后运动状态的变化，为此可做如下的假设：

(1) 由于碰撞过程时间非常短，速度变化为有限值，物体在碰撞开始与碰撞结束时的位置变化也非常小，因而在碰撞过程中物体的位移可以忽略不计。虽然物体位移的变化很小，但是由于碰撞力很大，所以碰撞力所做的功不能忽略，为一有限值。

(2) 由于碰撞力远远大于重力、弹性力等普通力，因此这些普通力的冲量忽略不计。

(3) 物体在碰撞瞬时局部出现的变形只发生在撞击点附近的微小区域，可将相互碰撞的物体视为刚体，物体的各质点在同一瞬时具有相同的速度变化，即将碰撞物体简化为有局部接触变形的刚体。

一般地，在碰撞过程中几乎都有机械能的损失。机械能的损失程度取决于相互碰撞的物体的材料性质等因素，很难用力的功来计算碰撞过程中机械能的损失。因而，分析碰撞过程一般不便于应用动能定理，多采用动量定理和动量矩定理的积分形式，来分析作用

于物体上的碰撞冲量与物体运动状态变化之间的关系。

9.2.2 碰撞过程的动量定理——冲量定理

设质点系在碰撞开始时的动量为 $\boldsymbol{p}_1$，结束时的动量为 $\boldsymbol{p}_2$，由质点系动量定理式(8－6)有

$$\boldsymbol{p}_2 - \boldsymbol{p}_1 = \sum_{i=1}^{n}\int_0^t \boldsymbol{F}_i^{(e)}\mathrm{d}t = \sum_{i=1}^{n}\boldsymbol{I}_i \text{ 或} \sum_{i=1}^{n}m_i\boldsymbol{v}_{i2} - \sum_{i=1}^{n}m_i\boldsymbol{v}_{i1} = \sum_{i=1}^{n}\boldsymbol{I}_i \tag{9-5}$$

式中，$\sum_{i=1}^{n}\boldsymbol{I}_i$ 为**碰撞冲量**，是作用于质点系上外碰撞力冲量的主矢，普通力的冲量忽略不计。

式(9－5)即为**质点系碰撞的冲量定理：质点系在碰撞开始和结束时动量的变化，等于作用于质点系的外碰撞冲量的主矢**。

质点系的动量还可以用质点系的总质量 M 与质点系质心速度 $\boldsymbol{v}_C$ 的乘积来计算，于是式(9－5)可写成

$$M\boldsymbol{v}_{C2} - M\boldsymbol{v}_{C1} = \sum_{i=1}^{n}\boldsymbol{I}_i \tag{9-6}$$

式中，$\boldsymbol{v}_{C1}$ 和 $\boldsymbol{v}_{C2}$ 分别为碰撞开始和结束时质点系质心的速度。

9.2.3 碰撞过程的动量矩定理——冲量矩定理

设质点系在碰撞开始时对固定点 O 的动量矩为 $\boldsymbol{L}_{O1}$，结束时对固定点 O 的动量矩为 $\boldsymbol{L}_{O2}$，同时忽略碰撞过程中普通力的作用，由质点系动量矩定理式(8－18)积分得

$$\boldsymbol{L}_{O2} - \boldsymbol{L}_{O1} = \sum_{i=1}^{n}\int_0^t \boldsymbol{r}_i \times \boldsymbol{F}_i^{(e)}\mathrm{d}t = \sum_{i=1}^{n}\int_0^t \boldsymbol{r}_i \times \mathrm{d}\boldsymbol{I}_i \tag{9-7}$$

式中，t 为碰撞时间。

根据碰撞过程的基本假设，在碰撞过程中各质点的位置不变，即碰撞力作用点矢径 $\boldsymbol{r}_i$ 为常矢量，于是由式(9－7)得到

$$\boldsymbol{L}_{O2} - \boldsymbol{L}_{O1} = \sum_{i=1}^{n}\boldsymbol{r}_i \times \int_0^t \mathrm{d}\boldsymbol{I}_i = \sum_{i=1}^{n}\boldsymbol{M}_O(\boldsymbol{I}_i) \tag{9-8}$$

式中，$\sum_{i=1}^{n}\boldsymbol{M}_O(\boldsymbol{I}_i)$ 为作用于质点系上外碰撞力冲量对固定点 O 的主矩，同样普通力的冲量矩忽略不计。

式(9－7)即为**质点系碰撞的冲量矩定理：质点系在碰撞开始和结束时对固定点 O 动量矩的变化，等于作用于质点系的外碰撞冲量对同一点的主矩**。

【例 9－1】 如图 9－4 所示为沉桩过程。落锤打桩机的锤的质量 $m_1=800\text{kg}$，自高度 $h=1\text{m}$ 处自由下落，打在桩上，使桩下沉 $\delta=0.1\text{m}$，桩的质量为 $m_2=80\text{kg}$，设碰撞为完全塑性碰撞。试求：(1)泥土对桩的平均阻力；(2)打桩机的效率。

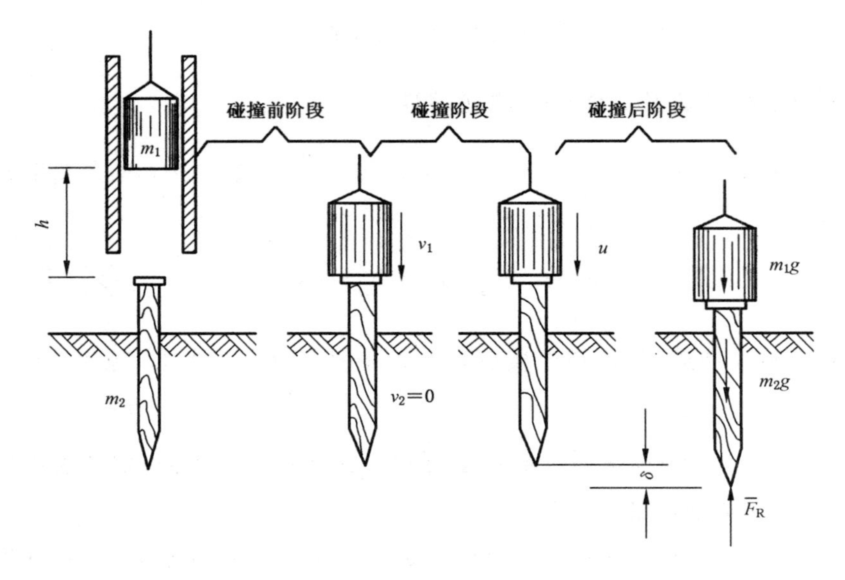

图 9-4

解　落锤与桩的碰撞为对心正碰撞，两物体均做直线运动。

（1）求泥土对桩的平均阻力。落锤到达桩顶处时的瞬时速度 $v_1=\sqrt{2gh}$。根据题意，落锤与桩的碰撞为完全塑性碰撞，即 $e=0$，所以，碰撞结束时落锤与桩具有共同的速度 u。泥土的阻力为普通力，忽略不计。根据碰撞的冲量定理，有

$$(m_1+m_2)u-m_1v_1=0$$

所以

$$u=\frac{m_1}{m_1+m_2}\sqrt{2gh}$$

碰撞结束后，落锤与桩一起以共同的速度 u 开始下沉，下沉 $\delta=0.1\text{m}$ 后停止。设泥土对桩的平均阻力为 $\overline{F}_R$，根据动能定理，有

$$0-\frac{1}{2}(m_1+m_2)u^2=(m_1g+m_2g-\overline{F}_R)\delta$$

解得

$$\overline{F}_R=m_1g+m_2g+\frac{m_1^2gh}{(m_1+m_2)\delta}=79.9\text{kN}$$

（2）求打桩机的效率。落锤与桩的碰撞为完全塑性碰撞 $e=0$，在此情况下，打桩机的工作是希望落锤和桩碰撞后具有最大的动能，用以克服泥土的阻力，从而使桩下沉。据此可以定义打桩机的效率为碰撞结束时系统的动能 T_2 与碰撞开始时系统的动能 T_1 之比，即

$$\eta=\frac{T_2}{T_1}$$

其中

$$T_1=\frac{1}{2}m_1v_1^2=m_1gh$$

$$T_2 = \frac{1}{2}(m_1 + m_2)u^2 = \frac{m_1^2 gh}{m_1 + m_2}$$

由此可得

$$\eta = \frac{m_1}{m_1 + m_2} = 1 - \frac{m_2}{m_1 + m_2} = 0.91 = 91\%$$

9.2.4　刚体平面运动的碰撞方程

根据质点系相对于质心的动量矩定理，与上述推证相似，可以得到用于碰撞过程的质点系相对于质心的冲量矩定理

$$\boldsymbol{L}_{C2} - \boldsymbol{L}_{C1} = \sum_{i=1}^{n} \boldsymbol{M}_C(\boldsymbol{I}_i) \tag{9-9}$$

式中，$\boldsymbol{L}_{C1}$、$\boldsymbol{L}_{C2}$ 为碰撞开始和结束时质点系相对于质心 C 的动量矩；$\sum_{i=1}^{n} \boldsymbol{M}_C(\boldsymbol{I}_i)$ 为外碰撞冲量对质心的主矩。

对于平行于其质量对称面运动的平面运动刚体，相对于质心的动量矩在其平行平面内可视为代数量，且有

$$L_C = J_C \omega$$

式中，J_C 为刚体对于通过质心 C 且与其对称平面垂直的轴的转动惯量；ω 为刚体的角速度。

由此，式(9-9)可以改写为

$$J_C\omega_2 - J_C\omega_1 = \sum_{i=1}^{n} M_C(\boldsymbol{I}_i) \tag{9-10}$$

式中，ω_1、ω_2 为碰撞开始和结束时平面运动刚体的角速度，普通力的冲量矩忽略不计。

式(9-6)和式(9-10)结合起来，可用来分析平面运动刚体的碰撞问题，因而称为**刚体平面运动的碰撞方程**。

【例 9-2】　如图 9-5 所示，质量为 m，长为 l 的两均质杆 OA 和 AB，以铰链 A 相连，悬挂在 O 点。现对杆 AB 的质心 C_2 作用一水平冲量 $\boldsymbol{I}$，求撞击后两杆的角速度以及杆 AB 质心 C_2 的速度。

解　杆 OA 做定轴转动，杆 AB 做平面运动。分别对两杆进行分析，如图 9-5(b)、(c)所示。

对杆 OA，根据碰撞的冲量矩定理，有

$$\frac{1}{3}ml^2\omega_1 - 0 = I_{Ax} l \tag{a}$$

对杆 AB，根据平面运动刚体的碰撞方程，有

$$\begin{cases} mu_2 - 0 = I - I'_{Ax} \\ 0 = -I'_{Ay} \\ \dfrac{1}{12}ml^2\omega_2 - 0 = I'_{Ax}\dfrac{l}{2} \end{cases} \tag{b}$$

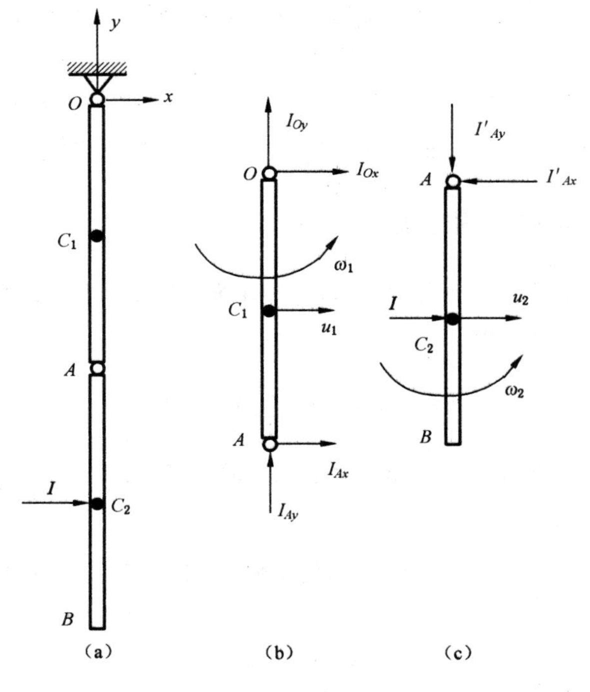

图 9－5

杆 AB 做平面运动，以 A 点为基点，质心 C_2 的速度为

$$u_2 = l\omega_1 + \frac{1}{2}l\omega_2 \tag{c}$$

联立式(a)、(b)和(c)，求解可得

$$\omega_1 = \frac{3I}{7ml}, \omega_2 = \frac{6I}{7ml}, u_2 = \frac{6I}{7m}$$

【例 9－3】 一均质圆柱质量为 m，半径为 r，其质心以匀速 v_C 沿固定水平面作无滑动的滚动，并突然与一高度为 $h(h<r)$ 的台阶碰撞，如图 9－6 所示。设碰撞是完全塑性碰撞，试求圆柱体碰撞后的质心速度、角速度和碰撞冲量。

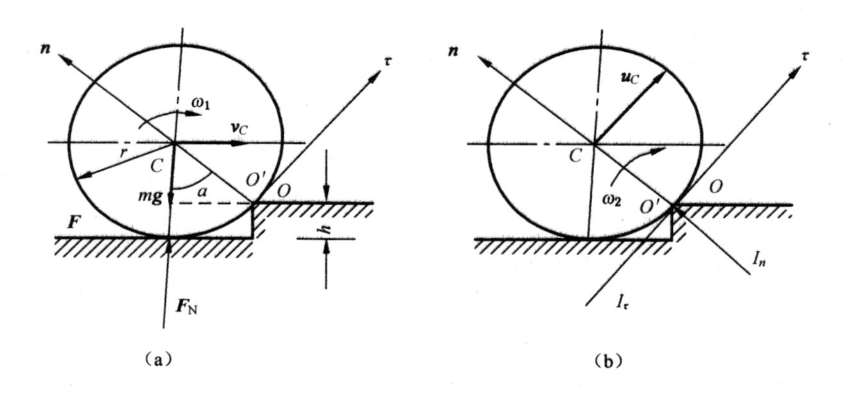

图 9－6

解 (1) 分析碰撞前后圆柱体运动的变化。碰撞前圆柱体作平面运动,质心 C 的速度为 $\boldsymbol{v}_C$。由无滑动滚动的约束条件,圆柱体绕质心 C 转动的角速度 $\omega_1=v_C/r$(设顺时针转向为正)。在碰撞结束时,圆柱体上轴线 O' 与平台凸缘上的轴线 O 不再分离,圆柱体突然变成绕固定轴 O' 转动,设其角速度为 ω_2(顺时针转动)。这时,质心的速度为 $\boldsymbol{u}_C$,方向如图 9-6(b)所示。u_C 与 ω_2 的关系为

$$u_C = r\omega_2$$

(2) 分析碰撞过程中圆柱的受力。因碰撞接触面并不光滑,故圆柱所受平台凸缘的碰撞冲量 $\boldsymbol{I}$ 分别有沿公法线 n 和公切线 τ 的两个分量 $\boldsymbol{I}_n$、$\boldsymbol{I}_\tau$。此外,普通力的冲量略去不计。

(3) 应用刚体碰撞时的冲量矩定理求解质心速度与角速度。因为碰撞冲量 $\boldsymbol{I}$ 通过轴 O,因此其对轴 O 的冲量矩为零,即碰撞开始和结束后圆柱体对轴 O 的动量矩守恒,即

$$L_{O2} = L_{O1} \tag{a}$$

碰撞开始,圆柱体对轴 O 的动量矩为

$$L_{O1} = mv_C(r-h) + J_C\omega_1 \tag{b}$$

碰撞结束,圆柱体对轴 O 的动量矩为

$$L_{O2} = J_O\omega_2 \tag{c}$$

式中,J_O 为圆柱体对轴 O 的转动惯量

$$J_O = J_C + mr^2 = \frac{3}{2}mr^2 \tag{d}$$

将式(b)、(c)、(d)代入式(a),整理得到

$$mv_C(r-h) + J_C\omega_1 = (J_C + mr^2)\omega_2$$

解得

$$\omega_2 = \frac{1+2\left(\dfrac{r-h}{r}\right)}{3r}v_C$$

令 $\cos\alpha=\dfrac{r-h}{r}$,碰撞结束时圆柱体的角速度为

$$\omega_2 = \frac{1+2\cos\alpha}{3r}v_C$$

碰撞结束时圆柱体质心 C 的速度为

$$u_C = r\omega_2 = \frac{1+2\cos\alpha}{3}v_C$$

碰撞结束时,如果圆柱体的角速度 ω_2 足够大,则它就可以绕轴 O 翻转到上面的平台去,甚至可以继续向前滚动。

(4) 应用刚体碰撞时的冲量定理求碰撞冲量。将式(9-6)向法向 $\boldsymbol{n}$ 和切向 $\boldsymbol{\tau}$ 投影,得到

$$\begin{cases} mu_{Cn} - mv_{Cn} = I_n \\ mu_{C\tau} - mv_{C\tau} = I_\tau \end{cases} \tag{e}$$

式中：

$$u_{Cn} = 0, u_{C\tau} = u_C = \frac{1+2\cos\alpha}{3}v_C, v_{Cn} = -v_C\sin\alpha, v_{C\tau} = v_C\cos\alpha$$

代入式(e)，有
$$I_n = mv_C\sin\alpha, I_\tau = mv_C\frac{1-\cos\alpha}{3}$$

讨论

本题分析的是刚体在运动过程中遇到固定障碍物时发生的碰撞问题。由于碰撞接触处的变形完全没有恢复，这类力学现象称为**突然施加约束问题**，简称**突加约束问题**。这类碰撞属于刚体的完全塑性碰撞问题。

9.3　碰撞过程的动能损失

9.3.1　对心正碰撞的质心速度

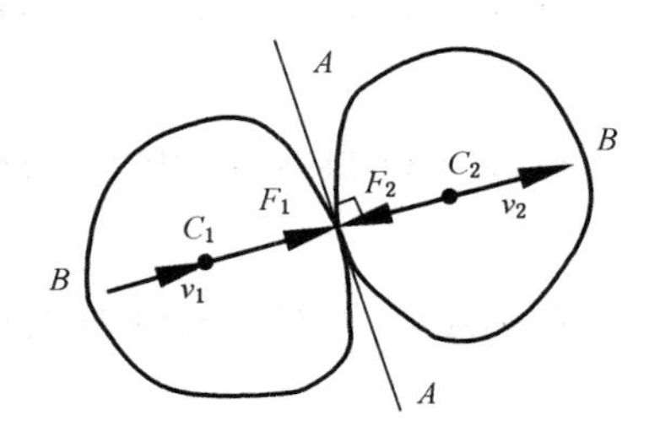

图 9-7

如图 9-7 所示，两质量分别为 m_1 和 m_2 的物体发生对心正碰撞，碰撞开始时质心的速度分别为 $\boldsymbol{v}_1$ 和 $\boldsymbol{v}_2$。显然，两物体能发生碰撞的条件是 $v_1 > v_2$。以两物体组成的质点系为研究对象，因无外碰撞冲量，质点系的动量守恒。设碰撞结束时，两物体质心的速度分别为 $\boldsymbol{u}_1$ 和 $\boldsymbol{u}_2$，根据动量定理，这两个速度矢量必沿两质心的连线 BB。以 BB 为投影轴，根据动量守恒定律有

$$m_1v_1 + m_2v_2 = m_1u_1 + m_2u_2 \tag{9-11}$$

根据牛顿公式(9-3)有

$$e = \frac{u_2 - u_1}{v_1 - v_2} \tag{9-12}$$

代入式(9-11)，得到

$$\begin{cases} u_1 = v_1 - (1+e)\dfrac{m_2}{m_1+m_2}(v_1 - v_2) \\ u_2 = v_2 + (1+e)\dfrac{m_1}{m_1+m_2}(v_1 - v_2) \end{cases} \tag{9-13}$$

在理想情况下，如果两物体发生完全弹性碰撞，即 $e=1$，则由式(9-13)得到

$$\begin{cases} u_1 = v_1 - \dfrac{2m_2}{m_1+m_2}(v_1 - v_2) \\ u_2 = v_2 + \dfrac{2m_1}{m_1+m_2}(v_1 - v_2) \end{cases} \tag{9-14}$$

这时，如若 $m_1 = m_2$，则 $u_1 = v_2$，$u_2 = v_1$，即在碰撞结束时两物体交换了速度。

如果两物体发生完全塑性碰撞，即 $e=0$，则由式(9-13)得到

$$u_1=u_2=\frac{m_1v_1+m_2v_2}{m_1+m_2} \tag{9-15}$$

即在碰撞结束时两物体以相同的速度一起运动。

9.3.2 对心正碰撞的动能损失

如图9-7，两物体组成的质点系在碰撞开始的动能 T_1 和结束时的动能 T_2 分别为

$$T_1=\frac{1}{2}m_1v_1^2+\frac{1}{2}m_2v_2^2$$

$$T_2=\frac{1}{2}m_1u_1^2+\frac{1}{2}m_2u_2^2$$

碰撞过程中质点系损失的动能为

$$\Delta T=T_1-T_2=\frac{1}{2}m_1(v_1^2-u_1^2)+\frac{1}{2}m_2(v_2^2-u_2^2)$$

将式(9-13)代入上式得到

$$\Delta T=\frac{1}{2}(1+e)\frac{m_1m_2}{m_1+m_2}(v_1-v_2)[(v_1+u_1)-(v_2+u_2)] \tag{9-16}$$

由式(9-12)有

$$u_1-u_2=-e(v_1-v_2)$$

代入式(9-16)得到

$$\Delta T=\frac{m_1m_2}{2(m_1+m_2)}(1-e^2)(v_1-v_2)^2 \tag{9-17}$$

在理想情况下，如果两物体发生完全弹性碰撞，即 $e=1$，则由式(9-17)得到

$$\Delta T=0$$

可见，当两物体发生完全弹性碰撞时，系统的动能是没有损失的。

如果两物体发生完全塑性碰撞，即 $e=0$，则由式(9-17)得到

$$\Delta T=\frac{m_1m_2}{2(m_1+m_2)}(v_1-v_2)^2$$

这时，如若第2个物体在碰撞开始时处于静止，即 $v_2=0$，则系统的动能损失为

$$\Delta T=\frac{m_1m_2}{2(m_1+m_2)}v_1^2$$

将碰撞开始时第1个物体的动能 $T_1=\frac{1}{2}m_1v_1^2$ 代入上式得到

$$\Delta T=\frac{m_2}{m_1+m_2}T_1=\frac{1}{\frac{m_1}{m_2}+1}T_1 \tag{9-18}$$

由式(9-18)可见，当两物体发生完全塑性碰撞时，系统动能的损失与两物体的质量比有关。

当 $m_2 \gg m_1$ 时，由式(9－18)得到 $\Delta T \approx T_1$，质点系在碰撞开始时的动能在碰撞过程中几乎完全损失。这种情况对于锻压金属是最理想的，因为在锻压时，我们希望锻锤的能量能尽量消耗在锻件的变形上，而砧座尽可能不运动。因此，工程中常采用比锻锤重很多倍的砧座。

当 $m_2 \ll m_1$ 时，由式(9－18)得到 $\Delta T \approx 0$，质点系的动能是没有损失的。这种情况对于打桩是最理想的，因为打桩时，应使桩获得较大的动能去克服阻力前进。因此，工程中常采用比桩重得多的锤打桩。

【例 9－4】 如图 9－8 所示，物块 A 自高度 $h=4.9\text{m}$ 处自由落下，与安装在弹簧上的物块 B 碰撞，碰撞结束后，两物块一起运动。已知，A 重 $P_1=10\text{N}$，B 重 $P_2=5\text{N}$，弹簧刚度 $k=100\text{N/cm}$。求碰撞结束时的速度以及弹簧的最大压缩量。

解 物块 A 自高处落下与物块 B 接触的时刻碰撞开始，此后物块 A 的速度减小，物块 B 的速度增大，直至两者速度相等时碰撞结束，为塑性碰撞。然后，物块 A 和 B 一起做减速运动，直至速度等于零为止，这时弹簧的压缩量达到最大。由于这时的弹簧力大于重力，两物块将一起向上运动，并将持续地往复运动。

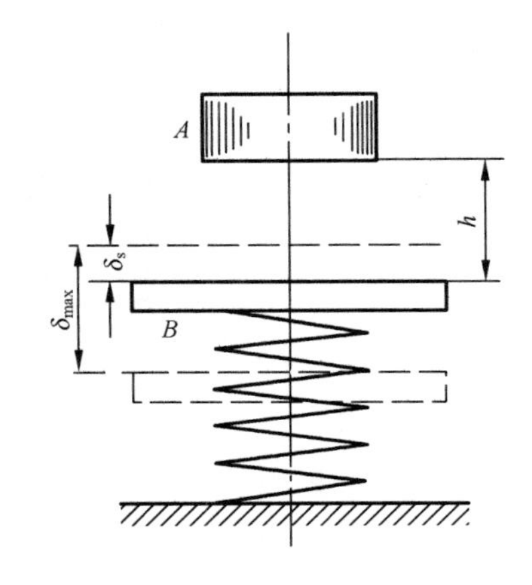

图 9－8

在碰撞开始时，物块 A 的速度 $\boldsymbol{v}_1$ 和物块 B 的速度 $\boldsymbol{v}_2$ 的大小分别为

$$v_1=\sqrt{2gh}=9.80\text{m/s}, v_2=0\text{m/s}$$

由式(9－15)，在碰撞结束时，两物块一起运动的速度为

$$u=\frac{P_1 v_1+P_2 v_2}{P_1+P_2}=\frac{10\times 9.80+5\times 0}{10+5}=6.53\text{m/s}$$

碰撞结束后可以应用动能定理计算弹簧的最大压缩量 δ_{max}

$$0-\frac{1}{2}\ \frac{P_1+P_2}{g}u^2=(P_1+P_2)(\delta_{max}-\delta_s)+\frac{1}{2}k(\delta_s^2-\delta_{max}^2)$$

将 $P_2=k\delta_s$ 代入解得

$$\delta_{max}=8.22\text{cm}$$

【例 9－5】 锻机锻锤的质量为 m_1，锻件连同砧座的质量为 m_2，恢复系数为 e。求锤锻的效率。

解 锻锤与锻件的碰撞可以视为对心正碰撞。使锻件变形的有效功就是碰撞过程中损失的动能 ΔT，即锤锻的效率定义为

$$\eta=\frac{\text{碰撞过程中损失的动能}}{\text{碰撞开始时的动能}}=\frac{\Delta T}{T_0}$$

碰撞开始的动能为

$$T_0=\frac{1}{2}m_1 v_1^2$$

碰撞过程中损失的动能由式(9-17)得到

$$\Delta T=\frac{m_1 m_2}{2(m_1+m_2)}(1-e^2)(v_1-0)^2=\frac{(1-e^2)m_2}{m_1+m_2}T_0$$

因此,锤锻的效率为

$$\eta=\frac{(1-e^2)m_2}{m_1+m_2}=\frac{1-e^2}{1+m_1/m_2}$$

由此可见,要提高锤锻的效率,就要减小恢复系数 e 和锻锤与锻件砧座的质量比 m_1/m_2。在实际的锻造过程中,常说要“趁热打铁”,就是要充分有效地利用热态下材料的可塑性,以提高锻造的效率。

例如,若 $m_2/m_1=15$,$e=0.6$,则 $\eta=0.6$。这时,如能使 e 降为0,则 $\eta=0.94$。

9.4 撞击中心

9.4.1 定轴转动刚体受到碰撞时角速度的变化

设绕定轴转动的刚体受到外碰撞冲量 $\boldsymbol{I}_i$ 的作用,如图9-9所示。根据碰撞的冲量矩定理,式(9-8)在 z 轴上投影,有

$$L_{z2}-L_{z1}=\sum_{i=1}^{n}M_z(\boldsymbol{I}_i) \tag{9-19}$$

式中,L_{z1}、L_{z2} 为碰撞开始和结束时刚体对 z 轴的动量矩;$\sum_{i=1}^{n}M_z(\boldsymbol{I}_i)$ 为外碰撞冲量对 z 轴的冲量矩。

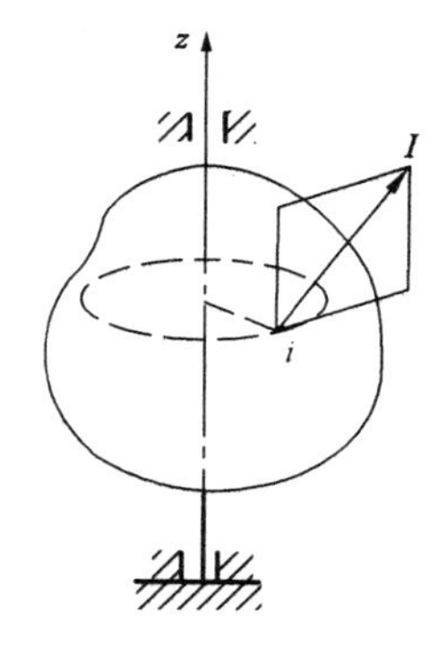

图9-9

设碰撞开始和结束瞬时刚体的角速度分别为 ω_1 和 ω_2,刚体对转轴 z 的转动惯量为 J_z,则式(9-19)可写为

$$J_z\omega_2-J_z\omega_1=\sum_{i=1}^{n}M_z(\boldsymbol{I}_i)$$

由此得到刚体角速度的变化为

$$\omega_2-\omega_1=\frac{\sum_{i=1}^{n}M_z(\boldsymbol{I}_i)}{J_z} \tag{9-20}$$

9.4.2 撞击中心

设具有质量对称面 Oxy 的刚体,绕垂直于该质量对称面的固定轴 Oz 做定轴转动,如图9-10(a)所示。当在刚体的质量对称面内作用一外碰撞冲量 $\boldsymbol{I}$ 时,刚体的转动角速度发生突然变化,同时轴承与轴之间将发生碰撞,轴承处必然受到轴承约束力的碰撞冲量的作用,如图9-10(b)所示。在工程实际中,这种**约束碰撞力**是非常有害的,应该设法消

除。刚体上使约束碰撞力为零时，主动外碰撞冲量的作用点称为**撞击中心**。

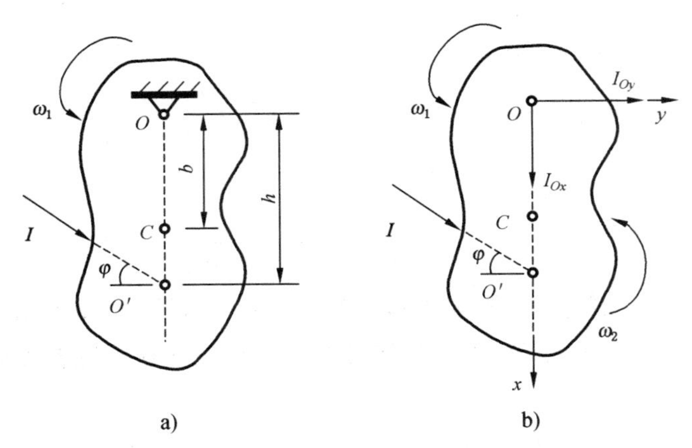

图 9－10

设刚体质量为 m，对 Oz 轴的转动惯量为 J_z，质心 C 到转轴的距离为 b，碰撞冲量 $\boldsymbol{I}$ 与水平轴的夹角为 φ，碰撞冲量 $\boldsymbol{I}$ 与 x 轴的交点为 O'，$OO'=h$。又设碰撞开始时刚体的角速度为 ω_1，碰撞结束时刚体的角速度为 ω_2，轴承处因碰撞引起的瞬时约束力的冲量为 I_{Ox} 和 I_{Oy}。

根据质点系碰撞的冲量定理和冲量矩定理，有

$$\begin{cases} mu_{Cx}-mv_{Cx}=I\sin\varphi+I_{Ox} \\ mu_{Cy}-mv_{Cy}=I\cos\varphi+I_{Oy} \\ J_z\omega_2-J_z\omega_1=Ih\cos\varphi \end{cases} \tag{9-21}$$

式中，v_C 为碰撞开始时刚体质心 C 的速度；u_C 为碰撞结束时刚体质心 C 的速度。

由图 9－10，有 $u_{Cx}=v_{Cx}=0$，$v_{Cy}=b\omega_1$，$u_{Cy}=b\omega_2$，代入式(9－21)，整理后得到

$$\begin{cases} I_{Ox}=-I\sin\varphi \\ I_{Oy}=I\cos\varphi\left(\dfrac{mbh}{J_z}-1\right) \\ \omega_2-\omega_1=\dfrac{Ih\cos\varphi}{J_z} \end{cases} \tag{9-22}$$

由式(9－22)，若使轴承处不受到碰撞影响，即 $I_{Ox}=I_{Oy}=0$，必须满足的条件是

(1) 由 $I_{Ox}=0$，得到

$$\varphi=0 \tag{9-23}$$

(2) 由 $I_{Oy}=0$，得到

$$h=\frac{J_z}{mb} \tag{9-24}$$

由式(9－24)确定的点 O' 就是撞击中心，为即外碰撞冲量与 OC 线的交点。式(9－23)和式(9－24)表明，**如果作用在刚体上的外碰撞冲量垂直于 OC 并作用于撞击中心时，轴承处的约束碰撞力冲量为零，这时在轴承处将不会出现约束碰撞力。**

根据式(9－24)，对长为 l 一端铰接的均质杆，其撞击中心到铰接支座的距离为

$$h=\frac{ml^2/3}{ml/2}=\frac{2}{3}l \tag{9-25}$$

由此可见，当我们手执杆的一端，用其敲击物体时，最好打在离手 $2l/3$ 处，这样，手将不会感到强烈的冲击。

【例 9-6】 如图 9-11 所示，均质杆质量为 m，长为 $2a$，上端由圆柱铰固定。杆由水平位置无初速地落下，在铅直位置撞上一固定物块。设碰撞恢复因数为 e，求：(1)轴承的碰撞冲量；(2)撞击中心的位置。

解 设杆在铅直位置与固定物块碰撞开始和结束时的角速度分别为 ω_1 和 ω_2。

碰撞前，杆自水平位置自由落下，由动能定理有

$$\frac{1}{2}J_O\omega_1^2-0=mga$$

式中，杆的转动惯量 $J_O=\frac{1}{3}m(2a)^2=\frac{4}{3}ma^2$，代入解得

$$\omega_1=\sqrt{\frac{2mga}{J_O}}=\sqrt{\frac{3g}{2a}}$$

设碰撞开始和结束时碰撞接触点的速度 v 和 u，由恢复因数有

$$e=\frac{u}{v}=\frac{l\omega_2}{l\omega_1}=\frac{\omega_2}{\omega_1}$$

得到

$$\omega_2=e\omega_1$$

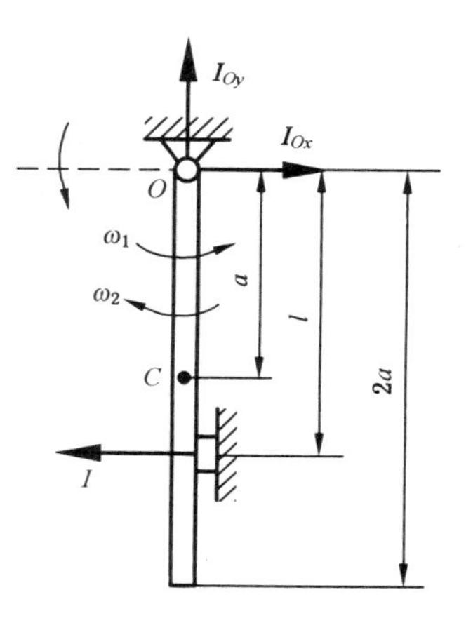

图 9-11

对点 O 的应用碰撞的冲量矩定理，有

$$J_O\omega_2+J_O\omega_1=Il$$

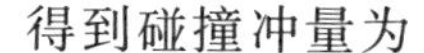
得到碰撞冲量为

$$I=\frac{J_O}{l}(\omega_1+\omega_2)=\frac{J_O}{l}(1+e)\omega_1$$

将 J_O 和 ω_1 代入上式，得到

$$I=\frac{2ma}{3l}(1+e)\sqrt{6ag}$$

由碰撞的冲量定理，有

$$\begin{cases}m(-\omega_2 a-\omega_1 a)=I_{Ox}-I\\0=I_{Oy}\end{cases}$$

解得

$$I_{Ox}=I-ma(\omega_1+\omega_2),\ I_{Oy}=0$$

将 I、ω_1 和 ω_2 代入上式，得到轴承的碰撞冲量为

$$I_{Ox}=m(\frac{2a}{3l}-\frac{1}{2})(1+e)\sqrt{6ag}$$

令 $I_{Ox}=0$,解得撞击中心位置为

$$l=\frac{4}{3}a$$

这与直接由式(9-24)或式(9-25)得到的结果相同。

小　结

1. 碰撞现象的基本特征

(1) 碰撞时间极短,速度变化有限,碰撞力远远大于普通力。

(2) 研究碰撞问题时,碰撞过程中各质点的位移忽略不计,普通力的冲量也忽略不计。

2. 恢复因数

$$e=\frac{u_{2n}-u_{1n}}{v_{1n}-v_{2n}}。$$

完全塑性碰撞:$e=0$;完全弹性碰撞:$e=1$;非完全弹性碰撞:$0<e<1$。

3. 碰撞过程的基本定理

(1) 冲量定理:$M\boldsymbol{v}_{C2}-M\boldsymbol{v}_{C1}=\sum_{i=1}^{n}\boldsymbol{I}_i$

(2) 冲量矩定理:$\boldsymbol{L}_{O2}-\boldsymbol{L}_{O1}=\sum_{i=1}^{n}\boldsymbol{r}_i\times\int_0^t\boldsymbol{F}_i^{(e)}\mathrm{d}t=\sum_{i=1}^{n}\boldsymbol{M}_O(\boldsymbol{I}_i)$

4. 刚体平面运动的碰撞方程

$$\begin{cases}M\boldsymbol{v}_{C2}-M\boldsymbol{v}_{C1}=\sum_{i=1}^{n}\boldsymbol{I}_i\\ J_C\omega_2-J_C\omega_1=\sum_{i=1}^{n}M_C(\boldsymbol{I}_i)\end{cases}$$

5. 对心正碰撞

(1) 质心速度

$$\begin{cases}u_1=v_1-(1+e)\frac{m_2}{m_1+m_2}(v_1-v_2)\\ u_2=v_2+(1+e)\frac{m_1}{m_1+m_2}(v_1-v_2)\end{cases}$$

两质量相同的物体发生完全弹性碰撞后,相互交换速度。

(2) 动能损失

$$\Delta T=\frac{m_1m_2}{2(m_1+m_2)}(1-e^2)(v_1-v_2)^2$$

两物体发生完全弹性碰撞时，系统的动能没有损失。

6. 定轴转动刚体受到碰撞时角速度的变化

$$\omega_2 - \omega_1 = \frac{\sum_{i=1}^{n} M_z(\boldsymbol{I}_i)}{J_z}$$

7. 撞击中心

外碰撞冲量作用于撞击中心，且垂直于质心与轴心连线，轴承处的约束碰撞冲量为零。

撞击中心到转轴中心的距离：$h=\frac{J_z}{mb}$

习　　题

9-1　如图 9-12 所示，棒球质量为 0.16kg，以速度 v=60m/s 向右沿水平线运动，当它被棒敲击后，其速度自原来的方向改变了角度 θ=135°而向左朝上，其大小降低至 u=50m/s，试计算球棒作用于球的水平和铅直方向的碰撞冲量；设球与棒的接触时间为 0.02s，求击球时碰撞力的平均值。

答：I_x=−15.26N·m，I_y=5.66N·m，F=813.79N。

9-2　如图 9-13 所示，均质杆 AB 自铅垂静止位置绕 A 轴倒下，碰到固定钉子 O 后弹回至水平位置。求碰撞时的恢复因数。

答：$e=\sqrt{3}/3$。

9-3　图 9-14 中所示小球与固定面作斜碰撞，小球入射角为 θ，反射角为 β（指速度方向与固定面法线之间的夹角）。设固定面是光滑的，试计算其恢复因数。

答：$e=\tan\theta/\tan\beta$。

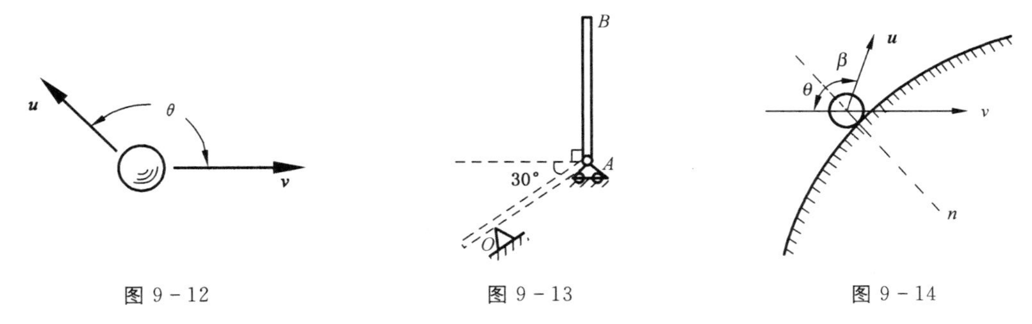

图 9-12　　图 9-13　　图 9-14

9-4　如图 9-15 所示，图中球 1 速度 v_1=6m/s，方向与静止球 2 相切。两球半径相同，质量相等，不计摩擦。设碰撞的恢复因数 e=0.6，试求碰撞后两球的速度。

答：u_1=3.18m/s，θ=19.1°；u_2=4.16m/s，沿撞击点法线方向。

9-5　如图 9-16 所示，爆炸物的质量为 5kg，以水平速度 v_1=4m/s 向右运动，在离墙 10m 时，爆炸成为两部分，其中 $m_A=3\text{kg}$，$m_B=2\text{kg}$，若 m_A 在爆炸后 3s 与墙在 $y_A=7.5\text{m}$处碰撞。试求：(1)爆炸时作用在 m_A 上的冲量；(2)爆炸后瞬时 m_A 相对 m_B 的速度；(3)m_B 与墙撞击时的位置 y_B；(4)两质量与墙撞击相隔的时间。

答：(1)$\boldsymbol{I}=(-2\boldsymbol{i}+7.5\boldsymbol{j})\text{N}\cdot\text{s}$；(2)$\boldsymbol{v}_{AB}=-(1.67\boldsymbol{i}+6.25\boldsymbol{j})\text{m/s}$；(3)$y_B=7.50\text{m}$；(4)$\Delta t=1\text{s}$。

9-6　马尔特间隙机构如图 9-17 所示，均质杆 OA 长为 l，质量为 m。马氏轮盘对转轴 O_1 的转动惯量为 J_{O_1}，半径为 r。在图示瞬时，杆 OA 水平，杆端销子 A 撞入轮盘光滑槽的外端，槽与水平线成 θ 角。撞前，杆 OA 的角速度为 ω_O，轮盘静止。试求撞击后轮盘的角速度和 A 点的撞击冲量。

答：$\omega=\dfrac{mlr\omega_O\cos\theta}{mr^2+3J_{O_1}\cos^2\theta}$；$I=\dfrac{J_{O_1}ml\omega_O\cos\theta}{mr^2+3J_{O_1}\cos^2\theta}$。

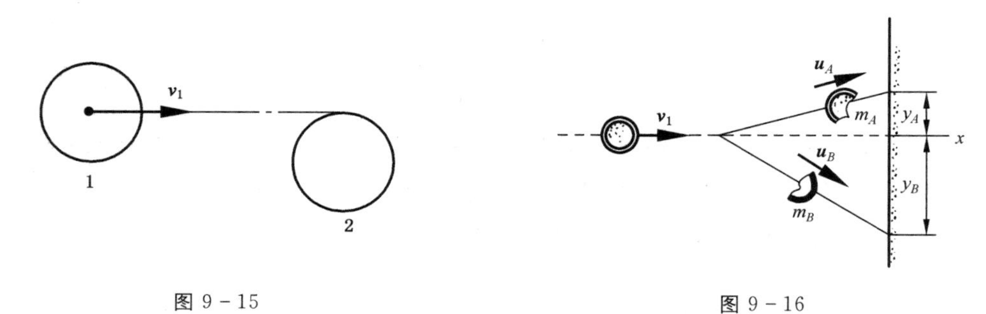

图 9-15　　　　图 9-16

9-7　如图 9-18 所示均质正方形板的边长为 l，质量为 m，以速度 v_C 沿水平线移动，点 A 突然与铰链 A 连接。已知板对 A 轴的转动惯量 $J_A=2ml^2/3$。试求：(1)碰撞后板的角速度；(2)作用于 A 处的碰撞冲量。

答：(1)$\omega=\dfrac{3v_C}{4l}$；(2)$I_x=\dfrac{5}{8}mv_C$；$I_y=\dfrac{3}{8}mv_C$。

9-8　如图 9-19 所示，质量为 0.2kg 的球以水平方向的速度 $v=48\text{km/h}$ 撞在一质量为 2.4kg 的均质木棒上，木棒的一端用细绳悬挂于天花板上。设恢复因数为 0.5，试求碰撞后木棒两端的速度。

答：$v_A=0$，$v_B=3\text{m/s}$。

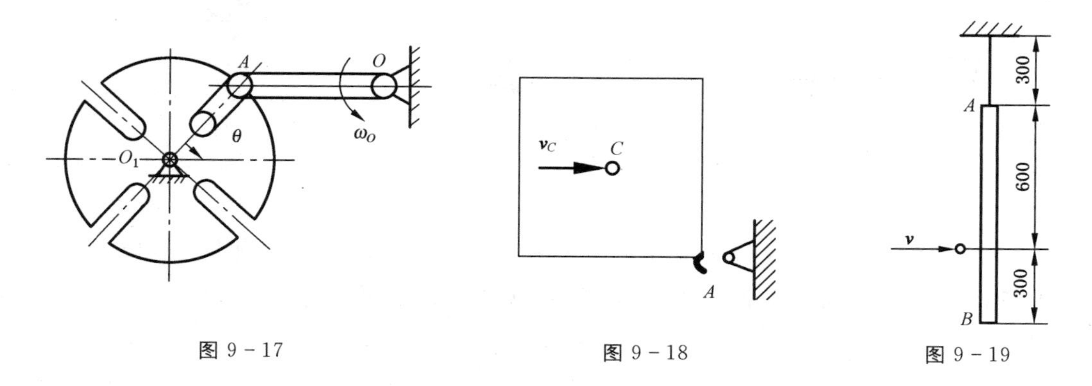

图 9-17　　　　图 9-18　　　　图 9-19

9-9 如图9-20所示，均质杆长为l，质量为m，在铅垂面内保持水平下降并与固定铰支座E相撞。碰撞前杆的质心速度为v_C。设恢复因数为e，试求碰撞后杆的质心速度u_C与杆的角速度ω。

答：$u_C=\dfrac{3-4e}{7}v_C$，$\omega=\dfrac{12(1+e)}{7l}v_C$。

9-10 如图9-21所示均质杆AB长为l，质量为m，从距离地面高h处自由下落，杆与水平面的夹角为θ。落地时杆的A端与光滑面地面碰撞，恢复因数$e=0.5$。试求碰撞后杆的角速度和质心的速度。

答：$\omega=\dfrac{9\sqrt{2gh}\cos\theta}{l(1+3\cos^2\theta)}$；$u_C=\dfrac{\sqrt{2gh}(1-6\cos^2\theta)}{2(1+3\cos^2\theta)}$。

9-11 如图9-22所示，两均质杆OA和O_1B，上端铰支固定，下端与杆AB铰链连接，静止时杆OA与O_1B铅直，杆AB水平。各铰链均光滑，三杆质量皆为m，长皆为l。如在铰链A处作用一水平向右的碰撞力，该力的冲量为$\boldsymbol{I}$，试求碰撞后杆OA的最大偏角。

答：$\varphi=2\arcsin\dfrac{\sqrt{3}I}{2m\sqrt{10gl}}$。

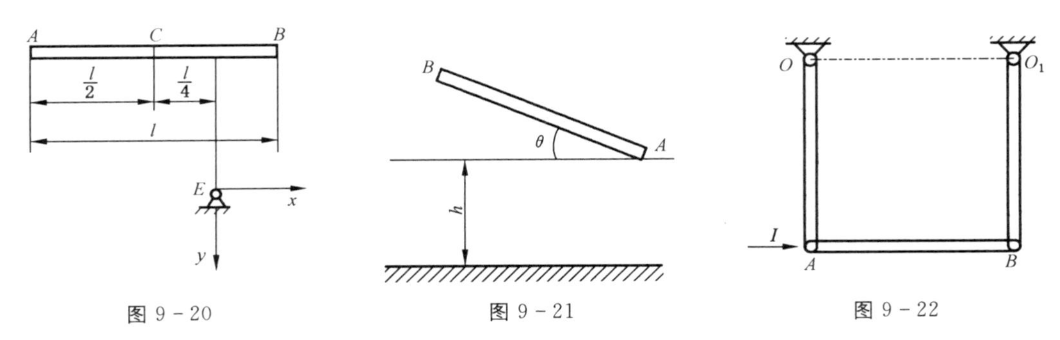

图9-20　　图9-21　　图9-22

9-12 如图9-23所示一球放在光滑水平面上，其半径为r。在球上作用一水平碰撞力，该力冲量为$\boldsymbol{I}$，求当接触点A无滑动时，该力作用线距水平面的高度h应为多少？

答：$h=1.4r$。

9-13 如图9-24所示平台车以速度v沿水平路轨运动，其上放置一均质正方形物块A，边长为a，质量为m。在平台上靠近物块有一凸出的棱B，它能阻止物块向前滑动，但不能阻止它绕棱转动。求当平台车突然停止时，物块绕B转动的角速度。

答：$\omega=\dfrac{3v}{4a}$。

9-14 如图9-25所示质量为m_1的物块置于光滑水平面上，与质量为m_2，长为l的均质杆AB铰接。系统初始静止，杆AB铅垂，$m_1=2m_2$。现有一冲量为$\boldsymbol{I}$的水平冲撞力作用于杆的B端，求碰撞结束时，物块A的速度。

答：$v_A=\dfrac{2}{9}\dfrac{I}{m_2}$，方向向左。

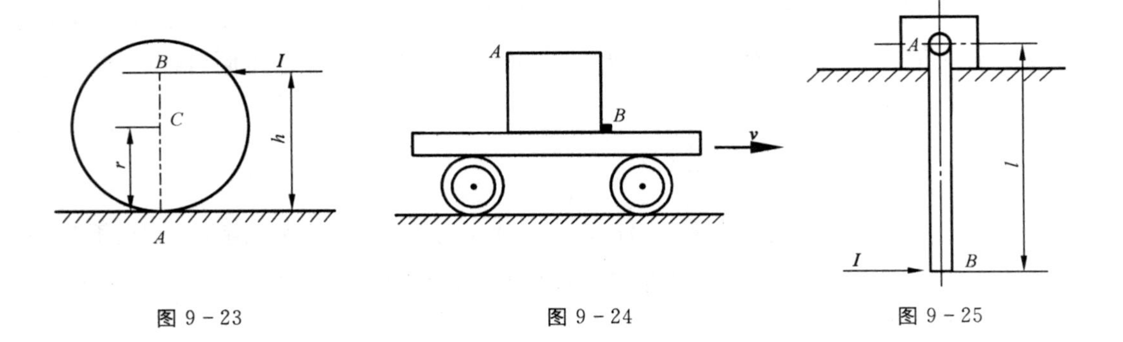

图 9－23　　图 9－24　　图 9－25

第四篇 高等动力学基础

高等动力学基础是对动力学中相关内容的进一步扩展。

本篇包括达朗伯原理、虚位移原理、分析力学基础和机械振动基础。达朗伯原理通过引入惯性力的概念，应用静力学方法研究动力学问题；虚位移原理则通过引入虚功的概念，应用动力学方法研究静力学问题；分析力学基础用数学分析方法，以完整系统为研究对象，通过达朗伯原理和虚位移原理，建立起动力学普遍方程和拉格朗日方程，用来研究多约束、多自由度系统的动力学问题；机械振动是一种特殊形式的运动，机械振动基础介绍了单自由度系统和两自由度系统的自由振动和强迫振动。

第 10 章 达朗伯原理

达朗伯原理是由法国科学家达朗伯在其著作《动力学专论》中为求解机器动力学问题而提出的。达朗伯原理将非自由质点系的动力学方程用静力学平衡方程的形式表述，将事实上的动力学问题转化为形式上的静力学平衡问题，形成所谓的**动静法**。达朗伯原理通过引进惯性力的概念，将动力学系统的二阶运动量表示为惯性力，进而应用静力学方法研究动力学问题，为研究动力学问题提供了一个新的有别于动力学普遍定理的普遍方法，在工程中有着广泛的应用。

10.1 惯性力

当物体受到另一个物体（施力物体）的作用而引起运动状态的改变时，由于该物体具有惯性，力图保持其原有的运动状态，因此对施力物体有一个反作用力，这种作用力称为**惯性力**。

例如，当人用手推小车使其运动状态发生改变时，若不计摩擦力，则小车在水平方向上只有手（施力物体）作用于小车上的力 $\boldsymbol{F}$，如图 10－1 所示。如小车的质量为 m，产生的加速度为 $\boldsymbol{a}$，则由牛顿第二定律有 $\boldsymbol{F}=m\boldsymbol{a}$；同时，车作用于人手上有一反作用力 $\boldsymbol{F}'$，使手感到有压力，这个力 $\boldsymbol{F}'$ 即为小车的惯性力。由作用与反作用定律知

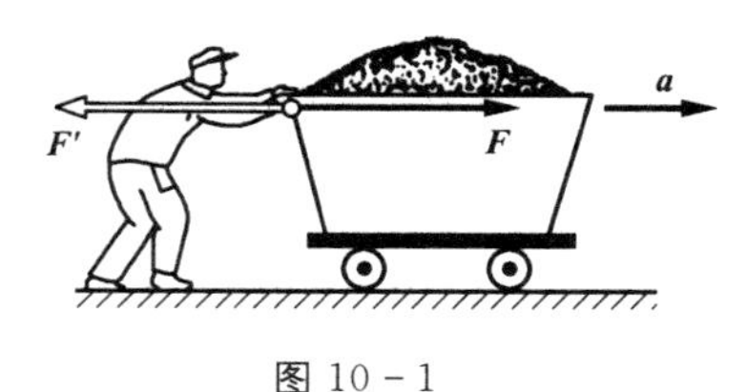

图 10－1

$$\boldsymbol{F}'=-\boldsymbol{F}=-m\boldsymbol{a}$$

又如，绳的一端系一质量为 m 的小球，令小球在水平面上做匀速圆周运动，如

图 10－2所示。设小球受到绳子的拉力为 $\boldsymbol{F}$，法向加速度为 $\boldsymbol{a}_n$，则有

$$\boldsymbol{F}=m\boldsymbol{a}_n$$

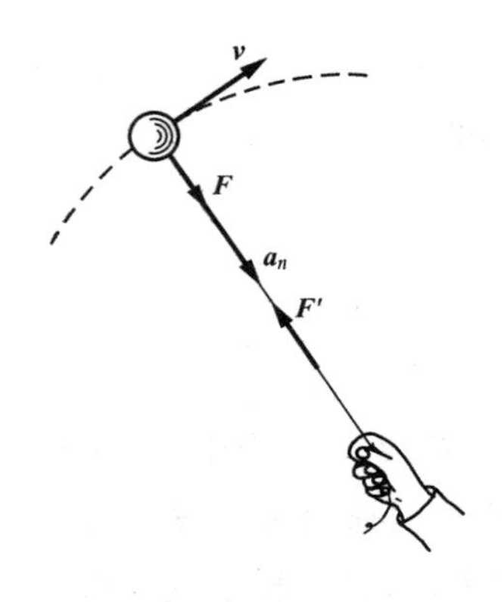

图 10－2

由作用与反作用定律知，小球作用于绳的反作用力 $\boldsymbol{F}'$ 为

$$\boldsymbol{F}'=-\boldsymbol{F}=-m\boldsymbol{a}_n$$

因此，**质点惯性力的大小等于质点的质量与加速度的乘积，方向与加速度方向相反，它不作用于运动质点本身，而作用于使质点运动状态发生改变的施力物体上**。质点惯性力用 $\boldsymbol{F}_g$ 表示，即

$$\boldsymbol{F}_g=-m\boldsymbol{a} \tag{10-1}$$

质点在做非惯性运动的任何瞬时，对于施力于它的物体都会作用一个惯性力。质点惯性力并非质点本身受到的力，而是质点作用于施力体的力。

式(10－1)也可用分量形式表示，在自然轴系下有

$$\boldsymbol{F}_g=F_g^\tau\boldsymbol{\tau}+F_g^n\boldsymbol{n}=-ma_\tau\boldsymbol{\tau}-ma_n\boldsymbol{n} \tag{10-2}$$

其切向分量 $\boldsymbol{F}_g^\tau$ 和法向分量 $\boldsymbol{F}_g^n$ 的大小分别为

$$\begin{cases} F_g^\tau=-ma_\tau=-m\dfrac{\mathrm{d}v}{\mathrm{d}t} \\ F_g^n=-ma_n=-m\dfrac{v^2}{\rho} \end{cases} \tag{10-3}$$

切向分量 $\boldsymbol{F}_g^\tau$ 和法向分量 $\boldsymbol{F}_g^n$ 的方向分别与切向加速度 $\boldsymbol{a}_\tau$ 和法向加速度 $\boldsymbol{a}_n$ 的方向相反。由于法向惯性力 $\boldsymbol{F}_g^n$ 的方向总是背离轨迹的曲率中心，所以又称**离心惯性力**，简称**离心力**。

10.2　达朗伯原理

10.2.1　质点达朗伯原理

设非自由质点 M 的质量为 m，加速度为 $\boldsymbol{a}$，作用有主动力 $\boldsymbol{F}$ 及约束反力 $\boldsymbol{F}_N$，如图 10－3(a)所示，则由牛顿第二定律有

$$\boldsymbol{F}+\boldsymbol{F}_N=m\boldsymbol{a}$$

改写为

$$\boldsymbol{F}+\boldsymbol{F}_N+(-m\boldsymbol{a})=0$$

由式(10－1)知

$$\boldsymbol{F}_g=-m\boldsymbol{a}$$

所以

$$\boldsymbol{F}+\boldsymbol{F}_N+\boldsymbol{F}_g=0 \tag{10-4}$$

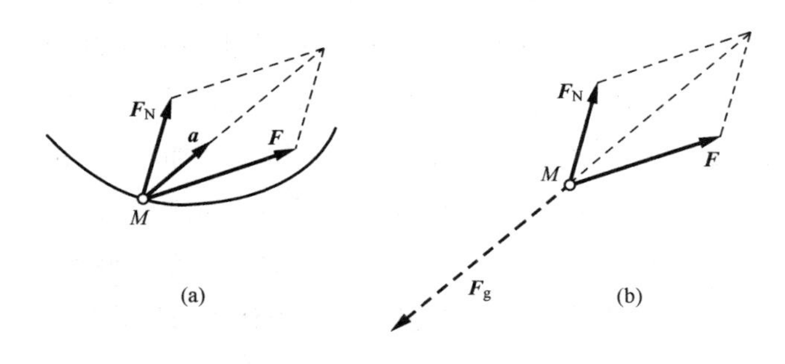

图 10－3

由此得到**质点的达朗伯原理**：

在质点运动的任一瞬时，作用于质点上的主动力、约束反力和惯性力在形式上组成平衡力系。

【例 10－1】 如图 10－4 所示，列车在水平轨道上行驶，车厢内悬挂一单摆，当车厢向右做匀加速运动时，单摆左偏角度为 φ，相对于车厢静止。求车厢的加速度 $\boldsymbol{a}$。

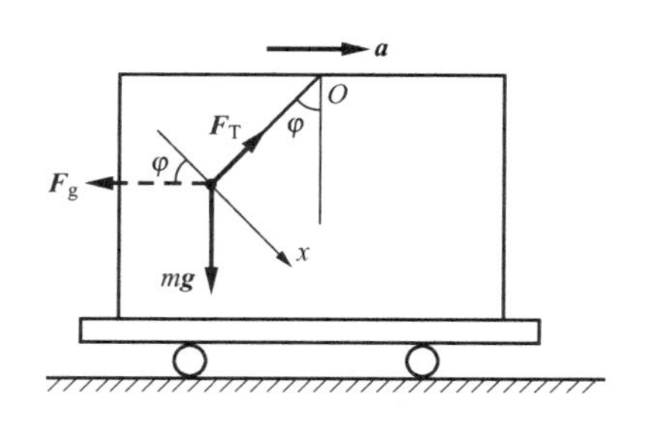

图 10－4

解 选单摆的摆锤为研究对象，虚加惯性力：

$$\boldsymbol{F}_g=-m\boldsymbol{a}$$

由质点的达朗伯原理，有

$$\sum F_x=0, mg\sin\varphi-F_g\cos\varphi=0$$

解得

$$a=g\tan\varphi$$

由此可见，φ 角随着加速度 $\boldsymbol{a}$ 的变化而变化，当 $\boldsymbol{a}$ 不变时，φ 角也不变。只要测出 φ 角，就能知道列车的加速度 $\boldsymbol{a}$。此为摆式加速计的原理。

【例 10－2】 球磨机的滚筒以匀角速度 ω 绕水平轴 O 转动，内装钢球和需要粉碎的物料。钢球被筒壁带到一定高度的 A 处脱离筒壁，然后沿抛物线轨迹自由落下，从而击碎物料，如图 10－5(a)所示。设滚筒内壁半径为 r，试求脱离处半径 OA 与铅直线的夹角 α_0（脱离角）。

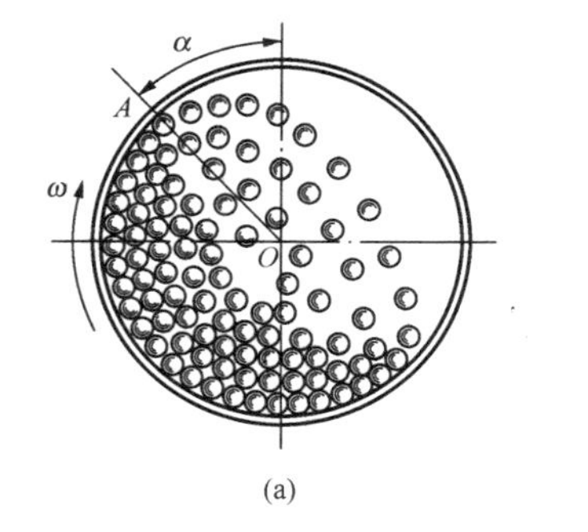

(a)

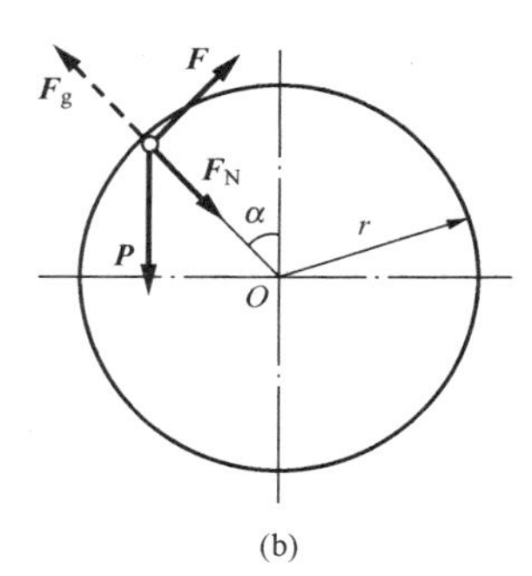

(b)

图 10－5

解 先研究随着筒壁一起转动、尚未脱离筒壁的某个钢球的运动，然后考察它脱离筒壁的条件。钢球未脱离筒壁时受到的力有重力 $\boldsymbol{P}$、筒壁的法向反力 $\boldsymbol{F}_N$ 和切向摩擦力 $\boldsymbol{F}$，如图 10－5(b)所示。此外，再虚加钢球的惯性力 $\boldsymbol{F}_g$。因为钢球随着筒壁作匀速圆周运动，故只有法向惯性力，其大小为 $F_g=mr\omega^2$，方向背离中心 O。根据达朗伯原理，这四个力构成形式上的平衡力系。

列出沿法线方向的平衡方程

$$\sum_{i=1}^{n}F_i^n=0, F_N+P\cos\alpha-F_g=0$$

由此可得

$$F_N=P\left(\frac{r\omega^2}{g}-\cos\alpha\right)$$

从上式可见，随着钢球的上升（即随着 α 角的减小），反力 $\boldsymbol{F}_N$ 的值将逐渐减小。在钢球即将脱离筒壁的瞬时，有条件 $F_N=0$。代入上式后，得到脱离角

$$\alpha_0=\arccos\left(\frac{r\omega^2}{g}\right)$$

顺便指出，当 $r\omega^2/g=1$ 时，有 $\alpha_0=0$，这相当于钢球始终不脱离筒壁，使球磨机不能工作。记这种情况下的滚筒角速度为

$$\omega_0=\sqrt{\frac{g}{r}}$$

对于球磨机，钢球应在适当的角度脱离筒壁，故要求 $\omega<\omega_0$。相反地，对于离心浇铸机，为了使金属熔液在旋转着的铸型内能紧贴内壁而成型，则要求 $\omega>\omega_0$。

【例 10－3】 如图 10－6(a)所示，飞轮的质量均匀地分布于轮缘，材料的重度是 γ。求当飞轮匀速转动且轮缘上点的线速度等于 v 时，轮缘内因转动而产生的应力(即截面上单位面积的内力)。假定轮辐的影响可以忽略不计。

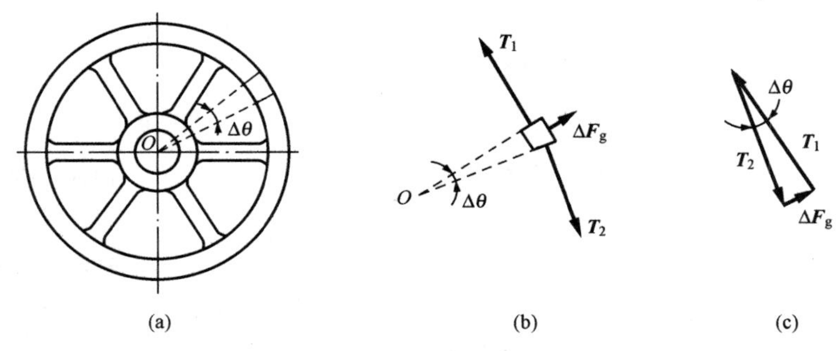

图 10－6

解 假想把轮缘分成许多相等的小段，则由于对称，各段轮缘的受力情况完全相同。因此，取其中的任一小段来研究，假定这一段的对应圆心角是 $\Delta\theta$，如图 10－6(b)所示。

设轮缘的横截面面积为 S，平均半径为 ρ，则所取小段轮缘的质量为

$$\Delta m=\frac{\gamma}{g}S\rho\Delta\theta$$

当匀速转动时，这小段轮缘的质心加速度

$$a=a_n=\frac{v^2}{\rho}$$

方向指向飞轮的轴心 O。因此，这一小段轮缘的惯性力的合力大小为

$$\Delta F_g=\Delta ma=\frac{\gamma}{g}S\rho\Delta\theta\frac{v^2}{\rho}=\frac{\gamma}{g}Sv^2\Delta\theta$$

方向背离轴心 O。该惯性力和作用在该小段轮缘的约束力平衡(主动力只有重力，对于本例不必考虑)。

由于转动，在轮缘中产生了内力。对于所取的一小段轮缘而言，在两端截面上分别作用了内力 $\boldsymbol{T}_1$ 和 $\boldsymbol{T}_2$，这些力是由左右相邻部分的轮缘传来的。$\boldsymbol{T}_1$ 和 $\boldsymbol{T}_2$ 只可能垂直于截面。如果不垂直，则相邻两小段轮缘的受力情形将不相同。

$\boldsymbol{T}_1$、$\boldsymbol{T}_2$、$\Delta\boldsymbol{F}_g$ 在形式上构成平衡力系，即形成闭合力三角形，如图 10－6(c)所示，从而有

$$T_1=T_2=\lim_{\Delta\theta\to 0}\frac{\Delta F_g}{2\sin\dfrac{\Delta\theta}{2}}=\frac{\gamma}{g}Sv^2$$

可以认为轮缘内因转动而产生的内力 $\boldsymbol{T}_1$ 均匀地分布在截面 S 上，于是应力

$$\sigma=\frac{T_1}{S}=\frac{\gamma}{g}v^2 \tag{a}$$

在工程设计中可应用式(a)计算飞轮应力。可以看出，为保证飞轮因惯性力而产生的最大应

力不超过许可值，飞轮轮缘的圆周速度应受到材料强度的限制。例如，对于铸铁，$\gamma=71.5\text{kN/m}^3$，许用应力$[\sigma]=9\ 800\text{kN/m}^2$。于是由式(a)可以求得许可的最大圆周速度 $v\approx 36\text{m/s}$。

10.2.2　质点系达朗伯原理

设质点系由 n 个质点组成，第 i 个质点 M_i 的质量为 m_i，加速度为 $\boldsymbol{a}$，则惯性力 $\boldsymbol{F}_{gi}=-m\boldsymbol{a}_i$，作用于 M_i 的主动力为 $\boldsymbol{F}_i$，约束反力为 $\boldsymbol{F}_{Ni}$，则由质点的达朗伯原理有

$$\boldsymbol{F}_i+\boldsymbol{F}_{Ni}+\boldsymbol{F}_{gi}=0 \quad (i=1,2,\cdots,n)$$

式中，$\boldsymbol{F}_i$ 和 $\boldsymbol{F}_{Ni}$包括内力和外力。

如果每一质点都假想地加上各自的惯性力，因作用于每一质点上的力(包括主动力、约束反力)和惯性力组成形式上的平衡力系，则由 n 个这样的“平衡力系”组成的力系自然也是“平衡力系”。

把作用于第 i 个质点 M_i 的所有力分为外力 $\boldsymbol{F}_i^{(e)}$ 和内力 $\boldsymbol{F}_i^{(i)}$，则有

$$\boldsymbol{F}_i^{(e)}+\boldsymbol{F}_i^{(i)}+\boldsymbol{F}_{gi}=0 \quad (i=1,2,\cdots,n)$$

这表明，质点系中每个质点上作用的外力、内力和惯性力在形式上组成平衡力系。由静力学知，空间一般力系平衡的充分必要条件是力系的主矢和对于任一点的主矩都等于零，即

$$\begin{cases}\sum\limits_{i=1}^{n}\boldsymbol{F}^{(e)}+\sum\limits_{i=1}^{n}\boldsymbol{F}^{(i)}+\sum\limits_{i=1}^{n}\boldsymbol{F}_g=0\\ \sum\limits_{i=1}^{n}\boldsymbol{M}_O(\boldsymbol{F}^{(e)})+\sum\limits_{i=1}^{n}\boldsymbol{M}_O(\boldsymbol{F}^{(i)})+\sum\limits_{i=1}^{n}\boldsymbol{M}_O(\boldsymbol{F}_g)=0\end{cases} \tag{10-5}$$

考虑到质点系的内力总是成对出现的，并且彼此等值、反向、共线，故有

$$\begin{cases}\sum\limits_{i=1}^{n}\boldsymbol{F}^{(e)}+\sum\limits_{i=1}^{n}\boldsymbol{F}_g=0\\ \sum\limits_{i=1}^{n}\boldsymbol{M}_O[\boldsymbol{F}^{(e)}]+\sum\limits_{i=1}^{n}\boldsymbol{M}_O[\boldsymbol{F}_g]=0\end{cases} \tag{10-6}$$

由此得到**质点系的达朗伯原理：在质点系运动的任一瞬时，作用于质点系的所有外力和所有的惯性力在形式上组成平衡力系。**

将式(10－6)投影到直角坐标系，则对于空间一般力系有

$$\begin{cases}\sum\limits_{i=1}^{n}F_x+\sum\limits_{i=1}^{n}F_{gx}=0\\ \sum\limits_{i=1}^{n}F_y+\sum\limits_{i=1}^{n}F_{gy}=0\\ \sum\limits_{i=1}^{n}F_z+\sum\limits_{i=1}^{n}F_{gz}=0\\ \sum\limits_{i=1}^{n}M_x(\boldsymbol{F})+\sum\limits_{i=1}^{n}M_x(\boldsymbol{F}_g)=0\\ \sum\limits_{i=1}^{n}M_y(\boldsymbol{F})+\sum\limits_{i=1}^{n}M_y(\boldsymbol{F}_g)=0\\ \sum\limits_{i=1}^{n}M_z(\boldsymbol{F})+\sum\limits_{i=1}^{n}M_z(\boldsymbol{F}_g)=0\end{cases} \tag{10-7}$$

对于平面一般力系有

$$\left\{\begin{array}{l}\sum_{i=1}^{n} F_x+\sum_{i=1}^{n} F_{gx}=0 \\ \sum_{i=1}^{n} F_y+\sum_{i=1}^{n} F_{gy}=0 \\ \sum_{i=1}^{n} M_O(\boldsymbol{F})+\sum_{i=1}^{n} M_O(\boldsymbol{F}_g)=0\end{array}\right. \tag{10-8}$$

式中：$\sum_{i=1}^{n} F_x$、$\sum_{i=1}^{n} F_y$、$\sum_{i=1}^{n} F_z$ 和 $\sum_{i=1}^{n} F_{gx}$、$\sum_{i=1}^{n} F_{gy}$、$\sum_{i=1}^{n} F_{gz}$ 分别为外力和惯性力在直角坐标系上投影的代数和；$\sum_{i=1}^{n} M_x(\boldsymbol{F})$、$\sum_{i=1}^{n} M_y(\boldsymbol{F})$、$\sum_{i=1}^{n} M_z(\boldsymbol{F})$ 和 $\sum_{i=1}^{n} M_x(\boldsymbol{F}_g)$、$\sum_{i=1}^{n} M_y(\boldsymbol{F}_g)$、$\sum_{i=1}^{n} M_z(\boldsymbol{F}_g)$ 分别为外力和惯性力对对应轴之矩的代数和。

达朗伯原理建立了求解非自由质点系动力学问题的一般方法。这种方法是在真实作用的主动力和约束反力的基础上，再假想地加上惯性力，则可按静力学写平衡方程的方法来建立物体运动的改变与作用力之间的关系。也就是说，动力学问题的求解可借用静力学平衡方程的方法，所以，这种处理问题的方法也称为**动静法**。

应用达朗伯原理既可求运动，如加速度、角加速度等；也可以求力，并且多用于已知运动，求质点系的动约束反力。应用达朗伯原理可以利用静力学建立平衡方程的一切形式上的便利，如矩心可以任意选取，对平面力系可以选用二矩式或三矩式等。因此，当问题中有多个约束反力时，应用达朗伯原理求解更方便。

应用达朗伯原理求动力学问题的步骤及要点包括以下几点。

（1）选取研究对象。原则与静力学相同。

（2）受力分析。画出全部主动力和约束反力。

（3）运动分析。主要分析刚体质心的加速度，刚体角加速度，要同时标出方向。

（4）虚加惯性力。根据刚体惯性力系的简化结果，在受力图上画上惯性力系的主矢和主矩，一定要在正确进行运动分析的基础上来画。

（5）列平衡方程。注意选取适当的矩心和投影轴。

（6）建立补充方程。根据运动学理论，补充运动量之间的关系方程。

（7）联立方程，求解未知量。

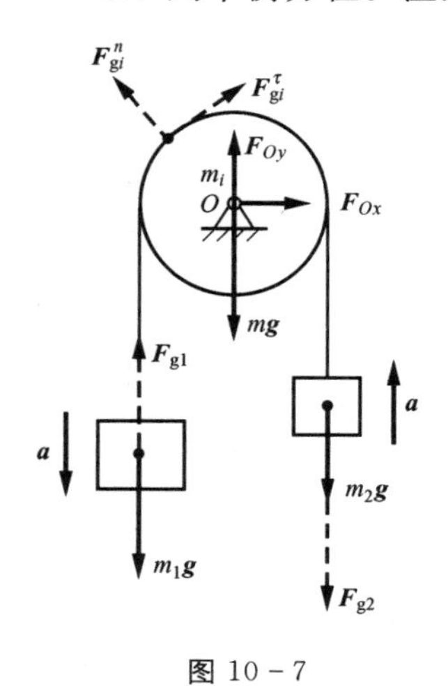

图 10－7

【例 10－4】 如图 10－7 所示，定滑轮的半径为 r，质量 m 均匀分布在轮缘上，绕水平轴 O 转动。跨过滑轮的无重绳两端挂有质量为 m_1 和 m_2 的重物（$m_1>m_2$），绳与轮间不打滑，轴承摩擦忽略不计。求重物的加速度。

解　取滑轮与两重物组成的质点系为研究对象，作用于此质点系的外力有重力 $m_1\boldsymbol{g}$、$m_2\boldsymbol{g}$、$m\boldsymbol{g}$ 和轴承的约束力 $\boldsymbol{F}_{Ox}$、$\boldsymbol{F}_{Oy}$。对两重物加惯性力如图 10－7 所示，大小分别为

$$F_{g1}=m_1 a, F_{g2}=m_2 a$$

设滑轮边缘上任一点 i 的质量为 m_i，其加速度包括切向

加速度和法向加速度，加上对应的惯性力，大小分别为

$$F_{gi}^{\tau}=m_i r\alpha=m_i a\ ,\ F_{gi}^{n}=m_i\ \frac{v^2}{r}$$

列平衡方程，有

$$\sum M_O(\boldsymbol{F})=0,(m_1 g-F_{g1}-m_2 g-F_{g2})r-\sum_{i=1}^{n}F_{gi}^{\tau}r=0$$

即

$$(m_1 g-m_1 a-m_2 g-m_2 a)r-\sum_{i=1}^{n}m_i ar=0$$

注意到

$$\sum_{i=1}^{n}m_i ar=(\sum_{i=1}^{n}m_i)ar=mar$$

解得

$$a=\frac{m_1-m_2}{m+m_1+m_2}g$$

10.3　惯性力系的简化

由 n 个质点组成的质点系，其中质点 M_i 的质量为 m_i、加速度为 $\boldsymbol{a}_i$、惯性力为 $\boldsymbol{F}_{gi}$，则 $\boldsymbol{F}_{gi}=-m_i\boldsymbol{a}_i$。这样的惯性力有 n 个，组成了空间惯性力系。若 n 个惯性力的作用线在同一个平面内，则成为平面惯性力系。

由静力学的力系简化理论知：惯性力系可以应用力的平移定理，向已知点 O 简化，简化的结果为作用于简化中心 O 的一个力和一个力偶，即惯性力系的主矢 $\boldsymbol{F}_g$ 和主矩 $\boldsymbol{M}_{gO}$。

惯性力系的主矢为

$$\boldsymbol{F}_g=\sum_{i=1}^{n}\boldsymbol{F}_{gi}=\sum_{i=1}^{n}-m_i\boldsymbol{a}_i=-\sum_{i=1}^{n}m_i\boldsymbol{a}_i \tag{10-9}$$

将质心坐标 $\boldsymbol{r}_C=\dfrac{\sum_{i=1}^{n}m_i\boldsymbol{r}_i}{m}$ 对时间取二阶导数得

$$m\boldsymbol{a}_C=\sum_{i=1}^{n}m_i\boldsymbol{a}_i \tag{10-10}$$

代入式(10-9)得到惯性力系的主矢为

$$\boldsymbol{F}_g=-m\boldsymbol{a}_C$$

由于惯性力系的主矢 $\boldsymbol{F}_g$ 与简化中心位置无关，因此，无论刚体做何种运动，惯性力系的主矢都等于刚体的总质量与质心加速度的乘积，方向与质心加速度相反。

惯性力系的主矩为

$$\boldsymbol{M}_{gO}=\sum_{i=1}^{n}\boldsymbol{M}_O(\boldsymbol{F}_{gi})=\sum_{i=1}^{n}\boldsymbol{r}_i\times(-m_i\boldsymbol{a}_i) \tag{10-11}$$

惯性力系的主矩 $\boldsymbol{M}_{gO}$ 与简化中心位置有关，即不同的简化中心有不同的值。现就工程上常见的刚体的平动、定轴转动和平面运动三种情况进行讨论。

10.3.1　刚体平动

刚体做平动时，同一瞬时其上各点的加速度均等于质心的加速度 $\boldsymbol{a}_C$，因而惯性力系为平行力系，如图 10－8 所示。将惯性力系向质心 C 简化，得到惯性力系的主矢和主矩

$$\boldsymbol{F}_g = -m\boldsymbol{a}_C$$

$$\boldsymbol{M}_{gC} = \sum_{i=1}^{n} \boldsymbol{M}_C(\boldsymbol{F}_{gi}) = \sum_{i=1}^{n} \boldsymbol{r}_i \times (-m_i \boldsymbol{a}_i) = -(\sum_{i=1}^{n} m_i \boldsymbol{r}_i) \times \boldsymbol{a}_C$$

式中：$\boldsymbol{r}_i$ 是各质点对于质心的矢径。

对于以质心 C 为原点的坐标系，有

$$\sum_{i=1}^{n} m_i \boldsymbol{r}_i = m\boldsymbol{r}_C = 0$$

所以

$$\boldsymbol{M}_{gC} = 0$$

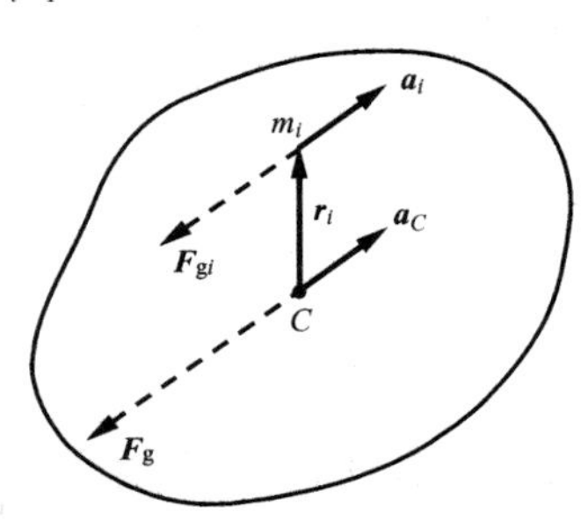

图 10－8

因此，**刚体平动时，惯性力系简化为过质心的一个合力，其大小等于刚体的总质量与加速度的乘积，方向与质心加速度方向相反。**

10.3.2　刚体定轴转动

仅讨论具有质量对称平面的刚体绕垂直于该平面的定轴转动。在这种情况下，可将刚体的空间惯性力系简化为在对称平面 N 内的平面惯性力系，再将此平面惯性力系向对称平面与转轴的交点 O 简化，如图 10－9 所示，则惯性力系的主矢和主矩为

$$\boldsymbol{F}_g = -m\boldsymbol{a}_C$$

$$M_{gO} = \sum_{i=1}^{n} M_O(\boldsymbol{F}_{gi}) = \sum_{i=1}^{n} M_O(\boldsymbol{F}_{gi}^{\tau}) = \sum_{i=1}^{n} (-m_i r_i \alpha) r_i = -(\sum_{i=1}^{n} m_i r_i^2)\alpha$$

式中，$J_O = \sum_{i=1}^{n} m_i r_i^2$ 。

因此有

$$M_{gO} = -J_O \alpha \tag{10-12}$$

由此得到，**具有质量对称平面的刚体绕垂直于该平面的轴转动时，惯性力系简化为通过轴 O 的一个力和一个力偶，此力的大小等于刚体的总质量与质心加速度的乘积，方向与质心加速度的方向相反；此力偶的力偶矩等于刚体对轴的转动惯量与角加速度的乘积，转向与角加速度的转向相反。**

显然，若转轴 O 通过质心 C，则惯性力系的主矢为零，此时惯性力系简化为一个力偶；

若刚体匀速转动，则主矩为零，此时惯性力系简化为通过转轴 O 的一个力；若转轴 O 与质心 C 重合，且刚体匀速转动，则惯性力系的主矢和主矩均为零，此时惯性力系为一平衡力系。

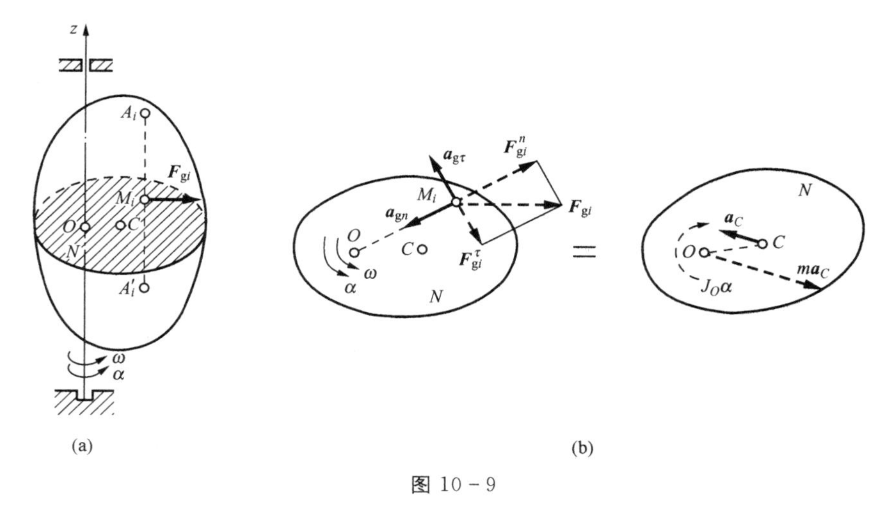

(a)　　(b)

图 10－9

【例 10－5】　如图 10－10 所示，均质杆 AB 长为 l，质量为 m，与水平面上的支座 A 铰接。若杆 AB 由与水平面成 φ_0 角的位置静止落下，求开始落下时杆 AB 的角加速度及支座 A 的反力。

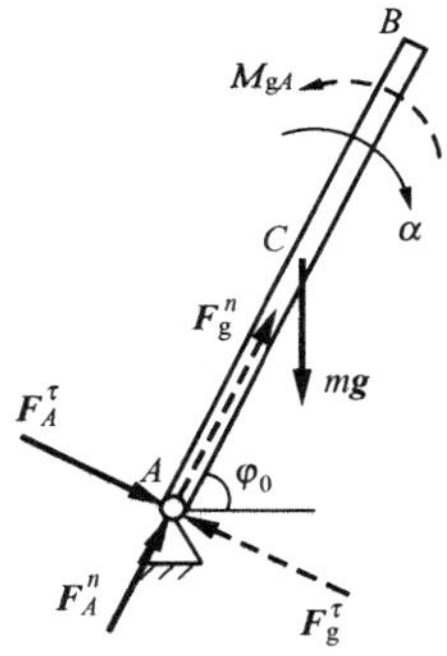

图 10－10

解　选杆 AB 为研究对象，杆 AB 做定轴转动，$a_C^\tau=\dfrac{l}{2}\alpha$。虚加惯性力系

$$\begin{cases}F_g^\tau = ma_C^\tau = \dfrac{1}{2}ml\alpha \\ F_g^n = ma_C^n \\ M_{gA} = J_A\alpha = \dfrac{1}{3}ml^2\alpha\end{cases}$$

根据达朗伯原理有

$$\begin{cases}\sum F_\tau=0, & F_A^\tau+mg\cos\varphi-F_g^\tau=0 \\ \sum F_n=0, & F_A^n-mg\sin\varphi+F_g^n=0 \\ \sum M_A(\boldsymbol{F})=0, & mgl/2\cos\varphi-M_{gA}=0\end{cases}$$

注意到，开始落下时，$\varphi=\varphi_0$，$\dot{\varphi}=0$，$a_C^n=0$。代入解得

$$\begin{cases}F_A^\tau=-\dfrac{1}{4}mg\cos\varphi_0 \\ F_A^n=mg\sin\varphi_0 \\ \alpha=\dfrac{3g}{2l}\cos\varphi_0\end{cases}$$

10.3.3　刚体平面运动

仅讨论具有质量对称平面的刚体的平面运动。此时，仍可将刚体的空间惯性力系简化为对称平面内的平面惯性力系。由于平面运动可分解为随质心 C 的平动和绕质心 C 的转动，故惯性力系向质心 C 简化，如图 10－11 所示，得到惯性力系的主矢和主矩

$$\begin{cases}\boldsymbol{F}_{\mathrm{g}}=-m\boldsymbol{a}_C\\ M_{\mathrm{g}C}=-J_C\alpha\end{cases}\tag{10-13}$$

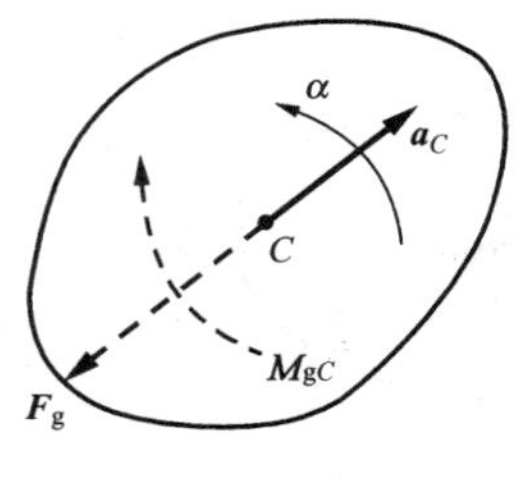

图 10－11

由此可见，**具有质量对称平面的刚体在平行于此平面的平面内做平面运动时，惯性力系简化为通过质心 C 的一个力和一个力偶，此力的大小等于刚体总质量与质心 C 的加速度的乘积，方向与加速度的方向相反；此力偶的力偶矩等于刚体对质心 C 的转动惯量与刚体角加速度的乘积，转向与角加速度的转向相反。**

将作用于上述做平面运动刚体的外力系也向质心 C 简化，得到力矢 $\boldsymbol{F}'_{\mathrm{R}}$ 和主矩 $\boldsymbol{M}_C$。根据达朗伯原理，主矢 $\boldsymbol{F}'_{\mathrm{R}}$ 和主矩 $\boldsymbol{M}_C$ 与虚加的惯性力系 $\boldsymbol{F}_{\mathrm{g}}$、$\boldsymbol{M}_{\mathrm{g}C}$ 构成一零力系。取固定的直角坐标系 $Oxyz$，其中 xy 平面与刚体的对称平面重合，z 轴垂直于该面。将 $\boldsymbol{M}_C$ 在质心轴 $z_C(z_C /\!/ z)$ 上的投影记作 M_{Cz}，也是外力系对质心轴 z_C 的主矩，则有

$$\begin{cases}\boldsymbol{F}'_{\mathrm{R}}+\boldsymbol{F}_{\mathrm{g}}=0\\ M_Cz+M_{\mathrm{g}C}=0\end{cases}$$

注意到式(10－13)，将上式由平衡方程形式改写成动力学方程形式

$$\begin{cases}m\boldsymbol{a}_C=\boldsymbol{F}'_{\mathrm{R}}=\sum_{i=1}^{n}\boldsymbol{F}_i\\ J_C\alpha=M_{Cz}=\sum_{i=1}^{n}M_{Czi}\end{cases}$$

设刚体质心的坐标为 x_C、y_C，转角为 φ，将上式向坐标轴投影，可得

$$\begin{cases}ma_{Cx}=\sum_{i=1}^{n}F_{xi}\\ ma_{Cy}=\sum_{i=1}^{n}F_{yi}\\ J_C\alpha=\sum_{i=1}^{n}M_{Czi}\end{cases}\quad\text{或}\quad\begin{cases}m\ddot{x}_C=\sum_{i=1}^{n}F_{xi}\\ m\ddot{y}_C=\sum_{i=1}^{n}F_{yi}\\ J_C\ddot{\varphi}=\sum_{i=1}^{n}M_{Czi}\end{cases}\tag{10-14}$$

此即为**刚体平面运动的微分方程**。

【例 10－6】　如图 10－12，牵引车的主动轮质量为 m，半径为 R，沿水平直线轨道滚动，设车轮所受的主动力可简化为作用于质心的两个力 $\boldsymbol{F}_x$ 和 $\boldsymbol{F}_y$ 及驱动力偶矩 M，车轮对于通过质心 C 并垂直于轮盘的轴的回转半径为 ρ，轮与轨道间静摩擦因数为 f_{s}。求在车轮滚动而不滑动的条件下，驱动力偶矩 M 的最大值。

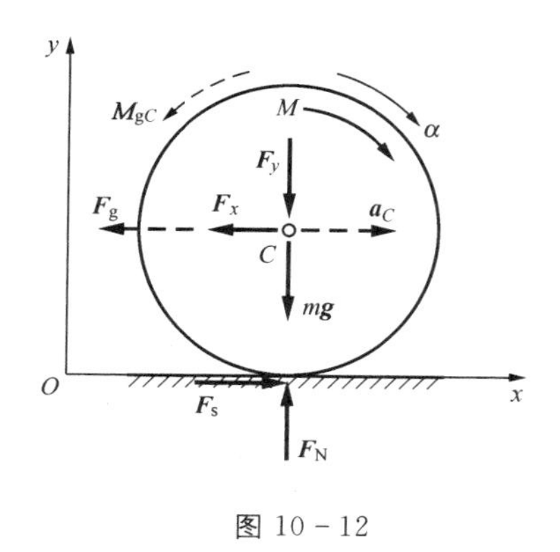

图 10-12

解　取车轮为研究对象，车轮作平面运动。虚加惯性力系

$$\begin{cases} F_g = ma_C = mR\alpha \\ M_{gC} = J_C\alpha = m\rho^2\alpha \end{cases}$$

由达朗伯原理有

$$\begin{cases} \sum F_x = 0, & F_s - F_x - F_g = 0 \\ \sum F_y = 0, & F_N - mg - F_y = 0 \\ \sum M_C(\boldsymbol{F}) = 0, & -M + F_sR + M_{gC} = 0 \end{cases}$$

要保证车轮不滑动，必须

$$F_s < f_sF_N = f_s(mg + F_y)$$

联立上述各式，解得

$$M < f_s(mg + F_y)\left(\frac{\rho^2}{R} + R\right) - F_x\frac{\rho^2}{R}$$

所以，驱动力偶矩 M 的最大值为

$$M_{max} = f_s(mg + F_y)\left(\frac{\rho^2}{R} + R\right) - F_x\frac{\rho^2}{R}$$

可见，静摩擦因数 f_s 越大越不易滑动。

【例 10-7】　如图 10-13(a)所示，质量为 m_1 和 m_2 的两重物，分别挂在两条绳子上，绳子又分别绕在半径为 r_1 和 r_2 并装在同一轴的两鼓轮上。已知两鼓轮对于转轴 O 的转动惯量为 J，系统在重力作用下发生运动，求鼓轮的角加速度。

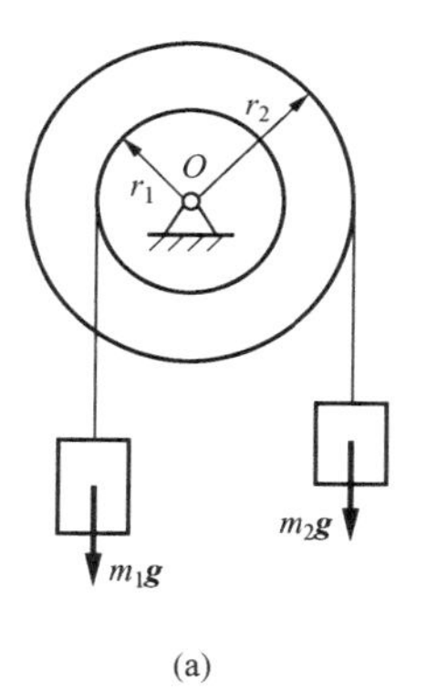

(a)

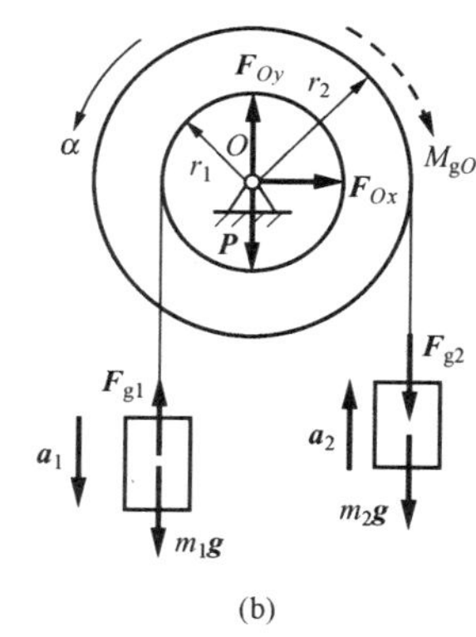

(b)

图 10-13

解　应用达朗伯原理求解。取系统为研究对象，如图 10-13(b)所示，虚加惯性力和惯性力偶

$$\begin{cases} F_{g1} = m_1a_1 \\ F_{g2} = m_2a_2 \\ M_{gO} = J\alpha \end{cases}$$

由达朗伯原理

$$\sum M_O(\boldsymbol{F}) = 0, m_1gr_1 - m_2gr_2 - F_{g1}r_1 - F_{g2}r_2 - M_{gO} = 0$$

即

$$m_1gr_1 - m_2gr_2 - m_1a_1r_1 - m_2a_2r_2 - J\alpha = 0$$

注意到 $a_1 = r_1\alpha$，$a_2 = r_2\alpha$，代入得到

$$\alpha=\frac{m_1r_1-m_2r_2}{m_1r_1^2+m_2r_2^2+J}g$$

10.4　定轴转动刚体的轴承动反力

工程中转子绕定轴高速转动时，常常使轴承承受巨大的附加动反力，以致损坏机器零件或引起剧烈的振动。因此，研究出现附加动反力的原因和避免出现附加动反力的条件，具有实际意义。现用达朗伯原理研究一般情况下转动刚体轴承处的附加动反力。

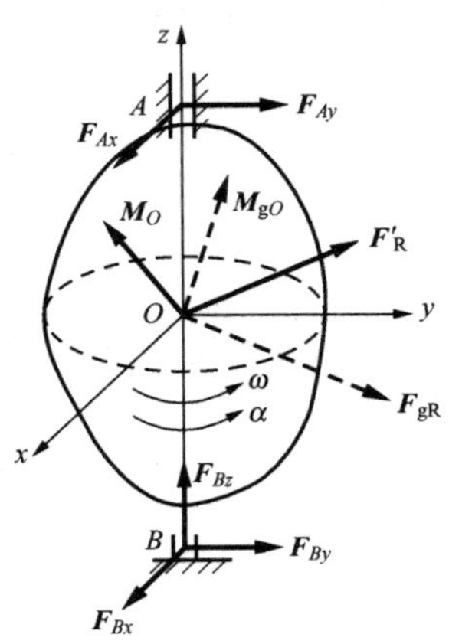

图 10－14

如图 10－14 所示，刚体在主动力 $\boldsymbol{F}_1$、$\boldsymbol{F}_2$、…、$\boldsymbol{F}_n$ 的作用下绕 z 轴转动，某瞬时角速度为 ω，角加速度为 α。

将主动力 $\boldsymbol{F}_1$、$\boldsymbol{F}_2$、…、$\boldsymbol{F}_n$ 向转轴上任一点 O 简化，得到主动力系的主矢 $\boldsymbol{F}'_{\mathrm{R}}$ 和主矩 $\boldsymbol{M}_O$。将各质点的惯性力也向 O 点简化，得到惯性力系的主矢 $\boldsymbol{F}_{\mathrm{g}}$ 和主矩 $\boldsymbol{M}_{\mathrm{g}O}$。注意，$\boldsymbol{F}_{\mathrm{g}}$ 没有沿 z 方向的分量。轴承 A、B 处的约束反力有 $\boldsymbol{F}_{Ax}$、$\boldsymbol{F}_{Ay}$、$\boldsymbol{F}_{Bx}$、$\boldsymbol{F}_{By}$、$\boldsymbol{F}_{Bz}$。

根据达朗伯原理，作用于刚体上的主动力、约束反力和惯性力组成形式上的空间一般平衡力系。如图 10－14，建立固定坐标系 $Oxyz$，可得到 6 个平衡方程

$$\begin{cases}\sum F_x=0, & F_{Ax}+F_{Bx}+F'_{\mathrm{R}x}+F_{\mathrm{g}x}=0\\ \sum F_y=0, & F_{Ay}+F_{By}+F'_{\mathrm{R}y}+F_{\mathrm{g}y}=0\\ \sum F_z=0, & F_{Bz}+F'_{\mathrm{R}z}=0\\ \sum M_x(\boldsymbol{F})=0, & F_{By}\cdot OB-F_{Ay}\cdot OA+M_x+M_{\mathrm{g}x}=0\\ \sum M_y(\boldsymbol{F})=0, & F_{Ax}\cdot OA-F_{Bx}\cdot OB+M_y+M_{\mathrm{g}y}=0\\ \sum M_z(\boldsymbol{F})=0, & M_z+M_{\mathrm{g}z}=0\end{cases}$$

由前 5 个方程解出轴承处的反力

$$\begin{cases}F_{Ax}=-[(M_y+F'_{\mathrm{R}x}\cdot OB)+(M_{\mathrm{g}y}+F_{\mathrm{g}x}\cdot OB)]/AB\\ F_{Ay}=[(M_x-F'_{\mathrm{R}y}\cdot OB)+(M_{\mathrm{g}x}-F_{\mathrm{g}x}\cdot OB)]/AB\\ F_{Bx}=[(M_y-F'_{\mathrm{R}x}\cdot OA)+(M_{\mathrm{g}y}-F_{\mathrm{g}x}\cdot OA)]/AB\\ F_{By}=-[(M_y+F'_{\mathrm{R}y}\cdot OA)+(M_{\mathrm{g}x}+F_{\mathrm{g}y}\cdot OA)]/AB\\ F_{Bz}=-F'_{\mathrm{R}z}\end{cases}\qquad(10-15)$$

由于惯性力没有沿 z 方向的分量，所以除了止推轴承 B 沿 z 轴的约束力 $\boldsymbol{F}_{Bz}$ 与惯性力无关外，其余的约束力 $\boldsymbol{F}_{Ax}$、$\boldsymbol{F}_{Ay}$、$\boldsymbol{F}_{Bx}$、$\boldsymbol{F}_{By}$ 均由两部分组成：①由主动力引起的**静反力**；②由惯性力引起的**附加动反力**，简称**动反力**。

欲使附加动反力为零，由式(10－15)可知，需

$$\begin{cases} F_g = -m\boldsymbol{a}_C = 0 \\ M_{gx} = M_{gy} = 0 \end{cases}$$

因此，使轴承附加动反力为零的条件是 $\boldsymbol{a}_C = 0$，即转轴通过质心 C，以及惯性力系对 x 轴和 y 轴之矩均为零。

下面讨论 M_{gx} 和 M_{gy} 的计算。如图 10－15 所示，在转动刚体上任取一点，其质量为 m_i，坐标为 x_i、y_i、z_i。由图 10－15(b)，惯性力的切向分量与法向分量分别为

$$\begin{cases} F_{gi}^{\tau} = m_i r_i \alpha \\ F_{gi}^{n} = m_i r_i \omega^2 \end{cases}$$

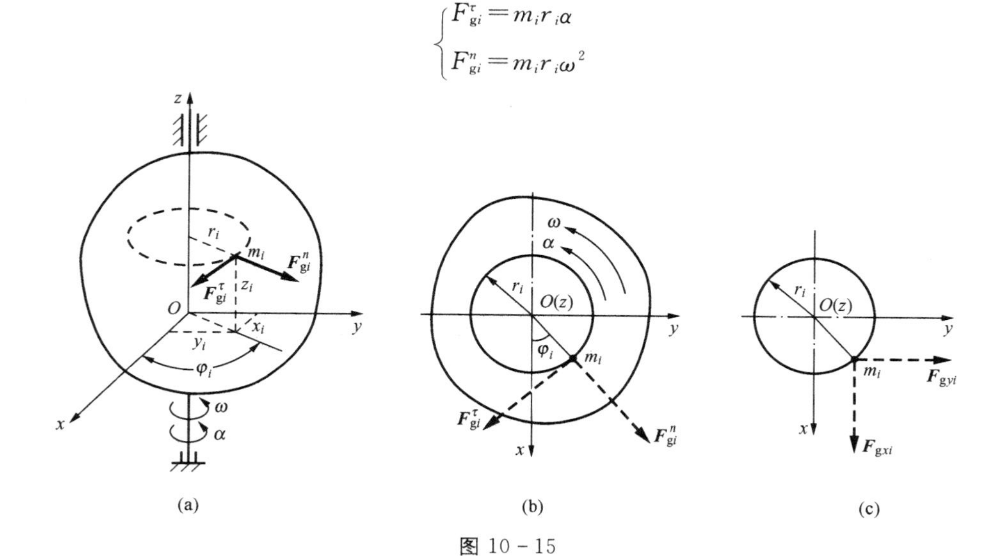

图 10－15

惯性力在 x 轴方向的分量为

$$F_{gxi} = F_{gi}^{n}\cos\varphi_i + F_{gi}^{\tau}\sin\varphi_i = m_i x_i \omega^2 + m_i y_i \alpha$$

其中
$$\cos\varphi_i = \frac{x_i}{r_i}, \sin\varphi_i = \frac{y_i}{r_i}$$

同理，惯性力在 y 轴方向的分量为

$$F_{gyi} = F_{gi}^{n}\sin\varphi_i - F_{gi}^{\tau}\cos\varphi_i = m_i y_i \omega^2 - m_i x_i \alpha$$

惯性力系对 x 轴之矩为

$$\begin{aligned} M_{gx} &= \sum_{i=1}^{n} M_x(\boldsymbol{F}_{gi}) = \sum_{i=1}^{n} M_x(\boldsymbol{F}_{gxi}) + \sum_{i=1}^{n} M_x(\boldsymbol{F}_{gyi}) = \sum_{i=1}^{n} M_x(\boldsymbol{F}_{gyi}) \\ &= \sum_{i=1}^{n} (m_i y_i \omega^2 - m_i x_i \alpha)\ z_i = \alpha \sum_{i=1}^{n} m_i z_i x_i - \omega^2 \sum_{i=1}^{n} m_i y_i z_i \end{aligned}$$

令

$$J_{zx} = \sum_{i=1}^{n} m_i z_i x_i \tag{10-16}$$

$$J_{yz} = \sum_{i=1}^{n} m_i y_i z_i \tag{10-17}$$

J_{zx} 和 J_{yz} 与刚体质量的分布有关，具有转动惯量的量纲，称为**刚体对 z 轴的惯性积**。

因此，惯性力系对 x 轴之矩为

$$M_{gx}=J_{zx}\alpha-J_{yz}\omega^2$$

同理，可以得到惯性力系对 y 轴之矩为

$$M_{gy}=J_{yz}\alpha-J_{zx}\omega^2$$

综上所述，**使轴承处附加动反力为零的条件是：转轴通过质心，并且对转轴的惯性积为零**，即

$$\begin{cases}a_C=0\\ J_{zx}=J_{yz}=0\end{cases}$$

如果刚体对于通过 O 处的 z 轴的惯性积 J_{zx} 和 J_{yz} 均为零，则此转轴称为**惯性主轴**，通过质心的惯性主轴称为**中心惯性主轴**。因此，如使刚体做定轴转动时轴承处的附加动反力为零，转轴应为中心惯性主轴。

当刚体的转轴通过质心，且除重力外，没有其他的主动力作用，则刚体在任意位置保持静止，此种现象称为**静平衡**。当刚体做定轴转动时，若轴承处的附加动反力为零，这种现象称为**动平衡**。动平衡的刚体必然是静平衡的，但静平衡的刚体不一定是动平衡的。

【例 10－8】　如图 10－16 所示，转子质量 $m=20\text{kg}$，水平转轴垂直于转子对称面，转子重心偏离转轴，偏心距 $e=0.1\text{mm}$。若转子做匀速转动，转速 $n=12000\text{r/min}$，试求轴承 A、B 的动反力。

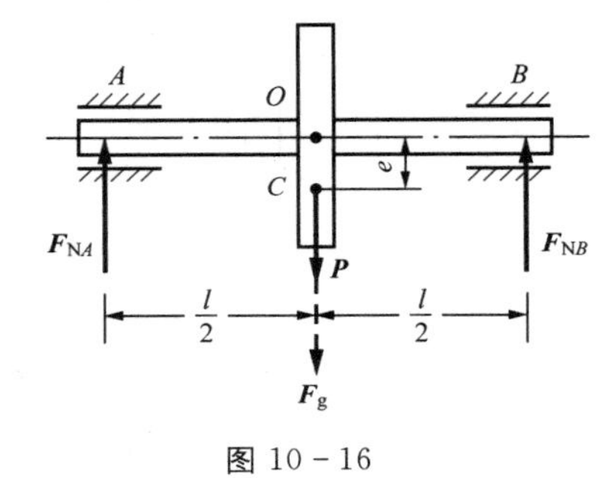

图 10－16

解　应用达朗伯原理求解。以整个转子为研究对象。转子受到的外力有重力 $\boldsymbol{P}$、轴承反力 $\boldsymbol{F}_{NA}$、$\boldsymbol{F}_{NB}$。再向转子的转动中心 O 虚加离心惯性力 $\boldsymbol{F}_g$，大小为

$$F_g=me\omega^2$$

则力 $\boldsymbol{P}$、$\boldsymbol{F}_{NA}$、$\boldsymbol{F}_{NB}$ 和 $\boldsymbol{F}_g$ 在形式上组成一平衡力系。为了讨论方便，将反力分成两部分来计算。

(1) 静反力。本题中静载荷为重力 $\boldsymbol{P}$，两轴承的静反力为

$$F'_{NA}=F'_{NB}=\frac{P}{2}=\frac{20\times9.8}{2}=98\text{N}$$

静反力 F'_{NA}、F'_{NB} 的方向始终铅直向上。

(2) 附加动反力。惯性力 $\boldsymbol{F}_g$ 所引起的轴承的附加动反力分别记作 F''_{NA}、F''_{NB}，显然有

$$F''_{NA}=F''_{NB}=\frac{1}{2}F_g=\frac{1}{2}me\omega^2$$

$$=\frac{1}{2}\times20\times\frac{0.1}{1000}\times\left(12000\times\frac{\pi}{30}\right)^2=1579\text{N}$$

与静反力不同，附加动反力 $\boldsymbol{F}''_{NA}$ 和 $\boldsymbol{F}''_{NB}$ 的方向随着惯性力 $\boldsymbol{F}_g$ 的方向而变化，即随着转子转动。

将静反力与附加动反力合成，就得到全反力。由于转子的旋转，所以在一般的瞬时，$\boldsymbol{F}'_{NA}$与$\boldsymbol{F}''_{NA}$（$\boldsymbol{F}'_{NB}$与$\boldsymbol{F}''_{NB}$）不共线，两者应采用矢量法合成。当附加动反力转动到与静反力同向或反向的瞬时，全反力取得最大值或最小值：

$$F_{NA\max}=F_{NB\max}=1579+98=1677\text{N}$$

$$F_{NA\min}=F_{NB\min}=1579-98=1481\text{N}$$

讨论

由以上计算分析可知，转子在高速转动时，由于离心惯性力与角速度的平方成正比，即使转子的偏心距很小，也会在轴承上引起相当大的附加动反力。如本例中，附加动反力高达静反力的 16 倍左右。附加动反力将使轴承加速磨损发热，激起机器和基础的振动，造成许多不良后果，严重时甚至招致破坏。所以对于高速转动的转子，消除附加动反力是一项非常重要的工作。

小　　结

1．质点的惯性力

质点的质量 m 与加速度 $\boldsymbol{a}$ 的乘积，方向与加速度方向相反，即

$$F_g=-m\boldsymbol{a}$$

2．达朗伯原理

（1）质点的达朗伯原理

在质点上除了作用真实的主动力和约束反力外，假想地加上惯性力，则这些力在形式上组成平衡力系，这样就可借助静力学的平衡方程求解动力学问题，即

$$\boldsymbol{F}+\boldsymbol{F}_N+\boldsymbol{F}_g=0$$

（2）质点系的达朗伯原理

在质点系中每个质点上都假想地加上质点的惯性力，则作用于质点系的外力，包括主动力和约束反力，与惯性力系在形式上组成平衡力系，即

$$\begin{cases}\sum\limits_{i=1}^{n}\boldsymbol{F}^{(e)}+\sum\limits_{i=1}^{n}\boldsymbol{F}_g=0\\ \sum\limits_{i=1}^{n}\boldsymbol{M}_O(\boldsymbol{F}^{(e)})+\sum\limits_{i=1}^{n}\boldsymbol{M}_O(\boldsymbol{F}_g)=0\end{cases}$$

3．惯性力系的简化结果

（1）刚体平动：惯性力系简化为过质心的一个合力，即：

$$\boldsymbol{F}_g=-m\boldsymbol{a}_C$$

（2）刚体定轴转动：对具有质量对称平面的刚体绕垂直于该平面的定轴转动时，惯性力系向对称平面与转轴的交点 O 简化，惯性力系的主矢和主矩为

$$\begin{cases}\boldsymbol{F}_g = -m\boldsymbol{a}_C \\ M_{gz} = -J_z \alpha\end{cases}$$

(3) 刚体平面运动：对具有质量对称平面的刚体的平面运动，惯性力系简化为对称平面图形内通过质心 C 的一个力和一个力偶

$$\begin{cases}\boldsymbol{F}_g = -m\boldsymbol{a}_C \\ M_{gC} = -J_C \alpha\end{cases}$$

4. 刚体平面运动的微分方程

$$\begin{cases} ma_{Cx} = \sum_{i=1}^{n} F_{xi} \\ ma_{Cy} = \sum_{i=1}^{n} F_{yi} \\ J_C \alpha = \sum_{i=1}^{n} M_{Czi} \end{cases} \quad 或 \quad \begin{cases} m\ddot{x}_C = \sum_{i=1}^{n} F_{xi} \\ m\ddot{y}_C = \sum_{i=1}^{n} F_{yi} \\ J_C \ddot{\varphi} = \sum_{i=1}^{n} M_{Czi} \end{cases}$$

5. 定轴转动刚体的轴承动反力

(1) 轴承处动反力为零的条件：转轴应为中心惯性主轴，即转轴通过质心且对该轴的惯性积为零。

(2) 静平衡：质心在转轴上，刚体可以在任意位置静止不动。

(3) 动平衡：转轴为中心惯性主轴，轴承处动反力为零。动平衡的刚体必然是静平衡的，但是，静平衡的刚体不一定是动平衡的。

习　　题

10-1　一重为 P 的物体，挂于长为 l 的绳端，重物在 M_0 处时静止释放，如图 10-17 所示。试用达朗伯原理求重物到达最低位置 M_1 处时绳子的张力。

答：$F=P(3-2\cos\alpha)$。

10-2　有一圆锥摆，如图 10-18 所示。重 $P=9.8\text{N}$ 的小球系于长 $l=30\text{cm}$ 的绳上，绳的另一端系于固定点 O，并与铅直线呈 $\varphi=60°$ 角。如小球在水平面内做匀速圆周运动，求小球的速度 $\boldsymbol{v}$ 和绳的张力 $\boldsymbol{F}$ 的大小。

答：$v=2.1\text{m/s}$，$F=19.6\text{N}$。

10-3　如图 10-19 所示，电动绞车使质量为 m 的小车沿斜角为 α 的光滑斜面上升。小车的运动规律为 $x=kt^2$（k 为常数）。求小车上升过程中钢索的受力。

答：$F=m(2k+g\sin\alpha)$。

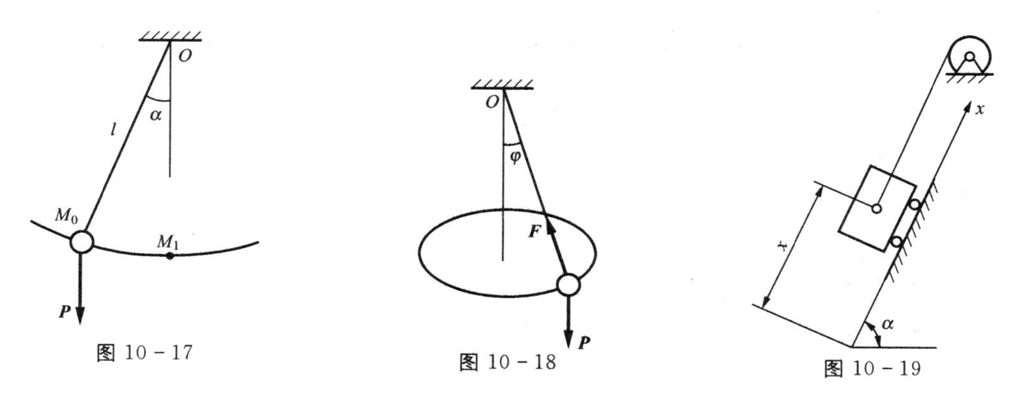

图 10-17 图 10-18 图 10-19

10-4 一质量为 m_1 的牵引船 A，拖着质量分别为 m_2、m_3 的两船 B、C，如图 10-20 所示。水的总阻力为 $\boldsymbol{R}$，船的加速度为 $\boldsymbol{a}$，求牵引力 $\boldsymbol{Q}$。

答：$Q=R+(m_1+m_2+m_3)a$。

10-5 重为 P 的物块 A 沿与铅垂面夹角为 θ 的悬臂梁下滑，如图 10-21 所示。已知外伸部分梁长 l，梁重为 W，不计摩擦。求物块下滑至离固定端 O 的距离 $OA=s$ 时，固定端 O 的约束反力。

答：$F_{Ox}=-P\sin\theta\cos\theta, F_{Oy}=P\sin^2\theta+W, M_O=-(Ps+W\dfrac{l}{2})\sin\theta$。

10-6 一半径为 r 的钢管放在光滑的具有分支的转轴上，如图 10-22 所示。当角速度 ω 为何值时，钢管不致滑出？

答：$\omega\leqslant\sqrt{\dfrac{g}{r}\cot\varphi}$。

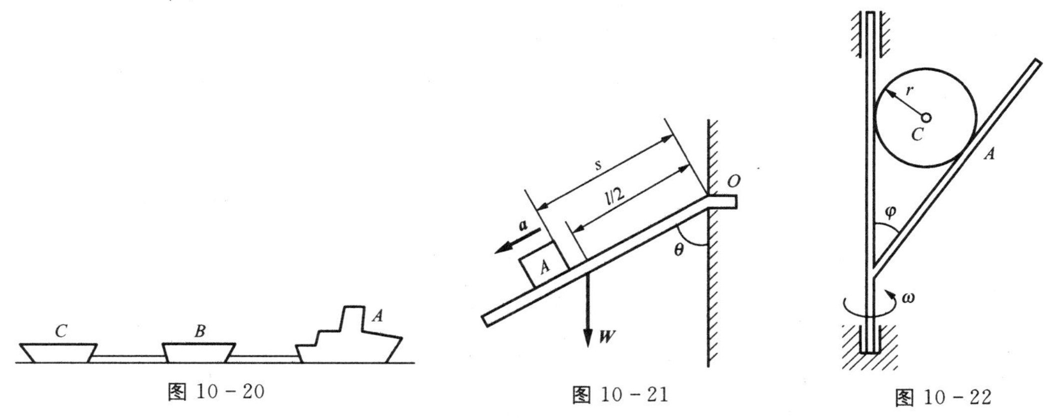

图 10-20 图 10-21 图 10-22

10-7 由长 $r=0.6\text{m}$ 的两平行曲柄 OA 和 O_1B 连接的连杆 AB 上，焊接一水平均质梁 DE。已知，梁的质量 $m=30\text{kg}$，长度 $l=1.2\ \text{m}$，在夹角 $\theta=30°$ 的瞬时，曲柄的角速度 $\omega=6\text{rad/s}$，角加速度 $\alpha=10\text{rad/s}^2$，转向如图 10-23 所示。试求该瞬时梁上 D 处的约束反力。

答：$F_{NDx}=-479.9\text{N}, F_{NDy}=-177.2\text{N}, M_D=106.3\text{N}\cdot\text{m}$。

10-8 一匀质杆 AB 重 P，以两根等长且平行的绳吊起，如图 10-24 所示。设杆

AB 在图示位置无初速地释放，求两绳的拉力在释放瞬时和 AB 运动到最低位置时各等于多少？

答：$\frac{P}{2}\cos\varphi_0$，$\frac{P}{2}(3-2\cos\varphi_0)$。

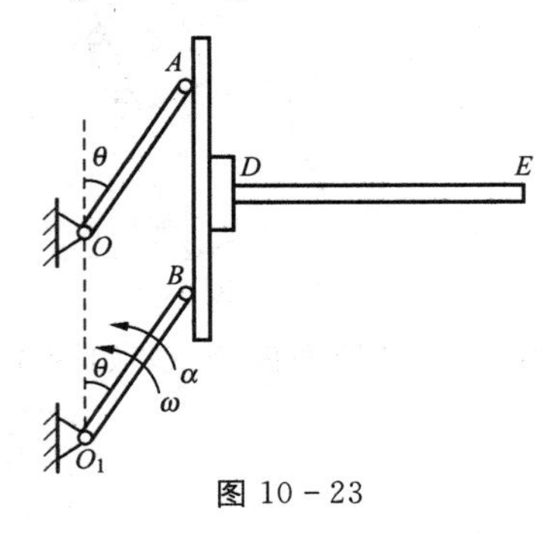

图 10－23

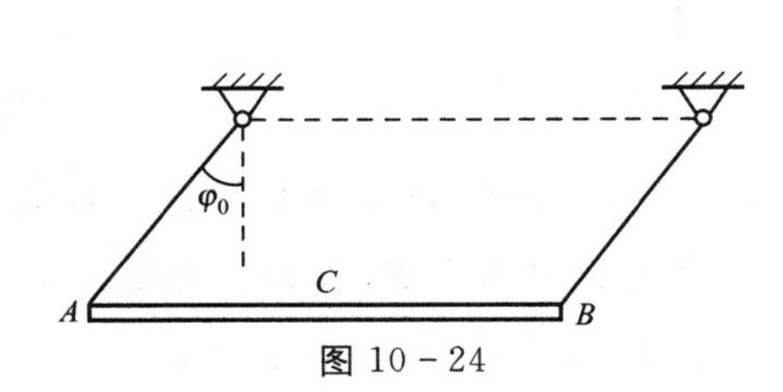

图 10－24

10－9　均质圆盘重 P，在铅垂面内绕水平轴 A 转动，如图 10－25 所示。开始运动时，直径 AB 在水平位置，初速为零。求此时盘心 O 的加速度及 A 点的约束反力。

答：$a_O=\frac{2g}{3}$，$F_{Ax}=0$，$F_{Ay}=\frac{1}{3}P$。

10－10　一轮子半径为 R，重为 P，其中心轴 O 的惯性半径为 ρ，置于水平面上，如图 10－26 所示。轮轴的半径为 r，轴上绕以绳索，并在绳端施加拉力 $\boldsymbol{F}$，力 $\boldsymbol{F}$ 与水平线的夹角 φ 保持不变。设轮子只滚不滑，求轴心 O 的加速度。

答：$a_O=\frac{FR(R\cos\varphi-r)}{P(R^2+\rho^2)}g$。

10－11　均质圆柱体 A 的质量为 m，在外缘上绕有一细绳，绳的一端 B 固定不动，如图 10－27 所示，圆柱体无初速度地自由下降。试求圆柱体质心的加速度和绳的拉力。

答：$\frac{2}{3}g$，$\frac{1}{3}mg$。

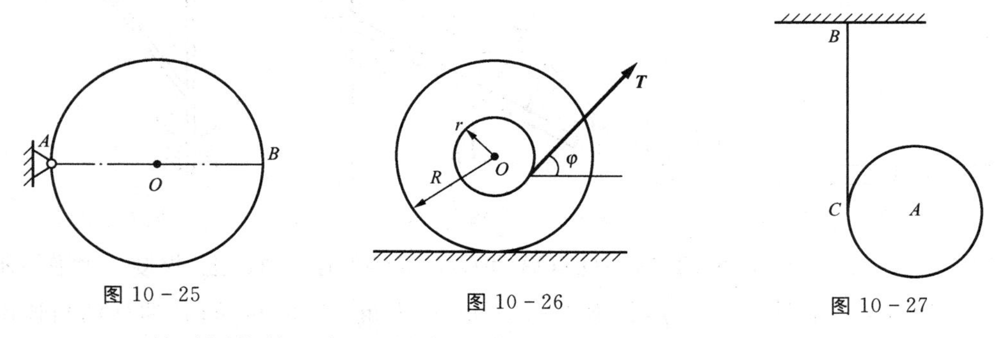

图 10－25　　图 10－26　　图 10－27

10－12　均质圆柱体重为 W，被水平绳拉着在水平面上做纯滚动。绳子跨过定滑轮 B 而系一重为 P 的物体 A，如图 10－28 所示，不计绳及定滑轮重。求滚子中心的加速度及绳的张力。

答：$a_C=\dfrac{4Pg}{3W+8P}$，$F=\dfrac{3PW}{3W+8P}$。

10-13 如图10-29所示，在光滑水平面上放置一个三棱柱，其重量为P，可沿水平面做光滑滑动；一均质圆柱重Q沿三棱柱斜面滚下而不滑动。求三棱柱的运动方程。

答：$\ddot{x}=-\dfrac{Q\sin 2\theta}{3(P+Q)-2Q\cos^2\theta}g$。

10-14 重为G、半径为r的均质圆球沿倾角为θ的斜面无初速地滚下，如图10-30所示。欲使球滚而不滑，摩擦系数f最小应等于多少？

答：$f\geqslant\dfrac{2}{7}\tan\theta$。

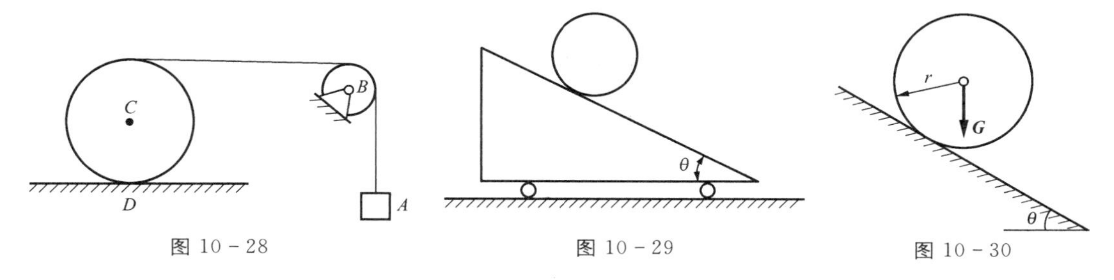

图10-28　　图10-29　　图10-30

10-15 如图10-31所示凸轮导板机构，偏心轮绕O轴以匀角速度ω转动。偏心轮的半径为r，偏心距$OA=e$。当导板CD在最低位置时，弹簧的伸长为b。已知导板重量为P，弹簧的刚度系数为k。试求导板在最低位置时，凸轮作用于导板的铅垂力。

答：$P+\dfrac{P}{g}e\omega^2-kb$。

10-16 重$G=39.2\text{N}$的均质细杆AB的两端各有滑块，这两滑块可以分别在光滑的水平和铅垂槽内运动，如图10-32所示。现在B处作用一铅直力$\boldsymbol{P}$，使杆由静止开始以角加速度$\alpha=12\text{rad/s}^2$逆时针方向运动。求这时力$\boldsymbol{P}$的大小和A、B两处的约束力。已知：$l=0.9\text{m}$，$\theta=30°$。滑块质量和各接触处的摩擦都忽略不计。

答：$P=36.3\text{N}$，$F_{NA}=21.6\text{N}(\uparrow)$，$F_{NB}=10.8\text{N}(\leftarrow)$。

10-17 如图10-33所示半径为R，重为Q的均质圆轮，其轮心C处系一细绳绕过滑轮O，绳的另端系一重为P的重物。轮子在水平面上只滚不滑，滑轮质量不计。试求：(1) 轮心C的加速度；(2) 轮子与地面的摩擦力。

答：(1)$a_C=\dfrac{2P}{2P+3Q}g$；(2) $F_s=\dfrac{PQ}{2P+3Q}$。

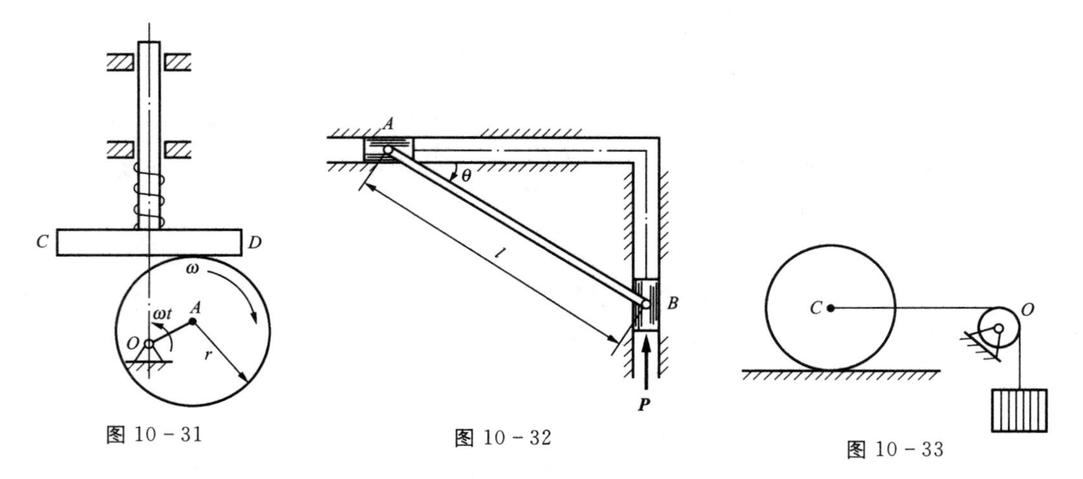

图 10－31　图 10－32　图 10－33

10－18　两重物 P_1 和 P_2 用绳索连结，在作用于第一重物上的力 $\boldsymbol{Q}$ 作用下，沿水平面运动，如图 10－34 所示。重物与水平面间的摩擦系数为 f。试求重物的加速度及绳中拉力。

答：$a=\left(\dfrac{Q}{P_1+P_2}-f\right)g$，$F=\dfrac{QP_2}{P_1+P_2}$。

10－19　具有质量为 m_1、m_2、m_3 的三个物体用绳索相连，并绕过定滑轮 O，如图 10－35所示，摩擦不计。试求系统的加速度及绳索拉力 $\boldsymbol{T}_{12}$ 及 $\boldsymbol{T}_{23}$。

答：$a=\dfrac{2m_3g}{2(m_1+m_2+m_3)+m}$，$T_{12}=\dfrac{2m_1m_3g}{2(m_1+m_2+m_3)+m}$，$T_{23}=\dfrac{[2(m_1+m_2)+m]m_3g}{2(m_1+m_2+m_3)+m}$。

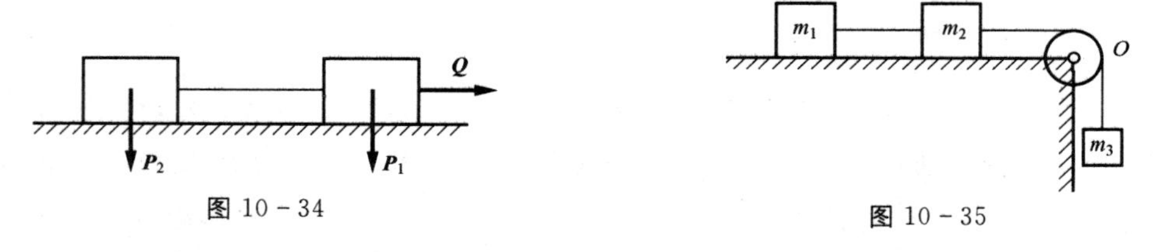

图 10－34　图 10－35

10－20　重为 P 的圆柱滚子，由静止沿与水平方向呈倾角 α 的平面，做无滑动的滚动，带动重为 Q 的 OA 杆移动，如图 10－36 所示。运动中 OA 杆始终与水平面平行，忽略 A 端的摩擦。试求：(1)滚子质心的加速度；(2)OA 杆 A 端对斜面的压力。

答：(1)$a_O=\dfrac{2(Q+P)\sin\alpha}{2Q+3P}g$；(2) $F'_A=\dfrac{Q}{\cos\alpha}\left(\dfrac{1}{2}-\dfrac{Q+P}{2Q+3P}\sin^2\alpha\right)$。

10－21　均质圆盘 A 和均质圆环 B 的质量皆为 m，半径皆为 r，用细杆 AB 铰接，如图 10－37 所示。设系统沿倾角为 α 的斜面只滚不滑。AB 杆和圆环上幅条的质量忽略不计。试求：AB 杆的加速度，AB 杆所受的力以及斜面对圆盘和圆环的约束反力。

答：$\dfrac{4}{7}g\sin\alpha$，$\dfrac{1}{7}mg\sin\alpha$，$\dfrac{2}{7}mg\sin\alpha$，$\dfrac{4}{7}mg\sin\alpha$，$mg\cos\alpha$，$mg\cos\alpha$。

10－22　设均质转子重为 G，质心 C 到转轴的距离为 e，转子以匀角速度 ω 绕水平轴转动，如图 10－38 所示。求当质心 C 转到最低位置时轴承所受的压力。假定转轴与转子的对称平面垂直。

答：$F_{NA}=\dfrac{b}{a+b}\left(1+\dfrac{e\omega^2}{g}\right)G$，$F_{NB}=\dfrac{a}{a+b}\left(1+\dfrac{e\omega^2}{g}\right)G$。

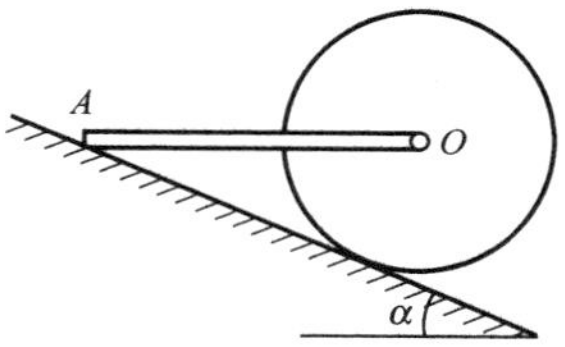

图 10 - 36

图 10 - 37

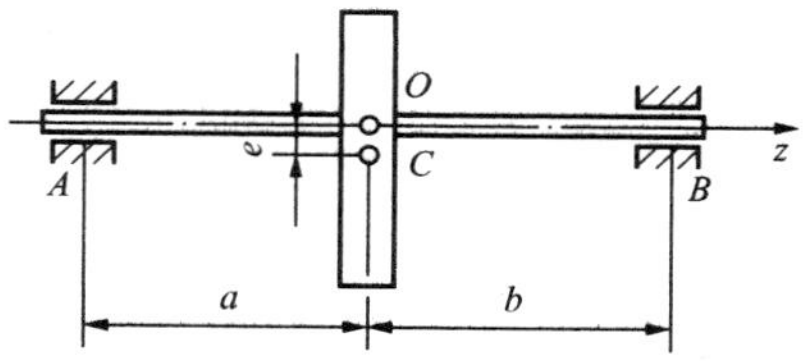

图 10 - 38

10 - 23　两均质细杆 AB 和 BD 长度均为 l，质量均为 m，用光滑圆柱铰链 B 相连接，并自由地挂在铅垂位置，如图 10 - 39 所示。A 为光滑的固定铰支座，在 AB 杆中点作用水平力 $\boldsymbol{F}$，求杆 AB 与 BD 的角加速度 α_{AB} 与 α_{BD} 及 A 点的约束反力。

答：$\alpha_{AB}=\dfrac{6F}{7ml}$，$\alpha_{BO}=-\dfrac{9F}{7ml}$，$F_{Ax}=-\dfrac{5}{14}F$，$F_{Ay}=2mg$。

10 - 24　单摆摆长为 l，重为 P，其支点铰链在均质圆轮的轮心上，如图 10 - 40 所示。圆轮半径为 r，重为 Q，放在水平面上。圆轮与水平面间有足够的摩擦力，阻止其滑动。试求在图示位置无初速地开始运动时，圆轮轮心的加速度 a_C。

答：$a_C=\dfrac{P\sin 2\theta}{3Q+2P\sin^2\theta}\,g$。

10 - 25　均质悬臂梁 AB 重为 P，A 端固定，B 端系一绕在均质圆柱上的不可伸长的绳子，如图 10 - 41 所示。圆柱体质量为 m，半径为 r，质心 C 沿铅垂线向下运动，绳的质量略去不计。试求 A 端的约束反力。

答：$F_{Ax}=0$，$F_{Ay}=P+\dfrac{1}{3}mg$，$M_A=\dfrac{1}{3}mgl+\dfrac{1}{2}Pl$。

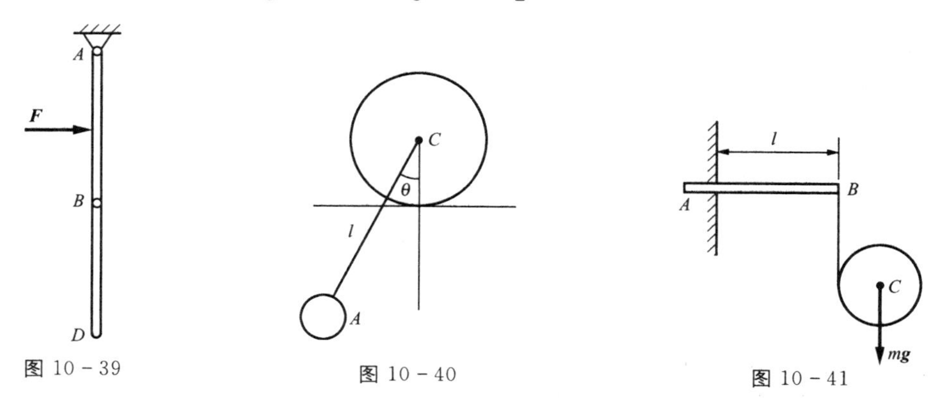

图 10 - 39　　图 10 - 40　　图 10 - 41

10 - 26　均质杆 AB 长为 l，质量为 m，一端系在绳索 BD 上，另一端放在光滑水平面上。当绳垂直时，杆与水平面的倾角 $\varphi=45°$，如图 10 - 42 所示。现在绳突然剪断，求此瞬时杆端 A 的约束反力。

答：$F_A=2mg/5$。

10－27　铅直平面内的两均质杆重均为 P，在图 10－43 所示位置从静止开始释放，求此瞬时 A 处的约束反力。

答：$F_{Ax}=0, F_{Ay}=5P/16$。

10－28　均质细杆 AB 长为 l，质量为 m，上端靠在光滑铅垂墙上，下端与均质圆柱的中心铰接，如图 10－44所示。圆柱的质量为 M，半径为 R，在水平面上做纯滚动，滚阻力偶不计。当 AB 杆与水平线的夹角 $\varphi=45°$时，该系统由静止开始运动。试求此瞬时轮心 A 的加速度。

答：$a_A=\dfrac{3m}{4m+9M}g$。

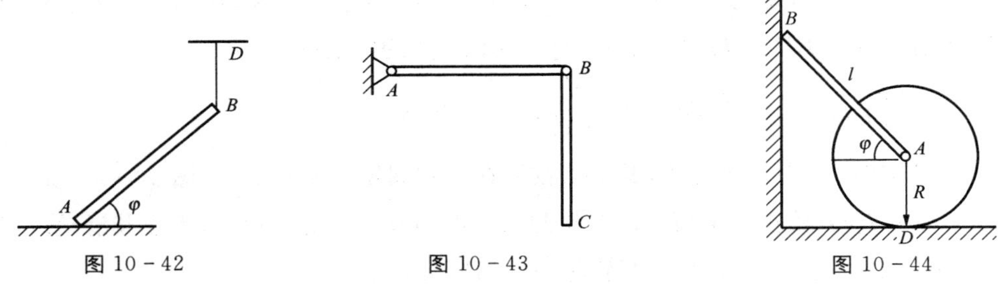

图 10－42　　图 10－43　　图 10－44

10－29　如图 10－45 所示均质杆 AB 的长度为 l，质量为 m，可绕 O 轴在铅直面内转动，$OA=l/3$，用细线静止悬挂在图示水平位置。若将细线突然剪断，求 AB 杆运动到与水平线呈 θ 角时转轴 O 处的反力。

答：$F_{Ox}=-\dfrac{3}{8}mg\sin 2\theta(\leftarrow), F_{Oy}=\dfrac{3}{4}mg(1+\sin^2\theta)(\uparrow)$。

10－30　均质直杆重为 P，长为 l，A 端为球铰连接，B 端自由，以匀角速度 ω 绕铅垂轴 Az 转动，如图 10－46 所示。求杆与铅垂线的夹角 β 以及铰链 A 处的反力。（提示：本题中直杆虽为定轴转动，但转轴与杆对称面不垂直，不能直接用定轴转动的简化结果进行求解。）

答：$\beta=\arccos\dfrac{3g}{2l\omega^2}, F_{Ay}=-\dfrac{Pl\omega^2}{2g}\sin\beta, F_{Az}=P$。

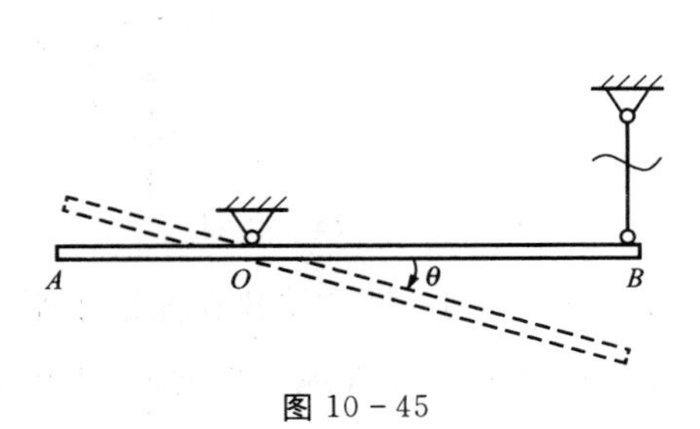

图 10－45

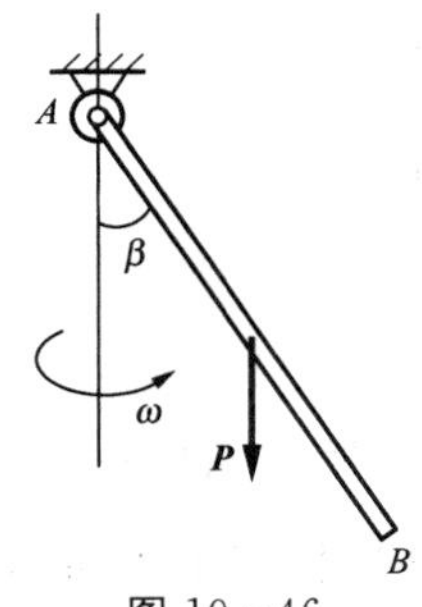

图 10－46

第 11 章　虚位移原理

虚位移原理应用功的概念分析系统的平衡问题，是研究静力学平衡问题的另一途径。对于只有理想约束的物体系统，由于未知的约束反力不做功，有时应用虚位移原理求解比列平衡方程更方便。这种以虚位移原理为基础，用分析的方法求解静力学问题的方法称为**分析静力学**。虚位移原理与达朗伯原理结合，为求解复杂系统动力学问题提供了一种普遍方法，从而奠定了分析力学的基础。

11.1　虚位移和虚功

11.1.1　约束与约束方程

在静力学中，将限制物体位移的周围物体称为该物体的约束。实际上，不仅物体在空间的几何位置可能受到周围物体的限制，而且物体在空间的运动也可能受到周围物体的限制。如图 11－1 所示的圆轮在水平地面上做纯滚动时，瞬心 P 的速度为零，即运动受到了限制。

限制物体在空间的几何位置和运动的条件称为**约束**。这些限制条件的方程称为**约束方程**。按照约束对物体限制的不同情况，可将约束按不同性质进行分类。

11.1.1.1　几何约束和运动约束

限制物体在空间的几何位置的条件称为**几何约束**。如图 11－2 所示的质点 M 在固定曲面上运动，曲面方程即为约束方程，即

$$f(x,y,z)=0$$

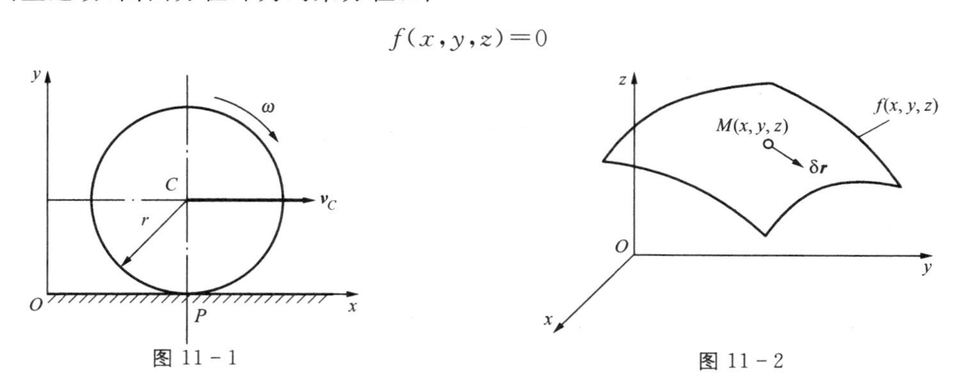

图 11－1　　图 11－2

在图 11－3 所示的曲柄连杆滑块机构中，A 点只能做以 O 为圆心、R 为半径的圆周运动，A 与 B 的距离必须始终保持为杆长 l，且 B 点只能在 x 轴上运动，因而它的约束方程为

$$\begin{cases} x_A^2+y_A^2=R^2 \\ (x_B-x_A)^2+(y_B-y_A)^2=l^2 \\ y_B=0 \end{cases}$$

除了几何约束外，还有限制物体运动情况的运动学条件，称为**运动约束**。图 11－1 所示的车轮在水平地面上做纯滚动时，车轮除了受到限制其轮心 C 始终与地面保持距离为 r 的几何约束外，还受到只滚不滑的运动学限制，其约束方程为

$$\begin{cases} y_C=r \\ \dot{x}_C-r\dot{\varphi}=0 \quad 或 \quad v_C-r\omega=0 \end{cases}$$

11.1.1.2　定常约束和非定常约束

约束条件不随时间变化的约束称为**定常约束**，又称**稳定约束**；约束条件随时间变化的约束称为**非定常约束**，又称**不稳定约束**。如前述的质点 M 在曲面上的运动和曲柄连杆机构的运动均为定常约束，其约束方程中不显含时间 t。图 11－4 所示的单摆中，M 由一根穿过固定圆环 O 的绳子系住，若摆长在开始时为 l_0，然后以不变的速度 $\boldsymbol{v}$ 拉住绳的另一端运动，则单摆的约束方程为

$$x^2+y^2=(l_0-vt)^2$$

由于约束方程中显含时间 t，即约束条件是随时间变化的，所以是非定常约束。

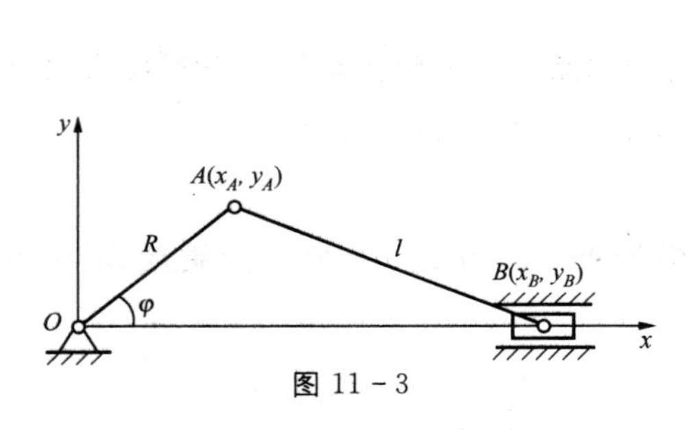

图 11－3

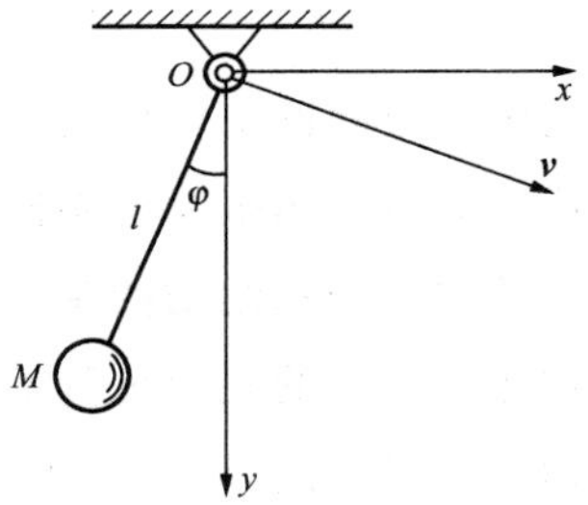

图 11－4

11.1.1.3　单面约束和双面约束

约束方程为不等式的约束称为**单面约束**，又称**单侧约束**或**非固执约束**。例如，长为 l 的细绳系一质量为 m 的单摆，细绳不能限制质点沿绳缩短的方向移动，即只能限制沿绳的一个方向运动，故约束方程为

$$x^2+y^2\leqslant l^2$$

若单摆中的细绳改为刚性杆，显然刚性杆能限制质点沿杆的拉伸和压缩两个方向的位移，这类约束的约束方程为等式，称为**双面约束**，又称**双侧约束或固执约束**。

11.1.1.4　完整约束和非完整约束

如果约束方程中不含有坐标对时间的导数，或者微分项可以积分，称为**完整约束**；反之，如果约束方程中含有坐标对时间的导数，并且方程是不能积分的，称为**非完整约束**。例如，图 11－1 所示车轮的运动约束方程 $\dot{x}_C-r\dot{\varphi}=0$ 虽是微分方程形式，但它可以积分，

所以仍是完整约束。

完整约束的约束方程的一般形式为

$$f_j(x_1,y_1,z_1,x_2,y_2,z_2,\cdots,x_n,y_n,z_n,t)=0 \quad (j=1,2,3,\cdots,s)$$

本章只研究定常双面几何约束，约束方程的一般形式为

$$f_j(x_1,y_1,z_1,x_2,y_2,z_2,\cdots,x_n,y_n,z_n)=0 \quad (j=1,2,3,\cdots,s)$$

式中，n 为质点系质点数，s 为约束方程个数。

11.1.2　虚位移

设质点 M 在空间运动，某瞬时 t 的位置可用矢径 $\boldsymbol{r}=\boldsymbol{r}(t)$ 表示，经过无限小时间间隔 $\mathrm{d}t$ 后，在满足约束条件下，质点 M 产生无限小的位移 $\mathrm{d}\boldsymbol{r}$。$\mathrm{d}\boldsymbol{r}$ 称为在 $\mathrm{d}t$ 内的**真实位移或实位移**。

现在假设在不破坏约束的条件下，质点在某瞬时 t，具有无限小的假想位移 $\delta\boldsymbol{r}$，即位移 $\delta\boldsymbol{r}$ 并未发生，而是假想的，是一种虚设的位移；或者说，它是可能发生而未发生的位移，称为**虚位移**，是在约束允许的条件下，质点系或其中某个质点在某瞬时可能发生的任何微小位移，可用 $\delta\boldsymbol{r}$、$\delta\varphi$、δx、δy、δz 等表示，用以与实位移 $\mathrm{d}\boldsymbol{r}$、$\mathrm{d}\varphi$、$\mathrm{d}x$、$\mathrm{d}y$、$\mathrm{d}z$ 相区别。这里 δ 表示变分。

实位移和虚位移的重要区别是，前者含有时间的概念；后者无时间的概念，是纯粹的几何概念。也就是说，前者是实际已发生的，后者是可能发生而未发生的；同时前者与主动力和运动的初始条件有关，而后者与它们无关。

当然，虚位移在条件允许时可能成为实位移，或者说实位移是虚位移中的一个。虚位移视约束情况，可以有多个，甚至无穷多个。

虚位移的计算方法有两种。一是几何法，即根据运动学中求刚体内各点速度的方法，建立各点虚位移之间的关系；二是解析法，即对坐标进行变分运算。

变分是自变量 t 不变，由函数本身微小改变而得到的函数的改变量。设有一连续函数 $x=f(t)$，如图 11－5 所示。当自变量 t 有一增量 $\mathrm{d}t$ 时，函数的微小增量为函数的微分 $\mathrm{d}x$

$$\mathrm{d}x=f'(t)\mathrm{d}t$$

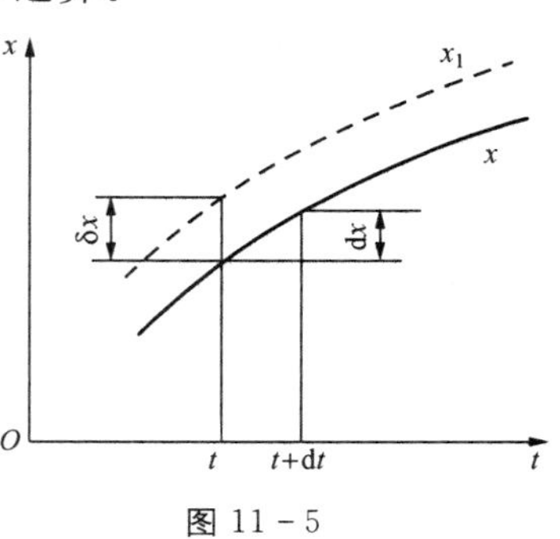

图 11－5

现假设自变量 t 不变，由于 x 有一增量 $\delta x=\varepsilon(t)$，则得到一条与 x 无限靠近的新曲线 x_1，即

$$x_1=x+\delta x=f(t)+\varepsilon(t)$$

式中，ε 是一个微小参数。

根据变分的定义，δx 即为函数的变分

$$\delta x=x_1-x$$

可以看出微分和变分有相似之处，但它们是两个不同的概念。变分与微分不同，它与自变量 t 无关，这正好与虚位移的含义吻合，因此，虚位移的计算即是对坐标进行变分计算。而变分计算，只需将时间 t 固定对函数进行微分运算即可，变分运算的规则与微分运算规则相同。

【例 11-1】 分析图 11-6 所示机构在图示位置时，点 A、B 与 C 的虚位移。已知 $OC=BC=a$，$OA=l$。

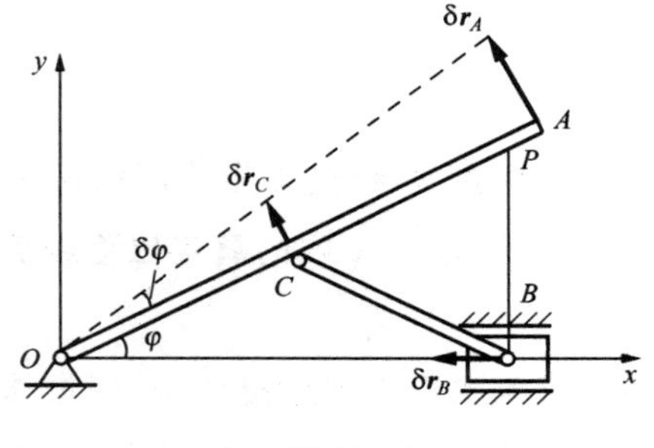

图 11-6

解 以 OA 杆与 x 轴的夹角 φ 为变量，可以得到点 A、B 与 C 的虚位移。

方法一　几何法

根据图中几何关系有

$$\delta r_A = l\delta\varphi$$

$$\delta r_C = a\delta\varphi$$

由于 BC 的速度瞬心为 P，所以

$$\frac{\delta r_C}{\delta r_B} = \frac{PC}{PB} = \frac{a}{2a\sin\varphi} = \frac{1}{2\sin\varphi}$$

得到

$$\delta r_B = 2a\sin\varphi\delta\varphi$$

用投影形式表示为

$$\delta x_A = -l\sin\varphi\delta\varphi, \quad \delta y_A = l\cos\varphi\delta\varphi$$

$$\delta x_B = -2a\sin\varphi\delta\varphi, \quad \delta y_B = 0$$

$$\delta x_C = -a\sin\varphi\delta\varphi, \quad \delta y_C = a\cos\varphi\delta\varphi$$

方法二　解析法

将 A、B 与 C 点的坐标表示成 φ 的函数

$$x_A = l\cos\varphi, \quad y_A = l\sin\varphi$$

$$x_B = 2a\cos\varphi, \quad y_B = 0$$

$$x_C = a\cos\varphi, \quad y_C = a\sin\varphi$$

对 φ 求变分，得到各点的虚位移在相应坐标轴上的投影为

$$\delta x_A = -l\sin\varphi\delta\varphi, \quad \delta y_A = l\cos\varphi\delta\varphi$$

$$\delta x_B = -2a\sin\varphi\delta\varphi, \quad \delta y_B = 0$$

$$\delta x_C = -a\sin\varphi\delta\varphi, \quad \delta y_C = a\cos\varphi\delta\varphi$$

11.1.3　虚功

为了将质点系所受的主动力和约束所许可的虚位移联系起来，需要利用功的概念。力在虚位移上的功称为**虚功**。由于虚位移不能积分，因此虚功只有元功形式而没有对应

的积分形式。

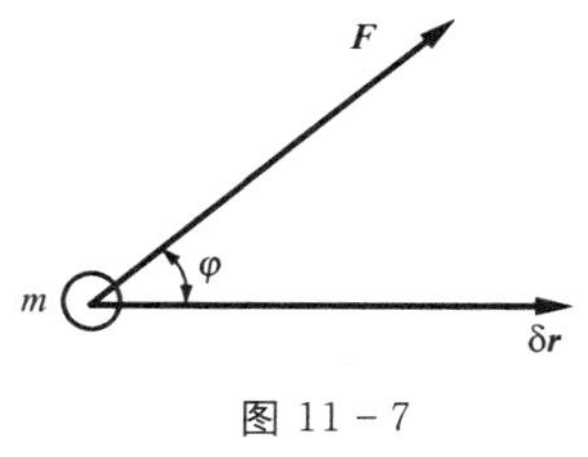

图 11－7

某质点受力 $\boldsymbol{F}$ 作用下，设想给该质点一虚位移 $\delta\boldsymbol{r}$，如图 11－7所示，则力 $\boldsymbol{F}$ 在虚位移 $\delta\boldsymbol{r}$ 上做的虚功为

$$\delta W=\boldsymbol{F}\cdot\delta\boldsymbol{r} \tag{11-1}$$

即

$$\delta W=F|\delta\boldsymbol{r}|\cos(F,\delta\boldsymbol{r}) \tag{11-2}$$

当然，虚功也是假想的，并且与虚位移是同价无穷小量。

11.1.4　理想约束

约束力在虚位移上可以显示虚功，如摩擦力。但在理想情形下，某个约束力的虚功可以恒等于零，或者某些约束力的虚功之和恒等于零(虽然单个约束力的虚功并不等于零)。凡属这种理想情形的约束，统称为**理想约束**。具有理想约束的质点系必须满足的条件是

$$\sum_{i=1}^{n}\delta W_{F_{\mathrm{N}i}}=\sum_{i=1}^{n}\boldsymbol{F}_{\mathrm{N}i}\cdot\delta\boldsymbol{r}_i=0 \tag{11-3}$$

由于在定常约束情况下，实位移可以从虚位移转化而来，彼此具有相同的几何性质。这样，固定的或运动着的光滑支承面、铰链、始终拉紧的不能伸缩的软绳、刚性连接等，都是理想约束。

对于非理想约束中能显示虚功(或虚功之和)的约束力(如摩擦力、弹性力)可以当做特殊的力，并到主动力中一起考虑。

11.2　虚位移原理

11.2.1　虚位移原理

设由 n 个质点组成的质点系处于静止平衡状态，作用于其中任一质点 M_i 上的主动力的合力为 $\boldsymbol{F}_i$，约束反力的合力为 $\boldsymbol{F}_{\mathrm{N}i}$。由于质点系处于平衡状态，则质点系中的每一个质点也应处于平衡状态，即任一质点 M_i 上的主动力和约束反力的合力为

$$\boldsymbol{F}_i+\boldsymbol{F}_{\mathrm{N}i}=0$$

给质点 M_i 以虚位移 $\delta\boldsymbol{r}_i$，则合力所做的虚功为

$$\boldsymbol{F}_i\cdot\delta\boldsymbol{r}+\boldsymbol{F}_{\mathrm{N}i}\cdot\delta\boldsymbol{r}_i=0$$

由于质点系内每一质点都可写出这样的等式，将 n 个这样的等式相加，必然有

$$\sum_{i=1}^{n}\boldsymbol{F}_i\cdot\delta\boldsymbol{r}_i+\sum_{i=1}^{n}\boldsymbol{F}_{\mathrm{N}i}\cdot\delta\boldsymbol{r}_i=0$$

如果质点系具有理想约束，则约束反力在虚位移中所做虚功之和等于零，即 $\sum\limits_{i=1}^{n}\boldsymbol{F}_{\mathrm{N}i}\cdot\delta\boldsymbol{r}_i=0$，于是得到

$$\sum_{i=1}^{n}\delta W_{Fi}=\sum_{i=1}^{n}\boldsymbol{F}_i\cdot\delta\boldsymbol{r}_i=0 \tag{11-4}$$

其解析形式为

$$\sum_{i=1}^{n}(F_{xi}\delta x_i+F_{yi}\delta y_i+F_{zi}\delta z_i)=0 \tag{11-5}$$

式中：F_{xi}、F_{yi}、F_{zi}分别为作用于质点M_i上的主动力$\boldsymbol{F}_i$在直角坐标系上的投影。

式(11-4)和式(11-5)是质点系平衡的必要条件，可以证明也是充分条件。因此，**具有理想约束的质点系平衡的充分必要条件是：作用于质点系上的所有主动力在任何虚位移上所做的虚功之和为零**。这就是**虚位移原理**，又称**虚功原理**。式(11-4)和式(11-5)称为**虚功方程**。

虚位移原理是伯努利于1717年提出来的。根据这个原理，只要质点系平衡，则虚功方程成立。

事实上，充分性可以用反证法来证明。假设虚功方程成立，而质点系不平衡，那么至少有一个质点将从静止进入运动状态，质点系的动能T必有增量$\mathrm{d}T$，同时质点系必然有一真实位移$\mathrm{d}\boldsymbol{r}_i$，则

$$\mathrm{d}T=\sum_{i=1}^{n}(\boldsymbol{F}_i+\boldsymbol{F}_{\mathrm{N}i})\cdot\mathrm{d}\boldsymbol{r}_i>0$$

在稳定约束条件下，实位移是虚位移中的一种，所以用$\delta\boldsymbol{r}_i$代替$\mathrm{d}\boldsymbol{r}_i$，上式仍然成立，即

$$\mathrm{d}T=\sum_{i=1}^{n}(\boldsymbol{F}_i+\boldsymbol{F}_{\mathrm{N}i})\cdot\delta\boldsymbol{r}_i>0$$

理想约束条件下

$$\sum_{i=1}^{n}\boldsymbol{F}_{\mathrm{N}i}\cdot\delta\boldsymbol{r}_i=0$$

所以

$$\sum_{i=1}^{n}\boldsymbol{F}_i\cdot\delta\boldsymbol{r}_i>0$$

显然，这个结论与原假设的虚功方程成立矛盾，即虚功方程成立时，质点系不能由静止进入运动状态。

由于虚功方程处理静力学问题时只需考虑主动力，而不必考虑约束反力，这就是用虚功方程处理静力学问题简单的原因。应该指出，虽然应用虚位移原理的条件是质点系应具有理想约束，但是也可以用于具有摩擦等非理想约束的情况，这时只要把摩擦力作为主动力，在虚功方程中计入摩擦力等非理想约束力所做的虚功即可。

【例11-2】　如图11-8所示椭圆规机构，连杆AB长为l，杆重和滑道摩擦不计，铰链为光滑的。求在图示位置平衡时，主动力$\boldsymbol{F}_P$和$\boldsymbol{F}$之间的关系。

解　研究整个机构。系统的所有约束都是完整、定常、理想的。

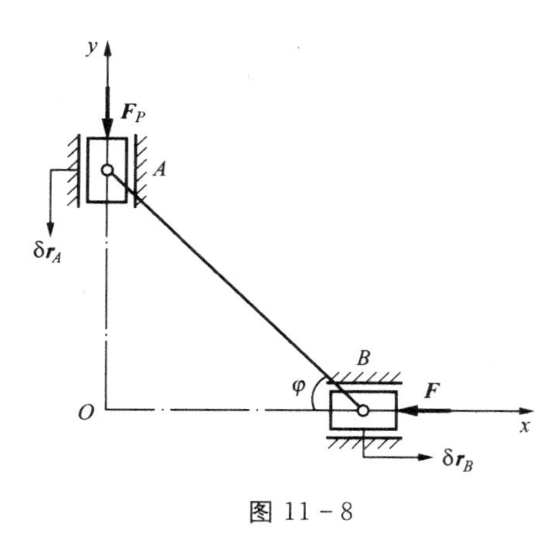

图 11－8

方法一　几何法

设给滑块 A 以图示虚位移 δr_A，在约束许可条件下滑块 B 的虚位移 δr_B 如图 11－8 所示，则由虚位移原理 $\sum_{i=1}^{n} \boldsymbol{F}_i \cdot \delta \boldsymbol{r}_i = 0$，有

$$F_P \delta r_A - F \delta r_B = 0$$

为了得到 $\boldsymbol{F}_P$ 与 $\boldsymbol{F}$ 之间的关系，应找出虚位移 $\delta \boldsymbol{r}_A$ 与 $\delta \boldsymbol{r}_B$ 的关系。由于 AB 为刚性杆，AB 两点的虚位移在 AB 连线上的投影应相等，所以

$$\delta r_A \sin\varphi = \delta r_B \cos\varphi$$

即

$$\delta r_B = \delta r_A \tan\varphi$$

所以

$$(F_P - F\tan\varphi)\delta r_A = 0$$

由 δr_A 的任意性，得到

$$F_P = F\tan\varphi$$

方法二　解析法

建立图示坐标系，由虚位移原理 $\sum_{i=1}^{n}(F_{xi}\delta x_i + F_{yi}\delta y_i + F_{zi}\delta z_i) = 0$，有

$$-F\delta x_B - F_P \delta y_A = 0$$

A、B 两点的坐标为

$$\begin{cases} x_B = l\cos\varphi \\ y_A = l\sin\varphi \end{cases}$$

变分运算后有

$$\begin{cases} \delta x_B = -l\sin\varphi\delta\varphi \\ \delta y_A = -l\cos\varphi\delta\varphi \end{cases}$$

代入后得到

$$(F\sin\varphi - F_P\cos\varphi)l\delta\varphi = 0$$

由 $\delta\varphi$ 的任意性，得到

$$F_P = F\tan\varphi$$

11.2.2　广义坐标形式的虚位移原理

11.2.2.1　自由度和广义坐标

确定一个质点在空间的位置需要三个独立参数，即三个坐标 x、y、z，该自由质点在空间有三个自由度。若质点数为 n，则就有 $3n$ 个自由度。若质点系为非自由质点系，受到

s 个完整约束，则 $3n$ 个坐标满足 s 个约束方程，质点系就只有 $3n-s$ 个坐标是独立的，而其余 s 个坐标是这些独立坐标的函数。这样，确定质点系在空间的几何位置，只要确定任意 $3n-s$ 个独立坐标就够了。**在完整约束条件下，确定质点系在空间几何位置的独立坐标的个数，称为质点系的自由度**。例如，在图 11－3 的曲柄连杆机构中，x_A、y_A、x_B、y_B 必须满足三个约束方程，故自由度 $k=4-3=1$；又如，图 11－9 的物理双摆，x_A、y_A、x_B、y_B 必须满足以下两个约束方程：

$$\begin{cases} x_A^2+y_A^2=l_1^2 \\ (x_B-x_A)^2+(y_B-y_A)^2=l_2^2 \end{cases}$$

故系统的自由度 $k=4-2=2$。

一般情况下，用直角坐标表示质点系的位置并不总是很方便。例如，图 11－3 所示的曲柄滑块机构，若以 OA 与 x 轴的夹角 φ 为独立变量，则能很方便地确定质点系的位置。各质点系的直角坐标可以表示为 φ 的单值、连续函数

$$\begin{cases} x_A=R\cos\varphi \\ y_A=R\sin\varphi \\ x_B=R\cos\varphi+\sqrt{l^2-R^2\sin^2\varphi} \\ y_B=0 \end{cases}$$

又如，图 11－9 所示的物理双摆，若分别选取 OA、AB 与铅垂线的夹角 φ_1、φ_2 为独立变量，同样各质点的直角坐标可以表示为

$$\begin{cases} x_A=l_1\sin\varphi_1 \\ y_A=l_1\cos\varphi_1 \\ x_B=l_1\sin\varphi_1+l_2\sin\varphi_2 \\ y_B=l_1\cos\varphi_1+l_2\cos\varphi_2 \end{cases}$$

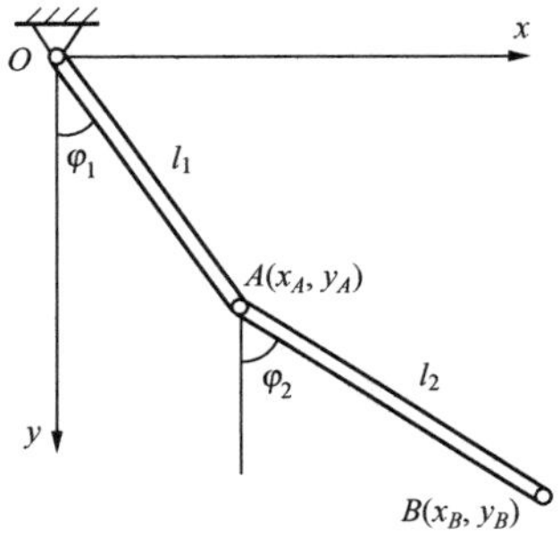

图 11－9

因此，可以选择任意变量（包括直角坐标）来表示质点系的位置。**唯一确定质点系位置的独立变量，称为广义坐标**。曲柄连杆机构中的 φ 是广义坐标，滑块 B 的 x_B 也可作广义坐标。物理双摆中 φ_1、φ_2 是广义坐标，A、B 的 x 坐标 x_A、x_B 也可作广义坐标。

显然，在完整约束条件下，质点系的广义坐标数等于自由度数 k。

以 $q_1,q_2,\cdots,q_k(k=3n-s)$ 表示质点系的广义坐标。对于所选取的直角坐标系，任一质点 M_i 的矢径可表示为广义坐标的函数

$$\boldsymbol{r}_i=\boldsymbol{r}_i(q_1,q_2,\cdots,q_k,t) \tag{11-6}$$

写成直角坐标投影式为

$$\begin{cases} x_i=x_i(q_1,q_2,\cdots,q_k,t) \\ y_i=y_i(q_1,q_2,\cdots,q_k,t) \\ z_i=z_i(q_1,q_2,\cdots,q_k,t) \end{cases} \tag{11-7}$$

将式(11－6)变分，得

$$\delta \boldsymbol{r}_i = \frac{\partial \boldsymbol{r}_i}{\partial q_1}\delta q_1 + \frac{\partial \boldsymbol{r}_i}{\partial q_2}\delta q_2 + \cdots + \frac{\partial \boldsymbol{r}_i}{\partial q_k}\delta q_k = \sum_{j=1}^{k} \frac{\partial \boldsymbol{r}_i}{\partial q_j}\delta q_j \tag{11-8}$$

同理将式(11－7)变分，得

$$\delta x_i = \sum_{j=1}^{k} \frac{\partial x_i}{\partial q_j}\delta q_j, \delta y_i = \sum_{j=1}^{k} \frac{\partial y_i}{\partial q_j}\delta q_j, \delta z_i = \sum_{j=1}^{k} \frac{\partial z_i}{\partial q_j}\delta q_j \tag{11-9}$$

式中：$i=1,2,\cdots,n$ 为质点数；$k=3n-s$ 为自由度数；s 为约束方程的个数。

式(11－8)和式(11－9)建立了广义坐标的变分 δq_j，即广义虚位移，与直角坐标变分之间的关系。

11.2.2.2　以广义力表示质点系的平衡条件

将式(11－8)代入虚功方程(11－4)有

$$\sum_{i=1}^{n} \boldsymbol{F}_i \cdot \left(\sum_{j=1}^{k} \frac{\partial \boldsymbol{r}_i}{\partial q_j}\delta q_j\right) = 0$$

改变求和顺序得

$$\sum_{j=1}^{k} \left(\sum_{i=1}^{n} \boldsymbol{F}_i \cdot \frac{\partial \boldsymbol{r}_i}{\partial q_j}\right)\delta q_j = 0$$

令

$$F_{Qj} = \sum_{i=1}^{n} \boldsymbol{F}_i \cdot \frac{\partial \boldsymbol{r}_i}{\partial q_j} (j = 1,2,\cdots,k) \tag{11-10}$$

F_{Qj} 称为**广义力**，则有

$$\sum_{j=1}^{k} F_{Qj}\delta q_j = 0$$

由于广义坐标是相互独立的，即 $\delta q_j \neq 0$，所以上式成立的条件是

$$F_{Qj}=0 \quad (j=1,2,\cdots,k)$$

即

$$F_{Q1}=F_{Q2}=\cdots=F_{Qk}=0 \tag{11-11}$$

式(11－11)表明：**理想约束条件下，质点系平衡的必要与充分条件是：对应于每一个广义坐标的广义力均为零。**

式(11－11)是一个方程组，方程的数目等于坐标的数目，也即与自由度数相同。

通常有两种方法来计算广义力 F_{Qj}。一种方法是根据广义力的定义式(11－10)，其投影形式为

$$F_{Qj} = \sum_{i=1}^{n} \left(F_{xi}\frac{\partial x_i}{\partial q_j} + F_{yi}\frac{\partial y_i}{\partial q_j} + F_{zi}\frac{\partial z_i}{\partial q_i}\right) \quad (j = 1,2,\cdots,k) \tag{11-12}$$

另一种方法是假定质点系有一组特殊的虚位移，即令广义坐标中任一坐标的变分不为零，其余的均为零，例如，令 $\delta q_s\neq 0,\delta q_1=\delta q_2=\cdots=\delta q_{s-1}=\delta q_{s+1}=\cdots=\delta q_k=0$；或者说，仅 δq_s 有变分，其余的广义坐标保持不变。这样就将 k 个自由度变为一个自由度来处理，在这一组特殊的虚位移中主动力做功之和为

$$\sum W_F^s=F_{Q_s}\delta q_s$$

所以

$$F_{Q_s}=\frac{\sum W_F^s}{\delta q_s}$$

应用虚位移原理求解质点系平衡问题的一般步骤和要点如下：

(1) 正确选取研究对象。以不解除约束的理想约束系统为研究对象，系统至少有一个自由度。若系统存在非理想约束，如弹簧力、摩擦力等，可以把它们计入主动力。若要求解约束反力，需要解除相应的约束，代之以约束反力，并计入主动力。应逐步解除约束，每一次只解除一个约束。

(2) 正确进行受力分析。画出主动力的受力图，包括计入主动力的弹簧力、摩擦力和待求的约束反力。

(3) 正确进行虚位移分析，确定虚位移之间的关系。

(4) 应用虚位移原理建立方程。

(5) 解虚功方程，求出未知数。

【例 11-3】 均质杆 OA 与 AB 在 A 点用铰连接，并在 O 点用铰支承，如图 11-10(a)所示。两杆各长 $2a$ 和 $2b$，各重 $\boldsymbol{P}_1$ 及 $\boldsymbol{P}_2$，设在 B 点加水平力 $\boldsymbol{F}$ 以维持平衡，求两杆与铅垂线所成的角 φ 和 ψ。

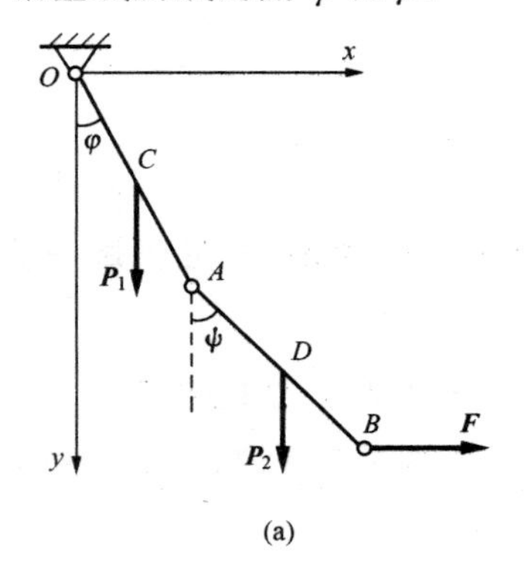

(a)

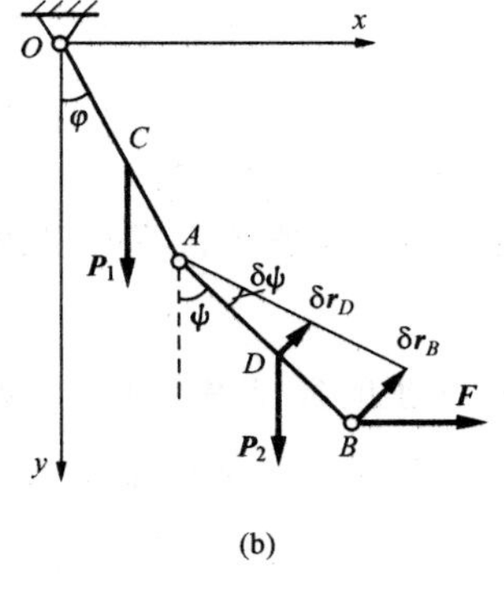

(b)

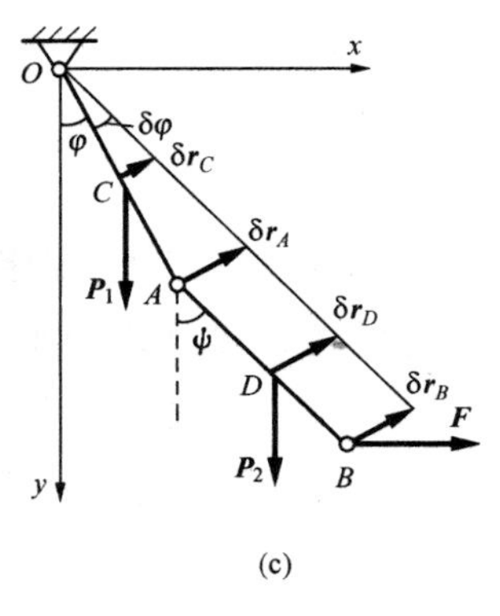

(c)

图 11-10

解　这是一个具有两个自由度的系统，取角 φ 及 ψ 为广义坐标，现用两种方法求解。

方法一　直接变分法

根据虚位移原理，有

$$P_1\delta y_C+P_2\delta y_D+F\delta x_B=0 \tag{a}$$

由

$$\begin{cases} y_C = a\cos\varphi \\ y_D = 2a\cos\varphi + b\cos\psi \\ x_B = 2a\sin\varphi + 2b\sin\psi \end{cases}$$

得到对应的变分为

$$\begin{cases} \delta y_C = -a\sin\varphi\delta\varphi \\ \delta y_D = -2a\sin\varphi\delta\varphi - b\sin\psi\delta\psi \\ \delta x_B = 2a\cos\varphi\delta\varphi + 2b\cos\psi\delta\psi \end{cases}$$

代入式(a)，得

$$(-P_1 a\sin\varphi - P_2 \cdot 2a\sin\varphi + F \cdot 2a\cos\varphi)\delta\varphi + (-P_2 b\sin\psi + F \cdot 2b\cos\psi)\delta\psi = 0$$

由于 $\delta\varphi$，$\delta\psi$ 彼此独立，所以

$$\begin{cases} -P_1 a\sin\varphi - P_2 \cdot 2a\sin\varphi + F \cdot 2a\cos\varphi = 0 \\ -P_2 b\sin\psi + F \cdot 2b\cos\psi = 0 \end{cases}$$

解得

$$\begin{cases} \tan\varphi = \dfrac{2F}{P_1 + 2P_2} \\ \tan\psi = \dfrac{2F}{P_2} \end{cases}$$

方法二　广义力法

先使 φ 保持不变，而使 ψ 获得变分 $\delta\psi$，得到系统的一组虚位移，如图 11－10(b)所示，有

$$F\delta r_B\cos\psi - P_2\delta r_D\sin\psi = 0$$

而

$$\delta r_B = 2b\delta\psi, \delta r_D = b\delta\psi$$

代入上式，得到

$$(F \cdot 2b\cos\psi - P_2 b\sin\psi)\delta\psi = 0$$

解得

$$\tan\psi = \frac{2F}{P_2}$$

再使 ψ 保持不变，而使 φ 获得变分 $\delta\varphi$，得到系统的另一组虚位移，如图 11－10(c)所示，有

$$F\delta r_B\cos\varphi - P_1\delta r_C\sin\varphi - P_2\delta r_D\sin\varphi = 0$$

而

$$\begin{cases} \delta r_C = a\delta\varphi \\ \delta r_B = \delta r_D = \delta r_A = 2a\delta\varphi \end{cases}$$

代入上式，得到

$$(F2a\cos\varphi-P_1a\sin\varphi-P_2 2a\sin\varphi)\delta\varphi=0$$

解得

$$\tan\varphi=\frac{2F}{P_1+2P_2}$$

【例 11-4】 如图 11-11 所示，滑套 D 套在光滑直杆 AB 上，并带动杆 CD 在铅垂滑道上滑动。已知 $\theta=0°$时，弹簧等于原长，弹簧刚度系数 $k=5\text{kN/m}$。求在任意 θ 角位置平衡时，加在 AB 杆上的力偶矩 M。

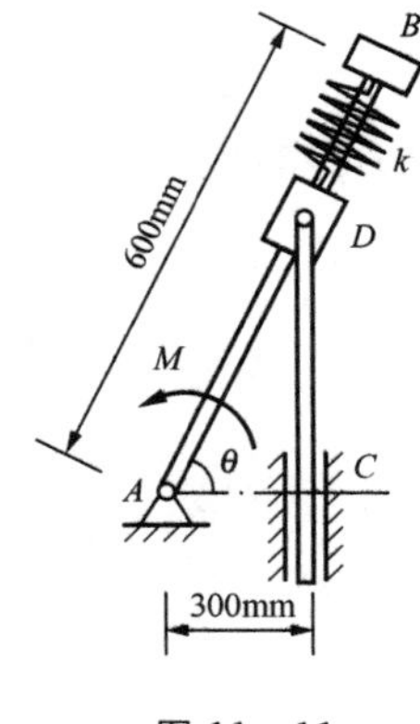

图 11-11

解 这是一个已知系统平衡，求作用于系统上主动力之间关系的问题。将弹簧力计入主动力，系统简化为理想约束系统，故可以用虚位移原理求解。

选择 AB 杆、CD 杆和滑套 D 组成的整个系统为研究对象。

当 $\theta=0°$时，弹簧为原长 l_0，由图中关系有

$$l_0=0.6-0.3=0.3\text{m}$$

而在 θ 角时，弹簧长度为 $l=0.6-0.3\sec\theta$，弹簧变形量为 $l-l_0=0.3(1-\sec\theta)$，所以弹簧恢复力为

$$F=F'=k(l-l_0)=1.5(1-\sec\theta)$$

沿恢复力方向的虚位移为

$$\delta l=-0.3\sec\theta\tan\theta\delta\theta$$

由虚位移原理有

$$M\delta\theta-F\delta l=0$$

即

$$M\delta\theta+1.5(1-\sec\theta)\times0.3\sec\theta\tan\theta\delta\theta=0$$

解得加在 AB 杆上的力偶矩 M 为

$$M=0.45\,\frac{\sin\theta(1-\cos\theta)}{\cos^3\theta}\text{kN}\cdot\text{m}$$

【例 11-5】 已知图 11-12(a)所示连续梁的载荷与尺寸。试求支座 B 的反力。

解 将支座 B 除去，代之以相应的约束反力 $\boldsymbol{F}_{NB}$，如图 11-12(b)所示。由虚位移原理可知

$$-F_1\delta r_1+F_{NB}\delta r_B-F_2\delta r_C-M\delta\theta=0$$

所以

$$F_{NB}=F_1\,\frac{\delta r_1}{\delta r_B}+F_2\,\frac{\delta r_C}{\delta r_B}+M\,\frac{\delta\theta}{\delta r_B}$$

而

$$\frac{\delta r_1}{\delta r_B}=\frac{1}{2},\frac{\delta r_C}{\delta r_B}=\frac{11}{8}$$

$$\frac{\delta\theta}{\delta r_B}=\frac{\delta r_G}{4}\cdot\frac{1}{\delta r_B}=\frac{\delta r_E}{6}\cdot\frac{1}{\delta r_B}=\frac{\delta r_C}{12}\cdot\frac{1}{\delta r_B}=\frac{1}{12}\times\frac{11}{8}=\frac{11}{96}$$

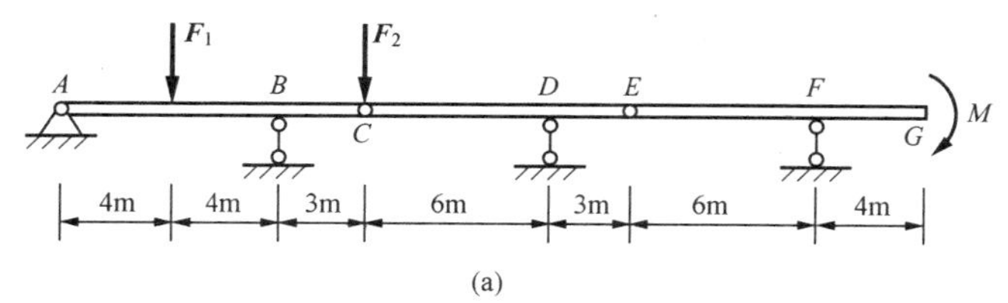

(a)

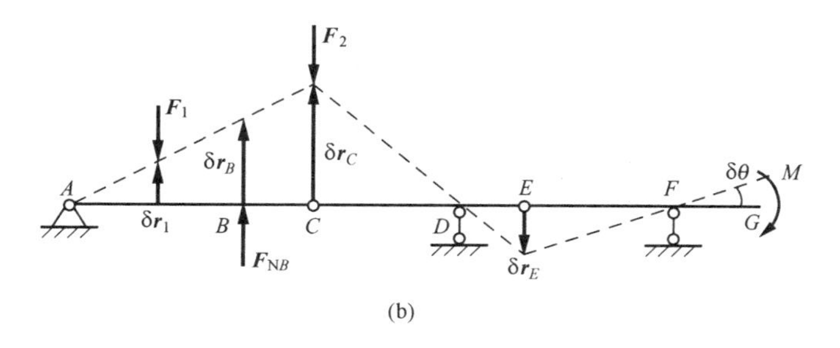

(b)

图 11 - 12

代入上式可得 B 处的支座反力

$$F_{NB}=\frac{1}{2}F_1+\frac{11}{8}F_2+\frac{11}{96}M$$

【例 11 - 6】 升降机构如图 11 -13(a)所示。已知各杆长均为 l，物重为 mg，平衡位置为 θ。试求平衡力 $\boldsymbol{F}$。

解 系统具有 1 个自由度。取广义坐标为 θ。本系统 θ 为一般位置，可以用解析法，建立直角坐标 Oxy，如图 11 - 13(b)所示。

先写出力的投影式

$$F_{Ax}=-F, F_{Ey}=-mg$$

再写出相应的位置坐标

$$x_A=l\cos\theta, y_E=3l\sin\theta$$

然后对坐标进行变分

$$\delta x_A=-l\sin\theta\delta\theta, \delta y_E=3l\text{cis}\theta\delta\theta$$

代入到虚功方程(11 - 5)，有

$$(-F)(-l\sin\theta\delta\theta)+(-mg)(3l\cos\theta\delta\theta)=0$$

即

$$(Fl\sin\theta-3mgl\cos\theta)\delta\theta=0$$

因为 $\delta\theta\neq0$，所以 $F=3mg\cot\theta$。

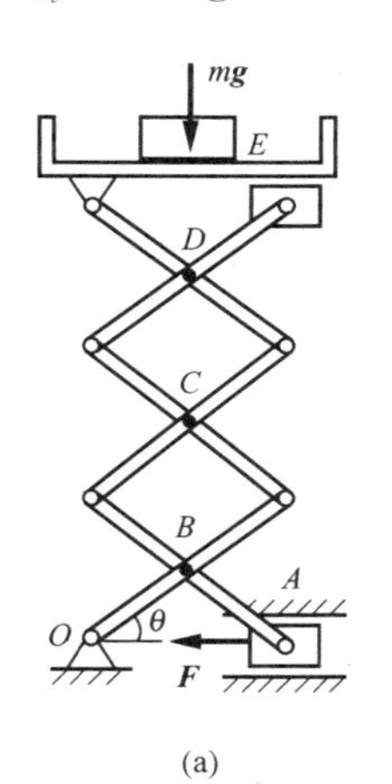

(a)

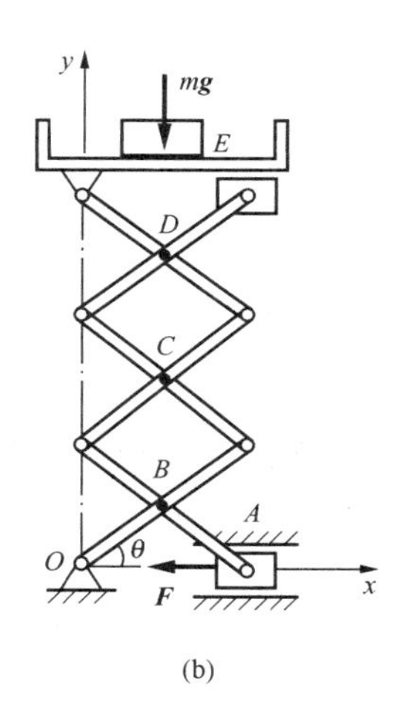

(b)

图 11 - 13

讨论

(1) 在解析式中，直角坐标原点一定要取在固定点上，即为静止坐标。

(2) 位置的直角坐标可以是不独立的，但应该表示为独立的广义坐标的函数。

(3) 先列出力的投影式，这样只要写出对应的坐标即可，无外力作用的点就不需写出。

(4) 对本题这样的系统，若用几何法求解是很麻烦的，所以对于这类由重复单元组成的系统，采用解析法特别简便。

【例 11 - 7】 一桁架尺寸和所受载荷如图 11 - 14(a)所示。已知：$l=5\text{m}$，$h=3\text{m}$，$F=100\text{N}$。试求 CD 杆的内力。

解　将桁架的 CD 杆截断，代之以力 $\boldsymbol{F}_1$、$\boldsymbol{F}_1'$，这样桁架就有了一个自由度。CD 杆被截断后，系统成为Ⅰ、Ⅱ两个相互运动的刚体，如图 11－14(b)所示。刚体Ⅱ做平面运动，其速度瞬心在 G 点。画出有关点的虚位移，注意到 $\boldsymbol{F}_1$ 的虚功为零，由虚功方程

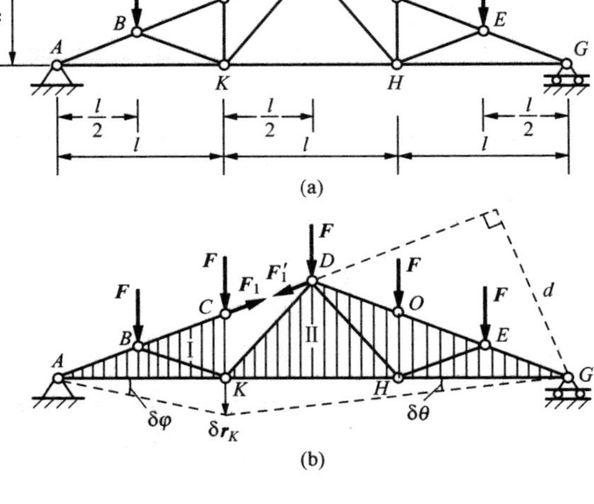

图 11－14

$$F_1' d\delta\theta + F\frac{l}{2}\delta\varphi + Fl\delta\varphi + F\frac{3}{2}l\delta\theta +$$

$$Fl\delta\theta + F\frac{l}{2}\delta\theta = 0$$

其中

$$\delta\varphi = \frac{\delta r_K}{l} = \frac{2l\delta\theta}{l} = 2\delta\theta$$

$$d = AG\sin\angle GAD = 3l \times \frac{h}{\sqrt{h^2 + (\frac{3}{2}l)^2}} = \frac{6hl}{\sqrt{4h^2 + 9l^2}} = \frac{6\times3\times5}{\sqrt{4\times3^2 + 9\times5^2}} = 5.57\text{m}$$

代入后解得

$$F_1' = -\frac{6Fl}{d} = -\frac{6\times100\times5}{5.57} = -538.6\text{N}$$

讨论

(1) 在桁架问题中，当截断一根杆件时，自由度只有 1 个，但有时为两个刚体的相互运动，有时为多个刚体的相互运动。

(2) 当杆被截断后，被截断杆件两端受力相同，但两端的虚位移一般不相同。

【例 11－8】　差动齿轮系统如图 11－15(a)所示。已知齿轮半径 r_1、r_2，作用在曲柄 AB 上的力偶矩 M。试求系统平衡时作用在齿轮Ⅰ、Ⅱ上的力偶矩 M_1、M_2。

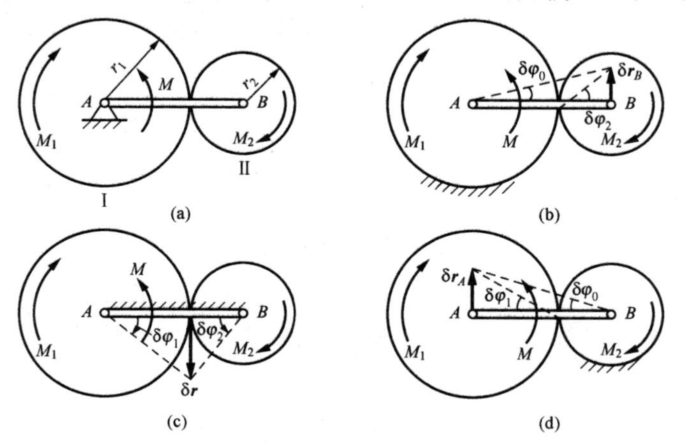

图 11－15

解　系统具有两个自由度。取曲柄 AB 的转角 φ_0 及轮 Ⅰ 的转角 φ_1 为广义坐标。先求对应于 φ_0 的广义力 F_{Q0}，令 $\delta\varphi_0\neq0$，$\delta\varphi_1=0$，其虚位移如图 11－15(b)所示。对应于 $\delta\varphi_0$ 的虚功为 δW_0，即

$$\delta W_0=M\delta\varphi_0-M_2\delta\varphi_2$$

其中

$$(r_1+r_2)\delta\varphi_0=\delta r_B=r_2\delta\varphi_2$$

代入有

$$\delta W_0=M\delta\varphi_0-\frac{r_1+r_2}{r_2}M_2\delta\varphi_0$$

对应的广义力

$$F_{Q0}=\frac{\delta W_0}{\delta\varphi_0}=M-M_2\ \frac{r_1+r_2}{r_2}$$

再求对应于 φ_1 的广义力 F_{Q1}，令 $\delta\varphi_1\neq0$，$\delta\varphi_0=0$，其虚位移如图 11－15(c)所示。对应于 $\delta\varphi_1$ 的虚功为 δW_1，即

$$\delta W_1=M_1\delta\varphi_1-M_2\delta\varphi_2$$

其中

$$r_1\delta\varphi_1=\delta r=r_2\delta\varphi_2$$

代入有

$$\delta W_1=M_1\delta\varphi_1-M_2\ \frac{r_1}{r_2}\delta\varphi_1$$

对应的广义力

$$F_{Q1}=\frac{\delta W_1}{\delta\varphi_1}=M_1-\frac{r_1}{r_2}M_2$$

系统要平衡，则广义力 $F_{Q0}=0$，$F_{Q1}=0$，解得

$$M_1=\frac{r_1}{r_1+r_2}M,M_2=\frac{r_2}{r_1+r_2}M$$

讨论

广义坐标是唯一确定系统位置的坐标，其数目必须等于系统的自由度数。但广义坐标的选择却不是唯一的。本题也可选曲柄 AB 的转角 φ_0 和轮 Ⅱ 的转角 φ_2 为广义坐标。如令 $\delta\varphi\neq0$，$\delta\varphi_2=0$ 其虚位移如图 11－15(d)所示。对应于 $\delta\varphi_0$ 的虚功为 δW_0，即

$$\delta W_0=-M\delta\varphi_0+M_1\delta\varphi_1$$

其中

$$(r_1+r_2)\delta\varphi_0=\delta r_A=r_1\delta\varphi_1$$

代入得到

$$\delta W_0=-M\delta\varphi_0+M_1\ \frac{r_1+r_2}{r_1}\delta\varphi_0$$

对应的广义力

$$F_{Q0}=\frac{\delta W_0}{\delta \varphi_0}=-M+M_1\,\frac{r_1+r_2}{r_1}$$

系统平衡时，广义力 $F_{Q0}=0$，解得

$$M_1=\frac{r_1}{r_1+r_2}M$$

11.3　保守系统的平衡条件与平衡稳定性

11.3.1　有势力与势能的关系

我们知道，势能的大小因其在势力场中的位置不同而异，可以写为坐标的单值连续函数 $V(x,\ y,\ z)$，称为**势能函数**。

由式(7－54)有

$$V(x)=-\int_{M_0}^{M}F_x\mathrm{d}x+F_y\mathrm{d}y+F_z\mathrm{d}z$$

由于有势力的功与路径无关，因此其元功必是函数 V 的全微分，即

$$\mathrm{d}V=-(F_x\mathrm{d}x+F_y\mathrm{d}y+F_z\mathrm{d}z)$$

而由高等数学可知，V 的全微分为

$$\mathrm{d}V=\frac{\partial V}{\partial x}\mathrm{d}x+\frac{\partial V}{\partial y}\mathrm{d}y+\frac{\partial V}{\partial z}\mathrm{d}z$$

比较以上两式可以得到有势力与势能的关系为

$$F_x=-\frac{\partial V}{\partial x},F_y=-\frac{\partial V}{\partial y},F_z=-\frac{\partial V}{\partial z} \tag{11-13}$$

11.3.2　保守系统的平衡条件

作用在保守系统上的主动力 $\boldsymbol{F}_i(i=1,2,\cdots,n)$ 均为有势力时，根据式(11－13)，所有主动力在虚位移上做的元功之和为

$$\begin{aligned}\delta W_F&=\sum_{i=1}^{n}\boldsymbol{F}_i\cdot\delta\boldsymbol{r}_i=\sum_{i=1}^{n}(F_{xi}\delta x_i+F_{yi}\delta y_i+F_{zi}\delta z_i)\\&=-\sum_{i=1}^{n}\left(\frac{\partial V}{\partial x_i}\delta x_i+\frac{\partial V}{\partial y_i}\delta y_i+\frac{\partial V}{\partial z_i}\delta z_i\right)\\&=-\delta V\end{aligned} \tag{11-14}$$

这样，虚位移原理可以表示为

$$\delta V=0 \tag{11-15}$$

上式表明，**在势力场中，具有理想约束的质点系平衡的充分必要条件是：在平衡位置处质点系势能的一阶变分为零**。式(11－15)也称为**势能驻值定理**。

若用广义坐标表示势能函数

$$V=V(q_1,q_2,\cdots,q_k)$$

则

$$\delta V=\frac{\partial V}{\partial q_1}\delta q_1+\frac{\partial V}{\partial q_2}\delta q_2+\cdots+\frac{\partial V}{\partial q_k}\delta q_k=\sum_{j=1}^{k}\frac{\partial V}{\partial q_j}\delta q_j$$

根据式(11-14),有

$$\sum_{j=1}^{k}F_{Qj}\delta q_j=-\sum_{j=1}^{k}\frac{\partial V}{\partial q_j}\delta q_j$$

所以

$$F_{Qj}=-\frac{\partial V}{\partial q_j}\quad (j=1,2\cdots,k) \tag{11-16}$$

式中,F_{Qj}称为**广义有势力**。

由式(11-11)可以得到由广义坐标表示的质点系的平衡条件为

$$\frac{\partial V}{\partial q_j}=0\quad (j=1,2,\cdots,k) \tag{11-17}$$

上式表明,**在势力场中,具有理想约束的质点系的平衡条件是势能对每个广义坐标的偏导数都等于零**。

应用式(11-17)求解具有理想约束的有势力系统的平衡问题时,首先选取合适的广义坐标,并将势能表示为广义坐标的函数,然后将势能函数对广义坐标求偏导数,即可得到系统的平衡方程。

11.3.3　保守系统的平衡稳定性

质点系在某一位置处于平衡的状态可能是不同的。如图 11-16 所示,A、B、C 三点都是小球的平衡位置,但是这三点的平衡状态却是不同的。处于凹曲面最低点 A 的静止小球,受到某种微小扰动后,在重力作用下总能回到原来的平衡位置 A,因此,小球在 A 点的平衡状态是稳定的,这种平衡称为**稳定平衡**。相反,处于凸曲面最高点 B 的静止小球,受到某种微小扰动后,在重力作用下将不可能再回到原来的平衡位置 B,因此,小球在 B 点的平衡状态是不稳定的,这种平衡称为**不稳定平衡**。而处于水平面上 C 点的小球,受到某种微小扰动后,能在任意位置继续保持平衡,这种平衡称为**随遇平衡**。

上述三种平衡状态的势能都满足式(11-15)和式(11-16)的平衡条件。但是,由图 11-16 可见,在稳定平衡位置处,当小球受到扰动后,在新的可能位置处,小球的势能都高于平衡位置 A 点的势能,小球可以从高势能位置回到低势能位置。因此,**在稳定平衡位置,系统的势能具有极小值**。相反,**在不稳定平衡位置,系统的势能具有极大值**。如果没有外力作用,系统不能从低势能位置回到高势能位置。而对于随遇平衡,系统在任意位置的势能保持不变。

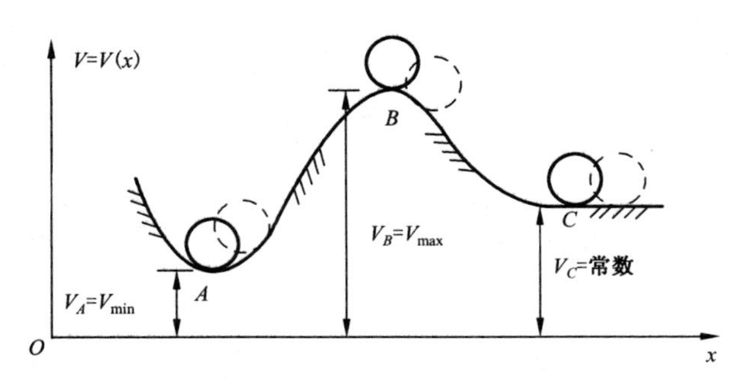

图 11-16

以具有理想约束的单自由度保守系统为例，设广义坐标为 q，系统的势能为 $V=V(q)$。在平衡位置势能 V 具有驻值，即 $\frac{\mathrm{d}V}{\mathrm{d}q}=0$，由此可以求得平衡位置 $q=q_0$。这时，在平衡位置 $q=q_0$ 处，如果 $\frac{\mathrm{d}^2V}{\mathrm{d}q^2}>0$，势能具有极小值，则平衡是稳定的。反之，如果 $\frac{\mathrm{d}^2V}{\mathrm{d}q^2}<0$，势能具有极大值，则平衡是不稳定的。

研究平衡的稳定性具有重要的实际意义。一般情况下，要求工程结构在稳定平衡的状态下工作，因此，常常需要分析结构平衡的稳定性。

【例 11-9】 如图 11-17 所示，均质杆 AB 长 $l=0.6\mathrm{m}$，质量 $m=10\mathrm{kg}$。弹簧的刚度系数 $k=200\mathrm{N/m}$。当 $\theta=0°$ 时，弹簧为原长。试求杆的平衡位置，并分析平衡位置的稳定性。

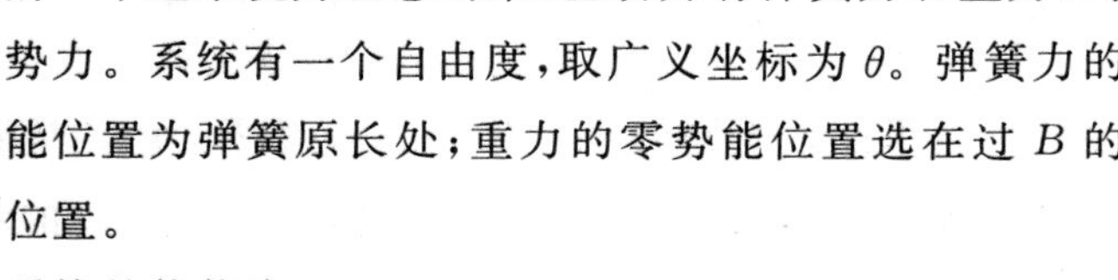

解 本题系统为理想约束，主动力有弹簧力和重力，均为有势力。系统有一个自由度，取广义坐标为 θ。弹簧力的零势能位置为弹簧原长处；重力的零势能位置选在过 B 的水平位置。

图 11-17

系统的势能为

$$V=\frac{1}{2}kl^2(1-\cos\theta)^2+mg\cdot\frac{l}{2}\cos\theta \tag{a}$$

平衡条件为

$$\frac{\mathrm{d}V}{\mathrm{d}\theta}=kl^2(1-\cos\theta)\sin\theta-mg\cdot\frac{l}{2}\sin\theta$$

$$=\left[kl(1-\cos\theta)-\frac{1}{2}mg\right]l\sin\theta=0$$

由 $\sin\theta=0$ 求得第一个平衡位置

$$\theta_1=0°$$

由 $kl(1-\cos\theta)-\frac{1}{2}mg=0$ 求得第二个平衡位置

$$\theta_2=\arccos\left(1-\frac{mg}{2kl}\right)=53.8°$$

再由式(a)得到

$$\frac{\mathrm{d}^2V}{\mathrm{d}\theta^2}=kl^2(\cos\theta-\cos^2\theta+\sin^2\theta)-\frac{mg}{2}l\cos\theta \tag{b}$$

将 θ_1 和 θ_2 代入式(b)得到

$$\left.\frac{\mathrm{d}^2V}{\mathrm{d}\theta^2}\right|_{\theta_1=0°}=-29.4<0,\left.\frac{\mathrm{d}^2V}{\mathrm{d}\theta^2}\right|_{\theta_2=53.8°}=46.9>0$$

所以，平衡位置 $\theta_1=0$ 是不稳定的，平衡位置 $\theta_2=53.8°$是稳定的。

【例 11－10】 半径为 r 的均质半圆柱体 A，置于半径为 R 的固定半圆柱体 B 上，如图 11－18(a)所示，两半圆柱体之间只滚不滑。试分析系统平衡的稳定性。

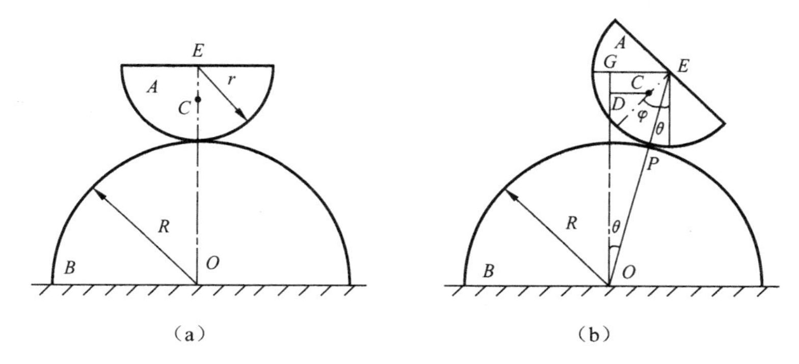

图 11－18

解 半圆柱体 A 有一个自由度，其位置可用广义坐标 θ 来确定，如图 11－18(b)所示，C 为半圆柱体 A 的重心，$CE=4r/3\pi$。由于两半圆柱体之间只滚不滑，所以 $R\theta=r\varphi$，即 $\varphi=R\theta/r$。

以半圆柱体 B 的水平底边为零势能位置，则半圆柱体 A 的势能为

$$V=mg(OG-DG)=mg\left[(R+r)\cos\theta-\frac{4r}{3\pi}\cos(\varphi+\theta)\right]$$
$$=mg\left[(R+r)\cos\theta-\frac{4r}{3\pi}\cos(\frac{R}{r}+1)\theta\right]$$

令

$$\frac{\mathrm{d}V}{\mathrm{d}\theta}=mg\left[-(R+r)\sin\theta+\frac{4r}{3\pi}\left(\frac{R}{r}+1\right)\sin\left(\frac{R}{r}+1\right)\theta\right]=0$$

即

$$\sin\theta=\frac{4}{3\pi}\sin\left(\frac{R}{r}+1\right)\theta$$

解得

$$\theta=0°$$

又

$$\frac{d^2V}{d\theta^2}=mg(R+r)\left[-\cos\theta+\frac{4(R+r)}{3\pi r}\cos\left(\frac{R}{r}+1\right)\theta\right]$$

当 $\theta=0°$时，

$$\frac{d^2V}{d\theta^2}=mg(R+r)\left[\frac{4(R+r)}{3\pi r}-1\right]$$

所以，当 $R>(\frac{3}{4}\pi-1)r$ 时，$\frac{d^2V}{d\theta^2}>0$，系统的平衡是稳定的；反之，当 $R<(\frac{3}{4}\pi-1)r$ 时，$\frac{d^2V}{d\theta^2}<0$，系统的平衡是不稳定的。

小　　结

1. 基本概念

(1) 约束形式：几何约束与运动约束；定常约束与非定常约束；完整约束与非完整约束；单面约束与双面约束。

(2) 自由度：确定具有完整约束的质点系位置所需独立坐标的数目。

(3) 广义坐标：确定质点系位置的独立变量。

(4) 虚位移：质点系在约束允许的条件下，在某瞬时可能发生的微小位移。

(5) 虚功：力在虚位移上作的功。

(6) 理想约束：约束力在质点系的任意虚位移中所作的虚功之和等于零。

(7) 广义力：$F_{Qj}=\sum_{i=1}^{n}\boldsymbol{F}_i\cdot\frac{\partial\boldsymbol{r}}{\partial q_j}=\sum_{i=1}^{n}\left(F_{xi}\frac{\partial x_i}{\partial q_j}+F_{yi}\frac{\partial y_i}{\partial q_j}+F_{zi}\frac{\partial z_i}{\partial q_j}\right)\quad(j=1,2,\cdots,k)$。

(8) 广义有势力：$F_{Qj}=-\frac{\partial V}{\partial q_j}$。

(9) 平衡状态：稳定平衡、不稳定平衡和随遇平衡。

2. 虚位移原理

具有理想、双面、定常约束的质点系平衡的必要与充分条件是：作用在质点系上的所有主动力在任何虚位移中所作的虚功之和等于零。

$$\delta W_F=\sum_{i=1}^{n}\boldsymbol{F}_i\cdot\delta\boldsymbol{r}_i=0\ 或\quad\sum_{i=1}^{n}(F_{xi}\delta x_i+F_{yi}\delta y_i+F_{zi}\delta z_i)=0$$

3. 以广义力表示质点的平衡条件

对应于每一个广义坐标的广义力均为零。$F_{Qj}=0\quad(j=1,2,\cdots,k)$

4. 保守系统的平衡条件

在平衡位置处，系统势能的变分等于零。

$$\delta V=0\quad 或\quad\frac{\partial V}{\partial q_j}=0\quad(j=1,2,\cdots,k)$$

5. 平衡的稳定性

(1) 稳定平衡：$\frac{d^2V}{dq^2}>0$，势能具有极小值。

(2) 不稳定平衡：$\frac{d^2V}{dq^2}<0$，势能具有极大值。

习　　题

11－1 如图 11－19 所示机构中，杆件 AB、BC 长均为 0.6m，$\theta=45°$，自重不计，在 B 处作用一铅垂力 $\boldsymbol{F}$，大小为 200N。求机构平衡时，弹簧受力大小。设滑块 C 与水平面间为光滑接触。

答：100N。

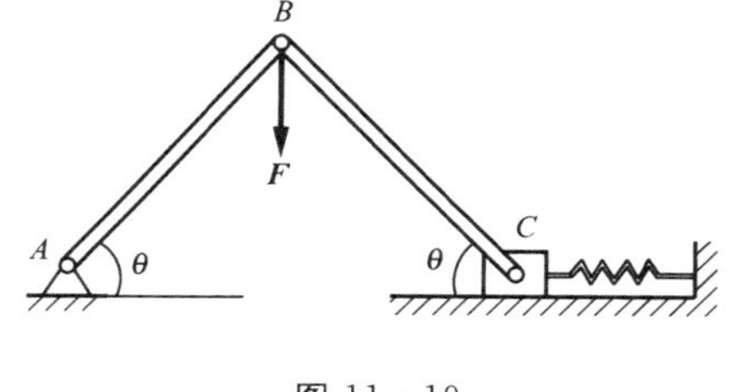

图 11－19

11－2 求图 11－20 所示平面机构维持平衡所需的 θ 角。杆长 $AB=BC=CE=2CD=0.4$m，当 $\theta=0°$时，弹簧为原长，弹簧刚度系数 $k=60$N/m，杆上作用的力偶矩 $M_1=0.5$N·m，$M_2=1.5$N·m，力 $F=2$N。G 处的小滚轮使弹簧保持在水平位置，各连杆自重不计。

答：$\theta=36.3°$。

11－3 如图 11－21 所示机构，均质圆盘重 $P=50$N，连接在杆 ABC 的一端 A 上，杆 ABC 在 C 处由一光滑滑块和杆 BO 所支撑，$a=20$cm，$b=50$cm，$c=30$cm，杆和滑块的重量略去不计。求机构平衡时的 θ 角。

答：$\theta=33.02°$。

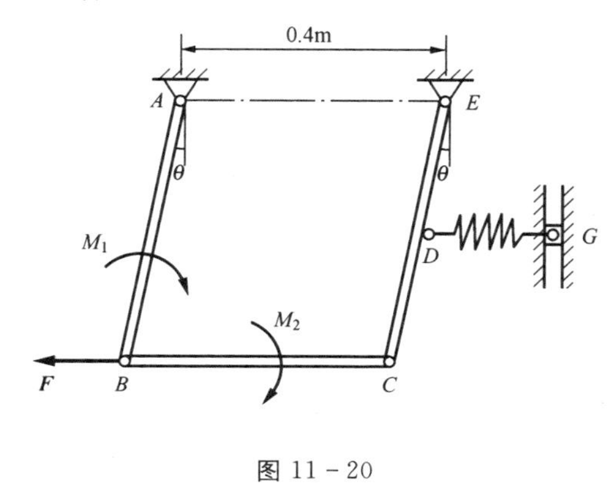

图 11－20

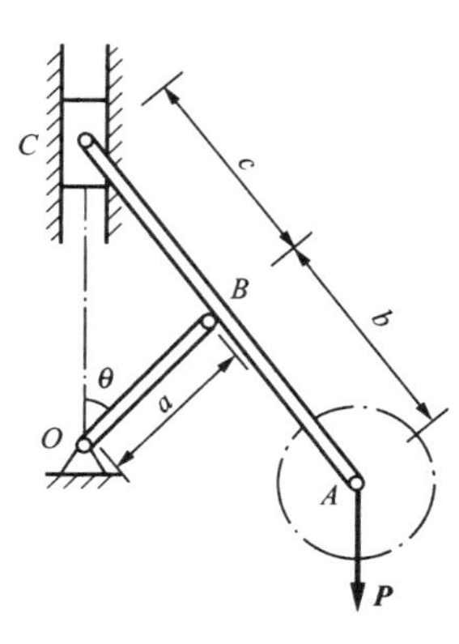

图 11－21

11－4 如图 11－22 所示的二连杆机构中，杆 OA 和 AB 长均为 l，自重不计，在杆件所在的平面内作用有矩为 M 的力偶及力 $\boldsymbol{F}$。试确定机构的平衡位置。

答：$\theta_1=\theta_2=\arccos\dfrac{M}{Fl}$。

11－5　试求图 11－23 所示的两均质杆 AB 和 BC 在 $\theta=30°$，$\varphi=60°$保持平衡时所需的水平力 $\boldsymbol{F}_1$ 和铅垂力 $\boldsymbol{F}_2$ 的大小。设杆长 $AB=BC=1\text{m}$，重量均为 $P=60\text{N}$。

答：$F_1=34.64\text{N}$，$F_2=30\text{N}$。

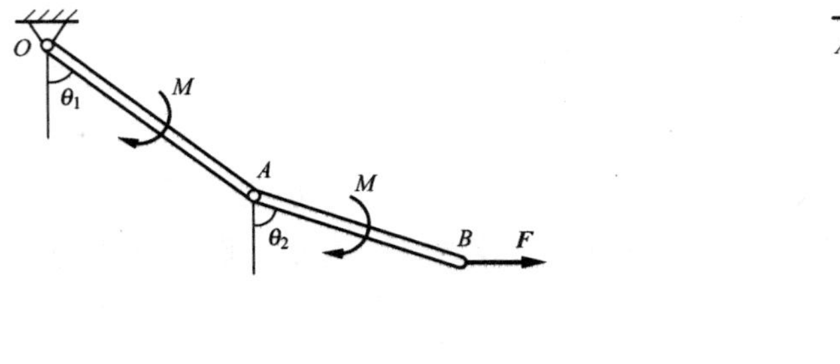

图 11－22

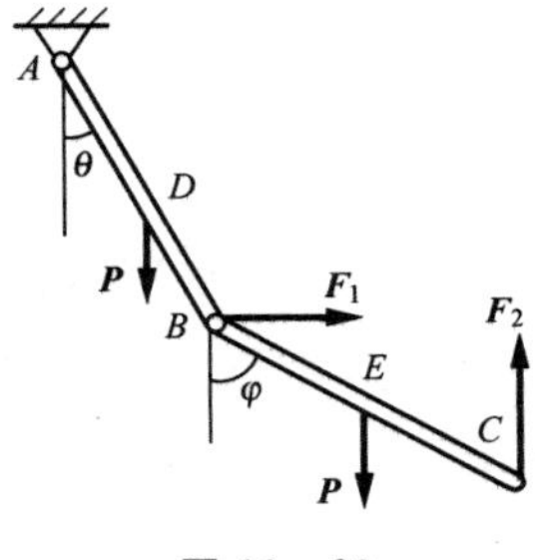

图 11－23

11－6　试求保持图 11－24 所示滑块机构在 $\theta=60°$平衡时所需的水平力 $\boldsymbol{F}$。已知 $AB=BC=BD=0.5\text{m}$，力偶矩 $M=60\text{N}\cdot\text{m}$。

答：138.6N。

11－7　双线摆图 11－25 所示，均质杆 AB 重为 P，长为 $2b$，两端分别用长为 l 的线悬挂在 C、D 两点上，设 C、D 点处于同一水平线上，间距为 $2a$。求使杆 AB 转 θ 角所需要的力偶矩 M。

答：$M=\dfrac{Pab\sin\theta}{\sqrt{l^2-a^2-b^2+2ab\cos\theta}}$。

11－8　由六根等长等重均质杆在端点铰接成正六边形机构 $ABCDEF$，用不计重量的杆 CF 连接，如图 11－26 所示，在水平位置的 AB 杆的中点用一不可伸长的绳子吊起。设杆长为 l，杆重为 P，求作用在 CF 杆上的力。

答：$-\sqrt{3}P$。

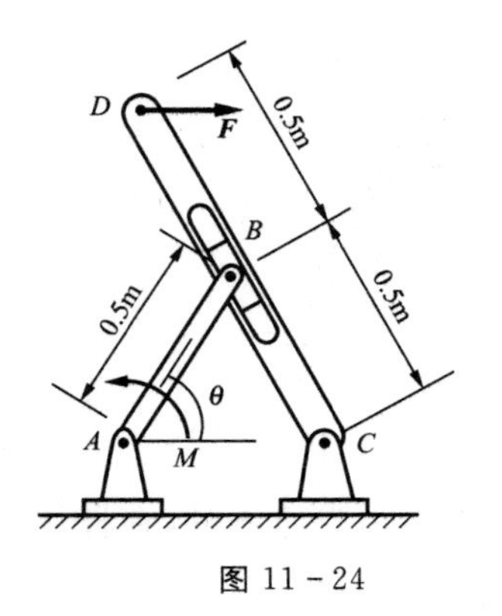

图 11－24

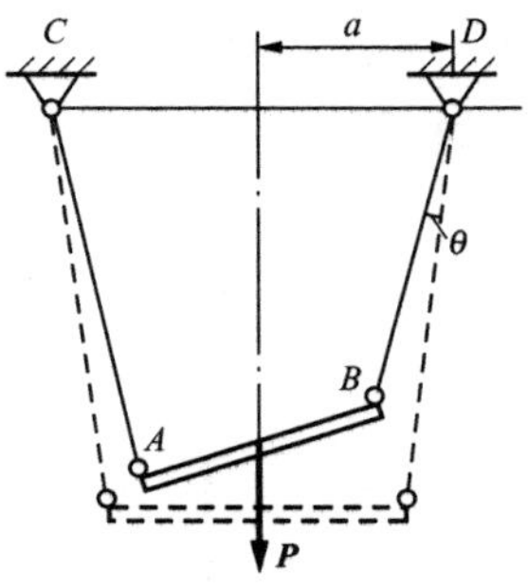

图 11－25

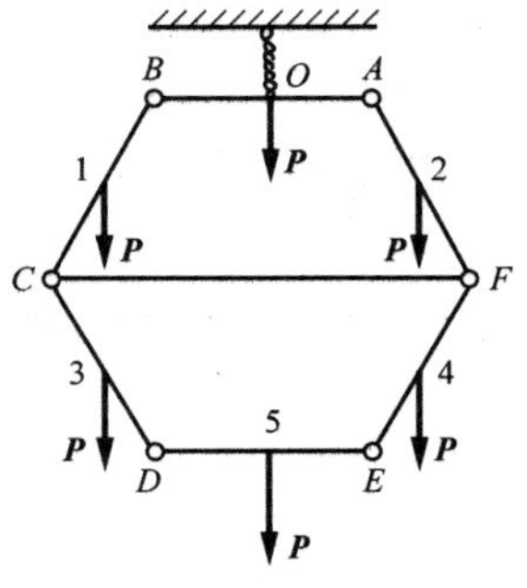

图 11－26

11－9　求如图 11－27 所示组合梁的固定端 A 处的竖直反力、反力偶，以及支座 E 处的反力。已知：$q=2\text{kN/m}$，$F=5\text{kN}$，$M=6\text{kN}\cdot\text{m}$，$l=2\text{m}$。

答：$F_{Ay}=6.5\text{kN}$，$M_A=10\text{kN}\cdot\text{m}$，$F_E=1\text{kN}$。

11－10　如图 11－28 所示构架由均质杆 AC 和 BC 在 C 处铰接而成。已知：杆 AC 重 2kN，杆 BC 重 4kN，杆 AC 长为 2m。求固定支座 B 处的约束反力。

答：$F_{Bx}=3\text{kN}(\leftarrow)$，$F_{By}=5\text{kN}(\uparrow)$。

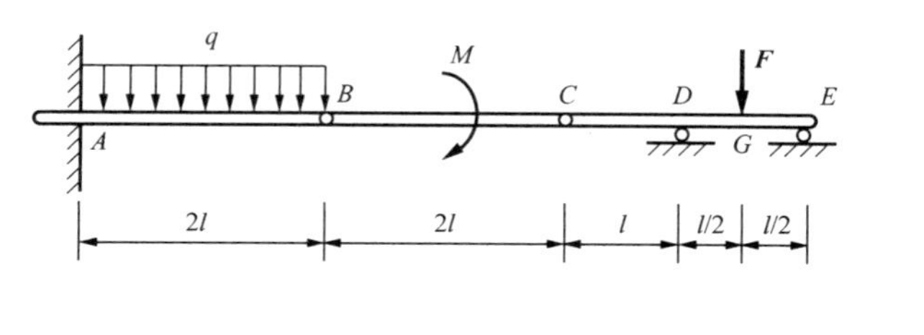

图 11－27

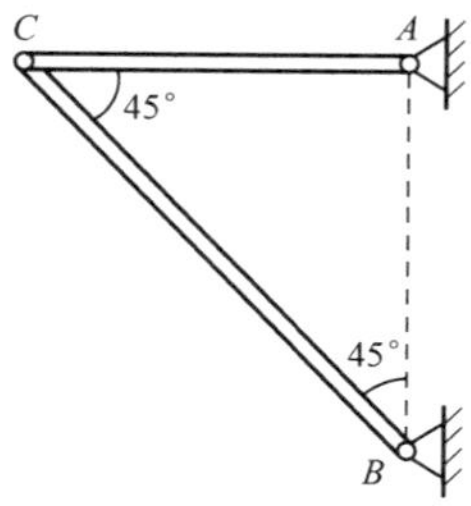

图 11－28

11－11　如图 11－29 所示为一平面桁架，由正三角形组成，桁架各杆长为 l，在节点 C 上作用一铅垂荷载 $\boldsymbol{F}$。A 处为固定铰支，D 处为活动铰支。试用虚位移原理求杆 BF 和 BC 的内力。

答：$F_{BC}=\dfrac{\sqrt{3}}{3}F$，$F_{BF}=-\dfrac{2\sqrt{3}}{9}F$。

11－12　桁架如图 11－30 所示，已知 AB 杆和 AD 杆与原设计长度相差 $\Delta l_{AB}=-3\text{cm}$（短），$\Delta l_{AD}=4\text{cm}$（长）。求安装后节点 D 的水平和竖直位移。

答：$\Delta x=4.5\text{cm}$（向左），$\Delta y=0$。

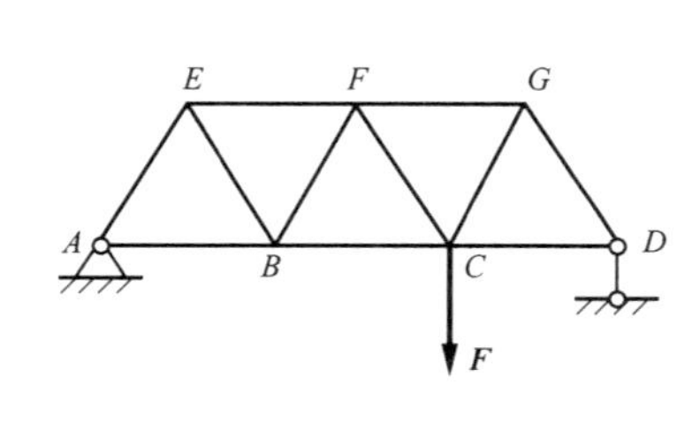

图 11－29

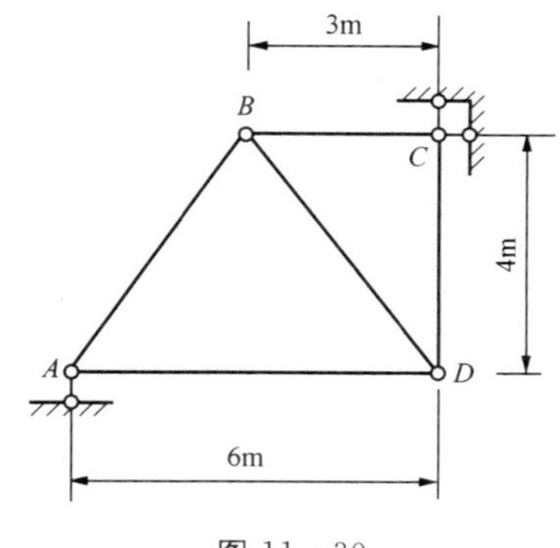

图 11－30

11－13　在图 11－31 所示台秤中，$AB:AC=1:3$。为使称出的重量与物体安放在称台上的位置无关，试求 $A'C'$ 与 $A'D'$ 之比以及称锤与被称物体的重量比 $P:G$。

答：$\dfrac{A'C'}{A'D'}=3$，$P:G=A'D':A'B'$。

11-14　如图 11-32 所示机构中，曲柄 OA 上作用一力偶 M，滑块 D 上作用一水平力 $\boldsymbol{P}$。机构尺寸如图示。求当机构平衡时力 $\boldsymbol{P}$ 与力偶矩 M 之间的关系。

答：$M=Pa\tan 2\theta$。

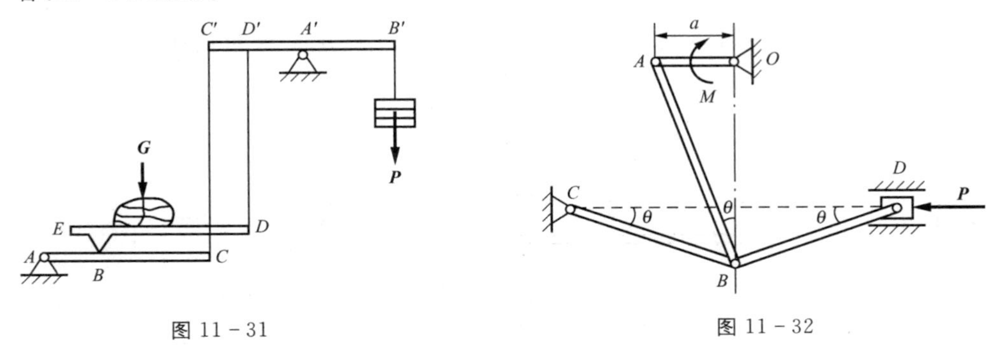

图 11-31　　　　图 11-32

11-15　如图 11-33 所示液压升降台，由平台和两个联动机构组成，联动机构上的两个液压缸承受相等的力(图中只画出了一副联动机构和一个液压缸)。杆 EDB 和 CG 的长度均为 $2a$，杆 AD 铰接于 BDE 的中点，被举起的重量 P 的一半由图 11-33 所示机构承受，$P=9\ 810\text{kN}$，$a=0.7\text{m}$，$l=3.2\text{m}$。求当 $\theta=60°$ 时举起重物所需的液压缸推力。

答：5 150N。

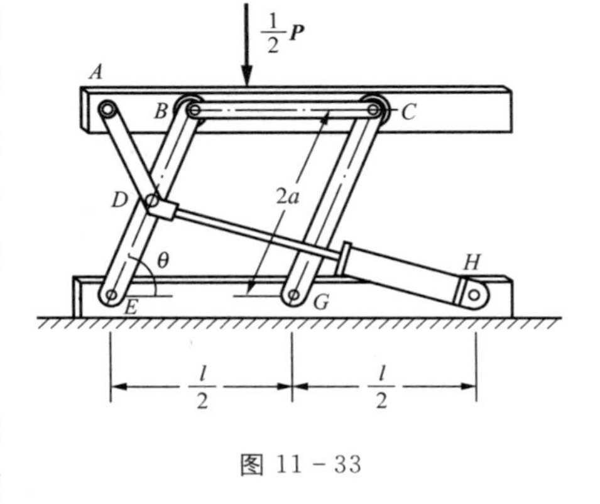

图 11-33

11-16　如图 11-34 所示，杆 AB 和 BC 在 B 点铰接，A 端为固定铰支座，C 端支于水平面上。已知：杆与水平面间的静摩擦因数为 f，在图示位置 AB 杆水平。求系统处于平衡时力偶矩 M 与力 $\boldsymbol{P}$ 的关系。各杆质量及铰链摩擦不计。

答：$M\leqslant\dfrac{Pl\tan\theta}{2(1-f\tan\theta)}$。

11-17　如图 11-35 所示，重物 A 和 B 分别连接在细绳的两端。重物 A 置放在粗糙的水平面上，重物 B 绕过定滑轮 E 铅垂悬挂，动滑轮 H 的轴心上挂一重物 C。重物 A 重 $2P$，重物 B 重为 P。试求平衡时，重物 C 的重量 W 以及重物 A 和水平面间的滑动摩擦系数。

答：$W=2P$，$f=0.5$。

11-18　两均质杆 AB、BC，质量各为 4kN，在 B 点铰接，用弹簧 DE 拉住，如图 11-36 所示。弹簧原长为 150mm，刚度为 800N/m。求系统在铅垂面内保持平衡时 x 的值。

答：0.335m。

11-19　如图 11-37 所示机构中，各部分尺寸如图所示。试求机构在所有可能的角度 φ_1 及 φ_2 平衡时，P_1 与 P_2 之比。

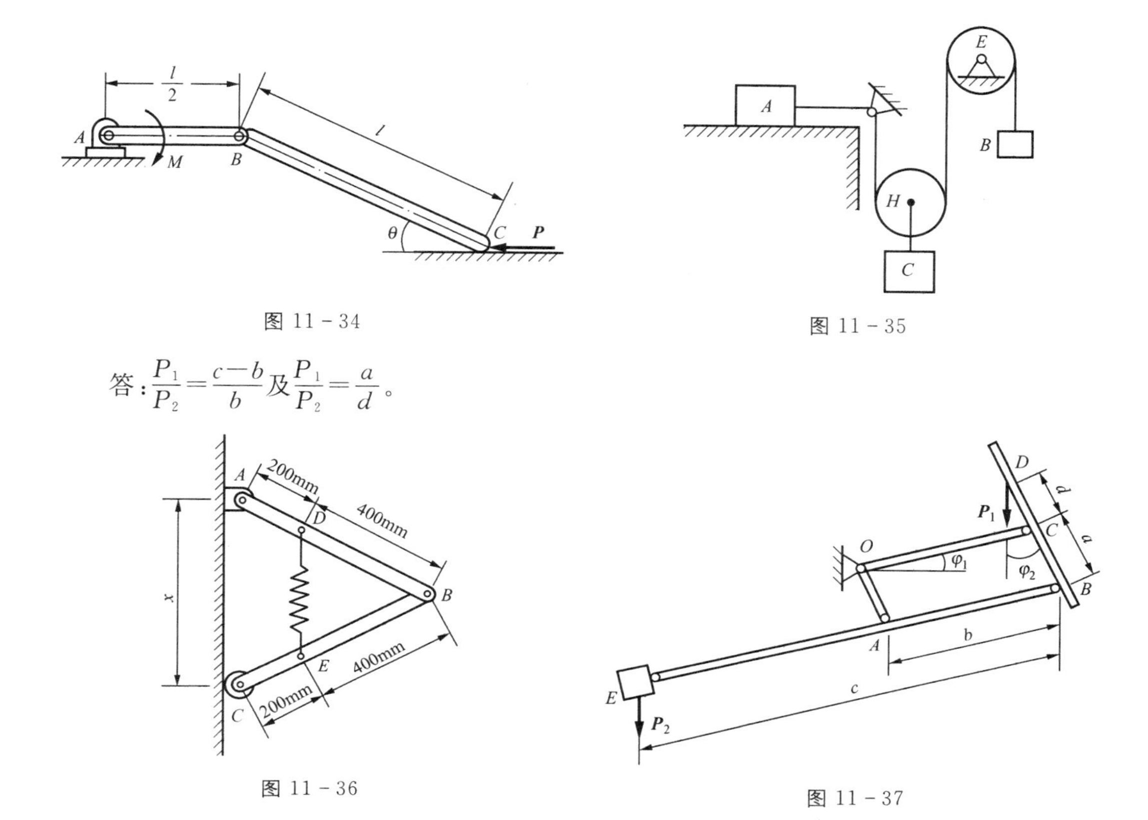

图 11 - 34

图 11 - 35

答：$\frac{P_1}{P_2}=\frac{c-b}{b}$及$\frac{P_1}{P_2}=\frac{a}{d}$。

图 11 - 36

图 11 - 37

11 - 20　如图 11 - 38 所示均质杆 AB 长为 $2l$，重为 P，一端靠在光滑的铅垂墙壁上，另一端放在固定曲线 DE 上，欲使细杆能静止在铅垂面的任意位置上，求曲线 DE 的方程。

答：$\left(\frac{x}{2l}\right)^2+\left(\frac{y-l}{l}\right)^2=1$。

11 - 21　三均质细杆以铰链相连，A 端和 B 端均用铰链连接在固定水平直线 AB 上，如图 11 - 39 所示。各杆重量与长度成正比，$AC=a$，$CD=DB=2a$，$AB=3a$。铰链为理想约束。求杆系平衡时 α、β 和 γ 间的关系。

答：$5\cos\alpha\sin(\beta+\gamma)=2\cos\beta\sin(\alpha-\gamma)+2\cos\gamma\sin(\alpha+\beta)$。

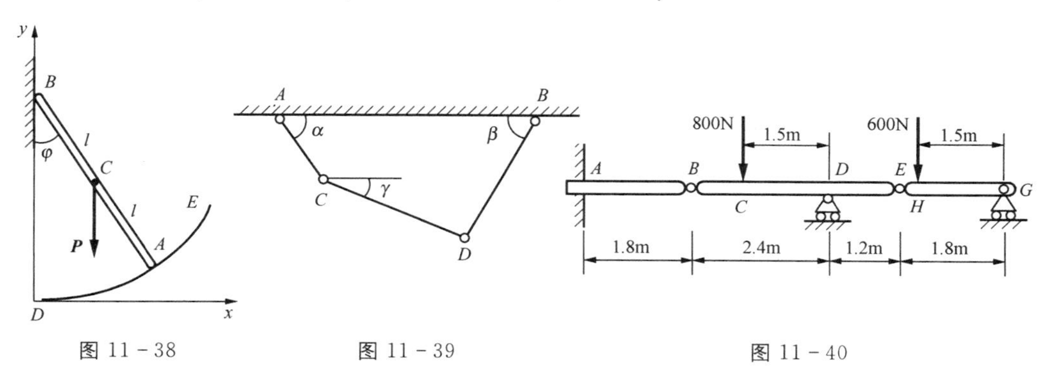

图 11 - 38

图 11 - 39

图 11 - 40

11－22　用虚位移原理求图 11－40 所示的多跨梁在 A 端的反力。梁的质量不计，所受主动力及梁的尺寸如图所示。

答：$F_{Ax}=0$，$F_{Ay}=250\text{N}$，$M_A=450\text{N}\cdot\text{m}$。

11－23　如图 11－41 所示平面桁架 $ABCD$，在节点 D 处承受铅垂载荷 $\boldsymbol{P}$。桁架的 A 点为固定支座，C 点为活动支座。已知：$AB=BC=AC=a$，$AD=DC=a/\sqrt{2}$。求杆件 BD 的内力。

答：$2.37P$。

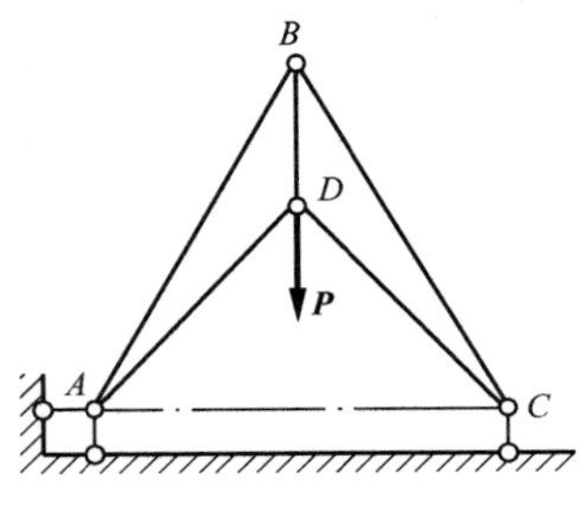

图 11－41

11－24　图 11－42 所示机构，已知尺寸 l，弹簧的刚度系数为 k，当 $\theta=30°$ 时弹簧无变形。试求平衡时悬挂物的重量 P 与角度 θ 之间的关系。

答：$P=0.8kl(2\sin\theta-1)$。

11－25　如图 11－43 所示桁架，已知：力 F_1、F_2、F_3，尺寸 l、h。试求杆 OE 和杆 GE 的内力。

答：$F_{OE}=\dfrac{\sqrt{l^2+h^2}}{l}(F_1+F_2+F_3)$，$F_{GE}=-\dfrac{h}{l}(2F_1+F_2)$。

11－26　如图 11－44 所示两点小球 A 和 B，重为 $P_A=8\text{N}$，$P_B=4\text{N}$，用长为 $2l=60\text{cm}$ 的无重刚杆连接，放在半径 $r=50\text{cm}$ 的光滑球形穴中。求：(1) 体系的平衡位置；(2) 判断平衡的稳定性；(3) 在平衡位置处件 AB 的受力大小。

答：(1)$\varphi=14.04°$；(2)稳定平衡；(3)-3.9N(压力)。

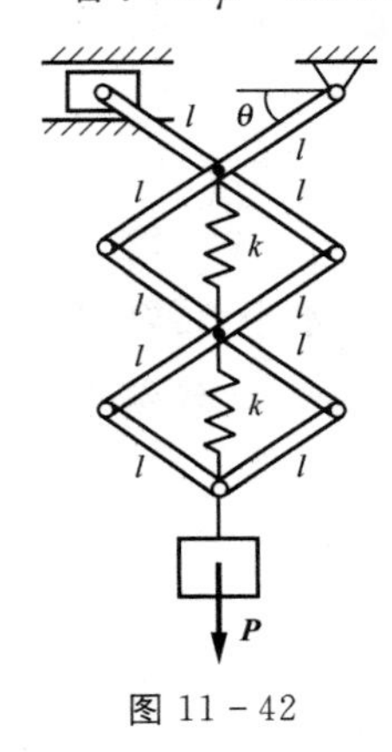

图 11－42

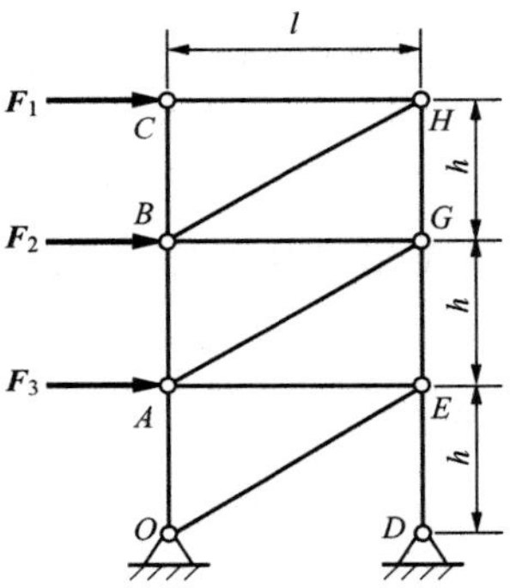

图 11－43

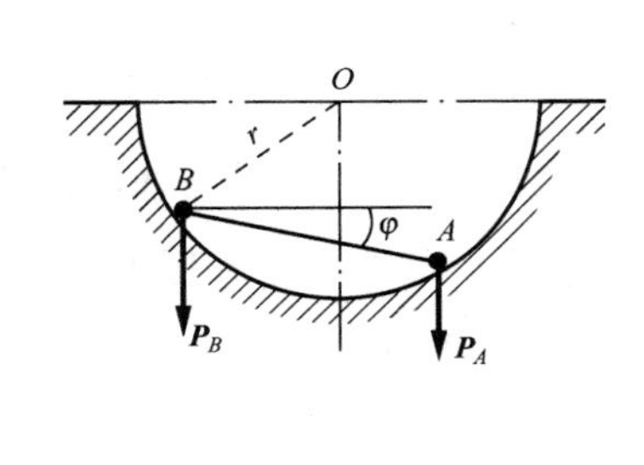

图 11－44

11－27　如图 11－45 所示均质杆 AB 重 $P=100\text{N}$，长 $l=0.6\text{m}$，A 端与一刚度系数 $k=200\text{N/m}$ 的弹簧相连，滚轮 A、B 的重量不计，可沿铅垂墙面和水平地面做只滚不滑的运动。设弹簧在 $\theta=0°$ 时未被拉伸。求平衡位置时 θ 角的大小并讨论平衡的稳定性。

答：$\theta=0°$，不稳定平衡；$\theta=54.3°$，稳定平衡。

11－28　如图 11－46 所示均质杆 AB 重 $P_1=100\text{N}$，长为 1.5m，端点 B 连接一刚度系数为 $k=300\text{N/m}$ 的弹簧 BE。当 $\theta=0°$ 时，弹簧不受力，当 $\theta=20°$ 时平衡，则重物 D 的

重量 P_2 应为多少？试分析平衡的稳定性。设绳 BCD 不可伸长，自重不计。E 为小滚轮，可使弹簧保持在铅垂位置。

答：266.5N，稳定平衡。

11－29　重为 P 的均质物块，厚度为 h，置于半径为 r 的固定轴上，如图 11－47 所示。试证明：当 $h>2r$ 时，物块的平衡是不稳定的。

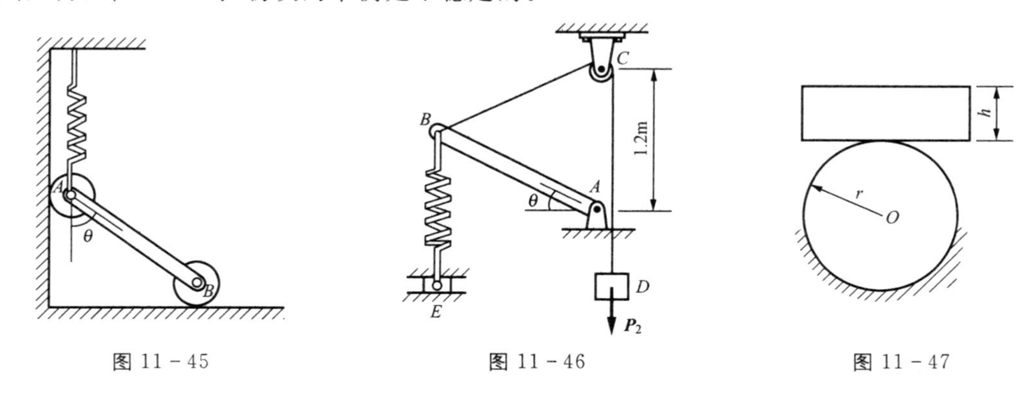

图 11－45　　图 11－46　　图 11－47

第 12 章　分析力学基础

应用达朗伯原理,可以将动力学问题从形式上转化为静力学的平衡问题。虚位移原理运用功的概念分析系统的静力学平衡问题,是解决静力学平衡问题的普遍定理。达朗伯原理与虚位移原理相结合,为求解复杂系统动力学问题提供了一种普遍方法,奠定了分析力学的基础。

应用由动力学第二定律即牛顿第二定律建立起来的动力学普遍定理(动量定理、动量矩定理和动能定理)处理动力学问题时,需要对系统中各个质点和刚体进行受力分析。对于复杂约束的系统,由于约束力的性质和分布在求解之前是未知的,从而使求解过程变得极为复杂,甚至无法建立系统的动力学方程。即使对于质点或简单的刚体系统动力学问题,除了动能定理外,都不可避免地会出现大量的未知约束力,况且动能定理本身也难以求解多自由度系统的动力学问题。

本章采用数学分析的方法,以完整系统为研究对象,通过达朗伯原理和虚位移原理建立动力学普遍方程和拉格朗日方程,用以求解复杂约束的多自由度系统的动力学问题。

12.1　动力学普遍方程

考察由 n 个质点组成的理想、双面约束系统,设第 i 个质点的质量为 m_i,矢径为 $\boldsymbol{r}_i$,其上作用的主动力为 $\boldsymbol{F}_i$,约束反力为 $\boldsymbol{F}_{Ni}$。根据达朗伯原理,在质点上虚加相应的惯性力则作用于质点上的主动力 $\boldsymbol{F}_i$,约束反力 $\boldsymbol{F}_{Ni}$和虚加的惯性力 $\boldsymbol{F}_{gi}$组成形式上的平衡力系。对质点系的每个质点都作同样处理,则作用于整个质点系的所有主动力、约束反力和惯性力构成形式上的平衡力系。

$$\boldsymbol{F}_{gi} = -m_i\ddot{\boldsymbol{r}}_i \tag{12-1}$$

若质点系只受理想约束作用,则由虚位移原理,有

$$\sum_{i=1}^{n}(\boldsymbol{F}_i + \boldsymbol{F}_{gi}) \cdot \delta\boldsymbol{r}_i = 0 \tag{12-2}$$

其解析形式为

$$\sum_{i=1}^{n}[(F_{xi} - m_i\ddot{x}_i)\delta x_i + (F_{yi} - m_i\ddot{y}_i)\delta y_i + (F_{zi} - m_i\ddot{z}_i)\delta z_i] = 0 \tag{12-3}$$

式(12-2)和式(12-3)即为**动力学普遍方程**,又称为**达朗伯-拉格朗日原理**,表明**在理想约束的条件下,质点系在任一瞬时所受的主动力和虚加的惯性力在虚位移上所作的虚功之和等于零。**

注意,动力学普遍方程适用于任何理想、双面约束系统,不论约束是否完整,是否定常,也不论作用力是否有势。

【例 12-1】　如图 12-1 所示滑轮系统，动滑轮上悬挂着质量为 m_1 的重物，绳子绕过定滑轮后悬挂着质量为 m_2 的重物。滑轮和绳子的重量以及轮轴摩擦都忽略不计，求重物 m_2 下降的加速度。

解　取整个滑轮系统为研究对象，系统具有理想约束。系统所受的主动力为重力 $m_1\boldsymbol{g}$ 和 $m_2\boldsymbol{g}$。

设重物 m_1 和 m_2 的加速度分别为 $\boldsymbol{a}_1$ 和 $\boldsymbol{a}_2$，则惯性力为

$$\boldsymbol{F}_{g1}=-m_1\boldsymbol{a}_1,\boldsymbol{F}_{g2}=-m_1\boldsymbol{a}_2$$

给系统以虚位移 δs_1 和 δs_2，由动力学普遍方程，得

$$(m_2g-m_2a_2)\delta s_2-(m_1g-m_1a_1)\delta s_1=0 \tag{a}$$

由定滑轮和动滑轮的传动关系，有

$$\delta s_1=\frac{1}{2}\delta s_2,a_1=\frac{1}{2}a_2$$

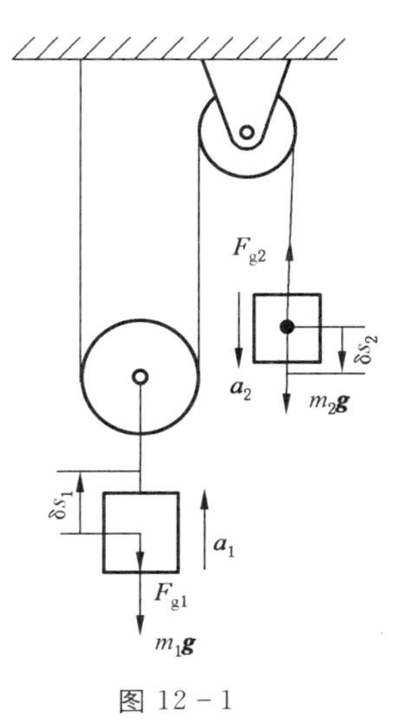

图 12-1

代入式(a)，有

$$(m_2g-m_2a_2)\delta s_2-\left(m_1g-m_1\cdot\frac{1}{2}a_2\right)\cdot\frac{1}{2}\delta s_2=0$$

消去 δs_2，得到重物 m_2 下降的加速度为

$$a_2=\frac{4m_2-2m_1}{4m_2+m_1}g$$

【例 12-2】　如图 12-2 所示，光滑水平面有一质量为 m_1、倾角为 θ 的三棱柱 ABC。一质量为 m_2，半径为 r 的匀质圆柱，沿三棱柱的斜面无滑动地滚下。试求三棱柱向左运动的加速度 $\boldsymbol{a}_1$ 和圆柱质心 O 相对三棱柱的加速度 $\boldsymbol{a}_r$。

解　取三棱柱与圆柱组成的系统为研究对象。受力分析如图 12-2 所示。系统有两个自由度。取圆柱的转角 φ 和三棱柱位移 x 为广义坐标。

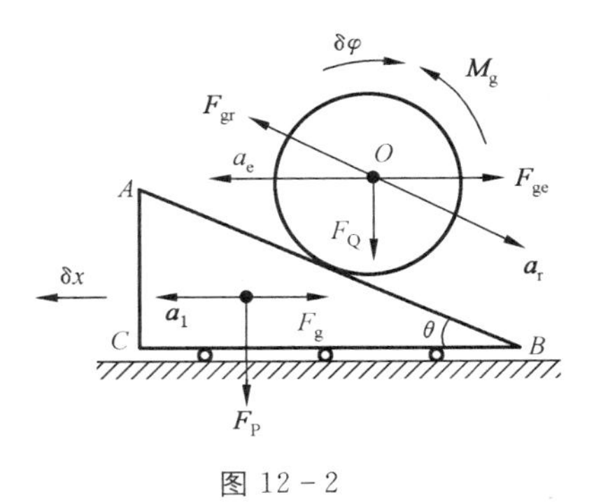

图 12-2

三棱柱的惯性力大小为

$$F_g=m_1a_1$$

圆柱质心 O 的牵连加速度即为三棱柱的加速度 $\boldsymbol{a}_1$，所对应的惯性力大小为

$$F_{ge}=m_2a_1$$

圆柱质心 O 的相对加速度所对应的惯性力大小为

$$F_{gr}=-m_2a_r$$

圆柱的惯性力偶的大小为

$$M_g=J_O\alpha_2$$

式中，$J_O=\dfrac{1}{2}m_2r^2$ 为圆柱的转动惯量，α_2 为圆柱的角加速度。

(1)令 $\delta x=0,\delta\varphi\neq 0$,由动力学普遍方程有

$$(m_2 g\sin\theta + F_{ge}\cos\theta - F_{gr})r\delta\varphi - M_g\delta\varphi = 0$$

考虑到 $\delta\varphi$ 的任意性,可得

$$\sin\theta + \frac{1}{g}\left(a_1\cos\theta - \frac{3}{2}a_r\right) = 0 \tag{a}$$

(2)令 $\delta\varphi=0,\delta x\neq 0$,由动力学普遍方程有

$$-(F_g + F_{ge})\delta x + F_{gr}\cos\theta\cdot\delta x = 0$$

考虑到 δx 的任意性,可得

$$a_r = \frac{(m_1+m_2)a_1}{m_2\cos\theta} \tag{b}$$

联立式(a)和式(b),求解得到

$$a_1 = \frac{m_2 g\sin 2\theta}{3(m_1+m_2)-2m_2\cos^2\theta},\quad a_r = \frac{2(m_1+m_2)g\sin\theta}{3(m_1+m_2)-2m_2\cos^2\theta}$$

12.2　拉格朗日方程

动力学普遍方程是不包含理想约束力的动力学方程组。由于方程采用直角坐标描述,各质点的直角坐标由约束方程相互联系并不独立,所以各质点的虚位移可能不全是独立的,解题时需要找到虚位移之间的关系,使得求解过程不够简捷。拉格朗日以动力学普遍方程为基础,导出了两种形式的动力学方程,分别称为第一类拉格朗日方程和第二类拉格朗日方程。第一类拉格朗日方程是用待定乘子法导出的,应用起来不方便。第二类拉格朗日方程是用广义坐标的形式导出的,用起来比较方便。由于系统的广义坐标是完全独立的,因而拉格朗日方程很好地解决了上述问题。拉格朗日方程是分析力学的基础。

12.2.1　拉格朗日方程

设质点系由 n 个质点组成,并具有 s 个完整的理想约束的。质点系的自由度 $k=3n-s$,以 k 个广义坐标 q_1、q_2、…、q_k 确定质点系的位置。第 i 个质点的质量为 m_i,矢径为 $\boldsymbol{r}_i$。矢径 $\boldsymbol{r}_i$ 为广义坐标 q_i 与时间的函数,如式(11-6),对应的虚位移 $\delta\boldsymbol{r}_i$ 如式(11-8)。

将式(11-8)和式(12-1)代入质点系的动力学普遍方程(12-2),有

$$\sum_{i=1}^{n}(\boldsymbol{F}_i - m_i\ddot{\boldsymbol{r}}_i)\cdot\sum_{j=1}^{k}\frac{\partial\boldsymbol{r}_i}{\partial q_j}\delta q_j = 0$$

交换求和顺序得到

$$\sum_{j=1}^{k}\left(\sum_{i=1}^{n}\boldsymbol{F}_i\cdot\frac{\partial\boldsymbol{r}_i}{\partial q_j} - \sum_{i=1}^{n}m_i\ddot{\boldsymbol{r}}_i\cdot\frac{\partial\boldsymbol{r}_i}{\partial q_j}\right)\delta q_j = 0 \tag{12-4}$$

式中,$\sum_{i=1}^{n}\boldsymbol{F}_i\cdot\frac{\partial\boldsymbol{r}_i}{\partial q_j} = F_{Qj}$ 为广义力。

定义**广义惯性力** F_{gj} 为

$$F_{gj}=-\sum_{i=1}^{n}m_i\ddot{\boldsymbol{r}}_i\cdot\frac{\partial\boldsymbol{r}_i}{\partial q_j}\tag{12-5}$$

则式(12-4)可写为

$$\sum_{j=1}^{k}(F_{Qj}+F_{gj})\delta q_j=0\qquad(j=1,2,\cdots,k)$$

由于广义坐标是相互独立的,即 $\delta q_j\neq0$,所以上式成立的条件是

$$F_{Qj}+F_{gj}=0\qquad(j=1,2,\cdots,k)\tag{12-6}$$

式(12-6)为 k 个方程的方程组,表明了广义力和广义惯性力的相互平衡关系,也可以理解为以广义坐标表示的达朗伯原理。

由于式(12-6)不便于直接应用,为此将广义惯性力进行变换

$$F_{gj}=-\sum_{i=1}^{n}m_i\ddot{\boldsymbol{r}}\cdot\frac{\partial\boldsymbol{r}_i}{\partial q_j}=-\sum_{i=1}^{n}m_i\frac{\mathrm{d}\boldsymbol{v}_i}{\mathrm{d}t}\cdot\frac{\partial\boldsymbol{r}_i}{\partial q_j}=-\frac{\mathrm{d}}{\mathrm{d}t}\left(\sum_{i=1}^{n}m_i\boldsymbol{v}_i\cdot\frac{\partial\boldsymbol{r}_i}{\partial q_j}\right)+\sum_{i=1}^{n}m_i\boldsymbol{v}_i\cdot\frac{\mathrm{d}}{\mathrm{d}t}\left(\frac{\partial\boldsymbol{r}_i}{\partial q_j}\right)\tag{12-7}$$

为简化式(12-7),需要分析$\frac{\partial\boldsymbol{r}_i}{\partial q_j}$和$\frac{\mathrm{d}}{\mathrm{d}t}\left(\frac{\partial\boldsymbol{r}_i}{\partial q_j}\right)$与速度 $\boldsymbol{v}_i$ 的关系。

将式(11-6)对时间 t 求导,得到

$$\boldsymbol{v}_i=\frac{\mathrm{d}\boldsymbol{r}_i}{\mathrm{d}t}=\sum_{j=1}^{k}\frac{\partial\boldsymbol{r}_i}{\partial q_j}\dot{q}_j+\frac{\partial\boldsymbol{r}_i}{\partial t}\tag{12-8}$$

式中,$\dot{q}_j=\frac{\mathrm{d}q_j}{\mathrm{d}t}$为**广义速度**。

将式(12-8)再对 $\dot{q}_j$ 求偏导数,得到

$$\frac{\partial\boldsymbol{v}_i}{\partial\dot{q}_j}=\frac{\partial\boldsymbol{r}_i}{\partial q_j}\tag{12-9}$$

再将式(12-8)对任一广义坐标 q_m 求偏导数,得到

$$\frac{\partial\boldsymbol{v}_i}{\partial q_m}=\sum_{j=1}^{k}\frac{\partial^2\boldsymbol{r}_i}{\partial q_m\partial q_j}\dot{q}_j+\frac{\partial^2\boldsymbol{r}_i}{\partial q_m\partial t}=\sum_{j=1}^{k}\frac{\partial}{\partial q_j}\left(\frac{\partial\boldsymbol{r}_i}{\partial q_m}\right)\dot{q}_j+\frac{\partial}{\partial t}\left(\frac{\partial\boldsymbol{r}_i}{\partial q_m}\right)=\frac{\mathrm{d}}{\mathrm{d}t}\left(\frac{\partial\boldsymbol{r}_i}{\partial q_m}\right)$$

即

$$\frac{\partial\boldsymbol{v}_i}{\partial q_m}=\frac{\mathrm{d}}{\mathrm{d}t}\left(\frac{\partial\boldsymbol{r}_i}{\partial q_m}\right)\tag{12-10}$$

将式(12-9)、式(12-10)代入式(12-7),得

$$F_{gj}=-\frac{\mathrm{d}}{\mathrm{d}t}\left(\sum_{i=1}^{n}m_i\boldsymbol{v}_i\cdot\frac{\partial\boldsymbol{v}_i}{\partial\dot{q}_j}\right)+\sum_{i=1}^{n}m_i\boldsymbol{v}_i\cdot\frac{\partial\boldsymbol{v}_i}{\partial q_j}=-\frac{\mathrm{d}}{\mathrm{d}t}\left(\frac{\partial}{\partial\dot{q}_j}\sum_{i=1}^{n}\frac{1}{2}m_iv_i^2\right)+\frac{\partial}{\partial q_j}\sum_{i=1}^{n}\frac{1}{2}m_iv_i^2$$

式中,$T=\sum_{i=1}^{n}\frac{1}{2}m_iv_i^2$ 为质点系的动能。

于是得到用动能 T 表示的广义惯性力为

$$F_{gj}=-\frac{\mathrm{d}}{\mathrm{d}t}\left(\frac{\partial T}{\partial\dot{q}_j}\right)+\frac{\partial T}{\partial q_j}\tag{12-11}$$

将式(12-11)代入式(12-6),得

$$\frac{\mathrm{d}}{\mathrm{d}t}\left(\frac{\partial T}{\partial \dot{q}_j}\right)-\frac{\partial T}{\partial q_j}=F_{Qj}\qquad (j=1,2,\cdots,k)\tag{12-12}$$

此即为**第二类拉格朗日方程**,简称**拉格朗日方程**。

拉格朗日方程(12-12)是用广义坐标表示的二阶微分方程组,揭示了系统动能与广义力之间的关系。由于方程采用动能和广义力来表示,所以,可以方便地得到与系统自由度数相同的且相互独立的运动微分方程。

12.2.2　保守系统的拉格朗日方程

对保守系统,质点系受到的主动力都是有势力。将式(11-16)广义力有势力代入式(12-12),得到**保守系统的拉格朗日方程**

$$\frac{\mathrm{d}}{\mathrm{d}t}\left(\frac{\partial T}{\partial \dot{q}_j}\right)-\frac{\partial T}{\partial q_j}=-\frac{\partial V}{\partial q_j}\qquad (j=1,2,\cdots,k)\tag{12-13}$$

定义表征保守系统能量特征的**拉格朗日函数**或**动势** L 为系统的动能 T 与势能 V 之差

$$L=T-V\tag{12-14}$$

由于势能函数 V 中不包含广义速度 $\dot{q}_j$,所以有 $\frac{\partial V}{\partial \dot{q}_j}=0$,这样可以将保守系统的拉格朗日方程式(12-13)用动势 L 表示为

$$\frac{\mathrm{d}}{\mathrm{d}t}\left(\frac{\partial L}{\partial \dot{q}_j}\right)-\frac{\partial L}{\partial q_j}=0\qquad (j=1,2,\cdots,k)\tag{12-15}$$

拉格朗日方程是解决具有完整约束的质点系动力学问题的普遍方程,对离散质点系统和多自由度的刚体系统尤为适用,是分析力学中的一个重要的方程。拉格朗日方程的表达式非常简洁,应用时只需要计算系统的动能和广义力。特别地,对于保守系统,只需要计算系统的动能和势能。

【例 12-3】 在水平面内运动的行星齿轮机构如图 12-3所示。均质杆 OA 的质量为 m_1,绕端点 O 转动,另一端装有一质量为 m_2,半径为 r 的均质小齿轮,小齿轮沿半径为 R 的固定大齿轮做纯滚动。杆 OA 受到力偶 M 的作用。求杆 OA 的运动方程。

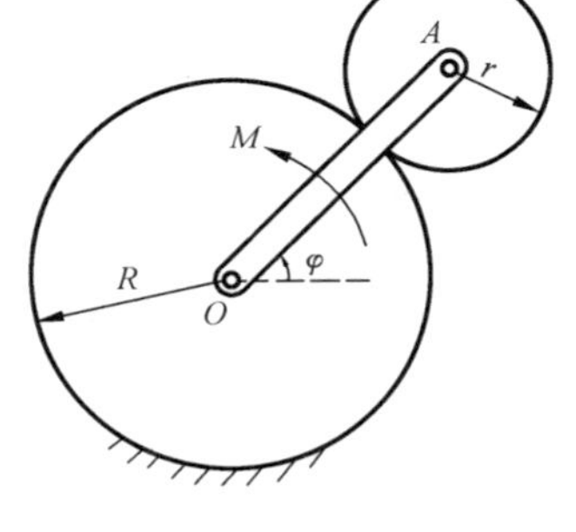

图 12-3

解　图 12-3 所示行星齿轮机构仅有一个自由度,取杆 OA 和小齿轮组成的系统为研究对象,以杆 OA 的转角 φ 为广义坐标。设杆 OA 对轴 O 的转动惯量为 J_O,小齿轮对其质心 A 的转动惯量为 J_A,小齿轮角速度为 ω_A,则点 A 的速度为

$$v_A=(R+r)\dot{\varphi}$$

小齿轮角速度为

$$\omega_A = \frac{v_A}{r} = \frac{R+r}{r}\dot{\varphi}$$

系统的动能为系杆的动能与小齿轮的动能之和，即

$$\begin{aligned} T &= \frac{1}{2}J_O\dot{\varphi}^2 + \frac{1}{2}m_2 v_A^2 + \frac{1}{2}J_A\omega_A^2 \\ &= \frac{1}{2}\times\frac{1}{3}m_1(R+r)^2\dot{\varphi}^2 + \frac{1}{2}m_2(R+r)^2\dot{\varphi}^2 + \frac{1}{2}\times\frac{1}{2}m_2 r^2\left(\frac{R+r}{r}\right)^2\dot{\varphi}^2 \quad \text{(a)} \\ &= \frac{1}{12}(2m_1+9m_2)(R+r)^2\dot{\varphi}^2 \end{aligned}$$

系统的广义力为

$$F_{Q\varphi} = \frac{\sum W_F^{\varphi}}{\delta q_{\varphi}} = \frac{M\delta\varphi}{\delta\varphi} = M \quad \text{(b)}$$

根据拉格朗日方程，有

$$\frac{\mathrm{d}}{\mathrm{d}t}\left(\frac{\partial T}{\partial \dot{\varphi}}\right) - \frac{\partial T}{\partial \varphi} = F_{Q\varphi}$$

将式(a)、式(b)代入上式得到

$$\frac{1}{6}(2m_1+9m_2)(R+r)^2\ddot{\varphi} = M$$

解得

$$\ddot{\varphi} = \frac{6M}{(2m_1+9m_2)(R+r)^2}$$

【例 12－4】　如图 12－4(a)所示单摆，通过连杆 AB 挂在刚度系数为 k 的弹簧上。已知，摆长为 l，摆锤 D 的质量为 m，杆 AB 和 BD 的质量不计。试用拉格朗日方程建立摆的运动微分方程。

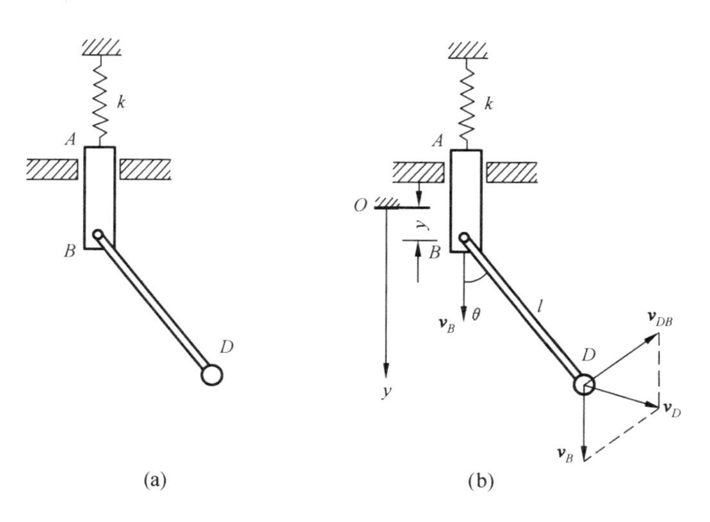

图 12－4

解　本题系统为保守系统，有两个自由度，连杆 AB 做垂直运动，以连杆 AB 静平衡

时 B 点的位置为原点 O 建立坐标 y，取点 B 的位置坐标 y 和杆 BD 的转角 θ 为广义坐标，如图 12-4(b)所示。

按题意，杆 AB 和 BD 的质量不计，因此摆锤 D 的动能即为系统的动能

$$T=\frac{1}{2}mv_D^2=\frac{1}{2}m(\dot{y}^2+l^2\dot{\theta}^2-2l\dot{\theta}\dot{y}\sin\theta)$$

由此得到

$$\frac{\partial T}{\partial\dot{y}}=m(\dot{y}+l\dot{\theta}\sin\theta),\frac{\mathrm{d}}{\mathrm{d}t}\left(\frac{\partial T}{\partial\dot{y}}\right)=m(\ddot{y}-l\ddot{\theta}\sin\theta-l\dot{\theta}^2\cos\theta),\frac{\partial T}{\partial y}=0 \tag{a}$$

$$\frac{\partial T}{\partial\dot{\theta}}=m(l^2\dot{\theta}-l\dot{y}\sin\theta),\frac{\mathrm{d}}{\mathrm{d}t}\left(\frac{\partial T}{\partial\dot{\theta}}\right)=m(l^2\ddot{\theta}-l\ddot{y}\sin\theta-l\dot{y}\dot{\theta}\cos\theta),\frac{\partial T}{\partial\theta}=-ml\dot{\theta}\dot{y}\cos\theta \tag{b}$$

以弹簧原长处为弹性势能的零位置，坐标原点 O 为重力势能的零位置，则系统的势能为

$$V=\frac{1}{2}k\left(y+\frac{mg}{k}\right)^2-mg(l\cos\theta+y)=\frac{1}{2}ky^2-mgl\cos\theta+\frac{(mg)^2}{2k}$$

对应于广义坐标 y 和 θ 的广义力分别为

$$F_{Qy}=-\frac{\partial V}{\partial y}=-ky \tag{c}$$

$$F_{Q\theta}=-\frac{\partial V}{\partial\theta}=-mgl\sin\theta \tag{d}$$

将式(a)和式(c)、式(b)和式(d)分别代入保守系统的拉格朗日方程(12-13)，得到摆的运动微分方程为

$$\begin{cases}m\ddot{y}-ml\ddot{\theta}\sin\theta-ml\dot{\theta}^2\cos\theta+ky=0\\ l\ddot{\theta}-\ddot{y}\sin\theta+g\sin\theta=0\end{cases}$$

【例 12-5】 如图 12-5 所示，质量为 m，长为 l 的均质杆 AB，在端点 A 通过光滑铰链连接于半径为 r、质量为 M 的均质圆盘的中心，圆盘在水平面上做纯滚动。若系统从图示杆 AB 处于水平的位置，由静止开始运动，试求运动初始时刻杆和圆盘的角加速度。

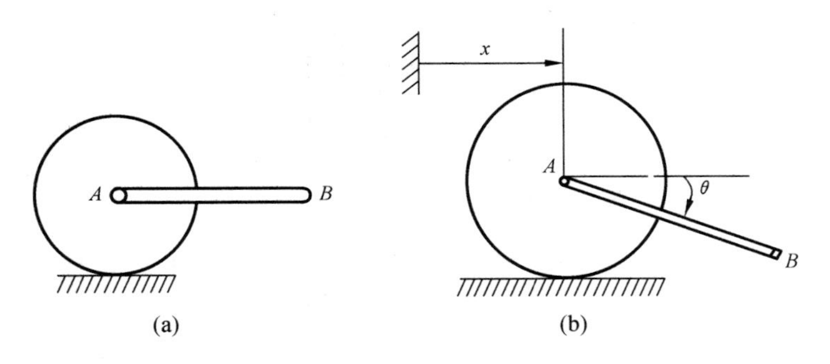

图 12-5

解 取杆和圆盘组成的系统为研究对象。系统有两个自由度，取杆 AB 的转角 θ 和圆盘中心的水平位移 x 为广义坐标，如图 12-5(b)所示，坐标原点均设为系统的初始位

置处。以圆盘中心 A 为重力势能的零位置。

系统的动能为

$$T=\frac{1}{2}M\dot{x}^2+\frac{1}{2}\times\frac{1}{2}Mr^2\left(\frac{\dot{x}}{r}\right)^2+\frac{1}{2}m\left[\left(\dot{x}-\frac{1}{2}l\dot{\theta}\sin\theta\right)^2+\left(\frac{1}{2}l\dot{\theta}\cos\theta\right)^2\right]+\frac{1}{2}\times\frac{1}{12}ml^2\dot{\theta}^2$$

$$=\frac{3}{4}M\dot{x}^2+\frac{1}{2}m\dot{x}^2-\frac{1}{2}ml\dot{x}\dot{\theta}\sin\theta+\frac{1}{6}ml\dot{\theta}^2$$

系统的势能为

$$V=-\frac{1}{2}mgl\sin\theta$$

系统的拉格朗日函数为

$$L=T-V=\frac{3}{4}M\dot{x}^2+\frac{1}{2}m\dot{x}^2-\frac{1}{2}ml\dot{x}\dot{\theta}\sin\theta+\frac{1}{6}ml\dot{\theta}^2+\frac{1}{2}mgl\sin\theta$$

对于广义坐标 x 有

$$\frac{\mathrm{d}}{\mathrm{d}t}\left(\frac{\partial L}{\partial\dot{x}}\right)-\frac{\partial L}{\partial x}=\frac{\mathrm{d}}{\mathrm{d}t}\left(\frac{3}{2}M\dot{x}+m\dot{x}-\frac{1}{2}ml\dot{\theta}\sin\theta\right)-0$$

$$=\frac{3}{2}M\ddot{x}+m\ddot{x}-\frac{1}{2}ml\ddot{\theta}\sin\theta-\frac{1}{2}ml\dot{\theta}^2\cos\theta$$

对于广义坐标 θ 有

$$\frac{\mathrm{d}}{\mathrm{d}t}\left(\frac{\partial L}{\partial\dot{\theta}}\right)-\frac{\partial L}{\partial\theta}=\frac{\mathrm{d}}{\mathrm{d}t}\left(-\frac{1}{2}ml\dot{x}\sin\theta+\frac{1}{3}ml^2\dot{\theta}\right)-\left(-\frac{1}{2}ml\dot{x}\dot{\theta}\cos\theta+\frac{1}{2}mgl\cos\theta\right)$$

$$=-\frac{1}{2}ml\ddot{x}\sin\theta-\frac{1}{2}ml\dot{x}\dot{\theta}\cos\theta+\frac{1}{3}ml\ddot{\theta}+\frac{1}{2}ml\dot{x}\dot{\theta}\cos\theta-\frac{1}{2}mgl\cos\theta$$

根据拉格朗日方程(12-15),得到系统运动的微分方程为

$$\begin{cases}\frac{3}{2}M\ddot{x}+m\ddot{x}-\frac{1}{2}ml\ddot{\theta}\sin\theta-\frac{1}{2}ml\dot{\theta}^2\cos\theta=0\\-\frac{1}{2}ml\ddot{x}\sin\theta+\frac{1}{3}ml\ddot{\theta}-\frac{1}{2}mgl\cos\theta=0\end{cases}$$

初始时刻 $t=0,x=0,\theta=0;\dot{x}=0,\dot{\theta}=0$,代入上式解得

$$\ddot{x}=0,\ddot{\theta}=\frac{3g}{2l}$$

由此得到,圆盘的角加速度 $\alpha_1=\frac{\ddot{x}}{r}=0$,杆的角加速度 $\alpha_2=\ddot{\theta}=\frac{3g}{2l}$。

12.3　保守系统拉格朗日方程的积分

求解拉格朗日方程需要对式(12-12)进行积分。一般情况下,对二阶微分方程组进行积分是很困难的。但是,对于保守系统,在某些条件下,可以得到拉格朗日方程的一次积分。

12.3.1　能量积分

设由 n 个质点组成的保守系统，其约束为定常、完整的理想约束。根据式(11-6)，对定常约束，各质点的矢径中不显含时间 t，即有

$$\boldsymbol{r}_i = \boldsymbol{r}_i(q_1, q_2, \cdots, q_k) \qquad (i = 1,2,\cdots,n)$$

因此，各质点的速度为

$$\boldsymbol{v}_i = \dot{\boldsymbol{r}}_i = \sum_{j=1}^{k} \frac{\partial \boldsymbol{r}_i}{\partial q_j}\dot{q}_j \qquad (i = 1,2,\cdots,n)$$

质点系的动能为

$$T = \frac{1}{2}\sum_{i=1}^{n} m_i \boldsymbol{v}_i \cdot \boldsymbol{v}_i = \frac{1}{2}\sum_{i=1}^{n} m_i \left(\sum_{j=1}^{k} \frac{\partial \boldsymbol{r}_i}{\partial q_j}\dot{q}_j\right)\cdot\left(\sum_{l=1}^{k} \frac{\partial \boldsymbol{r}_i}{\partial q_l}\dot{q}_l\right) = \frac{1}{2}\sum_{j,l=1}^{k} m_{jl}\dot{q}_j\dot{q}_l \tag{12-16}$$

式中

$$m_{jl} = \sum_{i=1}^{n} m_i \frac{\partial \boldsymbol{r}_i}{\partial q_j}\cdot\frac{\partial \boldsymbol{r}_i}{\partial q_l} \tag{12-17}$$

为广义坐标的函数，称为**广义质量**。

齐次函数的欧拉定理：对 m 次齐次函数 $f(x_1, x_2, \cdots, x_n)$ 有

$$\sum_{i=1}^{n} \frac{\partial f}{\partial x_i} x_i = mf \tag{12-18}$$

由式(12-16)可知，动能 T 为广义速度 $\dot{q}_j$ 的二次齐次函数。根据齐次函数的欧拉定理，有

$$\sum_{j=1}^{n} \frac{\partial T}{\partial \dot{q}_j}\dot{q}_j = 2T \tag{12-19}$$

由于势能 V 不含 $\dot{q}_j$ 项，因此有

$$\sum_{j=1}^{n} \frac{\partial L}{\partial \dot{q}_j}\dot{q}_j = \sum_{j=1}^{n} \frac{\partial T}{\partial \dot{q}_j}\dot{q}_j = 2T \tag{12-20}$$

对保守系统的拉格朗日方程式(12-15)两边乘以 $\dot{q}_j$，并将 k 个式子进行求和，有

$$\begin{aligned}
\sum_{j=1}^{k}\left[\frac{\mathrm{d}}{\mathrm{d}t}\left(\frac{\partial L}{\partial \dot{q}_j}\right)\dot{q}_j - \frac{\partial L}{\partial q_j}\dot{q}_j\right] &= \sum_{j=1}^{k}\left[\frac{\mathrm{d}}{\mathrm{d}t}\left(\frac{\partial L}{\partial \dot{q}_j}\dot{q}_j\right) - \frac{\partial L}{\partial \dot{q}_j}\ddot{q}_j - \frac{\partial L}{\partial q_j}\dot{q}_j\right] \\
&= \frac{\mathrm{d}}{\mathrm{d}t}\sum_{j=1}^{k}\frac{\partial L}{\partial \dot{q}_j}\dot{q}_j - \sum_{j=1}^{k}\left(\frac{\partial L}{\partial \dot{q}_j}\ddot{q}_j + \frac{\partial L}{\partial q_j}\dot{q}_j\right) \\
&= 2\frac{\mathrm{d}T}{\mathrm{d}t} - \frac{\mathrm{d}L}{\mathrm{d}t} = \frac{\mathrm{d}}{\mathrm{d}t}(2T - L) = 0
\end{aligned} \tag{12-21}$$

由此得到

$$2T - L = T + V = \text{const} \tag{12-22}$$

式(12-22)即为保守系统的**能量积分**，实际上就是保守系统的机械能守恒定律。

12.3.2　循环积分

对于完整理想约束的保守系统，如果拉格朗日函数 L 中不显含某个广义坐标 q_j，则称 q_j 为**循环坐标**。对于循环坐标 q_j 有

$$\frac{\partial L}{\partial q_j} = 0$$

代入保守系统的拉格朗日方程式(12-15)，有

$$\frac{\mathrm{d}}{\mathrm{d}t}\left(\frac{\partial L}{\partial \dot{q}_j}\right) = 0$$

所以

$$\frac{\partial L}{\partial \dot{q}_j} = \text{const} \tag{12-23}$$

式(12-23)称为**循环积分**。系统中有几个循环坐标，就有几个这样的循环积分。而系统中是否有循环坐标，则与广义坐标的选取有关。

由于势能 V 中不显含广义速度 $\dot{q}_j$，所以

$$\frac{\partial L}{\partial \dot{q}_j} = \frac{\partial T}{\partial \dot{q}_j} = p_j = \text{const} \tag{12-24}$$

式中，p_j 称为**广义动量**，因此，循环积分也称**广义动量积分**。

式(12-24)表明，**对应于循环坐标的广义动量守恒**。

能量积分和循环积分都是由原来的二阶微分方程积分一次得到的，它们都是比原方程低一阶的微分方程。因此，在应用拉格朗日方程解题时，首先应分析是否存在能量积分和循环积分。若存在上述积分，则可以直接写出其积分形式，使问题得到简化。

【例 12-6】　如图 12-6 所示，质量为 m_1，半径为 R 的均质圆柱体可绕其中心轴线自由转动。圆柱表面有一倾角为 θ 的螺旋槽，槽中有一质量为 m_1 的小球 M，自静止开始沿槽下滑，并使圆柱体绕轴线转动。不计摩擦，求当小球下降高度为 h 时，圆柱体的角速度以及小球相对于圆柱体的速度。

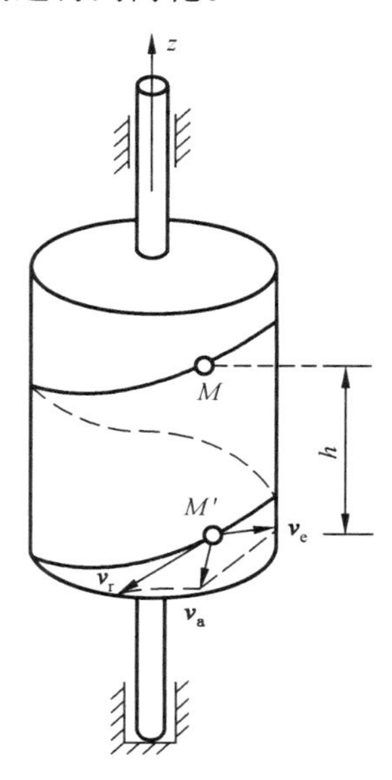

图 12-6

解　圆柱体与小球组成的系统具有两个自由度。由于不计摩擦，因此系统的约束为完整定常的理想约束，并且作用在系统上的主动力为重力，所以系统也是保守系统。

取圆柱体的转角 φ 和沿螺旋槽方向的弧坐标 s 为广义坐标。圆柱体的动能为

$$T_1 = \frac{1}{2}J_z\dot{\varphi}^2 = \frac{1}{4}m_1R^2\dot{\varphi}^2$$

以小球为动点，圆柱体为动系，根据点的速度合成定理，得

到小球的绝对速度 $\boldsymbol{v}_a$。小球的动能为

$$T_2 = \frac{1}{2}m_2 v_a^2 = \frac{1}{2}m_2[v_e^2 + v_r^2 + 2v_e v_r\cos(\pi - \theta)]$$

$$= \frac{1}{2}m_2(R^2\dot{\varphi}^2 + \dot{s}^2 - 2R\dot{s}\dot{\varphi}\cos\theta)$$

系统的动能为

$$T = T_1 + T_2 = \frac{1}{4}m_1R^2\dot{\varphi}^2 + \frac{1}{2}m_2(R^2\dot{\varphi}^2 + \dot{s}^2 - 2R\dot{s}\dot{\varphi}\cos\theta)$$

$$= \frac{1}{4}[(m_1 + 2m_2)R^2\dot{\varphi}^2 + 2m_2\dot{s}^2 - 4m_2R\dot{s}\dot{\varphi}\cos\theta]$$

可见,系统动能 T 为广义速度 $\dot{\varphi}$ 和 $\dot{s}$ 的二次齐次函数。

以小球的起点为势能零点,则系统的势能为

$$V = - m_2 gs\sin\theta$$

系统的拉格朗日函数为

$$L = T - V = \frac{1}{4}[(m_1 + 2m_2)R^2\dot{\varphi}^2 + 2m_2\dot{s}^2 - 4m_2R\dot{s}\dot{\varphi}\cos\theta] + m_2 gs\sin\theta$$

可见,L 中不显含时间和广义坐标 φ,所以系统有能量积分和循环积分,即有

$$T + V = C_1, \frac{\partial T}{\partial\dot{\varphi}} = C_2$$

将系统的动能和势能代入上式,得到

$$\frac{1}{4}[(m_1 + 2m_2)R^2\dot{\varphi}^2 + 2m_2\dot{s}^2 - 4m_2R\dot{s}\dot{\varphi}\cos\theta] - m_2 gs\sin\theta = C_1 \tag{a}$$

$$\frac{1}{2}(m_1 + 2m_2)R^2\dot{\varphi} - m_2R\dot{s}\cos\theta = C_2 \tag{b}$$

将初始条件 $t=0, s=0, \dot{s}=0, \dot{\varphi}=0$ 代入式(a)和式(b),得到 $C_1 = C_2 = 0$。由此,由式(b)解得

$$\dot{\varphi} = \frac{2m_2}{R(m_1 + 2m_2)}\dot{s}\cos\theta \tag{c}$$

代入式(a),并令 $h = s\sin\theta$,得到

$$\frac{m_1 + 2m_2\sin^2\theta}{m_1 + 2m_2}\dot{s}^2 = 2gh$$

由此解得小球相对于圆柱体的速度为

$$\dot{s} = \sqrt{\frac{2(m_1 + 2m_2)gh}{m_1 + 2m_2\sin^2\theta}}$$

再代入式(c)得到圆柱体的角速度为

$$\dot{\varphi} = \frac{2m_2\cos\theta}{R}\sqrt{\frac{2gh}{(m_1 + 2m_2)(m_1 + 2m_2\sin^2\theta)}}$$

小　　结

1. 动力学普遍方程

在理想约束条件下，质点系在任一瞬时所受的主动力和虚加的惯性力在虚位移上所作的虚功之和等于零。

$$\sum_{i=1}^{n}(\boldsymbol{F}_i+\boldsymbol{F}_{gi})\cdot\delta\boldsymbol{r}_i=0$$

$$\sum_{i=1}^{n}[(F_{xi}-m_i\ddot{x}_i)\delta x_i+(F_{yi}-m_i\ddot{y}_i)\delta y_i+(F_{zi}-m_i\ddot{z}_i)\delta z_i]=0$$

2. 拉格朗日方程

$$\frac{\mathrm{d}}{\mathrm{d}t}\left(\frac{\partial T}{\partial\dot{q}_j}\right)-\frac{\partial L}{\partial q_j}=F_{Qj}\qquad(j=1,2,\cdots,k)$$

保守系统的拉格朗日方程

$$\frac{\mathrm{d}}{\mathrm{d}t}\left(\frac{\partial L}{\partial\dot{q}_j}\right)-\frac{\partial L}{\partial q_j}=0\qquad(j=1,2,\cdots,k)$$

3. 保守系统拉格朗日方程的积分

(1) 能量积分：$T+V=\mathrm{const}$

(2) 循环积分：$\dfrac{\partial L}{\partial\dot{q}_j}=\mathrm{const}$

习　　题

12-1　如图12-7所示系统中，重为P的板放置在两个半径为r、重为W的滚子上，滚子可视为均质圆柱。设接触面足够粗糙，滚子与板和水平面之间均无相对滑动。在板上作用一水平拉力F，试求板的加速度。

答：$a=\dfrac{4Fg}{4P+3W}$。

12-2　如图12-8所示椭圆规机构，在水平面内椭圆规由曲柄OC带动。曲柄和规尺都可看成均质细杆，质量分别为m和$2m$，且长度$AC=BC=OC=l$，滑块A和B的质量都是m_1。设曲柄上作用一不变力矩M_0，不计摩擦，试求曲柄的角加速度。

答：$\alpha=\dfrac{M_0}{(3m+4m_1)l^2}$。

12-3　如图12-9所示机构，三个质量均为m的重物，用不可伸长的绳子连接，绳子绕过定滑轮A。两个重物放在光滑水平面上，第三个重物铅垂悬挂。若绳子即滑轮的质量忽略不计，试求系统的加速度及在上的绳子 I－I 的张力。

答：$a=\frac{1}{3}g$，$F=\frac{1}{3}mg$。

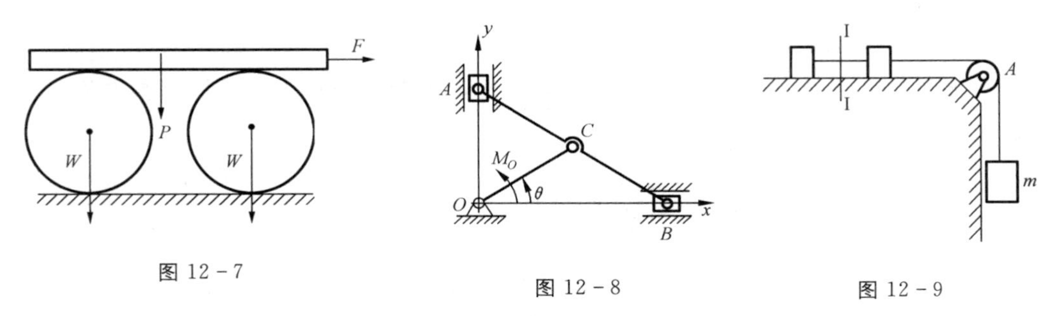

图 12－7　　图 12－8　　图 12－9

12－4　如图 12－10 所示滑轮组上悬挂有质量为 10kg 的重物 M_1 和质量为 8kg 的重物 M_2。忽略滑轮的质量，试求重物 M_2 的加速度和绳的张力。

答：$a_2=2.8\text{m/s}^2$，$F=56.1\text{N}$。

12－5　如图 12－11 所示质量为 m_A、半径为 R 的均质圆柱，放在粗糙的水平面上作纯滚动，一摆长为 l、摆锤质量为 m_B 的单摆，铰接在圆柱的质心上。试用动力学普遍方程建立此质点系的运动微分方程。

答：$\begin{cases}-\left(\frac{3}{2}m_A+m_B\right)\ddot{x}-m_Bl\ddot{\varphi}\cos\varphi+m_B\dot{\varphi}^2l\sin\varphi=0\\ \ddot{x}\cos\varphi+l\ddot{\varphi}+g\sin\varphi=0\end{cases}$

12－6　如图 12－12 所示系统中，已知匀质圆盘 A，B 的质量 m_1 和 m_2，半径分别为 R_1 和 R_2，试用动力学普遍方程求两圆盘的角加速度。

答：$\alpha_A=\frac{2m_2g}{(3m_1+2m_2)R_1}$，$\alpha_B=\frac{2m_1g}{(3m_1+2m_2)R_2}$。

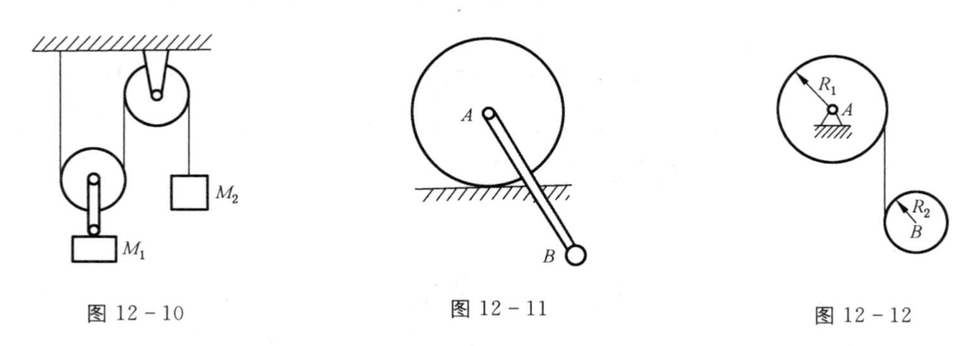

图 12－10　　图 12－11　　图 12－12

12－7　如图 12－13 所示机构，两相同均质杆长为 l，半径为 r 的均质圆盘沿水平面作纯滚动。杆与圆盘的重力均为 P。拖系统在图示位置 $\varphi=60°$ 无初速地开始运动，试用动力学普遍方程求此瞬时杆 AC 的角加速度。

答：$\alpha_{AC}=\frac{3g}{40l}$。

12－8　如图 12－14 所示，棱柱 A 重为 P，均质圆柱 B 重为 G，有公切点，并一起沿斜面向下运动，斜面与水平面成倾角 α，如果圆柱只滚不滑，而棱柱的底面及侧面光滑，试求棱柱的加速度。

答：$a=\dfrac{2(p+G)}{2P+3G}g\sin\theta$。

12－9　如图 12－15 所示，质量均为 m 的重物 D 和 E 连接在不可伸长的绳的两端。绳从重物 E 绕过定滑轮 A，然后经过动滑轮 B，又绕过定滑轮 C 和重物 D 相连。斜面与水平面成倾角 φ。在动滑轮上装有质量为 m_1 的重物 K。重物 E 与水平面的摩擦因数为 f，斜面光滑，忽略绳及滑轮重量。试求重物下落的条件并求其加速度。开始时系统静止。

答：$m_1>m(f+\sin\varphi)$，$a=\dfrac{m_1-m(f+\sin\varphi)}{m_1+2m}g$。

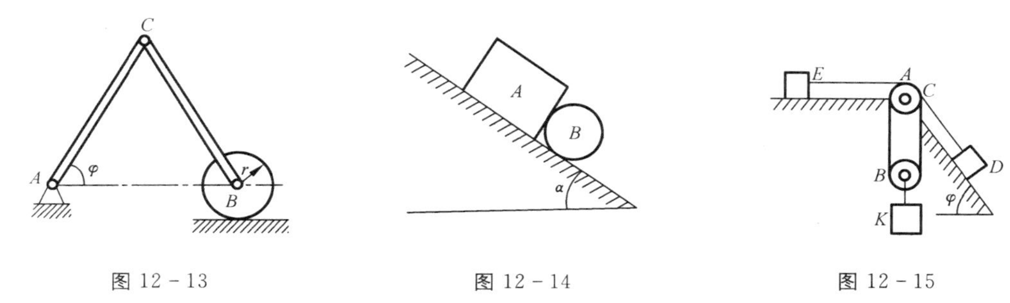

图 12－13　　图 12－14　　图 12－15

12－10　如图 12－16 所示，重为 P_1 的楔块 A 可沿水平面滑动，重为 P_2、倾角为 φ 的楔块 B 沿楔块 A 的斜边滑动。在楔块 B 上作用一水平力 $\boldsymbol{F}$。忽略摩擦，试求楔块 A 的加速度及楔块 B 的相对加速度。

答：$a_A=\dfrac{F\sin\varphi+P_2\cos\varphi}{P_1+P_2\sin^2\varphi}g\sin\varphi$，$a_{Br}=\dfrac{(P_1+P_2)P_2\sin\varphi-FP_1\cos\varphi}{P_2(P_1+P_2\sin^2\varphi)}g$。

12－11　如图 12－17 所示，半径为 r 质量为 m 的半圆柱体在粗糙水平面上作无滑动的滚动，试求其在平衡位置附近微幅摆动的周期。

答：$2\pi\sqrt{\dfrac{(9\pi-16)r}{8g}}$。

12－12　如图 12－18 所示变摆长单摆，已知小球的质量为 m，固定的圆柱体半径为 r。当小球位于铅垂位置时，下垂部分长为 l。试用拉格朗日方程建立此摆的运动微分方程。

答：$(l+r\theta)\ddot{\theta}+r\dot{\theta}^2+g\sin\theta=0$。

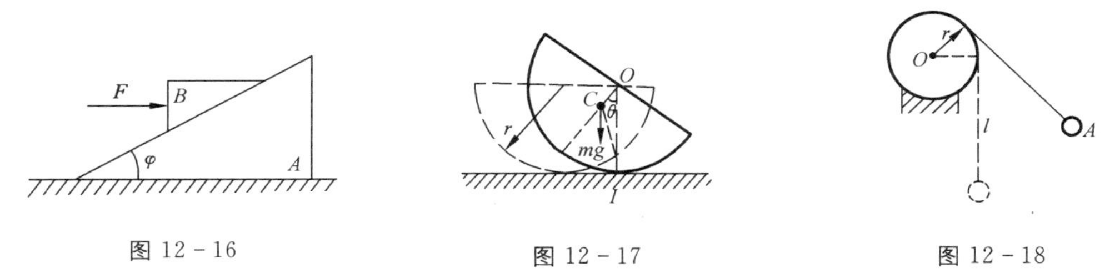

图 12－16　　图 12－17　　图 12－18

12－13　如图12－19所示质量为m、长为l的均质杆AB可绕铰A在平面内摆动，A端用弹簧悬挂在铅垂的导槽内，弹簧的刚度系数为k。试写出系统的运动微分方程。

答：$\begin{cases} m\ddot{x} - \dfrac{1}{2}ml\ddot{\theta}\sin\theta - \dfrac{1}{2}ml\dot{\theta}^2\cos\theta + kx - mg = 0 \\ \dfrac{1}{3}l\ddot{\theta} - \dfrac{1}{2}\ddot{x}\sin\theta + \dfrac{1}{2}g\sin\theta = 0 \end{cases}$

12－14　如图12－20所示，椭圆摆由质量为m_1的滑块A和质量为m_2的小球构成。滑块A无摩擦地沿水平面滑动，小球通过不计重量且长为l的杆AB与滑块A铰接。今在滑块A上施加控制力$\boldsymbol{F}$，使之以$\boldsymbol{v}_A$作等速直线运动。试求(1)系统的运动微分方程；(2)控制力$\boldsymbol{F}$的表达式。

答：(1) $\ddot{\varphi} + \dfrac{l}{g}\sin\varphi = 0$；(2) $F = m_2 l(\ddot{\varphi}\cos\varphi - \dot{\varphi}^2\sin\varphi)$。

12－15　如图12－21所示，两个相同的均质圆盘质量都是m，用刚度系数为k的弹簧相连。弹簧原长为l，斜面与水平面成α角，弹簧轴线与斜面平行。如果系统从静止状态开始运动，此时弹簧变形为δ_0，坐标原点取在圆盘1重心的初始位置，圆盘只滚不滑，试求盘心的运动方程。

答：$x_1 = \dfrac{g}{3}t^2\sin\alpha + \dfrac{\delta_0}{2}(1-\cos wt)$，$x_2 = \dfrac{g}{3}t^2\sin\alpha + \dfrac{\delta_0}{2}(1+\cos wt) + l$，$w^2 = \dfrac{4k}{3m}$。

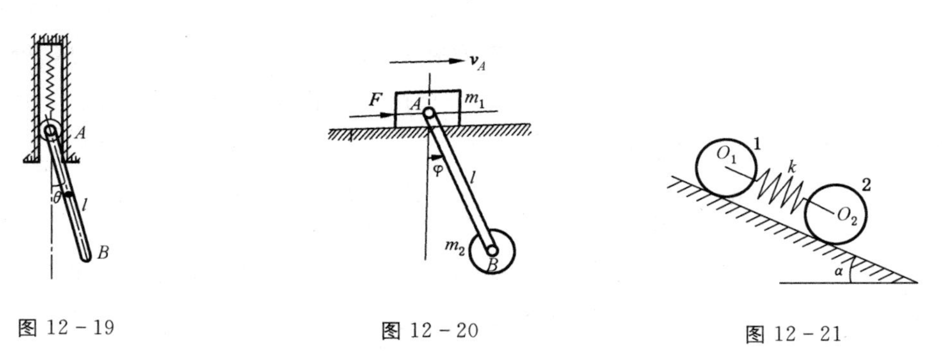

图12－19　　图12－20　　图12－21

12－16　如图12－22所示具有弹簧B支撑的小车A上铰接杆O_1D，在杆D端固连一质点m_2。若小车质量为m_1，质点的质量为m_2，杆长为l，弹簧的刚度系数为k，车轮质量、杆重及阻力忽略不计，试建立系统的运动微分方程。x轴的原点取在未变形弹簧的左端。

答：$\begin{cases} (m_1+m_2)\ddot{x} + m_2 l\ddot{\varphi}\cos\varphi - m_2 l\dot{\varphi}^2\sin\varphi + kx = 0 \\ \ddot{x}\cos\varphi + l\ddot{\varphi} + g\sin\varphi = 0 \end{cases}$

12－17　如图12－23所示矩形板在铅直平面内以匀角速度ω绕铅直轴转动，质量为m的小球A(作为质点)沿着板上的直槽运动。试建立小球沿直槽运动的微分方程。

答：$\ddot{x} - x\omega^2\cos^2\varphi - g\sin\varphi = 0$。

12－18　如图12－24所示，质量为m_A、半径为R的均质圆柱，放在粗糙的水平面上作纯滚动，一摆长为 l，摆锤质量为 m_B 的单摆，悬挂在圆柱的质心上。开始系统在 $x=0$，$\varphi=\varphi_0$ 位置无初速释放。使用拉氏方程的初积分求摆锤 B 的运动轨迹。

答：$\dfrac{\left(x_B-\dfrac{2m_B l\sin\varphi_0}{3m_A+2m_B}\right)^2}{\left(\dfrac{3m_A l}{3m_A+2m_B}\right)^2}+\dfrac{y_B^2}{l^2}=1$ 。

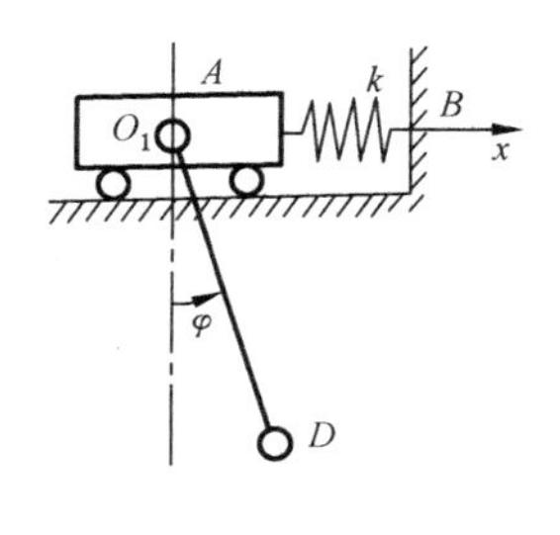

图 12-22

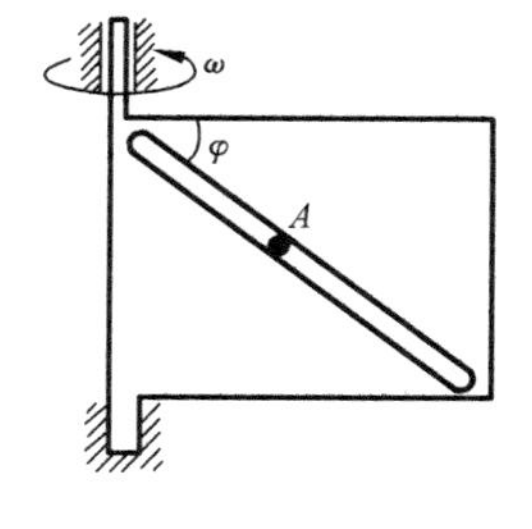

图 12-23

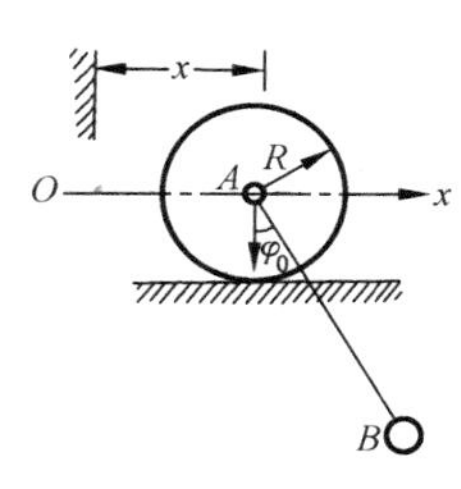

图 12-24

12-19　如图 12-25 所示，质量为 m_1 的滑块 M_1 可沿光滑水平面滑动，质量为 m_2 的小球 M_2 用长为 l 的杆 AB 与滑块连接，杆可绕轴 A 转动。若忽略杆的重量，试求系统的初积分。

答：$\begin{cases}(m_1+m_2)\dot{x}^2+m_2 l^2\dot{\varphi}^2+2m_2 l\dot{x}\dot{\varphi}\cos\varphi-2m_2 gl\cos\varphi=\text{const}\\(m_1+m_2)\dot{x}+m_2 l\dot{\varphi}\cos\varphi=\text{const}\end{cases}$

12-20　如图 12-26 所示，质量为 m_2 的滑块 B 沿与水平面成倾角为 α 的光滑斜面下滑。质量为 m_1 的均质细杆 OD 借助铰链 O 和螺旋弹簧与滑块 B 相连，杆长为 l，弹簧的刚度系数为 k，试求系统的初积分。

答：$3(m_1+m_2)\dot{s}^2+m_1 l^2\dot{\varphi}^2-3m_1 l\dot{\varphi}\dot{s}\cos(\varphi+\alpha)+3k\varphi^2-6(m_1+m_2)gs\sin\alpha+3m_1 gl\cos\varphi=\text{const}$ 。

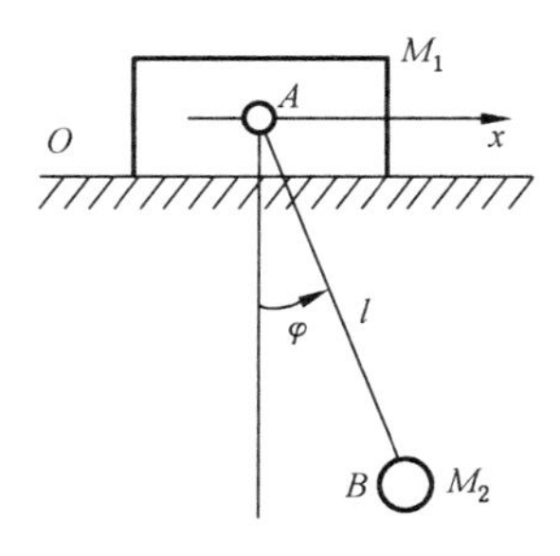

图 12-25

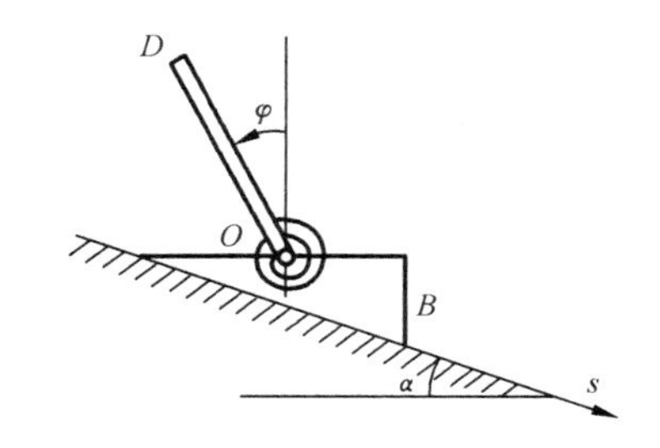

图 12-26

第 13 章　机械振动基础

机械系统的振动问题是比较复杂的。根据具体问题，可简化为单自由度系统，两自由度系统，多自由度系统，以至连续系统，再运用力学原理和数学工具进行分析。本章主要研究机械振动的描述方法，单自由度系统的自由振动和强迫振动，两自由度系统的振动方程及其主振动。单自由度系统的振动反映了振动的一些最基本的规律；两自由度系统的一些振动特点可推广到多自由度系统。

13.1　机械振动及其描述

13.1.1　机械振动现象

振动是日常生活和工程中普遍存在的现象，有机械振动、电磁振荡、光的波动等不同的形式。本书只研究机械振动。机械振动是工程中常见的物理现象，悬挂在弹簧上的物体在外界干扰下所做的往复运动，如图 13－1 所示，是最简单最直观的机械振动。广泛地说，各种机器设备及其零部件和基础，都可以看成是不同程度的弹性系统，在一定的条件下，就会发生振动。例如，桥梁在车辆通过时引起的振动，汽轮机、发电机由于转子不平衡引起的振动等。**机械振动指物体在其稳定的平衡位置附近所做的往复运动**。这是物体的一种特殊形式的运动。振动物体的位移、速度、加速度等物理量都是随时间往复变化的。

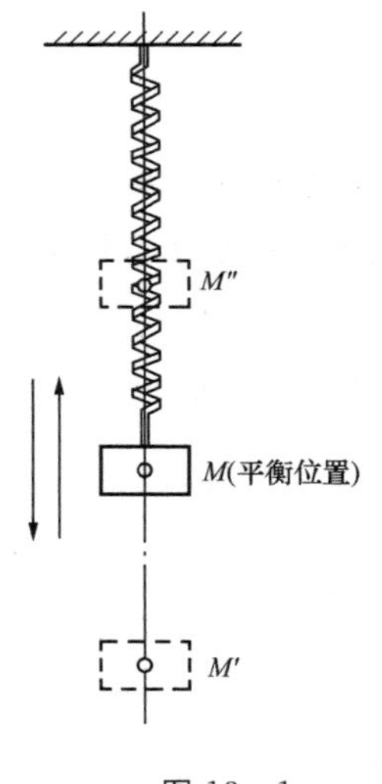

图 13－1

振动的存在会影响机器的正常运转，使机床的加工精度和精密仪器的灵敏度下降，严重的还会引发机器或建筑结构的毁坏；此外，还会引发噪声，污染环境，这是不利的一面。另一方面，人们利用机械振动现象的特征，设计制造了众多的机械设备和仪器仪表，如振动筛选机、振动研磨机、振动输送机、振动打桩机、混凝土振捣器以及测量传感器、钟表计时仪器、振子示波器等。随着机器设备向着大型、高速高效、自动化等方面发展，需要分析处理的振动问题越来越重要。因此，掌握机械振动的基本理论，并能正确运用，对于设计制造安全可靠和性能优良的机器、仪器仪表、建筑结构以及各种交通运输工具，有效抑制、防止振动带来的危害是十分必要的。

为了便于研究振动现象的基本特征，需要将研究对象进行适当地简化和抽象，形成一种分析研究振动现象的理想化模型，即所谓**振动系统**。振动系统可以分为两大类：**连续系统与离散系统**。实际工程结构的物理参数（如板壳、梁、轴等的质量及弹性）一般是连续分布的，具有这种特点的系统称为**连续系统**或**分布参数系统**。在绝大多数情况下，为了能够分析或者便于分析，需要通过适当的准则将分布参数“凝缩”成有限个离散的参数，这样便得到**离散系统**。

由于所具有的自由度数目上的区别，连续系统又称为**无限自由度系统**，离散系统则称为**多自由度系统**，它的最简单情况是**单自由度系统**。

分析连续系统与离散系统振动的数学工具有所不同，前者借助于偏微分方程，后者借助于常微分方程。

一种典型的离散系统是由有限个惯性元件、弹性元件、阻尼元件等组成的系统，这类系统称为**集中参数系统**。其中，惯性元件是对系统惯性的抽象，表现为仅计及质量的质点或者仅计及转动惯量和质量的刚体；弹性元件是对系统弹性的抽象，表现为不计质量的弹簧、扭转弹簧或者仅具有某种刚度（如抗弯刚度、抗扭刚度等）但不具有质量的梁段、轴段等；阻尼元件既不具有惯性，也不具有弹性，它是对系统中的阻尼因素或有意施加的阻尼器件的抽象，通常表示为阻尼缓冲器。阻尼元件是一种耗能元件，主要以热能形式消耗振动过程中的机械能，这与惯性元件能储存动能、弹性元件能储存弹性势能在性质上完全不同。

实际的振动系统是很复杂的，以系统的自由度数的不同，可分为**单自由度系统**、**两自由度系统**、**多自由度系统**、**弹性体系统**等。从运动微分方程中所含参数的性质的不同，可分为**线性系统**和**非线性系统**。线性系统是在系统的运动微分方程中，只包含位移、速度的一次方项；如果还包含位移、速度的二阶或高阶项则是非线性系统。工程实际中有很多振动系统（如单摆）未必是线性系统，但是，在微幅振动的情况下，略去高阶项，线性系统就是它的理想化模型。本书只研究线性系统的振动规律。值得指出的是，有关线性振动系统的结论，不能无条件地引申到非线性系统中去，否则，不仅在分析结果上会导致过大的误差，更重要的是无法预示或解释实际的振动系统中可能出现的非线性现象。

按系统受激励的情况分类，振动可分为**自由振动**和**强迫振动**；按振动随时间变化的规律分类，振动可分为**周期振动**、**非周期振动**和**随机振动**。

13.1.2　简谐振动

简谐振动是最基本的周期振动。所谓**周期振动**，是指对任何瞬时 t，其运动规律 $x(t)$ 总可以表示为

$$x(t)=x(t+T)$$

其中，T 为常数，称为周期，单位为秒(s)。这种振动经过时间 T 后又重复原来的运动。

13.1.2.1　简谐振动的表示

可以用时间 t 的正弦或余弦函数表示的运动规律，称为**简谐振动**。其一般表达式为

$$x=A\sin(\omega t+\varphi) \tag{13-1}$$

式中：A、ω、φ 分别称为**振幅**、**圆频率**和**初相位**，它们是表征简谐振动的**三要素**。

一次振动循环所需的时间 T 称为**周期**；单位时间内振动循环的次数 f 称为**频率**。它们与圆频率的关系为

$$T=\frac{1}{f}=\frac{2\pi}{\omega},f=\frac{1}{T}=\frac{\omega}{2\pi} \tag{13-2}$$

式中，周期 T 的单位为秒(s)，频率 f 的单位为赫兹(Hz)，圆频率 ω 的单位为弧度/秒(rad/s)。图 13－2 描述了式(13－1)所示简谐振动的时间历程曲线。

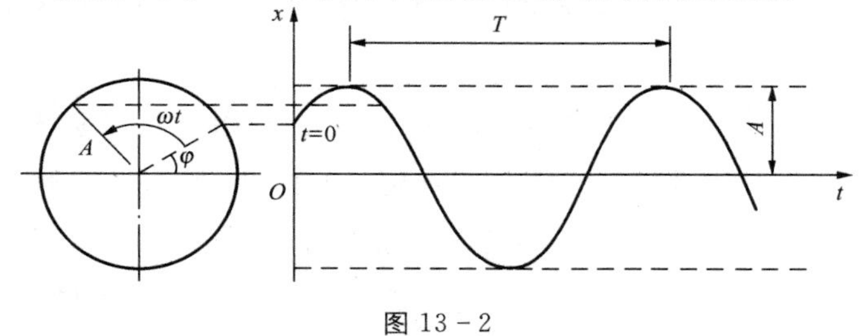

图 13－2

如果 x 为位移，则简谐振动的速度和加速度就是位移表达式(13－1)关于时间 t 的一阶和二阶导数，即

$$\dot{x}=\frac{\mathrm{d}x}{\mathrm{d}t}=A\omega\cos(\omega t+\varphi)=A\omega\sin(\omega t+\varphi+\frac{\pi}{2}) \tag{13-3}$$

$$\ddot{x}=\frac{\mathrm{d}^2x}{\mathrm{d}t^2}=-A\omega^2\sin(\omega t+\varphi)=A\omega^2\sin(\omega t+\varphi+\pi) \tag{13-4}$$

可见，若位移为简谐函数，其速度和加速度也是简谐函数，且具有相同的频率。只不过在相位上，速度和加速度分别超前位移 $\pi/2$ 和 π。比较式(13－4)与式(13－1)，可得到加速度与位移有如下关系：

$$\ddot{x}=-\omega^2x \tag{13-5}$$

即简谐振动的加速度大小与位移成正比，但方向总是与位移相反，始终指向平衡位置。这是简谐振动的一个重要特征。

在振动分析中，简谐振动可以用平面上的**旋转矢量**表示，如图 13－3(a)所示，即看成是半径为 A 的圆上一点做等角速度 ω 的运动时在 x 轴上的投影。旋转矢量$\overrightarrow{OM}$的模为振幅 A，角速度为圆频率 ω，任一瞬时$\overrightarrow{OM}$在纵轴上的投影 ON 即为式(13－1)中的简谐振动表达式。通常可将这个旋转矢量按图 13－3(b)来表示。利用旋转矢量能直观形象地表示出上述位移、速度和加速度之间的关系，如图 13－3(c)所示。

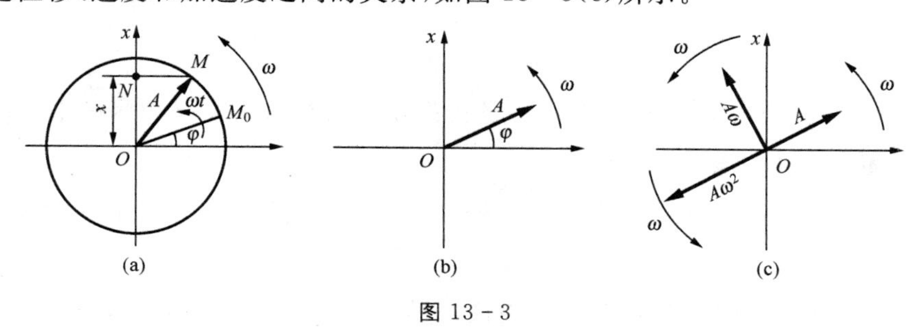

图 13－3

简谐振动也可以用复数表示。记 $\mathrm{i}=\sqrt{-1}$，复数

$$z=A\mathrm{e}^{\mathrm{i}(\omega t+\varphi)}=A\cos(\omega t+\varphi)+\mathrm{i}A\sin(\omega t+\varphi) \tag{13-6}$$

z 的实部和虚部分别为

$$\mathrm{Re}(z)=A\cos(\omega t+\varphi)$$

$$\mathrm{Im}(z)=A\sin(\omega t+\varphi)$$

因此，简谐振动的位移 x 与其复数表示 z 的关系为

$$x=\mathrm{Im}(z) \tag{13-7}$$

由于

$$\mathrm{i}=\mathrm{e}^{\mathrm{i}\pi/2},-1=\mathrm{e}^{\mathrm{i}\pi}$$

用复数表示的简谐振动的速度和加速度为

$$\dot{x}=\mathrm{Im}[\mathrm{i}\omega A\mathrm{e}^{\mathrm{i}(\omega t+\varphi)}]=\mathrm{Im}[A\omega\mathrm{e}^{\mathrm{i}(\omega t+\varphi+\pi/2)}] \tag{13-8}$$

$$\ddot{x}=\mathrm{Im}[-A\omega^2\mathrm{e}^{\mathrm{i}(\omega t+\varphi)}]=\mathrm{Im}[A\omega^2\mathrm{e}^{\mathrm{i}(\omega t+\varphi+\pi)}] \tag{13-9}$$

式(13－6)也可写成

$$z=A\mathrm{e}^{\mathrm{i}\varphi}\mathrm{e}^{\mathrm{i}\omega t}=\overline{A}\mathrm{e}^{\mathrm{i}\omega t} \tag{13-10}$$

式中：$\overline{A}=A\mathrm{e}^{\mathrm{i}\varphi}$ 为复数，称为**复振幅**，包含了振动的振幅和初相位两个信息。

用复指数形式描述简谐振动将给运算和分析带来很大的方便。

13.1.2.2　简谐振动的合成

（1）两同频率振动的合成

设有两个同频率的简谐振动

$$x_1=A_1\sin(\omega t+\varphi_1),x_2=A_2\sin(\omega t+\varphi_2)$$

这两个简谐振动对应的旋转矢量分别是 $\boldsymbol{A}_1$、$\boldsymbol{A}_2$。由于 $\boldsymbol{A}_1$、$\boldsymbol{A}_2$ 的角速度相等，旋转时它们之间的夹角($\varphi_2-\varphi_1$)始终保持不变，它们的合矢量 $\boldsymbol{A}$ 也必然以相同的角速度 ω 做匀速转动，如图 13－4 所示。由矢量投影定理可知，合矢量 $\boldsymbol{A}$ 在 x 轴上的投影等于其分矢量 $\boldsymbol{A}_1$、$\boldsymbol{A}_2$ 在同一轴上投影的代数和，于是得到

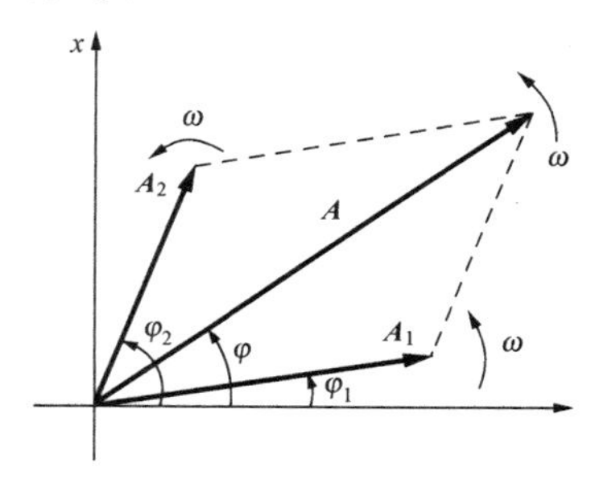

图 13－4

$$x=A_1\sin(\omega t+\varphi_1)+A_2\sin(\omega t+\varphi_2)=A\sin(\omega t+\varphi) \tag{13-11}$$

其中

$$\boldsymbol{A}=\boldsymbol{A}_1+\boldsymbol{A}_2$$

$$\begin{cases}A=\sqrt{(A_1\sin\varphi_1+A_2\sin\varphi_2)^2+(A_1\cos\varphi_1+A_2\cos\varphi_2)^2}\\ \varphi=\arctan\dfrac{A_1\sin\varphi_1+A_2\sin\varphi_2}{A_1\cos\varphi_1+A_2\cos\varphi_2}\end{cases} \tag{13-12}$$

即两个相同频率简谐振动合成的结果仍然是简谐振动，其频率与原简谐振动相同，其振幅和初相位由式(13－12)确定。

（2）两个不同频率振动的合成

设有两个不同频率的简谐振动

$$x_1 = A_1 \sin\omega_1 t, x_2 = A_2 \sin\omega_2 t$$

若 ω_1 与 ω_2 之比是有理数，即

$$\frac{\omega_1}{\omega_2} = \frac{m}{n}$$

变换得到

$$m = \frac{2\pi}{\omega_1} = n\,\frac{2\pi}{\omega_2}$$

其中$\frac{2\pi}{\omega_1}$和$\frac{2\pi}{\omega_2}$分别是两个简谐振动的周期 T_1 和 T_2，取

$$T = mT_1 = nT_2$$

并且记 $x = x_1 + x_2$，则

$$\begin{aligned} x(t+T) &= x_1(t+T) + x_2(t+T) \\ &= x_1(t+mT_1) + x_2(t+nT_2) \\ &= x_1(t) + x_2(t) \\ &= x(t) \end{aligned}$$

可见 T 就是 x_1 与 x_2 合成振动的周期。所以，**两个不同频率的简谐振动的合成不再是简谐振动。当频率比为有理数时，可合成为周期振动，合成振动的周期是两个简谐振动周期的最小公倍数。**

若 ω_2 与 ω_1 之比是无理数，则找不到这样一个周期。因此，**其合成振动是非周期的。**

若 $\omega_1 \approx \omega_2$，且 $\omega_1 > \omega_2$，并设 $A_1 = A_2 = A$，则有

$$x = x_1 + x_2 = A_1 \sin\omega_1 t + A_2 \sin\omega_2 t = 2A\cos\frac{\omega_2 - \omega_1}{2}t\sin\frac{\omega_1 + \omega_2}{2}t$$

令 $\omega = \frac{\omega_1 + \omega_2}{2}$，$\Delta\omega = \omega_2 - \omega_1$，则上式可表示为

$$x = 2A\cos\frac{\Delta\omega}{2}t\sin\omega t \qquad (13-13)$$

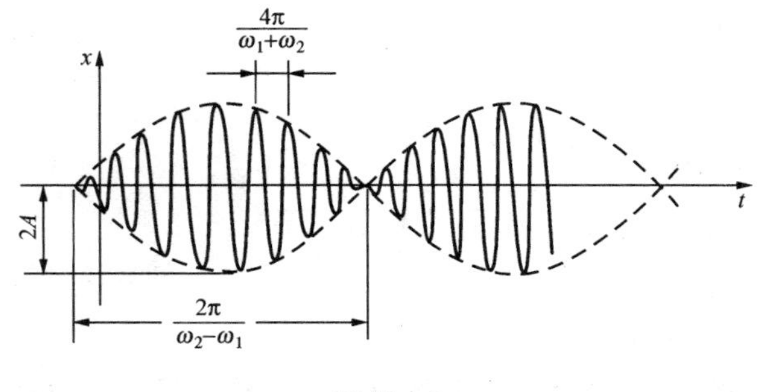

图 13－5

其中，正弦函数完成了几个循环后，余弦函数才能完成一个循环。这是一个频率为 ω 的变幅振动，振幅在 $2A$ 与零之间周期性地缓慢变化。它的包络线为：

$$A(t) = 2A\cos\frac{\Delta\omega}{2}t \qquad (13-14)$$

这种特殊的振动现象称为“**拍**”，或者说“**拍”是一个具有慢变振幅的振动**，其拍频为 $\Delta\omega$，振动波形如图 13－5 所示。拍的

现象在实际的频率测量中是很有用的。

13.2　单自由度系统振动

13.2.1　单自由度系统自由振动

13.2.1.1　自由振动微分方程

许多振动系统可简化为一个质量和一个弹簧组成的**弹簧质量系统**，而且往往又是在重力影响下沿铅垂方向振动，具有一个自由度，可以简化为如图 13-6 所示的模型。为分析其运动规律，先列出其运动微分方程。

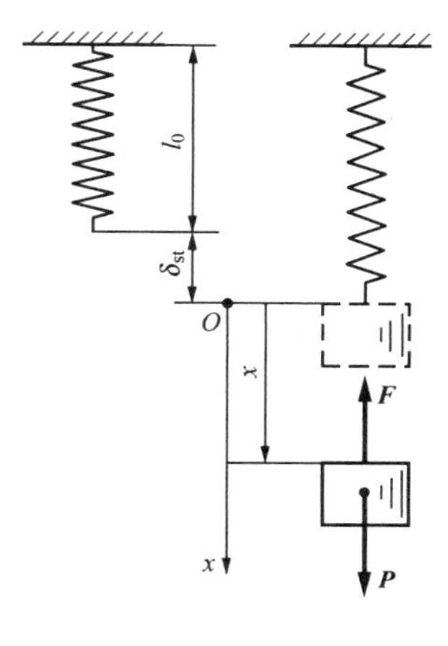

图 13-6

设弹簧原长为 l_0，刚度系数为 k。在重力 $\boldsymbol{P}=m\boldsymbol{g}$ 的作用下弹簧的变形为 δ_{st}，称为**静变形**，这一位置为**平衡位置**。平衡时重力 $\boldsymbol{P}$ 和弹性力 $\boldsymbol{F}$ 大小相等，即 $P=k\delta_{st}$，由此有

$$\delta_{st}=P/k \tag{13-15}$$

为研究方便，取重物的平衡位置点 O 为坐标原点，取 x 轴的正向铅直向下，则重物在任意位置 x 处的运动微分方程为

$$m\frac{\mathrm{d}^2x}{\mathrm{d}t^2}=P-k(\delta_{st}+x)$$

考虑式(13-15)，上式变为

$$m\frac{\mathrm{d}^2x}{\mathrm{d}t^2}=-kx \tag{13-16}$$

式(13-16)表明，物体偏离平衡位置于坐标 x 处，将受到与偏离距离成正比而与偏离方向相反的合力，此力为**恢复力**。**只在恢复力作用下维持的振动称为无阻尼自由振动**。由于重力对于振动系统是一个常力，常力加在振动系统一般只改变其平衡位置，只要将坐标原点取在平衡位置，都将得到如式(13-16)所示的运动微分方程。

将式(13-16)两端除以质量 m，并设

$$\omega_n^2=\frac{k}{m} \tag{13-17}$$

移项后得到

$$\frac{\mathrm{d}^2x}{\mathrm{d}t^2}+\omega_n^2x=0 \tag{13-18}$$

式(13-18)为**无阻尼自由振动微分方程的标准形式**，它是一个二阶齐次线性常系数微分方程。其解具有如下形式：

$$x=\mathrm{e}^{rt}$$

式中：r 为待定常数。将上式代入微分方程(13－18)后，消去公因子 e^{rt}，得到特征方程

$$r^2+\omega_n^2=0$$

特征方程的两个根为

$$r_1=+i\omega_n, r_2=-i\omega_n$$

其中，r_1、r_2 是一对共轭虚根。微分方程(13－18)的解为

$$x=C_1\cos\omega_n t+C_2\sin\omega_n t \tag{13-19}$$

式中：C_1、C_2 是积分常数，由运动的起始条件确定。

令

$$A=\sqrt{C_1^2+C_2^2}, \tan\theta=\frac{C_1}{C_2}$$

则式(13－19)可改写为

$$x=A\sin(\omega_n t+\theta) \tag{13-20}$$

式(13－20)表明无阻尼自由振动是简谐振动，其运动图线如图13－7所示。

13.2.1.2　固有频率

无阻尼自由振动是简谐振动，是一种周期振动。由式(13－20)，其角度周期为 2π，则有

$$[\omega_n(t+T)+\theta]-(\omega_n t+\theta)=2\pi$$

由此得到自由振动的周期为

$$T=\frac{2\pi}{\omega_n} \tag{13-21}$$

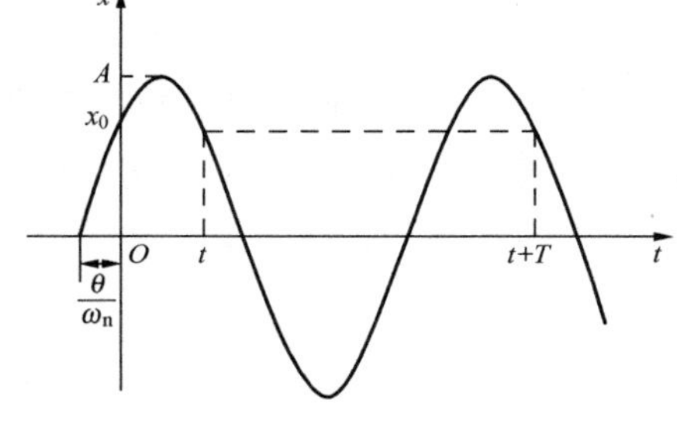

图13－7

从式(13－21)得到

$$\omega_n=\frac{2\pi}{T}=2\pi f_n \tag{13-22}$$

ω_n 表示 2π 秒内的振动次数。由式(13－17)，有

$$\omega_n=\sqrt{\frac{k}{m}} \tag{13-23}$$

式(13－23)表示 ω_n 只与表征系统本身特性的质量 m 和刚度 k 有关，而与运动的初始条件无关，它是振动系统的固有特性，所以称 ω_n 为**固有圆频率**(一般也称为**固有频率**)。固有频率是振动理论中的重要概念，它反映了振动系统的动力学特性，计算系统的固有频率是研究系统振动问题的重要内容之一。

将 $m=P/g$ 和式(13－15)代入式(13－23)，得

$$\omega_n=\sqrt{\frac{g}{\delta_{st}}} \tag{13-24}$$

式(13－24)表明：对上述振动系统，只要知道重力作用下的静变形，就可求得系统的固有频率。例如，可以根据车厢下面弹簧的压缩量来估算车厢上下振动的频率。显然，满

载车厢的弹簧静变形比空载车厢大，则其振动频率比空载车厢低。

13.2.1.3　振幅与相位

在式(13-20)中，自由振动的振幅 A 和初相位 θ 是两个待定常数，它们由运动的初始条件确定。设在起始时刻 $t=0$ 时，物块的坐标 $x=x_0$，速度 $v=v_0$。为求 A 和 θ，将式(13-20)对时间 t 求一阶导数，得到物块的速度

$$v=\frac{\mathrm{d}x}{\mathrm{d}t}=A\omega_{\mathrm{n}}\cos(\omega_{\mathrm{n}}t+\theta) \tag{13-25}$$

将初始条件代入式(13-20)和式(13-25)得

$$x_0=A\sin\theta,v_0=A\omega_{\mathrm{n}}\cos\theta$$

由上述两式，得到振幅 A 和初相位 θ 的表达式为

$$A=\sqrt{x_0^2+\frac{v_0^2}{\omega_{\mathrm{n}}^2}},\tan\theta=\frac{\omega_{\mathrm{n}}x_0}{v_0} \tag{13-26}$$

由此可见，自由振动的振幅和初相位都与初始条件有关。

【例 13-1】　质量 $m=0.5\mathrm{kg}$ 的物块，沿光滑斜面无初速滑下，如图 13-8 所示。当物块下落高度 $h=0.1\mathrm{m}$ 时撞于无质量的弹簧上并与弹簧不再分离。弹簧刚度系数 $k=0.8\mathrm{kN/m}$，斜面倾角 $\beta=30°$。求此系统振动的固有频率、振幅和物块的运动方程。

解　物块于弹簧的自然位置 A 处碰上弹簧。物块平衡时，由于斜面的影响，弹簧应有变形量

$$\delta_0=\frac{mg\sin\beta}{k} \tag{a}$$

以物块平衡位置 O 为原点，取 x 轴如图 13-8 所示。物块在任意位置 x 处受重力 $m\boldsymbol{g}$、斜面约束力 $\boldsymbol{F}_{\mathrm{N}}$ 和弹性力 $\boldsymbol{F}$ 作用，物块沿 x 轴的运动微分方程为

$$m\frac{\mathrm{d}^2x}{\mathrm{d}t^2}=mg\ \sin\beta-k(\delta_0+x)$$

将式(a)代入上式，得

$$m\frac{\mathrm{d}^2x}{\mathrm{d}t^2}=-kx$$

上式与式(13-16)完全相同，表明物块运动微分方程与斜面倾角 β 无关。由式(13-20)，此系统的通解为

$$x=A\sin(\omega_{\mathrm{n}}t+\theta) \tag{b}$$

由式(13-23)，得到固有频率

$$\omega_{\mathrm{n}}=\sqrt{\frac{k}{m}}=\sqrt{\frac{0.8\times1000}{0.5}}=40\mathrm{rad/s}$$

可见，固有频率与斜面倾角 β 无关。

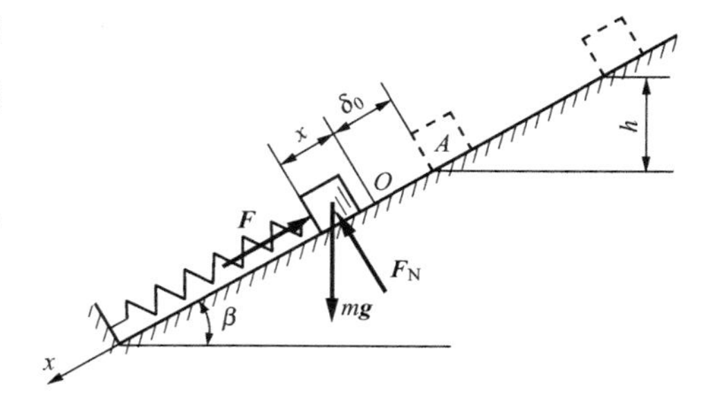

图 13-8

当物块碰上弹簧时，取时间 $t=0$ 作为振动的时间起点，此时物块的坐标即为初位移

$$x_0=-\delta_0=-\frac{0.5\times9.8\times\sin30^\circ}{0.8\times1\,000}=-3.06\times10^{-3}\,\mathrm{m}$$

物块碰上弹簧时，初始速度为

$$v_0=\sqrt{2gh}=\sqrt{2\times9.8\times0.1}=1.4\,\mathrm{m/s}$$

代入式(13-26)，得振幅及初相位为

$$A=\sqrt{x_0^2+\frac{v_0^2}{\omega_n^2}}=0.0351\mathrm{m},\theta=\arctan\frac{\omega_n x_0}{v_0}=-0.087\mathrm{rad}$$

物块的运动方程为

$$x=0.0351\sin(40t-0.087)$$

13.2.1.4 弹簧的并联与串联

图13-9所示为两个刚度系数分别为 k_1、k_2 的弹簧并联系统。图13-10所示为两个刚度系数分别为 k_1、k_2 的弹簧串联系统。下面分别研究这两个系统的固有频率和等效弹簧刚度系数。

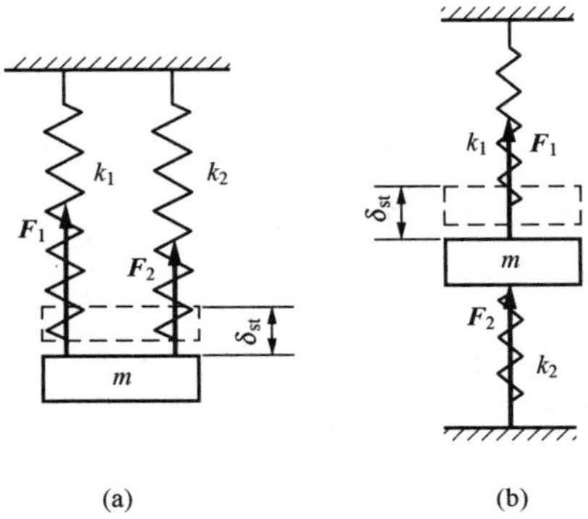

图13-9

(1) 弹簧并联。图13-9所示的两个弹簧并联，物块在重力 $m\boldsymbol{g}$ 作用下做平动，其静变形为 δ_{st}，两个弹簧分别受力 $\boldsymbol{F}_1$ 和 $\boldsymbol{F}_2$，因弹簧变形量相同，因此

$$F_1=k_1\delta_{st},F_2=k_2\delta_{st}$$

在平衡时有

$$mg=F_1+F_2=(k_1+k_2)\delta_{st}$$

令

$$k_{eq}=k_1+k_2 \tag{13-27}$$

k_{eq} 称为**等效弹簧刚度系数**，则

$$mg=k_{eq}\delta_{st}$$

或

$$\delta_{st}=\frac{mg}{k_{eq}}$$

因此，上述弹簧并联系统的固有频率为

$$\omega_n=\sqrt{\frac{k_{eq}}{m}}=\sqrt{\frac{k_1+k_2}{m}}$$

由此可见，**两个弹簧并联时，其等效弹簧刚度系数等于两个弹簧刚度系数的和**。这一结论可以推广到多个弹簧并联的情形。

(2) 弹簧串联。图13-10所示两个弹簧串联，每个弹簧受的力都等于物块的重量 $m\boldsymbol{g}$，因此两个弹簧的静伸长分别为

$$\delta_{st1}=\frac{mg}{k_1},\delta_{st2}=\frac{mg}{k_2}$$

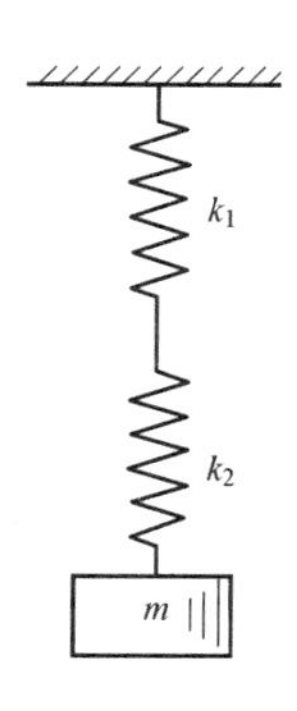

图 13-10

两个弹簧总的静伸长

$$\delta_{st}=\delta_{st1}+\delta_{st2}=mg\left(\frac{1}{k_1}+\frac{1}{k_2}\right)$$

若设串联弹簧系统的等效弹簧刚度系数为 k_{eq}，则有

$$\delta_{st}=\frac{mg}{k_{eq}}$$

比较上面两式得

$$\frac{1}{k_{eq}}=\frac{1}{k_1}+\frac{1}{k_2} \tag{13-28}$$

或

$$k_{eq}=\frac{k_1k_2}{k_1+k_2} \tag{13-29}$$

因此，上述串联弹簧系统的固有频率为

$$\omega_n=\sqrt{\frac{k_{eq}}{m}}=\sqrt{\frac{k_1k_2}{m(k_1+k_2)}}$$

由此可见，**两个弹簧串联时，其等效弹簧刚度系数的倒数等于两个弹簧刚度系数倒数的和**。这一结论也可以推广到多个弹簧串联的情形。

13.2.2　计算固有频率的能量法

对于一个系统的振动问题，确定其固有频率是很重要的。按前述理论可以通过系统的振动微分方程来计算系统的固有频率。下面介绍另外一种计算固有频率的方法——能量法。能量法是从机械能守恒定律出发的，对于计算较复杂系统的固有频率往往更方便。

对图 13-6 所示无阻尼振动系统，当系统做自由振动时，物块的运动为简谐振动，它的运动规律为

$$x=A\sin(\omega_n t+\theta)$$

速度为

$$v=\frac{dx}{dt}=\omega_n A\cos(\omega_n t+\theta)$$

在瞬时 t 物块的动能为

$$T=\frac{1}{2}mv^2=\frac{1}{2}m\omega_n^2A^2\cos^2(\omega_n t+\theta)$$

而系统的势能 V 为弹性势能与重力势能的和，若选平衡位置为零势能点，有

$$V=\frac{1}{2}k[(x+\delta_{st})^2-\delta_{st}^2]-Px$$

注意到 $k\delta_{st}=P$，则

$$V=\frac{1}{2}kx^2=\frac{1}{2}kA^2\sin^2(\omega_n t+\theta)$$

可见，对于有重力影响的弹性系统，如果以平衡位置为零势能位置，则重力势能与弹性势能之和相当于由平衡位置（不由自然位置）处计算变形的单独的弹性势能。

当物块处于平衡位置（振动中心）时，其速度达到最大，系统具有最大动能

$$T_{max}=\frac{1}{2}m\omega_n^2A^2 \tag{13-30}$$

当物块处于偏离振动中心的极端位置时，其位移最大，系统具有最大势能

$$V_{max}=\frac{1}{2}kA^2 \tag{13-31}$$

无阻尼自由振动系统是保守系统，系统的机械能守恒。因为在平衡位置时，系统的势能选为零，其动能 T_{max} 就是全部机械能。而在振动的极端位置时，系统的动能为零，其势能 V_{max} 等于其全部机械能。由机械能守恒定律，有

$$T_{max}=V_{max} \tag{13-32}$$

对于弹簧质量系统，将式(13-30)和式(13-31)代入式(13-32)，即可得到系统的固有频率

$$\omega_n=\sqrt{\frac{k}{m}}$$

根据上述方法，还可以求出其他类型机械振动系统的固有频率，下面举例说明。

【例 13-2】 在图 13-11 所示振动系统中，摆杆 OA 对铰链点 O 的转动惯量为 J，在杆的点 A 和 B 各安置一个弹簧刚度系数分别为 k_1 和 k_2 的弹簧，系统在水平位置处于平衡。求系统做微振动时的固有频率。

解　设摆杆 OA 做自由振动时，其摆角 φ 的变化规律为

$$\varphi=\Phi\sin(\omega_n t+\theta)$$

则系统振动时摆杆的最大角速度 $\dot{\varphi}_{max}=\omega_n\Phi$，因此系统的最大动能为

$$T_{max}=\frac{1}{2}J\omega_n^2\Phi^2$$

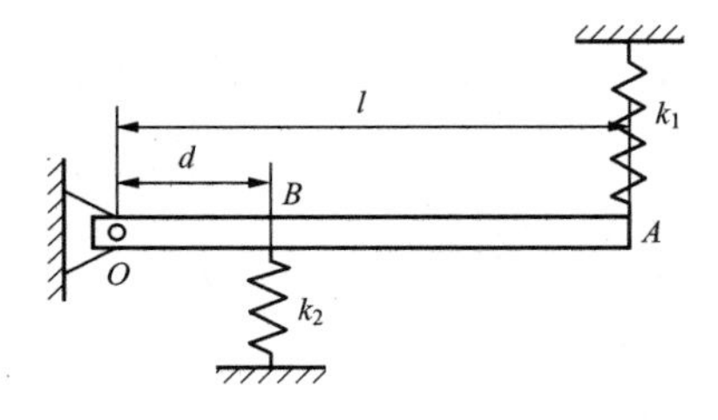

图 13-11

摆杆的最大角位移为 Φ，若选择平衡位置为零势能点，计算系统势能时可以不管重力，而由平衡位置计算弹簧变形，此时最大势能等于两个弹簧最大势能的和，有

$$V_{max}=\frac{1}{2}k_1(l\Phi)^2+\frac{1}{2}k_2(d\Phi)^2=\frac{1}{2}(k_1l^2+k_2d^2)\Phi^2$$

由机械能守恒定律有

$$T_{max}=V_{max}$$

即

$$\frac{1}{2}J\omega_n^2\Phi^2=\frac{1}{2}(k_1l^2+k_2d^2)\Phi^2$$

解得固有频率

$$\omega_n=\sqrt{\frac{k_1l^2+k_2d^2}{J}}$$

【例 13-3】 图 13-12 表示一质量为 m、半径为 r 的圆柱体，在一半径为 R 的圆弧槽上做无滑动的滚动。求圆柱体在平衡位置附近做微小振动的固有频率。

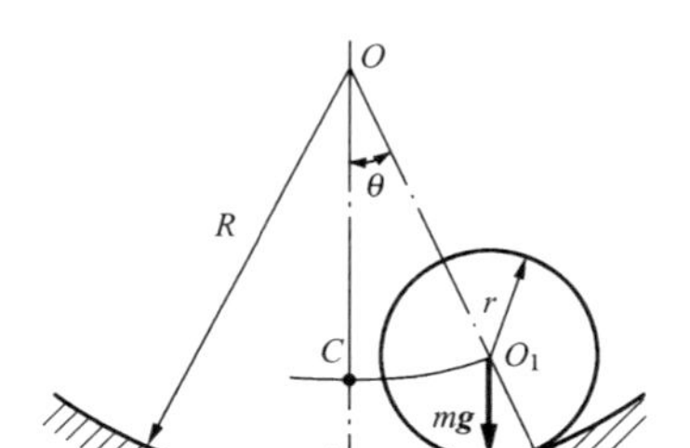

图 13-12

解　设在振动过程中，圆柱体中心与圆槽中心的连线 OO_1 与铅直线 OA 的夹角为 θ。圆柱体中心 O_1 的线速度 $v_{O1}=(R-r)\dot{\theta}$。由运动学知，当圆柱体做纯滚动时，其角速度 $\omega=(R-r)\dot{\theta}/r$，因此系统的动能为

$$\begin{aligned}T&=\frac{1}{2}mv_{O_1}^2+\frac{1}{2}J_{O_1}\omega^2\\&=\frac{1}{2}m[(R-r)\dot{\theta}]^2+\frac{1}{2}\left(\frac{mr^2}{2}\right)\left[\frac{(R-r)\dot{\theta}}{r}\right]^2\\&=\frac{3m}{4}(R-r)^2\ \dot{\theta}^2\end{aligned}$$

系统的势能即重力势能，圆柱在最低处平衡，取该处圆心位置 C 为零势能点，则系统的势能为

$$V=mg(R-r)(1-\cos\theta)=2mg(R-r)\sin^2\frac{\theta}{2}$$

当圆柱体做微振动时，可认为 $\sin\frac{\theta}{2}\approx\frac{\theta}{2}$，因此上式可写为

$$V=\frac{1}{2}mg(R-r)\theta^2$$

设系统做自由振动时 θ 的变化规律为

$$\theta=A\sin(\omega_nt+\varphi)$$

则系统的最大动能

$$T_{\max}=\frac{3m}{4}(R-r)^2\omega_n^2A^2$$

系统的最大势能

$$V_{\max}=\frac{1}{2}mg(R-r)A^2$$

由机械能守恒定律，有 $T_{\max}=V_{\max}$，解得系统的固有频率为

$$\omega_n=\sqrt{\frac{2g}{3(R-r)}}$$

13.2.3　单自由度系统有阻尼自由振动

13.2.3.1　阻尼

前面所研究的振动是不受阻力作用的，振动的振幅是不随时间改变的，振动过程将无限地进行下去。但是，实际中的自由振动大多随时间不断地减小，直到最后振动停止。这说明在振动过程中，系统除受恢复力的作用外，还存在着某种影响振动的阻力，由于这种阻力的存在而不断消耗着振动的能量，使振幅不断地减小。

振动过程中的阻力称为**阻尼**。产生阻尼的原因很多，例如在介质中振动时的介质阻尼、由于结构材料变形而产生的内阻尼、由于接触面的摩擦而产生的干摩擦阻尼等。当振动速度不大时，由于介质黏性引起的阻力近似地与速度的一次方成正比，这样的阻尼称为**黏性阻尼**。设振动质点的运动速度为 v，则黏性阻尼的阻尼力 $\boldsymbol{F}_d$ 为

$$\boldsymbol{F}_d=-c\boldsymbol{v}$$

其中，比例常数 c 称为**黏性阻尼系数**（简称**阻尼系数**），负号表示阻力与速度的方向相反。

因此，一般的机械振动系统可以简化为由惯性元件 m、弹性元件 k 和阻尼元件 c 组成的系统，如图 13－3(a)所示。

13.2.3.2　振动微分方程

现建立图 13－13 所示系统的自由振动微分方程。前述理论已经表明，如以平衡位置为坐标原点，在建立系统的振动微分方程时可以不再计入重力的作用。这样，在振动过程中作用在物块上的力有

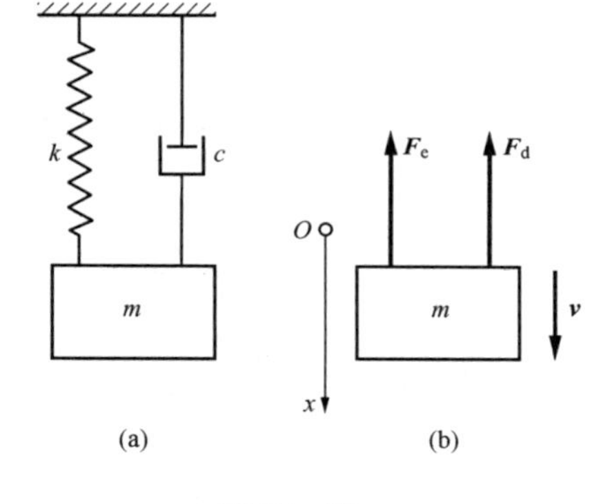

图 13－13

（1）恢复力 $\boldsymbol{F}_e$。方向指向平衡位置 O，大小与偏离平衡位置的距离成正比，即

$$F_e=-kx$$

（2）黏性阻尼力 $\boldsymbol{F}_d$。方向与速度方向相反，大小与速度成正比，即

$$F_d=-cv=-c\frac{dx}{dt}$$

物块的运动微分方程为

$$m\frac{d^2x}{dt^2}=-kx-c\frac{dx}{dt}$$

将上式两端除以 m，并令

$$\omega_n^2=\frac{k}{m},n=\frac{c}{2m} \tag{13-33}$$

式中：ω_n 为固有圆频率；n 为**衰减系数**。

整理得

$$\frac{d^2x}{dt^2}+2n\frac{dx}{dt}+\omega_n^2x=0 \tag{13-34}$$

式(13-34)是**有阻尼自由振动微分方程的标准形式**，是一个二阶齐次常系数线性微分方程，其解为

$$x=e^{rt}$$

将上式代入微分方程(13-34)中，并消去公因子 e^{rt}，得到特征方程

$$r^2+2nr+\omega_n^2=0$$

该方程的两个根为

$$r_1=-n+\sqrt{n^2-\omega_n^2},r_2=-n-\sqrt{n^2-\omega_n^2}$$

因此，式(13-34)的通解为

$$x=C_1e^{r_1t}+C_2e^{r_2t} \tag{13-35}$$

上述解中，特征根为实数或复数时，运动规律有很大的不同，因此下面按 $n<\omega_n$、$n>\omega_n$ 和 $n=\omega_n$ 三种不同状态分别进行讨论。

13.2.3.3 欠阻尼状态

当 $n<\omega_n$ 时，阻尼系数 $c<2\sqrt{km}$，这时阻尼较小，称为**欠阻尼**状态。这时特征方程的两个根为共轭复数，即

$$r_1=-n+i\sqrt{\omega_n^2-n^2},r_2=-n-i\sqrt{\omega_n^2-n^2}$$

微分方程的解式(13-35)可以根据欧拉公式写成

$$x=Ae^{-nt}\sin(\sqrt{\omega_n^2-n^2}t+\theta) \tag{13-36}$$

或

$$x=Ae^{-nt}\sin(\omega_dt+\theta) \tag{13-37}$$

式中：A 和 θ 为两个积分常数，由运动的初始条件确定；$\omega_d=\sqrt{\omega_n^2-n^2}$ 为有阻尼自由振动的固有圆频率。

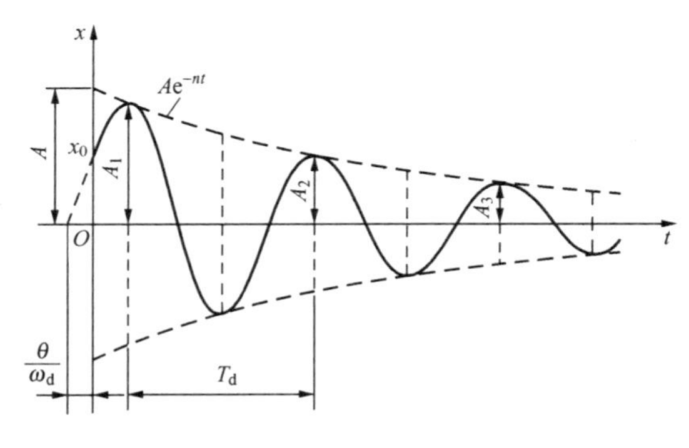

图 13-14

设在初瞬时 $t=0$，质点的坐标为 $x=x_0$，速度 $v=v_0$，仿照求无阻尼自由振动的振幅和初相位的方法，可求得有阻尼自由振动的初始幅值和初相位

$$\begin{cases}A=\sqrt{x_0^2+\dfrac{(v_0+nx_0)^2}{\omega_n^2-n^2}}\\ \tan\theta=\dfrac{x_0\sqrt{\omega_n^2-n^2}}{v_0+nx_0}\end{cases} \tag{13-38}$$

式(13-37)是欠阻尼状态下的自由振动表达式，这种振动的振幅是随时间不断衰减的，所以又称为**衰减振动**。衰减振动的运动图线如图 13-14 所示。

由衰减振动的表达式(13-37)知，这种振动不符合周期振动的定义，所以不是周期振动。但这种振动仍然是围绕平衡位置的往复运动，仍具有振动的特点。将质点从一个最大偏离位置到下一个最大偏离位置所需的时间称为**衰减振动周期**，记为 T_d，如图 13-14 所示。由式(13-37)知

$$T_d=\frac{2\pi}{\omega_d}=\frac{2\pi}{\sqrt{\omega_n^2-n^2}} \tag{13-39}$$

或

$$T_d=\frac{2\pi}{\omega_n\sqrt{1-\left(\frac{n}{\omega_n}\right)^2}}=\frac{2\pi}{\omega_n\sqrt{1-\zeta^2}} \tag{13-40}$$

其中

$$\zeta=\frac{n}{\omega_n}=\frac{c}{2\sqrt{km}} \tag{13-41}$$

ζ 称为**阻尼比**。阻尼比是振动系统中反映阻尼特性的重要参数，在欠阻尼状态下，$\zeta<1$。由式(13-40)可以得到有阻尼自由振动的周期 T_d、频率 f_d 和圆频率 ω_d，与相应的无阻尼自由振动周期 T、频率 f_n 和圆频率 ω_n 的关系：

$$T_d=\frac{T}{\sqrt{1-\zeta^2}},\ f_d=f_n\sqrt{1-\zeta^2},\ \omega_d=\omega_n\sqrt{1-\zeta^2}$$

由上述三个式子可以看到，由于阻尼的存在，使系统自由振动的周期增大，频率减小。在空气中振动的系统阻尼比一般都比较小，对振动频率的影响不大，可以认为 $\omega_d\approx\omega_n$，$T_d\approx T$。

由衰减振动的运动规律式(13-37)可见，其中 Ae^{-nt} 相当于振幅。设在某瞬时 t_i，振动达到的最大偏离值为 A_i，有

$$A_i=Ae^{-nt_i}$$

经过一个周期 T_d 后，系统到达另一个比前者略小的最大偏离值 A_{i+1}，如图 13-14 所示，有

$$A_{i+1}=Ae^{-n(t_i+T_d)}$$

这两个相邻振幅之比为

$$\eta=\frac{A_i}{A_{i+1}}=\frac{Ae^{-nt_i}}{Ae^{-n(t_i+T_d)}}=e^{nT_d} \tag{13-42}$$

这个比值称为**振幅减缩率**或**减缩系数**。从式(13-42)可以看到，任意两个相邻振幅之比为一常数，所以衰减振动的振幅呈几何级数减小。

上述分析表明，在欠阻尼状态下，阻尼对自由振动的频率影响较小；但阻尼对自由振动的振幅影响较大，使振幅呈几何级数下降。例如，当阻尼比 $\zeta=0.05$ 时，可以计算出其振动频率只比无阻尼自由振动时下降 0.125%，而减缩系数为 1.37，经过 10 个周期后，振幅只有原振幅的 4.3%。

对式(13-42)的两端取自然对数得

$$\delta = ln\frac{A_i}{A_{i+1}} = nT_d \tag{13-43}$$

式中：δ 为**对数减缩率**或**对数减幅系数**。

将式(13-40)和式(13-41)代入上式(13-43)可以建立对数减缩率与阻尼比的关系为

$$\delta = \frac{2\pi\zeta}{\sqrt{1-\zeta^2}} \approx 2\pi\zeta \tag{13-44}$$

式(13-44)表明，对数减缩率 δ 与阻尼比 ζ 之间只差 2π 倍。因此，δ 也是反映阻尼特性的一个参数。

13.2.3.4　临界阻尼和过阻尼状态

当 $n=\omega_n(\zeta=1)$ 时，称为**临界阻尼状态**。这时系统的阻尼系数用 c_{cr} 表示，c_{cr} 称为**临界阻尼系数**。从式(13-41)得

$$c_{cr} = 2\sqrt{km} \tag{13-45}$$

在临界阻尼情况下，特征方程的根为两个相等的实根，即

$$r_1 = -n, r_2 = -n$$

微分方程(13-34)的解为

$$x = e^{-nt}(C_1 + C_2 t) \tag{13-46}$$

式中：C_1 和 C_2 为两个积分常数，由运动的起始条件决定。

式(13-46)表明，这时物体的运动是随时间的增长而无限地趋向于平衡位置，因此运动已不再具有振动的特点。

当 $n>\omega_n(\zeta>1)$ 时，称为**过阻尼状态**。此时阻尼系数 $c>c_{cr}$。在这种情形下，特征方程的根为两个不相等的实根，即

$$r_1 = -n + \sqrt{n^2-\omega_n^2}, r_2 = -n - \sqrt{n^2-\omega_n^2}$$

所以，微分方程(13-34)的解为

$$x = e^{-nt}(C_1 e^{\sqrt{n^2-\omega_n^2}t} + C_2 e^{-\sqrt{n^2-\omega_n^2}t}) \tag{13-47}$$

式中：C_1 和 C_2 为两个积分常数，由运动的初始条件来确定。

运动图线如图 13-15 所示，也不再具有振动的特点。

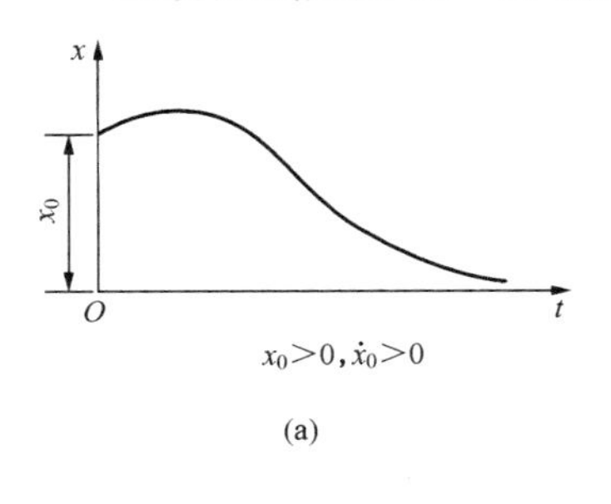

$x_0>0, \dot{x}_0>0$

(a)

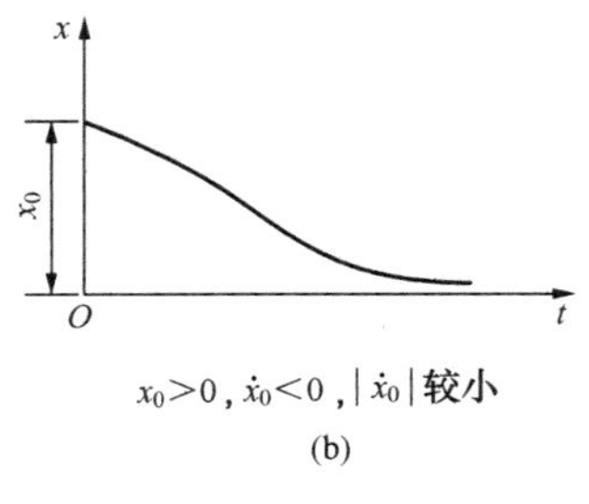

$x_0>0, \dot{x}_0<0, |\dot{x}_0|$ 较小

(b)

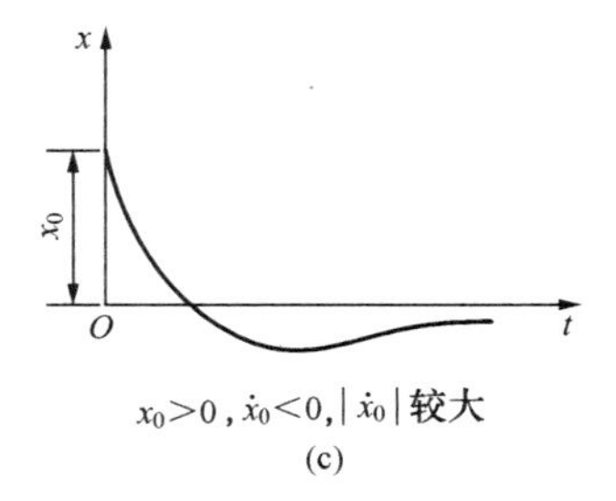

$x_0>0, \dot{x}_0<0, |\dot{x}_0|$ 较大

(c)

图 13-15

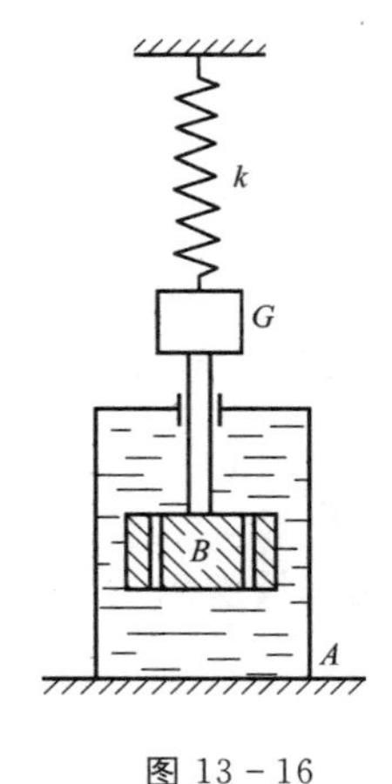

图 13-16

【例 13-4】 图 13-16 所示为一液体减振器装置的简化模型。悬挂在弹簧下端的物块 G 与圆筒 A 中的活塞 B 相固连，圆筒内充满黏性液体。活塞上钻有许多圆孔，当物块 G 上下振动时，液体从活塞上的圆孔中往复流动，给活塞一正比于速度的阻力。设物块 G 连同活塞 B 的质量 $m=1\text{kg}$，弹簧的刚度系数 $k=3920\text{N/m}$。已知物块开始运动后经过 10 个周期，振幅减到初值的 1/40。求衰减系数 n 和阻尼系数 c。

解 由题意知，物块 G 的运动是衰减振动，阻尼系数 c 可通过振幅减缩率来求出。已知物块开始运动后经过 10 个周期，振幅减缩到初值的 1/40。参考式(13-42)，有

$$\frac{A_i}{A_{i+10}}=\frac{A\mathrm{e}^{-nt_i}}{A\mathrm{e}^{-n(t_i+10T_d)}}=\mathrm{e}^{10nT_d}=40$$

取自然对数，得对数减缩率

$$\delta=nT_d=\frac{\ln 40}{10}=0.3689 \tag{a}$$

另外，考虑到衰减振动周期

$$T_d=\frac{2\pi}{\omega_d}=\frac{2\pi}{\sqrt{\omega_n^2-n^2}} \tag{b}$$

其中，系统无阻尼固有频率

$$\omega_n=\sqrt{\frac{k}{m}}=62.6099\text{rad/s} \tag{c}$$

将式(c)代入式(b)，再与式(a)联立求解，得到衰减系数

$$n=\frac{\delta\omega_n}{\sqrt{4\pi^2+\delta^2}}=\frac{0.3689\times 62.6099}{\sqrt{4\pi^2+0.3689^2}}=3.6696\text{rad/s}$$

阻尼系数为

$$c=2nm=2\times 3.6696\times 1=7.3392\text{kg/s}$$

在本例中 $n\ll\omega_n$，可以取 T_d 近似地等于 T，于是有

$$n=\frac{\delta}{T_d}\approx\frac{\delta}{T}=\frac{\delta\omega_n}{2\pi}=\frac{0.3689\times 62.6099}{2\pi}=3.6760\text{rad/s}$$

可见，当 $n\ll\omega_n$ 时，由于 T_d 非常接近 T，计算时用 T 代替 T_d 的误差非常小。因而，在工程中常采用这种近似计算，其结果具有足够的精确度，是能够满足工程需要的。

13.2.4 单自由度系统无阻尼强迫振动

工程中的自由振动，都会由于阻尼的存在而逐渐衰减，最后完全停止。但实际上又存在有大量的持续振动，这是由于外界有能量输入以补充阻尼的消耗，一般都承受外加的激振力。**在外加激振力作用下的振动称为强迫振动**。例如，交流电通过电磁铁产生交变的

电磁力引起振动系统的振动，如图 13－17 所示。

工程中常见的激振力多是周期变化的，一般回转机械、往复式机械、交流电磁铁等都会引起周期激振力。**简谐激振力**是一种典型的周期变化的激振力，简谐力 F 随时间变化的关系可以写为

$$F=H\sin(\omega t+\varphi) \tag{13-48}$$

式中：H 为激振力的**力幅**，即激振力的最大值；ω 为激振力的圆频率；φ 为激振力的初相位。H、ω、φ 都是定值。

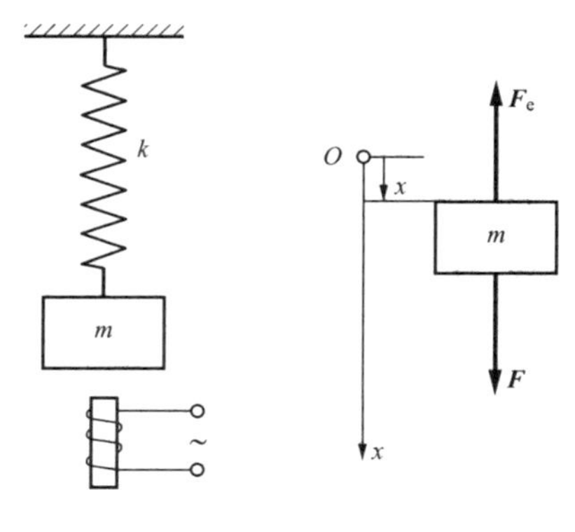

图 13－17

13.2.4.1 振动微分方程

图 13－17 所示的振动系统，其中物块的质量为 m。物块所受的力有恢复力 $\boldsymbol{F}_e$ 和激振力 $\boldsymbol{F}$。取物块的平衡位置为坐标原点，坐标轴铅垂向下，则恢复力 $\boldsymbol{F}_e$ 为

$$F_e=-kx$$

质点的运动微分方程为

$$m\frac{d^2x}{dt^2}=-kx+H\sin(\omega t+\varphi)$$

将上式两端除以 m，并设

$$\omega_n^2=\frac{k}{m},h=\frac{H}{m} \tag{13-49}$$

则得

$$\frac{d^2x}{dt^2}+\omega_n^2x=h\sin(\omega t+\varphi) \tag{13-50}$$

式(13－50)为**无阻尼强迫振动微分方程的标准形式**，是二阶常系数非齐次线性微分方程，它的解由两部分组成，即

$$x=x_1+x_2$$

式中：x_1 为对应于式(13－50)的齐次通解，x_2 为其特解。由 13.2.1 知，齐次方程的通解为

$$x_1=A\sin(\omega_n t+\theta)$$

设式(13－50)的特解有如下形式

$$x_2=b\sin(\omega t+\varphi) \tag{13-51}$$

其中，b 为待定常数。将 x_2 代入式(13－50)，得

$$-b\omega^2\sin(\omega t+\varphi)+b\omega_n^2\sin(\omega t+\varphi)=h\sin(\omega t+\varphi)$$

解得

$$b=\frac{h}{\omega_n^2-\omega^2} \tag{13-52}$$

于是得到式(13－50)的全解为

$$x=A\sin(\omega_n t+\theta)+\frac{h}{\omega_n^2-\omega^2}\sin(\omega t+\varphi) \tag{13-53}$$

式(13－53)表明，无阻尼强迫振动由两个简谐振动合成：第一部分是频率为固有频率的**自由振动**；第二部分是频率为激振力频率的振动，称为**强迫振动**。由于实际的振动系统中总有阻尼存在，自由振动部分总会逐渐衰减下去，因而着重研究第二部分，即强迫振动，它是一种**稳态振动**。

13.2.4.2 强迫振动的振幅

由式(13－51)和式(13－52)知，在简谐激振条件下，系统的强迫振动为简谐振动，其振动频率等于激振力的频率，振幅的大小与运动起始条件无关，而与振动系统的固有频率 ω_n、激振力的力幅 H、激振力的频率 ω 有关。下面讨论强迫振动的振幅与激振力频率之间的关系。

(1) 若 $\omega\to 0$，激振力的周期趋近于无穷大，即激振力为一恒力，此时系统并不振动，所谓的振幅 b_0 实为静力 H 作用下的静变形。由式(13－52)得

$$b_0=\frac{h}{\omega_n^2}=\frac{H}{k} \tag{13-54}$$

(2) 若 $0<\omega<\omega_n$，则由式(13－52)知，ω 值越大，振幅 b 越大，即振幅 b 随着频率 ω 单调上升，当 ω 接近 ω_n 时，振幅 b 将趋于无穷大。

(3) 若 $\omega>\omega_n$，按式(13－52)，b 为负值。但习惯上将振幅都取为正值，因而此时 b 取其绝对值，强迫振动 x_2 与激振力反向，即式(13－51)的相位角应加(或减)180°。这时，随着激振力频率 ω 增大，振幅 b 减小。当 ω 趋于∞，振幅 b 趋于零。

上述振幅 b 与激振力频率 ω 之间的关系可用图 13－18(a)中的曲线表示。该曲线称为**振幅频率曲线**，简称**幅频曲线**，又称为**共振曲线**。为了使曲线具有更普遍的意义，将纵坐标无量纲化，即将纵轴取为 $\beta=b/b_0$，称为**振幅比**，又称**动力系数**或**放大系数**，横轴取为 $\eta=\omega/\omega_n$，称为**频率比**，β 和 η 都是无量纲量，振幅频率曲线如图 13－18(b)所示。

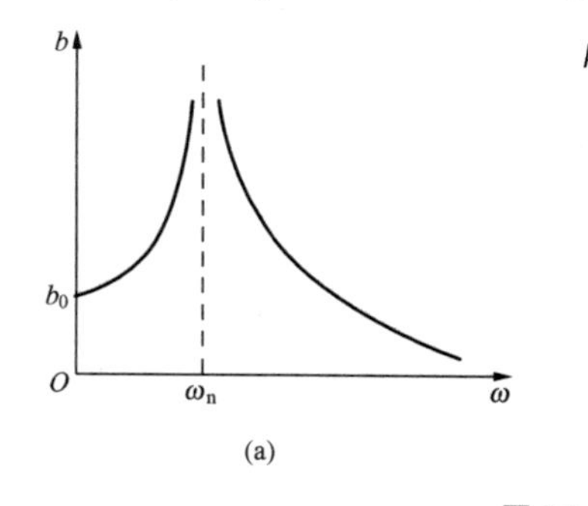

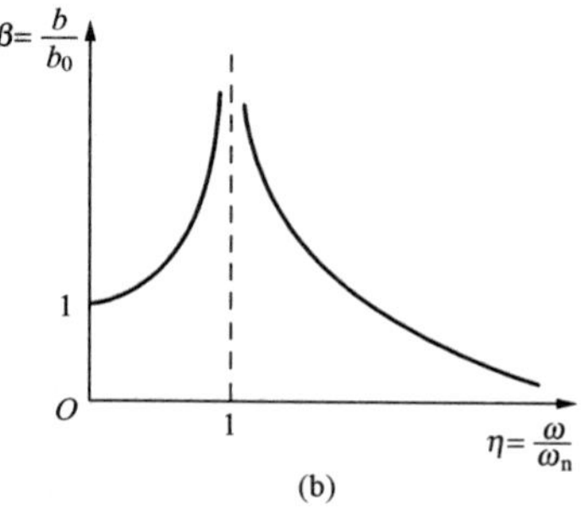

图 13－18

13.2.4.3　共振

在上述分析中，当 $\omega=\omega_n$ 时，即激振力频率等于系统的固有频率时，振幅 b 在理论上趋向无穷大，这种现象称为**共振**。

事实上，当 $\omega=\omega_n$ 时，式(13－52)没有意义，式(13－50)的特解具有下面的形式：

$$x_2=Bt\cos(\omega_n t+\varphi) \tag{13-55}$$

将式(13－55)代入式(13－50)，得

$$B=-h/2\omega_n$$

所以，在共振时强迫振动的运动规律为

$$x_2=-\frac{h}{2\omega_n}t\cos(\omega_n t+\varphi) \tag{13-56}$$

它的幅值为

$$b=\frac{h}{2\omega_n}t$$

由此可见，当 $\omega=\omega_n$ 时系统发生共振，强迫振动的振幅将随时间无限地增大，其运动图线如图 13－19 所示。

实际上，由于系统存在着阻尼，共振时的振幅不可能达到无限大。但一般而言，共振时的振幅都是相当大的，往往使机器产生过大的变形，甚至造成破坏。因此，避免系统发生共振是工程中一个非常关键的工作。

【例 13－5】　图 13－20 所示为一长为 l 的无重刚杆 OA，其一端 O 铰支，另一端 A 水平悬挂在刚度系数为 k 的弹簧上，杆的中点装有一质量为 m 的小球。若在点 A 加一激振力 $F=F_0\sin\omega t$，其中激振力的频率 $\omega=\omega_n/2$，ω_n 为系统的固有频率。忽略阻尼，求系统的强迫振动规律。

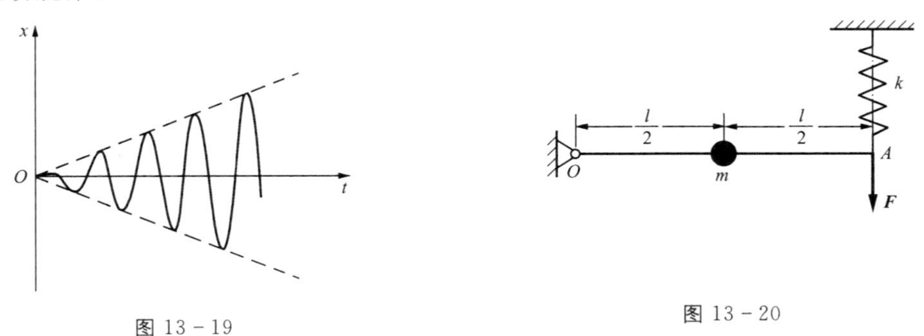

图 13－19　　　图 13－20

解　设任一瞬时刚杆 OA 的摆角为 θ，根据刚体定轴转动微分方程可以建立系统的运动微分方程

$$m\left(\frac{l}{2}\right)^2\ddot{\theta}=-kl^2\theta+F_0 l\sin\omega t$$

令

$$\omega_n^2=\frac{kl^2}{m\left(\frac{l}{2}\right)^2}=\frac{4k}{m},h=\frac{F_0 l}{m\left(\frac{l}{2}\right)^2}=\frac{4F_0}{ml}$$

则上述微分方程可以整理为

$$\ddot{\theta}+\omega_n^2\theta=h\sin\omega t$$

根据式(13-53)可得上述方程的特解，即强迫振动为

$$\theta=\frac{h}{\omega_n^2-\omega^2}\sin\omega t$$

将 $\omega=\omega_n/2$ 代入上式，解得

$$\theta=\frac{h}{\frac{3}{4}\omega_n^2}\sin\omega t=\frac{4F_0}{3kl}\sin\omega l$$

13.2.5　单自由度系统有阻尼强迫振动

图 13-21 所示的有阻尼振动系统，设物块的质量为 m，作用在物块上的力有恢复力 $\boldsymbol{F}_e$、黏性阻尼力 $\boldsymbol{F}_d$ 和简谐激振力 $\boldsymbol{F}$。若选平衡位置 O 为坐标原点，坐标轴铅直向下，则各力为

$$F_e=-kx,F_d=-cv=-c\frac{dx}{dt},F=H\sin\omega t$$

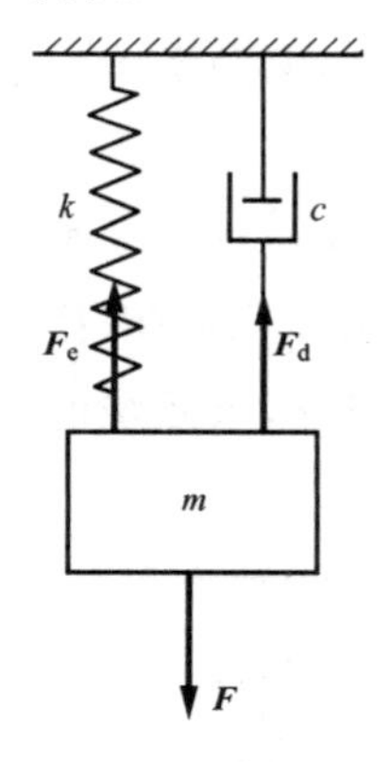

图 13-21

质点运动微分方程为

$$m\frac{d^2x}{dt^2}=-kx-c\frac{dx}{dt}+H\sin\omega t$$

将上式两端除以 m，并令

$$\omega_n^2=\frac{k}{m},n=\frac{c}{2m},h=\frac{H}{m}$$

整理得

$$\frac{d^2x}{dt^2}+2n\frac{dx}{dt}+\omega_n^2x=h\sin\omega t \qquad (13-57)$$

这是**有阻尼强迫振动微分方程的标准形式**，为二阶线性常系数非齐次微分方程，其解由两部分组成

$$x=x_1+x_2$$

其中，x_1 对应于式(13-57)的齐次方程的通解，在欠阻尼($n<\omega_n$)的状态下，有

$$x_1=Ae^{-nt}\sin(\sqrt{\omega_n^2-n^2}t+\theta) \qquad (13-58)$$

x_2 为式(13-57)的特解，有

$$x_2=b\sin(\omega t-\varphi) \qquad (13-59)$$

φ 表示强迫振动的相位角落后于激振力的相位角。

将式(13-59)代入微分方程(13-57)，可得

$$-b\omega^2\sin(\omega t-\varphi)+2nb\omega\cos(\omega t-\varphi)+\omega_n^2 b\sin(\omega t-\varphi)=h\sin\omega t$$

将上式右端改写为

$$h\sin\omega t=h\sin[(\omega t-\varphi)+\varphi]=h\cos\varphi\sin(\omega t-\varphi)+h\sin\varphi\cos(\omega t-\varphi)$$

这样，前式可整理为

$$[b(\omega_n^2-\omega^2)-h\cos\varphi]\sin(\omega t-\varphi)+(2nb\omega-h\sin\varphi)\cos(\omega t-\varphi)=0$$

对任意瞬时 t，上式都必须是恒等式，则有

$$\begin{cases} b(\omega_n^2-\omega^2)-h\cos\varphi=0 \\ 2nb\omega-h\sin\varphi=0 \end{cases}$$

将上述两式联立，可解出

$$b=\frac{h}{\sqrt{(\omega_n^2-\omega^2)^2+4n^2\omega^2}} \tag{13-60}$$

$$\tan\varphi=\frac{2n\omega}{\omega_n^2-\omega^2} \tag{13-61}$$

于是，得到方程(13－57)的通解为

$$x=Ae^{-nt}\sin(\sqrt{\omega_n^2-n^2}\,t+\theta)+b\sin(\omega t-\varphi) \tag{13-62}$$

式中，A 和 θ 为积分常数，由运动的初始条件确定。

由式(13－62)知，有阻尼强迫振动由两部分合成，如图 13－22(c)所示。第一部分是衰减振动[图 13－22(a)]第二部分是强迫振动[图 13－22(b)]。

由于阻尼的存在，第一部分振动随时间的增加，很快地衰减了，衰减振动有显著影响的这段过程称为**过渡过程**(或称**瞬态过程**)。一般而言，过渡过程是很短暂的，以后系统基本上按第二部分强迫振动的规律进行振动，过渡过程以后的过程称为**稳态过程**。下面着重研究稳态过程的振动。

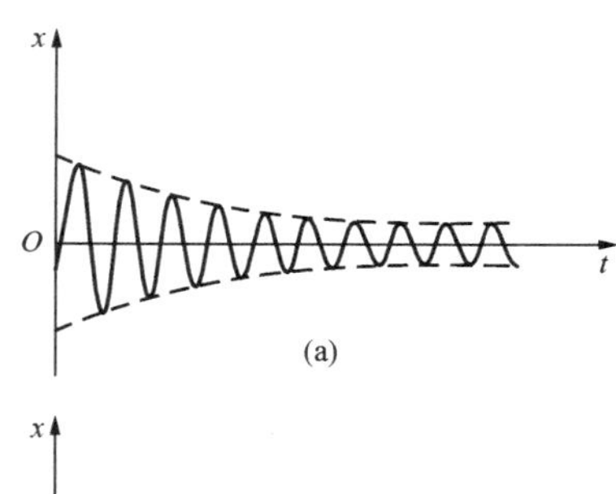

(a)

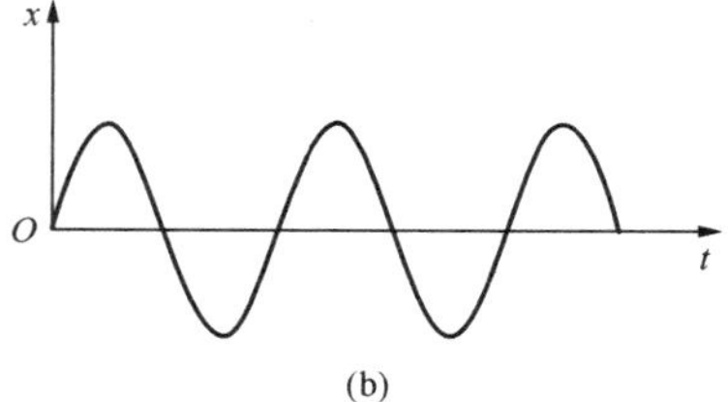

(b)

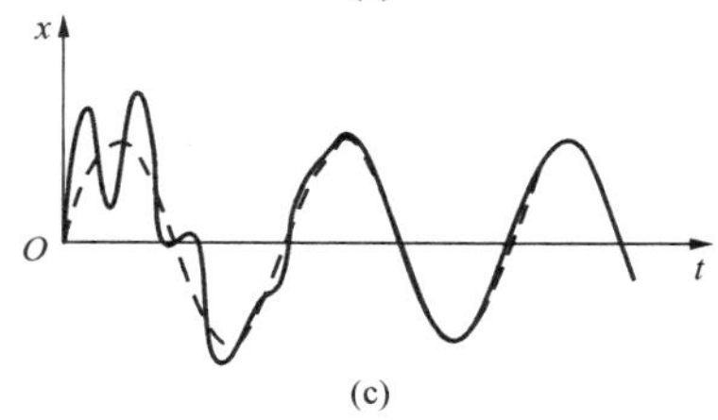

(c)

图 13－22

由强迫振动的运动方程的解式(13－59)知，虽然有阻尼存在，**受简谐激振力作用的强迫振动仍然是简谐振动**，其振动频率 ω 等于激振力的频率，其振幅表达式见式(13－60)。可以看到强迫振动的振幅不仅与激振力的力幅有关，还与激振力的频率以及振动系统的参数 m、k 和 c 有关。

为了清晰地表达强迫振动的振幅与其他因素的关系，将不同阻尼条件下的振幅频率关系用曲线表示出来为幅频曲线，如图 13－23(a)所示。采用无量纲形式，横轴表示频率比 $\eta=\omega/\omega_n$，纵轴表示振幅比 $\beta=b/b_0$。阻尼

改用阻尼比 $\zeta=c/c_{cr}=n/\omega_n$ 表示。这样，由式(13－60)可以得到

$$\beta=\frac{b}{b_0}=\frac{1}{\sqrt{(1-\eta^2)^2+4\zeta^2\eta^2}} \tag{13-63}$$

$$\tan\varphi=\frac{2\zeta\eta}{1-\eta^2} \tag{13-64}$$

从式(13－63)和图 13－23(a)可以看出阻尼对振幅的影响程度与频率有关。

(1) 当 $\omega\ll\omega_n$ 时，阻尼对振幅的影响甚微，这时可忽略系统的阻尼而当作无阻尼强迫振动处理。

(2) 当 $\omega\to\omega_n$（即 $\eta\to1$）时，振幅显著地增大。这时阻尼对振幅有明显的影响，即阻尼增大，振幅显著地下降。

在 $\omega_d=\sqrt{\omega_n^2-2n^2}=\omega_n\sqrt{1-2\zeta^2}$ 时，振幅 b 具有最大值 b_{max}。这时的共振频率 ω_d 称为阻尼固有频率。在共振频率下的振幅为

$$b_{max}=\frac{h}{2n\sqrt{\omega_n^2-n^2}}=\frac{b_0}{2\zeta\sqrt{1-\zeta^2}}$$

在一般情况下，阻尼比 $\zeta\ll1$，这时可以认为共振频率 $\omega_d\approx\omega_n$，即当激振力频率等于系统固有频率时，系统发生共振。共振的振幅为

$$b_{max}\approx\frac{b_0}{2\zeta}$$

(3) 当 $\omega\gg\omega_n$ 时，阻尼对强迫振动的振幅影响也较小，这时又可以忽略阻尼，将系统当做无阻尼系统处理。

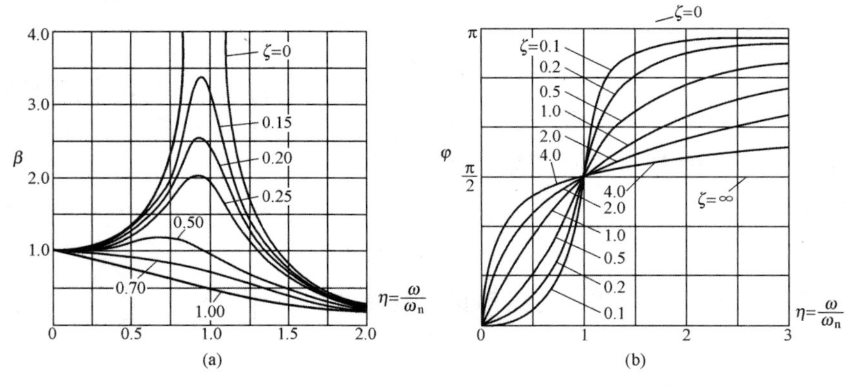

图 13－23

由式(13－59)知，有阻尼强迫振动的相位角总比激振力落后一个相位角 φ，φ 称为**相位差**。式(13－64)表达了相位差 φ 随简谐激振力频率的变化关系。根据式(13－64)可以画出相位差 φ 随激振力频率的变化曲线称为**相频曲线**，如图 13－23(b)所示。由图中曲线可以看到：相位差总是在 0°～180°内变化，是一单调上升的曲线。共振时，$\omega/\omega_n=1$，$\varphi=90°$，阻尼值不同的曲线都交于这一点。当越过共振区之后，随着频率 ω 的增加，相位差趋近 180°，这时位移与激振力反相。

【例 13-6】 如图 13-24 所示为一无重刚杆。其一端铰支，距铰支端 l 处有一质量为 m 的质点；距 $2l$ 处有一阻尼器，其阻尼系数为 c；距 $3l$ 处有一刚度系数为 k 的弹簧，并作用一简谐激振力 $F=F_0\sin\omega t$。刚杆在水平位置平衡，试列出系统的振动微分方程，并求系统的固有频率 ω_n 以及当激振力频率 ω 等于 ω_n 时质点的振幅。

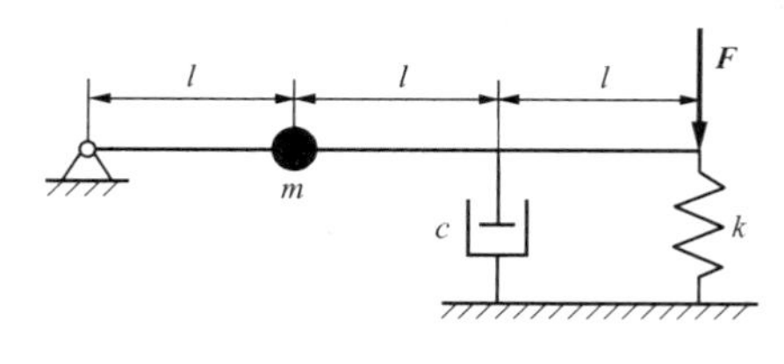

图 13-24

解 设刚杆在振动时的摆角为 θ，由刚体定轴转动微分方程可建立系统的振动微分方程为

$$ml^2\ddot{\theta} = -c\cdot 2l\dot{\theta}\cdot 2l - k\cdot 3l\theta\cdot 3l + 3l\cdot F_0\sin\omega t$$

整理后得到

$$\ddot{\theta} + \frac{4c}{m}\dot{\theta} + \frac{9k}{m}\theta = \frac{3F_0}{ml}\sin\omega t$$

令

$$\omega_n = 3\sqrt{\frac{k}{m}}, n = \frac{2c}{m}, h = \frac{3F_0}{ml}$$

ω_n 即系统的固有频率。系统方程为

$$\ddot{\theta} + 2n\dot{\theta} + \omega_n\theta = h\sin\omega t$$

当 $\omega=\omega_n$ 时，其摆角 θ 的振幅可以根据式(13-60)求出

$$b = \frac{h}{2n\omega_n} = \frac{F_0}{4cl}\sqrt{\frac{m}{k}}$$

这时，质点的振幅

$$B = bl = \frac{F_0}{4c}\sqrt{\frac{m}{k}}$$

13.3 两自由度系统振动

根据实际情况和要求，同一物体的振动可以简化为不同的振动模型。例如图 13-25(a)所示的汽车，如果只研究汽车车身作为刚体的上下平移的振动，那么只要简化为一个自由度系统就可以了。如果还要研究车身在铅垂面内相对重心的摆动，那么必须简化为两个自由度的模型，如图 13-25(b)所示。如果再要研究车身的左右晃动，那就要简化为多个自由度的模型了。本节只讨论两个自由度系统的振动。

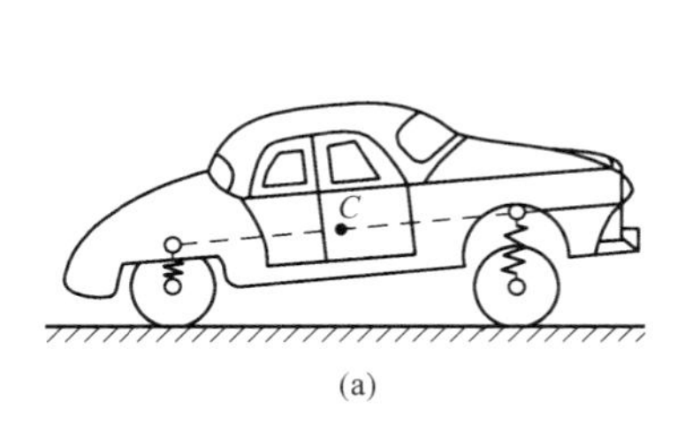

(a)

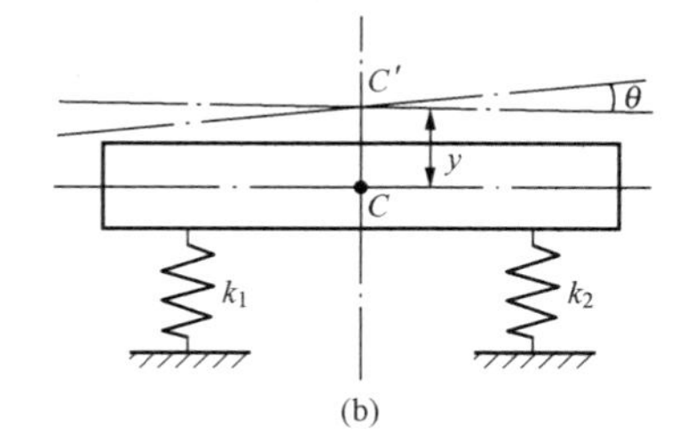

(b)

图 13-25

13.3.1　振动微分方程

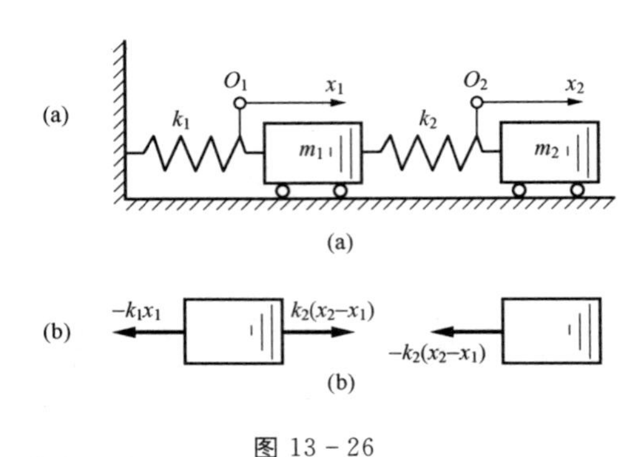

图 13-26

先讨论两个自由度系统的无阻尼自由振动。图 13-26(a)所示的两个自由度的振动系统，两个物块质量为 m_1 和 m_2，质量 m_1 与一端固定的刚度系数为 k_1 的弹簧连接，质量 m_2 用刚度系数为 k_2 的弹簧与 m_1 连接。物块可以在水平方向运动，摩擦等阻力都忽略不计。

选取两物块的平衡位置 O_1、O_2 分别为两物块的坐标原点，取两物块离平衡位置的位移 x_1 和 x_2 为系统的坐标。在平衡位置上两弹簧的弹性恢复力为零，当系统发生运动时，两物块所受的弹簧力如图 13-26(b)所示。两物块的运动微分方程为

$$\begin{cases} m_1\ddot{x}_1 = -k_1x_1 + k_2(x_2 - x_1) \\ m_2\ddot{x}_2 = -k_2(x_2 - x_1) \end{cases}$$

移项后得

$$\begin{cases} m_1\ddot{x}_1 + (k_1 + k_2)x_1 - k_2x_2 = 0 \\ m_2\ddot{x}_2 - k_2x_1 + k_2x_2 = 0 \end{cases} \tag{13-65}$$

式(13-65)为二阶线性齐次微分方程组。

为简化式(13-65)，令

$$b = \frac{k_1 + k_2}{m_1},c = \frac{k_2}{m_1},d = \frac{k_2}{m_2}$$

于是，式(13-65)可改写为

$$\begin{cases} \ddot{x}_1 + bx_1 - cx_2 = 0 \\ \ddot{x}_2 - dx_1 + dx_2 = 0 \end{cases} \tag{13-66}$$

根据微分方程理论，可设上列方程组的解为

$$\begin{cases} x_1 = A\sin(\omega t + \theta) \\ x_2 = B\sin(\omega t + \theta) \end{cases} \tag{13-67}$$

式中，A、B 是振幅，ω 为圆频率、θ 为初相位。

将式(13-67)代入式(13-66)得

$$\begin{cases} -A\omega^2\sin(\omega t + \theta) + bA\sin(\omega t + \theta) - cB\sin(\omega t + \theta) = 0 \\ -B\omega^2\sin(\omega t + \theta) - dA\sin(\omega t + \theta) + dB\sin(\omega t + \theta) = 0 \end{cases}$$

整理后得

$$\begin{cases} (b - \omega^2)A - cB = 0 \\ -dA + (d - \omega^2)B = 0 \end{cases} \tag{13-68}$$

式(13-68)是关于振幅 A、B 的二元一次齐次代数方程组，此式有零解 $A=B=0$，这

相当于系统在平衡位置静止不动。系统发生振动时，方程具有非零解，则方程的系数行列式必须等于零，即

$$\begin{vmatrix} b-\omega^2 & -c \\ -d & d-\omega^2 \end{vmatrix}=0 \tag{13-69}$$

此行列式称为**频率行列式**，展开行列式后得到一个代数方程

$$\omega^4-(b+d)\omega^2+d(b-c)=0 \tag{13-70}$$

式(13－70)是系统的特征方程，称为**频率方程**。频率方程是关于 ω^2 的一元二次代数方程，可解出它的两个根为

$$\omega_{1,2}^2=\frac{b+d}{2}\mp\sqrt{\left(\frac{b+d}{2}\right)^2-d(b-c)} \tag{13-71}$$

整理得

$$\omega_{1,2}^2=\frac{b+d}{2}\mp\sqrt{\left(\frac{b-d}{2}\right)^2+cd} \tag{13-72}$$

由式(13－71)和式(13－72)可见，ω^2 的两个根都是正实数。其中第一个根 ω_1 较小，称为第一阶固有频率；第二个根 ω_2 较大，称为第二阶固有频率。由此得出结论：**两自由度系统具有两个固有频率，这两个固有频率只与系统的质量、刚度等参数有关，而与振动的初始条件无关。**

13.3.2　主振动与主振型

下面研究自由振动振幅的特点。将式(13－72)的两个频率 ω_1 和 ω_2 分别代入式(13－68)，可解出对应于频率 ω_1 的振幅为 A_1、B_1，对应于频率 ω_2 的振幅为 A_2、B_2。由式(13－68)和式(13－69)可以证明振幅 A、B 具有两组确定的比值，即对应于第一阶固有频率为

$$\frac{A_1}{B_1}=\frac{c}{b-\omega_1^2}=\frac{d-\omega_1^2}{d}=\frac{1}{\gamma_1} \tag{13-73}$$

对应于第二阶固有频率为

$$\frac{A_2}{B_2}=\frac{c}{b-\omega_2^2}=\frac{d-\omega_2^2}{d}=\frac{1}{\gamma_2} \tag{13-74}$$

其中，γ_1 和 γ_2 为比例常数。从式(13－73)和式(13－74)可以看出：这两个常数只与系统的质量、刚度等参数有关。由此可见，对一确定的两自由度系统，两组振幅 A 与 B 的比值是两个定值。对应于第一阶固有频率 ω_1 的振动称为**第一阶主振动**，它的运动规律为

$$\begin{cases} x_1^{(1)}=A_1\sin(\omega_1 t+\theta_1) \\ x_2^{(1)}=\gamma_1 A_1\sin(\omega_1 t+\theta_1) \end{cases} \tag{13-75}$$

对应于第二阶固有频率 ω_2 的振动称为**第二阶主振动**，它的运动规律为

$$\begin{cases} x_1^{(2)} = A_2\sin(\omega_2 t+\theta_2) \\ x_2^{(2)} = \gamma_2 A_2\sin(\omega_2 t+\theta_2) \end{cases} \tag{13-76}$$

将式(13－72)代入式(13－73)和式(13－74)，可得到各阶主振动中两个物块的振幅比

$$\gamma_1 = \frac{B_1}{A_1} = \frac{b-\omega_1^2}{c} = \frac{1}{c}\left[\frac{b-d}{2}+\sqrt{\left(\frac{b-d}{2}\right)^2+cd}\right] > 0$$

$$\gamma_2 = \frac{B_2}{A_2} = \frac{b-\omega_2^2}{c} = \frac{1}{c}\left[\frac{b-d}{2}-\sqrt{\left(\frac{b-d}{2}\right)^2+cd}\right] < 0$$

上两式说明，当系统做第一阶主振动时，振幅比 γ_1 为正，表示 m_1 和 m_2 总是同相位，即做同方向的振动；当系统做第二阶主振动时，振幅比 γ_2 为负，表示 m_1 和 m_2 反相位，即作反方向振动。图 13－27(b)表示为在第一阶主振动中振动的形状，称为**第一阶主振型**；图 13－27(c)所示为第二阶主振动中振动的形状，称为**第二阶主振型**。在第二阶主振动中，由于 m_1 和 m_2 始终做反相振动，其位移 $x_1^{(2)}$ 和 $x_2^{(2)}$ 的比值为确定的比值，所以在弹簧 k_2 上始终有一点不发生振动，这一点称为**节点**。图 13－27(c)中的点 C 就是始终不振动的节点。

对于确定的系统，振幅比 γ_1 和 γ_2 只与系统的参数有关，是确定的值，所以各阶主振型具有确定的形状，即主振型和固有频率一样都只与系统本身的参数有关，而与振动的初始条件无关，因此主振型也叫**固有振型**。

根据微分方程理论，自由振动微分方程(13－65)的全解应为第一阶主振动式(13－75)与第二阶主振动式(13－76)的叠加，即

$$\begin{cases} x_1 = A_1\sin(\omega_1 t+\theta_1) + A_2\sin(\omega_2 t+\theta_2) \\ x_2 = \gamma_1 A_1\sin(\omega_1 t+\theta_1) + \gamma_2 A_2\sin(\omega_2 t+\theta_2) \end{cases}$$

式中包含 4 个待定常数 A_1、A_2、θ_1 和 θ_2，它们应由运动的 4 个初始条件 x_{10}、x_{20}、$\dot{x}_{10}$ 和 $\dot{x}_{20}$ 确定。

由上式所表示的振动是由两个不同频率的简谐振动的合成振动。在一般情况下，它不是简谐振动，也不一定是周期振动，只有当两个简谐振动频率 ω_1 和 ω_2 之比是有理数时才是周期振动。

【例 13－7】 均质细杆质量为 m，长为 l，由两个刚度系数皆为 k 的弹簧对称支承，如图 13－28 所示。试求此系统的固有频率和固有振型。

解　以平衡位置为原点，只考虑铅垂方向位移，分别以弹簧的两个支点的位移 x_1 和 x_2 为系统的两个坐标，如图 13－28 所示。由前面的分析可知，如以平衡位置为坐标原点，可以不计重力影响。在任意位置处细杆受到的两个恢复力与位移 x_1、x_2 方向相反，大小为

$$F_1 = kx_1, F_2 = kx_2$$

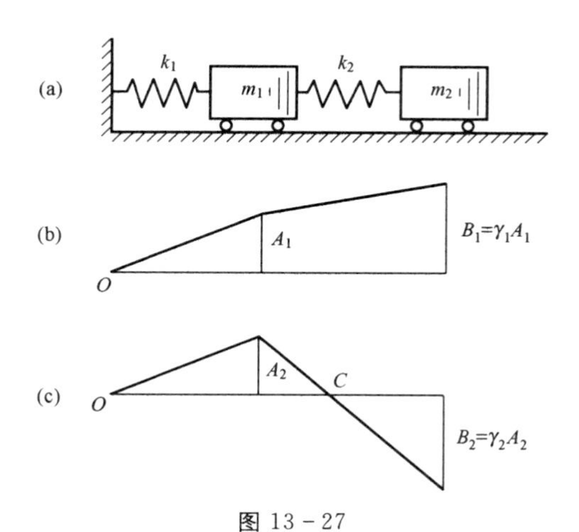

图 13－27

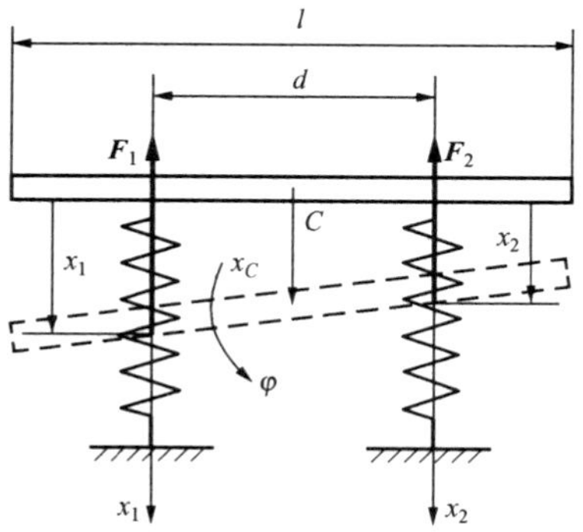

图 13－28

此时，细杆的质心坐标为

$$x_C=\frac{1}{2}(x_1+x_2)\tag{a}$$

细杆绕质心 C 的微小转角

$$\varphi=\frac{1}{d}(x_1-x_2)\tag{b}$$

列出细杆的平面运动微分方程

$$\begin{cases}m\ddot{x}_C=-kx_1-kx_2\\ J_C\ddot{\varphi}=-\dfrac{d}{2}kx_1+\dfrac{d}{2}kx_2\end{cases}$$

将式(a)和式(b)代入上述微分方程，注意到 $J_C=\frac{ml^2}{12}$，则可整理为

$$\begin{cases}\ddot{x}_1+\ddot{x}_2+bx_1+bx_2=0\\ \ddot{x}_1-\ddot{x}_2+cx_1-cx_2=0\end{cases}\tag{c}$$

其中

$$b=\frac{2k}{m},c=\frac{6kd^2}{ml^2}$$

只求系统的固有频率和固有振型时，可取振动的初相位 $\theta=0°$，而设式(c)的解为

$$\begin{cases}x_1=A\sin\omega t\\ x_2=B\sin\omega t\end{cases}\tag{d}$$

将式(d)代入式(c)，并消去 $\sin\omega t$ 得

$$\begin{cases}(b-\omega^2)(A+B)=0\\ (c-\omega^2)(A-B)=0\end{cases}\tag{e}$$

由式(e)可见，若要 A、B 有非零解，必须有

$$\omega_1=\sqrt{b}=\sqrt{\frac{2k}{m}},\omega_2=\sqrt{c}=\frac{d}{l}\sqrt{\frac{6k}{m}}\tag{f}$$

ω_1、ω_2 就是此系统的两个固有频率。

当 $\omega_1^2=b$ 时，为使式(e)中两个方程都满足，应有 $A_1=B_1$，这是对应于直杆上下平动的固有振型；当 $\omega_2^2=c$ 时，为使式(e)中两个方程都满足，应有 $A_2=B_2$，这是对应于质心不动而绕质心转动的固有振型。

本题也可以直接用质心位移 x_C 和绕质心的转角 φ 为系统的两个独立坐标进行求解。这时，直杆的平面运动微分方程为

$$\begin{cases} m\ddot{x}_C=-2kx_C \\ J_C\ddot{\varphi}=-\dfrac{kd^2}{2}\varphi \end{cases} \tag{g}$$

式(g)是对 x_C 和 φ 互相独立的两个微分方程。由式(g)很容易得到与式(f)相同的两个固有频率 ω_1 和 ω_2，而随同质心的平动的位移 x_C 和绕质心转动的角位移 φ 也就是此系统的两个固有振型。这种情况下，称 x_C 和 φ 为系统的两个**主坐标**。对于任何两自由度振动系统，都可以找出两个这样的主坐标，使系统的运动微分方程写成互不相关的两个方程，从而可以按单自由度分析方法求解。然而，一般情况下，系统的主坐标并不是如此显而易见，即通常情况下系统方程是**耦合**的。由于采用主坐标时，系统振动方程相互独立，求解起来比较方便。因此，对于两自由度系统，甚至多自由度系统，寻求系统的主坐标成为主要任务，这一过程称为**解耦**。

13.4　转子振动

工程中的回转机械，如汽轮机、电机等，在运转时经常由于转轴的弹性和转子偏心等发生振动。当转速增至某个特定值时，振幅会突然加大，振动异常激烈；当转速超过这个特定值时，振幅又会很快减小。使转子发生激烈振动的特定转速称为**临界转速**。现以单圆盘转子为例，分析说明这种现象。

13.4.1　单圆盘转子模型及其涡动

最简单的转子模型是单圆盘转子，如图 13－29 所示，轴两端为简支，圆盘固定在轴的中部。由于圆盘重力的作用，转轴要发生弯曲变形，静态挠曲线为 AOB，此时圆盘的转动中心在 O 点。以 O 为原点，建立固定坐标系 Oxy。如果圆盘的质心 C 和转动中心 O 重合，圆盘转动时的挠曲线仍然是 AOB。

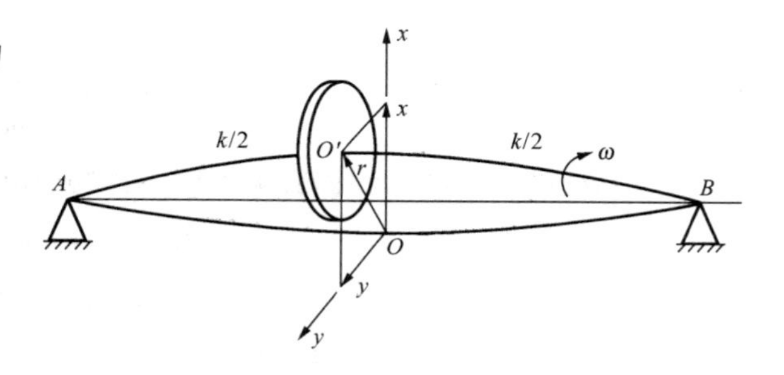

图 13－29

对转动圆盘一侧施加一个横向冲击，由于转轴的弹性会使得圆盘做横向振动，圆盘的中心要移到 O'，可以用矢量 $\boldsymbol{r}$ 表示。假设圆盘质量为 m，转轴的刚度系数为 k，圆盘受到

的弹性恢复力 $\boldsymbol{F}$ 用矢量表示为

$$\boldsymbol{F}=-k\boldsymbol{r}$$

根据牛顿第二定律，在直角坐标系 Oxy 中有

$$\begin{cases}m\ddot{x}=F_x=-kx\\ m\ddot{y}=F_y=-ky\end{cases}$$

令

$$\omega_n^2=\frac{k}{m} \tag{13-77}$$

则有

$$\begin{cases}\ddot{x}+\omega_n^2x=0\\ \ddot{y}+\omega_n^2y=0\end{cases} \tag{13-78}$$

在两个坐标中分别按单自由度的自由振动求解，得到

$$\begin{cases}x=A_x\cos(\omega t+\varphi_x)\\ y=A_y\sin(\omega t+\varphi_y)\end{cases} \tag{13-79}$$

其中，振幅 A_x、A_y 和相位 φ_x、φ_y 由初始条件确定。

式(13－78)说明，圆盘受到冲击后，中心 O' 在 x、y 方向做频率为 ω_n 的简谐振动。将 x、y 依照时间 t 逐点画在坐标系中可以得到圆盘中心 O' 的运动轨迹，称为**轴心轨迹**。一般情况下，振幅 A_x 和 A_y 不相等，所以轴心轨迹是一个椭圆。O' 的这种运动称为**涡动**，或称作**进动**，ω_n 为**进动角速度**。

如果将位移矢量 $\boldsymbol{r}$ 用复数来表示，则

$$\boldsymbol{r}=z=x+\mathrm{i}y$$

式(13－78)的两个方程合并为

$$\ddot{z}+\omega_n^2z=0 \tag{13-80}$$

方程(13－80)的解为

$$z=B_1\mathrm{e}^{\mathrm{i}\omega t}+B_2\mathrm{e}^{-\mathrm{i}\omega t} \tag{13-81}$$

这个解 z 和式(13－79)是等效的，其中 B_1、B_2 都是复数，由初始条件确定。

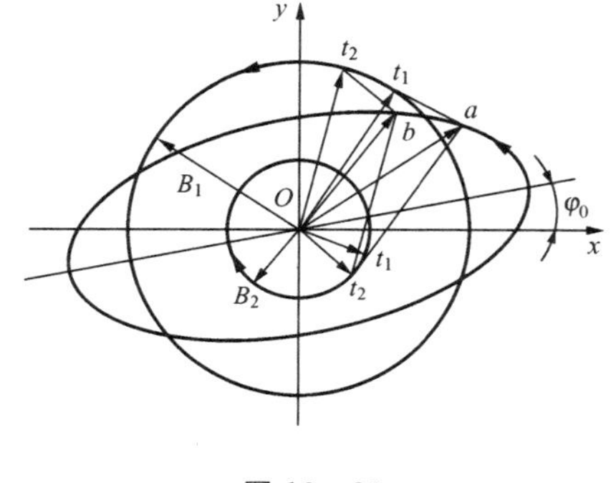

图 13－30

现在利用复数解来分析圆盘的运动形态。复数解(13－81)的第一项是含有正虚数指数的指数函数，因此它代表的是半径为 $|B_1|$ 的顺转向的运动，称为**正进动，即正向涡动**；第二项是含有负虚数指数的指数函数，它代表的是半径为 $|B_2|$ 的逆转向的运动，称为**反进动，即反向涡动**。圆盘中心 O' 的椭圆运动轨迹就是由这两种进动合成的结果，如图 13－30 所示。初始角位

移是 φ_0，t_1 时刻运动到点 a，t_2 时刻运动到点 b，因为 $|B_1|>|B_2|$，所以 O' 显示的是正进动，轴心轨迹为椭圆。

注意，上面讨论的是转动中的圆盘受到一个横向冲击后的响应，涡动频率 ω_n 取决于圆盘质量 m 和转轴刚度 k，而与转子转速无关。这里的涡动频率 ω_n 与单自由度系统的固有频率的物理意义相同，不同的是这里的圆盘在互为正交的两个坐标内做同频率的简谐振动，形成了平面运动的周期性轨迹。

13.4.2　偏心质量引起的转子振动

如果圆盘质心 C 和转轴中心 O' 不重合，则意味着圆盘的质量存在偏心。如图 13-31 所示，坐标原点 O 取在圆盘不转动时的转轴中心在空间的静态位置。转动后，由于离心力的作用，转动中心移动到 O'，质心 C 绕 O' 转动，C 到 O' 的距离为偏心距 e，转子角速度为 ω，则这时 C 的法向加速度为 $e\omega^2$。此时圆盘还要受到转轴弹性恢复力 $\boldsymbol{F}$ 的作用，$\boldsymbol{F}$ 的大小取决于 OO'，即 O' 的坐标 $(x,\ y)$。对轴心 O' 可以得到运动微分方程

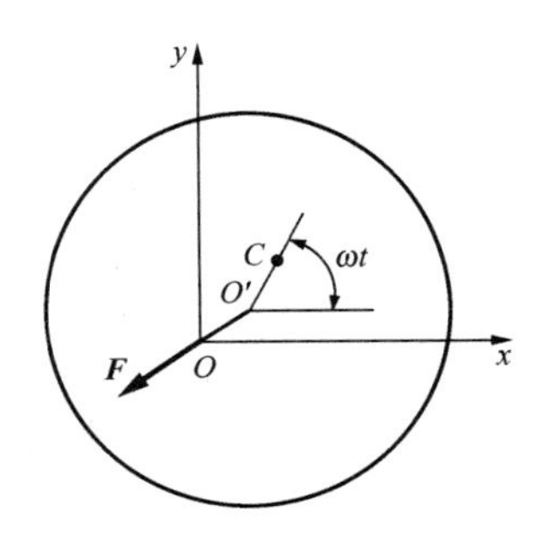

图 13-31

$$\begin{cases} m\ddot{x}+kx=me\omega^2\cos\omega t \\ m\ddot{y}+ky=me\omega^2\sin\omega t \end{cases} \tag{13-82}$$

这是强迫振动方程，方程右边是由不平衡质量的离心力引起的周期激振力。

方程(13-82)可以简化为

$$\begin{cases} \ddot{x}+\omega_n^2 x=e\omega^2\cos\omega t \\ \ddot{y}+\omega_n^2 y=e\omega^2\sin\omega t \end{cases} \tag{13-83}$$

式中，$\omega_n=\sqrt{\dfrac{k}{m}}$。用复数形式表示为

$$\ddot{z}+\omega_n^2 z=e\omega^2 e^{i\omega t} \tag{13-84}$$

式(13-84)的解为

$$z=\frac{e(\omega/\omega_n)^2}{1-(\omega/\omega_n)^2}e^{i\omega t} \tag{13-85}$$

这就是转轴中心 O' 对由于圆盘质量偏心产生的不平衡振动响应。需要注意，这个响应是以 x、y 表示的，这就是说，圆盘在围绕 O' 以 ω 转动的同时，它对质量偏心的响应是围绕着点 O 的运动，这个运动同样称为进动或涡动。从绝对坐标系看，这里有两种运动，一是圆盘绕 O' 的自身转动，二是 O' 绕圆盘的静态中心 O 的涡动。

从解的表示式(13-85)可以看出：

(1) 转轴的涡动频率和偏心质量引起的激振力频率相同，即与转动频率相同。

(2) 涡动振幅的相位和激振力的相位或者同相，或者反相。

如图 13－32 所示回转中心 O、圆盘几何中心 O' 和质心 C 的位置关系。当 $\omega<\omega_n$ 时，涡动振幅 OO' 与质心离心力方向 $O'C$ 同向；当 $\omega<\omega_n$ 时，OO' 与 $O'C$ 反向。但是，无论是哪种情况，转动中心 O、圆盘中心 O' 和质心 C 三点始终在同一直线上，这条直线以角速度 ω 绕 O 转动，站在圆盘上，会看到圆盘以同样的角速度 ω 绕 O' 点转动，这样就形成了转动与涡动同步的现象，O' 点和 C 点的轨迹是两个半径不相等的圆。

这就是转子在通常情况下存在不平衡质量时转子的振动状况。由于三点相对位置在固定转速下保持不变，使得转子上朝外的点在转子转动一周中始终朝外，如图 13－33 中的标记点 A，形成了所谓的**弓形回转**。弓形回转是转子振动的一种非常重要的形态，这时的转子变形形状在转动过程中保持不变，转子不承受交变应力作用。站在绝对坐标系上，从转子侧面看到的是弯曲转子的投影，弯曲的转子由于转动呈现为上下弯曲的平面投影曲线，这就是通常所谓的“**转子振动**”。

$$n_{cr}=\frac{2\pi}{60}\omega_n=\frac{\pi}{30}\sqrt{\frac{k}{m}} \tag{13-86}$$

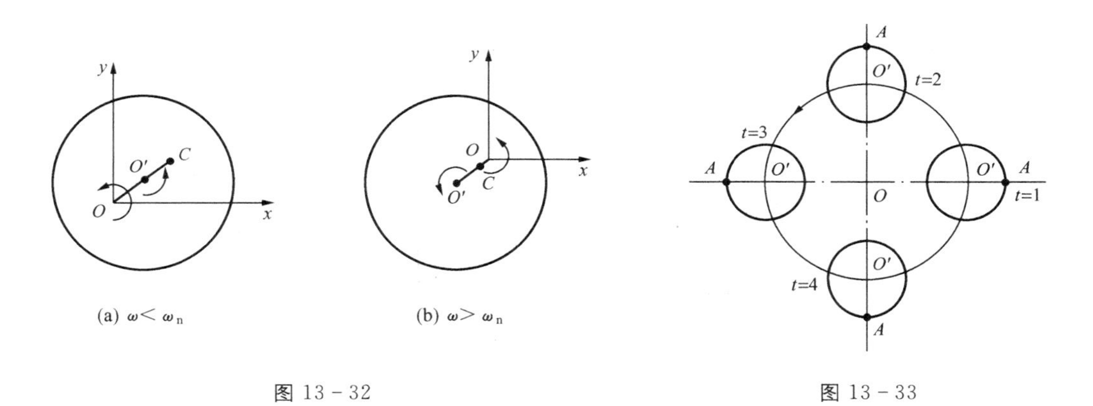

图 13－32　　　　　　　　　　　　　　图 13－33

从式(13－85)还可以知道，当 $\omega=\omega_n$ 时，振幅趋于无限大。由于实际中存在阻尼，此时振幅会达到一个有限的峰值。这时的 ω_n 称为转轴的**临界角速度** ω_{cr}，对应的转速称为**临界转速** n_{cr}

特别地，由式(13－85)可知，当 $\omega\gg\omega_n$ 时，$z=-ee^{i\omega t}$，即位移矢量 $\boldsymbol{r}$ 大小等于偏心距 e，方向指向旋转中心 O，这时质心 C 与轴心点 O 趋于重合，即圆盘绕质心 C 转动，振动趋于零，这种现象称为**自动定心现象**。

考虑阻尼时，式(13－84)变为

$$\ddot{z}+2n\dot{z}+\omega_n^2 z=e\omega^2 e^{i\omega t} \tag{13-87}$$

方程(13－87)的解为

$$z=|A|e^{i(\omega t-\varphi)} \tag{13-88}$$

其中

$$\begin{cases} A=\dfrac{e\eta^2}{\sqrt{[1-\eta^2]^2+(2\zeta\eta)^2}} \\ \tan\varphi=\dfrac{2\zeta\eta}{1-\eta^2} \end{cases} \tag{13-89}$$

式中：$\eta=\omega/\omega_n$ 为频率比。

由式(13-89)得到的幅频响应曲线和相频响应曲线，如图 13-34 所示。由图 13-34(a)的幅频特性曲线可见，最大振幅并不发生在 $\omega=\omega_n$ 时，而是在 ω 略大于 ω_n 处。由图 13-34(b)的相频特性曲线可知，当 $\omega<\omega_n$ 时，涡动振幅的相位和激振力的相位差在 0°和 90°之间，如图 13-35(a)所示；当 $\omega=\omega_n$ 时，相位差为 90°，如图 13-35(b)所示；当 $\omega>\omega_n$ 时，相位差在 90°和 180°之间，如图 13-35(c)所示；当 $\omega\gg\omega_n$ 时，相位差为 180°，如图 13-35(d)所示，此时质心位于 O 和 O' 之间，振幅趋近于偏心率 e，远小于共振点前后的振幅。这就是为什么有些转子越过临界转速后，转速越高振动越小，且运转越平稳的原因。

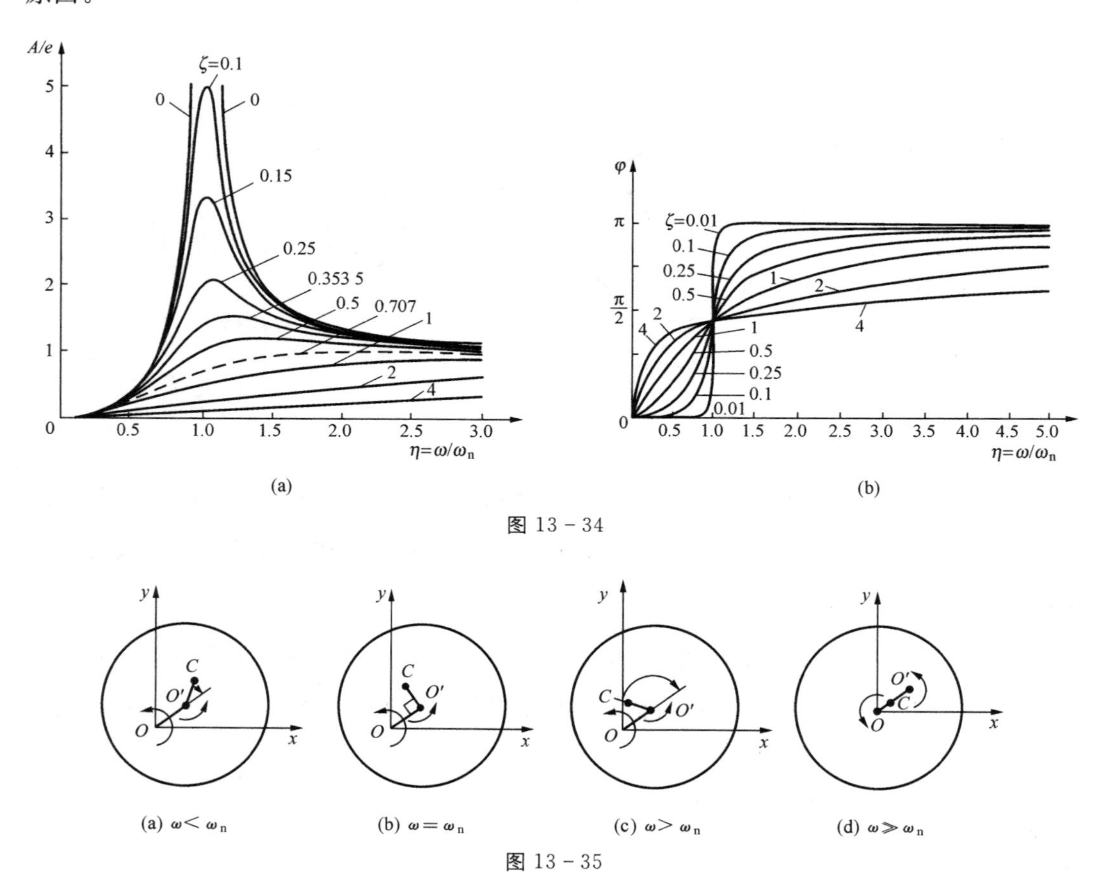

图 13-34

图 13-35

有阻尼单盘转子振动的这些特性，与有阻尼单自由度系统的强迫振动的特性是一样的。

【例13-8】 图13-36所示为一个叶片模拟试验台的示意图。已知叶轮质量为158kg，转轴跨度为610mm，直径为120mm，材料的弹性模量$E=210\text{GPa}$，质量密度$\rho=7.8\times10^3\text{kg/m}^3$。求该模拟试验台转轴的临界转速。

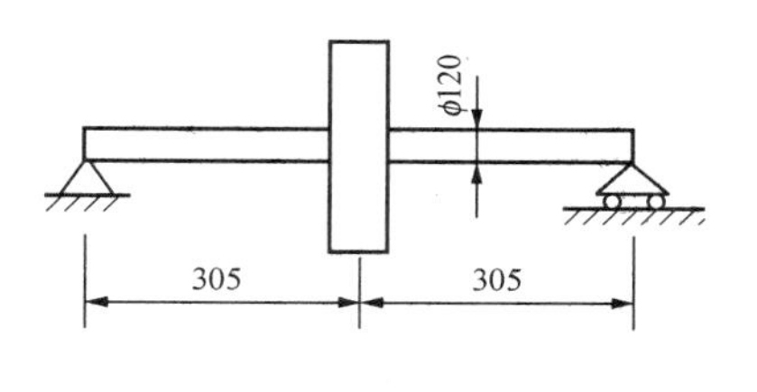

图13-36

解 转轴质量为

$$m^2=\frac{\pi}{4}\rho d^2 l=\frac{\pi}{4}\times7.8\times10^3\times0.12^2\times0.61=53.8\text{kg}$$

与叶轮质量$m_1=158\text{kg}$相比不能忽略，但可以按下式计算转子系统的等效质量

$$m=m_1+\frac{17}{35}m_2=158+\frac{17}{35}\times53.8=184.1\text{kg}$$

转轴的横向刚度为

$$k=\frac{48EI}{l^3}$$

其中，I为转轴横截面的惯性矩$I=\frac{\pi d^4}{64}$，代入得

$$k=\frac{3\pi Ed^4}{4l^3}=\frac{3\pi\times210\times10^9\times0.12^4}{4\times0.61^3}$$
$$=4.52\times10^8\text{N/m}$$

所以，转轴的临界转速为

$$n_{cr}=\frac{60}{2\pi}\sqrt{\frac{k}{m}}=\frac{60}{2\pi}\sqrt{\frac{4.52\times10^8}{184.1}}=14\ 962\text{r/min}$$

小　　结

1. 简谐振动

(1) 简谐振动：$x=A\sin(\omega t+\varphi)$。

(2) 简谐振动的三要素：振幅A、初相位φ和圆频率ω。

(3) 振动周期T与振动频率f或圆频率ω的关系：

$$T=\frac{1}{f}=\frac{2\pi}{\omega},f=\frac{1}{T}=\frac{\omega}{2\pi}$$

2. 单自由度系统振动

(1) 无阻尼自由振动

微分方程：$\ddot{x}+\omega_n^2x=0$。

固有频率：$\omega_n=\sqrt{\frac{k}{m}}$，只与振动系统本身的质量和刚度有关。

自由振动：$x=A\sin(\omega_n t+\varphi)$，$A=\sqrt{x_0^2+\frac{v_0^2}{\omega_n^2}}$，$\tan\varphi=\frac{\omega_n x_0}{v_0}$

(2) 有阻尼自由振动

微分方程：$\ddot{x}+2n\dot{x}+\omega_n^2 x=0$。

衰减振动：当 $n<\omega_n$ 时，$x=Ae^{-nt}\sin(\omega_d t+\theta)$，$\omega_d=\omega_n\sqrt{1-\zeta^2}$。

阻尼：对振幅的影响较大，它使振幅随时间成负指数曲线衰减。

(3) 有阻尼强迫振动

微分方程：$\ddot{x}+2n\dot{x}+\omega_n^2 x=h\sin\omega t$。

强迫振动：$x=b\sin(\omega t-\varphi)$，$b=\frac{h}{\sqrt{(\omega_n^2-\omega^2)^2+4n^2\omega^2}}$，$\tan\varphi=\frac{2n\omega}{\omega_n^2-\omega^2}$。

强迫振动的频率等于激振力的频率，当激振力的频率接近于系统的固有频率时，将发生共振。

阻尼对强迫振动振幅只在共振频率附近影响较大，它使强迫振动的振幅减小。

3. 两自由度系统振动

(1) 两自由度系统一般具有两个固有频率，固有频率只与系统的质量和刚度参数有关。

(2) 对应于两个固有频率存在两个主振型。主振型的形状只与系统的质量和刚度参数有关。

(3) 两自由度系统的自由振动一般是以两个固有频率做简谐振动的主振动的叠加，每阶主振动的振幅和相位都与初始条件有关。

4. 弹簧的串并联

弹簧并联：$k_{eq}=k_1+k_2$

弹簧串联：$k_{eq}=\frac{k_1 k_2}{k_1+k_2}$

5. 转子振动

(1) 临界转速：$n_{cr}=\frac{\pi}{30}\omega_n=\frac{\pi}{30}\sqrt{\frac{k}{m}}$。

(2) 弓形回转：是转子振动的一种非常重要的形态，转子变形的形状在转动过程中保持不变，转子不承受交变应力作用。

(3) 自动定心现象：当转子的旋转速度高于临界转速时，转子系统的质心与旋转轴心趋于重合，转子绕其质心转动，从而转子振动趋于零。

习　　题

13-1　有一做简谐振动的物体，通过距离平衡位置为 $x_1=5\text{cm}$ 和 $x_2=10\text{cm}$ 时的速

度分别为 $v_1=20\text{cm/s}$ 和 $v_2=8\text{cm/s}$。求振动的周期、振幅和最大速度。

答：$T=2.97\text{s}$；$A=10.69\text{cm}$；$v_{\max}=22.63\text{cm/s}$。

13-2　某机器内一零件的振动规律为 $x=0.5\sin 10\pi t+0.3\cos 10\pi t$。这个振动是否为简谐振动？试求其振幅、最大速度和最大加速度，并用旋转矢量表示三者之间的关系。

答：$A=0.583\text{cm}$；$v_{\max}=18.3\text{cm/s}$；$a_{\max}=575.4\text{cm/s}^2$。

13-3　已知以复数表示的两个简谐振动分别为 $3e^{i5\pi t}$ 和 $5e^{i(5\pi t+\frac{\pi}{2})}$，试求它们的合成振动。

答：$z=\sqrt{34}e^{i[5\pi t+\arctan(5/3)]}$。

13-4　如图 13-37 所示两个弹簧的刚度系数分别为 $k_1=5\text{kN/m}$，$k_2=3\text{kN/m}$。物块质量 $m=4\text{kg}$。求物体自由振动的周期。

答：(a)0.29s；(b)0.29s；(c)0.14s；(d)0.14s。

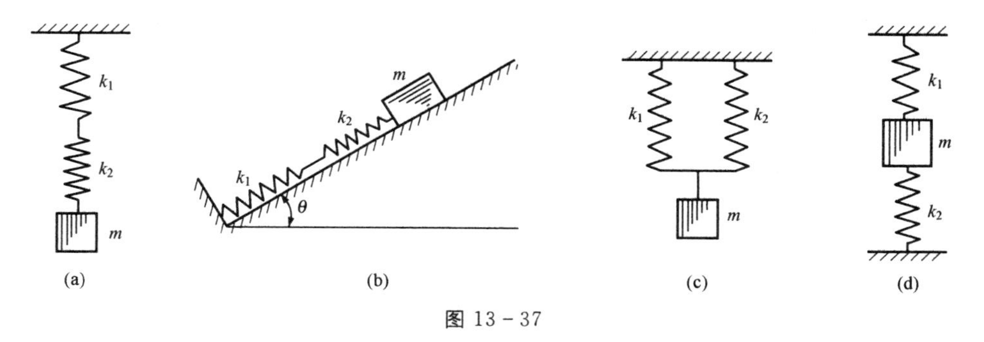

图 13-37

13-5　一吊盘悬挂在弹簧上，如图 13-38 所示。当盘上放置质量为 m_1 的物体时，作微幅振动，测得的周期为 T_1；当盘上换一质量为 m_2 的物体时，测得振动周期为 T_2。求弹簧的刚度系数 k。

答：$k=\dfrac{4\pi^2(m_1-m_2)}{T_1^2-T_2^2}$。

13-6　如图 13-39 所示，质量 $m=200\text{kg}$ 的重物在吊索上以等速度 $v=5\text{m/s}$ 下降。在下降过程中，由于吊索嵌入滑轮的夹子内，吊索的上端突然被夹住，此时吊索的刚度系数 $k=400\ \text{kN/m}$。如不计吊索的重量，求此后重物振动时吊索中的最大张力。

答：$F_{\max}=46.68\text{kN}$。

13-7　质量为 m 的小车在斜面上自高度 h 处滑下与缓冲器相碰，如图 13-40 所示。缓冲弹簧的刚度系数为 k，斜面倾角为 θ。求小车碰到缓冲器后自由振动的周期与振幅。

答：$T=2\pi\sqrt{\dfrac{m}{k}}$，$A=\sqrt{\dfrac{mg}{k}\left(\dfrac{mg\sin^2\theta}{k}+2h\right)}$。

13-8　如图 13-41 所示均质杆 AB，质量为 m_1，长为 $3l$，B 端刚性连接一质量为 m_2 的物体，其大小不计。杆 AB 在 O 处铰支，两弹簧的刚度系数均为 k，约束如图。求系统的固有频率。

答：$\omega_n=\sqrt{\dfrac{2k}{m_1+4m_2}}$。

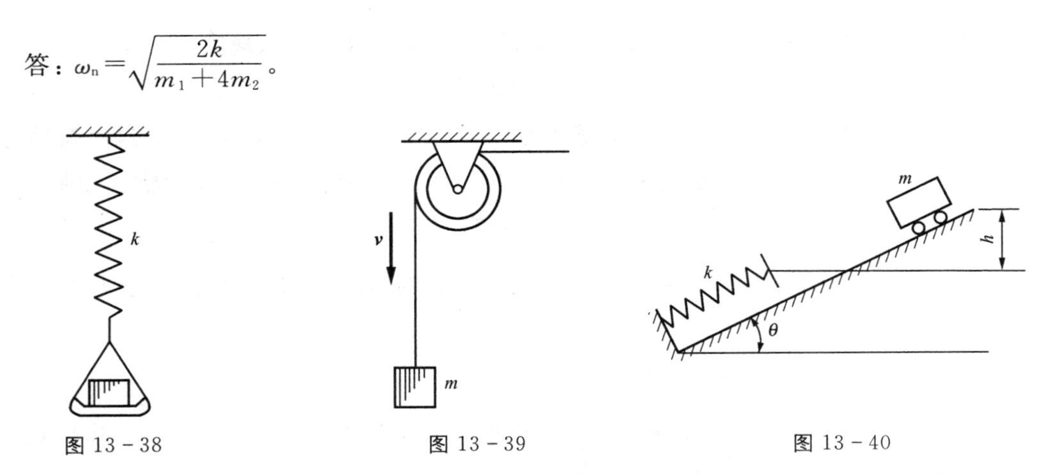

图 13-38　　图 13-39　　图 13-40

13-9　一质量 $M=100\text{g}$，用弹簧依托在光滑的导杆上，如图 13-42 所示。若仅有弹簧 k_1 时，系统的固有频率为 5Hz。若要使系统的固有频率增加到 8Hz 时，弹簧 k_2 应为多大？

答：$k_2=154\text{N/m}$。

13-10　如图 13-43 所示系统，已知 a、b、k 及 $\boldsymbol{P}$，AB 杆质量略去不计。求系统微振的固有频率。

答：$\omega_n=\dfrac{a}{b}\sqrt{\dfrac{kg}{P}}$。

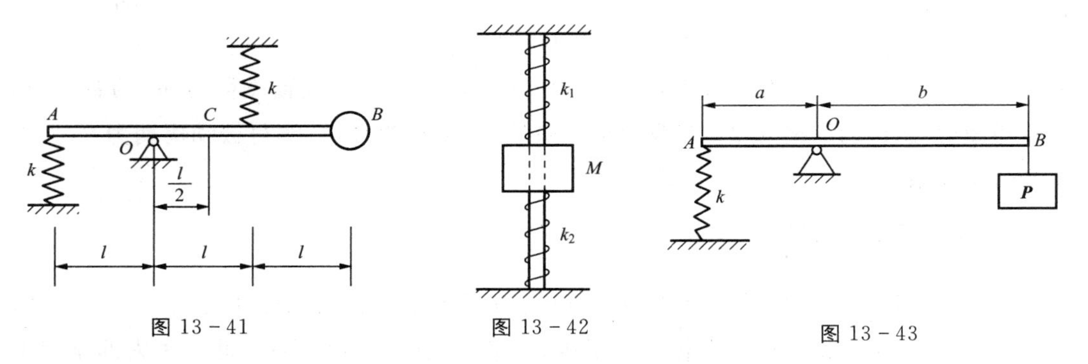

图 13-41　　图 13-42　　图 13-43

13-11　如图 13-44 所示系统，物块重 P，用刚度系数为 k 的弹簧悬挂在铅垂位置，物块的左右两侧各有齿条分别与齿轮啮合，两齿轮的节圆半径均为 r，转动惯量均为 J。试求系统的固有频率。

答：$\omega_n=\sqrt{\dfrac{k}{P/g+2J/r^2}}$。

13-12　一均质薄圆板，半径为 R，在弦 AB 处放置一水平轴，使圆板绕此水平轴做微振动，如图 13-45 所示。问此轴距圆板中心 C 的距离多大时，板振动的频率最大。

答：$R/2$。

13-13　如图 13-46 所示系统，大轮半径为 R，质量为 m，回转半径为 ρ，由刚度系数

为 k 的弹性绳与半径为 r 的小轮连在一起。小轮在外力作用下做强迫摆动，摆动规律为 $\theta=\theta_0\sin\omega t$，在小轮运动过程中弹性绳不松弛，也不打滑。求大轮稳态振动的振幅。

答：$\omega_n=\dfrac{R}{\rho}\sqrt{\dfrac{2k}{m}}$，$\varphi_m=\theta_0\dfrac{r/R}{1-(\omega/\omega_n)^2}$。

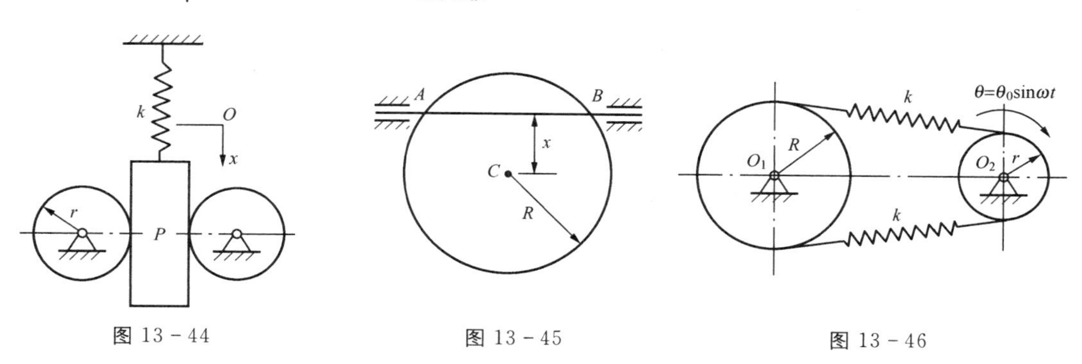

图 13-44　　图 13-45　　图 13-46

13-14　一半径为 r 的均质半圆柱体，放在粗糙的水平面上，如图 13-47 所示。若稍加扰动，则在平衡位置来回摆动。求其固有频率及周期。

答：$\omega_n=\sqrt{\dfrac{8g}{(9\pi-16)r}}$，$T=2\pi\sqrt{\dfrac{(9\pi-16)r}{8g}}$。

13-15　如图 13-48 所示均质滚子，质量 $m=10\text{kg}$，半径 $r=0.25\text{m}$，能在斜面上保持纯滚动，弹簧刚度系数 $k=20\text{N/m}$，阻尼器阻尼系数 $c=10\text{N}\cdot\text{s/m}$。求：(1)无阻尼固有频率；(2)阻尼比；(3)有阻尼固有频率；(4)阻尼自由振动的周期。

答：(1)$f_n=0.184\text{Hz}$；(2)$\zeta=0.289$；(3)$f_d=0.176\text{Hz}$；(4)$T_d=5.677\text{s}$。

图 13-47　　图 13-48

13-16　汽车的质量为 $m=2\ 450\ \text{kg}$，压在 4 个车轮的弹簧上，每个弹簧的压缩量为 $\delta_{st}=150\text{mm}$。为了减小振动，每个弹簧都装一个减振器，结果使汽车上、下振动迅速减小，经两次振动后，振幅减到 0.1 倍，即 $A_1/A_2=10$。求：(1) 振幅减缩系数 η 和对数减缩率 δ；(2)衰减系数 n 和衰减振动周期 T_d；(3)如果要求汽车不振动，即要求减振器有临界阻尼，求临界阻力系数 c_{cr}。

答：(1)$\eta=3.162$，$\delta=1.151$；(2)$n=1.456\text{s}^{-1}$，$T_d=0.79\text{s}$；(3)$c_{cr}=39\ 607\text{N}\cdot\text{s/m}$。

13-17　车厢载有货物，车架弹簧的静压缩量为 $\delta_{st}=50\text{mm}$，每根铁轨的长度 $l=12\text{m}$。每当车轮行驶到轨道接头处都受到冲击，因而当车厢速度达到某一数值时，将发生激烈颠簸，这一速度称为临界速度。求此临界速度。

答：$v_{cr}=96.1\text{km/h}$。

13－18　车轮上装置一质量为 m 的物块 B，某瞬时（$t=0$）车轮由水平路面进入曲线路面，并继续以等速 $\boldsymbol{v}$ 行驶。该曲线路面按 $y=d\sin\frac{\pi}{l}x$ 的规律起伏，坐标原点和坐标系 Oxy 的位置如图 13－49 所示。设弹簧的刚度系数为 k。求：(1)物块 B 的强迫运动方程；(2)轮 A 的临界速度。

答：(1)$y=\dfrac{kdl^2}{kl^2-m\pi^2v^2}\sin\dfrac{\pi}{l}vt$；(2)$v_{cr}=\dfrac{1}{\pi}\sqrt{\dfrac{k}{m}}$。

13－19　电动机质量 $m_1=250\text{kg}$，由 4 个刚度系数 $k=30\text{kN/m}$ 的弹簧支持，并被限制在铅垂方向运动，如图 13－50 所示。在电动机转子上装有一质量 $m_2=0.2\text{kg}$ 的物体，距转轴 $e=10$ mm。求：(1)发生共振时的转速；(2)当转速为 1 000r/min 时，稳定振动的振幅。

答：(1)$n_{cr}=209\text{r/min}$；(2)$b=8.4\times10^{-3}\text{mm}$。

13－20　物体 M 悬挂在弹簧 AB 上，如图 13－51 所示。弹簧的上端 A 做铅垂直线谐振动，其振幅为 b，角频率为 ω，即 $O_1C=b\sin\omega t\text{mm}$。已知物体 M 的质量为 0.4kg，弹簧在大小为 0.4N 的力作用下伸长 10mm，$b=20\text{mm}$，$\omega=7\text{rad/s}$。求强迫振动的规律。

答：$x=39.2\sin7t\text{mm}$。

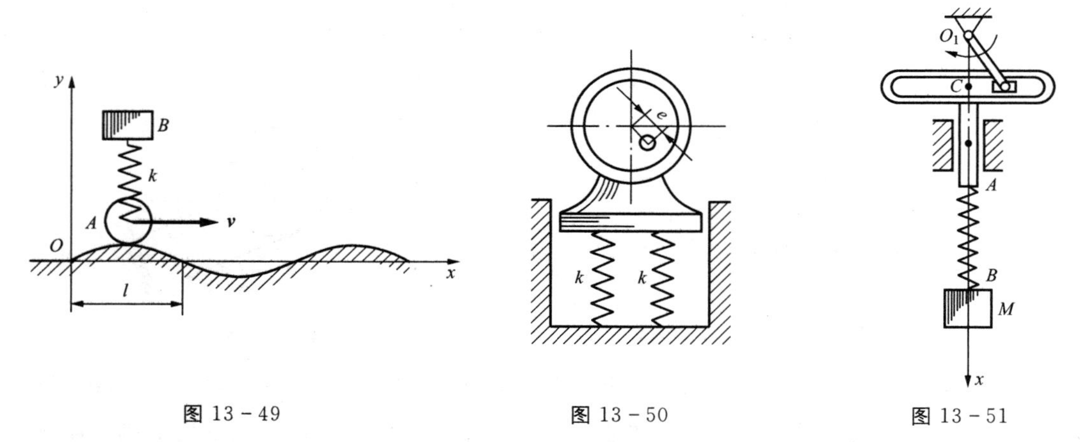

图 13－49　　图 13－50　　图 13－51

13－21　机器上一零件在黏滞油液中振动，施加一个幅值 $H=55$ N、周期 $T=0.2\text{s}$ 的干扰力，可使零件发生共振，设此时共振振幅为 15mm，该零件的质量为 $m=4.08\text{kg}$，求阻尼系数 c。

答：$c=107.6\text{N}\cdot\text{s/m}$。

13－22　精密仪器使用时，要避免地面振动的干扰，为了隔振，如图 13－52 所示在 A、B 两端下边安装 8 个弹簧（每边 4 个并联而成）。A、B 两点到质心 C 的距离相等。已知地面振动规律为 $y=\sin10\pi t\text{mm}$，仪器质量为 800kg，容许振动的振幅为 0.1 mm。求每根弹簧应有的刚度系数。

答：$k \leqslant 8.97\text{kN/m}$。

13－23　如图 13－53 所示，加速度计安装在蒸汽机的十字头上，十字头沿铅垂方向做简谐振动，记录在卷筒上的振幅等于 7mm。设弹簧刚度系数 $k=1.2\text{kN/m}$，其上悬挂的重物质量 $m=0.1\text{kg}$。求十字头的加速度。（提示：加速度计的固有频率 ω_n 通常都远远大于被测物体的振动频率 ω，即 $\omega/\omega_n \ll 1$。）

答：$\dot{x}_{\max}=84\text{m/s}^2$。

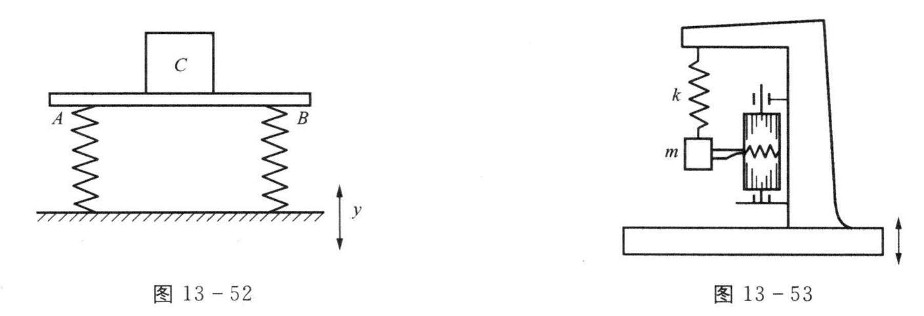

图 13－52　　图 13－53

13－24　如图 13－54 所示，均质杆 AB 长 $l=0.6\text{m}$，质量 $m_1=3\text{kg}$，A 端用铰链固定，B 端系一水平弹簧，弹簧的刚度系数 $k=3.2\text{N/m}$，在 AB 中点系一不可伸长的细绳，此绳又绕过质量为 $m_2=2\text{kg}$，半径为 r 的均质圆轮，绳的另一端悬挂一质量为 $m_3=1\text{kg}$ 的重物 G。在运动开始时，重物 G 的位移为 $y_0=0$，速度 $v_0=6\text{cm/s}$，试求重物 G 的振幅。

答：0.129cm。

13－25　一质量为 $M=9\text{kg}$ 的电动机安装在轻质梁上。电动机飞轮质量 $m=1\text{kg}$，其质心偏离转轴 $e=6\text{mm}$。静止时梁的挠度为 $f=5\text{mm}$。现要求电动机在共振的转速下工作，为此在梁下安装一减振器，如图 13－55 所示。若在此条件下，电动机强迫振动的振幅为 $B=10\text{mm}$，求减振器应有的阻尼系数。

答：$26.6\text{N}\cdot\text{s/m}$。

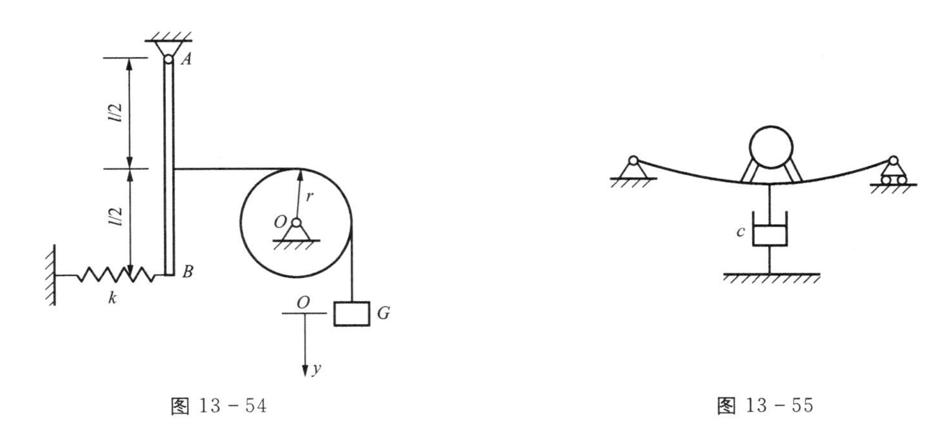

图 13－54　　图 13－55

13－26　机械系统与无阻尼动力减振器连接，其简化模型如图 13－56 所示。已知主

体质量为 m_1，主弹簧刚度系数为 k_1；减振器的质量为 m_2，弹簧刚度系数为 k_2，$\dfrac{m_2}{m_1}=\dfrac{1}{5}$，$\dfrac{k_2}{k_1}=\dfrac{1}{5}$。求系统的固有频率和振型。

答：$\omega_1=0.801\sqrt{\dfrac{k_2}{m_2}}$，$\omega_2=1.248\sqrt{\dfrac{k_2}{m_2}}$，$X_1^{(1)}=0.358$，$X_2^{(2)}=-0.559$。

13－27　求如图 13－57 所示振动系统的固有频率和振型。已知 $m_1=m_2=m$，$k_1=k_2=k_3=k$。

答：$\omega_1=\sqrt{\dfrac{k}{m}}$，$\omega_2=1.732\sqrt{\dfrac{k}{m}}$，$X_1^{(1)}=1$，$X_2^{(2)}=-1$。

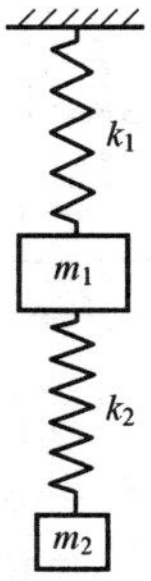

图 13－56

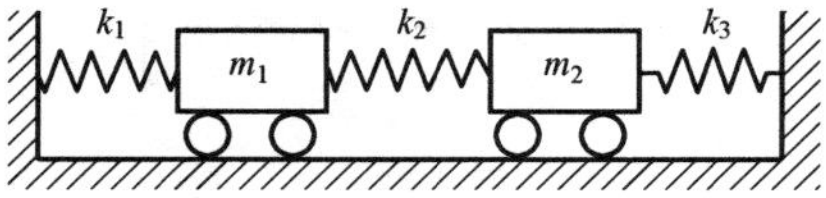

图 13－57

13－28　如图 13－58 所示一均质圆轴，左端固定，在中部和另一端各装有一均质圆盘。每一圆盘对轴的转动惯量均为 J，两段轴的扭转刚度系数均为 k_t，不计轴的质量。求此系统自由扭转振动的频率。

答：$\omega_1=0.618\sqrt{\dfrac{k_t}{J}}$，$\omega_2=1.618\sqrt{\dfrac{k_t}{J}}$。

13－29　圆盘质量为 m，固结在铅垂轴的中点，圆盘绕此轴以角速度 ω 转动，如图 13－59所示。轴的刚度系数为 k，圆盘的中心对轴的偏心距为 e。求轴的挠度 f。

答：$f=\dfrac{e(\omega/\omega_n)^2}{1-(\omega/\omega_n)^2}$，其中 $\omega_n=\sqrt{\dfrac{k}{m}}$。

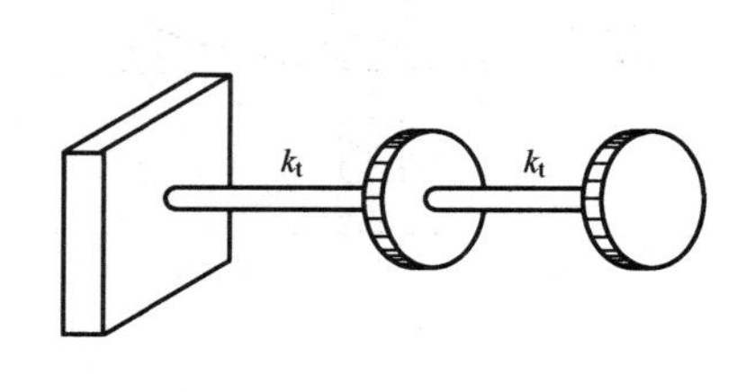

图 13－58

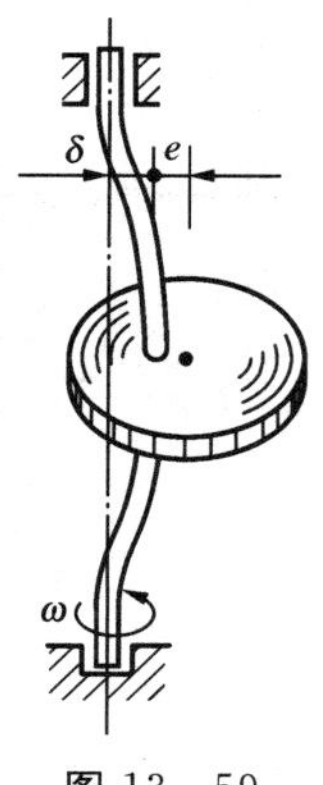

图 13－59

参 考 文 献

[1] 何青.理论力学[M].北京:中国电力出版社,2010

[2] 何青,李斌.理论力学学习指导[M].北京:中国电力出版社,2012

[3] 尹冠生.理论力学[M].西安:西北工业大学出版社,2008

[4] 贾启芬,刘习军.理论力学.2版[M].北京:机械工业出版社,2008

[5] 史可信.力学[M].北京:科学出版社,2008

[6] 乔宏洲.理论力学[M].北京:中国建筑工业出版社,2007

[7] 王永岩.理论力学[M].北京:科学出版社,2007

[8] 陈立群,戈新生,徐凯宇,等.理论力学[M].北京:清华大学出版社,2006

[9] 冯维明,刘广荣,李文娟,等.理论力学[M].北京:国防工业出版社,2006

[10] 刘巧伶,李洪.理论力学[M].北京:科学出版社.2005

[11] 郭应征,周志红.理论力学[M].北京:清华大学出版社,2005

[12] 范钦珊,刘燕,王琪.理论力学[M].北京:清华大学出版社,2004

[13] 王崇革,付彦坤.理论力学教程[M].北京:北京航空航天大学出版社,2004

[14] 同济大学航空航天与力学学院基础力学教学研究部.理论力学.2版[M].上海:同济大学出版社,2012

[15] 武清玺.理论力学[M].北京:高等教育出版社,2003

[16] 哈尔滨工业大学理论力学教研室.理论力学(II).7版[M].北京:高等教育出版社,2009

[17] 金尚年.理论力学[M].北京:高等教育出版社,2002

[18] 范钦珊,薛克宗,程保荣.理论力学[M].北京:高等教育出版社,1999

[19] 浙江大学理论力学教研室.理论力学[M].北京:高等教育出版社,1999

[20] 孙世贤.理论力学教程[M].合肥:国防科技大学出版社,1997

[21] 王铎,赵经文.理论力学:上册[M].北京:高等教育出版社,1997

[22] 倪振华.振动力学[M].西安:西安交通大学出版社,1989

[23] 洪嘉振,杨长俊.理论力学.3版[M].北京:高等教育出版社,2008

[24] 范钦珊,陈建平.理论力学.2版[M].北京:高等教育出版社,2010

[25] 谢传锋,王琪.理论力学[M].北京:高等教育出版社,2009

[26] 李俊峰,张雄.理论力学.2版[M].北京:清华大学出版社,2010